中 国 国 家 标 准 汇 编

2015 年修订-30

中国标准出版社　编

中国标准出版社

北　京

图书在版编目(CIP)数据

中国国家标准汇编:2015年修订.30/中国标准出版社编.—北京:中国标准出版社,2016.10
ISBN 978-7-5066-8376-0

Ⅰ.①中… Ⅱ.①中… Ⅲ.①国家标准-汇编-中国-2015 Ⅳ.①T-652.1

中国版本图书馆CIP数据核字(2016)第211644号

中国标准出版社出版发行
北京市朝阳区和平里西街甲2号(100029)
北京市西城区三里河北街16号(100045)

网址 www.spc.net.cn
总编室:(010)68533533 发行中心:(010)51780238
读者服务部:(010)68523946

中国标准出版社秦皇岛印刷厂印刷
各地新华书店经销

*

开本 880×1230 1/16 印张 47.25 字数 1 430 千字
2016年10月第一版 2016年10月第一次印刷

*

定价 220.00 元

出 版 说 明

1.《中国国家标准汇编》是一部大型综合性国家标准全集。自1983年起，按国家标准顺序号以精装本、平装本两种装帧形式陆续分册汇编出版。它在一定程度上反映了我国建国以来标准化事业发展的基本情况和主要成就，是各级标准化管理机构，工矿企事业单位，农林牧副渔系统，科研、设计、教学等部门必不可少的工具书。

2.《中国国家标准汇编》收入我国每年正式发布的全部国家标准，分为"制定"卷和"修订"卷两种编辑版本。

"制定"卷收入上一年度我国发布的、新制定的国家标准，顺延前年度标准编号分成若干分册，封面和书脊上注明"20××年制定"字样及分册号，分册号一直连续。各分册中的标准是按照标准编号顺序连续排列的，如有标准顺序号缺号的，除特殊情况注明外，暂为空号。

"修订"卷收入上一年度我国发布的、被修订的国家标准，视篇幅分设若干分册，但与"制定"卷分册号无关联，仅在封面和书脊上注明"20××年修订-1，-2，-3，……"字样。"修订"卷各分册中的标准，仍按标准编号顺序排列(但不连续)；如有遗漏的，均在当年最后一分册中补齐。需提请读者注意的是，个别非顺延前年度标准编号的新制定的国家标准没有收入在"制定"卷中，而是收入在"修订"卷中。

读者配套购买《中国国家标准汇编》"制定"卷和"修订"卷则可收齐由我社出版的上一年度我国制定和修订的全部国家标准。

3. 由于读者需求的变化，自1996年起，《中国国家标准汇编》仅出版精装本。

4. 2015年我国制修订国家标准共2 113项。本分册为"2015年修订-30"，收入新制修订的国家标准22项。

中国标准出版社

2016年8月

目　　录

ICS 17.220.20
N 22

中华人民共和国国家标准

GB/T 26831.6—2015

社区能源计量抄收系统规范 第6部分：本地总线

Society energy metering for reading system specification—Part 6:Local bus

2015-09-11 发布

2016-04-01 实施

中华人民共和国国家质量监督检验检疫总局
中国国家标准化管理委员会
发布

前　言

GB/T 26831《社区能源计量抄收系统规范》由以下6部分构成：

——第1部分：数据交换；

——第2部分：物理层和链路层；

——第3部分：专用应用层；

——第4部分：仪表的无线抄读；

——第5部分：无线中继；

——第6部分：本地总线。

本部分为GB/T 26831的第6部分。

本部分按照GB/T 1.1—2009给出的规则起草。

请注意本文件的某些内容可能涉及专利。本文件的发布机构不承担识别这些专利的责任。

本部分由中国机械工业联合会提出。

本部分由全国电工仪器仪表标准化技术委员会(SAC/TC 104)归口。

本部分起草的单位：哈尔滨电工仪表研究所、西安旌旗电子股份有限公司、深圳市航天泰瑞捷电子有限公司、青岛鼎信通讯股份有限公司、四川省电力公司计量中心、深圳市友讯达科技发展有限公司、华立仪表集团股份有限公司、威胜集团有限公司、宁波三星电气股份有限公司、江苏林洋电子股份有限公司、利尔达科技集团股份有限公司、天正集团有限公司、郑州华力信息技术有限公司、德力西集团仪器仪表有限公司、江阴长仪集团有限公司。

本部分主要起草人：郭永林、李万宏、关文举、舒杰红、白泰、王建华、陆寒熹、刘小兵、梁源、朱虹、张绍衡、夏亚莉、张先亮、闫书芳。

引　言

随着科技进步、经济发展和人们对能源使用管理要求的不断提高，社区(建筑群及居住区)计量(水、电、气、热)的远程抄收及管理的技术应用进入快速发展阶段，涌现出了一批使用各类通讯技术、涉及各个计量领域的多种产品及技术方案。产品制造方和用户方迫切希望这些产品或系统能够遵循统一的标准。

因而，从1999年开始，国际电工委员会陆续发布了IEC 62056《抄表、费率和负荷控制的数据交换》系列标准；国内参照其内容制定发布了GB/T 19882《自动抄表系统》系列标准。GB/T 19882是开放式体系，很好地解决了互连性和互操作性的要求，该标准体系分成相对独立的几个部分制定，从而有利于标准本身的不断发展。这种科学方法及GB/T 19882的内容都为《社区能源计量抄收系统规范》国家标准的制定提供了很好的参考。

同时，由于显而易见的原因，社区能源计量抄收系统与自动抄表系统具有很多相似或共通的内容，现实中产品也有互连互通的需求，《社区能源计量抄收系统规范》的制定应该要考虑与GB/T 19882《自动抄表系统》的协调。

GB/T 26831正是在上述背景下制定的，认识这一背景情况对理解GB/T 26831的制定思路和理解标准内容都是有益的。

GB/T 26831包含社区能源计量抄收系统中应用管理和底层通信两方面的内容。在应用管理方面，主要内容是COSEM(能源计量配套规范)，利用仪表对象标识和接口对象方法建立模型，并进而描述了用于计量仪表和远程抄表的专用应用层。在底层通信方面涉及到包括双绞线基带总线系统(M-BUS)和短距离无线通信系统两种物理层、链路层的规范。

GB/T 26831.6可使用多种链路层和应用层。通常情况，使用的是GB/T 26831.3 (M-Bus)的专用应用层或GB/T 26831.1中描述的基于DLMS的应用层。

GB/T 26831.1中概述了仪表通讯系统，其中也包含进一步的相关定义。

社区能源计量抄收系统规范
第6部分：本地总线

1 范围

GB/T 26831的本部分规定了一种电池供电的单一抄读设备（“主站”）和单只仪表或一组仪表（最多为5只）之间通信或抄读的本地仪表抄读系统（“本地总线”）的物理层参数。“主站”可以临时性地或恒久性地直接连接仪表（即：本地抄读），也可经由固定线路或小的总线连接仪表（电缆总长度最大50 m，即：本地的远程抄读）。

关于仪表通信系统和仪表远程抄读的一般表述，见GB/T 26831.1。

2 规范性引用文件

下列文件对于本文件的应用是必不可少的。凡是注日期的引用文件，仅注日期的版本适用于本文件。凡是不注日期的引用文件，其最新版本（包括所有的修改单）适用于本文件。

GB/T 26831.2—2012 社区能量计量抄收系统规范 第2部分：物理层与链路层

3 物理层规范

本地总线是M-Bus总线的一个变种。其应用限于小型装置（符合GB/T 26831.2—2012附录E.6.1中的E型Minibus装置），并为单纯电池供电的主站设备而优化。通常，抄读频率受到仪表的制约。本地总线不支持仪表从总线取电。注意，这种仪表接口与遵从GB/T 26831.2—2012的M-Bus主站是不兼容的。为便于仪表电源管理，主站应在开始任何仪表通讯前不超过10 s的时间内接通总线电源（即：进入主站标号发送状态），参见表2中“通信前的主站标号状态持续时间”。

注：附录A的电路原理图是实现这种接口的一种可能方案。

具有本地总线接口的仪表应满足表1的要求。

表1 仪表要求

参数	最小值	最大值
仪表无损坏电压	>±50 V	—
对地绝缘	>1 MΩ	—
仪表标号状态接收电压	>±(UAM−1 V)	< ±15 V
仪表空号状态接收电压	0 V	< (UAM−3 V)
仪表标号状态发送电流(IBM) 0.5 mA=1 LUL (LUL：本地总线单位负载)	0 mA	< ±0.5 mA
每个LUL的IAM对电压的变化量 (IAM：仪表空号状态发送电流)	—	< ±0.05 mA/V

表 1（续）

参数	最小值	最大值
每个 LUL 的 IBM 对时间的改变量	—	<±50 μA/10 s
每个 LUL 的 IBM 的总改变量	—	<±250 μA
仪表空号状态发送电流	>±(IBM+3 mA)	<±(IBM+6 mA)
(每个仪表的)电容量	—	< 0.5 nF
超过 0.1 s 的掉电或一个 UAM 阶跃改变后的启动时间 (UAM:主站标号状态发送电压)	—	<3 s

本地总线主站应满足表 2 的要求。

表 2　主站要求

参数	最小值	最大值
主站标号状态发送电压(UAM)	>4.8 V	<15 V
主站空号状态发送电压	0 V	<(UAM−4 V)
主站标号状态电流	—	IAM
主站标号状态接收电流	—	<IAM+1 mA
主站空号状态接收电流	>IAM+2 mA	—
通信前的主站标号状态持续时间	>5 s	<10 s
单位负载(LUL)的最大数量	—	6
最高波特率	2 400 波特	—

附　录　A
（资料性附录）
仪表接口实现的电路图

仪表接口实现的电路图如图 A.1 所示。

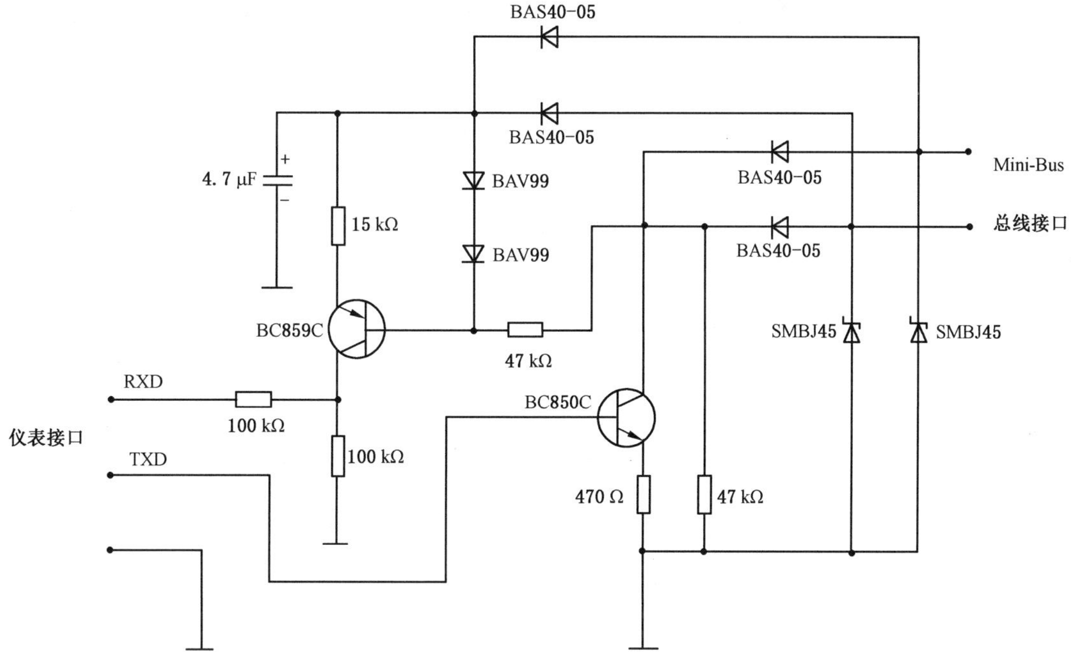

图 A.1　仪表接口实现的电路图

参 考 文 献

[1] GB/T 26831.1 社区能源计量抄收系统规范 第1部分:数据交换
[2] GB/T 26831.3 社区能源计量抄收系统规范 第3部分:专用应用层
[3] GB/T 26831.4 社区能源计量抄收系统规范 第4部分:仪表的无线抄读
[4] GB/T 26831.5 社区能源计量抄收系统规范 第5部分:无线中继
[5] EN 1434-3:1997 Heat meters—Part 3:Data exchange and interface.

ICS 13.220.20
C 81

中华人民共和国国家标准

GB/T 26875.7—2015

城市消防远程监控系统 第7部分:消防设施维护管理软件功能要求

Remote-monitoring system of urban fire protection—
Part 7: Functional requirements for maintenance and management software for building fire facilities

2015-06-02 发布 2016-02-01 实施

中华人民共和国国家质量监督检验检疫总局
中国国家标准化管理委员会 发布

前　言

GB 26875《城市消防远程监控系统》分为以下 8 个部分：

——第 1 部分：用户信息传输装置；

——第 2 部分：通信服务器软件功能要求；

——第 3 部分：报警传输网络通信协议；

——第 4 部分：基本数据项；

——第 5 部分：受理软件功能要求；

——第 6 部分：信息管理软件功能要求；

——第 7 部分：消防设施维护管理软件功能要求；

——第 8 部分：监控中心对外数据交换协议。

本部分为 GB 26875 的第 7 部分。

本部分按照 GB/T 1.1—2009 给出的规则起草。

本部分由中华人民共和国公安部提出。

本部分由全国消防标准化技术委员会(SAC/TC 113)归口。

本部分负责起草单位：公安部沈阳消防研究所。

本部分参加起草单位：深圳市赋安安全系统有限公司、重庆华夏消防有限公司、海湾安全技术有限公司、厦门准信机电工程有限公司、万盛(中国)科技有限公司。

本部分主要起草人：张迪、王军、李志刚、杨树峰、隋虎林、马青波、徐放、范玉峰、刘濛、郑春华、钟尔俊、杨志强、童雷、经纬。

城市消防远程监控系统 第7部分：消防设施维护管理软件 功能要求

1 范围

GB 26875 的本部分规定了城市消防远程监控系统中消防设施维护管理软件的术语和定义、功能要求和测试方法。

本部分适用于城市消防远程监控系统中消防设施维护管理软件的开发。

2 规范性引用文件

下列文件对于本文件的应用是必不可少的。凡是注日期的引用文件，仅注日期的版本适用于本文件。凡是不注日期的引用文件，其最新版本(包括所有的修改单)适用于本文件。

GB/T 25000.51—2010 软件工程 软件产品质量要求与评价(SQuaRE) 商业现货(COTS)软件产品的质量要求和测试细则

GB 25201—2010 建筑消防设施的维护管理

GB 50440 城市消防远程监控系统技术规范

3 术语和定义

GB 25201—2010 和 GB 50440 界定的以及下列术语和定义适用于本文件。

3.1

用户 user

利用城市消防远程监控系统消防设施维护管理软件，对消防设施的维护过程进行信息管理的人员，包括监控中心、公安消防部门、消防设施所在单位、消防设施维护管理单位、消防设备生产厂家和消防设施施工安装企业等单位的人员。

4 功能要求

4.1 一般要求

消防设施维护管理软件应满足以下一般要求：

a) 界面采用中文显示；

b) 在运行期间不应发生不能登录、链接错误等异常情况；

c) 用户文档应满足 GB/T 25000.51—2010 中 5.2 的要求；

d) 支持移动终端、条形码扫描等现场录入方式；

e) 在数据库的存储容量不足 10%时，有声音或文字的提示。

4.2 用户权限管理

消防设施维护管理软件应能根据用户性质的不同，进行软件功能操作权限的管理。不同用户的权限管理要求见表1。

表1 权限管理表

序号	用户	消防设施所在单位信息的添加、修改、删除操作权限	消防设施所在单位信息的查询操作权限
1	监控中心人员	允许	允许
2	公安消防部门人员	不允许	允许
3	消防设施所在单位人员	允许	允许
4	消防设施维护管理单位人员	允许	允许
5	消防设备生产厂家人员	不允许	允许
6	消防设施施工安装企业人员	不允许	允许

4.3 消防设施巡查信息管理

4.3.1 消防设施维护管理软件应能对消防设施的巡查信息进行查询、添加、修改和删除。

4.3.2 消防设施的巡查信息应包括单位名称、巡查项目、巡查内容、巡查情况、巡查部件编号、消防安全责任人或消防安全管理人、巡查人、工作过程、巡查结果、巡查时间等，其中巡查项目、巡查内容、巡查情况的内容应满足GB 25201—2010中表C.1的要求。

4.3.3 消防设施维护管理软件应能生成《建筑消防设施巡查记录表》，并能进行打印，记录表的内容应满足GB 25201—2010中表C.1的要求。

4.4 消防设施检测信息管理

4.4.1 消防设施维护管理软件应能对消防设施的检测信息进行查询、添加、修改和删除。

4.4.2 消防设施的检测信息应包括单位名称、检测项目、检测内容、实测记录、故障记录及处理、检测部件编号、检测单位、消防安全责任人或消防安全管理人、检测人、检测人等级证书编号、工作过程、检测结论、检测时间。检测项目、检测内容、实测记录、故障记录及处理应满足GB 25201—2010中表D.1要求。

4.4.3 消防设施维护管理软件应能生成《建筑消防设施检测记录表》，并能进行打印，记录表的内容应满足GB 25201—2010中表D.1的要求。

4.5 消防设施维修信息管理

4.5.1 消防设施维护管理软件应能对消防设施的维修信息进行查询、添加、修改和删除。

4.5.2 消防设施维护管理软件应能根据巡查、检测和远程监控中发现的故障信息，自动生成故障维修申请。

4.5.3 消防设施的维修信息应包括单位名称、系统名称、故障情况、故障维修情况、故障排除确认、维修部件编号、发现时间、维修时间、维修人、工作过程。故障情况、故障维修情况、故障排除确认应满足GB 25201—2010中表B.1的要求。

4.5.4 消防设施维护管理软件应能生成《建筑消防设施维修记录表》，并能进行打印，记录表的内容应满足GB 25201—2010中表B.1的要求。

4.6 消防设施保养信息管理

4.6.1 消防设施维护管理软件应能对消防设施的保养计划信息进行查询、添加、修改和删除。

4.6.2 消防设施的保养计划信息内容应包括单位名称、检查保养项目、保养内容、周期、系统类型、消防安全责任人或消防安全管理人、计划制定人、审核人。检查保养项目、保养内容、周期应满足GB 25201—2010 中表 E.1 的要求。

4.6.3 消防设施维护管理软件应能生成《建筑消防设施维护保养计划表》,并能进行打印,计划表内容应满足 GB 25201—2010 中表 E.1 的要求。

4.6.4 消防设施维护管理软件应能对消防设施的保养信息进行查询、添加、修改和删除。

4.6.5 消防设施的保养信息内容应包括单位名称、设备名称、保养项目、保养完成情况、备注、系统类型、消防安全责任人或消防安全管理人、保养人、审核人。设备名称、保养项目、保养完成情况、备注应满足 GB 25201—2010 中表 E.2 的要求。

4.6.6 消防设施维护管理软件应能生成《建筑消防设施维护保养记录表》,并能进行打印,记录表的内容应满足 GB 25201—2010 中表 E.2 的要求。

4.7 消防设施分类检索、统计

消防设施维护管理软件应能对消防设施所在单位的巡查信息、检测信息、维修信息和保养信息,按照下述检索项进行单项或联合检索和统计:

a) 时间;
b) 消防设施所在单位名称;
c) 消防设施所在单位所在区域;
d) 消防设施所在单位监管等级;
e) 消防设施类型;
f) 消防设施部件类型;
g) 消防设施部件编号;
h) 消防设施维护管理单位名称;
i) 消防设备生产厂家名称。

消防设施维护管理软件应能根据检索和统计结果生成相应统计报表,并能进行打印。

5 测试方法

5.1 总则

5.1.1 制造商应提供消防设施维护管理软件包和用户文档。

5.1.2 测试前,按照用户文档的相关要求进行硬件配置及软件安装,连接相关系统设备,完成软件的各项设置,使相关系统设备处于正常工作状态。

5.1.3 消防设施维护管理软件功能测试过程应按 5.2 规定的方法,分别参照用户文档相应操作过程逐条进行。

5.2 功能测试方法

5.2.1 运行消防设施维护管理软件,观察并记录信息管理软件进入工作状态情况。

5.2.2 查看消防设施维护管理软件的文字信息界面情况。

5.2.3 查看软件对移动终端、条形码扫描的录入情况。

5.2.4 将数据库的硬盘分区剩余空间调整到小于 10%的容量,观察并记录软件声音或文字提示情况。

5.2.5 分别以不同权限用户登录消防设施维护管理软件,查看其对信息的操作状况,观察并记录操作结果。

5.2.6 进行消防设施巡查信息的查询、添加、修改和删除等操作,生成《建筑消防设施巡查记录表》,进行打印,观察并记录操作结果。

5.2.7 进行消防设施检测信息的查询、添加、修改和删除等操作,生成《建筑消防设施检测记录表》,进行打印,观察并记录操作结果。

5.2.8 进行模拟消防设施巡查、检测和远程监控中发现故障的操作,观察并记录操作结果。

5.2.9 进行消防设施维修信息的查询、添加、修改和删除等操作,生成《建筑消防设施维修记录表》,进行打印,观察并记录操作结果。

5.2.10 进行消防设施保养计划信息的查询、添加、修改和删除等操作,生成《建筑消防设施保养计划表》,进行打印,观察并记录操作结果。

5.2.11 进行消防设施保养信息的查询、添加、修改和删除等操作,生成《建筑消防设施保养记录表》,进行打印,观察并记录操作结果。

5.2.12 登录消防设施维护管理软件,按照4.7中a)～i)规定的对消防设施所在单位的巡查信息、检测信息、维护信息和保养信息进行单项或者联合项索引统计,观察并记录操作结果。

5.2.13 观察并记录根据5.2.12获得的查询统计结果的打印情况。

ICS 13.220.20
C 81

中华人民共和国国家标准

GB/T 26875.8—2015

城市消防远程监控系统 第8部分：监控中心对外数据交换协议

Remote-monitoring system of urban fire protection—
Part 8: External data exchange protocol for monitoring center

2015-06-02 发布　　2016-02-01 实施

中华人民共和国国家质量监督检验检疫总局
中国国家标准化管理委员会　发布

前　言

GB 26875《城市消防远程监控系统》分为以下八个部分：

——第1部分：用户信息传输装置；

——第2部分：通信服务器软件功能要求；

——第3部分：报警传输网络通信协议；

——第4部分：基本数据项；

——第5部分：受理软件功能要求；

——第6部分：信息管理软件功能要求；

——第7部分：消防设施维护管理软件功能要求；

——第8部分：监控中心对外数据交换协议。

本部分为GB 26875的第8部分。

本部分按照GB/T 1.1—2009给出的规则起草。

本部分由中华人民共和国公安部提出。

本部分由全国消防标准化技术委员会(SAC/TC 113)归口。

本部分负责起草单位：公安部沈阳消防研究所。

本部分参加起草单位：深圳市赋安安全系统有限公司、万盛(中国)科技有限公司、海湾安全技术有限公司。

本部分主要起草人：李志刚、王军、张迪、杨树峰、刘海霞、裴建国、齐宝金、仝瑞涛、赵海荣、张磊、杜阳、乔培玉、刘濛、隋虎林、马青波、郑春华、经纬、王海润。

城市消防远程监控系统
第8部分:监控中心对外数据交换协议

1 范围

GB 26875的本部分规定了城市消防远程监控系统监控中心对外数据交换协议的缩略语、XML Schema定义、一般要求、数据查询接口和数据实时发布接口。

本部分适用于城市消防远程监控系统监控中心与外部系统之间的数据交换。

2 规范性引用文件

下列文件对于本文件的应用是必不可少的。凡是注日期的引用文件,仅注日期的版本适用于本文件。凡是不注日期的引用文件,其最新版本(包括所有的修改单)适用于本文件。

GB 18030 信息技术 中文编码字符集

GB/T 26875.4—2011 城市消防远程监控系统 第4部分:基本数据项

GB 50440 城市消防远程监控系统技术规范

RFC 2616 超文本传输协议(Hypertext Transfer Protocol—HTTP/1.1)

RFC 2818 超文本传输安全协议(HTTP Over TLS)

RFC 3023 XML媒体类型(XML Media Types)

RFC 3629 ISO 10646的转换格式(UTF-8, a transformation format of ISO 10646)

RFC 6749 OAuth 2.0认证框架(The OAuth 2.0 Authorization Framework)

3 术语和定义

GB 50440界定的术语和定义适用于本文件。

4 缩略语

下列缩略语适用于本文件。

HTTP:超文本传输协议(Hypertext Transfer Protocol)

HTTPS:超文本传输安全协议(HTTP Over TLS)

REST:表述性状态转移(Representational State Transfer)

URI:统一资源标识符(Uniform Resource Identifier)

XML:可扩展标记语言(eXtensible Markup Language)

XML Schema:可扩展标记语言架构定义(XML Schema Definition)

5 XML Schema定义

5.1 GB/T 26875.4—2011中规定的各类信息的XML Schema定义见附录A。

5.2 数据订阅请求、取消数据订阅请求、数据订阅响应及相关数据通知的XML Schema定义见附录B。

5.3 附录 A、附录 B 所述 XML Schema 中引用的公用数据类型的 XML Schema 定义见附录 C。

6 一般要求

6.1 本协议使用的字符集应满足 GB 18030 或 RFC 3629 的规定。

6.2 本协议应以 HTTP 或 HTTPS 协议作为底层承载协议。采用 HTTP 协议时，应满足 RFC 2616 的规定；采用 HTTPS 协议时，应满足 RFC 2818 的规定。

6.3 本协议宜采用 OAuth 2.0 协议进行客户端验证和授权，并满足 RFC 6749 的规定。

6.4 监控中心如未能处理接收到的请求时，返回的 HTTP 响应的状态代码(Status Code)应是 400，实体主体(Entity Body)应是 RFC 3023 中描述的媒体类型为“application/xml”的错误响应。错误响应的 XML Schema 定义见 A.15，其中 description 元素为错误描述；code 元素为错误代码，取值范围为 1～9999，仅 1000～9999 用于自定义错误，错误代码的定义见表 1。

表 1 错误代码表

错误代码	错误含义
1	未知错误
2	监控中心暂时停止数据交换服务
3	监控中心不支持的数据交换请求
4	客户应用的身份无法确定
5	客户应用被禁用
6	客户应用的 IP 被禁止
7	客户应用的请求频率超过限制
8	客户应用的权限不足
9	请求参数无效
10	请求参数缺失
11	请求无法被处理
100	监控中心不存在指定的数据
200	订阅请求无法添加
201	取消订阅时，subscribe_id 不存在
1000～9999	自定义

7 数据查询接口

7.1 数据查询请求

7.1.1 任何查询请求应支持表 2 规定的通用查询参数。

表 2　通用查询参数

参数名称	类型	是否必需	描述
format	字符型	否	响应数据格式，可以为 xml，默认值为 xml
ie	字符型	否	查询请求的编码类型，可以为 UTF-8 或 GBK，默认值为 UTF-8
oe	字符型	否	响应数据的编码类型，可以为 UTF-8 或 GBK，默认值为 UTF-8
page_no	整数型	否	用于支持数据集合分页，表示第几页，默认值为 1
page_size	整数型	否	用于支持数据集合分页，表示每页返回多少条数据，默认值为 20

7.1.2　查询请求接口应支持 HTTP 的 GET 方法。

注：GET 方法是 HTTP 规定的客户端与服务器的交互方法之一，一般用于获取或查询资源信息。

7.1.3　查询请求接口应采用 REST 风格的 HTTP 接口，接口 URL 基本格式为 http(s)://.../openapi/v1/query/{uri}{query_string}，其中{uri}应支持 7.3 规定的各类查询的{uri}路径，{uri}可在任何“/”处截止，不以“/”结尾；{query_string}由通用查询参数和具体查询参数组合而成，在格式上，以“?”字符为起点，每个参数以“&”隔开，再以“=”分开参数名称与参数值，同一参数的参数值如有多个，则以“,”连接参数值。如?key1=value&key2=value21,value22&…。

7.2　数据查询响应

7.2.1　查询响应数据的格式由查询请求的 format 参数指定。

7.2.2　查询响应数据的编码类型由查询请求的 oe 参数指定。

7.3　数据查询细则

7.3.1　监控中心查询

7.3.1.1　{uri}为 jkzx_list/{jkzx_guid}。

7.3.1.2　{query_string}可使用表 3 规定的具体查询参数。

表 3　监控中心具体查询参数

项目名称	参数名称
中心名称	zxmc
所属区域	ssqy
中心详址	zxxz
中心级别	zxjb
上级中心名称	sjzxmc

7.3.1.3　响应数据的 XML Schema 定义见 A.1。

7.3.2　监控人员查询

7.3.2.1　{uri}为 jkzx_list/{jkzx_guid}/jkry_list/{jkry_guid}。

7.3.2.2　{query_string}除可以使用 7.3.1.2 规定的参数外，还可使用表 4 规定的具体查询参数。

表 4 监控人员具体查询参数

项目名称	参数名称
人员姓名	ryxm
人员电话	rydh
人员所属单位名称	ryssdwmc

7.3.2.3 响应数据的 XML Schema 定义见 A.2。

7.3.3 联网用户基本情况查询

7.3.3.1 {uri}为 jkzx_list/{jkzx_guid}/lwyh_list/{lwyh_guid}。

7.3.3.2 {query_string}除可以使用 7.3.1.2 规定的参数外，还可使用表 5 规定的具体查询参数。

表 5 联网用户基本情况具体查询参数

项目名称	参数名称
单位名称	dwmc
组织机构代码	zzjgdm
单位类别	dwlb
所属区域	ssqy
单位详址	dwxz
联网状态	lwzt
邮政编码	yzbm

7.3.3.3 响应数据的 XML Schema 定义见 A.3。

7.3.4 建、构筑物基本情况查询

7.3.4.1 {uri}为 jkzx_list/{jkzx_guid}/lwyh_list/{lwyh_guid}/jgzw_list/{jgzw_guid}。

7.3.4.2 {query_string}除可以使用 7.3.1.2、7.3.3.2 规定的参数外，还可使用表 6 规定的具体查询参数。

表 6 建、构筑物具体查询参数

项目名称	参数名称
建、构筑物类别	jgzwlb
使用性质	syxz
火灾危险性	hzwxx
耐火等级	nhdj
结构类型	jglx

7.3.4.3 响应数据的 XML Schema 定义见 A.4。

7.3.5 消防安全重点部位基本情况查询

7.3.5.1 {uri}为 jkzx_list/{jkzx_guid}/lwyh_list/{lwyh_guid}/xfaqzdbw_list/{xfaqzdbw_guid}。

7.3.5.2 {query_string}除可以使用 7.3.1.2、7.3.3.2 规定的参数外，还可使用表 7 规定的具体查询参数。

表 7 消防安全重点部位具体查询参数

项目名称	参数名称
耐火等级	zdbw_nhdj
使用性质	zdbw_xyxz

7.3.5.3 响应数据的 XML Schema 定义见 A.5。

7.3.6 消防设施查询

7.3.6.1 {uri}为 jkzx_list/{jkzx_guid}/lwyh_list/{lwyh_guid}/xfss_list/{xfss_guid}。

7.3.6.2 {query_string}除可以使用 7.3.1.2、7.3.3.2 规定的参数外，还可使用表 8 规定的具体查询参数。

表 8 消防设施具体查询参数

项目名称	参数名称
设施名称	ssmc
设施服务状态	ssfwzt
设施状态	sszt
维护保养单位名称	whbydwmc
消防设施所属单位名称	xfssssdwmc

7.3.6.3 响应数据的 XML Schema 定义见 A.6。

7.3.7 消防设施部件查询

7.3.7.1 {uri}为 jkzx_list/{jkzx_guid}/lwyh_list/{lwyh_guid}/xfss_list/{xfss_guid}/xfssbj_list/{xfssbj_guid}。

7.3.7.2 {query_string}除可以使用 7.3.1.2、7.3.3.2、7.3.6.2 规定的参数外，还可使用表 9 规定的具体查询参数。

表 9 消防设施部件具体查询参数

项目名称	参数名称
部件型号	bjxh
部件状态	bjzt
状态变化时间	ztbhsj,ztbhsj_from,ztbhsj_to

7.3.7.3 响应数据的 XML Schema 定义见 A.7。

7.3.8 受理查询

7.3.8.1 {uri}为 jkzx_list/{jkzx_guid}/sl_list/{sl_guid}jkzx_list/{jkzx_guid}/lwyh_list/{lwyh_guid}/sl_list/{sl_guid}。

7.3.8.2 {query_string}除可以使用 7.3.1.2、7.3.3.2 规定的参数外，还可使用表 10 规定的具体查询参数。

表 10 受理具体查询参数

项目名称	参数名称
单位名称	sl_dwmc
首次报警时间	scbjsj，scbjsj_from，scbjsj_to
受理时间	slsj，slsj_from，slsj_to
信息类型	xxlx
信息确认	xxqr

7.3.8.3 响应数据的 XML Schema 定义见 A.8。

7.3.9 查岗查询

7.3.9.1 {uri}为 jkzx_list/{jkzx_guid}/cg_list/{cg_guid}或 jkzx_list/{jkzx_guid}/lwyh_list/{lwyh_guid}/cg_list/{cg_guid}。

7.3.9.2 {query_string}除可以使用 7.3.1.2、7.3.3.2 规定的参数外，还可使用表 11 规定的具体查询参数。

表 11 查岗具体查询参数

项目名称	参数名称
发起时间	fqsj，fqsj_from，fqsj_to
查岗结果	cgjg

7.3.9.3 响应数据的 XML Schema 定义见 A.9。

7.3.10 火灾查询

7.3.10.1 {uri}为 jkzx_list/{jkzx_guid}/hz_list/{hz_guid}或 jkzx_list/{jkzx_guid}/lwyh_list/{lwyh_guid}/hz_list/{hz_guid}。

7.3.10.2 {query_string}除可以使用 7.3.1.2、7.3.3.2 规定的参数外，还可使用表 12 规定的具体查询参数。

表 12 火灾具体查询参数

项目名称	参数名称
起火时间	qhsj，qhsj_from，qhsj_to
报警方式描述	bjfsms

7.3.10.3 响应数据的 XML Schema 定义见 A.10。

7.3.11 消防设施检查查询

7.3.11.1 {uri}为 jkzx_list/{jkzx_guid}/lwyh_list/{lwyh_guid}/xfssjc_list/{xfssjc_guid}。

7.3.11.2 {query_string}除可以使用 7.3.1.2、7.3.3.2 规定的参数外，还可使用表 13 规定的具体查询参数。

表 13 消防设施检查具体查询参数

项目名称	参数名称
检查日期	qhsj,qhsj_from,qhsj_to
检查类别	jclb
检查结果	jcjg

7.3.11.3 响应数据的 XML Schema 定义见 A.11。

7.3.12 消防设施维护保养查询

7.3.12.1 {uri}为 jkzx_list/{jkzx_guid}/lwyh_list/{lwyh_guid}/xfsswhby_list/{xfsswhby_guid}。

7.3.12.2 {query_string}除可以使用 7.3.1.2、7.3.3.2 规定的参数外，还可使用表 14 规定的具体查询参数。

表 14 消防设施维护保养具体查询参数

项目名称	参数名称
维护保养时间	whbysj,whbysj_from,whbysj_to

7.3.12.3 响应数据的 XML Schema 定义见 A.12。

7.3.13 消防法规查询

7.3.13.1 {uri}为 xffg_list/{xffg_guid}。

7.3.13.2 响应数据的 XML Schema 定义见 A.13。

7.3.14 消防常识查询

7.3.14.1 {uri}为 xfcs_list/{xfcs_guid}。

7.3.14.2 响应数据的 XML Schema 定义见 A.14。

8 数据实时发布接口

8.1 数据订阅请求

8.1.1 订阅请求接口应支持 HTTP 接口的 POST 方法。

注：POST 方法是 HTTP 规定的客户端与服务器的交互方法之一，一般用于更新资源信息。

8.1.2 订阅请求接口应采用 REST 风格的 HTTP 接口，接口 URL 基本格式为 http(s)://.../openapi/v1/realtime/{uri}，其中{uri}应支持 8.4 规定的各类订阅地址的{uri}路径，{uri}可在任何"/"处截止，不以"/"结尾。

8.1.3 订阅请求的 XML 元素见表 15,XML Schema 定义见 B.1。

表 15 订阅请求的 XML 元素

项目名称		类型	是否必需	描述
format		字符型	否	响应数据的格式,可以为 xml,默认值为 xml
ie		字符型	否	请求的编码类型,可以为 UTF-8 或 GBK,默认值为 UTF-8
oe		字符型	否	响应数据的编码类型,可以为 UTF-8 或 GBK,默认值为 UTF-8
operation		字符型	是	操作类型,为 subscribe
callback_url		字符型	是	回调地址
callback_format		字符型	否	回调数据的格式,可以为 xml,默认值为 xml
callback_oe		字符型	否	回调数据的编码类型,可以为 UTF-8 或 GBK,默认值为 UTF-8
validity_from,validity_to		日期型	否	有效时限范围,超过该时限该订阅自动失效。如无时限范围,则始终有效
filter	para_name	字符型	是	过滤条件参数名称,见 8.4
	para_value	字符型	是	过滤条件参数取值

8.1.4 取消订阅请求的 XML 元素见表 16,XML Schema 定义见 B.2。

表 16 取消订阅请求的 XML 元素

项目名称	类型	是否必需	描述
format	字符型	否	响应数据的格式,可以为 xml,默认值为 xml
ie	字符型	否	请求的编码类型,可以为 UTF-8 或 GBK,默认值为 UTF-8
oe	字符型	否	响应数据的编码类型,可以为 UTF-8 或 GBK,默认值为 UTF-8
operation	字符型	是	操作类型,为 unsubscribe
subscribe_id	字符型	是	订阅编号

8.1.5 取消所有订阅请求的 XML 元素见表 17,XML Schema 定义见 B.3。

表 17 取消所有订阅请求的 XML 元素

项目名称	类型	是否必需	描述
format	字符型	否	响应数据的格式,为 xml,默认值为 xml
ie	字符型	否	请求的编码类型,可以为 UTF-8 或 GBK,默认值为 UTF-8
oe	字符型	否	响应数据的编码类型,可以为 UTF-8 或 GBK,默认值为 UTF-8
operation	字符型	是	操作类型,为 clear

8.2 数据订阅响应

8.2.1 订阅响应数据的格式由订阅请求的 format 参数指定。

8.2.2 订阅响应数据的编码类型由订阅请求的 oe 参数指定。

8.2.3 订阅响应数据的 XML 元素见表 18,XML Schema 定义见 B.4。

表 18 订阅响应的 XML 元素

项目名称	类型	是否必需	描述
subscribe_id	字符型	是	监控中心返回的订阅编号,客户端注销订阅时需提供该编号
validity_from,validity_to	日期型	否	有效时限范围

8.3 数据发布通知回调

通知的接收方应在 callback_url 指定的地址,采用基于 HTTP 的 Web Service 接口等待接收监控中心的实时数据发布通知。

8.4 订阅请求和通知细则

消防设施部件状态变化通知的要求如下:

——URI 路径为 jkzx_list/{jkzx_guid}或 jkzx_list/{jkzx_guid}/lwyh_list/{lwyh_guid};

——过滤条件参数见表 19;

——通知数据的 XML Schema 定义见 B.5。

表 19 消防设施部件状态过滤条件参数

项目名称	参数名称
单位所属区域	dwssqy
单位类别	dwlb
部件状态	bjzt

附 录 A
（规范性附录）
数据查询接口相关的 XML Schema 定义

A.1 监控中心信息 XML Schema 定义

监控中心信息的 XML Schema 定义如下：

```
<?xml version="1.0" encoding="utf-8"?>
<xs:schema targetNamespace="http://schemas.syfri.cn/rmsufp/v1/openapi"
           xmlns="http://schemas.syfri.cn/rmsufp/v1/openapi"
           elementFormDefault="qualified"
           attributeFormDefault="unqualified"
           xmlns:xs="http://www.w3.org/2001/XMLSchema">
  <xs:include schemaLocation="define.xsd"/>
  <!-- 监控中心 -->
  <xs:element name="jkzx_list">
    <xs:complexType>
      <xs:sequence minOccurs="1" maxOccurs="unbounded">
        <xs:element name="jkzx" type="jkzx_t"/>
      </xs:sequence>
    </xs:complexType>
  </xs:element>
</xs:schema>
```

A.2 监控人员信息 XML Schema 定义

监控人员信息的 XML Schema 定义如下：

```
<?xml version="1.0" encoding="utf-8"?>
<xs:schema targetNamespace="http://schemas.syfri.cn/rmsufp/v1/openapi"
           xmlns="http://schemas.syfri.cn/rmsufp/v1/openapi"
           elementFormDefault="qualified"
           attributeFormDefault="unqualified"
           xmlns:xs="http://www.w3.org/2001/XMLSchema">
  <xs:include schemaLocation="define.xsd"/>
  <!-- 监控人员 -->
  <xs:element name="jkry_list">
    <xs:complexType>
      <xs:sequence minOccurs="1" maxOccurs="unbounded">
        <xs:element name="jkry" type="jkry_t"/>
      </xs:sequence>
    </xs:complexType>
```

```
  </xs:element>
</xs:schema>
```

A.3 联网用户基本情况信息 XML Schema 定义

联网用户基本情况信息的 XML Schema 定义如下：

```
<?xml version="1.0" encoding="utf-8"?>
<xs:schema targetNamespace="http://schemas.syfri.cn/rmsufp/v1/openapi"
           xmlns="http://schemas.syfri.cn/rmsufp/v1/openapi"
           elementFormDefault="qualified"
           attributeFormDefault="unqualified"
           xmlns:xs="http://www.w3.org/2001/XMLSchema">
  <xs:include schemaLocation="define.xsd"/>
  <!-- 联网用户基本情况 -->
  <xs:element name="lwyhjbqk_list">
    <xs:complexType>
      <xs:sequence minOccurs="1" maxOccurs="unbounded">
        <xs:element name="lwyhjbqk" type="lwyhjbqk_t"/>
      </xs:sequence>
    </xs:complexType>
  </xs:element>
</xs:schema>
```

A.4 建、构筑物信息 XML Schema 定义

建、构筑物信息的 XML Schema 定义如下：

```
<?xml version="1.0" encoding="utf-8"?>
<xs:schema targetNamespace="http://schemas.syfri.cn/rmsufp/v1/openapi"
           xmlns="http://schemas.syfri.cn/rmsufp/v1/openapi"
           elementFormDefault="qualified"
           attributeFormDefault="unqualified"
           xmlns:xs="http://www.w3.org/2001/XMLSchema">
  <xs:include schemaLocation="define.xsd"/>
  <!-- 建、构筑物 -->
  <xs:element name="jgzw_list">
    <xs:complexType>
      <xs:sequence minOccurs="1" maxOccurs="unbounded">
        <xs:element name="jgzw" type="jgzw_t"/>
      </xs:sequence>
    </xs:complexType>
  </xs:element>
</xs:schema>
```

A.5 消防安全重点部位信息 XML Schema 定义

消防安全重点部位信息的 XML Schema 定义如下：

```
<?xml version="1.0" encoding="utf-8"?>
<xs:schema targetNamespace="http://schemas.syfri.cn/rmsufp/v1/openapi"
           xmlns="http://schemas.syfri.cn/rmsufp/v1/openapi"
           elementFormDefault="qualified"
           attributeFormDefault="unqualified"
           xmlns:xs="http://www.w3.org/2001/XMLSchema">
  <xs:include schemaLocation="define.xsd"/>
  <!-- 消防安全重点部位信息数据项-->
  <xs:element name="xfaqzdbw_list">
    <xs:complexType>
      <xs:sequence minOccurs="1" maxOccurs="unbounded">
        <xs:element name="xfaqzdbw" type="xfaqzdbw_t"/>
      </xs:sequence>
    </xs:complexType>
  </xs:element>
</xs:schema>
```

A.6 消防设施信息 XML Schema 定义

消防设施信息的 XML Schema 定义如下：

```
<?xml version="1.0" encoding="utf-8"?>
<xs:schema targetNamespace="http://schemas.syfri.cn/rmsufp/v1/openapi"
           xmlns="http://schemas.syfri.cn/rmsufp/v1/openapi"
           elementFormDefault="qualified"
           attributeFormDefault="unqualified"
           xmlns:xs="http://www.w3.org/2001/XMLSchema">
  <xs:include schemaLocation="define.xsd"/>
  <!-- 消防设施 -->
  <xs:element name="xfss_list">
    <xs:complexType>
      <xs:sequence minOccurs="1" maxOccurs="unbounded">
        <xs:element name="xfss" type="xfss_t"/>
      </xs:sequence>
    </xs:complexType>
  </xs:element>
</xs:schema>
```

A.7 消防设施部件信息 XML Schema 定义

消防设施部件信息的 XML Schema 定义如下：

```
<?xml version="1.0" encoding="utf-8"?>
<xs:schema targetNamespace="http://schemas.syfri.cn/rmsufp/v1/openapi"
           xmlns="http://schemas.syfri.cn/rmsufp/v1/openapi"
           elementFormDefault="qualified"
           attributeFormDefault="unqualified"
           xmlns:xs="http://www.w3.org/2001/XMLSchema">
  <xs:include schemaLocation="define.xsd"/>
  <!-- 消防设施部件 -->
  <xs:element name="xfssbj_list">
    <xs:complexType>
      <xs:sequence minOccurs="1" maxOccurs="unbounded">
        <xs:element name="xfssbj" type="xfssbj_t"/>
      </xs:sequence>
    </xs:complexType>
  </xs:element>
</xs:schema>
```

A.8 受理信息 XML Schema 定义

受理信息的 XML Schema 定义如下：

```
<?xml version="1.0" encoding="utf-8"?>
<xs:schema  targetNamespace="http://schemas.syfri.cn/rmsufp/v1/openapi"
           xmlns="http://schemas.syfri.cn/rmsufp/v1/openapi"
           elementFormDefault="qualified"
           attributeFormDefault="unqualified"
           xmlns:xs="http://www.w3.org/2001/XMLSchema">
  <xs:include schemaLocation="define.xsd"/>
  <!-- 受理信息 -->
  <xs:element name="sl_list">
    <xs:complexType>
      <xs:sequence minOccurs="1" maxOccurs="unbounded">
        <xs:element name="sl" type="sl_t"/>
      </xs:sequence>
    </xs:complexType>
  </xs:element>
</xs:schema>
```

A.9 查岗信息 XML Schema 定义

查岗信息的 XML Schema 定义如下：

```
<?xml version="1.0" encoding="utf-8"?>
<xs:schema targetNamespace="http://schemas.syfri.cn/rmsufp/v1/openapi"
           xmlns="http://schemas.syfri.cn/rmsufp/v1/openapi"
           elementFormDefault="qualified"
           attributeFormDefault="unqualified"
           xmlns:xs="http://www.w3.org/2001/XMLSchema">
  <xs:include schemaLocation="define.xsd"/>
  <!-- 查岗信息 -->
  <xs:element name="cg_list">
    <xs:complexType>
      <xs:sequence minOccurs="1" maxOccurs="unbounded">
        <xs:element name="cg" type="cg_t"/>
      </xs:sequence>
    </xs:complexType>
  </xs:element>
</xs:schema>
```

A.10 火灾信息 XML Schema 定义

火灾信息的 XML Schema 定义如下：

```
<?xml version="1.0" encoding="utf-8"?>
<xs:schema targetNamespace="http://schemas.syfri.cn/rmsufp/v1/openapi"
           xmlns="http://schemas.syfri.cn/rmsufp/v1/openapi"
           elementFormDefault="qualified"
           attributeFormDefault="unqualified"
           xmlns:xs="http://www.w3.org/2001/XMLSchema">
  <xs:include schemaLocation="define.xsd"/>
  <!-- 火灾信息 -->
  <xs:element name="hz_list">
    <xs:complexType>
      <xs:sequence minOccurs="1" maxOccurs="unbounded">
        <xs:element name="hz" type="hz_t"/>
      </xs:sequence>
    </xs:complexType>
  </xs:element>
</xs:schema>
```

A.11 消防设施检查信息 XML Schema 定义

消防设施检查信息的 XML Schema 定义如下：

```
<?xml version="1.0" encoding="utf-8"?>
<xs:schema targetNamespace="http://schemas.syfri.cn/rmsufp/v1/openapi"
          xmlns="http://schemas.syfri.cn/rmsufp/v1/openapi"
          elementFormDefault="qualified"
          attributeFormDefault="unqualified"
          xmlns:xs="http://www.w3.org/2001/XMLSchema">
  <xs:include schemaLocation="define.xsd"/>
  <!-- 消防设施检查 -->
  <xs:element name="xfssjc_list">
    <xs:complexType>
      <xs:sequence minOccurs="1" maxOccurs="unbounded">
        <xs:element name="xfssjc" type="xfssjc_t"/>
      </xs:sequence>
    </xs:complexType>
  </xs:element>
</xs:schema>
```

A.12 消防设施维护保养信息 XML Schema 定义

消防设施维护保养信息的 XML Schema 定义如下：

```
<?xml version="1.0" encoding="utf-8"?>
<xs:schema targetNamespace="http://schemas.syfri.cn/rmsufp/v1/openapi"
          xmlns="http://schemas.syfri.cn/rmsufp/v1/openapi"
          elementFormDefault="qualified"
          attributeFormDefault="unqualified"
          xmlns:xs="http://www.w3.org/2001/XMLSchema">
  <xs:include schemaLocation="define.xsd"/>
  <!-- 消防设施维护保养 -->
  <xs:element name="xfsswhby_list">
    <xs:complexType>
      <xs:sequence minOccurs="1" maxOccurs="unbounded">
        <xs:element name="xfsswhby" type="xfsswhby_t"/>
      </xs:sequence>
    </xs:complexType>
  </xs:element>
</xs:schema>
```

A.13 消防法规信息 XML Schema 定义

消防法规信息的 XML Schema 定义如下：

```
<?xml version="1.0" encoding="utf-8"?>
<xs:schema targetNamespace="http://schemas.syfri.cn/rmsufp/v1/openapi"
           xmlns="http://schemas.syfri.cn/rmsufp/v1/openapi"
           elementFormDefault="qualified"
           attributeFormDefault="unqualified"
           xmlns:xs="http://www.w3.org/2001/XMLSchema">
  <xs:include schemaLocation="define.xsd"/>
  <!-- 消防法规 -->
  <xs:element name="xffg_list">
    <xs:complexType>
      <xs:sequence minOccurs="1" maxOccurs="unbounded">
        <xs:element name="xffg" type="xffg_t"/>
      </xs:sequence>
    </xs:complexType>
  </xs:element>
</xs:schema>
```

A.14 消防常识 XML Schema 定义

消防常识信息的 XML Schema 定义如下：

```
<?xml version="1.0" encoding="utf-8"?>
<xs:schema targetNamespace="http://schemas.syfri.cn/rmsufp/v1/openapi"
           xmlns="http://schemas.syfri.cn/rmsufp/v1/openapi"
           elementFormDefault="qualified"
           attributeFormDefault="unqualified"
           xmlns:xs="http://www.w3.org/2001/XMLSchema">
  <xs:include schemaLocation="define.xsd"/>
  <!-- 消防常识 -->
  <xs:element name="xfcs_list">
    <xs:complexType>
      <xs:sequence minOccurs="1" maxOccurs="unbounded">
        <xs:element name="xfcs" type="xfcs_t"/>
      </xs:sequence>
    </xs:complexType>
  </xs:element>
</xs:schema>
```

A.15 错误响应信息 XML Schema 定义

监控中心不能处理接收到的请求时，所返回错误响应信息的 XML Schema 定义如下：

```
<?xml version="1.0" encoding="utf-8"?>
<xs:schema targetNamespace="http://schemas.syfri.cn/rmsufp/v1/openapi"
           xmlns="http://schemas.syfri.cn/rmsufp/v1/openapi"
           elementFormDefault="qualified"
           attributeFormDefault="unqualified"
           xmlns:xs="http://www.w3.org/2001/XMLSchema">
  <xs:include schemaLocation="define.xsd"/>
  <!-- 错误 -->
  <xs:element name="errors">
    <xs:complexType>
      <xs:sequence minOccurs="1" maxOccurs="unbounded">
        <xs:element name="error" type="error_t"/>
      </xs:sequence>
    </xs:complexType>
  </xs:element>
</xs:schema>
```

附 录 B
（规范性附录）
数据实时发布接口相关的 XML Schema 定义

B.1 订阅请求的 XML Schema 定义

外部系统向监控中心发出的订阅请求的 XML Schema 定义如下：

```
〈?xml version="1.0" encoding="utf-8"?〉
〈xs:schema targetNamespace="http://schemas.syfri.cn/rmsufp/v1/openapi"
        xmlns="http://schemas.syfri.cn/rmsufp/v1/openapi"
        elementFormDefault="qualified"
        attributeFormDefault="unqualified"
        xmlns:xs="http://www.w3.org/2001/XMLSchema"〉
  〈xs:include schemaLocation="define.xsd"/〉
  〈!-- 订阅 --〉
  〈xs:element name="subscribe"〉
    〈xs:complexType〉
      〈xs:sequence〉
        〈!-- 响应数据的格式 --〉
        〈xs:element name="format" type="output_format_t" default ="xml" minOccurs="0"/〉
        〈!-- 请求的编码类型 --〉
        〈xs:element name="ie" type="encoding_t" default="UTF-8" minOccurs="0"/〉
        〈!-- 响应数据的编码类型 --〉
        〈xs:element name="oe" type="encoding_t" default="UTF-8" minOccurs="0"/〉
        〈!-- 操作类型 --〉
        〈xs:element name="operation" type="xs:string" fixed="subscribe"/〉
        〈!-- 回调地址 --〉
        〈xs:element name="callback_url" type="xs:string"/〉
        〈!-- 回调数据的格式 --〉
        〈xs:element name="callback_format" type="output_format_t" default="xml" minOccurs="0"/〉
        〈!-- 回调数据的编码类型 --〉
        〈xs:element name="callback_oe" type="encoding_t" default="UTF-8" minOccurs="0"/〉
        〈!-- 有效时限起始 --〉
        〈xs:element name="validity_from" type="xs:date" minOccurs="0"/〉
        〈!-- 有效时限结束 --〉
        〈xs:element name="validity_to" type="xs:date" minOccurs="0"/〉
        〈!-- 过滤条件 --〉
        〈xs:element name="filters"〉
          〈xs:complexType〉
            〈xs:sequence〉
```

```
        <!-- 过滤条件如有多个,则为逻辑“与”的关系 -->
        <xs:element name="filter" minOccurs="1" maxOccurs="unbounded">
          <xs:complexType>
            <xs:sequence>
              <!-- 参数名称 -->
              <xs:element name="para_name" type="xs:string"/>
              <!-- 参数值 -->
              <xs:element name="para_value" type="xs:string"/>
            </xs:sequence>
          </xs:complexType>
        </xs:element>
      </xs:sequence>
    </xs:complexType>
   </xs:element>
  </xs:sequence>
 </xs:complexType>
</xs:element>
</xs:schema>
```

B.2 取消订阅请求的 XML Schema 定义

外部系统向监控中心发出的取消订阅请求的 XML Schema 定义如下：

```
<?xml version="1.0" encoding="utf-8"?>
<xs:schema targetNamespace="http://schemas.syfri.cn/rmsufp/v1/openapi"
           xmlns="http://schemas.syfri.cn/rmsufp/v1/openapi"
           elementFormDefault="qualified"
           attributeFormDefault="unqualified"
           xmlns:xs="http://www.w3.org/2001/XMLSchema">
  <xs:include schemaLocation="define.xsd"/>
  <!-- 取消订阅 -->
  <xs:element name="unsubscribe">
    <xs:complexType>
      <xs:all>
        <!-- 响应数据的格式 -->
        <xs:element name="format" type="output_format_t" default="xml" minOccurs="0"/>
        <!-- 请求的编码类型 -->
        <xs:element name="ie" type="encoding_t" default="UTF-8" minOccurs="0"/>
        <!-- 响应数据的编码类型 -->
        <xs:element name="oe" type="encoding_t" default="UTF-8" minOccurs="0"/>
        <!-- 操作类型 -->
        <xs:element name="operation" type="xs:string" fixed="unsubscribe"/>
        <!-- 订阅编号 -->
        <xs:element name="subscribe_id" type="xs:string" minOccurs="1"/>
```

```
    </xs:all>
  </xs:complexType>
 </xs:element>
</xs:schema>
```

B.3 取消所有订阅请求的 XML Schema 定义

外部系统向监控中心发出的取消所有订阅请求的 XML Schema 定义如下：

```
<?xml version="1.0" encoding="utf-8"?>
<xs:schema targetNamespace="http://schemas.syfri.cn/rmsufp/v1/openapi"
           xmlns="http://schemas.syfri.cn/rmsufp/v1/openapi"
           elementFormDefault="qualified"
           attributeFormDefault="unqualified"
           xmlns:xs="http://www.w3.org/2001/XMLSchema">
 <xs:include schemaLocation="define.xsd"/>
 <!-- 取消所有订阅 -->
 <xs:element name="clear_subscribe">
  <xs:complexType>
   <xs:all>
    <!-- 响应数据的格式 -->
    <xs:element name="format" type="output_format_t" default="xml" minOccurs="0"/>
    <!-- 请求的编码类型 -->
    <xs:element name="ie" type="encoding_t" default="UTF-8" minOccurs="0"/>
    <!-- 响应数据的编码类型 -->
    <xs:element name="oe" type="encoding_t" default="UTF-8" minOccurs="0"/>
    <!-- 操作类型 -->
    <xs:element name="operation" type="xs:string" fixed="clear_subscribe"/>
   </xs:all>
  </xs:complexType>
 </xs:element>
</xs:schema>
```

B.4 订阅响应的 XML Schema 定义

监控中心为外部系统返回的订阅响应的 XML Schema 定义如下：

```
<?xml version="1.0" encoding="utf-8"?>
<xs:schema  targetNamespace="http://schemas.syfri.cn/rmsufp/v1/openapi"
           xmlns="http://schemas.syfri.cn/rmsufp/v1/openapi"
           elementFormDefault="qualified"
           attributeFormDefault="unqualified"
           xmlns:xs="http://www.w3.org/2001/XMLSchema">
 <!-- 订阅响应 -->
 <xs:element name="subscribe_response">
```

```
        <xs:complexType>
          <xs:all>
            <!-- 订阅编号 -->
            <xs:element name="subscribe_id" type="xs:string" minOccurs="1"/>
            <!-- 有效时限起始 -->
            <xs:element name="validity_from" type="xs:date" minOccurs="0"/>
            <!-- 有效时限结束 -->
            <xs:element name="validity_to" type="xs:date" minOccurs="0"/>
          </xs:all>
        </xs:complexType>
      </xs:element>
    </xs:schema>
```

B.5 消防设施部件状态变化通知的 XML Schema 定义

监控中心向外部系统发送的消防设施部件状态变化通知的 XML Schema 定义如下：

```
<?xml version="1.0" encoding="utf-8"?>
<xs:schema  targetNamespace="http://schemas.syfri.cn/rmsufp/v1/openapi"
        xmlns="http://schemas.syfri.cn/rmsufp/v1/openapi"
        elementFormDefault="qualified"
        attributeFormDefault="unqualified"
        xmlns:xs="http://www.w3.org/2001/XMLSchema">
  <xs:include schemaLocation="define.xsd"/>
  <!-- 订阅响应 -->
  <xs:element name="notify_part_states">
    <xs:complexType>
      <xs:sequence>
        <xs:element name="notify_part_state" minOccurs="1" maxOccurs="unbounded">
          <xs:complexType>
            <xs:sequence>
              <!-- 订阅编号 -->
              <xs:element name="subscribe_id" type="xs:string"/>
              <!-- 监控中心 -->
              <xs:element name="jkzx" type="jkzx_t"/>
              <!-- 联网用户 -->
              <xs:element name="lwyh" type="lwyhjbqk_t"/>
              <!-- 消防设施 -->
              <xs:element name="xfss" type="xfss_t"/>
              <!-- 消防设施部件 -->
              <xs:element name="xfssbj" type="xfssbj_t"/>
            </xs:sequence>
          </xs:complexType>
        </xs:element>
```

```
        〈/xs:sequence〉
      〈/xs:complexType〉
    〈/xs:element〉
  〈/xs:schema〉
```

附 录 C
（规范性附录）
公用数据类型的 XML Schema 定义

公用数据类型的 XML Schema 定义如下：

```
<?xml version="1.0" encoding="utf-8"?>
<xs:schema targetNamespace="http://schemas.syfri.cn/rmsufp/v1/openapi"
           xmlns="http://schemas.syfri.cn/rmsufp/v1/openapi"
           elementFormDefault="qualified"
           attributeFormDefault="unqualified"
           xmlns:xs="http://www.w3.org/2001/XMLSchema">
  <!-- 字符型,限长 18 -->
  <xs:simpleType name="string18_t">
    <xs:restriction base="xs:string">
      <xs:maxLength value="18"/>
    </xs:restriction>
  </xs:simpleType>

  <!-- 字符型,限长 30 -->
  <xs:simpleType name="string30_t">
    <xs:restriction base="xs:string">
      <xs:maxLength value="30"/>
    </xs:restriction>
  </xs:simpleType>

  <!-- 字符型,限长 40 -->
  <xs:simpleType name="string40_t">
    <xs:restriction base="xs:string">
      <xs:maxLength value="40"/>
    </xs:restriction>
  </xs:simpleType>

  <!-- 字符型,限长 50 -->
  <xs:simpleType name="string50_t">
    <xs:restriction base="xs:string">
      <xs:maxLength value="50"/>
    </xs:restriction>
  </xs:simpleType>

  <!-- 字符型,限长 70 -->
  <xs:simpleType  name="string70_t">
    <xs:restriction base="xs:string">
```

```
    <xs:maxLength value="70"/>
  </xs:restriction>
</xs:simpleType>

<!-- 字符型,限长 100 -->
<xs:simpleType name="string100_t">
  <xs:restriction base="xs:string">
    <xs:maxLength value="100"/>
  </xs:restriction>
</xs:simpleType>

<!-- 字符型,限长 200 -->
<xs:simpleType name="string200_t">
  <xs:restriction base="xs:string">
    <xs:maxLength value="200"/>
  </xs:restriction>
</xs:simpleType>

<!-- 数值型,限长 3 -->
<xs:simpleType name="int3_t">
  <xs:restriction base="xs:int">
    <xs:totalDigits value="3"/>
  </xs:restriction>
</xs:simpleType>

<!-- 数值型,限长 4 -->
<xs:simpleType name="int4_t">
  <xs:restriction base="xs:int">
    <xs:totalDigits value="4"/>
  </xs:restriction>
</xs:simpleType>

<!-- 数值型,限长 5 -->
<xs:simpleType name="int5_t">
  <xs:restriction base="xs:int">
    <xs:totalDigits value="5"/>
  </xs:restriction>
</xs:simpleType>

<!-- 数值型,限长 6 -->
<xs:simpleType name="int6_t">
  <xs:restriction base="xs:int">
    <xs:totalDigits value="6"/>
```

```
    〈/xs:restriction〉
〈/xs:simpleType〉

〈!-- 数值型,限长 10 --〉
〈xs:simpleType name="int10_t"〉
    〈xs:restriction base="xs:int"〉
        〈xs:totalDigits value="10"/〉
    〈/xs:restriction〉
〈/xs:simpleType〉

〈!-- 浮点数,4 位整数,2 位小数 --〉
〈xs:simpleType name="decimal4p2_t"〉
    〈xs:restriction base="xs:decimal"〉
        〈xs:totalDigits value="6"/〉
        〈xs:fractionDigits value="2"/〉
    〈/xs:restriction〉
〈/xs:simpleType〉

〈!-- 浮点数,8 位整数,2 位小数 --〉
〈xs:simpleType name="decimal8p2_t"〉
    〈xs:restriction base="xs:decimal"〉
        〈xs:totalDigits value="10"/〉
        〈xs:fractionDigits value="2"/〉
    〈/xs:restriction〉
〈/xs:simpleType〉

〈!-- 所属区域 --〉
〈xs:simpleType name="ssqy_t"〉
    〈xs:restriction base="xs:string"〉
        〈xs:maxLength value="6"/〉
    〈/xs:restriction〉
〈/xs:simpleType〉

〈!-- 公民身份号码 --〉
〈xs:simpleType name="gmsfhm_t"〉
    〈xs:restriction base="xs:string"〉
        〈xs:maxLength value="18"/〉
    〈/xs:restriction〉
〈/xs:simpleType〉

〈!-- 人员信息 --〉
〈xs:complexType name="ryxx_t"〉
    〈xs:sequence〉
```

```
        <!-- 姓名 -->
        <xs:element name="xm" type="string30_t"/>
        <!-- 公民身份号码 -->
        <xs:element name="gmsfhm" type="gmsfhm_t"/>
        <!-- 联系电话 -->
        <xs:element name="lxdh" type="string18_t"/>
        <!-- 扩展 -->
        <xs:any minOccurs="0"/>
    </xs:sequence>
</xs:complexType>

<!-- 建筑物使用性质 -->
<xs:simpleType name="jzwssxz_t">
    <xs:restriction base="xs:string">
        <xs:maxLength value="2"/>
        <xs:pattern value="([1-9])|(1[0-8])|(99)"/>
    </xs:restriction>
</xs:simpleType>

<!-- 耐火等级 -->
<xs:simpleType name="nhdj_t">
    <xs:restriction base="xs:string">
        <xs:pattern value="([1-4])"/>
    </xs:restriction>
</xs:simpleType>

<!-- 给水管网形式 -->
<xs:simpleType name="gsgwxs_t">
    <xs:restriction base="xs:string">
        <xs:pattern value="[129]"/>
    </xs:restriction>
</xs:simpleType>

<!-- 监控中心 -->
<xs:complexType name="jkzx_t">
    <xs:sequence>
        <!-- 中心名称 -->
        <xs:element name="zxmc" type="string70_t"/>
        <!-- 所属区域 -->
        <xs:element name="ssqy" type="ssqy_t"/>
        <!-- 中心祥址 -->
        <xs:element name="zxxz" type="string40_t"/>
        <!-- 联系电话 -->
```

```
        〈xs:element name="lxdh" type="string18_t"/〉
        〈!-- 中心负责人姓名 --〉
        〈xs:element name="zxfzrxm" type="string30_t"/〉
        〈!-- 中心负责人电话 --〉
        〈xs:element name="zxfzrdh" type="string18_t"/〉
        〈!-- 中心级别 --〉
        〈xs:element name="zxjb"〉
          〈xs:simpleType〉
            〈xs:restriction base="xs:string"〉
              〈xs:maxLength value="1"/〉
              〈xs:pattern value="[1,2,3,4,5,9]"/〉
            〈/xs:restriction〉
          〈/xs:simpleType〉
        〈/xs:element〉
        〈!-- 上级中心名称 --〉
        〈xs:element name="sjzxmc" type="string70_t"/〉
        〈!-- 冗余备份中心名称 --〉
        〈xs:element name="rybfzxmc" type="string70_t"/〉
        〈!-- 扩展 --〉
        〈xs:any minOccurs="0"/〉
      〈/xs:sequence〉
    〈/xs:complexType〉

    〈!-- 监控人员 --〉
    〈xs:complexType name="jkry_t"〉
      〈xs:sequence〉
        〈!-- 人员姓名 --〉
        〈xs:element name="ryxm" type="string30_t"/〉
        〈!-- 人员电话 --〉
        〈xs:element name="rydh" type="string18_t"/〉
        〈!-- 所属单位名称 --〉
        〈xs:element name="ssdwmc" type="string70_t"/〉
        〈!-- 扩展 --〉
        〈xs:any minOccurs="0"/〉
      〈/xs:sequence〉
    〈/xs:complexType〉

    〈!-- 联网单位用户基本情况 --〉
    〈xs:complexType name="lwyhjbqk_t"〉
      〈xs:sequence〉
        〈!-- 单位名称 --〉
        〈xs:element name="dwmc" type="string70_t"/〉
        〈!-- 组织机构代码 --〉
```

```
<xs:element name="zzjgdm">
  <xs:simpleType>
    <xs:restriction base="xs:string">
      <xs:maxLength value="9"/>
    </xs:restriction>
  </xs:simpleType>
</xs:element>
<!-- 单位类别 -->
<xs:element name="dwlb">
  <xs:simpleType>
    <xs:restriction base="xs:string">
      <xs:maxLength value="2"/>
      <xs:pattern value="([1-9])|(1[0-2])|(99)"/>
    </xs:restriction>
  </xs:simpleType>
</xs:element>
<!-- 所属区域 -->
<xs:element name="ssqy" type="ssqy_t"/>
<!-- 单位详址 -->
<xs:element name="dwxz" type="string70_t"/>
<!-- 联系电话 -->
<xs:element name="lxdh" type="string18_t"/>
<!-- 联网状态 -->
<xs:element name="lwzt">
  <xs:simpleType>
    <xs:restriction base="xs:string">
      <xs:pattern value="[0,1]"/>
    </xs:restriction>
  </xs:simpleType>
</xs:element>
<!-- 邮政编码 -->
<xs:element name="yzbm">
  <xs:simpleType>
    <xs:restriction base="xs:string">
      <xs:maxLength value="6"/>
    </xs:restriction>
  </xs:simpleType>
</xs:element>
<!-- 消防控制室电话 -->
<xs:element name="xfkzsdh" type="string18_t"/>
<!-- 消防安全责任人 -->
<xs:element name="xfaqzrr" type="ryxx_t"/>
<!-- 消防安全管理人 -->
```

```
<xs:element name="xfaqglr" type="ryxx_t"/>
<!-- 专兼职消防管理人 -->
<xs:element name="zjzxfglr" type="ryxx_t"/>
<!-- 法人代表 -->
<xs:element name="frdb" type="ryxx_t"/>
<!-- 职工总人数 -->
<xs:element name="zgzrs" type="int10_t"/>
<!-- 成立时间 -->
<xs:element name="clsj" type="xs:date"/>
<!-- 上级主管单位名称 -->
<xs:element name="sjzgdwmc" type="string70_t"/>
<!-- 管辖单位名称 -->
<xs:element name="gxdwmc" type="string70_t"/>
<!-- 经济所有制 -->
<xs:element name="jjsyz">
  <xs:simpleType>
    <xs:restriction base="xs:string">
      <xs:pattern
value="(1[0-7]0)|(190)|(14[1239])|(15[19])|(17[1-5])|(179)|(2[0-4]0)|(290)|(3[0-4]0)|
(390)|(900)"/>
    </xs:restriction>
  </xs:simpleType>
</xs:element>
<!-- 固定资产 -->
<xs:element name="gdzc" type="int10_t"/>
<!-- 单位占地面积 -->
<xs:element name="dwzdmj" type="int10_t"/>
<!-- 总建筑面积 -->
<xs:element name="zjzmj" type="int10_t"/>
<!-- 入网日期 -->
<xs:element name="rwrq" type="xs:date"/>
<!-- 监管等级 -->
<xs:element name="jgdj">
  <xs:simpleType>
    <xs:restriction base="xs:string">
      <xs:pattern value="[0,1,2,3]"/>
    </xs:restriction>
  </xs:simpleType>
</xs:element>
<!-- 单位总平面图 -->
<xs:element name="dwzpmt" type="xs:anyURI"/>
<!-- 单位所属中心名称 -->
<xs:element name="dwsszxmc" type="string70_t"/>
```

```
        〈!-- 扩展 -->
        〈xs:any minOccurs="0"/〉
      〈/xs:sequence〉
    〈/xs:complexType〉

    〈!-- 建、构筑物 -->
    〈xs:complexType  name="jgzw_t"〉
      〈xs:sequence〉
        〈!-- 建构筑物名称 -->
        〈xs:element name="jgzwmc" type="string40_t"/〉
        〈!-- 建构筑物类别 -->
        〈xs:element name="jgzwlb"〉
          〈xs:simpleType〉
            〈xs:restriction base="xs:string"〉
              〈xs:maxLength value="2"/〉
              〈xs:pattern value="([1-9])|(99)"/〉
            〈/xs:restriction〉
          〈/xs:simpleType〉
        〈/xs:element〉
        〈!-- 建造日期 -->
        〈xs:element name="jzrq" type="xs:date"/〉
        〈!-- 使用性质 -->
        〈xs:element name="syxz" type="jzwssxz_t"/〉
        〈!-- 火灾危险性 -->
        〈xs:element name="hzwxx"〉
          〈xs:simpleType〉
            〈xs:restriction base="xs:string"〉
              〈xs:pattern value="([1-6])"/〉
            〈/xs:restriction〉
          〈/xs:simpleType〉
        〈/xs:element〉
        〈!-- 耐火等级 -->
        〈xs:element name="nhdj" type="nhdj_t"/〉
        〈!-- 结构类型 -->
        〈xs:element name="jglx"〉
          〈xs:simpleType〉
            〈xs:restriction base="xs:string"〉
              〈xs:pattern value="([1-5])|(9)"/〉
            〈/xs:restriction〉
          〈/xs:simpleType〉
        〈/xs:element〉
        〈!-- 毗邻建筑物情况 -->
        〈xs:element name="pljzwqk" minOccurs="0"〉
```

```
    <xs:simpleType>
      <xs:restriction base="xs:string">
        <xs:maxLength value="500"/>
      </xs:restriction>
    </xs:simpleType>
  </xs:element>
  <!-- 建筑立面图 -->
  <xs:element name="jzlmt" type="xs:anyURI"/>
  <!-- 消防设施平面布置图 -->
  <xs:element name="xfsspmbzt" type="xs:anyURI"/>
  <!-- 建筑平面图 -->
  <xs:element name="jzpmt" type="xs:anyURI"/>
  <!-- 建筑物所属单位名称 -->
  <xs:element name="jzwssdwmc" type="string70_t"/>
  <!--建筑物描述信息-->
  <xs:element name="variables">
    <xs:complexType>
      <xs:sequence>
        <!-- 建筑高度 -->
        <xs:element name="jzgd" type="decimal4p2_t" minOccurs="0"/>
        <!-- 建筑面积 -->
        <xs:element name="jzmj" type="int10_t" minOccurs="0"/>
        <!-- 占地面积 -->
        <xs:element name="zdmj" type="int10_t" minOccurs="0"/>
        <!-- 标准层面积 -->
        <xs:element name="bzcmj" type="int10_t" minOccurs="0"/>
        <!-- 地上层数 -->
        <xs:element name="dscs" type="int3_t" minOccurs="0"/>
        <!-- 地上层面积 -->
        <xs:element name="dscmj" type="int10_t" minOccurs="0"/>
        <!-- 地下层数 -->
        <xs:element name="dxcs" type="int3_t" minOccurs="0"/>
        <!-- 地下层面积 -->
        <xs:element name="dxcmj" type="int10_t" minOccurs="0"/>
        <!-- 隧道高度 -->
        <xs:element name="sdgd" type="decimal4p2_t" minOccurs="0"/>
        <!-- 隧道长度 -->
        <xs:element name="sdcd" type="decimal8p2_t" minOccurs="0"/>
        <!-- 消防控制室位置 -->
        <xs:element name="xfkzswz" type="string50_t" minOccurs="0"/>
        <!-- 避难层数量 -->
        <xs:element name="bncsl" type="int3_t" minOccurs="0"/>
        <!-- 避难层总面积 -->
```

```
        <xs:element name="bnczmj" type="int10_t" minOccurs="0"/>
        <!-- 避难层位置 -->
        <xs:element name="bncwz" type="string50_t" minOccurs="0"/>
        <!-- 安全出口数量 -->
        <xs:element name="aqcksl" type="int3_t" minOccurs="0"/>
        <!-- 安全出口位置 -->
        <xs:element name="aqckwz" type="string50_t" minOccurs="0"/>
        <!-- 安全出口形式 -->
        <xs:element name="aqckxs" type="string50_t" minOccurs="0"/>
        <!-- 消防电梯数量 -->
        <xs:element name="xfdtsl" type="int3_t" minOccurs="0"/>
        <!-- 消防电梯容纳总重量 -->
        <xs:element name="xfdtrnzzl" type="int10_t" minOccurs="0"/>
        <!-- 日常工作时间人数 -->
        <xs:element name="rcgzsjrs" type="int10_t" minOccurs="0"/>
        <!-- 最大容纳人数 -->
        <xs:element name="zdrnrs" type="int10_t" minOccurs="0"/>
        <!-- 储存物名称 -->
        <xs:element name="ccwmc" type="string40_t" minOccurs="0"/>
        <!-- 储存物数量 -->
        <xs:element name="ccwsl" type="string40_t" minOccurs="0"/>
        <!-- 储存物性质 -->
        <xs:element name="ccwxz" type="string40_t" minOccurs="0"/>
        <!-- 储存物形态 -->
        <xs:element name="ccwxt" type="string40_t" minOccurs="0"/>
        <!-- 储存容积 -->
        <xs:element name="ccrj" type="int10_t" minOccurs="0"/>
        <!-- 主要原料 -->
        <xs:element name="zyyl" type="string100_t" minOccurs="0"/>
        <!-- 主要产品 -->
        <xs:element name="zycp" type="string100_t" minOccurs="0"/>
      </xs:sequence>
    </xs:complexType>
  </xs:element>
  <!-- 扩展 -->
  <xs:any minOccurs="0"/>
 </xs:sequence>
</xs:complexType>

<!-- 消防安全重点部位 -->
<xs:complexType name="xfaqzdbw_t">
 <xs:sequence>
  <!-- 重点部位名称 -->
```

```
        〈xs:element name="zdbwmc" type="string70_t"/〉
        〈!-- 建筑面积 --〉
        〈xs:element name="jzmj" type="int10_t"/〉
        〈!-- 耐火等级 --〉
        〈xs:element name="nhdj" type="nhdj_t"/〉
        〈!-- 所在位置 --〉
        〈xs:element name="szwz" type="string50_t"/〉
        〈!-- 使用性质 --〉
        〈xs:element name="syxz" type="jzwssxz_t"/〉
        〈!-- 消防设施情况 --〉
        〈xs:element name="xfssqk" type="string200_t"/〉
        〈!-- 责任人 --〉
        〈xs:element name="zrr" type="ryxx_t"/〉
        〈!-- 确立消防安全重点部位的原因 --〉
        〈xs:element name="qlxfaqzdbwdyy" type="xs:string"/〉
        〈!-- 防火标志的设立情况 --〉
        〈xs:element name="fhbzdslqk" type="xs:string"/〉
        〈!-- 危险源情况 --〉
        〈xs:element name="wxyqk" type="xs:string"/〉
        〈!-- 消防安全管理措施 --〉
        〈xs:element name="xfaqglcs" type="xs:string"/〉
        〈!-- 重点部位所属单位名称 --〉
        〈xs:element name="zdbwssdwmc" type="string70_t"/〉
        〈!-- 扩展 --〉
        〈xs:any minOccurs="0"/〉
    〈/xs:sequence〉
〈/xs:complexType〉

〈!-- 消防设施 --〉
〈xs:complexType name="xfss_t"〉
    〈xs:sequence〉
        〈!-- 设施名称 --〉
        〈xs:element name="ssmc" type="string40_t"/〉
        〈!-- 设置部位 --〉
        〈xs:element name="szbw" type="string50_t"/〉
        〈!-- 设施系统形式 --〉
        〈xs:element name="ssxtxs" type="string50_t"/〉
        〈!-- 投入使用时间 --〉
        〈xs:element name="trsysj" type="xs:date"/〉
        〈xs:element name="variables"〉
            〈xs:complexType〉
                〈xs:sequence〉
                    〈!-- 探测器数量 --〉
```

```
<xs:element name="tcqsl" type="int5_t" minOccurs="0"/>
<!-- 控制器数量 -->
<xs:element name="kzqsl" type="int5_t" minOccurs="0"/>
<!-- 手动报警按钮数量 -->
<xs:element name="sdbjansl" type="int5_t" minOccurs="0"/>
<!-- 消防电气控制装置数量 -->
<xs:element name="xfdqkzzzsl" type="int5_t" minOccurs="0"/>
<!-- 市政给水管网形式 -->
<xs:element name="szgsgwxs" type="gsgwxs_t" minOccurs="0"/>
<!-- 市政进水管数量 -->
<xs:element name="szjsgsl" type="int3_t" minOccurs="0"/>
<!-- 市政进水管管径 -->
<xs:element name="szjsggj" type="int5_t" minOccurs="0"/>
<!-- 消防水池容量 -->
<xs:element name="xfscrl" type="int10_t" minOccurs="0"/>
<!-- 消防水池位置 -->
<xs:element name="xfscwz" type="string50_t" minOccurs="0"/>
<!-- 消防水箱容量-->
<xs:element name="xfsxrl" type="int10_t" minOccurs="0"/>
<!-- 消防水箱位置 -->
<xs:element name="xfsxwz" type="string50_t" minOccurs="0"/>
<!-- 其他水源供水量 -->
<xs:element name="qtsygsl" type="int10_t" minOccurs="0"/>
<!-- 其他水源情况 -->
<xs:element name="qtsyqk" type="string200_t" minOccurs="0"/>
<!-- 消防泵房位置 -->
<xs:element name="xfbfwz" type="string50_t" minOccurs="0"/>
<!-- 消防泵数量 -->
<xs:element name="xfbsl" type="int5_t" minOccurs="0"/>
<!-- 消防泵流量 -->
<xs:element name="xfbll" type="int6_t" minOccurs="0"/>
<!-- 消防泵扬程 -->
<xs:element name="xfbyc" type="int6_t" minOccurs="0"/>
<!-- 室外消火栓管网形式 -->
<xs:element name="swxhsgwxs" type="gsgwxs_t" minOccurs="0"/>
<!-- 室外消火栓数量 -->
<xs:element name="swxhsgwsl" type="int5_t" minOccurs="0"/>
<!-- 室外消火栓管径 -->
<xs:element name="swxhsgwgj" type="int5_t" minOccurs="0"/>
<!-- 室内消火栓管网形式 -->
<xs:element name="snxhsgwxs" type="gsgwxs_t" minOccurs="0"/>
<!-- 室内消火栓数量 -->
<xs:element name="snxhssl" type="int5_t" minOccurs="0"/>
```

```
〈!-- 室内消火栓管径 --〉
〈xs:element name="snxhsgj" type="int5_t" minOccurs="0"/〉
〈!-- 水泵接合器数量 --〉
〈xs:element name="sbjhqsl" type="int5_t" minOccurs="0"/〉
〈!-- 水泵接合器位置 --〉
〈xs:element name="sbjhqwz" type="string50_t" minOccurs="0"/〉
〈!-- 稳压泵数量 --〉
〈xs:element name="wybsl" type="int5_t" minOccurs="0"/〉
〈!-- 稳压泵流量 --〉
〈xs:element name="wybll" type="int6_t" minOccurs="0"/〉
〈!-- 稳压泵扬程 --〉
〈xs:element name="wybyc" type="int6_t" minOccurs="0"/〉
〈!-- 气压罐容量 --〉
〈xs:element name="qygrl" type="int10_t" minOccurs="0"/〉
〈!-- 消防水喉数量 --〉
〈xs:element name="xfshsl" type="int5_t" minOccurs="0"/〉
〈!-- 报警阀数量 --〉
〈xs:element name="bjfsl" type="int5_t" minOccurs="0"/〉
〈!-- 报警阀位置 --〉
〈xs:element name="bjfwz" type="string50_t" minOccurs="0"/〉
〈!-- 水流指示器数量 --〉
〈xs:element name="slzsqsl" type="int5_t" minOccurs="0"/〉
〈!-- 水流指示器位置 --〉
〈xs:element name="slzsqwz" type="string50_t" minOccurs="0"/〉
〈!-- 喷头数量 --〉
〈xs:element name="ptsl" type="int5_t" minOccurs="0"/〉
〈!-- 减压阀数量 --〉
〈xs:element name="jyfsl" type="int5_t" minOccurs="0"/〉
〈!-- 减压阀位置 --〉
〈xs:element name="jyfwz" type="string50_t" minOccurs="0"/〉
〈!-- 竖向分区数量 --〉
〈xs:element name="sxfqsl" type="int5_t" minOccurs="0"/〉
〈!-- 喷淋泵数量 --〉
〈xs:element name="plbsl" type="int5_t" minOccurs="0"/〉
〈!-- 喷淋泵流量 --〉
〈xs:element name="plbll" type="int6_t" minOccurs="0"/〉
〈!-- 喷淋泵扬程 --〉
〈xs:element name="plbyc" type="int6_t" minOccurs="0"/〉
〈!-- 喷淋泵位置 --〉
〈xs:element name="plbwz" type="string50_t" minOccurs="0"/〉
〈!-- 雨淋阀数量 --〉
〈xs:element name="ylfsl" type="int5_t" minOccurs="0"/〉
〈!-- 雨淋阀位置 --〉
```

```
〈xs:element name="ylfwz" type="string50_t" minOccurs="0"/〉
〈!-- 水雾喷头数量 --〉
〈xs:element name="swptsl" type="int5_t" minOccurs="0"/〉
〈!-- 水雾喷头位置 --〉
〈xs:element name="swptwz" type="string50_t" minOccurs="0"/〉
〈!-- 防护区数量 --〉
〈xs:element name="fhqsl" type="int5_t" minOccurs="0"/〉
〈!-- 防护区容积 --〉
〈xs:element name="fhqrj" type="int10_t" minOccurs="0"/〉
〈!-- 防护区部位名称 --〉
〈xs:element name="fhqbwmc" type="string50_t" minOccurs="0"/〉
〈!-- 防护区位置 --〉
〈xs:element name="fhqwz" type="string50_t" minOccurs="0"/〉
〈!-- 灭火剂类型 --〉
〈xs:element name="mhjlx" type="string50_t" minOccurs="0"/〉
〈!-- 手动控制装置位置 --〉
〈xs:element name="sdkzzzwz" type="string50_t" minOccurs="0"/〉
〈!-- 设施动作方式 --〉
〈xs:element name="ssdzfs" type="string50_t" minOccurs="0"/〉
〈!-- 瓶库位置 --〉
〈xs:element name="pkwz" type="string50_t" minOccurs="0"/〉
〈!-- 钢瓶数量 --〉
〈xs:element name="gpsl" type="int5_t" minOccurs="0"/〉
〈!-- 单个钢瓶容量 --〉
〈xs:element name="dggprl" type="int10_t" minOccurs="0"/〉
〈!-- 钢瓶间距 --〉
〈xs:element name="gpjj" type="int6_t" minOccurs="0"/〉
〈!-- 泡沫泵数量 --〉
〈xs:element name="pmbsl" type="int5_t" minOccurs="0"/〉
〈!-- 泡沫泵流量 --〉
〈xs:element name="pmbll" type="int6_t" minOccurs="0"/〉
〈!-- 泡沫泵扬程 --〉
〈xs:element name="pmbyc" type="int6_t" minOccurs="0"/〉
〈!-- 泡沫数值 --〉
〈xs:element name="pmsz" type="int5_t" minOccurs="0"/〉
〈!-- 干粉储罐位置 --〉
〈xs:element name="gfcgwz" type="string50_t" minOccurs="0"/〉
〈!-- 防烟分区数量 --〉
〈xs:element name="fyfqsl" type="int5_t" minOccurs="0"/〉
〈!-- 防烟分区位置 --〉
〈xs:element name="fhfqwz" type="string50_t" minOccurs="0"/〉
〈!-- 风机数量 --〉
〈xs:element name="fjsl" type="int5_t" minOccurs="0"/〉
```

```
〈!-- 风机安装位置 --〉
〈xs:element name="fjazwz" type="string50_t" minOccurs="0"/〉
〈!-- 风机风量 --〉
〈xs:element name="fjfl" type="int6_t" minOccurs="0"/〉
〈!-- 风口设置部位 --〉
〈xs:element name="fkszbw" type="string50_t" minOccurs="0"/〉
〈!-- 排烟防火阀数量 --〉
〈xs:element name="pyfhfsl" type="int5_t" minOccurs="0"/〉
〈!-- 排烟阀数量 --〉
〈xs:element name="pyfsl" type="int5_t" minOccurs="0"/〉
〈!-- 防火阀数量 --〉
〈xs:element name="fhfsl" type="int5_t" minOccurs="0"/〉
〈!-- 正压送风阀数量 --〉
〈xs:element name="zysffsl" type="int5_t" minOccurs="0"/〉
〈!-- 防火门数量 --〉
〈xs:element name="fhmsl" type="int5_t" minOccurs="0"/〉
〈!-- 防火卷帘数量 --〉
〈xs:element name="fhjlsl" type="int5_t" minOccurs="0"/〉
〈!-- 防火门设置部位 --〉
〈xs:element name="fhmszbw" type="string50_t" minOccurs="0"/〉
〈!-- 防火卷帘设置部位 --〉
〈xs:element name="fhjlszbw" type="string50_t" minOccurs="0"/〉
〈!-- 扩音机功率 --〉
〈xs:element name="kyjgl" type="int5_t" minOccurs="0"/〉
〈!-- 备用扩音机功率 --〉
〈xs:element name="bykyjgl" type="int5_t" minOccurs="0"/〉
〈!-- 扬声器数量 --〉
〈xs:element name="ysqsl" type="int5_t" minOccurs="0"/〉
〈!-- 广播分区数量 --〉
〈xs:element name="gbfqsl" type="int5_t" minOccurs="0"/〉
〈!-- 广播分区设置部位 --〉
〈xs:element name="gbfqszbw" type="string50_t" minOccurs="0"/〉
〈!-- 消防专用电话数量 --〉
〈xs:element name="xfzydhsl" type="int5_t" minOccurs="0"/〉
〈!-- 消防专用电话位置 --〉
〈xs:element name="xfzydhwz" type="string50_t" minOccurs="0"/〉
〈!-- 应急照明及疏散指示装置数量 --〉
〈xs:element name="yjzmjsszszzsl" type="int5_t" minOccurs="0"/〉
〈!-- 消防电源设置部位 --〉
〈xs:element name="xxdyszbw" type="string50_t" minOccurs="0"/〉
〈!-- 消防主电源是否为独立配电柜 --〉
〈xs:element name="xfzdysfwdlpdg" minOccurs="0"〉
  〈xs:simpleType〉
```

```
        <xs:restriction base="xs:string">
          <xs:pattern value="(1)|(2)"/>
        </xs:restriction>
      </xs:simpleType>
    </xs:element>
    <!-- 备用电源形式 -->
    <xs:element name="bydyxs" type="string50_t" minOccurs="0"/>
    <!-- 灭火器设置部位 -->
    <xs:element name="mhqszbw" type="string50_t" minOccurs="0"/>
    <!-- 灭火器配置类型 -->
    <xs:element name="mhqpzlx" type="string30_t" minOccurs="0"/>
    <!-- 灭火器生产日期 -->
    <xs:element name="mhqscrq" type="xs:date" minOccurs="0"/>
    <!-- 灭火器更换药剂日期 -->
    <xs:element name="mhqghyjrq" type="xs:date" minOccurs="0"/>
    <!-- 灭火器数量 -->
    <xs:element name="mhqsl" type="int5_t" minOccurs="0"/>
    <!-- 火灾自动报警系统图 -->
    <xs:element name="hzzdbjxtt" type="xs:anyURI" minOccurs="0"/>
    <!-- 消防给水系统平面布置图 -->
    <xs:element name="xfgsxtpmbzt" type="xs:anyURI" minOccurs="0"/>
    <!-- 室外消火栓平面布置图 -->
    <xs:element name="swxhspmbzt" type="xs:anyURI" minOccurs="0"/>
    <!-- 室内消火栓布置图 -->
    <xs:element name="snxhsbzt" type="xs:anyURI" minOccurs="0"/>
    <!-- 自动喷水灭火系统图 -->
    <xs:element name="zdpsmhxtt" type="xs:anyURI" minOccurs="0"/>
    <!-- 水喷雾灭火系统图 -->
    <xs:element name="spwmhxtt" type="xs:anyURI" minOccurs="0"/>
    <!-- 气体灭火系统图 -->
    <xs:element name="qtmhxtt" type="xs:anyURI" minOccurs="0"/>
    <!-- 泡沫灭火系统图 -->
    <xs:element name="pmmhxtt" type="xs:anyURI" minOccurs="0"/>
    <!-- 干粉灭火系统图 -->
    <xs:element name="gfmhxtt" type="xs:anyURI" minOccurs="0"/>
    <!-- 防烟排烟系统图 -->
    <xs:element name="fypyxtt" type="xs:anyURI" minOccurs="0"/>
    <!-- 消防应急广播系统图 -->
    <xs:element name="xfyjgbxtt" type="xs:anyURI" minOccurs="0"/>
    <!-- 应急照明及疏散指示系统图 -->
    <xs:element name="yjzmjsszsxtt" type="xs:anyURI" minOccurs="0"/>
  </xs:sequence>
</xs:complexType>
```

```
        〈/xs:element〉
        〈!-- 设施服务状态 --〉
        〈xs:element name="ssfwzt"〉
          〈xs:simpleType〉
            〈xs:restriction base="xs:string"〉
              〈xs:pattern value="[0129]"/〉
            〈/xs:restriction〉
          〈/xs:simpleType〉
        〈/xs:element〉
        〈!-- 生产单位名称 --〉
        〈xs:element name="scdwmc" type="string70_t"/〉
        〈!-- 生产单位电话 --〉
        〈xs:element name="scdwdh" type="string18_t"/〉
        〈!-- 维修保养单位名称 --〉
        〈xs:element name="wxbydwmc" type="string70_t"/〉
        〈!-- 维修保养单位电话 --〉
        〈xs:element name="wxbydwdh" type="string18_t"/〉
        〈!-- 设施状态 --〉
        〈xs:element name="sszt"〉
          〈xs:simpleType〉
            〈xs:restriction base="xs:string"〉
              〈xs:pattern value="(1)|(10)|(20)|(99)"/〉
            〈/xs:restriction〉
          〈/xs:simpleType〉
        〈/xs:element〉
        〈!-- 状态描述 --〉
        〈xs:element name="ztms" type="string100_t"/〉
        〈!-- 状态变化时间 --〉
        〈xs:element name="ztbhsj" type="xs:dateTime"/〉
        〈!-- 消防设施所属单位名称 --〉
        〈xs:element name="xfssssdwmc" type="string70_t"/〉
        〈!-- 扩展 --〉
        〈xs:any minOccurs="0"/〉
      〈/xs:sequence〉
    〈/xs:complexType〉

    〈!-- 消防设施部件 --〉
    〈xs:complexType name="xfssbj_t"〉
      〈xs:sequence〉
        〈!-- 设施名称 --〉
        〈xs:element name="ssmc" type="string40_t"/〉
        〈!-- 部件名称 --〉
        〈xs:element name="bjmc" type="string40_t"/〉
```

```
    <!-- 部件型号 -->
    <xs:element name="bjxh" type="string40_t"/>
    <!-- 部件区号 -->
    <xs:element name="bjqh" type="int4_t"/>
    <!-- 部件回路号 -->
    <xs:element name="bjhlh" type="int4_t"/>
    <!-- 部件位号 -->
    <xs:element name="bjwh" type="int4_t"/>
    <!-- 安装位置 -->
    <xs:element name="azwz" type="string50_t"/>
    <!-- 部件状态 -->
    <xs:element name="bjzt">
      <xs:simpleType>
        <xs:restriction base="xs:string">
          <xs:pattern value="(1)|([12]0)|(99)"/>
        </xs:restriction>
      </xs:simpleType>
    </xs:element>
    <!-- 状态描述 -->
    <xs:element name="ztms" type="string100_t"/>
    <!-- 状态变化时间 -->
    <xs:element name="ztbhsj" type="xs:dateTime"/>
    <!-- 扩展 -->
    <xs:any minOccurs="0"/>
  </xs:sequence>
</xs:complexType>

<!-- 受理 -->
<xs:complexType name="sl_t">
  <xs:sequence>
    <!-- 单位名称 -->
    <xs:element name="dwmc" type="string70_t"/>
    <!-- 首次报警时间 -->
    <xs:element name="scbjsj" type="xs:dateTime"/>
    <!-- 受理时间 -->
    <xs:element name="slsj" type="xs:dateTime"/>
    <!-- 受理结束时间 -->
    <xs:element name="sljssj" type="xs:dateTime"/>
    <!-- 信息类型 -->
    <xs:element name="xxlx">
      <xs:simpleType>
        <xs:restriction base="xs:string">
          <xs:pattern value="[129]"/>
```

```
            </xs:restriction>
          </xs:simpleType>
        </xs:element>
        <!-- 信息描述 -->
        <xs:element name="xxms" type="string100_t"/>
        <!-- 处理结果 -->
        <xs:element name="cljg">
          <xs:simpleType>
            <xs:restriction base="xs:string">
              <xs:maxLength value="300"/>
            </xs:restriction>
          </xs:simpleType>
        </xs:element>
        <!-- 受理员姓名 -->
        <xs:element name="slyxm" type="string30_t"/>
        <!-- 用户联系人姓名 -->
        <xs:element name="yhlxrxm" type="string30_t"/>
        <!-- 信息确认 -->
        <xs:element name="xxqr">
          <xs:simpleType>
            <xs:restriction base="xs:string">
              <xs:pattern value="[129]"/>
            </xs:restriction>
          </xs:simpleType>
        </xs:element>
        <!-- 向消防通信指挥中心报告时间 -->
        <xs:element name="xxftxzhzxbgsj" type="xs:dateTime"/>
        <!-- 消防通信指挥中心反馈确认时间 -->
        <xs:element name="xftxzhzxqrsj" type="xs:dateTime"/>
        <!-- 消防通信指挥中心受理员姓名 -->
        <xs:element name="xftxzhzxslyxm" type="string30_t"/>
        <!-- 消防通信指挥中心接警处理情况 -->
        <xs:element name="xftxzhzxjjclqk" type="string200_t"/>
        <!-- 扩展 -->
        <xs:any minOccurs="0"/>
      </xs:sequence>
    </xs:complexType>

    <!-- 查岗 -->
    <xs:complexType name="cg_t">
      <xs:sequence>
        <!-- 查岗发起人姓名 -->
        <xs:element name="cgfqrxm" type="string30_t"/>
```

```
      〈!-- 被查岗单位名称 --〉
      〈xs:element name="bcgdwmc" type="string70_t"/〉
      〈!-- 发起时间 --〉
      〈xs:element name="fqsj" type="xs:dateTime"/〉
      〈!-- 结束时间 --〉
      〈xs:element name="jssj" type="xs:dateTime"/〉
      〈!-- 查岗结果 --〉
      〈xs:element name="cgjg" type="string100_t"/〉
      〈!-- 扩展 --〉
      〈xs:any minOccurs="0"/〉
    〈/xs:sequence〉
  〈/xs:complexType〉

  〈!-- 火灾 --〉
  〈xs:complexType  name="hz_t"〉
    〈xs:sequence〉
      〈!-- 单位名称 --〉
      〈xs:element name="dwmc" type="string70_t"/〉
      〈!-- 起火部位 --〉
      〈xs:element name="qhbw" type="string50_t"/〉
      〈!-- 起火时间 --〉
      〈xs:element name="qhsj" type="xs:dateTime"/〉
      〈!-- 起火原因 --〉
      〈xs:element name="qhyy" type="xs:string"/〉
      〈!-- 报警方式描述 --〉
      〈xs:element name="bjfsms" type="string40_t"/〉
      〈!-- 过火面积 --〉
      〈xs:element name="ghmj" type="int10_t"/〉
      〈!-- 死亡人数 --〉
      〈xs:element name="swrs" type="int6_t"/〉
      〈!-- 受伤人数 --〉
      〈xs:element name="ssrs" type="int6_t"/〉
      〈!-- 财产损失 --〉
      〈xs:element name="ccss" type="int10_t"/〉
      〈!-- 火灾扑救概述 --〉
      〈xs:element name="hzpjgs" type="xs:string"/〉
      〈!-- 扩展 --〉
      〈xs:any minOccurs="0"/〉
    〈/xs:sequence〉
  〈/xs:complexType〉

  〈!-- 消防设施检查 --〉
  〈xs:complexType name="xfssjc_t"〉
```

```
  〈xs:sequence〉
    〈!-- 单位名称 --〉
    〈xs:element name="dwmc" type="string70_t"/〉
    〈!-- 检查日期 --〉
    〈xs:element name="jcrq" type="xs:date"/〉
    〈!-- 检查人姓名 --〉
    〈xs:element name="jcrxm" type="string30_t"/〉
    〈!-- 消防安全管理人姓名 --〉
    〈xs:element name="xfaqglrxm" type="string30_t"/〉
    〈!-- 检查类别 --〉
    〈xs:element name="jclb"〉
      〈xs:simpleType〉
        〈xs:restriction base="xs:string"〉
          〈xs:pattern value="[1239]"/〉
        〈/xs:restriction〉
      〈/xs:simpleType〉
    〈/xs:element〉
    〈!-- 检查结果 --〉
    〈xs:element name="jcjg"〉
      〈xs:simpleType〉
        〈xs:restriction base="xs:string"〉
          〈xs:pattern value="[129]"/〉
        〈/xs:restriction〉
      〈/xs:simpleType〉
    〈/xs:element〉
    〈!-- 检查内容 --〉
    〈xs:element name="jcnr" type="xs:string"/〉
    〈!-- 故障内容 --〉
    〈xs:element name="gznr" type="xs:string"/〉
    〈!-- 处理情况 --〉
    〈xs:element name="clqk" type="xs:string"/〉
    〈!-- 扩展 --〉
    〈xs:any minOccurs="0"/〉
  〈/xs:sequence〉
〈/xs:complexType〉

〈!-- 消防设施维护保养 --〉
〈xs:complexType name="xfsswhby_t"〉
  〈xs:sequence〉
    〈!-- 单位名称 --〉
    〈xs:element name="dwmc" type="string70_t"/〉
    〈!-- 维护保养日期 --〉
    〈xs:element name="whbysj" type="xs:date"/〉
```

```
        <!-- 维护人员姓名 -->
        <xs:element name="whryxm" type="string30_t"/>
        <!-- 维护保养内容 -->
        <xs:element name="whbynr" type="xs:string"/>
        <!-- 停用系统消防安全人姓名 -->
        <xs:element name="tyxtxfaqrxm" type="string30_t"/>
        <!-- 维护保养结果 -->
        <xs:element name="whbyjg" type="string200_t"/>
        <!-- 消防安全管理人姓名 -->
        <xs:element name="xfaqglrxm" type="string30_t"/>
        <!-- 扩展 -->
        <xs:any minOccurs="0"/>
      </xs:sequence>
    </xs:complexType>

    <!-- 消防法规 -->
    <xs:complexType name="xffg_t">
      <xs:sequence>
        <!-- 法规名称 -->
        <xs:element name="fgmc" type="string50_t"/>
        <!-- 法规类别 -->
        <xs:element name="fglb">
          <xs:simpleType>
            <xs:restriction base="xs:string">
              <xs:pattern
value="(11)|(2[12])|(3[12])|(4[1-3])|(5[1-4])|(6[1-4])|(99)"/>
            </xs:restriction>
          </xs:simpleType>
        </xs:element>
        <!-- 颁布机关 -->
        <xs:element name="bbjg" type="string30_t"/>
        <!-- 批准机关 -->
        <xs:element name="pzjg" type="string30_t"/>
        <!-- 颁布文号 -->
        <xs:element name="bbwh" type="string30_t"/>
        <!-- 颁布日期 -->
        <xs:element name="bbrq" type="xs:date"/>
        <!-- 实施日期 -->
        <xs:element name="ssrq" type="xs:date"/>
        <!-- 输入日期 -->
        <xs:element name="srrq" type="xs:date"/>
        <!-- 输入人姓名 -->
        <xs:element name="srrxm" type="string30_t"/>
```

```
        〈!-- 法规内容 --〉
        〈xs:element name="fgnr" type="xs:string"/〉
        〈!-- 扩展 --〉
        〈xs:any minOccurs="0"/〉
    〈/xs:sequence〉
〈/xs:complexType〉

〈!-- 消防常识 --〉
〈xs:complexType name="xfcs_t"〉
    〈xs:sequence〉
        〈!-- 名称 --〉
        〈xs:element name="mc" type="string50_t"/〉
        〈!-- 输入人姓名 --〉
        〈xs:element name="srrxm" type="string30_t"/〉
        〈!-- 输入日期 --〉
        〈xs:element name="srrq" type="xs:date"/〉
        〈!-- 内容 --〉
        〈xs:element name="nr" type="xs:string"/〉
        〈!-- 扩展 --〉
        〈xs:any minOccurs="0"/〉
    〈/xs:sequence〉
〈/xs:complexType〉

〈!-- 错误 --〉
〈xs:complexType name="error_t"〉
    〈xs:sequence〉
        〈!-- 代码 --〉
        〈xs:element name="code"〉
            〈xs:simpleType〉
                〈xs:restriction base="xs:int"〉
                    〈xs:pattern
value="([1-9])|(10)|(11)|(100)|(200)|(201)|([1-9][0-9][0-9][0-9])"/〉
                〈/xs:restriction〉
            〈/xs:simpleType〉
        〈/xs:element〉
        〈!-- 描述 --〉
        〈xs:element name="description" type="xs:string"/〉
        〈!-- 扩展 --〉
        〈xs:any minOccurs="0"/〉
    〈/xs:sequence〉
〈/xs:complexType〉

〈!-- 输出格式 --〉
```

```
〈xs：simpleType name＝"output_format_t"〉
  〈xs：restriction base＝"xs：string"〉
    〈xs：enumeration value＝"xml"/〉
  〈/xs：restriction〉
〈/xs：simpleType〉

〈!-- 字符编码 --〉
〈xs：simpleType name＝"encoding_t"〉
  〈xs：restriction base＝"xs：string"〉
    〈xs：enumeration value＝"UTF-8"/〉
    〈xs：enumeration value＝"GBK"/〉
  〈/xs：restriction〉
〈/xs：simpleType〉

〈/xs：schema〉
```

ICS 27.010
F 01

中华人民共和国国家标准

GB 26920.2—2015

商用制冷器具能效限定值和能效等级 第2部分：自携冷凝机组商用冷柜

Minimum allowable values of energy efficiency and energy efficiency grades for commercial refrigerating appliances—Part 2:Commercial refrigerated cabinets with self-contained condensing unit

2015-12-10 发布 2017-01-01 实施

中华人民共和国国家质量监督检验检疫总局
中国国家标准化管理委员会 发布

前　言

本部分的4.2是强制性的,其余是推荐性的。

GB 26920《商用制冷器具能效限定值和能效等级》拟制定以下四个部分:

——第1部分:远置冷凝机组冷藏陈列柜;

——第2部分:自携冷凝机组商用冷柜;

——第3部分:制冷自动售货机;

——第4部分:商用制冰机。

本部分为GB 26920的第2部分。

本部分按照GB/T 1.1—2009给出的规则起草。

本部分由国家发展和改革委员会资源节约与环境保护司、工业和信息化部节能与综合利用司提出。

本部分由全国能源基础与管理标准化技术委员会(SAC/TC 20)归口。

本部分起草单位:中国标准化研究院、中国制冷学会、国内贸易工程设计研究院、青岛海尔特种电冰柜有限公司、海信容声(广东)冷柜有限公司、广东星星制冷设备有限公司、银都餐饮设备股份有限公司、奥特冷机系统(常熟)有限公司、松下冷链(大连)有限公司、江苏白雪电器股份有限公司、开利空调冷冻研发管理(上海)有限公司、青岛海容商用冷链股份有限公司、山东小鸭零售设备有限公司、青岛海尔开利冷冻设备有限公司、上海海立中野冷机有限公司、星崎电机(苏州)有限公司、澳柯玛股份有限公司、山东宏泰电器有限公司、爱普塔(青岛)商业设施有限公司、北京二商福岛机电有限公司、温岭市北冰洋保鲜陈列柜制造厂、上海芙蓉实业有限公司、中山市劲力冷冻设备制造有限公司、北京恩布拉科雪花压缩机有限公司、思科普压缩机(天津)有限公司、郑州凯雪冷链股份有限公司、集美大学、天津商业大学、上海海洋大学、哈尔滨商业大学、国家商用制冷设备质量监督检验中心。

本部分主要起草人:成建宏、刘小朋、杨一凡、肖杨、马坚、程凯、丁剑波、蒋小林、陈拥军、朱希、杨萍、周小波、何家才、马洪奎、胡朝龙、苏功兵、徐叶、李文浩、程贵亮、管秋生、战晓东、叶海平、潘烜、孙钟皓、陆谓舜、胡修振、任开龙、纪志坚、刘明、秦宗民、张建一、申江、万锦康、刘兆勇、林小苗、张艳杰、殷刚、闫辉利。

商用制冷器具能效限定值和能效等级
第2部分:自携冷凝机组商用冷柜

1 范围

GB 26920 的本部分规定了自携冷凝机组商用冷柜(简称自携式商用冷柜)能效限定值、能效等级、节能评价值、试验方法、检验规则和能效等级标注。

本部分适用于以下商用冷柜:

——销售和陈列食品的自携式商用冷柜;

——商店、宾馆和饭店等场所使用的封闭式自携饮料冷藏陈列柜;

——实体门商用冷柜(如厨房冰箱、制冷储藏柜、制冷工作台)、非零售用的自携式商用冷柜。

2 规范性引用文件

下列文件对于本文件的应用是必不可少的。凡是注日期的引用文件,仅注日期的版本适用于本文件。凡是不注日期的引用文件,其最新版本(包括所有的修改单)适用于本文件。

GB/T 21001.1 制冷陈列柜 第1部分:术语

GB/T 21001.2—2015 制冷陈列柜 第2部分:分类、要求和试验条件

GB/T 21001.3 制冷陈列柜 第3部分:试验评定

SB/T 10794.1—2012 商用冷柜 第1部分:术语

SB/T 10794.2—2012 商用冷柜 第2部分:分类、要求和试验条件

SB/T 10794.3—2012 商用冷柜 第3部分:饮料冷藏陈列柜

3 术语和定义

GB/T 21001.1、GB/T 21001.2—2015、GB/T 21001.3、SB/T 10794.1—2012、SB/T 10794.2—2012 和 SB/T 10794.3—2012 界定的以及下列术语和定义适用于本文件。

3.1

自携式商用冷柜耗电量限定值 maximum allowable values of energy consumption of self-contained commercial refrigerated cabinets

$\mathbf{TEC}_{max}$

在规定的工况条件下,运行 24 h 能量消耗总量(TEC)的最大允许值,单位为千瓦时每 24 小时(kWh/24 h)。

3.2

基准耗电量 the base value of energy consumption

E_{base}

具有单一间室、为某一基本柜型分类结构的商用冷柜在规定的试验条件下运行 24 h 的耗电量,单位为千瓦时每 24 小时(kWh/24 h)。

3.3

能效指数　actual energy efficiency index

η

自携式商用冷柜耗电量实测值(总能量消耗 TEC)与限定值(TEC_{max})之比。

3.4

自携式商用冷柜节能评价值　evaluation values of energy conservation for self-contained commercial refrigerated cabinets

在标准规定的试验条件下,节能型自携式商用冷柜所允许的能效指数最大值。

3.5

独立间室　the independent room

冷柜中采用隔热材料分隔的制冷间室。

4　技术要求

4.1　耗电量限定值的计算

耗电量限定值按照式(1)计算。

$$TEC_{max} = M \times CC \times S \times \sum_{i=1}^{n} (E_{basei} \times k_i \times F_i) \quad \cdots\cdots(1)$$

式中:

M ——具有单个或多个独立间室,分别计算时的调整系数,即 $n=1$ 时,$M=1$;$n>1$ 时,$M=0.9$;

CC ——环境气候类型修正系数,见表1～表4;

S ——对于玻璃门(盖)式冷冻陈列柜,如凝露面积大于展示面积的5%时,$S=0.9$;否则,$S=1$;

E_{basei} ——第 i 个独立间室对应的基准耗电量 E_{base},见表1～表4;

k_i ——第 i 个独立间室对应的间室内温度分类的能耗调整系数,见表1～表4;

F_i ——第 i 个独立间室的融霜调整系数 F,对于无自动除霜系统的封闭式冷柜/间室(如:封闭式直冷柜/间室),$F=0.75$;对于敞开式和带有自除霜功能的冷柜/间室(如:风冷柜/间室),$F=1$;

n ——冷柜独立间室的数量;

i ——冷柜独立间室的序号,$i=1,2,\cdots,n$。

对于可调温度类型的冷柜,按照最严酷温度类型的条件进行测试和计算。

对于包含多个间室的组合型冷柜且不在表1～表4中的冷柜类型,如每个间室的类型均可涵盖在表1～表4的类型中,可按本部分的原则,分别标注不同部分的冷柜类型,按照式(2)进行组合计算。对于符合YC1～YC4或YF3和YF4的外观型式的冷柜,按照相对应的冷柜类型计算原则(下半部能效基准值乘以1.2)进行计算。

4.2　自携式商用冷柜耗电量限定值

不同类型的自携式商用冷柜耗电量应不大于其对应类型产品的耗电量限定值。

自携式商用冷柜耗电量限定值通过式(1)计算得出,其中基准耗电量和相关参数见表1～表4规定。

表 1　不同温度分类下中温自携式商用冷柜的基准耗电量

温度等级	中温自携式商用冷柜类型	系列代号	GB/T 21001.2—2015 中的图例/补充说明	基准耗电量 E_{base} kWh/24 h		
				M-包的温度分类		
				M1	M2	H1,H2
卧式冷藏用	服务端敞开的他助式柜台柜	HC1	图 A.1 左图	11.50TDA	10.35 TDA	9.11TDA
	服务端敞开的带有贮藏室的他助式柜台柜	HC2	图 A.1 左图，下部带储藏室	上半部为 HC1 的 E_{base}，贮藏室为表 4 中 VC5 对应的 E_{base} 的 0.85 倍		
	敞开式，壁式	HC3	图 13、图 14、图 A.2 左图	16.5 TDA	14.85 TDA	13.07 TDA
	敞开式，岛式	HC4	图 17、图 18、图 A.2 右图、图 A.6、图 A.8、图 A.10	15.50 TDA	13.95 TDA	12.28 TDA
	玻璃盖，壁式，四周实体围护结构	HC5-1	图 19、图 20，但柜体高度前后不一致	5.17 TDA	4.65 TDA	4.09 TDA
	玻璃盖，壁式，三周玻璃围护结构	HC5-2	图 13、图 14、图 A.2 左图，加上玻璃盖	11.55 TDA	10.40 TDA	9.15 TDA
	玻璃盖，壁式，仅前部玻璃围护结构	HC5-3	图 13、图 14、图 A.2 左图，加上玻璃盖，柜体高度前后不一致，且仅前部玻璃围护结构	8.36 TDA	7.52 TDA	6.62 TDA
	玻璃盖，岛式，四周实体围护结构	HC6-1	图 19、图 20	5.17 TDA	4.65 TDA	4.09 TDA
	玻璃盖，岛式，四周玻璃围护结构	HC6-2	图 17、图 18，加上玻璃盖	10.85 TDA	9.77 TDA	8.60 TDA
	玻璃盖，岛式，前后部玻璃围护结构	HC6-3	图 17、图 18，加上玻璃盖，前后玻璃围护结构	8.01 TDA	7.21 TDA	6.34 TDA
	服务端封闭的他助式柜台柜	HC7	图 15、图 16、图 A.1 右图	10.35 TDA	9.32 TDA	8.20 TDA
	服务端封闭的带有贮藏室的他助式柜台柜	HC8	图 15、图 16、图 A.1 右图，下部带储藏室	上半部为 HC7 的 E_{base}，贮藏室为表 4 中 VC5 对应的 E_{base} 的 0.85 倍		
立式冷藏用	敞开式，半高立式	VC1	图 21、图 A.3 右图	26.79 TDA	24.11 TDA	21.21 TDA
	敞开式，多层隔板	VC2	图 22、图 23、图 24、图 A.3 左图、图 A.9	20.68 TDA	18.61 TDA	16.38 TDA
	推入式	VC3	图 25、图 A.4	无数值	无数值	无数值
	玻璃门式	VC4	图 26、图 A.7	9.40 TDA	8.46 TDA	7.44 TDA

表 1(续)

<table>
<tr><td rowspan="3">温度等级</td><td rowspan="3">中温自携式商用冷柜类型</td><td rowspan="3">系列代号</td><td rowspan="3">GB/T 21001.2—2015 中的图例/补充说明</td><td colspan="3">基准耗电量 E_{base}
kWh/24 h</td></tr>
<tr><td colspan="3">M-包的温度分类</td></tr>
<tr><td>M1</td><td>M2</td><td>H1,H2</td></tr>
<tr><td rowspan="4">组合式冷藏用</td><td>上部敞开,
下部敞开</td><td>YC1</td><td>图 A.5</td><td colspan="3" rowspan="2">上部为相对应的 E_{base}(YC1 对应 VC2,YC3 对应 VC4),下部为 HC4 对应的 E_{base} 的 1.2 倍</td></tr>
<tr><td>上部玻璃门,
下部敞开</td><td>YC3</td><td>图 A.5 的型式</td></tr>
<tr><td>上部敞开,
下部玻璃盖</td><td>YC2</td><td>图 A.5 的型式</td><td colspan="3" rowspan="2">上部为相对应的 E_{base}(YC2 对应 VC2,YC4 对应 VC4),下部为 HC5 对应的 E_{base} 的 1.2 倍</td></tr>
<tr><td>上部玻璃门,
下部玻璃盖</td><td>YC4</td><td>图 A.5 的型式</td></tr>
<tr><td colspan="7">注 1:k=1。对于标注为 4 类气候类型的冷柜,CC=1.07;7 类气候类型,CC=1.14;5 类气候类型,CC=1.2;其余气候类型,CC=1。
注 2:对于含有实体门的制冷陈列柜,实体门部分的 E_{base} 为表 4 中相应类型限值的 0.85 倍,如 HC2 和 HC8。
注 3:表中的系列代号见 SB/T 10794.2—2012 附录 A,M-包的温度分类见 GB/T 21001.2—2015 的 4.4.2 或 SB/T 10794.2—2012 的 4.2,表中 TDA 为 GB/T 21001 中规定的总展示面积,单位为平方米(m^2)。</td></tr>
</table>

表 2 不同温度分类下低温自携式商用冷柜的基准耗电量

<table>
<tr><td rowspan="3">温度等级</td><td rowspan="3">低温自携式商用冷柜类型</td><td rowspan="3">系列代号</td><td rowspan="3">GB/T 21001.2—2015 中的图例/补充说明</td><td colspan="3">基准耗电量 E_{base}
kWh/24 h</td></tr>
<tr><td colspan="3">M-包的温度分类</td></tr>
<tr><td>L1</td><td>L2</td><td>L3</td></tr>
<tr><td rowspan="10">卧式冷冻用</td><td>服务端敞开的
他助式柜台柜</td><td>HF1</td><td>图 A.1 左图</td><td>无数值</td><td>无数值</td><td>无数值</td></tr>
<tr><td>服务端敞开的带有贮藏室的他助式柜台柜</td><td>HF2</td><td>图 A.1 左图,下部带储藏室</td><td>无数值</td><td>无数值</td><td>无数值</td></tr>
<tr><td>敞开式,壁式</td><td>HF3</td><td>图 13、图 14、图 A.2 左图</td><td>29.2 TDA</td><td>27.5 TDA</td><td>25.7 TDA</td></tr>
<tr><td>敞开式,岛式</td><td>HF4</td><td>图 17、图 18、图 A.2 右图、图 A.6、图 A.8、图 A.10</td><td>26.50 TDA</td><td>25.00 TDA</td><td>23.32 TDA</td></tr>
<tr><td>玻璃盖,壁式,
四周实体围护结构</td><td>HF5-1</td><td>图 19、图 20,
但柜体高度前后不一致</td><td>10.0 TDA</td><td>9.1 TDA</td><td>8.2 TDA</td></tr>
<tr><td>玻璃盖,壁式,
三周玻璃围护结构</td><td>HF5-2</td><td>图 13、图 14、图 A.2
左图,加上玻璃盖</td><td>20.44 TDA</td><td>19.25 TDA</td><td>17.99 TDA</td></tr>
<tr><td>玻璃盖,壁式,
仅前部玻璃围护结构</td><td>HF5-3</td><td>图 13、图 14、图 A.2 左图,加上玻璃盖,柜体高度前后不一致,且仅前部玻璃围护结构</td><td>15.22 TDA</td><td>14.18 TDA</td><td>13.1 TDA</td></tr>
<tr><td>玻璃盖,岛式,
四周实体围护结构</td><td>HF6-1</td><td>图 19、图 20</td><td>8.8 TDA</td><td>8.0 TDA</td><td>7.2 TDA</td></tr>
<tr><td>玻璃盖,岛式,
四周玻璃围护结构</td><td>HF6-2</td><td>图 17、图 18,加上玻璃盖</td><td>18.55 TDA</td><td>17.50 TDA</td><td>16.32 TDA</td></tr>
</table>

表 2（续）

温度等级	低温自携式商用冷柜类型	系列代号	GB/T 21001.2—2015 中的图例/补充说明	基准耗电量 E_{base} kWh/24 h M-包的温度分类 L1	L2	L3
卧式冷冻用	玻璃盖，岛式，前后部玻璃围护结构	HF6-3	图 17、图 18，加上玻璃盖，前后玻璃围护结构	13.68 TDA	12.75 TDA	11.76 TDA
	服务端封闭的他助式柜台柜	HF7	图 15、图 16、图 A.1 右图	无数值	无数值	无数值
立式冷冻用	敞开式，半高立式	VF1	图 21、图 A.3 右图	无数值	无数值	无数值
	敞开式，多层隔板	VF2	图 22、图 23、图 24、图 A.3 左图、图 A.9	无数值	无数值	无数值
	推入式	VF3	图 25、图 A.4	无数值	无数值	无数值
	玻璃门式	VF4	图 26、图 A.7	44.00 TDA	39.00 TDA	34.32 TDA
组合式冷冻用	上部敞开，下部敞开	YF1	图 A.5	无数值	无数值	无数值
	上部敞开，下部玻璃盖	YF2	图 A.5 的型式	无数值	无数值	无数值
	上部玻璃门，下部敞开	YF3	图 A.5 的型式	上部为 VF4 对应的 E_{base}，下部为 HF3 对应的 E_{base} 的 1.2 倍		
	上部玻璃门(盖)，下部玻璃盖	YF4	图 A.5 的型式	上部为 VF4 或 HF5 对应的 E_{base}，下部为 HF5 对应的 E_{base} 的 1.2 倍		

注 1：k=1。对于设计为 4 类气候类型，CC=1.07；7 类气候类型，CC=1.14；5 类气候类型，CC=1.2；其余气候类型，CC=1。

注 2：对于含有实体门的制冷陈列柜，实体门部分的 E_{base} 为表 4 中相应类型限值的 0.85 倍，如 HC2 和 HC8。

表 3　饮料冷藏陈列柜的基准耗电量

序号	饮料冷藏陈列柜类型	GB/T 21001.2—2015 中的图例	SB/T 10794.3—2012 M-包的温度分类和对应 k 值	有效容积 V m^3	基准耗电量 E_{base} kWh/24 h
1	立式玻璃门：VC4	图 26、图 A.7	HA，VHA，k=1.80 CC=1	$0<V\leqslant0.425$	$3.532V+1.07$
				$0.425<V\leqslant0.850$	$5.297V+0.32$
				$0.850<V\leqslant1.415$	$2.119V+3.02$
				$V>1.415$	$2.825V+2.02$
2	卧式玻璃盖：HC5-1，HC6-1	图 19、图 20		全部	$2.119V+0.60$

表 4　实体门商用冷柜的基准耗电量

序号	商用冷柜类型	GB/T 21001.2—2015 中的图例/ 补充说明	SB/T 10794.2—2012 M-包的温度分类和 对应 k 值	有效容积 V m^3	SB/T 10794.2—2012 4 类气候类型条件下 基准耗电量 E_{base} kWh/24 h
1	实体门立式冷藏，VC5	图 26、图 A.7，门为一个或多个实体门	M1，$k=1.80$ M2，$k=1.69$ H1 和 H2，$k=1.53$	$0<V\leqslant0.425$	$0.706V+1.60$
				$0.425<V\leqslant0.850$	$3.178V+0.55$
				$0.850<V\leqslant1.415$	$0.353V+2.95$
				$V>1.415$	$2.119V+0.45$
2	实体盖卧式冷藏，HC9	图 19、图 20，实体盖		全部	$2.119V+0.60$
3	实体门立式冷冻，VF5	图 26、图 A.7，门为一个或多个实体门	L1，$k=1.80$ L2，$k=1.66$ L3，$k=1.54$ L4，$k=1.30$ L5，$k=0.91$	$0<V\leqslant0.425$	$8.829V+1.55$
				$0.425<V\leqslant0.850$	$7.063V+2.30$
				$0.850<V\leqslant1.415$	$8.829V+0.80$
				$V>1.415$	$4.944V+6.30$
4	实体盖卧式冷冻，HF9	图 19、图 20，实体盖	L1，$k=1.80$ L2，$k=1.66$ L3，$k=1.54$ L4，$k=1.30$ L5，$k=0.91$	全部	$9.535V+0.130$

注 1：对于 S 型冷藏室，$k=\frac{35-t_{cm}}{18.33}$，$t_{cm}$ 为额定工作温度(℃)，$t_{cm}\geqslant0$。

注 2：对于 S 型冷冻储藏室，$k=\frac{1.8}{1.033^{(18+t_{dm})}}\left(\frac{30-t_{dm}}{48}\right)$，$t_{dm}$ 为额定工作温度(℃)，$t_{dm}\geqslant-18$。

注 3：对于 7 类气候类型，CC=1.07；5 类气候类型，CC=1.14；其余气候类型，CC=1。

4.3　自携式商用冷柜实测耗电量

对抽取的样品，按照第 5 章的规定，测试其总能量消耗(TEC)。产品总能量消耗的实测值(TEC)与额定值均应不大于耗电量限定值(TEC_{max})。

4.4　年耗电量

自携式商用冷柜在气候类型 3 的条件下日耗电量与 365 d 的乘积，作为其典型气候条件下的全年耗电量，单位为千瓦时每年(kWh/a)，按照式(2)计算。

$$PAEC=R\times TEC\times365 \qquad\cdots\cdots(2)$$

式中：

——对于自携式商用冷柜，气候类型 3 的条件下的 TEC，$R=1$；

——对于饮料冷藏陈列柜，气候类型 8 的条件下的 TEC，$R=1.03$；

——对于实体门商用冷柜，气候类型 4 的条件下的 TEC，$R=0.85$。

4.5 能效等级评定方法

依据能效指数的大小，依次分成 1，2，3，4，5 五个等级，1 级所表示的能源效率最高。

根据自携式商用冷柜的能耗系数测试结果，依据表 5 判定该自携式商用冷柜的能效等级。

表 5 自携式商用冷柜能效等级

能效指数	能效等级
$\eta \leqslant 55\%$	1
$55\% < \eta \leqslant 65\%$	2
$65\% < \eta \leqslant 80\%$	3
$80\% < \eta \leqslant 90\%$	4
$90\% < \eta \leqslant 100\%$	5

此产品的能效等级不应低于该产品的额定能效等级。

能效指数 η 按式(3)计算：

$$\eta = \mathrm{TEC}/\mathrm{TEC}_{\max} \times 100\% \qquad \cdots\cdots(3)$$

式中：

η——能效指数，无量纲。

4.6 节能评价值

自携式商用冷柜的节能评价值为对应类型产品的能效等级 2 级的能效指数值。

4.7 允许偏差

产品的能效指数额定值和实测值不应超过其能效等级对应的值。

产品的能效指数实测值不大于额定值的 105%。

产品总能量消耗的实测值(TEC)不应大于其额定值的 105%。

5 试验方法

5.1 总则

除 5.2、5.3 和 5.4 的要求外，自携式商用冷柜的试验方法，对于用于销售和陈列的自携式商用冷柜按照 GB/T 21001.2—2015 的规定进行；对于实体门冷柜和非零售用的自携式商用冷柜按照 SB/T 10794.2—2012 的规定进行；对于饮料冷藏陈列柜按照 SB/T 10794.3—2012 的规定进行。

对于自动除霜冷柜，应按照冷柜自动除霜的周期，将冷柜除霜期间耗电量的增加值按除霜周期平均计入日耗电量中，对于除霜周期较长的冷柜，在测试期间不能自动融霜的冷柜，在开门试验结束后 2 h 时，或在关闭照明或夜帘夜盖后 2 h 时应强制除霜一次，其耗电量的增加值按除霜周期平均计入日耗电量中，除霜期间的柜内 M-包温度应满足标准要求。

对于含有实体门的制冷陈列柜，整机置于 5.2 要求的气候类型中进行测试；对于用于销售和陈列的自携式陈列柜部分按照 5.2 的要求和 GB/T 21001.2—2015 的规定进行测试；对于非零售用的自携式商用冷柜部分按照 5.2 的要求和 SB/T 10794.2—2012 的规定进行测试；对于实体门部分，除气候类型条件外，按照 5.4 要求和 SB/T 10794.2—2012 的规定与陈列柜部分一起进行整体同步测试。

5.2 自携式制冷陈列柜

在满足 GB/T 21001.1、GB/T 21001.2—2015 规定的测试条件和气候类型 3 的条件下进行能耗试验，在试验期间应使用照明装置和防凝露加热器，除非这类装置由时钟，智能感应器或类似的自动化霜装置来控制；当陈列柜配有夜盖/夜帘和照明时，则应按照 GB/T 21001.2—2015 中 5.3.2.7 的第二步带有夜盖/夜帘和照明的要求进行试验。

对于所标注气候类型为 0 类、1 类、8 类、2 类、3 类、6 类的陈列柜，其间室温度应满足 3 类气候类型的要求；对于所标注气候类为 4 类、5 类、7 类的陈列柜，其间室温度应满足所对应气候类型的要求，并在能耗试验前进行验证。

5.3 饮料冷藏陈列柜

按照 SB/T 10794.3—2012 规定的测试条件和气候类型 8 的条件下进行能耗试验，能耗试验除可采用插值法外，也可采用满足(较严酷)试验包温度条件且特性温度误差小于或等于 0.5 ℃的一次试验。

饮料冷藏陈列柜的间室温度应满足 SB/T 10794.3—2012 中 4.2.2 的气候类型 9 类(双门柜及多门柜)或气候类型 10 类(单门柜)的要求，并在能耗试验前进行验证。

5.4 实体门商用冷柜

按照 SB/T 10794.2—2012 规定的测试条件和气候类型 4 的条件下进行能耗试验、能耗试验除可采用插值法外，也可采用满足(较严酷)试验包温度条件且特性温度误差小于或等于 0.5 ℃的一次试验。

对于所标注气候类型为 7 类、5 类的冷柜，其间室温度应满足所对应气候类型的要求，并在能耗试验前进行验证。

6 检验规则

6.1 出厂检验

6.1.1 耗电量限定值应作为商用冷柜的出厂检验项目，应按照 SB/T 10794.2—2012 中 B.3 的抽样检验方法进行抽样，测试其能耗系数；若不满足规定要求，再抽取两台样品，实测值均应满足本部分的规定要求，否则判该批产品应逐台检验合格后方能出厂。

检验方案参照 GB/T 21001.2—2015、GB/T 21001.3 或 SB/T 10794.2—2012、SB/T 10794.3—2012 由制造商质量检验部门自行决定。

6.1.2 经检验认定为不合格的产品，不允许出厂。

6.2 型式检验

6.2.1 商用冷柜在下列情况之一时，应进行型式检验：

a) 试制的新产品；

b) 当产品在设计、工艺或所用材料有重大改变时；

c) 连续生产中的产品，每年不少于一次；

d) 时隔一年以上再生产时；

e) 出厂检验结果与上次型式检验有较大差异时；

f) 国家质量监督部门提出进行型式检验的要求。

6.2.2 型式检验的抽样，每次抽一台，如发现其耗电量不符合本部分的耗电量限定值要求时，应从该批产品中另抽出双倍数量重复检验，如仍有一台不符合要求时，则该批产品为不合格。

6.3 检验报告

出厂检验和型式检验报告所需信息参见附录 A。

向国家有关部门提交的检验报告和备案信息按照相关规定执行。

6.4 验收

订货方有权检查产品的耗电量、能效等级是否符合本部分的要求。

7 能效等级标注

7.1 制造商应根据本部分的要求,对其生产的产品进行能耗系数的检测。

7.2 制造商根据测试结果,确定产品的额定能效等级。

7.3 制造商应根据测试结果,标注能效等级和年耗电量。

附　录　A
（资料性附录）
检验报告信息

A.1　总则

本附录列出了按照 GB/T 21001.2—2015、GB/T 21001.3 或 SB/T 10794.1—2012、SB/T 10794.2—2012、SB/T 10794.3—2012 完成检验后，检验报告应包含的信息。每个样品的试验均应有单独的检验报告。

A.2　申请人信息

检验编号：

<table>
<tr><td colspan="2">申请人姓名：</td><td></td></tr>
<tr><td colspan="2">公司名称：</td><td></td></tr>
<tr><td colspan="2">公司地址：</td><td></td></tr>
<tr><td rowspan="6">联系人：
（应提供一名在中国的人员的详细信息）</td><td>姓名：</td><td></td></tr>
<tr><td>地址：</td><td></td></tr>
<tr><td>职务/职称：</td><td></td></tr>
<tr><td>电话：</td><td></td></tr>
<tr><td>传真：</td><td></td></tr>
<tr><td>电子邮件：</td><td></td></tr>
</table>

A.3　自携式商用冷柜信息

商标：________________

型号名称：________________（如果适用的话）

型号：________________

冷柜类型：________________

产品执行标准：________________

自携式商用冷柜：□　　饮料冷藏陈列柜：□

实体门商用冷柜：□　　具有多个独立间室的商用冷柜：□

被测样品的出厂编号：________________

额定电压：________________V

额定频率：________________Hz

按 SB/T 10794.1—2012 附录 A 规定的类型系列名称：________

样品外型尺寸：宽(mm)：________高(mm)：________深(mm)：________（仅供参考）

额定气候类型：________

按 GB/T 21001.2—2015 附录 A 所规定的总展示面积：________m^2

按 SB/T 10794.2—2012 附录 A 所规定的容积：__________ m^3

本样品是否附有夜盖(帘)？　　　　是 □　　　　否 □

是否有手动照明开关？　　　　是 □　　　　否 □

是否有时钟、智能感应器或类似的自动化装置控制照明？　　　　是 □　　　　否 □

是否有时钟、智能感应器或类似的自动化装置控制防凝露加热器？　　　　是 □　　　　否 □

自携式商用冷柜的制冷剂国际编号：________________

试验期间最热 M-包的最高温度：______ ℃

试验期间所有 M-包的平均温度：______ ℃

试验期间所有(或最冷)M-包的最低温度：______ ℃

A.4 试验和检验报告

是否附有符合 GB/T 21001.2—2015、SB/T 10794.2—2012、SB/T 10794.3—2012 的完整检验报告？

是 □　　　　否 □

如果不附有检验报告或摘要，说明原因：________________________________

试验是否在申请人自己的工厂内进行？　　　　是 □　　　　否 □

执行试验的人员和联系方法：________________________________

进行试验的实验室的名称和地址：

____

____

试验实验室资质(认可授权编号)：________________________________

检验报告号：________________________________

试验电压和频率：________________________________

A.5 电能消耗试验

自携式商用冷柜：

直接电能消耗(DEC＝TEC)：　　______________________ kWh/24 h

年耗电量 PAEC：　　______________________ kWh/a

主检__________审核__________批准__________(签名)__________

日期__________年____月____日

(只用于备案机构)

提交日期：　　　　登记备案号：

ICS 53.060
J 83

中华人民共和国国家标准

GB/T 26950.2—2015

防爆工业车辆 第2部分：内燃工业车辆

Explosive-proof industrial trucks—Part 2: Internal combustion industrial trucks

2015-12-10 发布 2016-07-01 实施

中华人民共和国国家质量监督检验检疫总局
中国国家标准化管理委员会 发布

前　言

GB/T 26950《防爆工业车辆》分为两个部分：

——第1部分：蓄电池工业车辆；

——第2部分：内燃工业车辆。

本部分为GB/T 26950的第2部分。

本部分按照GB/T 1.1—2009给出的规则起草。

本部分由中国机械工业联合会提出。

本部分由全国工业车辆标准化技术委员会(SAC/TC 332)归口。

本部分负责起草单位：浙江佳力科技股份有限公司、北京起重运输机械设计研究院、国家起重运输机械质量监督检验中心。

本部分参加起草单位：上海美瑞帝防爆设备技术有限公司、派若搬(苏州)安全系统有限公司、长沙金鹰机电科技有限公司、福建省特种设备检验研究院。

本部分主要起草人：陈勇、王墨洋、高峰、王军、王变豪、罗晓明、张真、傅顶和。

防爆工业车辆 第2部分:内燃工业车辆

1 范围

GB/T 26950的本部分规定了防爆内燃工业车辆(以下简称为车辆)的术语、技术要求、试验方法、检验规则等。

本部分适用于爆炸性环境或潜在爆炸性环境中使用的车辆。

本部分不适用于煤矿井下用车辆和炸药粉尘环境用车辆。

2 规范性引用文件

下列文件对于本文件的应用是必不可少的。凡是注日期的引用文件,仅注日期的版本适用于本文件。凡是不注日期的引用文件,其最新版本(包括所有的修改单)适用于本文件。

GB/T 1408.1 绝缘材料电气强度试验方法 第1部分:工频下试验

GB 3836.1—2010 爆炸性环境 第1部分:设备 通用要求

GB 3836.2—2010 爆炸性环境 第2部分:由隔爆外壳"d"保护的设备

GB 3836.3 爆炸性环境 第3部分:由增安型"e"保护的设备

GB 3836.4 爆炸性环境 第4部分:由本质安全型"i"保护的设备

GB 3836.8 爆炸性气体环境用电气设备 第8部分:"n"型电气设备

GB 3836.9 爆炸性气体环境用电气设备 第9部分:浇封型"m"

GB 3836.15 爆炸性气体环境用电气设备 第15部分:危险场所电气安装(煤矿除外)

GB 4208—2008 外壳防护等级(IP代码)

GB/T 10715 带传动 多楔带、联组V带及包括宽V带、六角带在内的单根V带抗静电带的导电性:要求和试验方法

GB 10827.1 工业车辆 安全要求和验证 第1部分:自行式工业车辆(除无人驾驶车辆、伸缩臂式叉车和载运车)

GB 12476.1—2013 可燃性粉尘环境用电气设备 第1部分:通用要求

GB 12476.2 可燃性粉尘环境用电气设备 第2部分:选型和安装

GB 12476.4 可燃性粉尘环境用电气设备 第4部分:本质安全型"iD"

GB 12476.5 可燃性粉尘环境用电气设备 第5部分:外壳保护型"tD"

GB 12476.6 可燃性粉尘环境用电气设备 第6部分:浇封保护型"mD"

GB/T 13306 标牌

GB 15322.1 可燃气体探测器 第1部分:测量范围为0～100%LEL的点型可燃气体探测器

GB 15322.2 可燃气体探测器 第2部分:测量范围为0～100%LEL的独立式可燃气体探测器

GB/T 16855.1—2008 机械安全 控制系统有关安全部件 第1部分:设计通则

GB 20800.1—2006 爆炸性环境用往复式内燃机防爆技术通则 第1部分:可燃性气体和蒸气环境用Ⅱ类内燃机

GB 20800.2—2006 爆炸性环境用往复式内燃机防爆技术通则 第2部分:可燃性粉尘环境用Ⅱ类内燃机

GB/T 26950.1—2011 防爆工业车辆 第1部分：蓄电池工业车辆

JB/T 2391 500 kg～10 000 kg 平衡重式叉车 技术条件

JB/T 3300—2010 平衡重式叉车 整机试验方法

JB/T 9012—2011 侧面式叉车

JB/T 10750—2007 内燃牵引车

3 术语和定义

GB/T 26950.1 界定的以及下列术语和定义适用于本文件。

3.1

防爆内燃工业车辆 explosive-proof internal combustion industrial trucks

按照本部分的规定设计、制造，用于爆炸性环境而不会引起周围爆炸混合物爆炸的内燃工业车辆。

3.2

Ⅱ类3G级内燃机 engines of category 3G of group Ⅱ

用于潜在爆炸性气体环境中2区的内燃机。

这种内燃机所具有的防爆措施，在正常运行工况下能保持所需的防爆水平。

[GB 20800.1—2006，定义3.4.2]

3.3

Ⅱ类2G级内燃机 engines of category 2G of group Ⅱ

用于潜在爆炸性气体环境中1区的内燃机。

这种内燃机所具有的防爆措施，在正常运行工况下和即使在本身发生可预见故障时都能保持所需的防爆水平。

[GB 20800.1—2006，定义3.4.1]

3.4

Ⅱ类3D级内燃机 engines of category 3D of group Ⅱ

用于潜在爆炸性粉尘环境中22区的内燃机。

这种内燃机所具有的防爆措施，在正常运行工况下能保持所需的防爆水平。

[GB 20800.2—2006，定义3.3.2]

3.5

Ⅱ类2D级内燃机 engines of category 2D of group Ⅱ

用于潜在爆炸性粉尘环境中21区的内燃机。

这种内燃机所具有的防爆措施，在正常运行工况下和即使在本身发生可预见故障时都能保持所需的防爆水平。

[GB 20800.2—2006，定义3.3.1]

4 技术要求

4.1 基本性能要求

车辆的基本性能应符合下列相关标准的规定：

——平衡重式叉车应符合JB/T 2391的规定；

——侧面叉车应符合JB/T 9012—2011的规定；

——牵引车应符合JB/T 10750—2007的规定。

4.2 安全要求

4.2.1 3G 级车辆

4.2.1.1 表面温度和排气温度

最高表面温度和排气温度不应超过车辆使用场所内存在的爆炸性气体的最低点燃温度。车辆应配置监控系统，当车体的表面温度或排气温度达到或接近于其规定的最高允许温度时，车辆应能自动停止运行，以保证车辆正常使用时的安全运行。

如爆炸性气体仍可与车辆内部高温部件接触，不应采用隔热措施来降低车辆外壳的表面温度。

车辆应按其最高表面温度来设置标志：

——温度组别，按 GB/T 26950.1—2011 中表 1 规定划分温度组别；或者

——实际最高表面温度。

车辆通常设计的使用环境温度为－20 ℃～＋40 ℃，此种情况下，不必设置附加标志。如果车辆设计的使用环境温度超出－20 ℃～＋40 ℃的范围，则制造厂应在相关文件中给出特殊的环境温度范围，并在产品标牌中明确表示出，而且在防爆合格证编号后面还应加注附加标志“X”。

4.2.1.2 机械火花

机械火花应符合 GB/T 26950.1—2011 中 4.2.1.2 的规定。

风扇和其他旋转部件应符合 GB 20800.1—2006 中 4.11.3 的规定。

4.2.1.3 机械间距

机械间距应符合 GB/T 26950.1—2011 中 4.2.1.3 的规定。

4.2.1.4 静电

4.2.1.4.1 电位平衡

电位平衡应符合 GB/T 26950.1—2011 中 4.2.1.4.1 的规定。

4.2.1.4.2 接地

接地应符合 GB/T 26950.1—2011 中 4.2.1.4.2 的规定。

4.2.1.4.3 皮带

车辆上所有的传动皮带的电阻应符合 GB/T 10715 的有关规定。

4.2.1.5 往复式内燃机

往复式内燃机应符合 GB 20800.1—2006 中对Ⅱ类 3G 级内燃机的规定。

4.2.1.6 电气系统

4.2.1.6.1 概述

电气安装应符合 GB 3836.15 的有关规定。

电气系统的电缆连接应牢固、可靠，防爆电气设备上的电缆引入装置与电缆线径相符，防止电缆松脱造成的防爆型式失效。

电气系统应设有过载保护装置，过载保护装置设置的最大电流值不应大于系统电路电缆所能承受

的最大安全载荷电流值。

当电源电极与车架绝缘(IT 系统)时,除绝缘监控装置和本质安全电路外,电气安装应为双极式布线。

车辆应设置自动停机装置和手动停车装置,自动停机装置在内燃机超速或整机最高表面温度接近或达到最高允许温度时,使车辆自动停机,自动停机装置应是安全可靠的。

如果车辆装有气体探测器,气体探测器应符合 GB 15322.1 或 GB 15322.2 的规定。气体探测器应设置低报和高报。当可燃气体浓度达到 10%LEL 时,气体探测器显示低报;当可燃气体浓度达到 25% LEL 时,气体探测器显示高报,并能自动控制车辆停止运行。气体探测器应安装在车辆的适当位置,并用一种措施加以保护,防止发生机械损伤。

4.2.1.6.2 电气设备

电气设备应符合 GB 3836.1—2010 以及 GB 3836.2—2010、GB 3836.3、GB 3836.4、GB 3836.8 或 GB 3836.9 的规定。且电气设备应取得相应的防爆合格证。

4.2.1.7 进气系统和排气系统

内燃机进气系统应符合 GB 20800.1—2006 中 4.6.2 的规定。

内燃机进气系统中应设置进气截止阀,进气截止阀应能手动操作。

内燃机排气系统应符合 GB 20800.1—2006 中 4.7.2 的规定。

4.2.1.8 离合器

4.2.1.8.1 液压离合器

液压离合器、变矩器、静压传动和油冷式离合器的表面温度应符合 4.2.1.1 的规定。

4.2.1.8.2 机械离合器

机械离合器的设计应使其在正常运行条件下由摩擦或撞击形成的火花不会散发出来。其表面温度应符合 4.2.1.1 的规定。

4.2.1.8.3 摩擦离合器

摩擦离合器摩擦衬垫应采用非金属基复合材料,制动鼓或制动盘应采用铸铁或与铸铁具有同样摩擦特性的材料。不应使用轻金属合金。其表面温度应符合 4.2.1.1 的规定。

摩擦衬垫的摩擦面上不应有气孔或接缝。非金属基复合材料包含的金属质量不应超过 40%,所有金属形态应为颗粒或细丝(颗粒特征值 $d_{pnom} \leqslant 100\ \mu m$,$d_{pmax} \leqslant 500\ \mu m$;细丝直径:$\phi_{nom} \leqslant 100\ \mu m$,$\phi_{max} \leqslant 500\ \mu m$)。

摩擦片应铆接或粘接到离合器的摩擦片底板上,摩擦片的摩擦面上不应有小孔或接点。

摩擦片的温度不应上升到制造厂规定的损坏温度。

4.2.1.9 制动器

制动器的表面温度应符合 4.2.1.1 的规定。

行车制动器应符合 GB/T 26950.1—2011 中 4.2.1.6.2 的规定。

停车制动器应符合 GB/T 26950.1—2011 中 4.2.1.6.3 的规定。

4.2.1.10 工作装置

工作装置应符合 GB/T 26950.1—2011 中 4.2.1.7 的规定。

4.2.1.11 液压系统

液压系统应符合4.2.1.1对表面温度的规定。

4.2.2 2G级车辆

4.2.2.1 表面温度和排气温度

表面温度和排气温度应符合4.2.1.1的规定。

4.2.2.2 机械火花

机械火花应符合4.2.1.2的规定。

4.2.2.3 机械间距

机械间距应符合4.2.1.3的规定。
裸露的旋转部件的防护等级至少应为IP20。

4.2.2.4 静电

静电应符合4.2.1.4.3和GB/T 26950.1—2011中4.2.2.4的规定。

4.2.2.5 往复式内燃机

往复式内燃机应符合GB 20800.1—2006中对Ⅱ类2G级内燃机的规定。

4.2.2.6 电气系统

4.2.2.6.1 概述

电气安装应符合4.2.1.6.1的规定。
电气系统的正极接线和负极接线应与车架和内燃机气缸绝缘。但如果内燃机使用了启动辅助装置,在启动辅助线路运行阶段,预热塞的电气回路或其他电气启动辅助装置用内燃机气缸作为接地回路,则为例外。

4.2.2.6.2 电气设备

电气设备应符合GB 3836.1—2010以及GB 3836.2—2010、GB 3836.3、GB 3836.4或GB 3836.9的规定。且电气设备应取得相应的防爆合格证。

4.2.2.7 进气系统和排气系统

内燃机进气系统和排气系统应符合4.2.1.7的规定。

4.2.2.8 离合器

4.2.2.8.1 液压离合器

液压离合器在发生可预见故障的情况下也应符合4.2.1.8.1的规定。

4.2.2.8.2 机械离合器

机械离合器在发生可预见故障的情况下也应符合4.2.1.8.2的规定。

4.2.2.8.3 摩擦离合器

摩擦离合器应符合下列要求之一：

a) 油保护

在整个运行过程中，摩擦离合器都应浸在油液中。油液应能循环冷却。

油液温度应能被监控（直接或间接），控制系统应能防止表面温度超过设计的温度组别，并且应符合 GB/T 16855.1—2008 表 10 中对 3 类的规定。

b) 隔爆外壳保护

离合器外壳部件之间接合面的最小宽度和最大间隙应符合 GB 3836.2—2010 的有关规定。

离合器的外壳应能：

——承受按 GB 3836.2—2010 中 15.1 要求进行试验时出现的过压；

——防止按 GB 3836.2—2010 中 15.2 要求进行试验时由外壳内部向外壳外部传爆。

4.2.2.9 制动器

4.2.2.9.1 概述

制动器的表面温度应符合 4.2.1.1 的规定。

4.2.2.9.2 行车制动器

行车制动器应符合 GB/T 26950.1—2011 中 4.2.1.6.2 的规定及下列要求之一，应保证机械火花不能引起爆炸性混合物点燃：

a) 油保护

在整个运行过程中，制动器都应浸在油液中。油液应能循环冷却。

油液温度应能被监控（直接或间接），控制系统应能防止表面温度超过设计的温度组别，并且应符合 GB/T 16855.1—2008 表 10 中对 3 类的规定。

b) 隔爆外壳保护

制动器外壳部件之间接合面的最小宽度和最大间隙应符合 GB 3836.2—2010 的有关规定。

制动器的外壳应能：

——承受按 GB 3836.2—2010 中 15.1 要求进行试验时出现的过压；

——防止按 GB 3836.2—2010 中 15.2 要求进行试验时由外壳内部向外壳外部传爆。

c) 附加安全措施

制动器应符合下列要求：

——行车制动器摩擦衬垫应采用非金属基复合材料，制动鼓或制动盘应采用铸铁或与铸铁具有同样摩擦特性的材料。不应使用轻金属合金。

——非金属基复合材料不应含有金属成分。在制动器摩擦片严重磨损或制动器有轴向窜动的情况下，系统应能避免制动器摩擦片底板与相关金属部件发生接触、摩擦。

——车辆应配置监控系统，防止制动器表面温度超过 4.2.1.1 规定的设计温度组别。温度探测系统应符合 GB/T 16855.1—2008 中表 10 中对 3 类的规定。如果在试验周期中证实制动器的表面温度不可能达到 4.2.1.1 规定的最高表面温度，则不必配置控制系统。

——如果使用热敏元件，则该元件应放置到制动器摩擦片内摩擦面下不超过 3 mm（在新的时候）处。

——当按 5.3.1 的规定测得的制动器摩擦片的温度上升车辆允许的最高表面温度时，车辆应能自动停机。

4.2.2.9.3 停车制动器

停车制动器应符合 GB/T 26950.1—2011 中 4.2.1.6.3 的规定。

4.2.2.10 工作装置

工作装置应符合 4.2.1.10 的规定。

4.2.2.11 液压系统

液压系统应符合 4.2.1.11 的规定。

4.2.3 3D 级车辆

4.2.3.1 表面温度和排气温度

最高表面温度不应超过车辆使用场所内出现的可燃性粉尘的最低引燃温度。但在粉尘层厚度可能积累至 5 mm 的地方,最高表面温度不应超过 150 ℃或粉尘层点燃温度减去 75 ℃的值(在粉尘层的点燃温度低于 225 ℃时),两者取较小值。

排气温度不应超过 250 ℃或 2/3 粉尘云的点燃温度(在粉尘云的点燃温度低于 275 ℃时),两者取较小值。

车辆应按其最高表面温度来设置标志,并且应以实际的最高表面温度给以明确的表示。

车辆的设计应能保证正常使用时的安全运行,车辆应配置监控系统,其监控系统应能在车辆出现危险情况之前对正在运行的车辆进行监控并使之停止运行。

4.2.3.2 机械火花

机械火花应符合 4.2.1.2 的规定。

4.2.3.3 机械间距

机械间距应符合 4.2.1.3 的规定。

4.2.3.4 往复式内燃机

往复式内燃机应符合 GB 20800.2—2006 中对Ⅱ类 3D 级内燃机的规定。

4.2.3.5 电气系统

4.2.3.5.1 概述

电气安装应符合 GB 12476.1—2013 和 GB 12476.2 有关对粉尘防护、温度限制和布线系统的规定。

电气系统的电缆连接应牢固、可靠,防爆电气设备上的电缆引入装置与电缆线径相符,防止电缆松脱造成的防爆型式失效。

电气系统应设有过载保护装置,过载保护装置设置的最大电流值不应大于系统电路电缆所能承受的最大安全载荷电流值。

车辆应设置自动停机装置和手动停车装置,自动停机装置在内燃机超速时或整机最高表面温度接近或达到最高允许温度时,使车辆在 20 s 内自动停机,自动停机装置应是安全可靠的。

4.2.3.5.2 电气设备

电气设备应符合 GB 12476.1—2013、GB 12476.4、GB 12476.5 或 GB 12476.6 的规定。且电气设备

应取得相应的防爆合格证。

4.2.3.6 进气系统和排气系统

内燃机进气系统应安装两级空气滤清器，第一级空气滤清器的效率至少为85%，第二级空气滤清器的效率至少为95%。

当使用旋风式空气滤清器时，通过空气滤清器的粉尘残余物不应经过排气系统。

内燃机排气系统应符合GB 20800.2—2006中4.5.2的规定。

4.2.3.7 离合器

4.2.3.7.1 液压离合器

液压离合器、变矩器、液压传动和油冷式离合器的表面温度应符合4.2.3.1的规定。

4.2.3.7.2 机械离合器

机械离合器的设计应使其在正常运行条件下由摩擦或撞击形成的火花不会散发出来。其表面温度应符合4.2.3.1的规定。

4.2.3.7.3 摩擦离合器

摩擦离合器的外壳应符合GB 4208—2008规定的防尘防护等级IP5X(第1种类型外壳)；旋转接合面的防尘防护等级不应低于IP4X。

4.2.3.8 制动器

制动器的表面温度应符合4.2.3.1的规定。

行车制动器应符合GB/T 26950.1—2011中4.2.3.6.2的规定。

停车制动器应符合GB/T 26950.1—2011中4.2.1.6.3的规定。

4.2.3.9 工作装置

工作装置应符合4.2.1.10的规定。

4.2.3.10 液压系统

液压系统应符合4.2.3.1对表面温度的规定。

4.2.4 2D级车辆

4.2.4.1 表面温度和排气温度

表面温度和排气温度应符合4.2.3.1的规定。

4.2.4.2 机械火花

机械火花应符合4.2.1.2的规定。

4.2.4.3 机械间距

机械间距应符合4.2.2.3的规定。

4.2.4.4 静电

静电应符合4.2.1.4.3和GB/T 26950.1—2011中4.2.4.4的规定。

4.2.4.5 往复式内燃机

往复式内燃机应符合 GB 20800.2—2006 对Ⅱ类 2D 级内燃机的规定。

4.2.4.6 电气系统

4.2.4.6.1 概述

电气系统应符合 4.2.3.5.1 的规定。

4.2.4.6.2 电气设备

电气设备应符合 4.2.3.5.2 的规定。用于导电性粉尘环境的电气设备防护等级至少应为 IP6X。

蓄电池和微型开关还应符合 4.2.2.6 提出的安全要求。

4.2.4.7 进气系统和排气系统

内燃机进气系统和排气系统应符合 4.2.3.6 的规定。

内燃机进气系统中空气滤清器和内燃机之间的进气管道应密封完好。在 20 kPa 的试验压力作用下，历时 1 min，管道应无明显变形，在停止压力空气的供给后，管道内的压力在 3 min 内下降不超过 4 kPa。

4.2.4.8 离合器

液压离合器应符合 4.2.3.7.1 的规定。

机械离合器应符合 4.2.3.7.2 的规定。

摩擦离合器表面温度应符合 4.2.3.1 的规定，外壳应符合下列要求之一：

——离合器的外壳应符合 GB 4208—2008 规定的尘密防护等级 IP6X(第 1 种类型外壳)；旋转接合面的防尘防护等级应为 IP5X；

——4.2.2.8.3a)规定的油保护要求；

——4.2.2.8.3b)规定的隔爆外壳保护要求，另外，还应符合 GB 4208—2008 规定的尘密防护等级 IP6X（第 1 种类型外壳)；旋转接合面的防尘防护等级应为 IP5X。

4.2.4.9 制动器

4.2.4.9.1 概述

制动器的表面温度应符合 4.2.3.1 的规定。

4.2.4.9.2 行车制动器

行车制动器的外壳应符合下列要求之一：

——行车制动器的外壳应符合 GB 4208—2008 规定的尘密防护等级 IP6X(第 1 种类型外壳)；旋转接合面的防尘防护等级应为 IP5X；

——4.2.2.9.2a)规定的油保护要求；

——4.2.2.9.2b)规定的隔爆外壳保护要求，另外，还应符合 GB 4208—2008 规定的尘密防护等级 IP6X（第 1 种类型外壳)；旋转接合面的防尘防护等级应为 IP5X；

——4.2.2.9.2c)规定的附加安全措施。

4.2.4.9.3 停车制动器

停车制动器应符合 GB/T 29650.1—2011 中 4.2.1.6.3 的规定。

4.2.4.10 工作装置

工作装置应符合 4.2.1.10 的规定。

4.2.4.11 液压系统

液压系统应符合 4.2.3.1 对表面温度的规定。

5 试验方法

5.1 试验前的准备工作

5.1.1 试验车辆的验收

应登记制造厂名称、产品型号、产品编号或生产日期、防爆等级等信息，记录防爆部件的防爆合格证编号、制造厂名称、出厂日期等信息。

检查试验车辆各总成、附属装置的完整性；检查各总成润滑油及润滑点的润滑及密封情况；检查车辆的装配质量，包括转向系统、传动系统、制动系统、电气系统、液压系统、工作装置等是否可靠、正常，发现故障应及时消除，确保试验安全进行。

5.1.2 检查试验场地

试验场地应为干燥、平整、清洁的混凝土路面。

5.2 基本性能试验

车辆的基本性能试验按下列要求进行：

——平衡重式叉车的基本性能试验按 JB/T 3300 的规定进行；

——侧面式叉车的基本性能试验按 JB/T 9012—2011 的规定进行；

——牵引车的基本性能试验按 JB/T 10750—2007 的规定进行。

5.3 防爆性能试验

5.3.1 温度测量

5.3.1.1 概述

制动器、液压系统、发动机、水箱、排气管道等部件的表面温度及发动机排气温度应进行测量。

5.3.1.2 试验条件

下面的试验程序适用于在正常运行条件下运行的车辆。

当运行条件与规定的正常运行条件不同时，应在特殊的条件下进行试验。

试验时应把热敏元件埋放在出现最高温度的表面上来测量表面温度。

试验时的环境条件应符合如下条件：

a) 气温为 -5 ℃～40 ℃；

b) 风速小于或等于 5 m/s；

c) 最大相对湿度不大于 90%。

5.3.1.3 试验程序

5.3.1.3.1 适用于平衡重式叉车的试验程序

平衡重式叉车的试验程序按 JB/T 3300—2010 中 19.1 的规定进行。

5.3.1.3.2 适用于侧面式叉车的试验程序

侧面式叉车的试验程序按 JB/T 9012—2011 中 5.17.1 的规定进行。

5.3.1.3.3 适用于牵引车的试验程序

牵引车的试验程序按 JB/T 10750—2007 中 6.12 的规定进行。

5.3.1.4 测量

应在每完成 5 个试验循环之后车辆到达起点位置时进行温度测量。

在测量温度后，车辆直接继续进行下一个试验循环。

试验一旦开始不得停止，一直进行到连续 3 次温度测量值之差不大于 2 ℃（记录该值），或者，车辆达到其规定的表面温度之前过热装置已经动作为止。否则这 5 个试验循环应继续进行，直至任一部分的温度开始降低时为止。

在 T1、T2 和 T3 组车辆上配置的液压系统，不必测量其表面温度。

试验测得的最高表面温度按式(1)修正到 40 ℃环境温度时的值：

$$T = t_t - t_{am} + 40 \qquad \cdots\cdots(1)$$

式中：

T ——修正后的设备的最高表面温度，单位为摄氏度(℃)；

t_t ——试验测得的最高表面温度，单位为摄氏度(℃)；

t_{am} ——试验时的环境温度，单位为摄氏度(℃)。

5.3.2 车辆接地电阻测量

车辆接地电阻测量按照 GB/T 26950.1—2011 中 5.3.2 的规定进行。

5.3.3 塑料件绝缘电阻测量

5.3.3.1 试验条件

塑料件的绝缘电阻测量应在环境温度为(23±2)℃、相对湿度为(50±5)%的条件下进行。

5.3.3.2 试验方法

塑料件的表面电阻测量按照 GB 3836.1—2010 中 26.13 的规定进行。

塑料件的介电强度测量按照 GB/T 1048.1 的规定进行。

5.3.4 内燃机安全性能试验

5.3.4.1 Ⅱ类 3G 级内燃机和Ⅱ类 2G 级内燃机

Ⅱ类 3G 级内燃机和Ⅱ类 2G 级内燃机的安全性能试验按照 GB 20800.1—2006 中第 5 章的规定进行。

5.3.4.2 Ⅱ类3D级内燃机和Ⅱ类2D级内燃机

Ⅱ类3D级内燃机和Ⅱ类2D级内燃机的安全性能试验按照GB 20800.2—2006中第5章的规定进行。

6 检验规则

6.1 检验职责

车辆检验分出厂检验、型式试验。车辆应由制造厂的质量检验部门检验合格后方可出厂，并应附有产品质量合格的文件和标志。

6.2 出厂检验

6.2.1 每台车辆均应在制造厂内进行出厂检验，基本性能的出厂检验项目应符合下列相关标准的规定：

——平衡重式叉车应符合JB/T 2391的规定；

——侧面式叉车应符合JB/T 9012—2011的规定；

——牵引车应符合JB/T 10750—2007的规定。

6.2.2 车辆防爆性能的出厂检验项目应符合表1的规定。

表1

序号	出厂检验	型式试验	检验项目名称	要求	试验方法
1	√	√	最高表面温度	4.2.1.1、4.2.2.1、4.2.3.1、4.2.4.1	5.3.1
2	√	√	接地电阻	4.2.1.4、4.2.2.4、4.2.4.4	5.3.2
3	√	√	塑料件绝缘电阻	4.2.2.4、4.2.4.4	5.3.3
4		√	内燃机安全性能	4.2.1.5、4.2.2.5、4.2.3.4、4.2.4.5	5.3.4
5	√	√	机械火花	4.2.1.2、4.2.2.2、4.2.3.2、4.2.4.2	目测
6	√	√	机械间距	4.2.1.3、4.2.2.3、4.2.3.3、4.2.4.3	目测
7	√	√	工作装置	4.2.1.10、4.2.2.10、4.2.3.9、4.2.4.10	目测

6.3 型式试验

6.3.1 凡属下列之一者，均应进行型式试验：

a) 新产品的试制定型鉴定；

b) 老产品转厂生产的试制定型鉴定；

c) 正式生产后，产品结构、材料或工艺等有较大改变，而可能影响产品性能时；

d) 产品停产达一年以上后恢复生产时；

e) 产品连续生产达到五年以上时；

f) 国家质量监督机构提出型式试验要求时。

6.3.2 车辆基本性能的型式试验项目应符合下列相关标准的规定：

——平衡重式叉车应符合JB/T 2391的规定；

——侧面式叉车应符合JB/T 9012—2011的规定；

——牵引车应符合 JB/T 10750—2007 的规定。

6.3.3 车辆防爆性能的型式试验项目应符合表 1 的规定。

7 标志、包装、运输、贮存

7.1 标志与标牌

7.1.1 标志

在车辆的明显部位上应设置和车辆体积大小相适合的永久性的"Ex"标志，表示车辆为防爆型的。

7.1.2 标牌

在车辆的明显而又不易碰坏处固定产品标牌，标牌的尺寸及内容应符合 GB/T 13306 及 GB 10827.1 的规定。同时，标牌还应包含以下内容：

——特种设备制造许可证编号；

——防爆标志。

注：防爆标志的标示方法：

爆炸性环境用车辆：Ex＋车辆级别＋类别符号＋温度组别（或实际最高表面温度）

7.2 包装

7.2.1 车辆一般不包装，如用户有特殊要求，则按合同执行。

7.2.2 车辆出厂应至少附带下列文件：

a) 使用说明书；

b) 产品合格证书；

c) 车辆防爆合格证（复印件）；

d) 特种设备制造许可证（复印件）；

e) 装箱单；

f) 随行工具清单。

7.3 运输

7.3.1 对所有随行附件和工具应有防锈和其他防护措施。

7.3.2 对车辆所有外露的未喷漆且未经表面处理的表面涂防锈油。

7.3.3 必须加铅封的液压元件和其他零部件，在铅封前应经检查人员批准。

7.3.4 对所有润滑部分应注入足够的润滑油脂。

7.3.5 车辆上所有有相对运动的零部件应作相应的固定。

7.3.6 在运输过程中应采用适当的方式使车辆固定。

7.4 贮存

车辆应存放在干燥通风、无腐蚀、不结冰的非露天场所。

ICS 03.120.20
A 00

中华人民共和国国家标准

GB/T 27065—2015/ISO/IEC 17065:2012
代替 GB/T 27065—2004

合格评定　产品、过程和服务认证机构要求

Conformity assessment—Requirements for bodies certifying products, processes and services

(ISO/IEC 17065:2012,IDT)

2015-06-02 发布　　2015-06-10 实施

中华人民共和国国家质量监督检验检疫总局
中国国家标准化管理委员会
发布

前言

本标准按照 GB/T 1.1—2009 给出的规则起草。

本标准代替 GB/T 27065—2004《产品认证机构通用要求》，与 GB/T 27065—2004 相比主要技术变化如下：

——基于 ISO/CASCO 所采纳的通用结构重新构架；

——基于 GB/T 27001～GB/T 27005 进行修订；

——修订了第 3 章术语和定义；

——改进了公正性要求(机制)；

——在第 7 章过程要求中引入了 GB/T 27000 的功能法；

——在第 8 章中强化了管理体系的要求；

——附录 A 给出了产品认证机构及其活动的原则；

——附录 B 给出了对过程和服务应用本标准的信息；

——考虑 IAF GD5 的要求进行了改进；

——引用了认证方案，有关的进一步信息见 GB/T 27067。

本标准使用翻译法等同采用 ISO/IEC 17065:2012《合格评定 产品、过程和服务认证机构要求》。

与本标准中规范性引用的国际文件有一致性对应关系的我国文件如下：

——GB/T 27000—2006 合格评定 词汇和通用原则(ISO/IEC 17000:2004，IDT)

——GB/T 18346—2001 各类检查机构能力的通用要求(ISO/IEC 17020:2012，IDT)

——GB/T 27021—2007 合格评定 管理体系审核认证机构的要求(ISO/IEC 17021:2011，IDT)

——GB/T 27025—2008 检测和校准实验室能力的通用要求(ISO/IEC 17025:2005，IDT)

本标准由全国认证认可标准化技术委员会(SAC/TC 261)提出并归口。

本标准起草单位：中国合格评定国家认可中心、国家认证认可监督管理委员会认证监管部、中国电子技术标准化研究所、北京赛西认证有限责任公司、中机生产力促进中心、中国建材检验认证集团股份有限公司、中国标准化研究院、国建联信认证中心、中国质量认证中心、中国认证认可协会、中国赛宝实验室。

本标准主要起草人：陈云华、史新波、徐娜、宋红茹、王凌、隰永才、石新勇、朱春雁、樊亚军、刘健、陈昕、李春江、王淑媛、万举勇。

本标准首次发布于 2004 年 11 月。

引　言

产品、过程或服务认证的总体目标是向所有利益相关方提供产品、过程或服务符合规定要求的信心。认证的价值在于所建立的信心和信任的程度，这种信心和信任来源于第三方对满足规定要求的公正和有能力的证明。认证的利益相关方包括但不限于：

a）认证机构的客户；

b）获得产品、过程或服务认证的组织的顾客；

c）政府部门；

d）非政府组织；和

e）消费者以及其他公众。

利益相关方可以希望或要求认证机构满足本标准的所有要求，需要时，也可以包括认证方案的要求。

产品、过程或服务认证是为产品、过程或服务满足标准和其他规范性文件的规定要求提供证明的一种方式。有些产品、过程或服务的认证方案可包括初始检测（或检验）和对供方质量管理体系的审核，以及后续的监督。对于后续监督，要考虑对质量管理体系的审核以及从生产现场和市场抽样的检测或检验。有些认证方案基于初始检测和监督检测，还有一些认证方案仅包括型式试验。

本标准规定了对认证机构的要求，遵循这些要求旨在确保认证机构以有能力、一致和公正的方式实施认证方案，以促进国际和国内承认这些认证机构，接受获证产品、过程和服务，并因此促进国际贸易。本标准可作为认可、同行评审使用的准则文件，也可作为政府部门、认证方案所有者或其他方指定使用的准则文件。

本标准的要求是认证机构实施产品、过程或服务认证方案的通用准则。在特定行业或其他部门使用时，或必须考虑诸如健康和安全等特殊要求时，可对本标准的要求进行扩充。附录A包含了与认证机构及其提供的认证活动相关的原则。

本标准未对认证方案的内容及其制定提出要求，也不限制方案所有者的作用或选择，但是方案的内容不宜与本标准的任何要求产生排斥或冲突。

可采用认证证书和（或）符合性标志的形式来表明满足适用的标准或其他规范性文件。但在很多情况下，根据规定的标准或其他规范性文件认证特定产品（或系列产品）、过程和服务的认证方案，还需要其特有的解释性文件。

本标准不仅适用于第三方产品、过程或服务认证，其诸多条款也可用于第一方和第二方产品合格评定程序。

在本标准中，使用如下助动词形式：

“应”表示要求；

“宜”表示建议；

“可”表示允许；

“能”表示可能性或能力；

详见ISO/IEC导则　第2部分。

合格评定　产品、过程和服务认证机构要求

1　范围

本标准包含了对产品、过程和服务认证机构的能力、一致性运作和公正性的要求。按照本标准运作的认证机构不必提供所有类型的产品、过程和服务认证。产品、过程和服务认证是一种第三方的合格评定活动(ISO/IEC 17000:2004 的 5.5)。

在本标准中,除了那些专门说明“过程”或“服务”的条款(见附件 B),术语“产品”也可理解为“过程”或“服务”。

2　规范性引用文件

下列文件对于本文件的应用是必不可少的。凡是注日期的引用文件,仅注日期的版本适用于本文件。凡是不注日期的引用文件,其最新版本(包括所有的修改单)适用于本文件。

ISO/IEC 17000　合格评定　词汇和通用原则(Conformity assessment—Vocabulary and general principles)

ISO/IEC 17020　合格评定　各类检验机构能力的通用要求(Conformity assessment—Requirements for the operation of various types of bodies performing inspection)

ISO/IEC 17021　合格评定　管理体系审核认证机构的要求(Conformity assessment—Requirements for bodies providing audit and certification of management systems)

ISO/IEC 17025　检测和校准实验室能力的通用要求(General requirements for the competence of testing and calibration laboratories)

3　术语和定义

ISO/IEC 17000 界定的以及下列术语和定义适用于本文件。

3.1

客户　client

有责任向认证机构确保满足**认证要求**(3.7)包括**产品要求**(3.8)的组织或个人

注:若无特别说明,则本标准中使用的术语“客户”既适用于“申请人”也适用于“客户”。

3.2

咨询　consultancy

对下列活动的参与:

a)　获证或拟认证的产品的设计、制造、安装、维护或分销;或

b)　获证或拟认证的过程的设计、实施、操作或维护;或

c)　获证或拟认证的服务的设计、实施、提供或维护

注:在本标准中,术语“咨询”是指涉及认证机构、认证机构的人员以及与认证机构有关联的组织的活动。

3.3

评价　evaluation

合格评定活动中的选取和确定功能的组合

注:ISO/IEC 17000:2004 的 A.2 和 A.3 对“选取”和“确定”功能进行了描述。

3.4

产品　product

过程的结果

注 1:ISO 9000:2005 中给出了四种通用的产品类别:

——服务(如运输)(见 3.6 定义);

——软件(如计算机程序、字典);

——硬件(如发动机、机械部件);

——流程性材料(如润滑剂)。

许多产品由分属于不同产品类别的成分组成,其属性是服务、软件、硬件,还是流程性材料取决于产品的主导成分。

注 2:产品包括自然过程的结果,如植物生长和其他自然资源的形成。

注 3:改编自 ISO/IEC 17000:2004,定义 3.3。

3.5

过程　process

一组将输入转化为输出的相互关联或相互作用的活动

例如:焊接过程、热处理过程、需要确认过程能力的制造过程(如在规定的允许误差内操作或生产产品)、食品加工过程和植物生长过程。

注:改编自 ISO 9000:2005,定义 3.4.1。

3.6

服务　service

在供方和顾客的接触面上至少需要完成一项活动的结果,并且通常是无形的

注 1:服务的提供可涉及如下几种:

——在顾客提供的有形产品(如要修理的汽车)方面所完成的活动;

——在顾客提供的无形产品(如准备纳税申报单所需的损益表)方面所完成的活动;

——无形产品的交付(如在知识传播方面的信息提供);

——为顾客营造氛围(如在宾馆和餐馆)。

注 2:改编自 ISO 9000:2005,定义 3.4.2。

3.7

认证要求　certification requirement

作为获得或保持认证的条件,**客户**(3.1)所要满足的规定要求,包括**产品要求**(3.8)

注:认证要求包括为满足本标准由认证机构提出的对客户的要求(通常通过认证协议,见 4.1.2),也包括认证方案提出的对客户的要求。本标准所指的“认证要求”不包括认证方案对认证机构提出的要求。

例如,以下为认证要求,但不是产品要求:

——履行认证协议;

——缴付费用;

——提供获证产品变更的信息;

——为监督活动提供获取获证产品的途径。

3.8

产品要求　product requirement

认证方案列出的标准或其他规范性文件中规定的、与产品直接相关的要求

注:产品要求可以在法规、标准和技术规范中规定。

3.9

认证方案　certification scheme

针对特定的产品,适用相同的要求、规则和程序的认证制度

注 1:改编自 ISO/IEC 17000:2004,定义 2.8。

注 2:"认证制度"是一种"合格评定制度",其定义见 ISO/IEC 17000:2004 的 2.7。

注 3:实施产品、过程、服务认证的规则、程序和管理由认证方案规定。

注 4:ISO/IEC 17067 结合 ISO/IEC 指南 28 及 ISO/IEC 指南 53 提供了制定认证方案的通用指南。

3.10

认证范围 scope of certification

对以下内容的界定:

——批准认证的产品、过程或服务;

——适用的认证方案;

——评价产品、过程或服务是否符合要求的标准和其他规范性文件(包括发布日期)

3.11

方案所有者 scheme owner

负责制定和维护特定**认证方案**(3.9)的个人或组织

注:认证方案所有者可以是认证机构自身、政府部门、行业协会、认证机构团体或其他组织。

3.12

认证机构 certification body

运作认证方案的第三方合格评定机构

注:认证机构可以是非政府的或政府的(具有或不具有监管权利)。

3.13

公正性 impartiality

存在的客观性

注 1:客观性意味着利益冲突不存在或者已解决,从而不会对认证机构的活动产生不利影响。

注 2:表述公正性要素的其他术语有:独立、无利益冲突、没有成见、没有偏见、中立、公平、思想开明、不偏不倚、不受他人影响、均衡。

4 通用要求

4.1 法律和合同事项

4.1.1 法律责任

认证机构应是一个法律实体,或一个法律实体内明确界定的一部分,以便该法律实体能够对其所有认证活动承担法律责任。

注:政府的认证机构基于其政府地位而被视为法律实体。

4.1.2 认证协议

4.1.2.1 认证机构应有具有法律约束力的协议,以为客户提供认证服务。认证协议应考虑认证机构及其客户的责任。

4.1.2.2 认证机构应确保其认证协议要求客户至少遵守:

a) 始终满足认证要求(见 3.7),包括当收到认证机构的通知时做出适当变更(见 7.10);

b) 如果认证适用于持续生产,则获证产品应持续满足产品要求(见 3.8);

c) 客户为下列事项做出所有必要的安排:

  1) 实施评价(见 3.3)和监督(若需要),包括审查文件和记录,访问相关设备、场所、区域、人员及客户的分包方;

  2) 投诉的调查;

  3) 适用时,观察员的参与。

d) 客户有关认证的声明与认证范围(见3.10)一致；

e) 客户不得以损害认证机构声誉的方式使用产品认证的结果，不得做出使认证机构认为可能误导或未经授权的有关产品认证的声明；

f) 当认证暂停、撤销或终止时，客户停止使用包含产品认证内容的所有广告，采取认证方案要求的措施(如交回认证文件)以及其他需要的措施。

g) 如果客户将认证文件的副本提供给其他人，文件应被完整地复制或者按照认证方案的规定复制；

h) 在文件、宣传册或广告等传播媒介中涉及产品认证内容时，应遵守认证机构的要求或认证方案的规定；

i) 客户遵守与符合性标志的使用(可能在认证方案中规定的)和产品相关信息的任何要求；

注：见ISO/IEC 17030、ISO/IEC指南23和ISO指南27。

j) 客户保存已知的与认证要求符合性有关的所有投诉记录，并在认证机构要求时提供，以及：

1) 对这些投诉以及在产品中发现的影响认证要求符合性的任何缺陷，采取适当的措施；

2) 将所采取的措施形成文件。

注：认证机构对j)项的证实可在认证方案中规定。

k) 当发生了可能影响满足认证要求的能力的变更，客户及时通知认证机构：

注：变更的例子包括：

——法律、商业、组织的状况或所有权的变更；

——组织和管理层的变更(如：主要的管理、决策或技术人员变更)；

——对产品或生产工艺的改进；

——联系地址和生产场地；

——质量管理体系的重要变更。

4.1.3 许可文件、证书和符合性标志的使用

4.1.3.1 认证机构应按照认证方案的规定对许可文件、证书、符合性标志的所有权、使用和展示，以及表明产品已获得认证的任何其他机制进行控制。

注1：认证机构许可的证书和标志的使用指南见ISO/IEC指南23。

注2：ISO/IEC 17030规定了第三方标志的使用要求。

4.1.3.2 对在文件或其他宣传中对认证方案的不正确引用或对许可文件、证书、标志或任何其他表明产品已获认证的其他方式的误用应采取适当的措施。

注：这类措施见ISO指南27，包括纠正措施、撤销证书，发布违规通告，以及必要时的法律措施。

4.2 公正性管理

4.2.1 认证活动应公正地进行。

4.2.2 认证机构应对认证活动的公正性负责，不允许有任何来自商业、财务或其他方面的压力损害公正性。

4.2.3 认证机构应持续地进行公正性风险识别。这些风险源于其自身的活动或各种关系，或者源于其人员的各种关系(见4.2.12)，尽管这些关系不一定给认证机构带来公正性风险。

注1：给认证机构公正性带来风险的关系可能源于所有权、管理方式、管理层、人员、共享资源、财务、合同、营销(包括品牌)以及给介绍新客户的人佣金或其他好处等。

注2：此处风险识别并不是指ISO 31000中的风险评估。

4.2.4 当识别出了公正性风险，认证机构应能够证实如何消除或最大限度减小此类风险。5.2所规定的机制应能获得这方面的信息。

4.2.5 认证机构最高管理层应对公正性做出承诺。

4.2.6 认证机构和其在同一法律实体下的任何部分以及在其组织控制(见 7.6.4)下的实体不应:

a) 是获证产品的设计者、制造商、安装者、分销者或维护者;

b) 是获证过程的设计者、实施者、操作者或维护者;

c) 是获证服务的设计者、实施者、提供者或维护者;

d) 主动或被动地为其客户提供咨询(见 3.2);

e) 当认证方案要求对客户的管理体系进行评价时,为其客户提供管理体系的咨询或内部审核。

注 1:这不排除下列情况:

——在认证机构与其客户之间可能发生的信息交换(例如:解释检查发现或阐明要求);和

——认证机构运作所必需的获证产品的使用、安装和维护。

注 2:ISO/IEC 17021:2011 中 3.3 定义了"管理体系咨询"。

4.2.7 认证机构应确保与其直接关联或与其附属机构有关联的其他法律实体的活动不损害其认证活动的公正性。

注:见 4.2.3,注 1。

4.2.8 当 4.2.7 中的其他的法律实体提供或生产获证产品(包括拟认证的产品)或提供咨询(见 3.2)时,认证机构的管理人员、复核和认证决定人员不应参与该法律实体的活动。该法律实体的人员不应参与认证机构的管理、复核和认证决定。

注:第 6 章规定了对于评价人员的公正性要求。6.2.1 和 6.2.2.1 中引用的其他相关标准规定了附加要求。

4.2.9 认证机构活动的营销和报价不应与咨询(见 3.2)机构的活动相关联。认证机构不应宣称或暗示选择某咨询机构将使认证更为简单、容易、迅速或廉价。

4.2.10 在认证机构规定的期限内,提供过产品咨询(见 3.2)的人员不应从事对该产品的复核和认证决定。

注 1:可在认证方案中规定期限,如果由认证机构规定,期限应该足够长,以确保不影响复核和认证决定的公正性。通常规定为两年。

注 2:第 6 章规定了对于评价人员的公正性要求。6.2.1 和 6.2.2.1 中引用的其他相关标准规定了附加要求。

4.2.11 认证机构应采取措施,以应对已知的来源于其他人员、机构或组织的行为所产生的公正性的风险。

4.2.12 认证机构中可能影响认证活动的所有人员(外部或内部)或委员会,均应公正地行使职责。

4.3 责任和财力

4.3.1 认证机构应做好充分的安排(例如:保险或储备金)以承担由于运作引发的责任。

4.3.2 认证机构应保持财务状况稳定,并且应具备运作所需的资源。

4.4 非歧视性条件

4.4.1 认证机构运作所遵循的方针和程序以及对它们的管理应是非歧视性的。除非本标准规定,否则程序不应妨碍或阻止申请人申请。

4.4.2 对于其活动在认证机构运作范围内的所有申请人,认证机构的服务都应开放。

4.4.3 不应以客户的规模、某一协会或团体的成员、已颁发证书的数量作为实施认证的限制条件。不应含有任何不恰当的财务或其他条件。

注:当存在一些原则性的或明显的理由时,例如客户参与非法活动,或以往有重复发生不符合认证要求和(或)产品要求及类似情况时,认证机构可以婉拒其认证申请或维持认证合同。

4.4.4 认证机构应将与要求、评价、复核、决定和监督(如果有)有关的事项限定在认证范围内。

4.5 保密性

4.5.1 认证机构应通过具有法律约束力的承诺,对从事认证活动时获得或产生的所有信息的管理负责。除客户自己公开的或机构与客户之间商定(如为应对投诉)的信息外,所有其他信息均应视为专有信息并应视为保密信息。认证机构拟向公众公开保密信息时,应提前通知客户。

4.5.2 当认证机构根据法律要求或合同安排提供保密信息时,认证机构应将提供的信息通知有关客户或个人,除非法律限制。

4.5.3 从客户以外其他来源(如投诉者、监管机构)获得的关于客户的信息应按保密信息处理。

4.6 可公开获取的信息

认证机构应(通过出版物、电子媒介或其他方式)保存和根据请求提供下列信息:

a) 有关(或涉及)认证方案的信息,包括评价程序,批准、保持、范围扩大或缩小、暂停、撤销或拒绝认证的规则和程序;
b) 认证机构获得财力支持方式的描述以及向申请人和客户收取费用的一般信息;
c) 申请人与客户的权利和义务的描述信息,包括使用认证机构名称和认证标志以及认证结论引用方式的要求、约束或限制;
d) 有关处理投诉和申诉程序的信息。

5 结构要求

5.1 组织结构和最高管理层

5.1.1 认证活动应从结构和管理上保证公正性。

5.1.2 认证机构应将其组织结构形成文件,并明确管理层和其他认证人员及各委员会的任务、责任和权力。当认证机构是一个法律实体内明确界定的一部分时,这种结构应包括上下级关系和与同一法律实体内其他部分的关系。

5.1.3 认证机构的管理层应确定对下列各项具有全部权力和责任的委员会、小组或个人:

a) 制定有关认证机构运作的方针;
b) 监督方针和程序的实施;
c) 监督认证机构的财务;
d) 研发认证活动;
e) 制定认证要求;
f) 评价(见 7.4);
g) 复核(见 7.5);
h) 认证决定(见 7.6);
i) 需要时,授权委员会或人员代表管理层开展规定的活动;
j) 合同安排;
k) 为认证活动提供充分的资源;
l) 回应投诉和申诉;
m) 人员能力要求;
n) 认证机构的管理体系(见第 8 章)。

5.1.4 认证机构应有关于参与认证过程(见第 7 章)的任何委员会的任命、权限和运作的正式规则。这种委员会应免受来自商业、财务和其他可能影响决定的压力。认证机构应保留任命和撤销委员会成员的权力。

5.2 维护公正性的机制

5.2.1 认证机构应有一个维护公正性的机制,该机制应提供以下方面的输入:

a) 与认证活动的公正性有关的方针和原则；

b) 认证机构出于商业或其他考虑而妨碍一致公正地提供认证活动的任何倾向；

c) 影响认证的公正性、保密性等事项，包括信息公开。

注1：该机制可被赋予其他任务或职责(例如参与做决定的过程)，其前提是这些增加的任务或职责不得损害其确保公正性的基本作用。

注2：该机制可以是由一家或多家认证机构组建的委员会，也可以是方案所有者、某个政府部门或类似团体运作的委员会。

注3：多个认证方案共用一个机制也符合此要求。

注4：如果认证机构也提供管理体系认证，符合ISO/IEC17021:2011的6.2的委员会同时满足5.2的所有要求可视为符合5.2。

5.2.2 应将该机制形成正式的文件以确保：

a) 重要利益相关方均衡，以使任一利益方不处于支配地位(认证机构的内部或外部人员视为一个利益方，且不应居支配地位)；

b) 获取所有必要的信息以使其能够履行所有职能。

5.2.3 如果认证机构的最高管理层不采纳该机制提出的意见和建议，则该机制应有权独立采取措施(如报告主管部门、认可机构或利益相关方)。在采取适当措施时，应尊重4.5中与客户和认证机构相关的保密要求。

认证机构不宜采纳与其运行程序或其他强制性要求相冲突的意见和建议。管理层宜将不采纳的理由形成文件，并保存以备适当的人员审查。

5.2.4 虽然这一机制不能代表每个利益方，但是认证机构应识别并邀请重要的利益方。

注1：这些利益方可能包括认证机构的客户、客户的顾客、制造商、供方、用户、合格评定专家、行业协会代表、政府监管机构或其他政府部门的代表及非政府组织(包括消费者组织)的代表。该机制中每个利益方只要有一个代表就可以满足要求。

注2：这些利益方可根据认证方案的性质来限定。

6 资源要求

6.1 认证机构的人员

6.1.1 总则

6.1.1.1 认证机构应聘用或有途径获得足够数量的人员，以支撑其与认证方案、适用的标准及其他规范性文件相关的运行。

注：人员包括为机构工作的正式人员，也包括通过签订合同或正式协议使其置于认证机构(见6.1.3)管理控制及体系和(或)程序内的人员。

6.1.1.2 这些人员应有能力履行职责，包括根据需要做出技术判断、确定方针并加以实施。

6.1.1.3 除非法律或认证方案有要求，无论委员会成员、外部机构人员或代表认证机构利益的人员，对认证活动过程中获得的或产生的所有信息都应保密。

6.1.2 参与认证过程的人员能力管理

6.1.2.1 认证机构应建立、实施并维护对参与认证过程(见第7章)的人员能力进行管理的程序。该程序应要求认证机构：

a) 确定认证过程中每项职能所需人员能力的准则，确定时要考虑认证方案的要求；

b) 识别培训需求，必要时提供有关对认证过程、要求、方法、活动和其他有关认证方案要求的培训方案；

c） 证实这些人员具备承担任务和责任所需的能力；

d） 为认证过程中履行职能的人员正式授权；

e） 监视人员绩效。

6.1.2.2 认证机构应保存参与认证过程(见第7章)人员的下列记录：

a） 姓名和地址；

b） 所在单位及职位；

c） 学历及专业状况；

d） 经历和培训；

e） 能力评价；

f） 绩效监视；

g） 在认证机构内具有的权限；

h） 每项记录的最新更新日期。

6.1.3 与人员签约

认证机构应要求参与认证过程的人员与其签署合同或其他文件，以做出下列承诺：

a） 遵守由认证机构确定的规则，包括与保密性(见4.5)和独立于商业和其他利益有关的规则；

b） 在被安排进行评价或认证时，声明以前和(或)现在本人或其雇主与如下各方的关系：

  1） 产品的供方或设计方，或；

  2） 服务的提供方或开发方，或；

  3） 过程的作业方或开发方；

c） 告知了解的可能导致其本人或认证机构发生利益冲突的任何情况(见4.2)。

认证机构应根据这些信息，来识别由这类人员或雇用他们的组织的活动引发的公正性风险(见4.2.3)。

6.2 评价的资源

6.2.1 内部资源

认证机构进行评价活动时，无论使用内部资源还是其直接控制的其他资源，均应满足相关标准和认证方案中规定的其他文件的适用要求。对于检测，应满足ISO/IEC 17025中的适用要求；对于检验，应满足ISO/IEC 17020中的适用要求；对于管理体系审核，应满足ISO/IEC 17021中的适用要求。相关标准中规定的对评价人员公正性的要求始终都应适用。

注：有些要求不适用的理由的示例包括：

——在利用评价活动的结果时，认证机构内部已具备专业技能；

——认证机构对检测(包括目击试验)、检验(如规定检验方法或参数)或管理体系审核(如对管理体系有特定详细要求)的控制程度超出了相关标准的要求；

——某一特定要求已由本标准中等效的方式涵盖，或者在认证决定时无需特别关注的。

6.2.2 外部资源(外包)

6.2.2.1 认证机构应只能将评价活动外包给那些满足相关标准和认证方案中规定的其他文件的适用要求的机构。对于检测，应满足ISO/IEC 17025中的适用要求；对于检验，应满足ISO/IEC 17020中的适用要求；对于管理体系审核，应满足ISO/IEC 17021中的适用要求。相关标准中规定的对评价人员公正性的要求始终都应适用。

注1：有些要求不适用的理由的示例包括：

——在利用评价活动的结果时，认证机构内部已具备专业技能；

——认证机构对检测(包括目击试验)、检验(如规定检验方法或参数)或管理体系审核(如对管理体系有特定详细要求)控制的程度超出了相关标准的要求；

——某一特定要求已由本标准中等效的方式涵盖，或者在认证决定时无需特别关注的。

注 2：这可包括外包给其他认证机构。按照合同使用外部人员不属于外包。

注 3：在本标准中，"外包"和"分包"被认为是同义词。

6.2.2.2 评价活动外包给非独立机构(如，客户实验室)时，认证机构应确保评价活动得到管理，这种管理的方式能提供可信任的结果，且有记录证实这种信任。

6.2.2.3 认证机构应与提供外包服务的机构签署具有法律约束力的合同，包括保密性条款和 6.1.3c)中规定的利益冲突条款。

6.2.2.4 认证机构应：

a) 对外包给其他机构的所有活动负责；

b) 确保提供外包服务的机构及其使用的人员的参与(直接的或通过任何其他雇主)不能影响认证结果的可信性；

c) 对提供用于认证活动的外包服务的所有机构的资格、评价和监视都有形成文件的方针、程序和记录；

d) 保存获得批准的外包服务机构清单；

e) 对已知的任何违反 6.2.2.3 协议或 6.2.2 中的其他要求的行为采取纠正措施；

f) 外包活动前通知客户，以给客户一个提出异议的机会。

注：如果对外包服务机构的资格认定、评价和监视由其他组织(如认可机构、同行评审机构或政府部门)实施，只要满足以下条件，认证机构就可以考虑采信这些资格认定或监视结果：

——方案要求中有规定的；

——范围与承担的工作相符；

——按照认证机构确定的周期对资格、评价和监视安排的有效性进行核实。

7 过程要求

7.1 总则

7.1.1 认证机构应运作一个或多个覆盖其认证活动的认证方案。

注 1：认证方案的要素可以与对生产的监督或对客户管理体系的审核和监督结合，或两者都有。

注 2：ISO/IEC 17067 结合 ISO/IEC 指南 28 和 ISO/IEC 指南 53 给出了制订认证方案的通用指南。

7.1.2 评价客户产品的要求应是包含在特定标准和其他规范性文件中的要求。

注：制定适用于此目的规范性文件的指南见 ISO/IEC 17007。

7.1.3 对某个特定认证方案，如需要对这些文件(见 7.1.2)的应用进行解释，这些解释应由相关的、公正的和具备必要技术能力的人员或委员会做出。在有请求时，认证机构应予提供。

7.2 申请

对于认证申请，认证机构应获取依据相关认证方案完成认证过程的所有必要信息。

注 1：必要信息的例子如下：

——拟认证的产品；

——客户寻求的认证所依据的标准和(或)其他规范性文件(见 7.1.2)；

——客户的基本特征，包括名称、实际位置、过程和运作的重要方面(如果相关认证方案有要求)，以及任何相关的法律义务；

——与申请认证范围相关的客户的基本信息，比如客户的活动；人力与技术资源，包括实验室和(或)检验设施；以及适用时，其在一个较大集团中的职能和关系；

——客户使用的有关影响对要求符合性的所有外包过程的信息；如果客户已确定了由自己以外的法律实体生

产认证的产品，为有效监督，必要时认证机构可通过适当的合约对该法律实体予以控制。如果需要这种合约控制，则其可在提交正式的认证文件(见7.7)之前建立；

——相关认证要求所需的所有其他信息，诸如初始评价和监督活动的信息，如：认证的产品的生产地点，这些地点的联系人。

注2：可用多种媒介和方式在不同时间收集这种信息，包括申请表。收集这些信息可与签署4.1.2规定的具有法律约束力的协议(认证协议)同时进行，也可分开进行。

注3：扩大认证范围的申请可以包含同类产品、不同地点等。

7.3 申请评审

7.3.1 认证机构应对所获得的信息（见7.2)进行评审以确保：

a) 认证过程所需的客户信息和产品信息是充分的；

b) 认证机构和客户之间任何已知的理解上的分歧已经得到解决，包括在相关标准或规范性文件方面达成一致；

c) 认证范围(见3.10)得到确定；

d) 实施所有评价活动的方法是可行的；

e) 认证机构有能力并能够实施认证活动。

7.3.2 当客户的认证要求涉及以下内容，而认证机构又无先例时，应有一个过程来识别：

——产品的类型，或

——规范性文件，或

——认证方案。

注：当对某产品的相关要求、特性和技术的掌握足以理解另一产品的要求、特性和技术时，可视它们为同一类产品。

7.3.3 在这些情况(见7.3.2)下，认证机构应确保其具有能力实施要求其进行的所有认证活动，同时应保存对决定开展认证的理由的记录。

7.3.4 如果认证机构缺乏能力开展需要其进行的认证活动，认证机构应婉拒开展这一特定的认证。

7.3.5 如果认证机构根据其已经批准的该客户或其他客户的认证结果省略任何活动，认证机构应把对已有的认证结果的引用保存在记录中。如客户要求，认证机构应提供省略这些活动的理由。

7.4 评价

7.4.1 认证机构应制定一个评价活动计划，以做出必要的安排。

注：根据认证方案的特性和产品要求，该计划可以是适用于所有活动的通用计划，包括适用时对质量管理体系的评价，或是针对一项特定活动的专门计划，或是两者的结合。

7.4.2 利用认证机构内部资源(见6.2.1)进行的各项评价任务应由认证机构指派人员去执行。

注：外包任务通常由外包方指派的人员去完成。这种人员一般不由认证机构指派。

7.4.3 认证机构应确保可获得执行评价任务必需的所有信息和(或)文件。

注：评价任务可能包括设计评估和文件审查、取样、检测、检验、审核等活动。

7.4.4 认证机构应按评价计划(见7.4.1)完成利用内部资源(见6.2.1)进行的评价活动和管理外包资源(见6.2.2)。应依据认证范围覆盖的要求和认证方案规定的其他要求评价产品。

7.4.5 认证机构应只采信本次认证申请之前完成的与认证相关的评价结果，在这种情况下，认证机构应对评价结果负责，并且证明实施评价的机构满足6.2.2及认证方案规定的要求。

注：这可以包括根据认证机构之间的承认协议开展的工作。

7.4.6 认证机构应将所有不符合告知客户。

7.4.7 如果发现了一个或多个不符合，且客户希望继续认证过程，认证机构应提供为验证不符合得到纠正所需的附加评价任务的有关信息。

7.4.8 如果客户同意完成附加的评价任务，则应重复7.4中规定的过程以完成附加的评价任务。

7.4.9 复核(见 7.5)之前,所有评价活动的结果应形成文件。

注 1:这些文件可以为确定产品要求(包括如认证方案有要求时,对生产产品的质量管理体系的要求)是否得到满足提供意见。

注 2:认证方案可指出评价是由认证机构根据其职责实施,还是在认证申请(见 7.2)之前实施的。对于后者,7.4 的要求不适用。

7.5 复核

7.5.1 认证机构应指派至少一人复核与评价相关的所有信息和结果。复核应由未参与评价过程的人员进行。

7.5.2 除非复核和认证决定由相同的人一并做出,否则应将基于复核的认证决定的建议形成文件。

7.6 认证决定

7.6.1 认证机构应对其认证决定负责并保留认证决定权。

7.6.2 认证机构应指派至少一人根据评价、复核以及其他相关的所有信息做出认证决定。认证决定应由未参与评价过程(见 7.4)的一个人或一组人(如委员会,见 5.1.4)完成。

注:复核和认证决定可由同一个人或同一组人一并完成。

7.6.3 由认证机构指派做出认证决定的人员(除委员会成员外,见 5.1.4)应受雇或受聘于:

——认证机构(见 6.1);

——认证机构(见 7.6.4)组织控制下的一个实体。

7.6.4 认证机构的组织控制应为下列之一:

——认证机构拥有另一实体的全部或大部分所有权;

——认证机构在另一个实体的董事会中占多数席位;

——在以所有权或董事会控制相关联的一个法律实体网络中(认证机构存在其中),认证机构以文件形式对另一个实体授权。

注:对政府的认证机构而言,政府的其他部分可认为与认证机构以所有权形式关联。

7.6.5 受雇或受聘于组织控制下实体的人员与受雇或受聘于认证机构的人员一样,应满足本标准的相同要求。

7.6.6 认证机构应将不批准认证的决定通知客户,并应说明该决定的理由。

注:如果客户表示愿意继续认证过程,认证机构应从 7.4 重新开始评价过程。

7.7 认证文件

7.7.1 认证机构应给客户提供正式的认证文件,明确表达或能够辨识以下信息:

a) 认证机构的名称和地址;

b) 获证日期(该日期不应早于完成认证决定的日期);

c) 客户名称和地址;

d) 认证范围(见 3.10);

注:当用于认证的标准或其他规范性文件(见 7.1.2)引用了其他标准或规范性文件时,那些被引用的文件不必包括在正式的认证文件中。

e) 认证有效期或终止日期(如果认证具有有效期时);

f) 认证方案要求的任何其他信息。

7.7.2 正式的认证文件应包括认证机构指定的负责人的签名或其他授权签署。

注:在认证机构备案的负责签署认证文件的人员的姓名和职位,是一种除签名之外的"授权签署"的例子。

7.7.3 正式的认证文件(见 7.7)应仅在下列事项完成之后或同时颁发:

a) 批准或扩大认证范围(见 7.6.1)的决定已经做出;

b） 认证要求得到满足；

c） 认证协议（见 4.1.2）已经完成和（或）签署。

7.8 获证产品名录

认证机构应保存获证产品的信息，至少包括：

a） 产品识别信息；

b） 认证用的标准和其他规范性文件；

c） 客户识别信息。

认证方案应规定那些需要在名录中公开或在有要求时提供（通过出版物、电子媒体或其他方式）的信息。至少认证机构应当在有要求时提供该认证的有效状态。

注：当认证机构按方案提供信息时，该方案的名录宜满足本要求。

7.9 监督

7.9.1 如果认证方案要求进行监督，或依据 7.9.3 或 7.9.4 的规定进行监督，认证机构应根据认证方案启动对认证决定覆盖的产品进行监督。

注 1：认证方案中监督活动的示例见 ISO/IEC 17067。

注 2：监督活动的准则和过程由每个认证方案规定。

7.9.2 当监督采用评价、复核或认证决定时，应分别符合 7.4、7.5 或 7.6 的要求。

7.9.3 当某类获证产品（或其包装，或所附资料）需要持续使用授权的认证标志时，应建立监督机制，并应包括对加施标志的产品进行定期的监督，以确保符合产品要求的证实持续有效（对于过程或服务，见 7.9.4）。

7.9.4 当授权某过程或服务持续使用认证标志时，应建立监督机制，并应包括对使用标志的过程或服务进行定期的监督，以确保符合过程或服务要求的证实持续有效。

7.10 影响认证的变更

7.10.1 当认证方案提出对客户产生影响的新的或修订的要求时，认证机构应确保这些变更能通知到所有客户。认证机构应验证其客户对这些变更的实施并应按认证方案的规定采取措施。

注：通过与客户的合同安排来确保这些要求的实施是必要的。用于认证的许可协议模板（只要适用，包括与变更通知有关的内容）在 ISO/IEC 指南 28:2004 附录 E 中给出。

7.10.2 认证机构应考虑其他对认证有影响的变更，包括由客户引发的变更，并决定采取适宜的措施。

注：影响认证的变更可能包括认证完成后由认证机构得到的与满足认证要求有关的新的信息。

7.10.3 有要求时，对实施影响认证的变更所采取的措施，应包括：

——评价（见 7.4）；

——复核（见 7.5）；

——决定（见 7.6）；

——颁发修订后的正式认证文件（见 7.7）以扩大或缩小认证范围；

——颁发修订后监督活动的认证文件（如果监督是认证方案的一部分）。

这些措施应按照 7.4、7.5、7.6、7.7 和 7.8 适用部分的要求来完成。记录（见 7.12）应包括简化上述活动的理由（例如：当不属于产品要求的认证要求发生变更，且不必进行评价、复核或决定活动时）。

7.11 认证的终止、缩小、暂停或撤销

7.11.1 当监督或其他活动的结果证实存在不满足认证要求的不符合时，认证机构应考虑并确定适宜的措施。

注：适宜的措施可能包括：

a） 在认证机构规定的条件(如：增加监督)下保持认证；

b） 缩小认证范围以剔除不符合的产品类别；

c） 在客户采取补救措施前暂停认证；

d） 撤销认证。

7.11.2 如果适宜的措施包括评价、复核和认证决定，则应分别满足 7.4、7.5 和 7.6 要求。

7.11.3 如果终止(应客户要求)、暂停或撤销认证，认证机构应按照认证方案的规定采取措施，并对正式认证文件、公布的信息、标志使用的授权等做出所有必要的更改，以确保没有任何信息显示该产品仍持续获得认证。如果缩小认证范围，认证机构应按照认证方案的规定采取措施，并应对正式认证文件、公布的信息、标志的使用授权等做出所有必要的更改，以确保缩小的认证范围被清晰地传达到客户，并在认证文件和公布的信息中清晰地描述。

7.11.4 如果暂停认证，认证机构应指定一个或多个人员向客户说明和沟通以下信息：

——为结束暂停和恢复认证，根据认证方案所需采取的措施；

——认证方案要求的任何其他措施。

这些人员应具备处理暂停所有方面的知识和理解的能力(见 6.1)。

7.11.5 为处理暂停所需要的或认证方案要求的任何评价、复核或决定均应按照 7.4、7.5、7.6、7.7.3 和 7.9 以及 7.11.3 的适用部分来完成。

7.11.6 如果暂停后恢复认证，认证机构应对正式的认证文件、公布的信息、标志使用的授权等进行所有必要的修改，以确保表明产品仍保持认证的状态。如果恢复认证的条件是做出缩小认证范围的决定，则认证机构应对正式的认证文件、公布的信息、标志使用的授权等进行所有必要的修改，以确保缩小的认证范围被清楚地传达到客户，并在认证文件和公布的信息中清晰地描述。

7.12 记录

7.12.1 认证机构应保存记录以证明所有认证过程要求(本标准和认证方案中的)均得到满足(见 8.4)。

7.12.2 认证机构应将记录保密。运输、传递和移交记录的方式应确保其保密性(见 4.5)。

7.12.3 如果认证方案包括在一个确定的周期内对产品进行完整的再评价，记录保存期限应至少为当前认证周期加上前一个认证周期。否则，记录保存期限应由认证机构确定。

注：在确定保存时限时，还可考虑法律规定和相互承认的协定。

7.13 投诉和申诉

7.13.1 认证机构应对投诉和申诉的接收、评价和做出决定的过程形成文件。认证机构应跟踪并记录投诉和申诉，以及为解决投诉和申诉所采取的措施。

7.13.2 一接到投诉或申诉，认证机构就应确认投诉或申诉是否与其负责的认证活动相关。如果相关，则应进行处理。

7.13.3 认证机构应告知已收到正式的投诉或申诉。

7.13.4 认证机构应负责收集和验证所有必要的信息(尽可能)以推进投诉或申诉的解决。

7.13.5 解决投诉或申诉的决定的做出、复核和批准应由与被投诉和申诉的认证活动无关的人员来执行。

7.13.6 为确保没有利益冲突，曾为客户提供过咨询或曾被客户聘用过的人员(包括承担管理职责的人员)，在结束咨询(见 3.2)或聘用关系两年之内，认证机构不应派其对投诉或申诉的解决进行复核或批准。

7.13.7 只要可能，认证机构应将投诉处理结果和过程终止正式通知投诉人。

7.13.8 认证机构应将申诉处理结果和过程终止正式通知申诉人。

7.13.9 为解决投诉或申诉，认证机构应采取所需的所有后续措施。

8 管理体系要求

8.1 可选方式

8.1.1 总则

认证机构应按照方式 A 或方式 B，建立并保持一个能持续满足本标准要求的管理体系。

8.1.2 方式 A

认证机构的管理体系应包含以下内容：

——通用管理体系文件(如：手册、方针、职责的确定，见 8.2)；

——文件控制(见 8.3)；

——记录控制(见 8.4)；

——管理评审(见 8.5)；

——内部审核(见 8.6)；

——纠正措施(见 8.7)；

——预防措施(见 8.8)。

8.1.3 方式 B

认证机构按 ISO 9001 标准要求建立和保持管理体系，且能够支持和证明持续满足本标准的要求，即满足管理体系条款的要求(见 8.2～8.8)。

注：选择方式 B 以使那些按照 ISO 9001 标准要求运作管理体系的认证机构能用该体系证明满足 8.2～8.8 中的管理体系的要求。方式 B 不要求认证机构的管理体系通过 ISO 9001 认证。

8.2 通用的管理体系文件(方式 A)

8.2.1 认证机构最高管理层应制定、形成文件并保持方针和目标以满足本标准和认证方案，认证机构最高管理层还应确保方针和目标在认证机构组织的所有层面上得到理解和实施。

8.2.2 认证机构最高管理层应对建立和实施管理体系及其持续满足本标准的有效性的承诺提供证据。

8.2.3 认证机构最高管理层应任命一名具有以下职责和权力的管理层成员，无论其是否具有其他职责：

a) 确保管理体系所需的过程和程序得到建立、实施和保持；

b) 向最高管理层报告管理体系的绩效及任何改进需求。

8.2.4 管理体系文件应包括、引用或关联与满足本标准要求相关的所有文件、过程、系统、记录等。

8.2.5 认证活动涉及的所有人员应能获得与其职责相应的管理体系文件和相关信息。

8.3 文件控制(方式 A)

8.3.1 认证机构应建立程序以控制与满足本标准相关的文件(内部和外部的)。

8.3.2 该程序应规定下列方面所需的控制：

a) 文件发布前，对其适宜性进行批准；

b) 对文件的复审和必要的更新，并再次批准；

c) 确保文件的更改和现行修订状态得到识别；

d) 确保在使用场所可获得适用文件的有关版本；

e） 确保文件保持清晰和易于识别；

f） 确保外来文件得到识别，其分发得到控制；

g） 防止作废文件的非预期使用，并在需要保留作废文件时对其做出适当的标识。

注：文件可采用任何媒介形式或类型。

8.4 记录控制（方式 A）

8.4.1 认证机构应建立程序，以规定与本标准实施有关的记录的标识、贮存、保护、检索、保存期限和处置所需的控制。

8.4.2 认证机构应建立记录保存程序，使保存期限与合同和法律义务相一致。对这些记录的查阅应与保密协议相一致。

8.5 管理评审（方式 A）

8.5.1 总则

8.5.1.1 认证机构最高管理层应建立程序，按策划的时间间隔对管理体系进行评审，以确保管理体系（包括所制定的与符合本标准要求有关的方针和目标）的持续适宜性、充分性和有效性。

8.5.1.2 管理评审应至少每年进行一次。也可以把一次完整的管理评审在 12 个月内分阶段进行。应保存管理评审记录。

8.5.2 评审输入

管理评审的输入应包括以下有关信息：

a） 内部审核和外部审核的结果；

b） 来自于客户和利益相关方的有关满足本标准的反馈；

注：利益相关方可能包括方案所有者。

c） 来自维护公正性机制的反馈；

d） 预防措施和纠正措施的状况；

e） 以往管理评审的后续措施；

f） 目标的实现；

g） 可能影响管理体系的变更；

h） 申诉和投诉。

8.5.3 评审输出

管理评审的输出应包括以下有关决定和措施：

a） 管理体系及其过程有效性的改进；

b） 与满足本标准要求有关的认证机构的改进；

c） 资源需求。

8.6 内部审核（方式 A）

8.6.1 认证机构应建立内部审核程序，以证实认证机构满足本标准要求，并有效地实施和保持了管理体系。

注：ISO 19011 为实施内部审核提供了指南。

8.6.2 认证机构应对内部审核方案进行策划，并在策划中考虑拟审核过程和区域的重要程度以及以往审核的结果。

8.6.3 内部审核通常应每 12 个月至少进行一次，或在 12 个月内分段（或滚动）完成。改变（减少或恢复）内部审核频次或完成内部审核的时间框架的决定过程应形成文件并得到遵守。这种改变应基于管理体系的相对稳定和持续有效。改变内部审核频次或完成内审的时间框架的决定以及改变的理由应形成记录，并予以保留。

8.6.4 认证机构应确保：

a） 内部审核由具备认证、审核和本标准要求知识的人员实施；

b） 审核员不审核自己的工作；

c） 将审核结果告知受审核区域的负责人员；

d） 根据内部审核结果及时地采取适当措施；

e） 识别任何改进的机会。

8.7 纠正措施（方式 A）

8.7.1 认证机构应建立程序，以识别和管理其运作中的不符合。

8.7.2 必要时，认证机构还应采取措施消除不符合的原因，以防止其再发生。

8.7.3 纠正措施应与所遇到问题的影响程度相适应。

8.7.4 纠正措施的程序应明确以下要求：

a） 识别不符合（例如：来自投诉和内部审核）；

b） 确定不符合的原因；

c） 纠正不符合；

d） 评价确保不符合不再发生的措施的需求；

e） 及时确定和实施所需的措施；

f） 记录所采取措施的结果；

g） 评价纠正措施的有效性。

8.8 预防措施（方式 A）

8.8.1 认证机构应建立程序，采取预防措施以消除潜在不符合的原因。

8.8.2 采取的预防措施应与潜在问题的可能影响程度相适应。

8.8.3 预防措施程序应明确下列要求：

a） 识别潜在的不符合及其原因；

b） 评价防止不符合发生的措施的需求；

c） 确定和实施所需的措施；

d） 记录所采取措施的结果；

e） 评审采取的预防措施的有效性。

注：纠正措施程序和预防措施的程序不必分别制定。

附 录 A
（资料性附录）
产品认证机构及其认证活动的原则

A.1 总则

A.1.1 认证总体目标是向所有利益相关方提供产品符合规定要求的信心。认证的价值在于所建立的信心和信任的程度，这种信心和信任来源于第三方对产品、过程或服务符合规定要求进行的公正和有能力的证实。认证的利益相关方包括但不限于以下几类：

a) 认证机构的客户；

b) 获证产品生产组织的顾客；

c) 政府部门；

d) 非政府组织；

e) 消费者和其他公众。

A.1.2 A.2～A.6 详细表述赢得信任的原则。

A.2 公正性

A.2.1 认证机构及其人员保持公正并使人感受到公正是必须的，以便对其认证活动和认证结果提供信心。

A.2.2 公正性的风险包括可能源于下列情况而产生的各种偏离：

a) 自身利益（如：过分依赖服务合同或费用、担心失去客户、担心失业，以至于对合格评定活动的公正性带来不利影响）；

b) 自我评价（如：认证机构从事合格评定活动，评价本机构提供的其他服务结果，例如咨询）；

c) 倾向（如：认证机构或其人员行为支持或反对某公司，而这个公司同时又是其客户）；

d) 过分熟悉，即由于认证机构或其人员对对方过分熟悉或信任以至于不去寻求符合性的证据（产品认证人员需掌握特定专业能力，而往往有资格的人员有限，因此在产品认证领域，这种风险更难控制）；

e) 胁迫（如：认证机构或其人员因来自客户或其他利益相关方的风险或恐吓，可能妨碍其行为的公正性）；

f) 竞争（如：客户与签约人员之间的竞争）。

A.3 能力

认证机构的管理体系所支撑的人员能力，是认证提供信任的必要条件。

A.4 保密性和信息公开

A.4.1 总则

有关保密性（见 A.4.2）和信息公开（见 A.4.3）要求之间管理的平衡，将影响利益相关方的信任和他们对正在进行的合格评定活动价值的看法。

A.4.2 保密性

为了获取实施有效的合格评定所需信息的途径，认证机构需为保密信息不会遭到泄露提供信心。

所有组织和人员有权确保其提供的任何专有信息(见4.5)得到保护，除非法律有规定或适用的认证方案有要求。

A.4.3 信息公开

为了使公众对认证的诚信度和信用建立信心，认证机构需要及时提供或公布适当的信息，包括有关评价和认证的过程，以及认证状态(如批准、保持、扩大或缩小范围、暂停、撤销或拒绝认证等)的信息。信息公开是获取或公布适当信息的原则。

A.4.4 信息获取

与认证机构签约的个人或组织为了承担认证活动，有要求时，他们应能获得认证机构持有的有关评价和(或)认证产品的任何信息。

A.5 对投诉和申诉的回应

有效处理投诉和申诉，是保护认证机构、客户以及其他合格评定使用者，避免产生错误、遗漏和不合理行为的重要手段。如果投诉和申诉得到了恰当的处理，对合格评定活动的信任就得到了保障。

A.6 责任

A.6.1 符合认证要求的责任在于客户而不是认证机构。

A.6.2 认证机构具有获取足够的客观证据，并在此基础上做出认证决定的责任。基于对这些证据的评审，如果有充分的符合性的证据，认证机构将做出批准认证的决定；如果没有充分的符合性证据，则不批准认证，或做出不保持认证的决定。

附 录 B
（资料性附录）
过程和服务应用本标准的信息

如何将本标准应用于过程认证的说明：

——“产品”替换为“过程”；

——“生产”替换为“作业”；

——“生产出的”替换为“作业产生的”；

——“生产中的”替换为“作业中的”。

如何将本标准应用于服务认证的说明：

——“产品”替换为“服务”；

——“生产”替换为“提供”；

——“生产出的”替换为“提供的”；

——“生产中的”替换为“提供中的”。

参 考 文 献

[1] GB/T 19000—2008 质量管理体系 基础和术语
[2] GB/T 19001—2008 质量管理体系 要求
[3] GB/T 19011—2002 质量和(或)环境管理体系审核指南
[4] GB/T 19011—2013 管理体系审核指南
[5] GB/T 27001—2011 合格评定 公正性 原则和要求
[6] GB/T 27002—2011 合格评定 保密性 原则和要求
[7] GB/T 27003—2011 合格评定 投诉和申诉 原则和要求
[8] GB/T 27004—2011 合格评定 信息公开 原则和要求
[9] GB/T 27005—2011 合格评定 管理体系的使用 原则和要求
[10] GB/T 27007—2011 合格评定 合格评定用 规范性文件的编写指南
[11] GB/T 27023—2008 第三方认证制度中标准符合性的表示方法
[12] GB/T 27027—2008 认证机构对误用其符合性标志采取纠正措施的实施指南
[13] GB/T 27028—2008 合格评定 第三方产品认证制度应用指南
[14] GB/T 27030—2003 合格评定 第三方符合性标志的通用要求
[15] GB/T 27053—2008 合格评定 产品认证中利用组织质量管理体系的指南
[16] ISO 10002:2004 Quality management customer satisfaction—Guidelines for complaints handling in organizations
[17] ISO/IEC17067:2013 Fundamentals of product certification and guidelines for product certification schemes
[18] ISO31000:2009 Risk management—Principles and guidelines
[19] IAF GD 5:2006 IAF Guidance on the Application of ISO/IEC Guide 65:1996

ICS 13.100
C 52

中华人民共和国国家标准

GB 27421—2015

移动式实验室　生物安全要求

Mobile laboratories—General requirements for biosafety

2015-09-11 发布　　2015-12-15 实施

中华人民共和国国家质量监督检验检疫总局
中国国家标准化管理委员会　发布

前　言

本标准的第5.3条，第6.2.2条、第6.2.3条、第6.2.8条、第6.2.9条、第6.2.11条，第7.1.1条、第7.1.5条、第7.1.6条、第7.1.7条、第7.2.2条、第7.2.3条、第7.2.5条、第7.3.2条、第7.3.3条、第7.3.4条、第7.3.9条、第7.6.2条、第7.6.4条，第8.9条、第8.11条和第8.12条为推荐性的，其余为强制性的。

本标准按照GB/T 1.1—2009给出的规则起草。

鉴于移动式实验室是实验室的一种类型，本标准是在GB 19489—2008《实验室　生物安全通用要求》的基础上，根据移动式实验室的特点提出的相关要求。本标准与GB 19489—2008的条款对照见本标准附录A。

请注意本文件的某些内容可能涉及专利。本文件的发布机构不承担识别这些专利的责任。

本标准由全国认证认可标准化技术委员会(SAC/TC 261)提出并归口。

本标准起草单位：中国合格评定国家认可中心、中国人民解放军军事医学科学院、天津国家生物防护装备工程技术研究中心、中国疾病预防控制中心、中国农业科学院哈尔滨兽医研究所、中国动物疫病预防控制中心、中国科学院上海药物研究所、北京国际医药促进会、国家质量监督检验检疫总局科技司、中国人民解放军总后勤部卫生部。

本标准主要起草人：吕京、祁建城、赵四清、卢金星、吴东来、王荣、钱军、夏志平、陆兵、李文京、周永运、赵明、左建平、衣颖、生甡、史光华、何兆伟、王继伟、武桂珍、曲凤宏、宋桂兰、王玉民。

引　　言

实验室生物安全涉及的绝不仅是实验室工作人员的个人健康，一旦发生事故，极有可能会给人群、动物或植物带来不可预计的危害。

实验室生物安全事件或事故的发生是难以完全避免的。重要的是实验室工作人员应事先了解所从事活动的风险并应在风险已控制在可接受水平的条件下从事相关的活动。实验室工作人员应认识但不应过分依赖于实验室设施设备的安全保障作用，绝大多数生物安全事故的根本原因是缺乏生物安全意识和疏于管理。

移动式实验室的使用目的不同于固定实验室，为适应我国移动式生物安全实验室建造和管理的需要，促进发展，有必要制定本标准。根据调研，移动式生物安全四级实验室和开放或半开放饲养动物的生物安全三级实验室极为罕见，特殊性强，不适于以国家标准的形式对其规范。因而，本标准的内容不包括对上述实验室的要求。

移动式实验室　生物安全要求

1　范围

本标准规定了对一级、二级和三级生物安全防护水平移动式实验室的设施、设备和安全管理的基本要求,不包括对移动式生物安全四级实验室和开放或半开放饲养动物的生物安全三级实验室的要求。

第6章以及7.1和7.2是对移动式实验室生物安全防护设施和设备的基础要求,需要时,适用于更高防护水平的移动式实验室。

针对与感染动物饲养相关的实验室活动,本标准规定了对移动式实验室内动物饲养设施和环境的基本要求。需要时,7.3适用于相应防护水平的动物生物安全移动式实验室。

本标准适用于涉及生物因子操作的移动式实验室。

2　规范性引用文件

下列文件对于本文件的应用是必不可少的。凡是注日期的引用文件,仅注日期的版本适用于本文件。凡是不注日期的引用文件,其最新版本(包括所有的修改单)适用于本文件。

GB 19489—2008　实验室　生物安全通用要求

GB 14925—2010　实验动物　环境及设施

3　术语和定义

下列术语和定义适用于本文件。

3.1

移动式实验室　mobile laboratory

可变换地点使用的实验室。

3.2

定向气流　directional airflow

流向受控制的气流。

3.3

一级防护屏障　primary barrier

操作者和被操作对象之间的物理屏障或隔离。

注:个体防护装备也视为一级屏障。在本标准中未说明时,一级屏障指生物安全柜或隔离器等防护设备。

3.4

二级防护屏障　secondary barrier

公共环境和被操作对象之间的物理屏障或隔离。

注:实验室的围护结构属二级防护屏障。

4　移动式实验室风险评估及风险控制

4.1　应满足GB 19489—2008第3章适用的要求。

4.2 应评估实验室移动方式和移动过程中的风险，并采取适当的控制措施。
4.3 应评估环境对移动式实验室的风险（不限于生物风险），并采取适当的控制措施。
4.4 应评估移动式实验室和实验活动对环境的风险（不限于生物风险），并采取适当的控制措施。
4.5 在维护、维修、改造实验室前后或其退役前，应进行风险评估，并采取适当的控制措施。
4.6 应依据国家相关主管部门发布的病原微生物分类名录，在风险评估的基础上，确定实验室从事的活动。

5 移动式实验室的基本技术形式和安全防护水平分级

5.1 根据移动式实验室的移动模式分为自行式和运载式实验室。自行式实验室应具备机动行驶功能；运载式实验室应可借助运载工具实现移动功能。
5.2 根据移动式实验室的一级防护屏障模式分为开放式、二级生物安全柜式和三级生物安全柜式实验室。开放式实验室不使用生物安全柜或等效装置；二级生物安全柜式实验室应配备等效于二级生物安全柜的一级防护屏障；三级生物安全柜式应配备等效于三级生物安全柜的一级防护屏障。
5.3 根据移动式实验室的二级防护屏障模式分为自然通风式和负压通风式实验室。自然通风式实验室可设置通风窗或换气扇，不控制室内气压。负压通风式实验室应采用机械通风，应将室内气压控制为负压（相对于室外气压）。
5.4 GB 19489—2008 第 4 章对实验室生物安全防护水平的分级原则适用于对移动式实验室生物安全防护水平的分级。

6 移动式实验室设计原则及基本要求

6.1 设计原则

6.1.1 设计宗旨应以变换地点使用为目的，符合移动性的技术和材料要求，具备实验室的基本功能。
6.1.2 应适用于快速反应行动，可按要求自行或被运达指定地点，并开展符合相应生物安全防护级别要求的实验活动。
6.1.3 应安全、可靠、耐用、易用，符合生物安全防护要求，满足职业卫生要求、环境保护要求和节能要求。
6.1.4 如果适用，应满足 GB 19489 的相应要求。
6.1.5 涉及实验动物时，如果适用，应满足 GB 14925 的相应要求。
6.1.6 如果无特殊需求，应符合国家相关规定或标准对机动行驶装置或被运输装置的设计要求和制造要求。
6.1.7 按照客户特定要求设计制造的移动式实验室，如果技术指标与国家相关规定或标准的要求冲突，应事先征询相关主管部门的建议。
6.1.8 应安装行车定位系统和行车记录系统。

6.2 基本要求

6.2.1 应易于自行到达或被运达指定地点。
6.2.2 需运载部分应具有适宜的装卸、搬运和固定装置，满足搬运和运输工具的要求。宜设升降装置及支撑轮，以便实现短距离移动。
6.2.3 实验室和可拆卸部分的最大外廓尺寸宜参照国家对可移动设施的相关标准设计和制造。
6.2.4 应按模块化、集成化和标准化的原则和要求进行设计和选型，以保证通用性和易维护性。
6.2.5 如果适用，应选用免维护器材。

6.2.6 设施设备的布局、作业空间、设备操作方式等应合理，以保证工作流程顺畅并符合人机工效学的原则和要求。

6.2.7 应保证所有维护工作的可实施性，作业工位空间应适合人体量度、姿势及使用工具等的需求。如果选装机电设备，应不影响维修工作。

6.2.8 宜考虑实验室的扩展性能，以易于和其他独立的设施组合连接，提高应用性。

6.2.9 水、电、气、暖、行驶等各系统应满足实验室运行的要求和相关的安全性要求，同时考虑移动式实验室的特殊要求。水、电、气等也可由外部来源输入。

6.2.10 应有保证实验室内设施设备可靠固定的设计和措施。

6.2.11 应保证所用设备进出顺利。如果有安全(逃生)门(窗)，适用时，可兼作设备门。

6.2.12 应保证消防、防电击、防雷击、抗振动与冲击、电磁兼容等的设计符合相关要求。

6.2.13 实验室布局应方便人员紧急出入，出入路径复杂的实验间应设置独立的安全(逃生)门(窗)。

6.2.14 实验室的可靠性应适应移动需求和环境变化。

6.2.15 应根据实验室拟工作地区，设定其对道路和自然条件等适应性的要求且不应低于国家相关标准的规定，包括(不限于)以下因素：

a) 道路和地面；
b) 温度；
c) 湿度；
d) 气压；
e) 风力；
f) 日晒；
g) 雷电；
h) 冰雪；
i) 雨雹；
j) 沙尘；
k) 烟雾(包括盐雾)；
l) 有害生物(如：真菌、节肢动物、啮齿动物等)。

6.2.16 应配备满足现场使用、维护及维修需要的原理图、操作说明、维修手册和安全手册等文件。

6.2.17 自行式实验室应配备机动行驶部分的相关文件，符合6.2.16的要求。

6.2.18 适用时，应配备移动式实验室良好操作规范、现场应急处置预案等文件。

7 移动式实验室设施和设备要求

7.1 生物安全一级实验室

7.1.1 实验室可由单个实验间组成。一级防护屏障模式可以为开放式，但应以风险评估为依据，包括对实验质量控制要求的内容。

7.1.2 实验室固定设备、台柜、壁柜应坚固并与舱体可靠连接，连接处应圆滑，便于清洁。

7.1.3 在实验室移动时，应有可靠机制和措施固定仪器设备、实验器材和座椅等物品。

7.1.4 实验室的高度应满足设备安装要求，应有维护和清洁空间。

7.1.5 实验室应通风。如采用自然通风，可设置可开启的窗户和/或换气扇，可开启的窗户和/或换气扇的进风口应安装可防蚊虫的纱窗。

7.1.6 如果采用机械通风，可采用带循环风的空调系统。应根据实验室使用地域及气候条件，合理设计实验室空调系统。

7.1.7 实验室宜预留市政供水接口，可设置下水收集装置。如下水外排，应以风险评估为依据。

7.1.8 若操作刺激或腐蚀性物质，应在实验室内设洗眼装置或配备洗眼瓶。若大量使用刺激或腐蚀性物质，应设置紧急喷淋装置。

7.1.9 实验室内应安装紫外线消毒灯并配备便携的消毒灭菌装置（如：消毒喷雾器等）。

7.1.10 需要时，应配备高压蒸汽灭菌器或其他适当消毒灭菌设备。

7.1.11 实验室工作区域的平均照度应不低于 300 lx。

7.1.12 应有机制保持通讯联络畅通。

7.2 生物安全二级实验室

7.2.1 适用时，应符合 7.1 的要求。

7.2.2 核心实验间入口宜设置缓冲间，缓冲间可兼作防护服更换间。

7.2.3 缓冲间的门宜能互锁。如果使用互锁门，应在互锁门的附近设置紧急手动解除互锁开关，需要时，应可立即解除实验室门的互锁。

7.2.4 实验期间，核心实验间入口处的显著位置应有国际通用的生物危害警告标识和相关信息。

7.2.5 实验室可采用自然通风或负压通风。如果采用负压通风式空调系统，应符合定向气流原则。

7.2.6 采用负压通风式空调系统的新风口和排风口应有防风、防雨、防鼠、防虫设计，应根据风险评估的结果确定空气过滤器的规格。新风口应高于室外地面 2.5 m（可采用可拆卸结构），新风口设置尽量远离排风口。

7.2.7 核心实验间内应配备生物安全柜或其他生物安全隔离装置。

7.2.8 如果生物安全柜或其他生物安全隔离装置的排风在室内循环，实验室应具备通风换气条件。

7.2.9 实验室应配备适宜的消毒灭菌装置，需要时，应配备高压蒸汽灭菌器。

7.2.10 在负压通风式实验室核心实验间入口的显著位置，应安装显示房间负压状况的压力显示装置。

7.2.11 负压通风式实验室应有机制保持压力及压力梯度的稳定性，并可对异常情况报警。

7.2.12 负压通风式实验室的排风应与送风连锁，排风先于送风开启，后于送风关闭。

7.2.13 负压通风式实验室应有机制防止产生对人员有害的异常压力，围护结构应能承受送风机或排风机异常时导致的空气压力载荷。

7.3 生物安全三级实验室

7.3.1 实验室应明确区分辅助工作区和防护区。

7.3.2 实验室主入口应有出入控制。实验室主入口处的生物危害警告标识和相关信息可采用可移动标牌，如磁性贴牌等。

7.3.3 辅助工作区应具备监控、技术保障（水、电、气、通风等）、清洁衣物更换、淋浴等功能，空间可共用。

7.3.4 缓冲间可不设置机械送排风系统。

7.3.5 实验室防护区内所有的门应可自动关闭，门应设密闭式观察窗，玻璃应耐撞击、防破碎。

7.3.6 有负压控制的区域相邻门应互锁，应在互锁门的附近设置紧急手动解除互锁开关，中控系统应具有解除所有门或指定门的互锁的功能。

7.3.7 淋浴间应有淋浴水收集装置，设防回流的装置，所收集污水应在风险评估的基础上有效处理。

7.3.8 应在实验室核心工作间内靠近出口处设置非手动洗手装置或自动手消毒装置。

7.3.9 实验室核心工作间宜设置活毒废水收集与灭活装置。

7.3.10 二级生物安全柜式实验室核心工作间的排风高效空气过滤器（或称 HEPA 过滤器）应具备在原位进行消毒和检漏的条件。

7.3.11 空调系统的设计应考虑使用地域自然环境条件的适应性和各种设备的热湿负荷，送风和排风系统的设计应考虑所用生物安全柜、生物隔离器等通风设备的送排风量。

7.3.12 风口、门、设备应合理布局，以避免干扰和减少房间内的涡流和气流死角。

7.3.13 实验室的送风应经过 HEPA 过滤器过滤，应同时安装初效和中效过滤器。

7.3.14 实验室应设置市政供水接口和储水箱，实验室给水与储水箱之间应设防回流装置。

7.3.15 如果有供气瓶或储水罐等，应放在实验室防护区外易更换和维护的位置，安装牢固。

7.3.16 如果实验操作需要真空装置，真空装置应安装在核心工作间内，真空装置排气应安装高效过滤装置。

7.3.17 应具备对实验室防护区及与其直接相通的管道、实验室设备和安全隔离装置（包括与其直接相通的管道）进行消毒灭菌的条件。

7.3.18 实验室应配备发电机自主供电，保证可靠、足够的电力供应，功率和燃料容量设计应有冗余，并设有外接电源输入接口。

7.3.19 应在辅助工作区设置专用配电箱和接地保护，实验室内应设置足够数量的固定电源插座，重要电源插座回路应单独回路配电，且应设置漏电检测报警装置。

7.3.20 灯具、开关、插座等所有在壁板、顶板需要安装的电气元件，其结构及安装应符合所在区域的密闭性要求，电气设备和接线应安装牢固。

7.3.21 应在实验室的关键部位（含室外）设置视频信号采集器，需要时，应实时监视并录制实验室活动情况和实验室周围情况。视频信号采集器应有足够的分辨率，影像存储介质应有足够的数据存储容量。

7.3.22 生物安全柜或其他生物安全隔离装置、送风机和排风机、照明、自控系统、监视和报警系统等应配备不间断备用电源，电力供应至少维持 15 min。

7.3.23 二级生物安全柜式实验室的核心工作间气压（负压）与室外大气压的压差值应不小于 45 Pa，与相邻区域的压差（负压）应不小于 15 Pa。

7.3.24 三级生物安全柜式实验室的核心工作间气压（负压）与室外大气压的压差值应不小于 30 Pa，与相邻区域的压差（负压）应不小于 15 Pa。

7.3.25 实验室防护区核心工作间的最小换气次数应不小于 12 次/h。

7.4 动物生物安全一级实验室

7.4.1 适用时，应符合 7.1 的要求。

7.4.2 应通过缓冲间或双门进入动物饲养间。

7.4.3 应设置实验动物饲养笼具，除考虑安全要求外还应考虑对动物质量和福利的要求。

7.4.4 动物饲养笼具排出的空气应通过管道排出室外。

7.4.5 适用时，动物饲养间的环境和设施条件应满足 GB 14925 的相关要求。

7.5 动物生物安全二级实验室

7.5.1 适用时，应符合 7.2 和 7.4 的要求。

7.5.2 应在安全隔离装置内饲养动物和从事可能产生有害气溶胶的活动；安全隔离装置的排气应经 HEPA 过滤器的过滤后排出。

7.6 动物生物安全三级实验室

7.6.1 适用时，应符合 7.5 的要求。

7.6.2 应使用Ⅲ级隔离器或等效设备饲养动物、转移和操作动物。可以使用Ⅱ级生物安全柜操作死亡动物。

7.6.3 应根据对实验活动风险评估的结果，确定淋浴间设置在防护区或辅助区。

7.6.4 缓冲间可不设置机械送排风系统。

7.6.5 动物饲养间气压（负压）与室外大气压的压差值应不小于 45 Pa，与相邻区域的压差（负压）应不小于 15 Pa。

7.7 对从事无脊椎动物操作实验室设施的要求

7.7.1 应满足 GB 19489—2008 中 6.5.5 的适用要求。

7.7.2 应根据风险评估的结果确定是否需要其他措施。

8 管理要求

8.1 GB 19489—2008 第 7 章的相关要求适用于本标准。

8.2 移动式实验室不同于固定实验室。如果将移动式实验室作为固定实验室使用,应符合国家相关法规和标准对该类固定设施的要求。

8.3 每次移动实验室时,应有计划。需要时,应向相关管理部门备案或申请批准。应详细记录行车路线、驻留地点及时间,并建立工作日志。生物安全三级实验室的行动计划与现场工作方案见本标准附录 B。

8.4 应指定现场工作负责人、安全负责人、技术负责人和工作团队,团队的规模和能力满足任务要求,应至少包括一名维护工程师。所有人员应经过相应级别实验室使用、维护和管理的相关培训,个人素质和能力胜任现场工作要求。

8.5 现场工作负责人应负责制定并向实验室或更高管理层提交活动计划、风险评估报告、安全及应急措施、人员培训及健康监督计划、技术支援方案、安全保障及资源要求、移动申请等。

8.6 应制定并维护包括移动过程的现场工作规程、安全手册和安保规定。

8.7 需要时,应在移动式实验室工作现场设立隔离带。

8.8 现场工作负责人应负责完成每次移动任务的总结报告,提交实验室或更高管理层,并归档保存。

8.9 实验室入口处的标识可以采用非固定的方式设置,如挂牌等。

8.10 应在移动实验室前、开始工作前进行安全检查(部分安全检查指南见本标准附录 C),以保证:

a) 设施设备的功能和状态正常;
b) 警报系统的功能和状态正常;
c) 应急装备的功能及状态正常;
d) 消防装备的功能及状态正常;
e) 危险物品存放安全;
f) 废物处理装置数量和状态正常;
g) 所需备件(参见本标准附录 D)和保障条件满足要求;
h) 人员能力及健康状态符合工作要求;
i) 不符合规定的工作已经得到纠正;
j) 所需资源满足工作要求。

8.11 在执行重大任务前,宜对关键要素和关键环节实施内部审核。

8.12 在现场执行任务周期超过 180 d 时,宜在工作期间对关键要素和关键环节实施内部审核。

8.13 现场工作总结报告应作为输入提交管理评审。

8.14 应制定应急措施的政策和程序,包括生物性、化学性、物理性、放射性等紧急情况和火灾、水灾、风灾、冰冻、地震、人为破坏、倾覆等任何意外紧急情况,还应包括使留下的空实验室和辅助设施等处于尽可能安全状态的措施,应征询相关主管部门的意见和建议。应急预案编制大纲的编写指南见本标准附录 E。

8.15 生物安全三级实验室应对高致病性病原微生物污染的废水废物消毒灭菌后移动。

8.16　如果实验室移动时需要携带可传染性物质(如样本等)、毒性物质等危险材料,应符合国家运输危险材料的相关规定。

8.17　在移动和工作期间发生的任何事件和事故应按国家规定及时上报。

8.18　应保证执行完任务的移动式实验室的内外部等所有部分符合卫生和生物安全要求,无不可接受的风险。

附　录　A
（资料性附录）
本标准与 GB 19489—2008 的条款对照

为方便使用，本附录提供了本标准与 GB 19489—2008 的条款对照表（见表 A.1）。

表 A.1　本标准与 GB 19489—2008 的条款对照

本标准条款	GB 19489—2008 条款
1 范围	1 范围
2 规范性引用文件	
3 术语和定义	2 术语和定义
4 移动式实验室风险评估与风险控制	3 风险评估与风险控制
5 移动式实验室的基本技术形式和安全防护水平分级	4 实验室生物安全防护水平分级
6 移动式实验室设计原则及基本要求	5 实验室设计原则及基本要求
7 移动式实验室设施和设备要求	6 实验室设施和设备要求
7.1 生物安全一级实验室	6.1 BSL-1 实验室
7.2 生物安全二级实验室	6.2 BSL-2 实验室
7.3 生物安全三级实验室	6.3 BSL-3 实验室
—	6.4 BSL-4 实验室
—	6.5 动物生物安全实验室
7.4 动物生物安全一级实验室	6.5.1 ABSL-1 实验室
7.5 动物生物安全二级实验室	6.5.2 ABSL-2 实验室
7.6 动物生物安全三级实验室	6.5.3 ABSL-3 实验室
—	6.5.4 ABSL-4 实验室
7.7 对从事无脊椎动物操作实验室设施的要求	6.5.5 对从事无脊椎动物操作实验室设施的要求
8 管理要求	7 管理要求
附录 A（资料性附录）本标准与 GB 19489—2008 的条款对照	附录 A（资料性附录）实验室围护结构严密性检测和排风 HEPA 过滤器检漏方法指南
附录 B（资料性附录）移动式生物安全三级实验室行动计划与现场工作方案	附录 B（资料性附录）生物安全实验室良好工作行为指南
附录 C（资料性附录）移动式生物安全三级实验室安全性能现场检测指南	附录 C（资料性附录）实验室生物危险物质溢洒处理指南
附录 D（资料性附录）移动式生物安全三级实验室备件指南	—
附录 E（资料性附录）移动式生物安全三级实验室现场应急处置预案编制大纲	—
参考文献	参考文献

附 录 B
（资料性附录）
移动式生物安全三级实验室行动计划与现场工作方案

B.1 引言

本附录旨在帮助实验室制定移动式生物安全三级实验室的常规准备、移动转移、现场使用等各个环节中的操作规程。实验室应牢记，本附录内容不一定完全满足或适用于所有类型的移动式生物安全三级实验室和现场环境，应根据实际情况本着安全、实用的原则制定具体的操作规程。

B.2 准备

B.2.1 行动计划

B.2.1.1 实验室需要事先假设各种现场应急类别（如：地震、洪涝、泥石流、台风等灾害发生后的疫情防控，突发疫情处置，大型集会反恐，恐怖事件处置等），根据以往各种相关的经验和历史资料，针对可能发生的状况制定相应的行动计划。

B.2.1.2 行动计划的内容还包括资源需求和风险评估等，需要提交生物安全委员会和管理层审批。

B.2.2 器材准备

B.2.2.1 所需器材通常包括实验仪器设备（包括固定在实验室内的和可移动的仪器设备）、实验材料和耗材、个体防护装备、应急工具包、通讯装备、维修工具和备件、安营装备和工具、废物处置装备、清洁消毒用品、药品、消防用品、生活装备和物品、个人携行装备等

B.2.2.2 需要根据行动计划、现场环境和气候特点等，选择适用、可靠的物品并保证数量充足。

B.2.2.3 出发前应检查确认关键器材的功能状态，部分设备可能需要校准或期间核查。试剂、消毒剂等需要检查有效期，并考虑保藏条件。

B.2.2.4 需要根据器材的性质分门别类用专用箱包装，并清楚标识相关信息，包括安全和警示信息。

B.2.2.5 需要放在实验室内运送的装备应可靠固定。

B.2.2.6 需要充分考虑人员的生活需求和健康保障，以保证工作人员的体力和精神状态。

B.2.2.7 需要配备专人负责全程管理器材准备，包括到达现场后的清点、开箱、安置、发放、保管等工作。

B.2.3 移动式实验室的准备

B.2.3.1 移动式实验室性能的保持需要日常维护、保养，定期开启、运行，发现问题并及时维修。

B.2.3.2 出发前应全面检查和确认移动式实验室的各项性能指标，不带问题出发。

B.2.3.3 需要定期按可能发生的实际情况演练，包括移动和实验性能。

B.2.3.4 配备适宜的维修工具、配件和辅助工具（如：防滑链、铁锹、拖车链、警示牌等），且数量充足。

B.2.3.5 评估是否需要外部的专业维护团队提供技术保障，如果需要，签订相关的协议书。

B.2.4 人员准备

B.2.4.1 现场需要的人员可能包括管理人员、实验人员、实验辅助人员、现场流行病调查人员、设施维护人员、通讯工程师、机械工程师、安保人员、生活保障人员、医护人员、司机等。

B.2.4.2 所有人员需要专业能力、身体素质胜任现场工作要求。

B.2.4.3 不论背景情况如何，需要对所有人员进行针对现场任务的情景培训和能力确认。

B.2.4.4 需要告知团队中所有人员相关的风险，签署知情同意书。

B.3 移动

B.3.1 需要制定行程计划和设计路线图，并联系取得公安交通部门的通行许可，最好能得到其引领开道的帮助。

B.3.2 考虑是否需要中途休息或补给站点。

B.3.3 如果通过陆路移动且距离较远，需要身体状况良好的有驾车资质和经验的司机2～3名。

B.3.4 严格按照计划行驶和休息，禁止超速行驶，如无警车引领，需有先行车探路。

B.3.5 需要一名总调度人员，行进过程中随时提醒车队注意距离、转弯、下坡、涵洞、路面情况等，必要时要测量路桥、涵洞、跨路电线等距路面高度，确保车辆安全通过。

B.3.6 需要配备随车安保人员，以确保人员和物资安全。

B.4 安营

B.4.1 根据地形、地貌、风向、水流、交通、外部供给条件等要素选择适宜的安营场地，布局实验区、配套区、生活区等，并按程序展开实验设施、辅助设施、生活设施等。

B.4.2 营地要避开滑坡、低洼区域，实验室安置在生活区或社区主导风向下游。

B.4.3 需要设置隔离带。如果较长期工作，设置围栏、围墙和出入口。

B.4.4 需要专人负责营地的安全保卫工作，建立营地出入管理制度。

B.4.5 优先采用当地市政供水、供电。

B.4.6 如果需要，落实发电机所用油料的供应途径和方式。营地油料的储存量应经过风险评估后确定，需要时，要征得主管部门的同意。

B.4.7 落实供水途径和方式。在疫区，需要保证水源的品质。

B.4.8 落实实验用品、生活用品等所需补给的来源与方式。

B.4.9 正式工作前，需要对所有设施设备进行必要的现场检查、检测或试运行，确认是否达到工作要求和生活要求。

B.4.10 实验室营地选择、供水、供电、安全保卫等要事先与当地政府部门协商并取得帮助，需要时，按相关规定向当地公安、环保、卫生或农业等部门备案。

B.4.11 在当地政府配合下，主动与营地周边居民沟通，取得理解和支持。

B.5 工作

B.5.1 按管理体系要求，根据现场实际情况制定工作方案，内容包括(不限于)：工作流程规划，现场风险评估，流行病学调查，样本采集、包装、运输，实验材料准备，实验过程控制与保障污染废物处置，突发事件处置等。

B.5.2 实验前检查、验证实验设施、设备运行状态。一般需要开启设施设备运行30 min以上，观察关键参数，正常稳定后开始实验工作。

B.5.3 按事先制定好的工作方案和SOP工作，需要安排现场安全监督人员(可兼职)对实施过程监督，制止不安全行为。

B.5.4 刚开始现场工作时，可能有不顺利的环节。要尽早总结经验，及时修正现场工作方案和SOP。

B.5.5 建议在完成一个实验周期后，按管理体系要求进行一次现场内部审核，发现问题及时纠正及采取措施。

B.5.6 按要求做好各项记录并保存，建议每天写工作日志。

B.6 撤离

B.6.1 任务完成后，与当地政府相关部门协商制定撤离计划，内容包括(不限于)：设施设备消毒，车辆洗消，设备固定或包装，危险品运输与包装，物资整理包装，行程安排，移动安保，营地清场等。

B.6.2 对设施设备可靠消毒。通常，先处理污染源、然后做实验室终末消毒，需要时，再进行重点消毒。

B.6.3 根据现场情况，决定是否对实验室外表面和车辆进行清洗消毒。原则上现场属疫区者，撤离前应对实验室和车辆进行清洗消毒，并监测效果。

B.6.4 消毒后，设施设备的固定、包装、标记应符合 B.2.2 的要求，注意不要携带昆虫和啮齿类等传播媒介。

B.6.5 对运载车辆进行全面检查检修，确保其良好的性能和状况。

B.6.6 撤离时要对营地进行全面清场，必要时进行场地消毒，以符合卫生和环境保护要求。

B.6.7 需要评估并决定对人员、设施设备、营地等是否需要隔离检疫，若需要，应制定详细的方案。

B.6.8 除非工作需要，撤离时禁止携带现场的动植物。

B.7 技术支持

B.7.1 除现场维护工程师等人员外，还应有可靠的技术支持，包括到现场支援，需要事先做好合同评审和安排。

B.7.2 技术支持服务内容包括对实验室人员的培训。

附 录 C
（资料性附录）
移动式生物安全三级实验室安全性能现场检测指南

C.1 引言

本附录旨在为移动式生物安全三级实验室安全性能的现场检测提供指南，适用于实验室的安全性能检测。

C.2 特殊情况

有生物安全柜、隔离设备等的移动式生物安全三级实验室，首先应进行生物安全柜、隔离设备等的现场检测，确认性能符合要求后方可进行实验室的性能检测。

C.3 检测项目

推荐的移动式生物安全三级实验室的安全性能现场检测项目如表 C.1 所示。

表 C.1 移动式生物安全三级实验室的安全性能现场检测项目

检测项目	检测工况
外观	实验室未运行
实验室设施性能	实验室未运行
实验室设备性能	实验室未运行或送、排风系统正常运行
围护结构严密性	送、排风系统正常运行
排风高效过滤器原位检漏	排风系统运行
房间静压差及压差梯度	所有房门关闭，送、排风系统正常运行

C.4 检测方法

C.4.1 外观现场检查

C.4.1.1 采用目测的方法，检测实验室外观情况，功能部件齐全。

C.4.1.2 外观无明显破损，实验室内外表面无明显破坏。

C.4.1.3 进口处明确标示生物防护级别、实验室负责人姓名、紧急联络方式等。

C.4.1.4 进口处明确标示国际通用生物危害标识。

C.4.2 实验室设施性能现场检查

C.4.2.1 门开关自如，开启方向不妨碍逃生，关闭后缝隙符合工艺要求；防护区内的门可自动关闭，观察窗符合要求。

C.4.2.2 门禁系统正常。
C.4.2.3 适用时,气密门的气密方式运行安全,紧急开关功能正常。
C.4.2.4 互锁门之间互锁装置功能正常。
C.4.2.5 实验室内所有窗户为密闭窗,玻璃耐撞击、防破碎。
C.4.2.6 如果适用,传递窗两侧门可正常互锁;若为自净化传递窗,通电后净化功能正常。
C.4.2.7 淋浴间设备正常和污水收集设备正常。

C.4.3 实验室设备性能现场检测

C.4.3.1 高压灭菌器、培养箱等实验设备通电后,功能表现符合说明书的要求。
C.4.3.2 排风机、真空泵、软水器、污水处理设备、发电机组、空调机组等保障设备通电后,功能表现符合说明书的要求。
C.4.3.3 生物安全柜、隔离设备等应具有合格的出厂检测报告。现场检测工作窗口气流流向和对HEPA过滤器检漏。工作窗口气流流向可采用发烟法或丝线法在工作窗口断面检测,检测位置包括工作窗口的四周边缘和中间区域。HEPA过滤器的检漏,在过滤器上游引入大气尘或人工尘,在过滤器下游采用粒子计数器进行检漏。具备扫描检漏条件的,应进行扫描检漏,无法扫描检漏的,可采用效率法检漏,检漏方法参见C.4.5。
C.4.3.4 生物密闭阀、送排风系统调节阀等开闭正常。
C.4.3.5 工控机通电后运行正常,组态通信正常,智能仪表运行正常,机械表工作正常。
C.4.3.6 供电电压、相序、接地连接正常。
C.4.3.7 UPS电源性能正常。
C.4.3.8 火灾报警系统运行正常。

C.4.4 围护结构严密性现场检测(烟雾检测法)

C.4.4.1 在实验室通风空调系统正常运行的条件下,在需要检测位置的附近,通过人工烟源(如:发烟管、水雾震荡器等)造成可视化流场,根据烟雾流动的方向判断所检测位置的严密程度。
C.4.4.2 检测时避免检测位置附近有其他干扰气流物或障碍物。
C.4.4.3 采用冷烟源,发烟量适当,宜使用专用的发烟管。
C.4.4.4 检测的位置包括围护结构的接缝、门窗缝隙、插座、所有穿墙设备与墙的连接处等。

C.4.5 排风HEPA过滤器原位检漏

C.4.5.1 检测条件

检测时,实验室排风HEPA过滤器的排风量不应低于实际正常运行工况下的排风量,并记录过滤器排风量,待实验室压力、温度、湿度等稳定后开始检测。

C.4.5.2 检测用气溶胶

首选人工气溶胶,可采用癸二酸二异辛酯[di(2-ethylhexyl)sebacate,DEHS]、邻苯二甲酸二辛酯(dioctyl phthalate,DOP)或聚α烯烃(polyaphaolefin,PAO)等物质,应优先选用对人和环境无害的物质。若采用大气尘,需要评估环境有害物质和粉尘污染对实验室的影响。

C.4.5.3 检漏方法及仪器

依据被测实验室中高效空气过滤器的安装方式,具备扫描检漏条件的,采用扫描法检漏;不具备扫描检漏条件的,采用效率法检漏。检漏仪器采用粒子计数器。使用过的HEPA过滤器在检漏前需要靠消毒灭菌。

C.4.5.3.1 扫描检漏法可参照 GB 19489—2008 中附录 A。

C.4.5.3.2 效率检漏法可参照 GB 50346—2011 中附录 D。

C.4.6 房间静压差及压差梯度

可参照 GB 50591—2010，测试各房间的静压差，判断各房间静压差及房间之间的压差梯度是否满足要求。

附 录 D
（资料性附录）
移动式生物安全三级实验室备件指南

D.1 引言

本附录中所涉及用于移动式生物安全三级实验室设施维护、修理，事故更换，储备的零部件以及维护维修所需工具称为备件。本附录不包括对移动式生物安全三级实验室机动行驶设备的备件。

本附录适用于移动式生物安全三级实验室设备维护、检修所需备件的管理，旨在为实验室系统备件提供指南。

D.2 移动式生物安全三级实验室备件清单

D.2.1 不同的移动式实验室所需备件要根据实验室的特点和工作任务具体确定。

D.2.2 相关的部分备件清单见表 D.1。

表 D.1 移动式生物安全三级实验室相关的部分备件清单

备件分类	备件名称	数量	备注
通风空调系统	送风初效空气过滤器	1套	
	送风中效空气过滤器	1套	
	送、排风高效空气过滤器	1套	
	HEPA 过滤器装卸防护袋	2个	配置生物安全防护箱的实验室应配置此备件
	风道、风管密封件如橡胶垫、密封圈等	若干	
	风道、风管连接件如法兰连接件、卡箍等	1套	
控制系统	控制回路电源如开关电源、线性电源等	1套	
	主令控制器件，如按钮开关、选择开关等	1套	
	控制回路所用中间器件，如中间继电器、时间继电器、交流接触器等	2套	根据实验室具体情况可增加备件数量
	状态指示用声、光器件，如指示灯、信号灯、蜂鸣器等	2套	根据实验室具体情况可增加备件数量
	位置指示用开关器件，如行程开关、接近开关、光电开关、水位开关等	1套	
	通风系统重要参数所需传感变送器，如差压变送器、温湿度传感器等	1套	根据实验室具体情况可增加备件数量
	通风系统重要的、生物安全防护用开关，如差压开关、温度开关等	1套	根据实验室具体情况可增加备件数量

表 D.1（续）

备件分类	备件名称	数量	备注
控制系统	用于电气、通信互连的连接电缆(带电连接器)	若干	
	通风、控制、监测、配电等重要参数监控用仪表如压力表、温度显示仪表、电压表等	1套	需说明整定参数的方法
	火灾探测系统所用的烟感、光感探测器等	1套	
供电配电	熔断器所配熔芯	5套	根据实验室具体情况可增加备件数量
	仪器设备所配保险管	5套	根据实验室具体情况可增加备件数量
	空气断路器	5套	根据实验室具体情况可增加备件数量
水路	供、排水重要节点所需阀门如单向阀 、电磁阀、截止阀等	1套	
	水路连接所需快速接头、卡套接头等	1套	水路连接所需密封件根据实验室具体情况可增加备件数量
	水路所需连接软管	1套	可根据实验室实际情况配置
	清洁水路所需过滤器	1个	
	水路末端开关如脚踏开关、混水阀等	1套	
压缩空气	供气重要节点所需阀门如单向阀 、电磁阀、截止阀等	1套	
	气路过滤器如油水分离器等	1个	
	气体减压器如减压阀	1个	
	气体快插接头	1个	
	气体连接管路	若干	
CO_2 气路	供气重要节点所需阀门如单向阀 、电磁阀、截止阀等	1套	
	气体过滤器如除菌过滤器等	1套	
	减压阀	1套	
	气体快插接头	1套	
	气体连接管路	若干	
实验室内部设备、设施	工作台柜安装件、固定件	1套	
	工作台柜铰链、锁具等	1套	
	紫外灯具——生物安全柜/传递窗/实验室	1套	
	照明用灯管、镇流器、应急灯具等	1套	
	灭蝇灯具	1套	
	电气转接板、插座等	2套	

表 D.1（续）

备件分类	备 件 名 称	数量	备 注
其他	门体固定件连接件如铰链、固定螺栓等	若干	根据实验室实际情况配置
	生物安全防护区门体功能配件如闭门器、电磁锁等	1套	
	保障区门、窗、孔口盖位置固定设备如支架、支撑杆等	1套	
	门所需门把手、锁具等	1套	
	门体密封所需常规密封条、充气密封条等	2套	
	门控开关面板	1套	
	实验室设备固定件、连接件如安装螺栓、卡扣连接接头等	5套	根据实验室具体情况可增加备件数量
	连接通道所需锁扣、密封圈、固定安装件等	5套	根据实验室具体情况可增加备件数量
工具	组合工具箱	1套	
	万用表	1块	
	钳形电流表	1块	
	电烙铁	1把	
	焊锡	若干	
	偏口钳	1把	
	剥线钳	1把	
	压线钳——U型和O型端子	1把	
	压线钳——管型端子	1把	
	管钳	1把	
	水泵钳	1把	
	管道、管路所需密封胶	若干	

附 录 E
（资料性附录）
移动式生物安全三级实验室现场应急处置预案编制大纲

E.1 引言

本附录旨在为实验室编制移动式生物安全三级实验室现场应急处置预案提供参考。本附录仅提供了编制大纲，各实验室应根据各自的特点编制适用的现场应急处置预案。

E.2 编制大纲

E.2.1 目的

阐明预案的宗旨和目的。

E.2.2 依据

至少包括《中华人民共和国突发事件应对法》、《中华人民共和国传染病防治法》、《突发公共卫生事件应急条例》、《国家突发公共事件总体应急预案》以及《病原微生物实验室生物安全管理条例》等法律法规。

E.2.3 适用范围

确定预案的各项内容和适用范围。

E.2.4 分类分级

对预案涉及的事件进行明确的定义；根据突发事件的发生过程、性质和机理，对事件分类；按照其性质、严重程度、可控性和影响范围等因素对事件分级，一般分为四级：Ⅰ级（特别重大）、Ⅱ级（重大）、Ⅲ级（较大）和Ⅳ级（一般）。

E.2.5 应急组织结构与职责

应急的关键是有效的指挥和按命令行动。要建立应急的组织体系，明确组织结构、权限、接口、职责等，一般应辅以组织结构图进行明示。

E.2.6 事件预防

应急处置是一种补救措施。预防事件发生是基本原则，实验室需要依据风险评估的数据，制定预防措施，包括人员免疫和规定禁入人员等措施，尽量防患于未然，最大限度杜绝安全事件或事故的发生。有下列情况（不限于）的人员，禁止进入实验室或参加应急工作：

a） 身体出现开放性损伤；
b） 患者发热和发热性疾病；
c） 感冒、呼吸道感染或其他导致抵抗力下降的情况；
d） 正在使用免疫抑制剂或免疫耐受或免疫功能低下者；
e） 妊娠；

f) 过度疲劳状态；
g) 急性消化道和呼吸道症状；
h) 传染性疾病；
i) 过敏。

E.2.7 事件监测与预警

早发现、早预警是避免或降低危害的重要途径。实验室需要针对相关的事件特征，识别和明确预警指标，建立事件监测指标和预警制度。在开展工作前要采集相关人员的本底血清标本，定期监测并长期保存。

E.2.8 事件分析与报告

实验室需要依据国家的相关规定，建立事件分析与报告制度。需要明确对事件的分类和分级分析，报告的途径、方式、权限和时限。很多时候，事件一目了然，需要立即采取措施，不可因机械地理解和执行制度而影响应急。

E.2.9 应急启动

启动应急是一项严肃和重要的决定。需要按事件分类分级，制定分级响应启动的权限、时机、范围、所需的资源、行动计划等。对有些意外事件，需要现场人员果断采取措施。每个相关人员要十分清楚地知道自己的角色。

E.2.9.1 现场控制

E.2.9.1.1 首先要控制事件现场，防止有害因素扩散、避免发生次生危害和无关人员闯入。

E.2.9.1.2 根据事件的类型，设置控制范围，撤离无关人员（有些需要采取隔离措施），切断可能引起次生危害的因素，维持或建立有利于应急的因素。

E.2.10 应急处置

需事先设计应急场景，并模拟演练。待事件发生后，要按规定的程序和方法有条不紊地进行处置。事先设计的场景可能不完全与现场一致，要依据现场情况，灵活处置。当遇到难以决断之事，要立即寻求帮助，不可蛮干。

E.2.10.1 应急评估

需要不断评估应急措施的有效性，需要时，要扩大应急。

E.2.10.2 指挥与协调

保证应急指挥系统的信息通畅、令行禁止和协调有力。各部门、应急救援人员、被救援人需密切配合，保证有效的沟通渠道。需要时，及时调整应急方案。

E.2.11 保障措施

E.2.11.1 保障措施可能包括（但不限于）以下方面：

a) 应急设施设备；
b) 通讯保障；
c) 运输保障；
d) 救治物品；

e) 医疗保障；
f) 应急队伍；
g) 安保措施；
h) 环境保护；
i) 生活保障。

E.2.11.2 实验室及营地保障区配备的常用应急物资通常包括：

a) 急救箱，包括应急器材、药品、常用的和特殊的解毒剂；
b) 通讯设备；
c) 合适的灭火器、灭火毯、水桶、铁锹；
d) 防护服（连体防护服、手套和头套等若干套，需要考虑化学、生物和放射防护需求）；
e) 带有能有效防护化学物质和颗粒的滤毒罐的全面罩式防毒面具（full-face respirator）；
f) 房间消毒设备，如喷雾器和甲醛熏蒸器；
g) 担架（可能需要负压担架）；
h) 工具，如锤子、斧子、扳手、螺丝刀、梯子和绳子；
i) 划分危险区域界限的器材和警告标示；
j) 化学或生物学的溢出处理箱、清除污染的器材（镊子、拖把、桶、吸液棉、吸附剂、畚箕等）、消毒剂；
k) 采样箱，包括采样工具、采样物资、培养基、试剂等；
l) 环境消毒剂和设备；
m) 医疗救治运输车辆；
n) 应急物资运输车辆。

E.2.12 应急储备

有制度和措施做好应急储备工作，包括人力、物力、财力、技术等储备，并保证其状态良好和数量充足。需要建立教育、培训、演习、检查和监督计划，以保证可随时进入应急状态。

E.2.13 应急后期

完成应急处置并达到预期效果后即进入应急后阶段，该阶段包括对应急人员的健康监测与隔离，对现场的系统评估，清场、恢复与重建，流行病学调查，控制污染源，数据监测，风险沟通，损失评估，救助与保险理赔等工作。应急后工作的开展需要以风险评估的数据和监测数据为依据，分析导致问题的根本原因，制定详细的工作方案并组织实施。

E.2.14 总结报告

对每次应急活动均需要形成一份最终的总结报告，内容包括事故根本原因分析、损失评估、应急预案的适宜性和有效性分析、应急实施过程分析、保障资源分析、改进建议等。总结报告不能隐瞒任何客观事实，需提交生物安全委员会和相关的管理层评审。

E.2.15 奖惩

根据国家相关的法规，需要明确事故责任，评估人员表现，奖惩分明、到位。

E.2.16 附录

建议将重要流程、信息、方法等用图表表示，达到快速阅读、一目了然的目的。

参 考 文 献

[1] GB 50346—2011 生物安全实验室建筑技术规范
[2] GB 50591—2010 洁净室施工及验收规范
[3] 病原微生物实验室生物安全管理条例 [中华人民共和国国务院令第424号]
[4] 突发公共卫生事件应急条例 [中华人民共和国国务院令第376号]
[5] 中华人民共和国传染病防治法 [中华人民共和国主席令第16号]
[6] 中华人民共和国突发事件应对法 [中华人民共和国主席令第69号]
[7] 国家突发公共事件总体应急预案

ICS 25.040.40
N 10

中华人民共和国国家标准

GB/T 27758.2—2015/ISO 18435-2:2012

工业自动化系统与集成 诊断、能力评估以及维护应用集成 第2部分:应用领域矩阵元素描述与定义

Industrial automation systems and integration—Diagnostics,capability assessment and maintenance applications integration—Part 2:Descriptions and definitions of application domain matrix elements

(ISO 18435-2:2012,IDT)

2015-12-10 发布　　2016-07-01 实施

中华人民共和国国家质量监督检验检疫总局
中国国家标准化管理委员会　发布

前言

GB/T 27758《工业自动化系统与集成　诊断、能力评估以及维护应用集成》拟分为如下几部分：

——第1部分：综述与通用要求；

——第2部分：应用领域矩阵元素描述与定义；

——第3部分：应用集成描述方法。

本部分为GB/T 27758的第2部分。

本部分按照GB/T 1.1—2009给出的规则起草。

本部分使用翻译法等同采用ISO 18435-2:2012《工业自动化系统与集成　诊断、能力评估以及维护应用集成　第2部分：应用领域矩阵元素描述与定义》。

与本部分中规范性引用的国际文件有一致性对应关系的我国文件如下：

——GB/T 27758.1—2011　工业自动化系统与集成　诊断能力评估以及维护应用集成　第1部分：综述与通用要求(ISO 18435-1:2009,IDT)

——GB/T 19659.1—2005　工业自动化系统与集成　开放系统应用集成框架　第1部分：通用的参考描述(ISO 15745-1:2003,IDT)

本部分做了下列编辑性修改：

——用"GB/T 27758的本部分"代替"ISO 18435的本部分"；

——用"GB/T 27758.1—2011"代替"ISO 18435-1:2009"；

——用"GB/T 19659"代替"ISO 15745"。

本部分由中国机械工业联合会提出。

本部分由全国自动化系统与集成标准化技术委员会(SAC/TC 159)归口。

本部分起草单位：北京机械工业自动化研究所。

本部分主要起草人：高雪芹、黎晓东、杨书评。

引　言

ISO 18435 各部分之间的关系如图 1 所示。各部分的关注点如虚线所示，虚线圈定了 UML 类图的特定部分，表示应用及应用之间的集成模型。

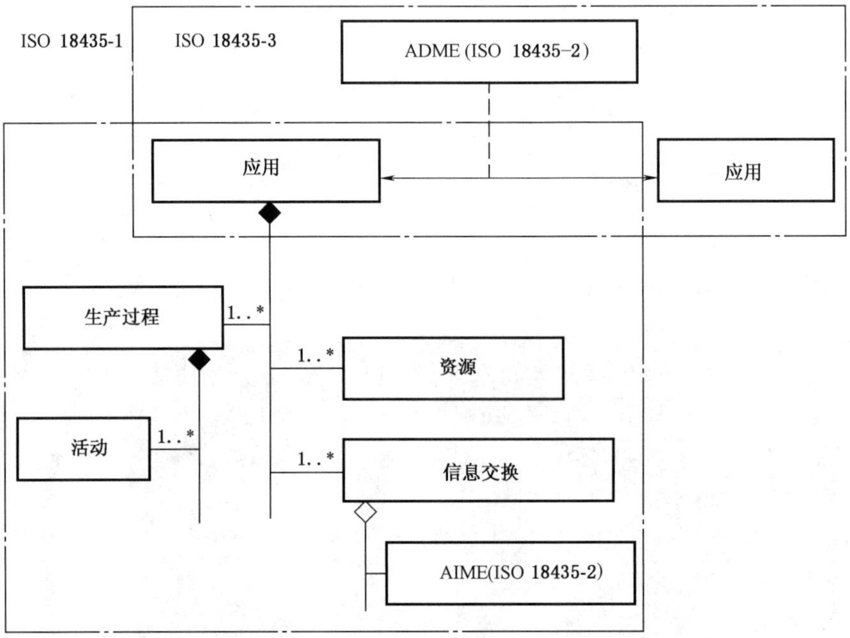

图 1　ISO 18435 各部分之间的关系

ISO 18435-1 给出了描述自动化应用集成要求的方法规则和基本原理概述。基本原理包括将自动化应用与其他应用集成的关键内容，以及这些关键内容之间的关系。规则包括支持一项应用的以及多个应用间互操作的信息交换。主要关注点在于生产作业和维护操作域，包括能力评估活动。

ISO 18435 的本部分给出了应用交互矩阵元素（AIME）和应用领域矩阵元素（ADME）结构的详细定义，以及它们之间的关系。本部分特别描述了构建 ADME 的步骤，AIME 集的特定组合能够支持 ADME。

ISO 18435-3 定义了一种推荐方法，用以描述企业中一个或多个自动化领域里应用之间的互操作和集成需求。主要关注点在于生产作业和维护操作领域，包括能力评估活动。

工业自动化系统与集成
诊断、能力评估以及维护应用集成
第2部分:应用领域矩阵元素描述与定义

1 范围

GB/T 27758 的本部分定义了以下元素的结构和模板:

——应用交互矩阵元素;

——应用领域矩阵元素。

本部分还定义了这些类型元素之间的关系。

2 规范性引用文件

下列文件对于本文件的应用是必不可少的。凡是注日期的引用文件,仅注日期的版本适用于本文件。凡是不注日期的引用文件,其最新版本(包括所有的修改单)适用于本文件。

ISO 18435-1 工业自动化系统与集成 诊断能力评估以及维护应用集成 第1部分:综述与通用要求(Industrial automation systems and integration—Diagnostics, capability assessment and maintenance applications integration—Part 1:Overview and general requirements)

ISO 15745-1 工业自动化系统与集成 开放系统应用集成框架 第1部分:通用的参考描述(Industrial automation systems and integration—Open systems application integration framework—Part 1: Generic reference description)

3 术语与定义

ISO 18435-1 界定的以及下列术语和定义适用于本文件。

3.1

应用领域矩阵 application domain matrix

描绘应用领域的矩阵。

3.2

应用领域矩阵元素 application domain matrix element;ADME

应用领域矩阵中的一个条目,用于组织应用之间的信息交换。

3.3

应用交互矩阵 application interaction matrix;AIM

描述资源信息交换的矩阵。

3.4

应用交互矩阵元素 application interaction matrix element;AIME

应用交互矩阵中的一个条目,用于指示支持信息交换的资源能力。

3.5

应用互操作性专规 application interoperability profile;AIP

引用了一组专规的单一规范,该组专规引用了一部分自身可以是专规的基础规范。

注:专规组可以包括过程专规、信息交换专规、资源专规,有时还包括其他 AIP。

3.6

能力 capability

实施行动的能力,包括资格属性和能力的方法。

注:如果软件资源类型是 GB/T 19902 中的 MSU(制造软件单元),能力的定义则与 GB/T 19902.1 中的相同。

4 缩略语

下列缩略语适用于本文件。

ADID:应用领域集成表(Application Domain Integration Diagram)

ADME:应用领域矩阵元素(Application Domain Matrix Element)

AIM:应用交互矩阵(Application Interaction Matrix)

AIME:应用交互矩阵元素(Application Interaction Matrix Element)

AIP:应用互操作性专规(Application Interoperability Profile)

CM:状态监测(Condition Monitoring)

DA:数据采集(Data Acquisition)

DM:数据操作(Data Manipulation)

NC:数控器(Numerical Controller)

RC:机器人控制器(Robot Controller)

SD:状态检测(State Detection)

UML:统一建模语言(Unified Modeling Language)

XML:可扩展标记语言(eXtensible Mark-up Language)

5 应用交互矩阵元素(AIME)和应用领域矩阵元素(ADME)概述

5.1 AIME 和 ADME 的概念

GB/T 27758 的本部分给出了 AIME 和 ADME 的详细定义。ADME 的通用概念是对图 2 所示的应用之间的信息交换以 ISO 15745-1 描述的应用互操作性专规符号进行建模。

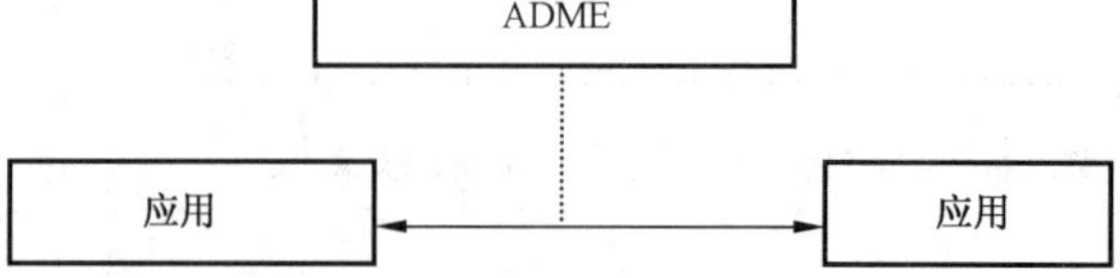

图 2 应用领域矩阵元素

ADME 使用了一个描述方法,用以详细描述应用间的信息交换,ADME 应该符合 ISO 15435-1 中的定义。对于每项应用,应该用 AIME 描述一个接口集。AIME 列举了由应用及其相应资源支持的接口专规,如图 3 所示。

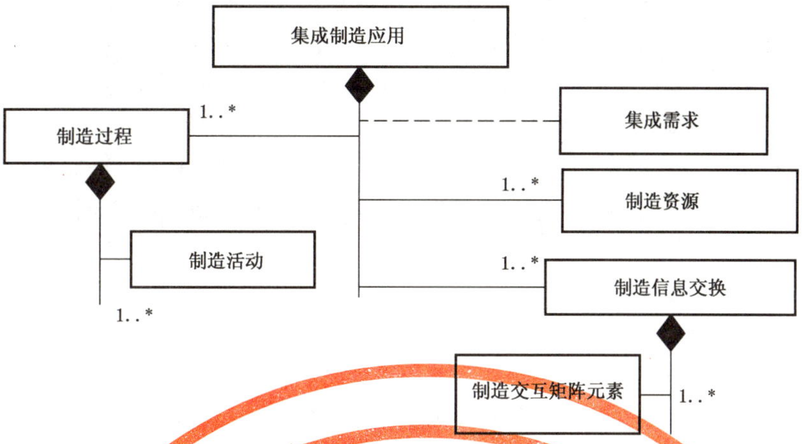

图 3 AIME 概念

AIME 列举了每个应用互操作性专规中提到的那些资源能力，包括接口。应用可有一个或多个 AIME，以支持应用的所有信息交换。

AIME 集应该包括 ADME 的关键部分；AIME 集代表了符合信息交换需求以支持两个应用间互操作性的资源能力。

ADME 使得两个应用之间能够建立互操作性关系，如图 1 和图 2 所示。ADME 在图 4 中进一步详细表述。ADME 由 AIME 中引用的互操作性专规构建而来。用于构建 ADME 的 AIME 表达了资源的兼容性，以支持应用间必需的信息交换，从而实现互操作性。

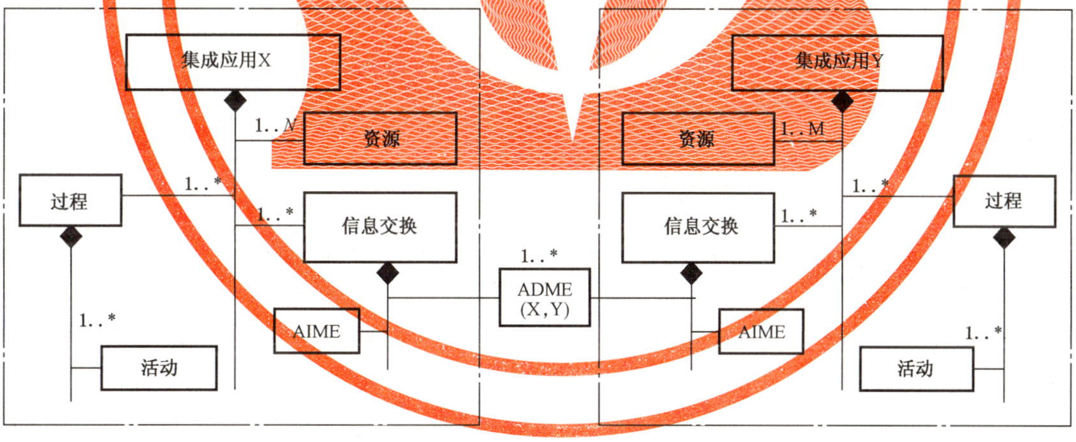

图 4 应用间的互操作性

5.2 资源之间的信息交换

制造资源构成集成系统，并使得涉及所需的物流、信息流和能源流的过程成为可能。资源的互操作性需要使用可兼容的接口。这些接口应该进行配置，以支持资源之间各流的特点。实现所需流的集成需求约束着资源接口。

每一个流均能够建模成为一个显示所涉及资源的详细 UML 顺序图。资源间的每次传递能够与一类接口有关，这类接口在每一项参与特定传递的资源内进行配置和部署。

为了支持制造资源之间的信息流，信息交换接口应该以可兼容方式进行配置。

资源的互操作性通过信息交换接口集实现。支持信息交换所需接口的数量和类型被认为是可获得的，并且可以在参与信息交换的每项资源内进行恰当的配置。

注 1：信息交换的媒介层接口类型为物理信号采集和驱动的传感器接口、操作员命令和显示器的人机接口和设备通信网络接口。内容层接口服务负责处理所交换信息项目的数据类型、结构、顺序、定时和语义。

每个信息交换接口应该和所要求的信息处理服务有关，每项服务应该提供服务的特定等级和具体质量。每当信息项目需要以规定顺序、时间、吞吐率、延迟、物理卷、保真度和安全性进行交换时，这些接口能够实现资源的互操作。

注 2：资源支持的条件能包括：

——在特定时刻、时间周期、事件或速率之前、之后或期间的交换；

——在一定空间或位置之上、旁边或之内的交换。

为了支持每一个制造过程中所有活动的所有信息交换，参与制造过程的每一项制造资源应该提供必需的互操作接口集。对每一项资源，接口集和配置设置能在资源互操作性专规中表示，如 GB/T 19659 所做的定义。

6 应用交互矩阵元素(AIME)

6.1 AIME 概念

图 3 中，每个制造应用应该与一个制造资源集有关，这些资源用来实现相应的信息交换集。AIME 应该表达应用资源集提供的能力集，以和另一应用有关的另一资源集交换信息。

在对应于单一资源的 AIME 中，可从这一资源传递至另一资源的信息项目集，应该是在应用中定义的信息项目的子集，应用在 AIME 中有表示。

在 AIME 中指定的接口可支持与其他资源进行的多个信息项目传递。这些信息传递可由 UML 顺序图表达。

每个信息交换描述可包括正在交换信息的特性、交换的频率和潜伏期、交换的临界性和所涉及的资源。例如，和单一资源有关的 AIME 可指定信息交换描述列表，该资源能够通过这些信息交换描述执行完成。

AIM 应该包括 AIME 集，用以表达过程中所有资源之间的信息交换需求完全集，并且这些 AIME 应该显示协调执行过程需要的信息交换接口。

包括了过程集的应用，能够与规定了资源信息交换能力的 AIME 集有关。这些 AIME 指示应用的能力，以和其他应用进行信息交换。

6.2 AIME 形式结构

6.2.1 通则

AIME 表达了一种能力，这种能力使得作为源头的实体可以将信息项目集传递给另一个作为目标的实体。矩阵元素相当于 UML 顺序图中两个行动者之间的特定信息流。信息交换也能够由活动图及状态图进行图解说明。

AIME 的结构包括两个部分：首部和主体。主体包括语境部分和传递部分。每个部分可由 XMLschema 片段表达。

6.2.2 AIME 模板首部

AIME 模板首部定义了如表 1 所示的属性。

表 1　AIME 模板首部的属性

属　　性	描　　述	示　　例
MEidentification	AIME 识别	ISO_AIME
MErevision	AIME 的版本	V01.01.01a
MEname	AIME 的描述性名称	D.2.2.Ay_D.2.2Az
MEsource	AIME 开发者的识别	AIMEsrc
MEclassID	AIME 类的识别	AIP
MEdate	AIME 该版本的发布日期	2007-03-29
MEregistry	AIME 的注册名	Industry_specific_registry_name

6.2.3　AIME 模板语境部分

AIME 语境部分定义了表 2 所示的属性。

表 2　AIME 语境部分

部　　分	描　　述	示　　例
domainSection	源应用程序贮存处的域标识 目标应用程序贮存处的域标识	Asset_Health_Assessment_domain Asset_Health_Assessment_domain
applicationSection	对应源应用程序的应用标识 对应目标应用程序的应用标识	Health_assessment Prognostics
applicationRelationshipSection	应用程序域的具体语境	Condition_Monitoring_Context
processSection	与源资源有关的进程标识 与目标资源有关的进程标识	Current_health_grade_evaluation Future_health_grade_evaluation
resourceSection-resourcePack	资源包名称 资源名称 资源中可获得或所计划的能力专规	PLC01 MotionDrive CIP_ISO_15745_profile

6.2.4　AIME 模板传递部分

AIME 传递部分定义了如表 3 所示的属性。

表 3　AIME 传递部分

部　　分	描　　述	示　　例
informationType	交换信息的类型	CavitationInformationRequest
roleType	列举由特定信息交换参与者展示的能力	PumpControlRole CavitationDetectionRole
relationshipType	识别应用角色类型及行为	CavitationDetection2PumpControl
participantType	信息交换合作方的类型	CavitationDetection
channelType	参与者之间的信息项交换点	CIP_FTLD_channel

6.3 AIME 图解表示

AIME 的图解表示如图 5、图 6 和图 7 所示。这些图遵循 ISO/IEC 29500-2 描述的约定。

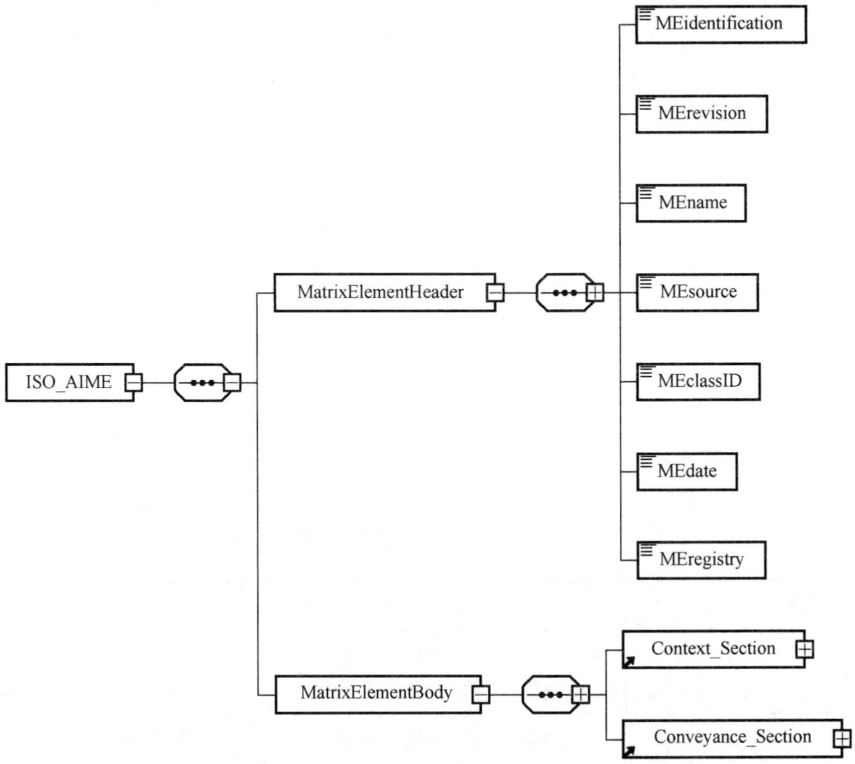

图 5　AIME 矩阵元素首部和矩阵元素主体

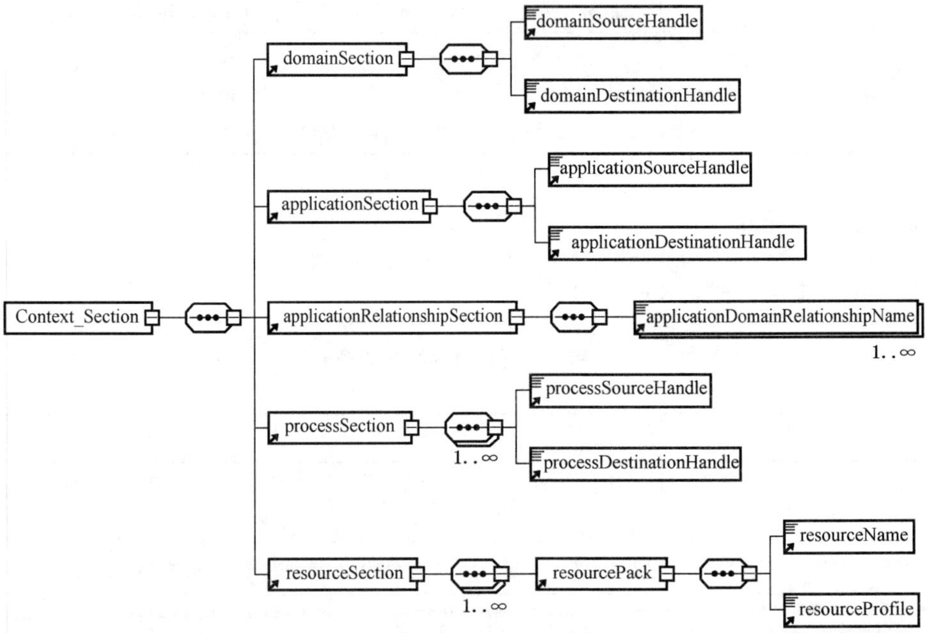

图 6　AIME 语境部分

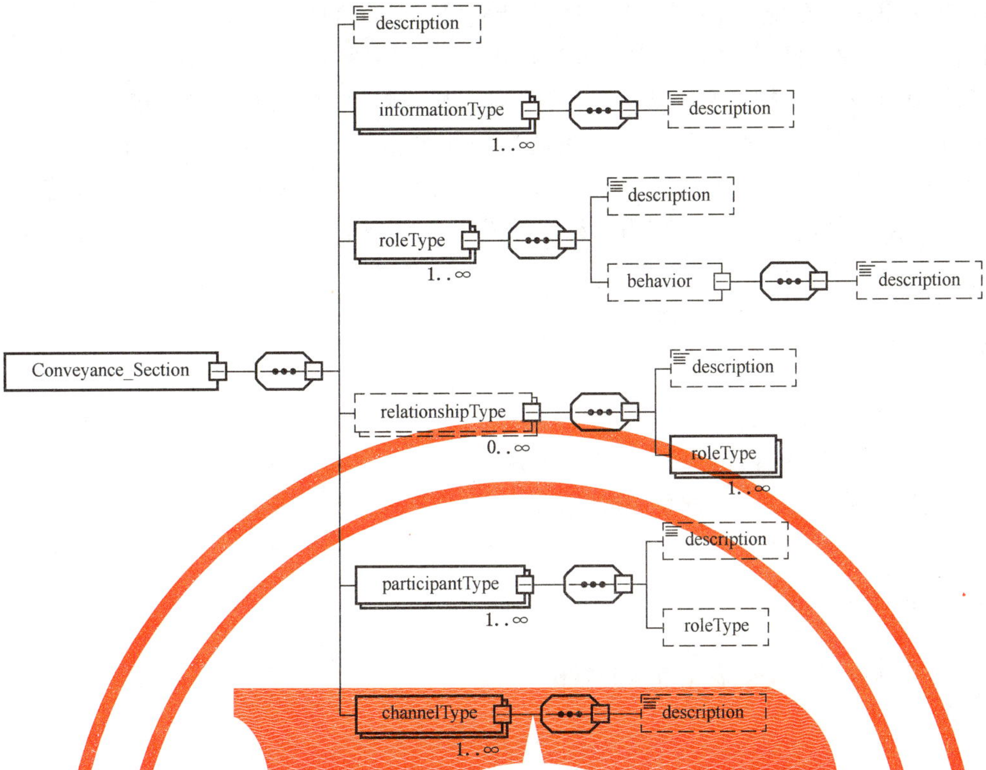

图 7　AIME 传递部分

形式 AIME 模板结构应该如附录 A 所定义。

6.4　集成应用中 AIME 目的

AIME 的目的是为了表达应用中资源的信息交换能力。AIME 能促进验证任务的实施，即验证应用的资源是否能支持与另一应用中的特定资源集进行特定信息交换。

7　应用领域矩阵元素(ADME)

7.1　ADME 概念

ADME 的目的在于描述应用所需的互操作性和集成要求，如图 8 所示。

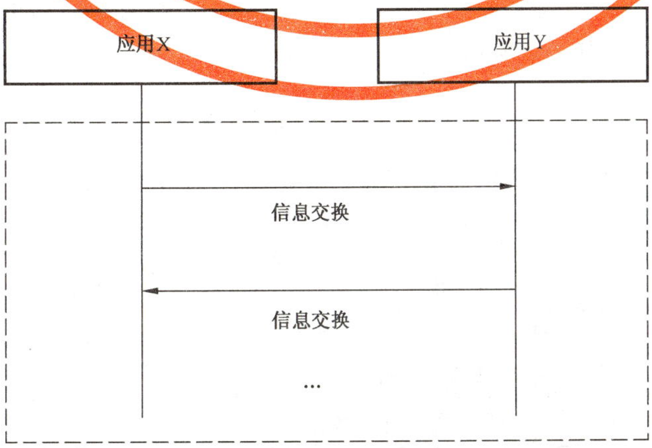

图 8　ADME 目的

在 AIME 中识别出的能力基础上,ADME 支持应用之间的信息交换。

应用间的信息交换将以路径描述方法进行描述。路径描述集合应该由 ADME 和相应专规表达。此描述方法区别于源实体、描述实体以及交换的其他属性,例如约束、交换类型和接口类型。

AIME 的完全集表示的是实现两个应用间互操作的信息交换需求,AIME 的完全集应该包括 ADME。如 GB/T 27758.1—2011 的图 7 所示,每个应用中的一些资源涉及应用间的信息交换。与另一个应用进行信息交换的时候,每个应用均相互协调。

7.2 ADME 结构

7.2.1 通则

ADME 元素表示涉及信息记录集的信息传递,这在源实体和目标实体间的 ADME 模板中进行定义。使用 schema 来组织内容,该 schema 表示图表和关系中的元素。

ADME 的结构应该包括两个部分:首部和主体。主体包括语境、传递和内容部分。每个部分可表达为一个 XMLschema 片段。

7.2.2 ADME 模板首部

ADME 首部部分定义了如表 4 所示的属性。

表 4 ADME 模板首部属性

属　性	描　述	示　例
MEidentification	ADME 识别	ISO_ADME
MErevision	ADME 的版本	V01.01.01a
MEname	ADME 的描述性名称	D.2.2.Ay_D.2.2Az
MEsource	ADME 开发者的识别	ADMEsrc
MEclassID	ADME 类的识别	AIP
MEdate	ADME 该版本的发布日期	2007-03-29
MEregistry	ADME 的注册名	Industry_specific_registry_name

7.2.3 ADME 模板语境部分

ADME 语境部分定义了如表 5 所示的属性。

表 5 ADME 模板语境部分

部　分	描　述	示　例
domainSection	源应用程序贮存处的域识别 目标应用程序贮存处的域识别	Asset_Health_Assessment_domain Asset_Health_Assessment_domain
applicationSection	对应源应用程序的应用识别 对应目标应用程序的应用识别	Health_assessment Prognostics
applicationRelationshipSection	应用域的具体语境	Robot_Control_Context
processSection	与源的资源有关的进程识别 与目标资源有关的进程识别	Current_health_grade_evaluation Future_health_grade_evaluation

表 5（续）

部　　分	描　　述	示　　例
resourceSection-resourcePack	资源包的名称 资源名称 资源中可获得或者所计划的能力专规	PLC01 MotionDrive CIP_ISO_15745_profile

7.2.4 ADME 模板传递部分

ADME 传递部分定义了如表 6 所示的属性。

表 6　ADME 模板传递部分

部　　分	描　　述	示　　例
informationType	交换信息的类型	CavitationInformationRequest
roleType	列举信息交换参与者展示出的能力 行为通过接口，取得参与者的基本交互	PumpControlRole CavitationDetectionRole
relationshipType	识别角色类型和行为	CavitationDetection2PumpControl
participantType	信息交换合作方的类型	CavitationDetection
channelType	对两个角色类型间信息交换媒介的描述	CIP_FTLD_channel

7.2.4.1 ADME 模板信息交换部分

ADME 信息交换部分定义了如表 7 所示的属性。

表 7　ADME 模板信息交换部分

部　　分	描　　述	示　　例
Name	信息交换的名称	SmartPumpInformationExchange
relationship	信息交换的关系类型	PumpControl2CavitationDetection
variableDefinitions	用于信息交换的变量定义	DiagRequest CavDetectionResponse

7.2.4.2 ADME 模板交互部分

ADME 交互部分定义了表 8 所示的属性。

表 8　ADME 模板交互部分属性

部　　分	描　　述	示　　例
Name	交互的名称	CavitationInformationElicitation
exchange	信息交换交互的基本单元	CavitationInformationRequest
send/receive	发送/接收在交换中通过变量定义的每个行动的信息	

7.2.5 ADME 图形表达

ADME 图形表达如图 9～图 13 所示。这些图遵循 ISO/IEC 29500-2 描述的约定。这些图说明了表 5～表 8,以及 A.2 中的 XML schema。

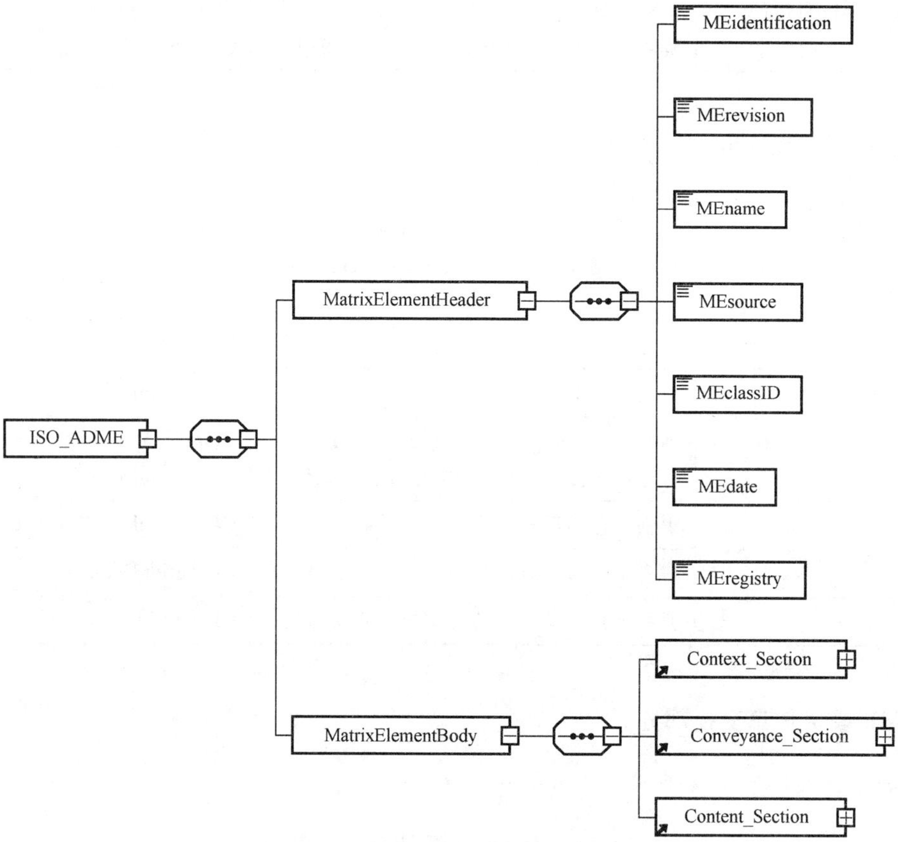

图 9 ADME 矩阵元素首部和矩阵元素主体

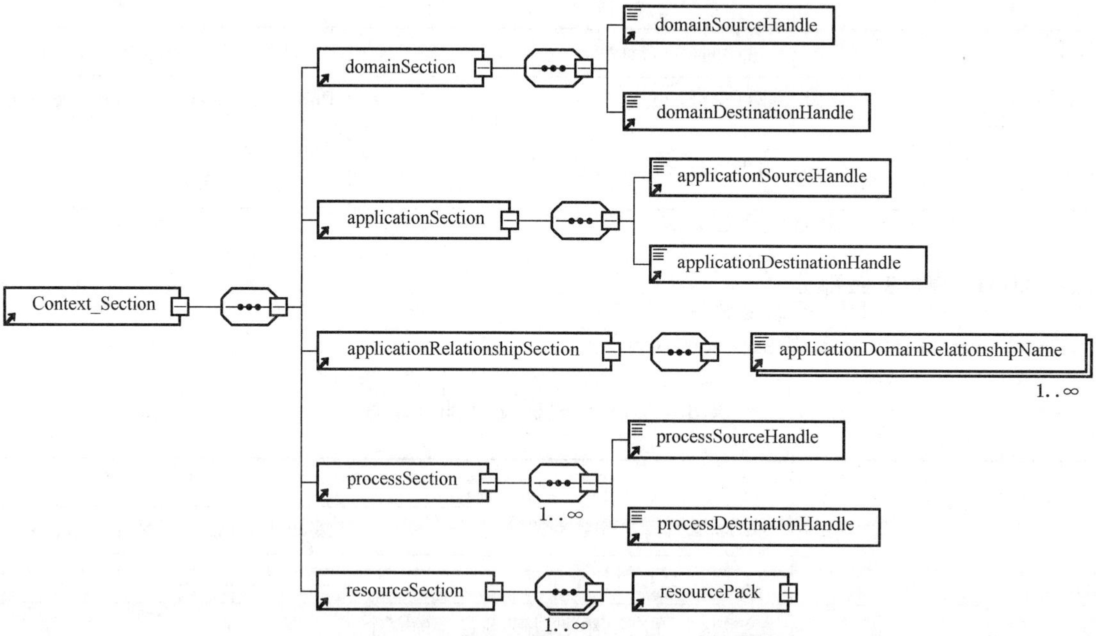

图 10 ADME 语境部分

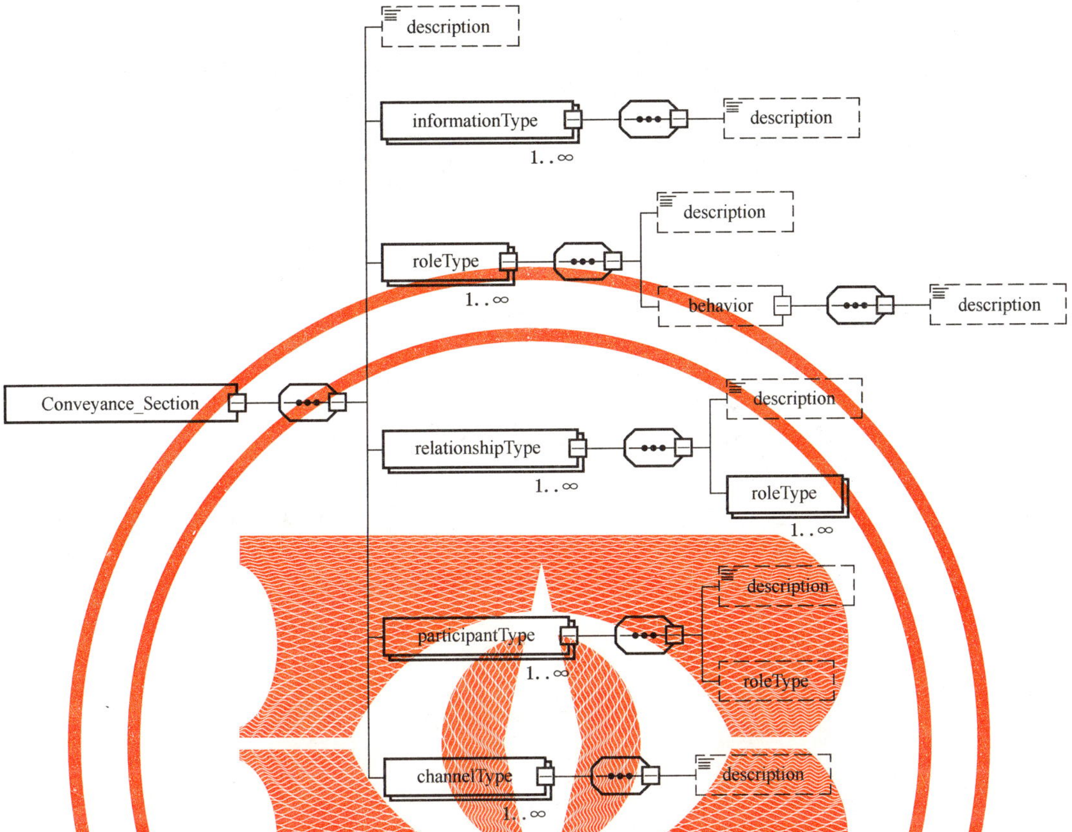

图 11 ADME 传递部分

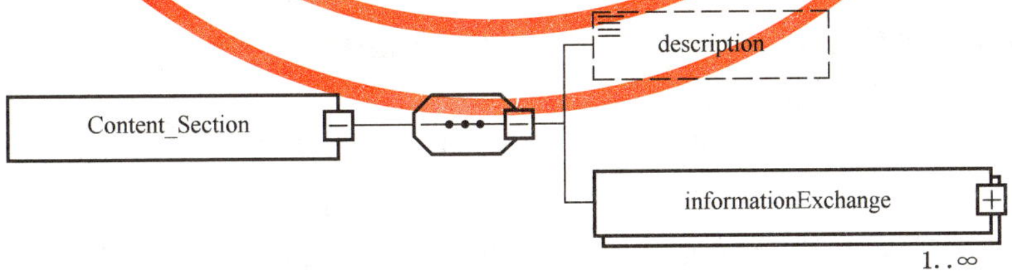

图 12 ADME 内容部分

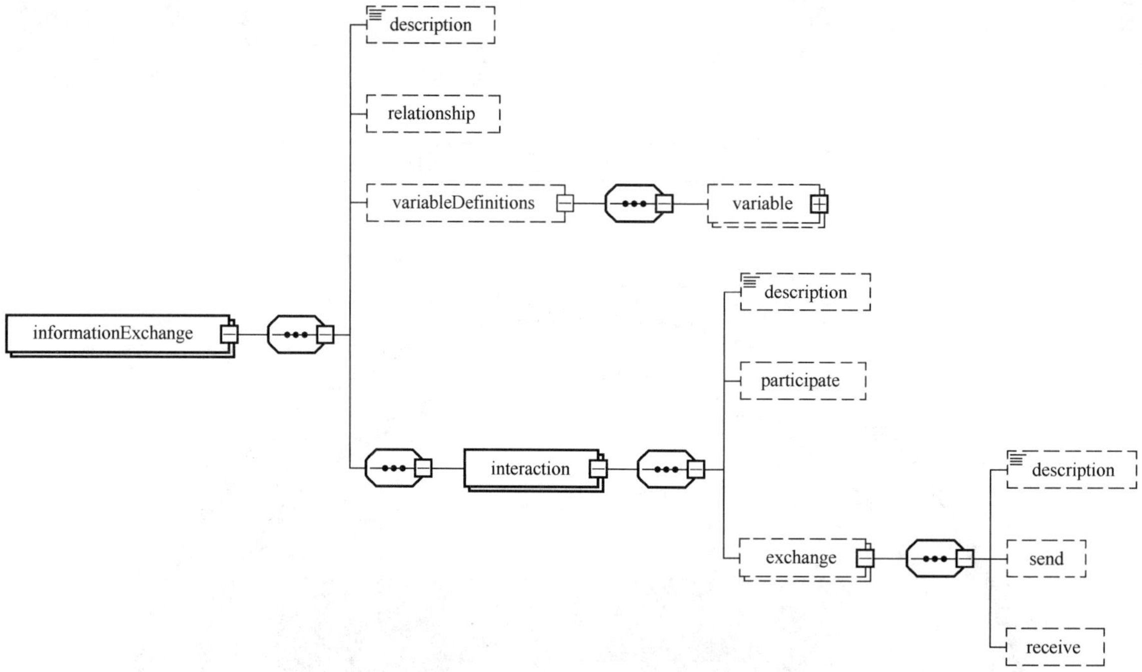

图 13 ADME 信息交换

形式 ADME 模板结构应该如附录 A 所示。

8 构建 AIME 和 ADME

构建 AIME 和 ADME 的通用过程应该如下所示：

a) 定义应用；

b) 分配域集成图表——给 ADID 取回/设定域号码；

c) 识别资产和资源，然后分配给应用；

d) 定义信息交换；

e) 根据 GB/T 19659 模板识别所需的接口，以引用相应专规；

f) 为每一个被描述的应用填写 AIME；

g) 使用 AIME 构建 ADME，这些 ADME 体现了应用之间的互操作性需求。

示例：在图 14 中，为了识别集成应用必需的 AIME，集成涉及的资源被分为两组：执行应用的资源和应用维护和操作的资源。其余资源不予考虑。一旦将资源分类，并识别出角色和参与情况，应用便与这两组资源有关。

图 14 说明了如何识别特定集成场景下必需的 AIME 和 ADME。该示例显示了 GB/T 22281 定义的数据采集(DA)、数据操作(DM)和状态检测(SD)应用之间的交互。

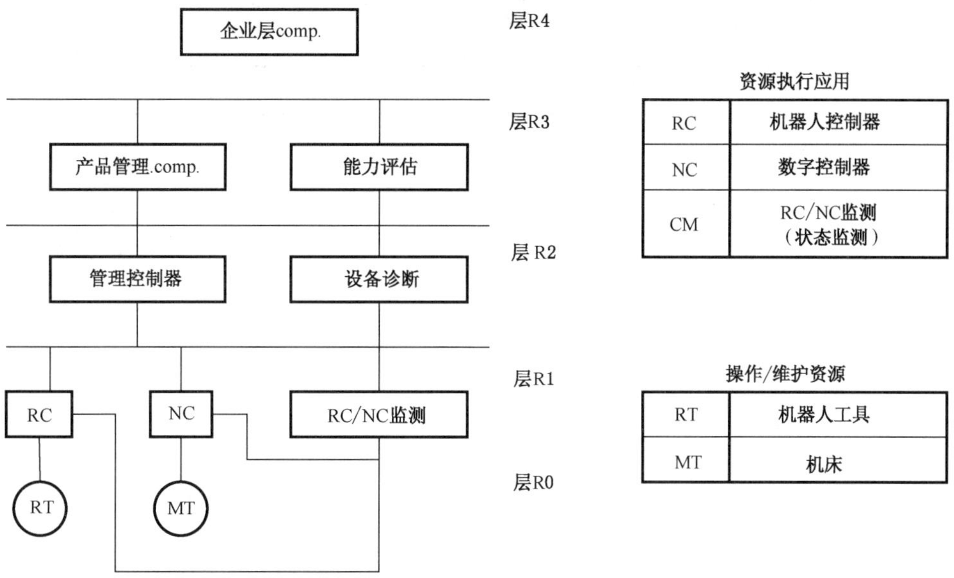

图 14 集成场景示例

必需的 ADME 在表 9 中标记为“X”。在此集成场景中，识别了三个不同类型的应用（根据 GB/T 22281，DA、DM 和 SD），以及三个不同类型[机器人控制器（RC）、数字控制器（NC）和状态监测（CM）]的相关资源。在此集成场景中，总共有 4 个 ADME，即下列每项均需要有一个 ADME：

——RC 正在执行的 DA 至 CM 正在执行的 DM；

——RC 正在执行的 DM 至 CM 正在执行的 SD；

——NC 正在执行的 DA 至 CM 正在执行的 DM；

——NC 正在执行的 DM 至 CM 正在执行的 SD。

表 9 说明了从横排（源）至竖列（目标）的信息流。例如，图 14 中 R0 到 R4 层与 GB/T 27758.1—2011 图 5 的 ADID 图表有关。

表 9 集成必需的 ADME

资源	目标	RC			NC			CM	
源	应用	DA	DM	SD	DA	DM	SD	DM	SD
RC	DA							X	
	DM								X
	SD								
NC	DA							X	
	DM								X
	SD								
CM	DM								
	SD								

此集成场景必需的 AIME 集在表 10 中标记为“X”。资源 RC 到 CM 必需有一个 AIME 集合，资源 NC 到 CM 必需有另一个 AIME 集合。RC 至 CM 应用的 AIME 和 ADME 示例在附录 B。

表 10 集成必需的 AIME

资源	RC	NC	CM
RC			X
NC			X
CM			

9 一致性和符合性

9.1 一致性方面

应该由执行提供者根据以下指南声明与 GB/T 27758 的本部分保持一致：

a) 一致性声明应该阐明在特定执行中引用本部分的章条；

b) 如果本部分有章条需要按组执行，那么这些章条集在特定执行中应该按组引用；

c) 本部分中依照 UML 约定构建的某些图表，应该根据需要构成一致性声明的一部分。

9.2 符合性方面

应该由规范提供者根据以下指南声明与 GB/T 27758 的本部分符合：

a) 符合性声明的目的应该阐明在特定规范中引用本部分的章条；

b) 如果本部分有章条需要按组引用，那么这些章条集在特定规范中应该按组引用；

c) 本部分中根据 UML 约定构建的某些图表，应该根据需要构成符合性声明的一部分。

附 录 A
（规范性附录）
形式 ADME/AIME schema

A.1 AIME schema

AIME 的形式定义如下：

```
〈? xml version = “1.0”encoding = “utf-8”?〉
〈schema xmlns:aime = “http://www.iso.org/aime”elementFormDefault = “qualified”
targetNamespace = “http://www.iso.org/aime”xmlns = “http://www.w3.org/2001/XMLSchema”〉
  〈element name = “ISO_AIME”〉
    〈complexType〉
      〈sequence〉
        〈element name = “MatrixElementHeader”〉
          〈complexType〉
            〈sequence〉
              〈element name = “MEidentification”type = “string”/〉
              〈element name = “MErevision”type = “string”/〉
              〈element name = “MEname”type = “string”/〉
              〈element name = “MEsource”type = “string”/〉
              〈element name = “MEclassID”type = “string”/〉
              〈element name = “MEdate”type = “string”/〉
              〈element name = “MEregistry”type = “anyURI”/〉
            〈/sequence〉
          〈/complexType〉
        〈/element〉
        〈element name = “MatrixElementBody”〉
          〈complexType〉
            〈sequence〉
              〈element ref = “aime:Context_Section”/〉
              〈element ref = “aime:Conveyance_Section”/〉
            〈/sequence〉
          〈/complexType〉
        〈/element〉
      〈/sequence〉
    〈/complexType〉
  〈/element〉
  〈element name = “Context_Section”〉
    〈complexType〉
      〈sequence〉
        〈element ref = “aime:domainSection”/〉
```

```
        <element ref = "aime:applicationSection"/>
        <element ref = "aime:applicationRelationshipSection"/>
        <element ref = "aime:processSection"/>
        <element ref = "aime:resourceSection"/>
      </sequence>
    </complexType>
  </element>
  <element name = "Conveyance_Section">
    <complexType>
      <sequence>
        <element minOccurs = "0"name = "description"type = "string"/>
        <element maxOccurs = "unbounded"name = "informationType">
          <complexType>
            <sequence>
              <element minOccurs = "0"name = "description"type = "string"/>
            </sequence>
            <attribute name = "name"type = "string"use = "optional"/>
            <attribute name = "type"type = "string"use = "optional"/>
          </complexType>
        </element>
        <element maxOccurs = "unbounded"name = "roleType">
          <complexType>
            <sequence>
              <element minOccurs = "0"name = "description"type = "string"/>
              <element minOccurs = "0"name = "behavior">
                <complexType>
                  <sequence>
                    <element minOccurs = "0"name = "description"type = "string"/>
                  </sequence>
                  <attribute name = "name"type = "string"use = "optional"/>
                  <attribute name = "interface"type = "anyURI"use = "optional"/>
                </complexType>
              </element>
            </sequence>
            <attribute name = "name"type = "string"use = "optional"/>
          </complexType>
        </element>
        <element minOccurs = "0"maxOccurs = "unbounded"name = "relationshipType">
          <complexType>
            <sequence>
              <element minOccurs = "0"name = "description"type = "string"/>
              <element maxOccurs = "unbounded"name = "roleType">
                <complexType>
```

```
                〈attribute name = “typeRef”type = “string”use = “optional”/〉
              〈/complexType〉
            〈/element〉
          〈/sequence〉
          〈attribute name = “name”type = “string”use = “optional”/〉
        〈/complexType〉
      〈/element〉
      〈element maxOccurs = “unbounded”name = “participantType”〉
        〈complexType〉
          〈sequence〉
            〈element minOccurs = “0”name = “description”type = “string”/〉
            〈element minOccurs = “0”name = “roleType”〉
              〈complexType〉
                〈attribute name = “typeRef”type = “string”use = “optional”/〉
              〈/complexType〉
              〈/element〉
            〈/sequence〉
            〈attribute name = “name”type = “string”use = “optional”/〉
          〈/complexType〉
        〈/element〉
        〈element maxOccurs = “unbounded”name = “channelType”〉
        〈complexType〉
          〈sequence〉
            〈element minOccurs = “0”name = “description”type = “string”/〉
          〈/sequence〉
          〈attribute name = “name”type = “string”use = “optional”/〉
          〈attribute name = “type”type = “string”use = “optional”/〉
        〈/complexType〉
      〈/element〉
    〈/sequence〉
  〈/complexType〉
〈/element〉
〈element name = “domainSection”〉
  〈complexType〉
    〈sequence〉
      〈element ref = “aime:domainSourceHandle”/〉
      〈element ref = “aime:domainDestinationHandle”/〉
    〈/sequence〉
  〈/complexType〉
〈/element〉
〈element name = “applicationSection”〉
  〈complexType〉
    〈sequence〉
```

```
        〈element ref = “aime:applicationSourceHandle”/〉
        〈element ref = “aime:applicationDestinationHandle”/〉
      〈/sequence〉
    〈/complexType〉
  〈/element〉
  〈element name = “applicationRelationshipSection”〉
    〈complexType〉
      〈sequence〉
        〈element maxOccurs = “unbounded”ref = “aime:applicationDomainRelationshipName”/〉
      〈/sequence〉
    〈/complexType〉
  〈/element〉
  〈element name = “processSection”〉
    〈complexType〉
      〈sequence maxOccurs = “unbounded”〉
        〈element ref = “aime:processSourceHandle”/〉
        〈element ref = “aime:processDestinationHandle”/〉
      〈/sequence〉
    〈/complexType〉
  〈/element〉
  〈element name = “resourceSection”〉
    〈complexType〉
      〈sequence maxOccurs = “unbounded”〉
        〈element ref = “aime:resourcePack”/〉
      〈/sequence〉
    〈/complexType〉
  〈/element〉
  〈element name = “resourcePack”〉
    〈complexType〉
      〈sequence〉
        〈element name = “resourceName”type = “string”/〉
        〈element name = “resourceProfile”type = “anyURI”/〉
      〈/sequence〉
      〈attribute name = “name”type = “string”/〉
    〈/complexType〉
  〈/element〉
  〈element name = “domainSourceHandle”type = “string”/〉
  〈element name = “domainDestinationHandle”type = “string”/〉
  〈element name = “applicationSourceHandle”type = “string”/〉
  〈element name = “applicationDestinationHandle”type = “string”/〉
  〈element name = “applicationDomainRelationshipName”type = “string”/〉
  〈element name = “applicationProfileID”type = “string”/〉
  〈element name = “processSourceHandle”type = “string”/〉
```

```
  〈element name = "processDestinationHandle"type = "string"/〉
〈/schema〉
```

A.2 ADME schema

ADME 的形式定义如下：

```
〈? xml version = "1.0"encoding = "utf-8"?〉
〈schema xmlns:adme = "http://www.iso.org/adme"elementFormDefault = "qualified"
targetNamespace = "http://www.iso.org/adme"xmlns = "http://www.w3.org/2001/XMLSchema"〉
  〈element name = "ISO_ADME"〉
    〈complexType〉
      〈sequence〉
        〈element name = "MatrixElementHeader"〉
          〈complexType〉
            〈sequence〉
              〈element name = "MEidentification"type = "string"/〉
              〈element name = "MErevision"type = "string"/〉
              〈element name = "MEname"type = "string"/〉
              〈element name = "MEsource"type = "string"/〉
              〈element name = "MEclassID"type = "string"/〉
              〈element name = "MEdate"type = "string"/〉
              〈element name = "MEregistry"type = "anyURI"/〉
            〈/sequence〉
          〈/complexType〉
        〈/element〉
        〈element name = "MatrixElementBody"〉
          〈complexType〉
            〈sequence〉
              〈element ref = "adme:Context_Section"/〉
              〈element ref = "adme:Conveyance_Section"/〉
              〈element ref = "adme:Content_Section"/〉
            〈/sequence〉
          〈/complexType〉
        〈/element〉
      〈/sequence〉
    〈/complexType〉
  〈/element〉
  〈element name = "Context_Section"〉
    〈complexType〉
      〈sequence〉
        〈element ref = "adme:domainSection"/〉
        〈element ref = "adme:applicationSection"/〉
        〈element ref = "adme:applicationRelationshipSection"/〉
```

```
      〈element ref = “adme:processSection”/〉
      〈element ref = “adme:resourceSection”/〉
    〈/sequence〉
  〈/complexType〉
〈/element〉
〈element name = “Conveyance_Section”〉
  〈complexType〉
    〈sequence〉
      〈element minOccurs = “0”name = “description”type = “string”/〉
      〈element maxOccurs = “unbounded”name = “informationType”〉
        〈complexType〉
          〈sequence〉
            〈element minOccurs = “0”name = “description”type = “string”/〉
          〈/sequence〉
          〈attribute name = “name”type = “string”use = “optional”/〉
          〈attribute name = “type”type = “string”use = “optional”/〉
        〈/complexType〉
      〈/element〉
      〈element maxOccurs = “unbounded”name = “roleType”〉
        〈complexType〉
          〈sequence〉
            〈element minOccurs = “0”name = “description”type = “string”/〉
            〈element minOccurs = “0”name = “behavior”〉
              〈complexType〉
                〈sequence〉
                  〈element minOccurs = “0”name = “description”type = “string”/〉
                〈/sequence〉
                〈attribute name = “name”type = “string”use = “optional”/〉
                〈attribute name = “interface”type = “anyURI”use = “optional”/〉
              〈/complexType〉
            〈/element〉
          〈/sequence〉
          〈attribute name = “name”type = “string”use = “optional”/〉
        〈/complexType〉
      〈/element〉
      〈element maxOccurs = “unbounded”name = “relationshipType”〉
        〈complexType〉
          〈sequence〉
            〈element minOccurs = “0”name = “description”type = “string”/〉
            〈element maxOccurs = “unbounded”name = “roleType”〉
              〈complexType〉
                〈attribute name = “typeRef”type = “string”use = “optional”/〉
              〈/complexType〉
```

```
            〈/element〉
          〈/sequence〉
          〈attribute name = “name”type = “string”use = “optional”/〉
        〈/complexType〉
      〈/element〉
      〈element maxOccurs = “unbounded”name = “participantType”〉
        〈complexType〉
          〈sequence〉
            〈element minOccurs = “0”name = “description”type = “string”/〉
            〈element minOccurs = “0”name = “roleType”〉
              〈complexType〉
                〈attribute name = “typeRef”type = “string”use = “optional”/〉
              〈/complexType〉
            〈/element〉
          〈/sequence〉
          〈attribute name = “name”type = “string”use = “optional”/〉
        〈/complexType〉
      〈/element〉
      〈element maxOccurs = “unbounded”name = “channelType”〉
        〈complexType〉
          〈sequence〉
            〈element minOccurs = “0”name = “description”type = “string”/〉
          〈/sequence〉
          〈attribute name = “name”type = “string”use = “optional”/〉
          〈attribute name = “type”type = “string”use = “optional”/〉
        〈/complexType〉
      〈/element〉
    〈/sequence〉
  〈/complexType〉
〈/element〉
〈element name = “Content_Section”〉
  〈complexType〉
    〈sequence〉
      〈element minOccurs = “0”name = “description”〉
        〈complexType〉
          〈simpleContent〉
            〈extension base = “string”〉
              〈attribute name = “type”type = “string”use = “optional”/〉
            〈/extension〉
          〈/simpleContent〉
        〈/complexType〉
      〈/element〉
      〈element maxOccurs = “unbounded”name = “informationExchange”〉
```

```
〈complexType〉
  〈sequence〉
    〈element minOccurs = “0”name = “description”type = “string”/〉
    〈element minOccurs = “0”name = “relationship”〉
      〈complexType〉
        〈attribute name = “type”type = “string”use = “optional”/〉
      〈/complexType〉
    〈/element〉
    〈element minOccurs = “0”name = “variableDefinitions”〉
      〈complexType〉
        〈sequence〉
          〈element minOccurs = “0”maxOccurs = “unbounded”name = “variable”〉
            〈complexType〉
              〈sequence〉
                〈element minOccurs = “0”name = “description”type = “string”/〉
              〈/sequence〉
              〈attribute name = “name”type = “string”use = “optional”/〉
              〈attribute name = “channelType”type = “string”use = “optional”/〉
              〈attribute name = “roleTypes”type = “string”use = “optional”/〉
              〈attribute name = “informationType”type = “string”use = “optional”/〉
            〈/complexType〉
          〈/element〉
        〈/sequence〉
      〈/complexType〉
    〈/element〉
    〈sequence〉
      〈element maxOccurs = “unbounded”name = “interaction”〉
        〈complexType〉
          〈sequence〉
            〈element minOccurs = “0”name = “description”type = “string”/〉
            〈element minOccurs = “0”name = “participate”〉
              〈complexType〉
                〈attribute name = “relationshipType”type = “string”use = “optional”/〉
                〈attribute name = “fromRoleTypeRef”type = “string”use = “optional”/〉
                〈attribute name = “toRoleTypeRef”type = “string”use = “optional”/〉
              〈/complexType〉
            〈/element〉
            〈element minOccurs = “0”maxOccurs = “unbounded”name = “exchange”〉
              〈complexType〉
                〈sequence〉
                  〈element minOccurs = “0”name = “description”type = “string”/〉
                  〈element minOccurs = “0”name = “send”〉
                    〈complexType〉
```

```
                              〈attribute name = “variable”type = “string”use = “optional”/〉
                            〈/complexType〉
                          〈/element〉
                          〈element minOccurs = “0”name = “receive”〉
                            〈complexType〉
                              〈attribute name = “variable”type = “string”use = “optional”/〉
                            〈/complexType〉
                          〈/element〉
                        〈/sequence〉
                        〈attribute name = “name”type = “string”use = “optional”/〉
                        〈attribute name = “informationType”type = “string”use = “optional”/〉
                        〈attribute name = “action”type = “string”use = “optional”/〉
                      〈/complexType〉
                    〈/element〉
                  〈/sequence〉
                  〈attribute name = “name”type = “string”use = “optional”/〉
                  〈attribute name = “operation”type = “string”use = “optional”/〉
                  〈attribute name = “channelVariable”type = “string”use = “optional”/〉
                〈/complexType〉
              〈/element〉
            〈/sequence〉
          〈/sequence〉
          〈attribute name = “name”type = “string”use = “optional”/〉
        〈/complexType〉
      〈/element〉
    〈/sequence〉
  〈/complexType〉
〈/element〉
〈element name = “domainSection”〉
  〈complexType〉
    〈sequence〉
      〈element ref = “adme:domainSourceHandle”/〉
      〈element ref = “adme:domainDestinationHandle”/〉
    〈/sequence〉
  〈/complexType〉
〈/element〉
〈element name = “applicationSection”〉
  〈complexType〉
    〈sequence〉
      〈element ref = “adme:applicationSourceHandle”/〉
      〈element ref = “adme:applicationDestinationHandle”/〉
    〈/sequence〉
  〈/complexType〉
```

```
  〈/element〉
  〈element name="applicationRelationshipSection"〉
    〈complexType〉
      〈sequence〉
        〈element maxOccurs="unbounded"ref="adme:applicationDomainRelationshipName"/〉
      〈/sequence〉
    〈/complexType〉
  〈/element〉
  〈element name="processSection"〉
    〈complexType〉
      〈sequence maxOccurs="unbounded"〉
        〈element ref="adme:processSourceHandle"/〉
        〈element ref="adme:processDestinationHandle"/〉
      〈/sequence〉
    〈/complexType〉
  〈/element〉
  〈element name="resourceSection"〉
    〈complexType〉
      〈sequence maxOccurs="unbounded"〉
        〈element ref="adme:resourcePack"/〉
      〈/sequence〉
    〈/complexType〉
  〈/element〉
  〈element name="resourcePack"〉
    〈complexType〉
      〈sequence〉
        〈element name="resourceName"type="string"/〉
        〈element name="resourceProfile"type="anyURI"/〉
      〈/sequence〉
      〈attribute name="name"type="string"/〉
    〈/complexType〉
  〈/element〉
  〈element name="domainSourceHandle"type="string"/〉
  〈element name="domainDestinationHandle"type="string"/〉
  〈element name="applicationSourceHandle"type="string"/〉
  〈element name="applicationDestinationHandle"type="string"/〉
  〈element name="applicationDomainRelationshipName"type="string"/〉
  〈element name="applicationProfileID"type="string"/〉
  〈element name="processSourceHandle"type="string"/〉
  〈element name="processDestinationHandle"type="string"/〉
〈/schema〉
```

附 录 B
(资料性附录)
信息交换示例

B.1 通则

图 B.1 的顺序图所示为 RC(机器人控制器)上正在执行的控制应用和 CM(状态监测)上正在实施的监测应用之间的简单请求/响应交互。ADME 支持应用间的信息交换,这些应用基于 AIME 中识别的资源能力。在本场景中,监测应用(与 CM 资源有关的 SD 应用)向控制应用(和 RC 资源有关的 DM 应用)请求振动传感器信息。之后,控制应用能够从监测应用中获得诊断结果,并相应调整机器人运动轨迹,但是这不属于本附录信息交换示例的内容。

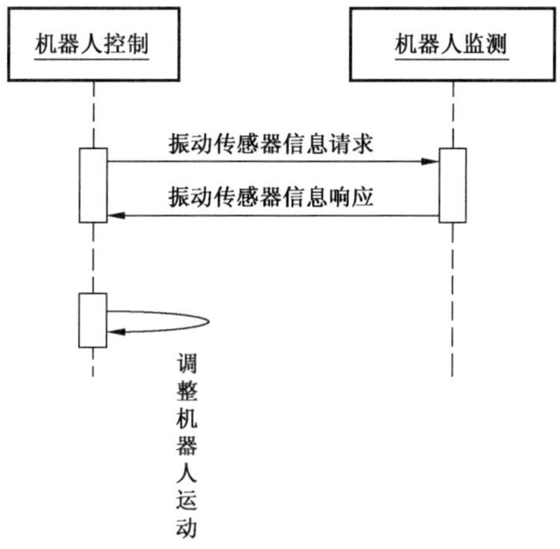

图 B.1 应用之间的简单信息交换

B.2 和 B.3 所示为 RC 资源和 CM 资源的 AIME 示例集合。该 AIME 集合代表了表 10(RC 至 CM)中的条目。B.4 所示为表 9 中(RC 上的 DM 到 CM 上的 SD)已集成 RC 的 ADME 示例。更多的复杂信息交换将会涉及多个 ADME 和 AIME。

B.2 RC 的 AIME

本示例描述第 8 章中 RC 的 AIME。

〈? xml version = "1.0"encoding = "utf-8"?〉
〈ISO_AIME xmlns = "http://www.iso.org/aime"xmlns:xsd = "http://www.w3.org/2001/XMLSchema-instance"〉
〈MatrixElementHeader〉
〈MEidentification〉exampleAIME〈/MEidentification〉
〈MErevision〉1a〈/MErevision〉
〈MEname〉D.1.2.Ay_D.1.1Ax〈/MEname〉
〈MEsource〉ISO〈/MEsource〉
〈MEclassID〉AIP〈/MEclassID〉
〈MEdate〉2010-09-14〈/MEdate〉

```
〈MEregistry〉Industry_specific_registry_name_ISO_13774_DM〈/MEregistry〉
〈/MatrixElementHeader〉
〈MatrixElementBody〉
  〈Context_Section〉
    〈domainSection〉
      〈domainSourceHandle〉D1.1〈/domainSourceHandle〉
      〈domainDestinationHandle〉〈/domainDestinationHandle〉
    〈/domainSection〉
    〈applicationSection〉
      〈applicationSourceHandle〉RobotControl〈/applicationSourceHandle〉
      〈applicationDestinationHandle〉〈/applicationDestinationHandle〉
    〈/applicationSection〉
    〈applicationRelationshipSection〉
      〈applicationDomainRelationshipName〉
        Robot_DM_Context
      〈/applicationDomainRelationshipName〉
    〈/applicationRelationshipSection〉
    〈processSection〉
      〈processSourceHandle〉MotionControl〈/processSourceHandle〉
      〈processDestinationHandle〉〈/processDestinationHandle〉
    〈/processSection〉
    〈resourceSection〉
      〈resourcePack name = “PLC”〉
        〈resourceName〉ControlLogix02〈/resourceName〉
        〈resourceProfile〉PLCiso15745profile〈/resourceProfile〉
      〈/resourcePack〉
      〈resourcePack name = “Kinetix”〉
        〈resourceName〉KinetixDrive01〈/resourceName〉
        〈resourceProfile〉Kinetixiso15745profile〈/resourceProfile〉
      〈/resourcePack〉
      〈resourcePack name = “XM-120”〉
        〈resourceName〉XM-120_03〈/resourceName〉
        〈resourceProfile〉XM120iso15745profile〈/resourceProfile〉
      〈/resourcePack〉
    〈/resourceSection〉
  〈/Context_Section〉
  〈Conveyance_Section〉
    〈description〉RobotControl to Diagnostics Example〈/description〉
    〈informationType name = “VibInfoRequestType”type = “tVibInfoRequest”〉
      〈description〉
        VibInfoRequestMsg will request robot tool vibration information
      〈/description〉
    〈/informationType〉
```

```
        〈informationType name = “VibInfoResponseType”type = “tVibInfoResponse”〉
          〈description〉
            VibInfoResponseMsg will have degree of robot tool vibration
          〈/description〉
        〈/informationType〉
        〈roleType name = “RobotControlRole”〉
          〈description〉Role for Robot Control〈/description〉
          〈behavior name = “RobotDM”interface = “RobotDMResponseSvc”〉
            〈description〉Behavior for providing Robot DM information〈/description〉
          〈/behavior〉
        〈/roleType〉
        〈participantType name = “RobotMotionCtrl”〉
          〈description〉Robot Control Participant〈/description〉
          〈roleType typeRef = “tns:RobotControlRole”/〉
        〈/participantType〉
        〈channelType name = “RobotMonitor2RobotControl”type = “ISO 15745_ENet_CommNet_Pro-
        file”〉
          〈description〉Robot Control to Diagnostics Channel Type
                Ethernet/IP channel based on ISO 15745-2 Comm Profile
          〈/description〉
        〈/channelType〉
      〈/Conveyance_Section〉
    〈/MatrixElementBody〉
〈/ISO_AIME〉
```

B.3 CM 的 AIME

本示例描述第 8 章中 CM 的 AIME。

```
〈? xml version = “1.0”encoding = “utf-8”?〉
〈ISO_AIME xmlns = “http://www.iso.org/aime”xmlns:xsd = “http://www.w3.org/2001/XMLSchema-instance”〉
  〈MatrixElementHeader〉
    〈MEidentification〉exampleAIME〈/MEidentification〉
    〈MErevision〉1a〈/MErevision〉
    〈MEname〉D.1.2.Ay_D.1.1Ax〈/MEname〉
    〈MEsource〉ISO〈/MEsource〉
    〈MEclassID〉AIP〈/MEclassID〉
    〈MEdate〉2010-09-14〈/MEdate〉
    〈MEregistry〉Industry_specific_registry_name_ISO_13374_SD〈/MEregistry〉
  〈/MatrixElementHeader〉
  〈MatrixElementBody〉
    〈Context_Section〉
      〈domainSection〉
        〈domainSourceHandle〉〈/domainSourceHandle〉
```

```
        〈domainDestinationHandle〉D1.2〈/domainDestinationHandle〉
      〈/domainSection〉
      〈applicationSection〉
        〈applicationSourceHandle〉〈/applicationSourceHandle〉
        〈applicationDestinationHandle〉ConditionMonitoring
        〈/applicationDestinationHandle〉
      〈/applicationSection〉
      〈applicationRelationshipSection〉
        〈applicationDomainRelationshipName〉Robot_SD_Context
        〈/applicationDomainRelationshipName〉
      〈/applicationRelationshipSection〉
      〈processSection〉
        〈processSourceHandle〉〈/processSourceHandle〉
        〈processDestinationHandle〉RobotConditionMonitoring〈/processDestinationHandle〉
      〈/processSection〉
      〈resourceSection〉
        〈resourcePack name = “PLC”〉
          〈resourceName〉ControlLogix01〈/resourceName〉
          〈resourceProfile〉PLCiso15745profile〈/resourceProfile〉
        〈/resourcePack〉
      〈/resourceSection〉
    〈/Context_Section〉
    〈Conveyance_Section〉
      〈description〉Robot Monitoring Example〈/description〉
      〈informationType name = “VibInfoRequestType”type = “tVibInfoRequest”〉
        〈description〉
          VibInfoRequestMsg will request robot tool vibration information
        〈/description〉
      〈/informationType〉
      〈informationType name = “VibInfoResponseType”type = “tVibInfoResponse”〉
        〈description〉
          VibInfoResponseMsg will have degree of robot tool vibration
        〈/description〉
      〈/informationType〉
      〈roleType name = “RobotMonitorRole”〉
        〈description〉Role for Robot Monitoring〈/description〉
        〈behavior name = “RobotSD”interface = “RobotDMRequestSvc”〉
          〈description〉Behavior for requesting Robot DM information〈/description〉
        〈/behavior〉
      〈/roleType〉
      〈participantType name = “tns:RobotMonitor”〉
        〈description〉Robot Monitor Participant〈/description〉
        〈roleType typeRef = “tns:RobotMonitorRole”/〉
```

```
      〈/participantType〉
      〈channelType name = "RobotMonitor2RobotControl"
              type = "ISO 15745_ENet_CommNet_Profile"〉
        〈description〉Robot Monitor to Robot Control Channel Type
              Ethernet/IP channel based on ISO 15745-2 Comm Profile
        〈/description〉
      〈/channelType〉
    〈/Conveyance_Section〉
  〈/MatrixElementBody〉
〈/ISO_AIME〉
```

B.4 集成 RC 的 ADME

本示例描述表 9 中(RC 上的 DM 到 CM 上的 SD)的集成 RC 应用。

```
〈? xml version = "1.0"encoding = "utf-8"?〉
〈ISO_ADME xmlns = "http://www.iso.org/adme"xmlns:xsd = "http://www.w3.org/2001/XMLSchema-instance"〉
  〈MatrixElementHeader〉
    〈MEidentification〉exampleADME〈/MEidentification〉
    〈MErevision〉1a〈/MErevision〉
    〈MEname〉D.1.2.Ay_D.1.1Ax〈/MEname〉
    〈MEsource〉ISO〈/MEsource〉
    〈MEclassID〉AIP〈/MEclassID〉
    〈MEdate〉2010-09-14〈/MEdate〉
    〈MEregistry〉Industry_specific_registry_name_ISO_13374_DM_SD〈/MEregistry〉
  〈/MatrixElementHeader〉
  〈MatrixElementBody〉
    〈Context_Section〉
      〈domainSection〉
        〈domainSourceHandle〉D1.1〈/domainSourceHandle〉
        〈domainDestinationHandle〉D1.2〈/domainDestinationHandle〉
      〈/domainSection〉
      〈applicationSection〉
        〈applicationSourceHandle〉RobotControl〈/applicationSourceHandle〉
        〈applicationDestinationHandle〉ConditionMonitoring〈/applicationDestinationHandle〉
      〈/applicationSection〉
      〈applicationRelationshipSection〉
        〈applicationDomainRelationshipName〉Robot_DM_Context
        〈/applicationDomainRelationshipName〉
        〈applicationDomainRelationshipName〉Robot_SD_Context
        〈/applicationDomainRelationshipName〉
      〈/applicationRelationshipSection〉
      〈processSection〉
        〈processSourceHandle〉MotionControl〈/processSourceHandle〉
```

```
    〈processDestinationHandle〉RobotConditionMonitoring〈/processDestinationHandle〉
    〈/processSection〉
    〈resourceSection〉
      〈resourcePack name = “PLC”〉
        〈resourceName〉ControlLogix02〈/resourceName〉
        〈resourceProfile〉PLCiso15745profile〈/resourceProfile〉
      〈/resourcePack〉
      〈resourcePack name = “Kinetix”〉
        〈resourceName〉KinetixDrive01〈/resourceName〉
        〈resourceProfile〉Kinnetixiso15745profile〈/resourceProfile〉
      〈/resourcePack〉
      〈resourcePack name = “PLC”〉
        〈resourceName〉CompactLogix01〈/resourceName〉
        〈resourceProfile〉PLCiso15745profile〈/resourceProfile〉
      〈/resourcePack〉
      〈resourcePack name = “XM-120”〉
        〈resourceName〉XM120_03〈/resourceName〉
        〈resourceProfile〉XM-120iso15745profile〈/resourceProfile〉
      〈/resourcePack〉
    〈/resourceSection〉
  〈/Context_Section〉
  〈Conveyance_Section〉
    〈description〉Diagnostics/Motion Control Example〈/description〉
    〈informationType name = “VibInfoRequestType”type = “tVibInfoRequest”〉
      〈description〉
        VibInfoRequestMsg will request robot tool vibration information
      〈/description〉
    〈/informationType〉
    〈informationType name = “VibInfoResponseType”type = “tVibInfoResponse”〉
      〈description〉
        VibInfoResponseMsg will have degree of robot tool vibration
      〈/description〉
    〈/informationType〉
    〈roleType name = “RobotMonitorRole”〉
      〈description〉Role for Robot Monitoring〈/description〉
      〈behavior name = “RobotSD”interface = “RobotDMRequestSvc”〉
        〈description〉Behavior for requesting Robot DM information〈/description〉
      〈/behavior〉
    〈/roleType〉
    〈roleType name = “RobotControlRole”〉
      〈description〉Role for Robot Control〈/description〉
      〈behavior name = “RobotDM”interface = “RobotDMResponseSvc”〉
        〈description〉Behavior for providing Robot DM information〈/description〉
```

```
    〈/behavior〉
  〈/roleType〉
  〈relationshipType name = “RobotMonitor2RobotControl”〉
    〈roleType typeRef = “tns:RobotMonitorRole”/〉
    〈roleType typeRef = “tns:RobotControlRole”/〉
  〈/relationshipType〉
  〈participantType name = “tns:RobotMonitor”〉
    〈description〉Robot Monitor Participant〈/description〉
    〈roleType typeRef = “tns:RobotMonitorRole”/〉
  〈/participantType〉
  〈participantType name = “RobotMotionCtrl”〉
    〈description〉Robot Control Participant〈/description〉
    〈roleType typeRef = “tns:RobotControlRole”/〉
  〈/participantType〉
  〈channelType name = “RobotMonitor2RobotControlChannel”
      type = “ISO 15745_ENet_CommNet_Profile”〉
    〈description〉Robot Control to Diagnostics Channel Type
        Ethernet/IP channel based on ISO 15745-2 Comm Profile
    〈/description〉
  〈/channelType〉
〈/Conveyance_Section〉
〈Content_Section〉
  〈informationExchange name = “intRobotInformationExchange”〉
    〈description〉Integrated Robot Monitor/Control Information Exchange〈/description〉
    〈relationship type = “tns:RobotMonitor2RobotControl”/〉
    〈variableDefinitions〉
      〈variable name = “RobotMonitor2RobotControlC”
            channelType = “tns:RobotMonitor2RobotControlChannel”
            roleTypes = “tns:RobotMonitorRole tns:RobotControlRole”〉
        〈description〉Channel Variable〈/description〉
      〈/variable〉
      〈variable name = “VibInfoRequest”
            informationType = “tns:VibInfoRequestType”
            roleTypes = “tns:RobotMonitorRole tns:RobotControlRole”〉
        〈description〉Vibration Information Request Message〈/description〉
      〈/variable〉
      〈variable name = “VibInfoResponse”
            informationType = “tns:VibInfoResponseType”
            roleTypes = “tns:RobotControlRole tns:RobotMonitorlRole”〉
      〈description〉Vibration Information Response Message〈/description〉
    〈/variable〉
  〈/variableDefinitions〉
  〈interaction name = “VibInfoElicitation”operation = “getVibInfo”
```

```
            channelVariable = “tns:RobotMonitor2RobotControlC”〉
        〈description〉Vibration Information Elicitation〈/description〉
        〈participate relationshipType = “tns:RobotMonitor2RobotControl”
          fromRoleTypeRef = “tns:RobotMonitorRole”toRoleTypeRef = “tns:RobotControlRole”/〉
        〈exchange name = “VibInfoRequestEx”
            informationType = “tns:VibInfoRequestType”action = “request”〉
          〈description〉Vibration Information Request Message Exchange〈/description〉
          〈send variable = “VibInfoRequest”/〉
          〈receive variable = “VibInfoRequest”/〉
         〈/exchange〉
         〈exchange name = “VibInfoResponseEx”
            informationType = “tns:VibInfoResponseType”action = “respond”〉
          〈description〉Vibration Information Response Message Exchange〈/description〉
          〈send variable = “VibInfoResponse”/〉
          〈receive variable = “VibInfoResponse”/〉
         〈/exchange〉
        〈/interaction〉
       〈/informationExchange〉
      〈/Content_Section〉
     〈/MatrixElementBody〉
    〈/ISO_ADME〉
```

参 考 文 献

[1] GB/T 22281(所有部分) 机器的状态监测和诊断 数据处理、通信和表达[ISO 13374(所有部分)]

[2] GB/T 19659(所有部分) 工业自动化系统与集成 开放系统应用集成框架[ISO 15745(所有部分)]

[3] GB/T 19902.1 工业自动化系统与集成 制造软件互操作性能力建规 第1部分:框架(ISO 16100-1)

[4] ISO 18435-3[1), Industrial automation systems and integration—Diagnostics, capability assessment and maintenance applications integration—Part 3: Applications integration description method

[5] ISO/IEC 19501, Information technology—Open Distributed Processing—Unified Modeling Language (UML) Version 1.4.2

[6] ISO/IEC 29500-2, Information technology—Document description and processing languages—Office Open XML File Formats—Part 2: Open Packaging Conventions

[7] REC-xmlschema-1-20041028, XML Schema Part 1: Structures—W3C Recommendation 28 October 2004

[8] REC-xmlschema-2-20041028, XML Schema Part 2: Datatypes—W3C Recommendation 28 October 2004

1) 正在起草中。

ICS 29.200
K 81

中华人民共和国国家标准

GB/T 27930—2015
代替 GB/T 27930—2011

电动汽车非车载传导式充电机与电池管理系统之间的通信协议

Communication protocols between off-board conductive charger and battery management system for electric vehicle

2015-12-28 发布 2016-01-01 实施

中华人民共和国国家质量监督检验检疫总局
中国国家标准化管理委员会 发布

前　言

本标准按照 GB/T 1.1—2009 给出的规则起草。

本标准代替 GB/T 27930—2011《电动汽车非车载传导式充电机与电池管理系统之间的通信协议》。与 GB/T 27930—2011 相比，除编辑性修改外主要技术变化如下：

——规定了“执行本标准的充电机和 BMS 宜具备向前兼容性”见 4.6；

——通信环境恶劣的情况增加 50 kbit/s 的通信速率(见第 5 章)；

——规定了“可选项所有位按照本标准规定格式发送或填充 1，本标准未规定的无效位或字段填充 1”(见 7.9)；

——修改了总体流程图(见第 8 章)；

——增加通信握手报文 BHM 和 CHM(见 9.1)；

——BRM 增加 8 个字节用于预留(见 10.1.4)；

——CML 增加最小充电电流字段(见 10.2.3)；

——CCS 增加充电暂停字段(见 10.3.3)；

——增加 BMS 中止充电故障原因(见 10.3.8)；

——增加充电时序流程图(见 A.2)；

——增加充电过程故障处理方式(见附录 C)；

——增加报文开始发送条件和中止发送条件(见附录 D)。

本标准由中国电力企业联合会提出并归口。

本标准负责起草单位：国家电网公司、中国能源建设集团广东省电力设计研究院有限公司、南京南瑞集团公司、中国汽车技术研究中心。

本标准参加起草单位：中国电力企业联合会、许继集团有限公司、中国电力科学研究院、深圳奥特迅电力设备股份有限公司、比亚迪汽车工业有限公司、比亚迪戴姆勒新技术有限公司、上海汽车集团股份有限公司、普天新能源有限责任公司、中国电器科学研究院、上海电器科学研究院。

本标准主要起草人：沈建新、刘永东、武斌、吾喻明、张雪焱、孟祥峰、倪峰、董新生、李志刚、史双龙、周荣、王洪军、王治成、邓晓光、徐枭、吕国伟、李新强、耿群锋、戴敏、邵浙海、李晓强、马建伟、李彩生、孟凡提、夏露。

本标准所代替标准的历次版本发布情况为：

——GB/T 27930—2011。

电动汽车非车载传导式
充电机与电池管理
系统之间的通信协议

1 范围

本标准规定了电动汽车非车载传导式充电机(以下简称充电机)与电池管理系统(Battery Management System,以下简称BMS)之间基于控制器局域网(Control Area Network,以下简称CAN)的通信物理层、数据链路层及应用层的定义。

本标准适用于采用GB/T 18487.1规定的充电模式4的充电机与BMS之间的通信,也适用于充电机与具有充电控制功能的车辆控制单元之间的通信。

2 规范性引用文件

下列文件对于本文件的应用是必不可少的。凡是注日期的引用文件,仅注日期的版本适用于本文件。凡是不注日期的引用文件,其最新版本(包括所有的修改单)适用于本文件。

GB/T 19596 电动汽车术语

GB/T 18487.1 电动车辆传导充电系统一般要求

ISO 11898-1:2003 道路车辆控制器局域网络 第1部分:数据链路层和物理信令[Road vehicle—Control area network (CAN) Part 1: Data link layer and physical signaling]

SAE J1939-11:2006 商用车控制系统局域网CAN通信协议 第11部分:物理层,250 K比特/秒,屏蔽双绞线(Recommented practice for serial control and communication vehicle network—Part 11: Physical layer—250 K bits/s, twisted shielded pair)

SAE J1939-21:2006 商用车控制系统局域网CAN通信协议 第21部分:数据链路层(Recommented practice for serial control and communication vehicle network—Part 21: Data link layer)

SAE J1939-73:2006 商用车控制系统局域网CAN通信协议 第73部分:应用层 诊断(Recommented practice for serial control and communication vehicle network—Part 73: Application Layer—Diagnostics)

3 术语和定义

GB/T 19596、SAE J1939界定的以及下列术语和定义适用于本文件。

3.1

帧 frame

组成一个完整信息的一系列数据位。

3.2

CAN数据帧 CAN data frame

用于传输数据的CAN协议所必需的有序位域,以帧起始(SOF)开始,帧结束(EOF)结尾。

3.3

报文　messages

一个或多个具有相同参数组编号的“CAN 数据帧”。

3.4

标识符　identifier

CAN 仲裁域的标识部分。

3.5

标准帧　standard frame

CAN2.0B 规范中定义的使用 11 位标识符的 CAN 数据帧。

3.6

扩展帧　extended frame

CAN2.0B 规范中定义的使用 29 位标识符的 CAN 数据帧。

3.7

优先权　priority

在标识符中一个 3 位的域，设置传输过程的仲裁优先级，最高优先权为 0 级，最低优先权为 7 级。

3.8

参数组　parameter group；PG

在一报文中传送参数的集合。

3.9

参数组编号　parameter group number；PGN

用于唯一标识一个参数组的一个 24 位值。参数组编号包括：保留位、数据页、PDU 格式域(8 位)、PDU 特定域(8 位)。

3.10

可疑参数编号　suspect parameter number；SPN

应用层通过参数描述信号，给每个参数分配的一个 19 位值。

3.11

协议数据单元　protocol data unit；PDU

一种特定的 CAN 数据帧格式。

3.12

传输协议　transport protocol

数据链路层的一部分，为传送数据 9～1 785 字节的 PGN 提供的一种机制。

3.13

电子控制单元　electronic control unit；ECU

电子控制单元，即车载电脑，由微控制器和外围电路组成。

3.14

诊断故障代码　diagnostic trouble code；DTC

一种用于识别故障类型、相关故障模式以及发生次数的 4 字节数值。

4　总则

4.1　充电机与 BMS 之间通信网络采用 CAN2.0B 通信协议。**充电流程参见附录 A。**

4.2　在充电过程中，充电机和 BMS 监测电压、电流和温度等参数，同时 BMS 管理整个充电过程。

4.3　充电机与 BMS 之间的 CAN 通信网络应由充电机和 BMS 两个节点组成。

4.4 数据信息传输采用低字节先发送的格式。

4.5 正的电流值代表放电，负的电流值代表充电。

4.6 执行本标准的充电机和 BMS 宜具备向前兼容性。

5 物理层

采用本标准的物理层应符合 ISO 11898-1:2003、SAE J1939-11:2006 中关于物理层的规定。本标准充电机与 BMS 的通信应使用独立于动力总成控制系统之外的 CAN 接口。充电机与 BMS 之间的通信速率采用 250 kbit/s。

注：在通信环境恶劣的专用场合（如通信距离较长的商用车充电站），经供电设备制造商和电动汽车制造商协商一致，可采用 50 kbit/s 通信速率。

6 数据链路层

6.1 帧格式

采用本标准的设备应使用 CAN 扩展帧的 29 位标识符，具体每个位分配的相应定义应符合 SAE J1939-21:2006 中的相关规定。

6.2 协议数据单元(PDU)

每个 CAN 数据帧包含一个单一的协议数据单元(PDU)，见表 1。协议数据单元由七部分组成，分别是优先权、保留位、数据页、PDU 格式、PDU 特定、源地址和数据域。

表 1 协议数据单元(PDU)

P	R	DP	PF	PS	SA	DATA
3	1	1	8	8	8	0～64

数据格式要求：

1. P 为优先权：从最高 0 设置到最低 7。
2. R 为保留位：备今后开发使用，本标准设为 0。
3. DP 为数据页：用来选择参数组描述的辅助页，本标准设为 0。
4. PF 为 PDU 格式：用来确定 PDU 的格式，以及数据域对应的参数组编号。
5. PS 为 PDU 特定格式：PS 值取决于 PDU 格式。在本标准中采用 PDU1 格式，PS 值为目标地址。
6. SA 为源地址：发送此报文的源地址。
7. DATA 为数据域：若给定参数组数据长度≤8 字节，按照第 9 章规定的报文长度进行传输。若给定参数组数据长度为 9～1 785 字节时，数据传输需多个 CAN 数据帧，通过传输协议功能的连接管理能力来建立和关闭多包参数组的通信，详见 6.5 的规定。
8. 本表第三行表示位数。

6.3 协议数据单元(PDU)格式

选用 SAE J1939-21:2006 中定义的 PDU1 格式。

6.4 参数组编号(PGN)

PGN 的第二个字节为 PDU 格式(PF)值，高字节和低字节位均为 00H。

6.5 传输协议功能

BMS与充电机之间传输9～1 785字节的数据使用传输协议功能。连接初始化、数据传输、连接关闭应遵循SAE J1939-21:2006中5.4.7和5.10消息传输的规定。对于多帧报文,报文周期为整个数据包的发送周期。

6.6 地址的分配

网络地址用于保证信息标识符的唯一性以及表明信息的来源。充电机和BMS定义为不可配置地址,即该地址固定在ECU的程序代码中,包括服务工具在内的任何手段都不能改变其源地址。充电机和BMS分配的地址如表2所示。

表2 充电机和BMS地址分配

装置	首选地址
充电机	86(56H)
BMS	244(F4H)

6.7 信息类型

CAN总线技术规范支持五种类型的信息,分别为命令、请求、广播/响应、确认和组功能。具体定义应遵循SAE J1939-21:2006中5.4信息类型的规定。

7 应用层

7.1 应用层采用参数和参数组定义的形式。

7.2 采用PGN对参数组进行编号,各个节点根据PGN来识别数据包的内容。

7.3 使用"请求PGN"来主动获取其他节点的参数组。

7.4 采用周期发送和事件驱动的方式来发送数据。

7.5 如果需发送多个PGN数据来实现一个功能的,需同时收到该定义的多个PGN报文才判断此功能发送成功。

7.6 定义新的参数组时,尽量将相同功能的参数、相同或相近刷新频率的参数和属于同一个子系统内的参数放在同一个参数中;同时,新的参数组既要充分利用8个字节的数据宽度,尽量将相关的参数放在同一个组内,又要考虑扩展性,预留一部分字节或位,以便将来进行修改。

7.7 修改第9章已定义的参数组时,不应对已定义的字节或位的定义进行修改;新增加的参数要与参数组中原有的参数相关,不应为节省PGN的数量而将不相关的参数加入到已定义的PGN中。

7.8 充电过程中充电机和BMS各种故障诊断定义应遵循SAE J1939-73:2006的5.1中CAN总线诊断系统的要求,附录B给出了故障诊断报文定义规范。

7.9 报文选项分为必须项和可选项,对于同一帧报文中全部内容为可选项的,该报文可以选择不发送,对于同一帧报文中部分内容为可选项的,可选项所有位按照本标准规定格式发送或填充1,本标准未规定的无效位或字段填充1。本标准未规定的位或预留位填充1。

7.10 报文的长度和必须项内容及格式需按照第10章中规定发送。

8 充电总体流程

整个充电过程包括六个阶段：物理连接完成、低压辅助上电、充电握手阶段、充电参数配置阶段、充电阶段和充电结束阶段。在各个阶段，充电机和 BMS 如果在规定的时间内没有收到对方报文或没有收到正确报文，即判定为超时(超时指在规定时间内没有收到对方的完整数据包或正确数据包)，超时时间除特殊规定外，均为 5 s。当出现超时后，BMS 或充电机发送 9.5 规定的错误报文，并进入错误处理状态。在对故障处理的过程中，根据故障的类别，分别进行不同的处理(参见附录 C)。在充电结束阶段中，如果出现了故障，直接结束充电流程。报文的开始发送条件和中止发送条件参见附录 D。充电总体流程见图 1。

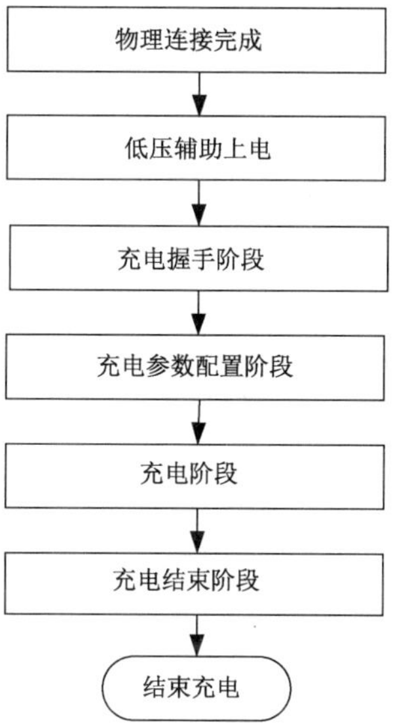

图 1 充电总体流程图

9 报文分类

9.1 低压辅助上电及充电握手阶段

充电握手阶段分为握手启动阶段和握手辨识阶段，当充电机和 BMS 物理连接完成并上电后，开启低压辅助电源，进入握手启动阶段发送握手报文，再进行绝缘监测。绝缘监测结束后进入握手辨识阶段，双方发送辨识报文，确定电池和充电机的必要信息。CHM 报文和 BHM 报文是为产品兼容的新增报文，用于在握手启动阶段充电机和 BMS 判断双方使用的标准版本。典型的充电工作状态转换参见图 A.1 和图 A.2，充电时序详见 GB/T 18487.1。充电握手阶段报文应符合表 3 的要求。

表 3 充电握手阶段报文分类

报文代号	报文描述	PGN (Dec)	PGN (Hex)	优先权	数据长度 byte	报文周期 ms	源地址-目的地址
CHM	充电机握手	9728	002600H	6	3	250	充电机-BMS
BHM	车辆握手	9984	002700H	6	2	250	BMS-充电机

表 3（续）

报文代号	报文描述	PGN (Dec)	PGN (Hex)	优先权	数据长度 byte	报文周期 ms	源地址-目的地址
CRM	充电机辨识	256	000100H	6	8	250	充电机-BMS
BRM	BMS 和车辆辨识报文	512	000200H	7	41	250	BMS-充电机

9.2 充电参数配置阶段

充电握手阶段完成后，充电机和 BMS 进入充电参数配置阶段。在此阶段，充电机向 BMS 发送充电机最大输出能力的报文，BMS 根据充电机最大输出能力判断是否能够进行充电。典型的充电工作状态转换参见图 A.3。充电参数配置阶段报文应符合表 4 的要求。

表 4 充电参数配置阶段报文分类

报文代号	报文描述	PGN (Dec)	PGN (Hex)	优先权	数据长度 byte	报文周期 ms	源地址-目的地址
BCP	动力蓄电池充电参数	1536	000600H	7	13	500	BMS-充电机
CTS	充电机发送时间同步信息	1792	000700H	6	7	500	充电机-BMS
CML	充电机最大输出能力	2048	000800H	6	8	250	充电机-BMS
BRO	电池充电准备就绪状态	2304	000900H	4	1	250	BMS-充电机
CRO	充电机输出准备就绪状态	2560	000A00H	4	1	250	充电机-BMS

9.3 充电阶段

充电配置阶段完成后，充电机和 BMS 进入充电阶段。在整个充电阶段，BMS 实时向充电机发送电池充电需求，充电机根据电池充电需求来调整充电电压和充电电流以保证充电过程正常进行。在充电过程中，充电机和 BMS 相互发送各自的充电状态。除此之外，BMS 根据要求向充电机发送动力蓄电池具体状态信息及电压、温度等信息。BMV，BMT，BSP 为可选报告，充电机不对其进行报文超时判定。

BMS 根据充电过程是否正常、电池状态是否达到 BMS 自身设定的充电结束条件以及是否收到充电机中止充电报文(包括具体中止原因、报文参数值全为 0 和不可信状态)来判断是否结束充电；充电机根据是否收到停止充电指令、充电过程是否正常、是否达到人为设定的充电参数值，或者是否收到 BMS 中止充电报文(包括具体中止原因、报文参数值全为 0 和不可信状态)来判断是否结束充电。典型的充电工作状态转换参见图 A.4。充电阶段报文应符合表 5 的要求。

表 5 充电阶段报文分类

报文代号	报文描述	PGN (Dec)	PGN (Hex)	优先权	数据字节 byte	报文周期	源地址-目的地址
BCL	电池充电需求	4096	001000H	6	5	50 ms	BMS-充电机
BCS	电池充电总状态	4352	001100H	7	9	250 ms	BMS-充电机
CCS	充电机充电状态	4608	001200H	6	8	50 ms	充电机-BMS
BSM	动力蓄电池状态信息	4864	001300H	6	7	250 ms	BMS-充电机

表 5 (续)

报文代号	报文描述	PGN (Dec)	PGN (Hex)	优先权	数据字节 byte	报文周期	源地址-目的地址
BMV	单体动力蓄电池电压	5376	001500H	7	不定	10 s	BMS-充电机
BMT	动力蓄电池温度	5632	001600H	7	不定	10 s	BMS-充电机
BSP	动力蓄电池预留报文	5888	001700H	7	不定	10 s	BMS-充电机
BST	BMS 中止充电	6400	001900H	4	4	10 ms	BMS-充电机
CST	充电机中止充电	6656	001A00H	4	4	10 ms	充电机-BMS

9.4 充电结束阶段

当充电机和 BMS 停止充电后，双方进入充电结束阶段。在此阶段 BMS 向充电机发送整个充电过程中的充电统计数据，包括：初始 SOC、终了 SOC、电池最低电压和最高电压；充电机收到 BMS 的充电统计数据后，向 BMS 发送整个充电过程中的输出电量、累计充电时间等信息，最后停止低压辅助电源的输出。典型的充电工作状态转换参见图 A.5。充电结束阶段报文应符合表 6 的要求。

表 6 充电结束阶段报文分类

报文代号	报文描述	PGN (Dec)	PGN (Hex)	优先权	数据字节 byte	报文周期 ms	源地址-目的地址
BSD	BMS 统计数据	7168	001C00H	6	7	250	BMS-充电机
CSD	充电机统计数据	7424	001D00H	6	8	250	充电机-BMS

9.5 错误报文

在整个充电阶段，当 BMS 或充电机检测到存在错误时，发送错误报文。错误报文应符合表 7 的要求。

表 7 错误报文分类

报文代号	报文描述	PGN (Dec)	PGN (Hex)	优先权	数据字节 byte	报文周期 ms	源地址-目的地址
BEM	BMS 错误报文	7680	001E00H	2	4	250	BMS-充电机
CEM	充电机错误报文	7936	001F00H	2	4	250	充电机-BMS

10 报文格式和内容

10.1 低压辅助上电及充电握手阶段报文

10.1.1 PGN9728 充电机握手报文(CHM)

报文功能：当充电机和电动汽车物理连接并完成上电，且电压检测正常后，由充电机向 BMS 每隔 250 ms 发送一次充电机握手报文，用于确定双方是否握手正常。PGN9728 报文格式见表 8。

表 8 PGN9728 报文格式

起始字节或位	长度	SPN	SPN 定义	发送选项
1	3 字节	2600	充电机通信协议版本号，本标准规定当前版本为 V1.1，表示为：byte3，byte2—0001H；byte1—01H	必须项

10.1.2 PGN9984 BMS 握手报文(BHM)

报文功能：当 BMS 收到 PGN9728 充电机握手报文后，向充电机每隔 250 ms 返回 BMS 握手报文，提供 BMS 最高允许充电总电压。PGN9984 报文格式见表 9。

表 9 PGN9984 报文格式

起始字节或位	长度	SPN	SPN 定义	发送选项
1	2 字节	2601	最高允许充电总电压	必须项

其中：

SPN2601 最高输出电压(V)：

数据分辨率：0.1 V /位，0 V 偏移量。

10.1.3 PGN256 充电机辨识报文(CRM)

报文功能：当充电机通过握手确认，并确定绝缘检测正常后，向 BMS 每隔 250 ms 发送一次充电机辨识报文，用于确认充电机和 BMS 之间通信链路正确。在收到 BMS 辨识报文前，确认码＝0x00；在收到 BMS 辨识报文后，确认码＝0xAA。PGN256 报文格式见表 10。

表 10 PGN256 报文格式

起始字节或位	长度	SPN	SPN 定义	发送选项
1	1 字节	2560	辨识结果，(＜0x00＞：＝BMS 不能辨识；＜0xAA ＞：＝BMS 能辨识)	必须项
2	4 字节	2561	充电机编号，1/位，0 偏移量，数据范围：0～0xFFFFFFFF	必须项
6	3 字节	2562	充电机/充电站所在区域编码，标准 ASCII 码	可选项

10.1.4 PGN512 BMS 和车辆辨识报文(BRM)

报文功能：充电握手阶段向充电机提供 BMS 和车辆辨识信息。当 BMS 收到 SPN2560＝0x00 的充电机辨识报文后向充电机每隔 250 ms 发送一次，数据域长度超出 8 字节时，需使用传输协议功能传输，格式详见 6.5 的规定，帧与帧间发送间隔为 10 ms，直到在 5 s 内收到 SPN2560＝0xAA 的充电机辨识报文为止。PGN512 报文格式见表 11。

表 11 PGN512 报文格式

起始字节或位	长度	SPN	SPN 定义	发送选项
1	3 字节	2565	BMS 通信协议版本号,本标准规定当前版本为 V1.1,表示为:byte3,byte2—0001H;byte1—01H	必须项
4	1 字节	2566	电池类型,01H:铅酸电池;02H:镍氢电池;03H:磷酸铁锂电池;04H:锰酸锂电池;05H:钴酸锂电池;06H:三元材料电池;07H:聚合物锂离子电池;08H:钛酸锂电池;FFH:其他电池	必须项
5	2 字节	2567	整车动力蓄电池系统额定容量/Ah,0.1 Ah/位,0 Ah 偏移量	必须项
7	2 字节	2568	整车动力蓄电池系统额定总电压/V,0.1 V/位,0 V 偏移量	必须项
9	4 字节	2569	电池生产厂商名称,标准 ASCII 码	可选项
13	4 字节	2570	电池组序号,预留,由厂商自行定义	可选项
17	1 字节	2571	电池组生产日期:年,1 年/位,1985 年偏移量,数据范围:1985～2235 年	可选项
18	1 字节		电池组生产日期:月,1 月/位,0 月偏移量,数据范围:1～12 月	可选项
19	1 字节		电池组生产日期:日,1 日/位,0 日偏移量,数据范围:1～31 日	可选项
20	3 字节	2572	电池组充电次数,1 次/位,0 次偏移量,以 BMS 统计为准	可选项
23	1 字节	2573	电池组产权标识(＜0＞:=租赁;＜1＞:=车自有)	可选项
24	1 字节	2574	预留	可选项
25	17 字节	2575	车辆识别码(VIN)	可选项
42	8 字节	2576	BMS 软件版本号 8 字节表示当前 BMS 版本信息,按照 16 进制编码确定。其中: Byte8、byte7、byte6—000001H ～ FFFFFEH,预留,填 FFFFFFH; Byte5-byte2 作为 BMS 软件版本编译时间信息标记, Byte5,byte4—0001H ～ FFFEH 表示"年"(例如 2015 年:填写 Byte5—DFH,byte4—07H); Byte3—01H～0CH 表示"月"(例如 11 月:填写 Byte3—0BH); Byte2—01H～1FH 表示"日"(例如 10 日:填写 Byte2—0AH); Byte1—01H～FEH 表示版本流水号(例如 16:填写 Byte1—10H)。 (如上数值表示:BMS 当前使用 2015 年 11 月 10 日第 16 次编译版本,未填写认证授权码)	可选项

10.2 参数配置阶段报文

10.2.1 PGN1536 动力蓄电池充电参数报文(BCP)

报文功能:充电参数配置阶段 BMS 发送给充电机的动力蓄电池充电参数。如果充电机在 5 s 内没有收到该报文,即为超时错误,充电机应立即结束充电。PGN1536 报文格式见表 12。

表 12 PGN1536 报文格式

起始字节或位	长度	SPN	SPN 定义	发送选项
1	2 字节	2816	单体动力蓄电池最高允许充电电压	必须项
3	2 字节	2817	最高允许充电电流	必须项
5	2 字节	2818	动力蓄电池标称总能量	必须项
7	2 字节	2819	最高允许充电总电压	必须项
9	1 字节	2820	最高允许温度	必须项
10	2 字节	2821	整车动力蓄电池荷电状态	必须项
12	2 字节	2822	整车动力蓄电池当前电池电压	必须项

其中:

1) SPN2816 单体动力蓄电池最高允许充电电压

数据分辨率:0.01 V/位,0 V 偏移量;数据范围:0～24 V;

2) SPN2817 最高允许充电电流

数据分辨率:0.1 A/位,−400 A 偏移量;

3) SPN2818 动力蓄电池标称总能量

数据分辨率:0.1 kW·h/位,0 kW·h 偏移量;数据范围:0～1 000 kW·h;

4) SPN2819 最高允许充电总电压

数据分辨率:0.1 V/位,0 V 偏移量;

5) SPN2820 最高允许动力蓄电池温度

数据分辨率:1 ℃/位,−50 ℃偏移量;数据范围:−50 ℃ ～+200 ℃;

6) SPN2821 整车动力蓄电池荷电状态(SOC)

数据分辨率:0.1%/位,0%偏移量;数据范围:0～100%;

7) SPN2822 整车动力蓄电池当前电池电压

数据分辨率:0.1 V/位,0 V 偏移量。

10.2.2 PGN1792 充电机发送时间同步信息报文(CTS)

报文功能:充电参数配置阶段充电机发送给 BMS 的时间同步信息。PGN1792 报文格式见表 13。

表 13 PGN1792 报文格式

起始字节或位	长度	SPN	SPN 定义	发送选项
1	7 字节	2823	年/月/日/时/分/秒	可选项

其中,SPN2823 日期/时间

第 1 字节:秒(压缩 BCD 码);第 2 字节:分(压缩 BCD 码);

第 3 字节:时(压缩 BCD 码);第 4 字节:日(压缩 BCD 码);

第 5 字节:月(压缩 BCD 码);第 6～7 字节:年(压缩 BCD 码)。

10.2.3 PGN2048 充电机最大输出能力报文(CML)

报文功能:充电机发送给 BMS 充电机最大输出能力,以便估算剩余充电时间。PGN2048 报文格式见表 14。

表 14 PGN2048 报文格式

起始字节或位	长度	SPN	SPN 定义	发送选项
1	2 字节	2824	最高输出电压(V)	必须项
3	2 字节	2825	最低输出电压(V)	必须项
5	2 字节	2826	最大输出电流(A)	必须项
7	2 字节	2827	最小输出电流(A)	必须项

其中:

1) SPN2824 最高输出电压(V)

数据分辨率:0.1 V/位,0 V 偏移量;

2) SPN2825 最低输出电压(V)

数据分辨率:0.1 V/位,0 V 偏移量;

3) SPN2826 最大输出电流(A)

数据分辨率:0.1 A/位,−400 A 偏移量;

4) SPN2827 最小输出电流(A)

数据分辨率:0.1 A/位,−400 A 偏移量。

10.2.4 PGN2304 BMS 充电准备就绪报文(BRO)

报文功能:BMS 发送给充电机电池充电准备就绪报文,让充电机确认 BMS 已经准备充电。BMS 在 60 s 内未准备好,则充电机进行等待;否则,参见 C.1 进行处理。PGN2304 报文格式见表 15。

表 15 PGN2304 报文格式

起始字节或位	长度	SPN	SPN 定义	发送选项
1	1 字节	2829	BMS 是否充电准备好(<0x00 >:=BMS 未做好充电准备);<0xAA >:=BMS 完成充电准备;<0xFF>:=无效)	必须项

10.2.5 PGN2560 充电机输出准备就绪报文(CRO)

报文功能:充电机发送给 BMS 充电机输出准备就绪报文,让 BMS 确认充电机已经准备输出。充电机在 60 s 内未准备好,则 BMS 进行等待;否则,参见附录 C.1 进行处理。PGN2560 报文格式见表 16。

表 16　PGN2560 报文格式

起始字节或位	长度	SPN	SPN 定义	发送选项
1	1 字节	2830	充电机是否充电准备好(＜0x00＞:=充电机未完成充电准备;＜0xAA＞:=充电机完成充电准备;＜0xFF＞:=无效)	必须项

10.3　充电阶段报文

10.3.1　PGN4096 电池充电需求报文(BCL)

报文功能:让充电机根据电池充电需求来调整充电电压和充电电流,确保充电过程正常进行。如果充电机在 1 s 内没有收到该报文,即为超时错误,充电机应立即结束充电。

在恒压充电模式下,充电机的输出的电压应满足电压需求值,输出的电流不能超过电流需求值;在恒流充电模式下,充电机输出的电流应满足电流需求值,输出的电压不能超过电压需求值。当 BCL 报文中充电电流请求大于 CML 报文中最大输出电流时,充电机按最大输出能力输出;当 BCL 报文中充电电流请求小于等于 CML 报文中最大输出电流时,充电机按请求电流输出;当电压需求或电流需求为 0 时,充电机按最小输出能力输出。PGN4096 报文格式见表 17。

表 17　PGN4096 报文格式

起始字节或位	长度	SPN	SPN 定义	发送选项
1	2 字节	3072	电压需求(V)	必须项
3	2 字节	3073	电流需求(A)	必须项
5	1 字节	3074	充电模式(0x01:恒压充电;0x02:恒流充电)	必须项

其中:

1)　SPN3072 电压需求

数据分辨率:0.1 V/位,0 V 偏移量;

2)　SPN3073 电流需求

数据分辨率:0.1 A/位,−400 A 偏移量。

10.3.2　PGN4352 电池充电总状态报文(BCS)

报文功能:让充电机监视充电过程中电池组充电电压、充电电流等充电状态。如果充电机在 5 s 内没有收到该报文,即为超时错误,充电机应立即结束充电。PGN4352 报文格式见表 18。

表 18　PGN4352 报文格式

起始字节或位	长度	SPN	SPN 定义	发送选项
1	2 字节	3075	充电电压测量值(V)	必须项
3	2 字节	3076	充电电流测量值(A)	必须项
5	2 字节	3077	最高单体动力蓄电池电压及其组号	必须项
7	1 字节	3078	当前荷电状态 SOC(%)	必须项
8	2 字节	3079	估算剩余充电时间(min)	必须项

其中：

1） SPN3075 充电电压测量值

数据分辨率：0.1 V/位，0 V 偏移量；

2） SPN3076 充电电流测量值

数据分辨率：0.1 A/位，－400 A 偏移量；

3） SPN3077 最高单体动力蓄电池电压及其组号

1－12 位：最高单体动力蓄电池电压，数据分辨率：0.01 V/位，0 V 偏移量；数据范围：0～24 V；

13－16 位：最高单体动力蓄电池电压所在组号，数据分辨率：1/位，0 偏移量；数据范围：0～15；

4） SPN3078 当前荷电状态 SOC

数据分辨率：1％/位，0％偏移量；数据范围：0～100％；

5） SPN3079 估算剩余充电时间，当 BMS 以实际电流为准进行测算的剩余时间超过 600 min 时，按 600 min 发送。

数据分辨率：1 min/位，0 min 偏移量；数据范围：0～600 min。

10.3.3 PGN4608 充电机充电状态报文（CCS）

报文功能：让 BMS 监视充电机当前输出的充电电流、电压值等信息。如果 BMS 在 1 s 内没有收到该报文，即为超时错误，BMS 应立即结束充电。PGN4608 报文格式见表 19。

表 19 PGN4608 报文格式

起始字节或位	长度	SPN	SPN 定义	发送选项
1	2 字节	3081	电压输出值（V）	必须项
3	2 字节	3082	电流输出值（A）	必须项
5	2 字节	3083	累计充电时间（min）	必须项
7.1	2 位	3929	充电允许（＜00＞：＝暂停；＜01＞：＝允许）	必须项

注：当收到 CCS 中 SPN3929 为 0 时表示充电机将停止输出，收到 SPN3929 为 1 时表示充电机将继续开始充电。

其中：

1） SPN3081 电压输出值（V）

数据分辨率：0.1 V/位，0 V 偏移量；

2） SPN3082 电流输出值（A）

数据分辨率：0.1 A/位，－400 A 偏移量；

3） SPN3083 累计充电时间（min）

数据分辨率：1 min/位，0 min 偏移量；数据范围：0～600 min。

10.3.4 PGN4864 BMS 发送动力蓄电池状态信息报文（BSM）

报文功能：充电阶段 BMS 发送给充电机的动力蓄电池状态信息。PGN4864 报文格式见表 20。

表 20　PGN4864 报文格式

起始字节或位	长度	SPN	SPN 定义	发送选项
1	1 字节	3085	最高单体动力蓄电池电压所在编号	必须项
2	1 字节	3086	最高动力蓄电池温度	必须项
3	1 字节	3087	最高温度检测点编号	必须项
4	1 字节	3088	最低动力蓄电池温度	必须项
5	1 字节	3089	最低动力蓄电池温度检测点编号	必须项
6.1	2 位	3090	单体动力蓄电池电压过高/过低(＜00＞:＝正常;＜01＞:＝过高;＜10＞:＝过低)	必须项
6.3	2 位	3091	整车动力蓄电池荷电状态 SOC 过高/过低(＜00＞:＝正常;＜01＞:＝过高;＜10＞:＝过低)	必须项
6.5	2 位	3092	动力蓄电池充电过电流(＜00＞:＝正常;＜01＞:＝过流;＜10＞:＝不可信状态)	必须项
6.7	2 位	3093	动力蓄电池温度过高(＜00＞:＝正常;＜01＞:＝过高;＜10＞:＝不可信状态)	必须项
7.1	2 位	3094	动力蓄电池绝缘状态(＜00＞:＝正常;＜01＞:＝不正常;＜10＞:＝不可信状态)	必须项
7.3	2 位	3095	动力蓄电池组输出连接器连接状态(＜00＞:＝正常;＜01＞:＝不正常;＜10＞:＝不可信状态)	必须项
7.5	2 位	3096	充电允许(＜00＞:＝禁止;＜01＞:＝允许)	必须项

其中:

1)　SPN3085 最高单体动力蓄电池电压所在编号

数据分辨率:1/位,1 偏移量;数据范围:1～256;

2)　SPN3086 最高动力蓄电池温度

数据分辨率:1 ℃/位,－50 ℃偏移量;数据范围:－50 ℃ ～＋200 ℃;

3)　SPN3087 最高温度检测点编号

数据分辨率:1/位,1 偏移量;数据范围:1～128;

4)　SPN3088 最低动力蓄电池温度

数据分辨率:1 ℃/位,－50 ℃偏移量;数据范围:－50 ℃ ～＋200 ℃;

5)　SPN3089 最低温度检测点编号

数据分辨率:1/位,1 偏移量;数据范围:1～128。

注: 当接收到 BSM 报文中 SPN3090——SPN3095 均为 00(电池状态正常),且 SPN3096 为 00(禁止充电)时,充电机暂停充电输出;当接收到 BSM 报文中 SPN3090——SPN3095 均为 00(电池状态正常),且 SPN3096 为 01(允许充电)时,充电机恢复充电且冲击电流应满足 GB/T 18487.1 中 9.7 要求。当接收到 BSM 报文中 SPN3090——SPN3095(电池状态)中有一项为异常状态,充电机应停止充电。

10.3.5　PGN5376 单体动力蓄电池电压报文(BMV)

报文功能:各个单体动力蓄电池电压值。由于 PGN5376 的数据域的最大长度超出 8 字节,需使用传输协议功能传输,详见 6.5 的规定。PGN5376 报文格式见表 21。

表 21 PGN5376 报文格式

起始字节或位	长度	SPN	SPN 定义	发送选项
1	2 字节	3101	#1 单体动力蓄电池电压	可选项
3	2 字节	3102	#2 单体动力蓄电池电压	可选项
5	2 字节	3103	#3 单体动力蓄电池电压	可选项
7	2 字节	3104	#4 单体动力蓄电池电压	可选项
9	2 字节	3105	#5 单体动力蓄电池电压	可选项
11	2 字节	3106	#6 单体动力蓄电池电压	可选项
…………				可选项
509	2 字节	3355	#255 单体动力蓄电池电压	可选项
511	2 字节	3356	#256 单体动力蓄电池电压	可选项

其中：

SPN3101～SPN3356 分别对应#1～#256 单体动力蓄电池电压：

1—12 位：单体动力蓄电池电压，数据分辨率：0.01 V/位，0 V 偏移量；数据范围：0～24 V；

13—16 位：电池分组号，数据分辨率：1/位，0 偏移量；数据范围：0～15。

注：若车内电池有分组号，按照实际的分组号进行发送；若无分组号，则按照 256 个单体电池为一组进行发送。

10.3.6 PGN5632 动力蓄电池温度报文(BMT)

报文功能：动力蓄电池温度。数据长度超出 8 字节时，需使用传输协议功能传输，格式详见 6.5 的规定。PGN5632 报文格式见表 22。

表 22 PGN5632 报文格式

起始字节或位	长度	SPN	SPN 定义	发送选项
1	1 字节	3361	动力蓄电池温度 1	可选项
2	1 字节	3362	动力蓄电池温度 2	可选项
3	1 字节	3363	动力蓄电池温度 3	可选项
4	1 字节	3364	动力蓄电池温度 4	可选项
5	1 字节	3365	动力蓄电池温度 5	可选项
6	1 字节	3366	动力蓄电池温度 6	可选项
…………				可选项
127	1 字节	3487	动力蓄电池温度 127	可选项
128	1 字节	3488	动力蓄电池温度 128	可选项

其中：

SPN3361～SPN3488 分别对应动力蓄电池 1～128 采样点的温度：

数据分辨率：1 ℃/位，−50 ℃偏移量；数据范围：−50 ℃ ～+200 ℃。

10.3.7 PGN5888 动力蓄电池预留报文(BSP)

报文功能:动力蓄电池预留报文。数据域长度超出 8 字节时,需使用传输协议功能传输,格式详见 6.5 的规定。PGN5888 报文格式见表 23。

表 23 PGN5888 报文格式

起始字节或位	长度	SPN	SPN 定义	发送选项
1	1 字节	3491	动力蓄电池预留字段 1	可选项
2	1 字节	3492	动力蓄电池预留字段 2	可选项
3	1 字节	3493	动力蓄电池预留字段 3	可选项
4	1 字节	3494	动力蓄电池预留字段 4	可选项
…………				可选项
16	1 字节	3506	动力蓄电池预留字段 16	可选项

10.3.8 PGN6400 BMS 中止充电报文(BST)

报文功能:让充电机确认 BMS 将发送中止充电报文以令充电机结束充电过程以及结束充电原因。PGN6400 报文格式见表 24。

表 24 PGN6400 报文格式

起始字节或位	长度	SPN	SPN 定义	发送选项
1	1 字节	3511	BMS 中止充电原因	必须项
2	2 字节	3512	BMS 中止充电故障原因	必须项
4	1 字节	3513	BMS 中止充电错误原因	必须项

其中:

1) SPN3511 BMS 中止充电原因

第 1～2 位:达到所需求的 SOC 目标值

＜00＞:＝未达到所需 SOC 目标值;＜01＞:＝达到所需 SOC 目标值;＜10＞:＝不可信状态;

第 3～4 位:达到总电压的设定值

＜00＞:＝未达到总电压设定值;＜01＞:＝达到总电压设定值;＜10＞:＝不可信状态;

第 5～6 位:达到单体电压的设定值

＜00＞:＝未达到单体电压设定值;＜01＞:＝达到单体电压设定值;＜10＞:＝不可信状态;

第 7～8 位:充电机主动中止

＜00＞:＝正常;＜01＞:＝充电机中止(收到 CST 帧);＜10＞:＝不可信状态。

2) SPN3512 BMS 中止充电故障原因

第 1～2 位:绝缘故障

＜00＞:＝正常;＜01＞:＝故障;＜10＞:＝不可信状态;

第 3～4 位:输出连接器过温故障

<00>:=正常;<01>:=故障;<10>:=不可信状态;

第 5～6 位:BMS 元件、输出连接器过温

<00>:=正常;<01>:=故障;<10>:=不可信状态;

第 7～8 位:充电连接器故障

<00>:=充电连接器正常;<01>:=充电连接器故障;<10>:=不可信状态;

第 9～10 位:电池组温度过高故障

<00>:=电池组温度正常;<01>:=电池组温度过高;<10>:=不可信状态;

第 11～12 位:高压继电器故障

<00>:=正常;<01>:=故障;<10>:=不可信状态;

第 13～14 位:检测点 2 电压检测故障

<00>:=正常;<01>:=故障;<10>:=不可信状态;

第 15～16 位:其他故障

<00>:=正常;<01>:=故障;<10>:=不可信状态。

3) SPN3513 BMS 中止充电错误原因

第 1～2 位:电流过大

<00>:=电流正常;<01>:=电流超过需求值;<10>:=不可信状态;

第 3～4 位:电压异常

<00>:=正常;<01>:=电压异常;<10>:=不可信状态。

10.3.9 PGN6656 充电机中止充电报文(CST)

报文功能:让 BMS 确认充电机即将结束充电以及结束充电原因。PGN6656 报文格式见表 25。

表 25 PGN6656 报文格式

起始字节或位	长度	SPN	SPN 定义	发送选项
1	1 字节	3521	充电机中止充电原因	必须项
2	2 字节	3522	充电机中止充电故障原因	必须项
4	1 字节	3523	充电机中止充电错误原因	必须项

其中:

1) SPN3521 充电机中止充电原因

第 1～2 位:达到充电机设定的条件中止

<00>:=正常;<01>:=达到充电机设定条件中止;<10>:=不可信状态;

第 3～4 位:人工中止

<00>:=正常;<01>:=人工中止;<10>:=不可信状态;

第 5～6 位:故障中止

<00>:=正常;<01>:=故障中止;<10>:=不可信状态;

第 7～8 位:BMS 主动中止

<00>:=正常;<01>:=BMS 中止(收到 BST 帧);<10>:=不可信状态。

2) SPN3522 充电机中止充电故障原因

第 1～2 位:充电机过温故障

<00>:=充电机温度正常;<01>:=充电机过温;<10>:=不可信状态;

第 3～4 位：充电连接器故障

＜00＞：=充电连接器正常；＜01＞：=充电连接器故障；＜10＞：=不可信状态；

第 5～6 位：充电机内部过温故障

＜00＞：=充电机内部温度正常；＜01＞：=充电机内部过温；＜10＞：=不可信状态；

第 7～8 位：所需电量不能传送

＜00：=电量传送正常；＜01＞：电量不能传送；＜10＞：=不可信状态；

第 9～10 位：充电机急停故障

＜00＞：=正常；＜01＞：=充电机急停；＜10＞：=不可信状态；

第 11～12 位：其他故障

＜00＞：=正常；＜01＞：=故障；＜10＞：=不可信状态。

3) SPN3523 充电机中止充电错误原因

第 1～2 位：电流不匹配

＜00＞：=电流匹配；＜01＞：=电流不匹配；＜10＞：=不可信状态；

第 3～4 位：电压异常

＜00＞：=正常；＜01＞：=电压异常；＜10＞：=不可信状态。

10.4 充电结束阶段报文

10.4.1 PGN7168 BMS 统计数据报文(BSD)

报文功能：让充电机确认 BMS 对于本次充电过程的充电统计数据。PGN7168 报文格式见表 26。

表 26 PGN7168 报文格式

起始字节或位	长度	SPN	SPN 定义	发送选项
1	1 字节	3601	中止荷电状态 SOC(%)	必须项
2	2 字节	3602	动力蓄电池单体最低电压(V)	必须项
4	2 字节	3603	动力蓄电池单体最高电压(V)	必须项
6	1 字节	3604	动力蓄电池最低温度(℃)	必须项
7	1 字节	3605	动力蓄电池最高温度(℃)	必须项

其中：

1) SPN3601 中止荷电状态 SOC

数据分辨率：1%/位，0%偏移量；数据范围：0～100%；

2) SPN3602 动力蓄电池单体最低电压

数据分辨率：0.01 V/位，0 V 偏移量；数据范围：0 ～24 V；

3) SPN3603 动力蓄电池单体最高电压

数据分辨率：0.01 V/位，0 V 偏移量；数据范围：0 ～24 V；

4) SPN3604 动力蓄电池最低温度

数据分辨率：1 ℃/位，−50 ℃偏移量；数据范围：−50 ℃ ～+200 ℃；

5) SPN3605 动力蓄电池最高温度

数据分辨率：1 ℃/位，−50 ℃偏移量；数据范围：−50 ℃ ～+200 ℃。

10.4.2 PGN7424 充电机统计数据报文(CSD)

报文功能:确认充电机本次充电过程的充电统计数据。PGN7424 报文格式见表 27。

表 27 PGN7424 报文格式

起始字节或位	长度	SPN	SPN 定义	发送选项
1	2 字节	3611	累计充电时间(min)	必须项
3	2 字节	3612	输出能量(kW·h)	必须项
5	4 字节	3613	充电机编号,1/位,1 偏移量,数据范围:0～0xFFFFFFFF	必须项

其中:

1) SPN3611 累计充电时间

数据分辨率:1 min/位,0 min 偏移量;数据范围:0～600 min;

2) SPN3612 输出能量

数据分辨率:0.1 kW·h/位,0 kW·h 偏移量;数据范围:0～1 000 kW·h。

10.5 错误报文

10.5.1 PGN7680 BMS 错误报文(BEM)

报文功能:当 BMS 检测到错误时,发送给充电机充电错误报文,直到 BMS 收到充电机发送的充电机辨识报文(CRM)或拔掉充电插头为止。PGN7680 报文格式见表 28。

表 28 PGN7680 报文格式

起始字节或位	长度	SPN	SPN 定义	发送选项
1.1	2 位	3901	接收 SPN2560=0x00 的充电机辨识报文超时(<00>:=正常;<01>:=超时;<10>:=不可信状态)	必须项
1.3	2 位	3902	接收 SPN2560=0xAA 的充电机辨识报文超时(<00>:=正常;<01>:=超时;<10>:=不可信状态)	必须项
2.1	2 位	3903	接收充电机的时间同步和充电机最大输出能力报文超时(<00>:=正常;<01>:=超时;<10>:=不可信状态)	必须项
2.3	2 位	3904	接收充电机完成充电准备报文超时(<00>:=正常;<01>:=超时;<10>:=不可信状态)	必须项
3.1	2 位	3905	接收充电机充电状态报文超时(<00>:=正常;<01>:=超时;<10>:=不可信状态)	必须项
3.3	2 位	3906	接收充电机中止充电报文超时(<00>:=正常;<01>:=超时;<10>:=不可信状态)	必须项
4.1	2 位	3907	接收充电机充电统计报文超时(<00>:=正常;<01>:=超时;<10>:=不可信状态)	必须项
4.3	6 位		其他	可选项

10.5.2 PGN7936 充电机错误报文(CEM)

报文功能:当充电机检测到错误时,发送给BMS充电错误报文,直到充电机接收到BMS发送的BRM报文或拔掉充电插头为止。PGN7936报文格式见表29。

表29 PGN7936报文格式

起始字节或位	长度	SPN	SPN定义	发送选项
1.1	2位	3921	接收BMS和车辆的辨识报文超时(<00>:=正常;<01>:=超时;<10>:=不可信状态)	必须项
2.1	2位	3922	接收电池充电参数报文超时(<00>:=正常;<01>:=超时;<10>:=不可信状态)	必须项
2.3	2位	3923	接收BMS完成充电准备报文超时(<00>:=正常;<01>:=超时;<10>:=不可信状态)	必须项
3.1	2位	3924	接收电池充电总状态报文超时(<00>:=正常;<01>:=超时;<10>:=不可信状态)	必须项
3.3	2位	3925	接收电池充电要求报文超时(<00>:=正常;<01>:=超时;<10>:=不可信状态)	必须项
3.5	2位	3926	接收BMS中止充电报文超时(<00>:=正常;<01>:=超时;<10>:=不可信状态)	必须项
4.1	2位	3927	接收BMS充电统计报文超时(<00>:=正常;<01>:=超时;<10>:=不可信状态)	必须项
4.3	6位		其他	可选项

附 录 A
（资料性附录）
充电流程

A.1 充电工作状态转换

当BMS和充电机物理连接完成并上电后，BMS和充电机的状态转换，是相互协调工作的互操作约定。典型的充电工作状态转换如图A.1～图A.5所示。

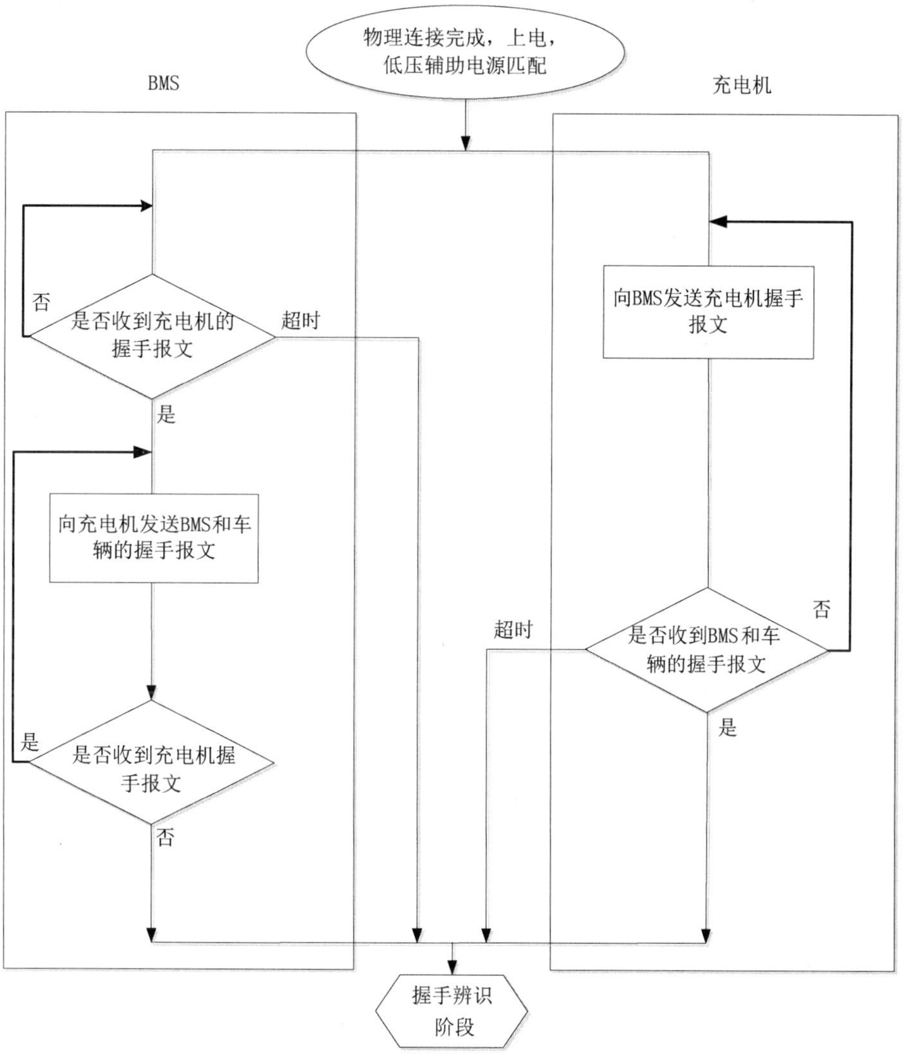

图 A.1 充电握手启动流程图

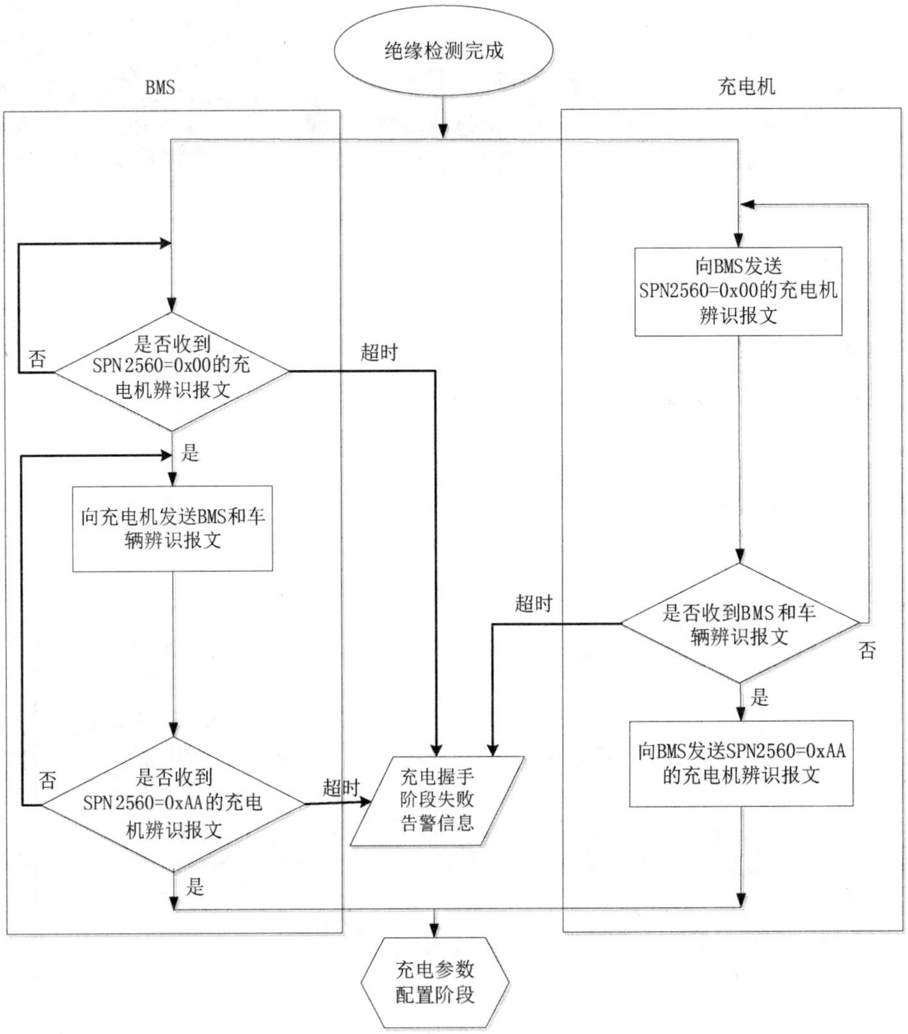

图 A.2 充电握手辨识流程图

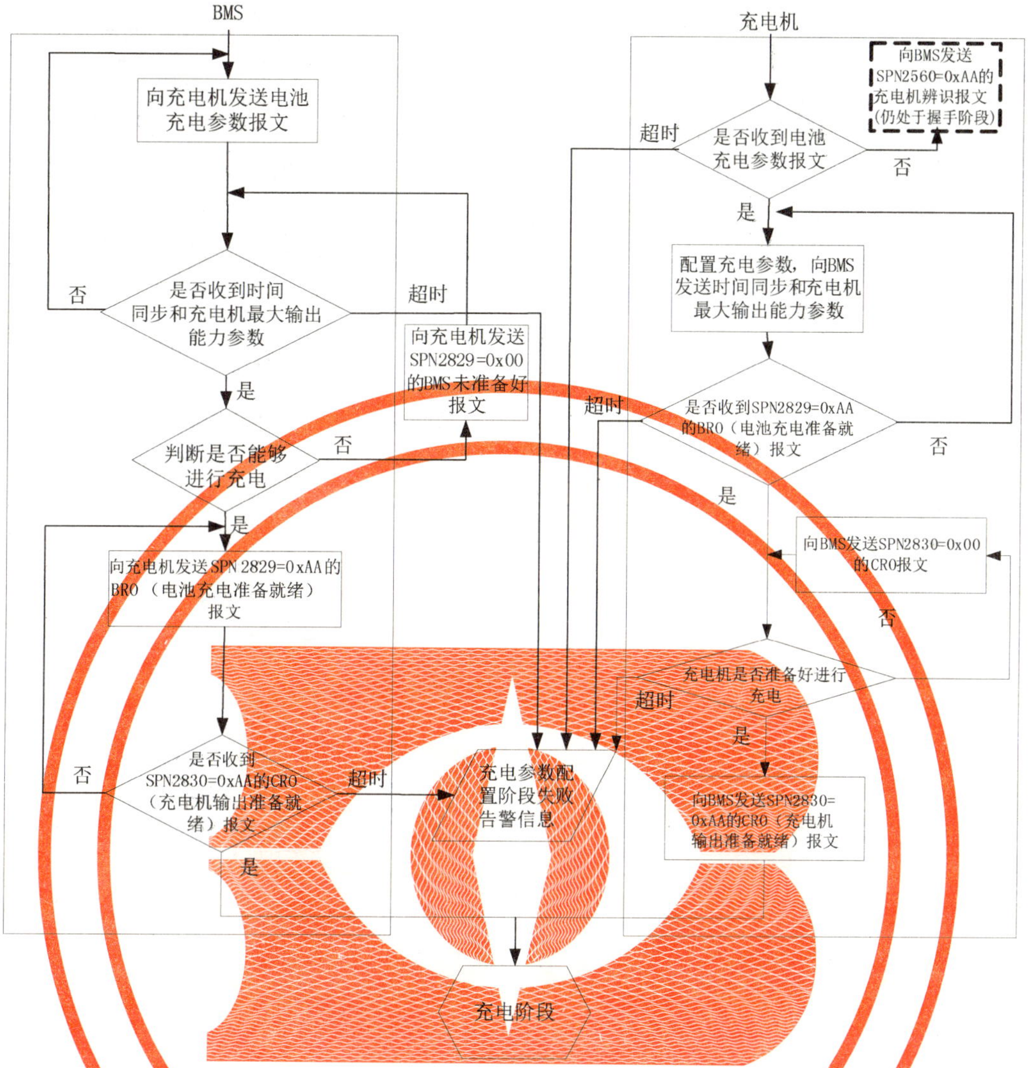

图 A.3　充电参数配置阶段流程图

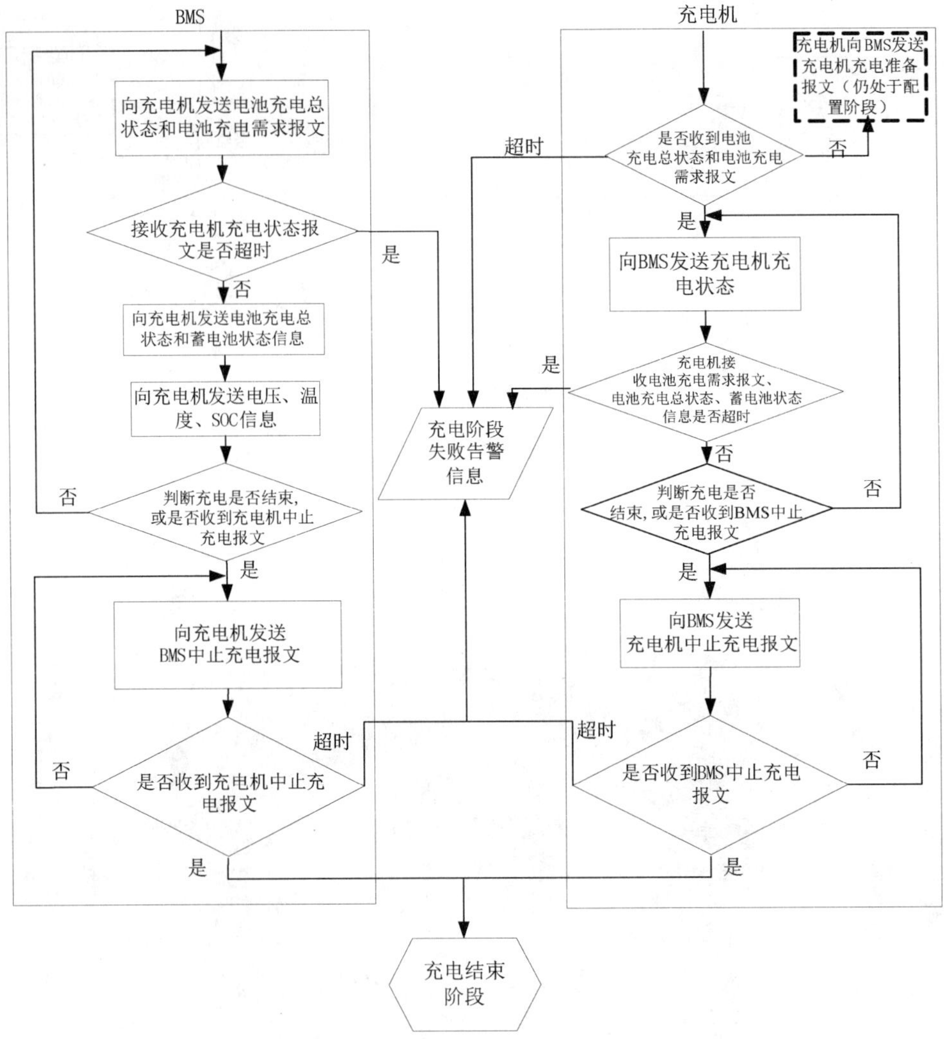
BMS
充电机
向充电机发送电池充电总状态和电池充电需求报文
接收充电机充电状态报文是否超时
是
否
向充电机发送电池充电总状态和蓄电池状态信息
向充电机发送电压、温度、SOC信息
判断充电是否结束，或是否收到充电机中止充电报文
否
是
向充电机发送BMS中止充电报文
是否收到充电机中止充电报文
超时
否
是
充电机向BMS发送充电机充电准备报文（仍处于配置阶段）
是否收到电池充电总状态和电池充电需求报文
超时
否
是
向BMS发送充电机充电状态
充电机接收电池充电需求报文、电池充电总状态、蓄电池状态信息是否超时
是
否
判断充电是否结束，或是否收到BMS中止充电报文
否
是
向BMS发送充电机中止充电报文
是否收到BMS中止充电报文
超时
否
是
充电阶段失败告警信息
充电结束阶段

图 A.4　充电阶段流程图

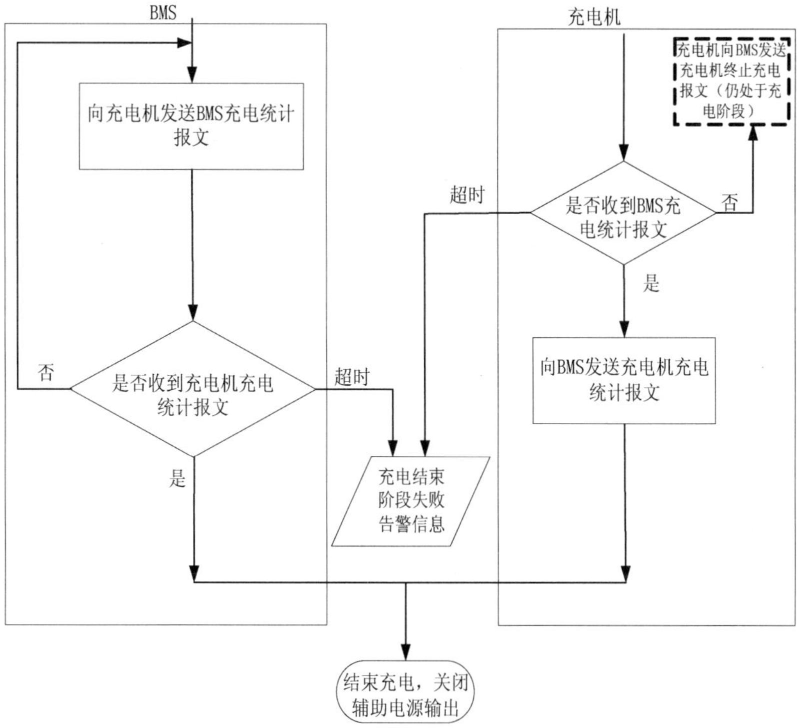

图 A.5　充电结束阶段流程图

A.2　充电时序流程图

详细的充电时序流程图如图 A.6～图 A.12 所示。

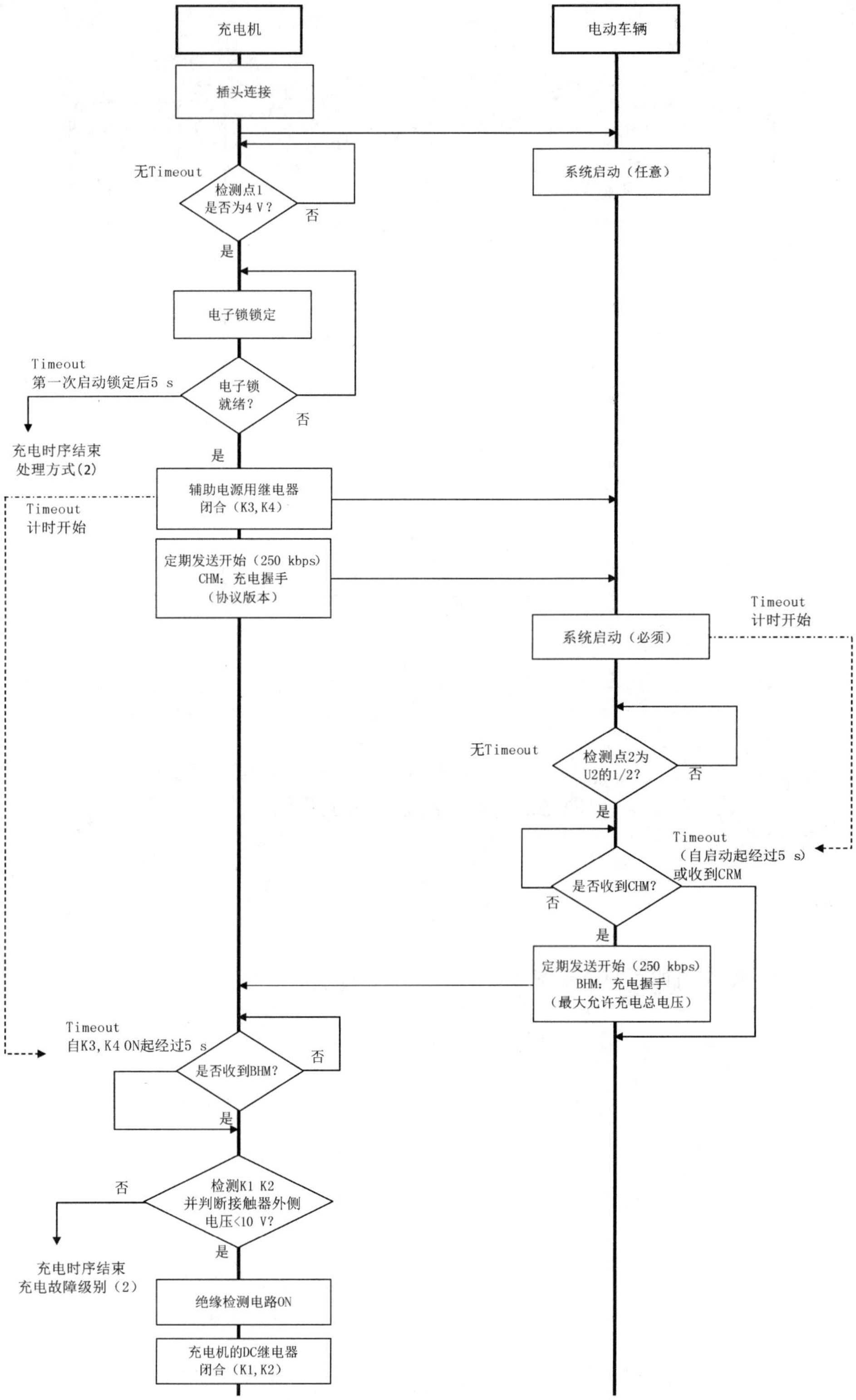

图 A.6 正常充电时序流程图

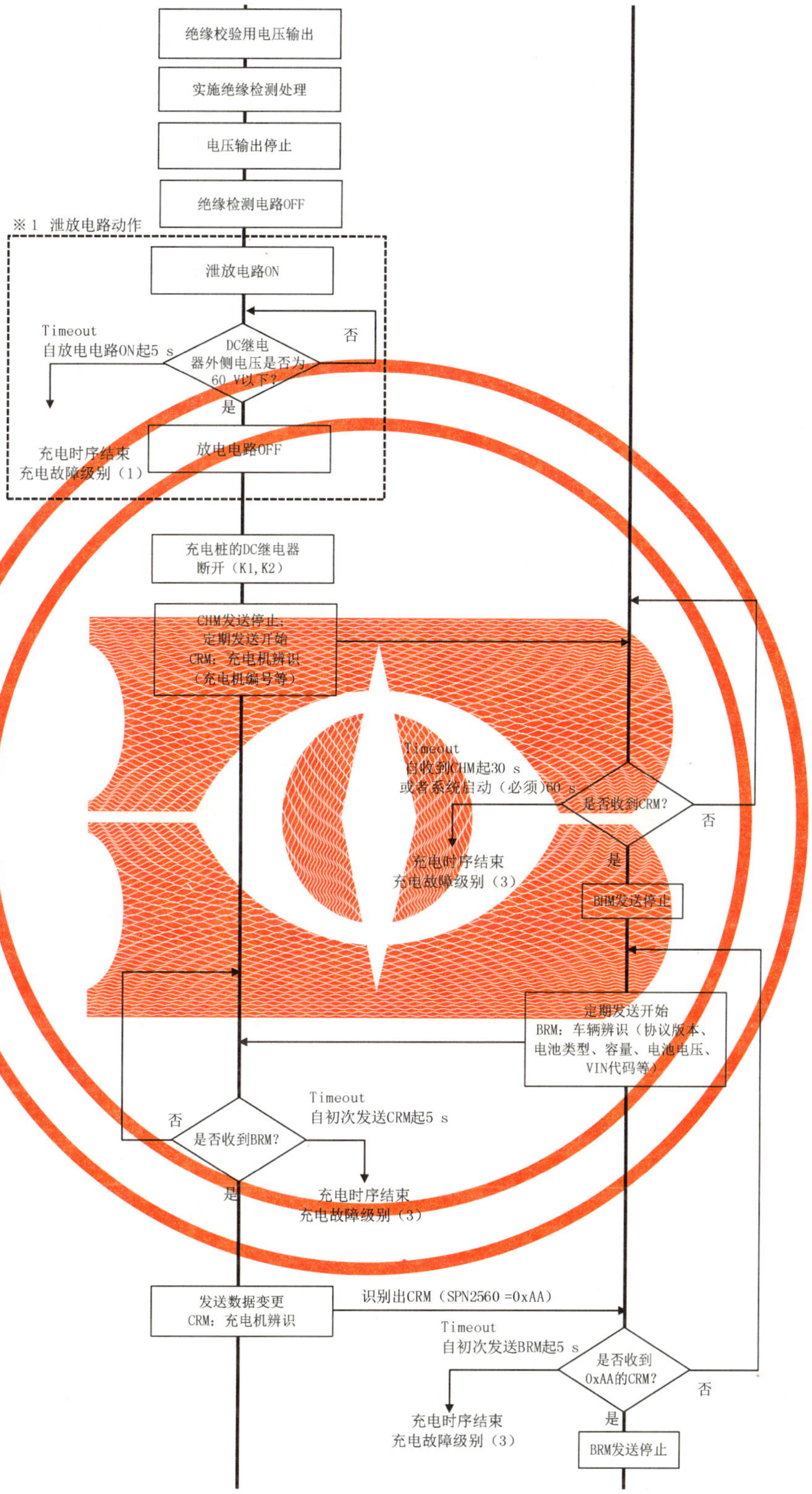

绝缘校验用电压输出
实施绝缘检测处理
电压输出停止
绝缘检测电路OFF
※1 泄放电路动作
泄放电路ON
Timeout
自放电电路ON起5 s
DC继电器外侧电压是否为60 V以下?
否
是
放电电路OFF
充电时序结束
充电故障级别（1）
充电桩的DC继电器断开（K1,K2）
CHM发送停止；
定期发送开始
CRM：充电机辨识
（充电机编号等）
Timeout
自收到CHM起30 s
或者系统启动（必须）60 s
是否收到CRM?
否
是
充电时序结束
充电故障级别（3）
BHM发送停止
定期发送开始
BRM：车辆辨识（协议版本、电池类型、容量、电池电压、VIN代码等）
Timeout
自初次发送CRM起5 s
否
是否收到BRM?
是
充电时序结束
充电故障级别（3）
发送数据变更
CRM：充电机辨识
识别出CRM（SPN2560 =0xAA）
Timeout
自初次发送BRM起5 s
是否收到0xAA的CRM?
否
是
充电时序结束
充电故障级别（3）
BRM发送停止

图 A.6（续）

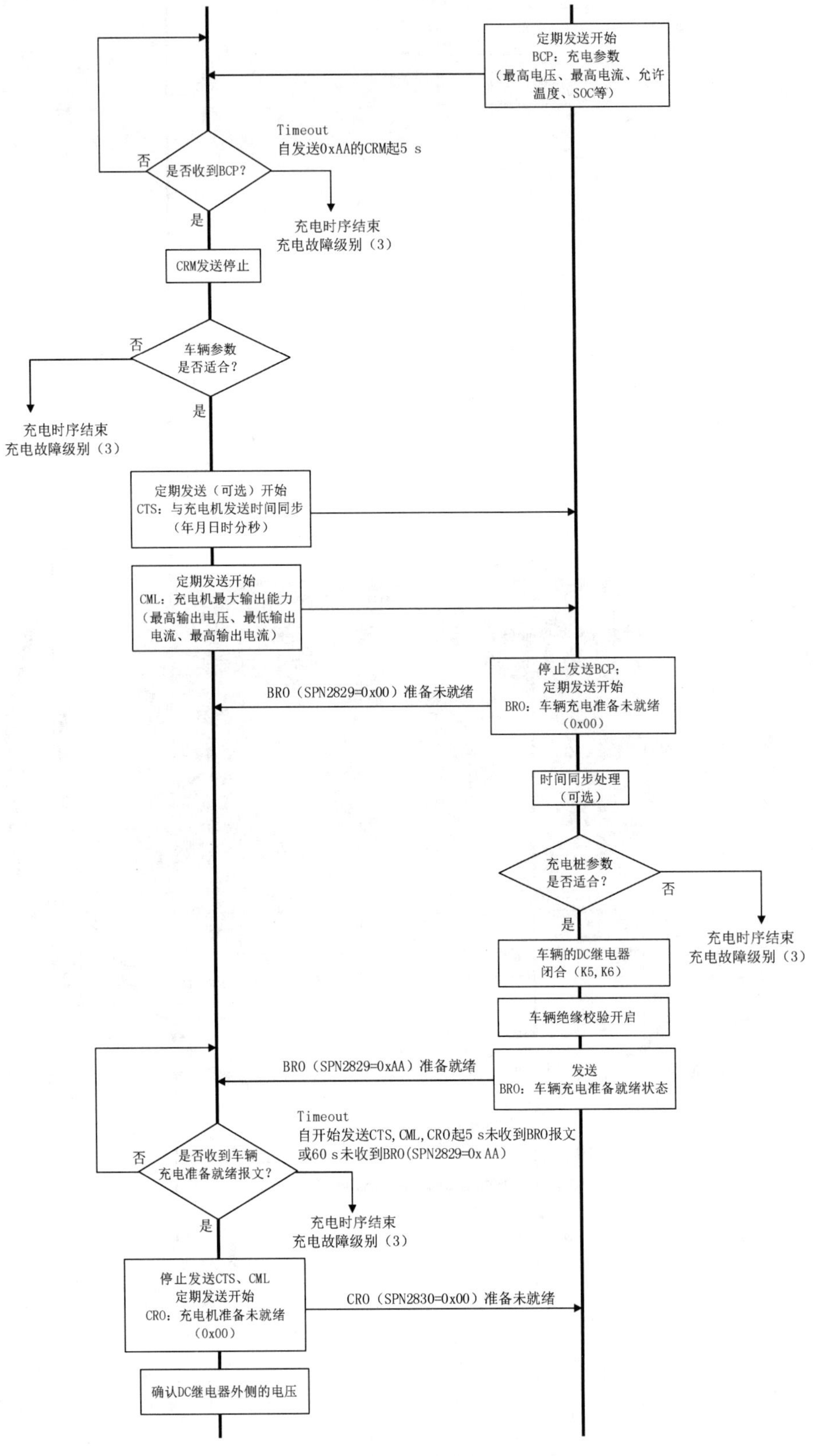
定期发送开始
BCP：充电参数
（最高电压、最高电流、允许温度、SOC等）
Timeout
自发送0xAA的CRM起5 s
否
是否收到BCP?
是
充电时序结束
充电故障级别（3）
CRM发送停止
否
车辆参数
是否适合?
是
充电时序结束
充电故障级别（3）
定期发送（可选）开始
CTS：与充电机发送时间同步
（年月日时分秒）
定期发送开始
CML：充电机最大输出能力
（最高输出电压、最低输出电流、最高输出电流）
BRO（SPN2829=0x00）准备未就绪
停止发送BCP；
定期发送开始
BRO：车辆充电准备未就绪
（0x00）
时间同步处理
（可选）
充电桩参数
是否适合?
否
是
充电时序结束
充电故障级别（3）
车辆的DC继电器
闭合（K5，K6）
车辆绝缘校验开启
BRO（SPN2829=0xAA）准备就绪
发送
BRO：车辆充电准备就绪状态
Timeout
自开始发送CTS，CML，CRO起5 s未收到BRO报文
或60 s未收到BRO（SPN2829=0xAA）
否
是否收到车辆
充电准备就绪报文?
是
充电时序结束
充电故障级别（3）
停止发送CTS、CML
定期发送开始
CRO：充电机准备未就绪
（0x00）
CRO（SPN2830=0x00）准备未就绪
确认DC继电器外侧的电压

图 A.6（续）

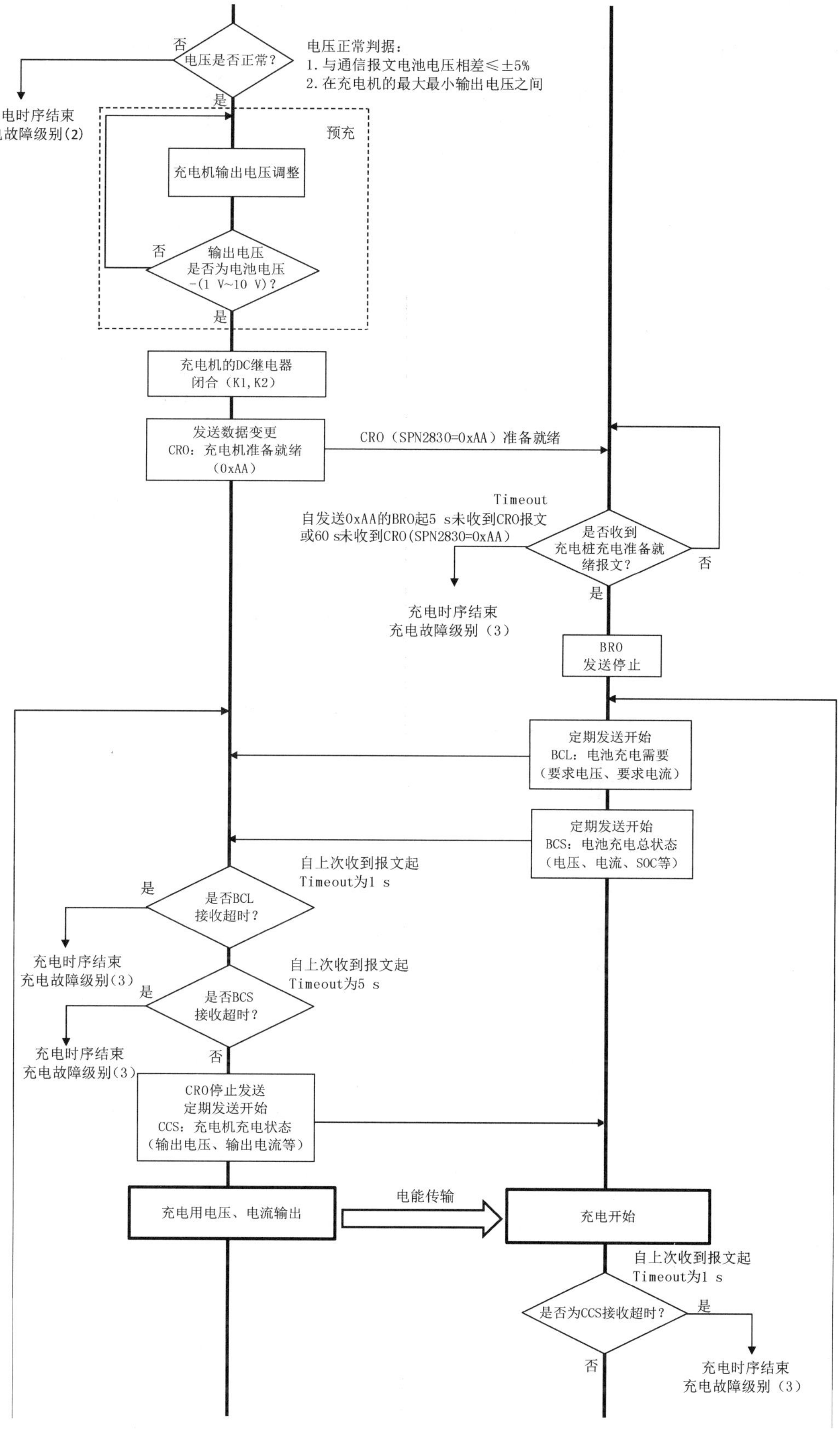
否
电压是否正常？
电压正常判据：
1.与通信报文电池电压相差≤±5%
2.在充电机的最大最小输出电压之间
是
充电时序结束
充电故障级别(2)
预充
充电机输出电压调整
否
输出电压
是否为电池电压
-(1 V~10 V)？
是
充电机的DC继电器
闭合（K1,K2）
发送数据变更
CRO：充电机准备就绪
（0xAA）
CRO（SPN2830=0xAA）准备就绪
Timeout
自发送0xAA的BRO起5 s未收到CRO报文
或60 s未收到CRO(SPN2830=0xAA)
是否收到
充电桩充电准备就
绪报文？
否
是
充电时序结束
充电故障级别（3）
BRO
发送停止
定期发送开始
BCL：电池充电需要
（要求电压、要求电流）
定期发送开始
BCS：电池充电总状态
（电压、电流、SOC等）
自上次收到报文起
Timeout为1 s
是
是否BCL
接收超时？
充电时序结束
充电故障级别（3）
自上次收到报文起
Timeout为5 s
是
是否BCS
接收超时？
否
充电时序结束
充电故障级别（3）
CRO停止发送
定期发送开始
CCS：充电机充电状态
（输出电压、输出电流等）
充电用电压、电流输出
电能传输
充电开始
自上次收到报文起
Timeout为1 s
是否为CCS接收超时？
是
否
充电时序结束
充电故障级别（3）

图 A.6（续）

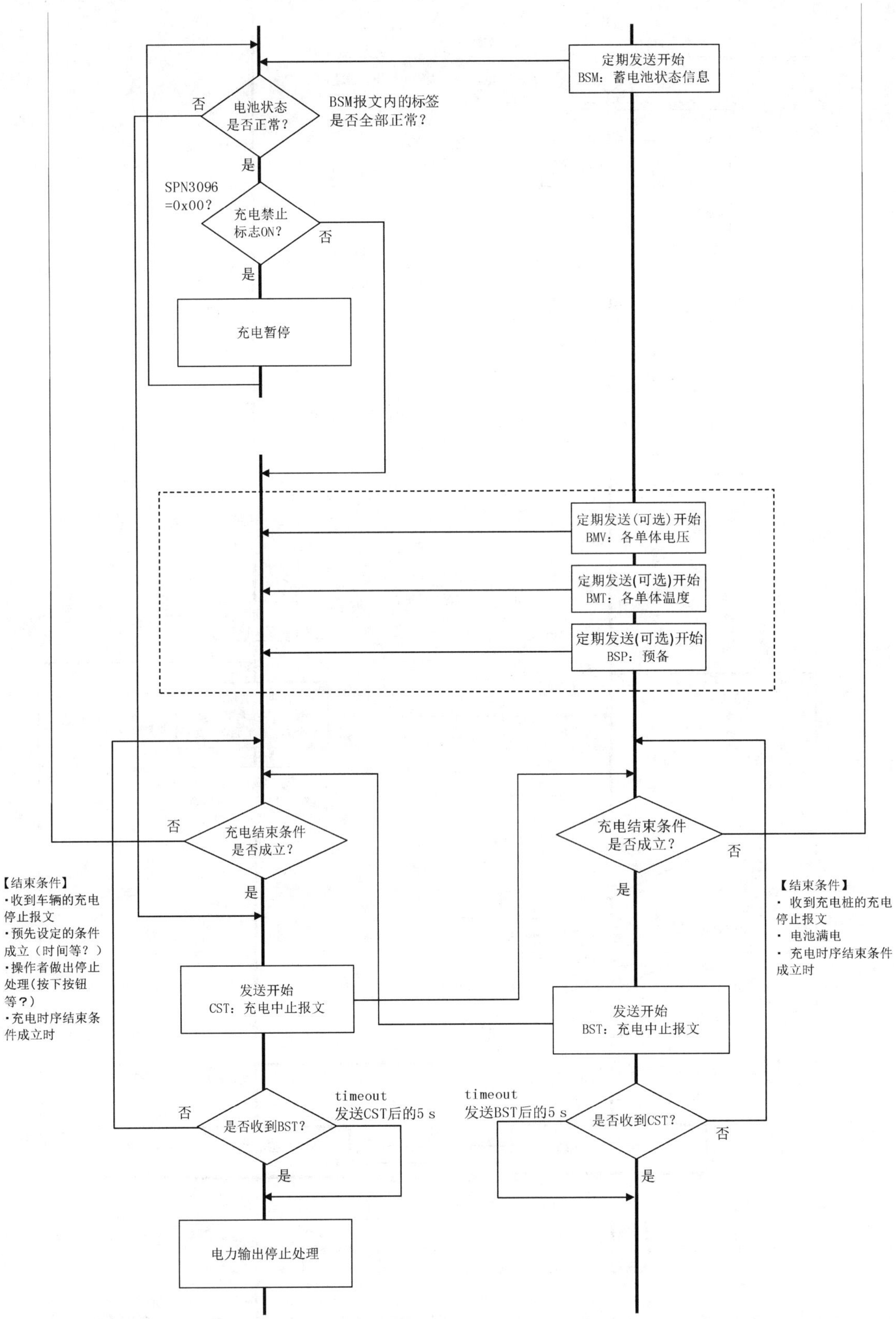
定期发送开始
BSM：蓄电池状态信息
否
电池状态
是否正常？
BSM报文内的标签
是否全部正常？
是
SPN3096
=0x00？
充电禁止
标志ON？
否
是
充电暂停
定期发送(可选)开始
BMV：各单体电压
定期发送(可选)开始
BMT：各单体温度
定期发送(可选)开始
BSP：预备
否
充电结束条件
是否成立？
是
充电结束条件
是否成立？
否
是
【结束条件】
·收到车辆的充电停止报文
·预先设定的条件成立（时间等？）
·操作者做出停止处理(按下按钮等？)
·充电时序结束条件成立时
【结束条件】
· 收到充电桩的充电停止报文
· 电池满电
· 充电时序结束条件成立时
发送开始
CST：充电中止报文
发送开始
BST：充电中止报文
否
是否收到BST？
timeout
发送CST后的5 s
是
timeout
发送BST后的5 s
是否收到CST？
否
是
电力输出停止处理

图 A.6（续）

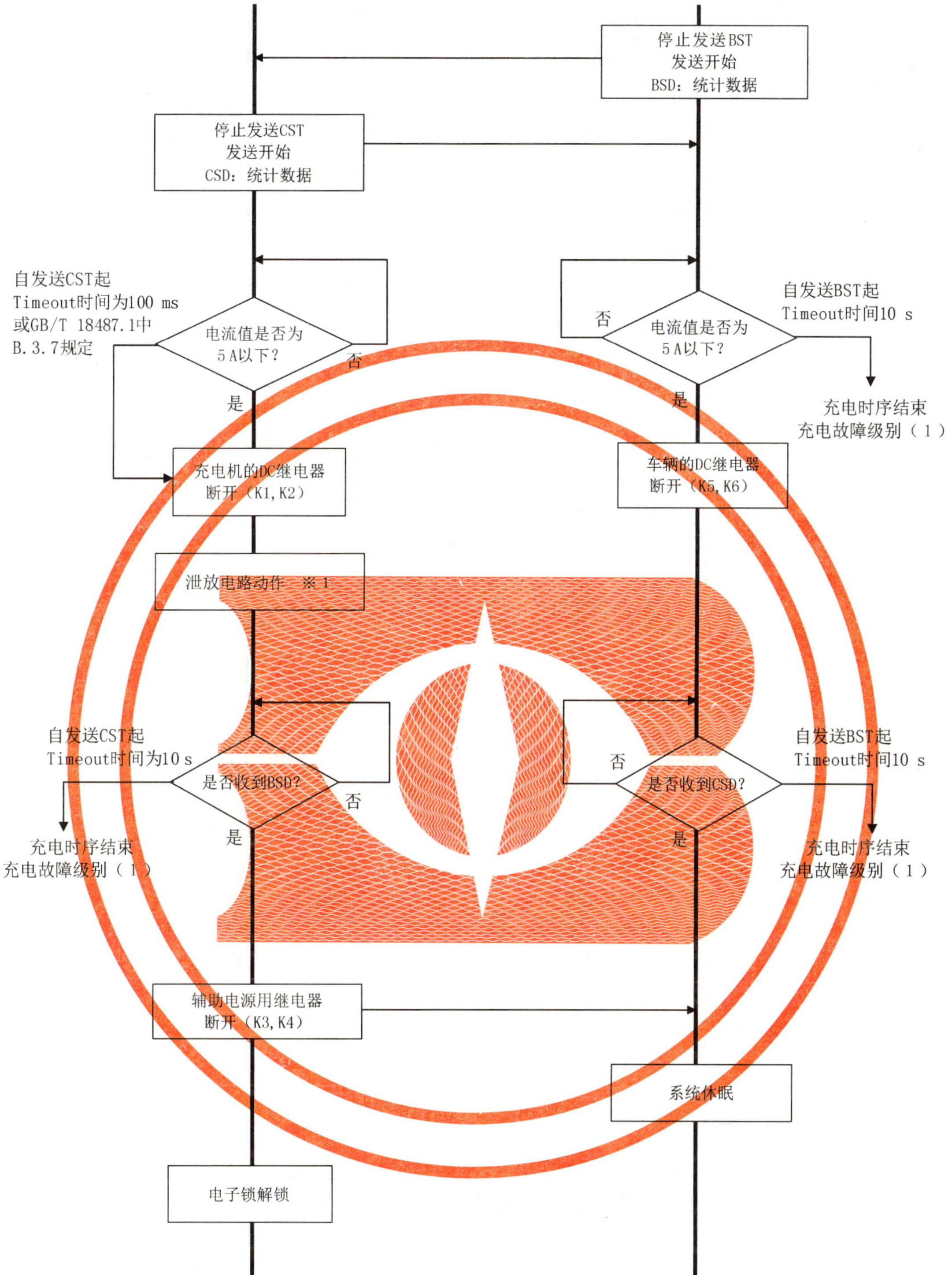
停止发送BST
发送开始
BSD：统计数据
停止发送CST
发送开始
CSD：统计数据
自发送CST起
Timeout时间为100 ms
或GB/T 18487.1中
B.3.7规定
电流值是否为
5 A以下？
否
是
否
电流值是否为
5 A以下？
是
自发送BST起
Timeout时间10 s
充电时序结束
充电故障级别（1）
充电机的DC继电器
断开（K1,K2）
车辆的DC继电器
断开（K5,K6）
泄放电路动作 ※1
自发送CST起
Timeout时间为10 s
是否收到BSD？
否
是
充电时序结束
充电故障级别（1）
否
是否收到CSD？
是
自发送BST起
Timeout时间10 s
充电时序结束
充电故障级别（1）
辅助电源用继电器
断开（K3,K4）
系统休眠
电子锁解锁

图 A.6（续）

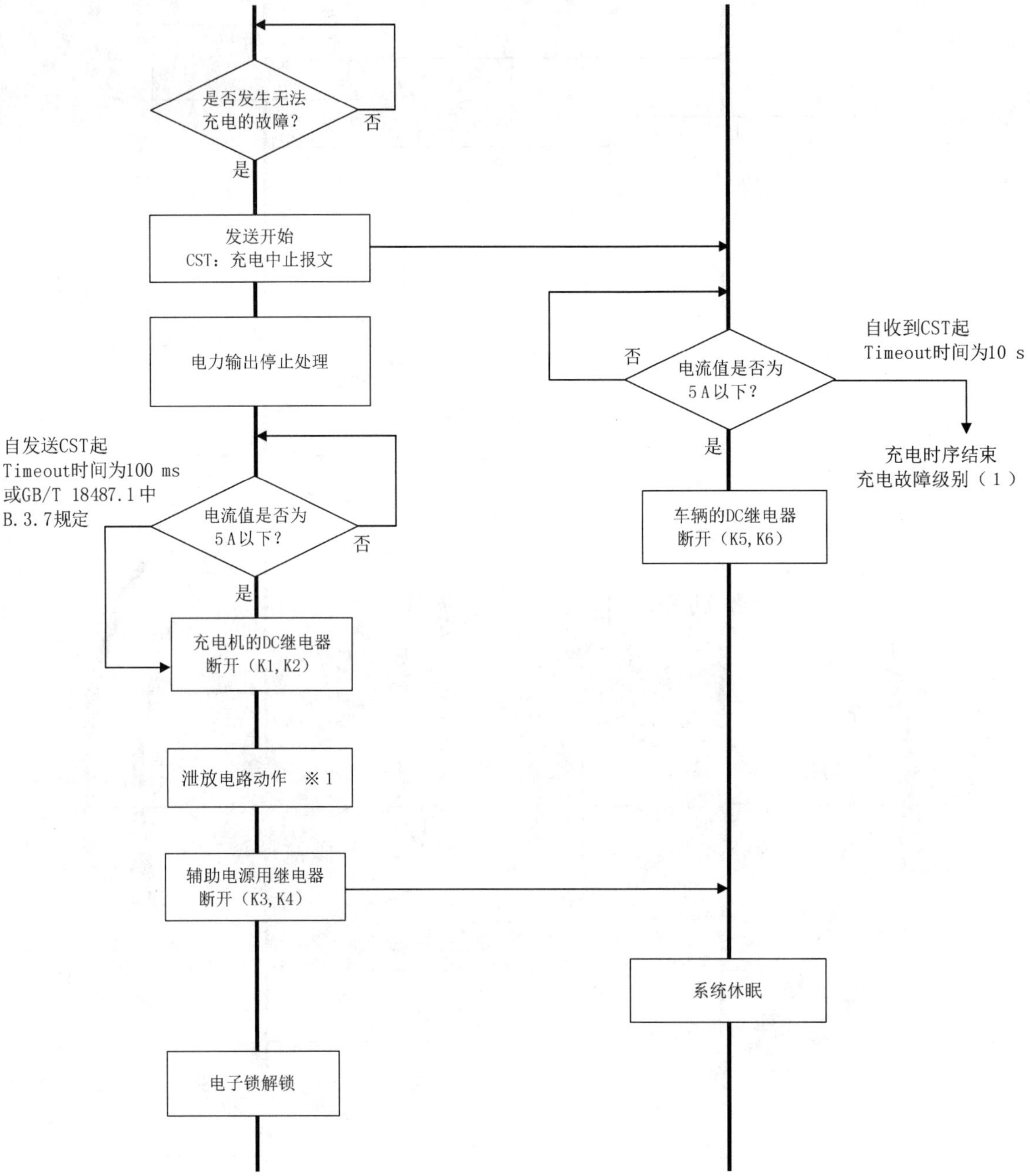

图 A.7 在非正常状态下停止(充电机方面的原因)流程图

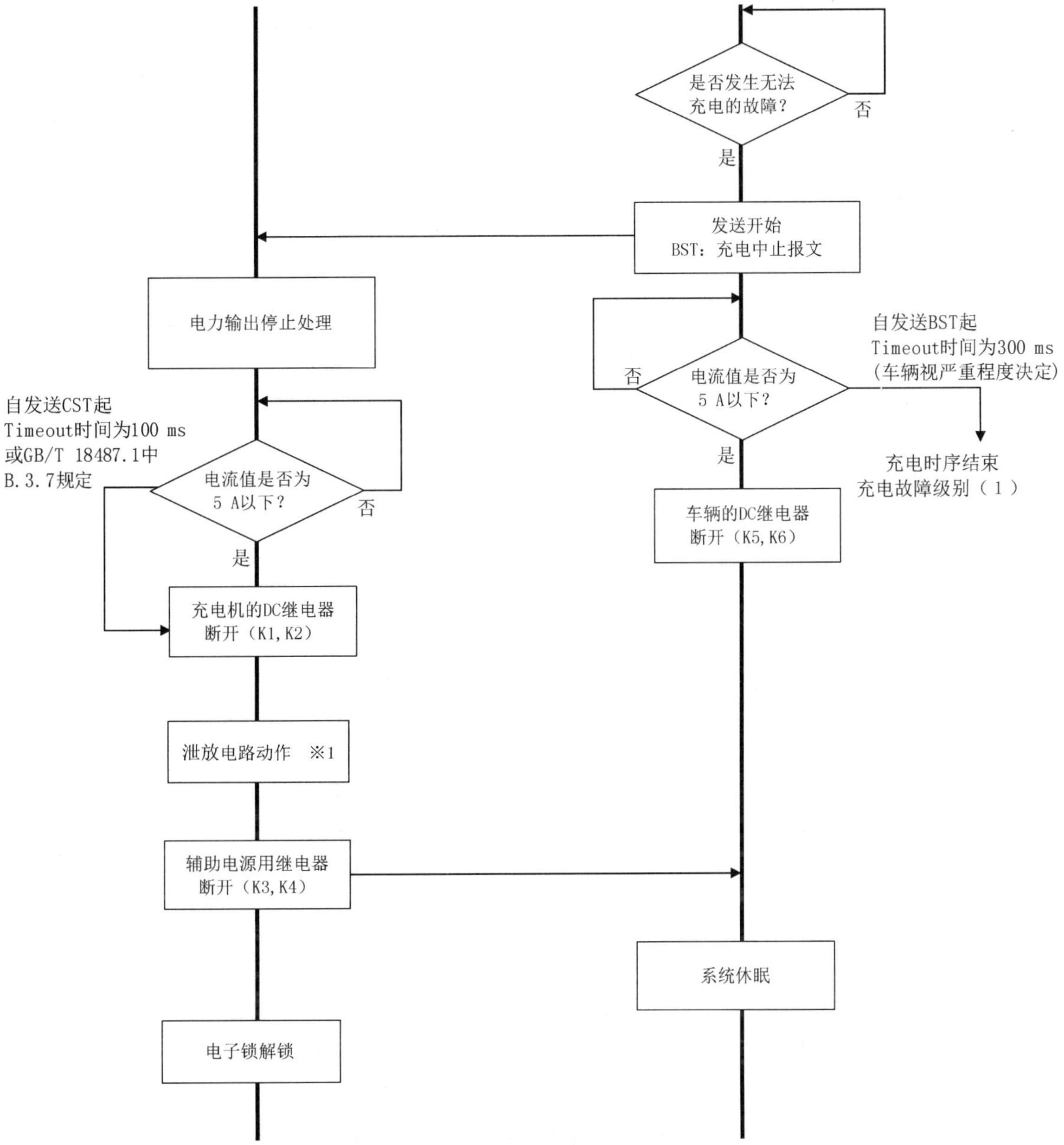

图 A.8 在非正常状态下停止(车辆方面的原因)流程图

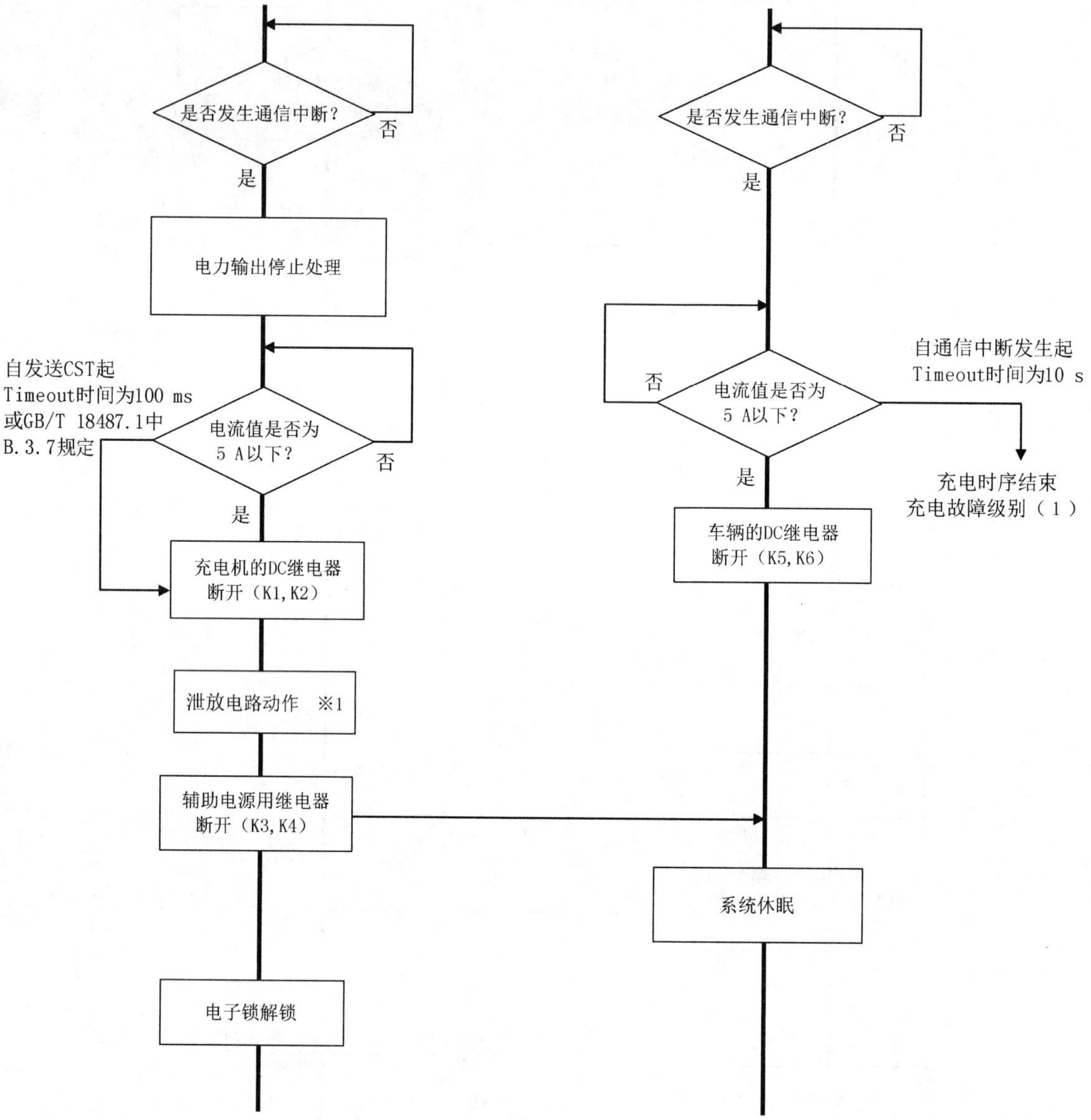

图 A.9 通信中断:通信超时重连 3 次后仍发生通信超时通信中止流程图

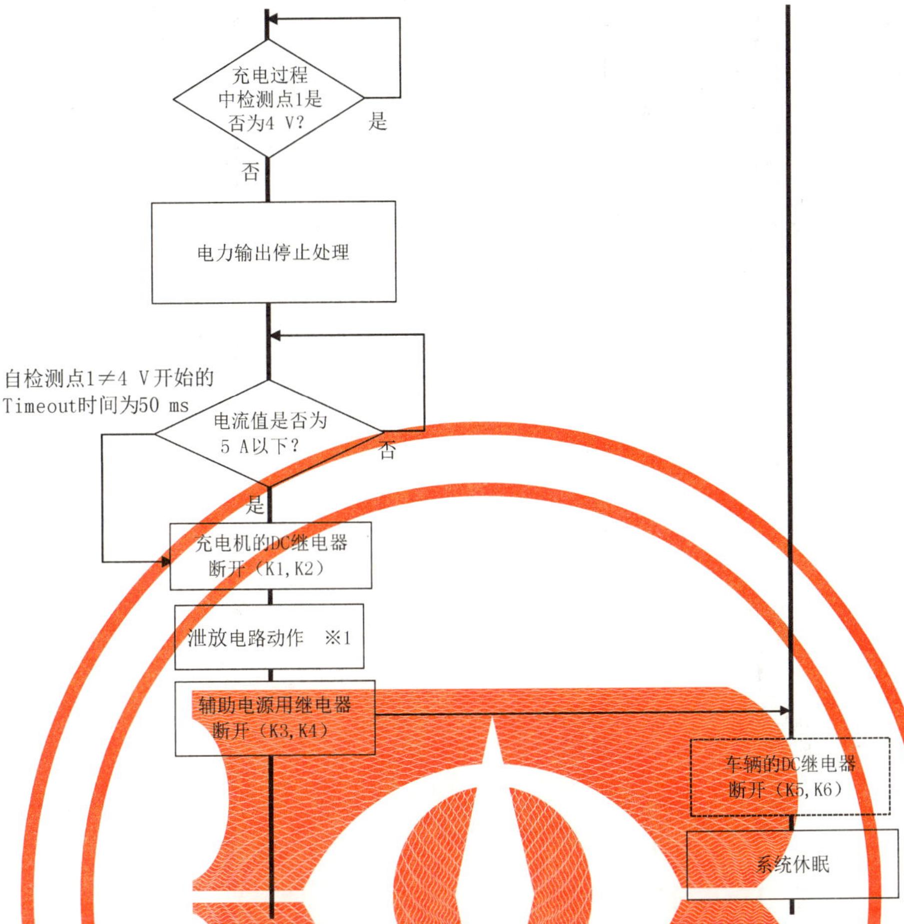

图 A.10 S开关开流程图

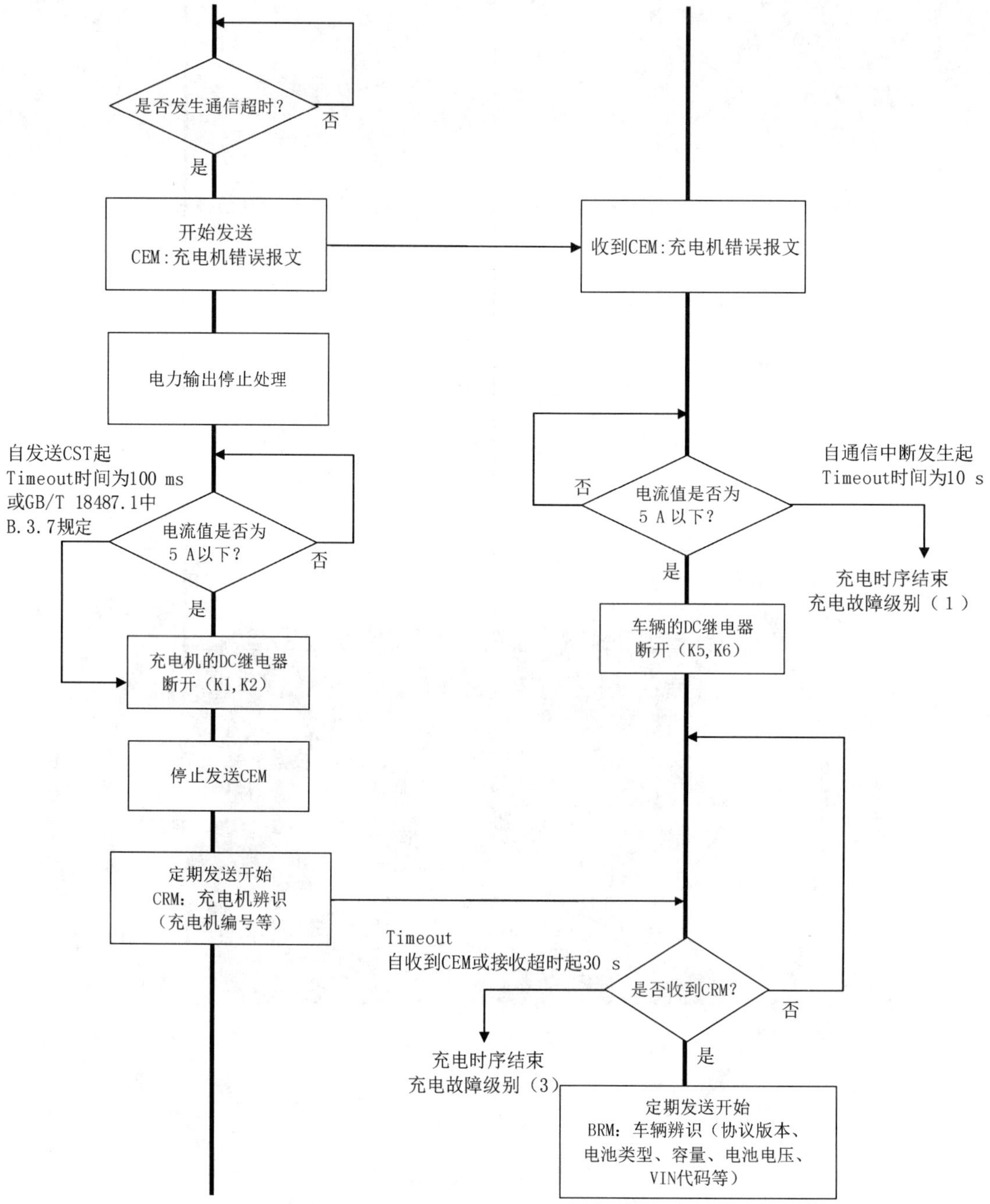

图 A.11　充电机接收 BMS 通信超时流程图

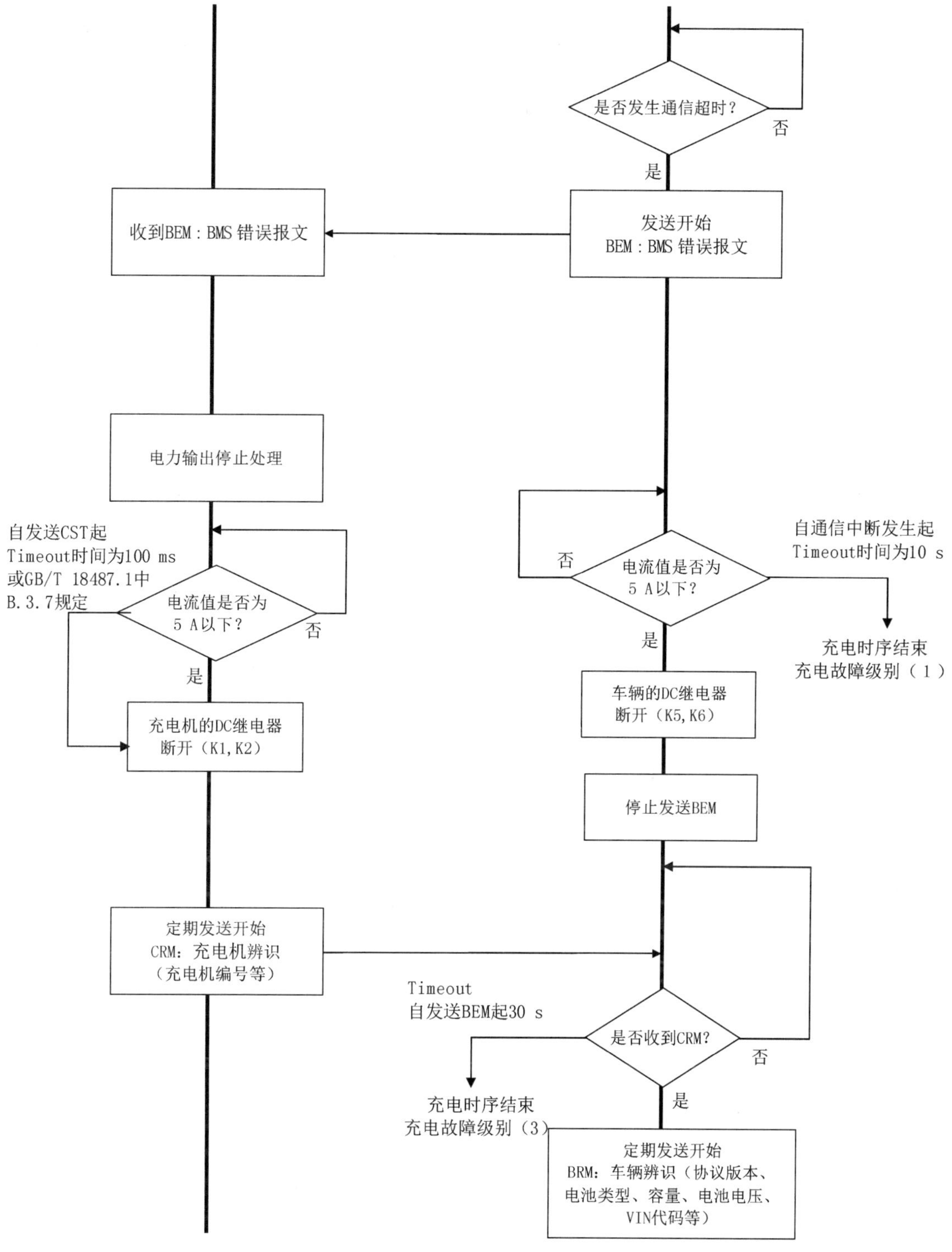

图 A.12 BMS 接收充电机通信超时流程图

附　录　B
（资料性附录）
充电机和BMS故障诊断报文

B.1　故障诊断代码

诊断故障代码(DTC)由4个独立域构成，这4个部分见表B.1：

表B.1　诊断故障代码(DTC)

序号	独立域
1	发生故障的可疑参数的编号(SPN)(19位)
2	故障模式标志(FMI)(5位)
3	发生次数(OC)(7位)
4	可疑参数编号的转化方式(CM)(1位)

其中：可疑参数编号(SPN)19位的数字是用于识别故障报告的诊断项目。可疑参数编号与发送故障诊断信息的控制模块的地址编码无关。SPN编号为第10.3节中已定义的BMS、充电机发生硬件故障的信息，如SPN3090～SPN3095、SPN3511～SPN3513、SPN3521～SPN3523等。

故障模式标识符(FMI)定义BMS和充电机中发现的故障类型。其数据长度5位，数据状态为0～31共32种，目前定义的故障模式标识符如下：

＜0＞：＝动力蓄电池电压故障；

＜1＞：＝动力蓄电池电流故障；

＜2＞：＝动力蓄电池温度故障；

＜3＞：＝动力蓄电池绝缘状态；

＜4＞：＝动力蓄电池输出连接器过温故障；

＜5＞：＝ BMS元件、电池组输出连接器过温；

＜6＞：＝充电机温度故障；

＜7＞：＝充电机连接器故障；

＜8＞：＝充电机内部温度故障；

＜9～31＞：＝预留备用。

发生次数(OC)定义一个故障从先前激活状态到激活状态的变化次数，最大值为126，计数向上溢出时，该计数器值保留为126。假如发生次数未知，则该域所有位的数值均设为1。

可疑参数编号的转化方式(CM)置0，表示SPN位均采用英特尔格式。

B.2　故障诊断报文分类

故障诊断报文分类见表B.2。

表 B.2 故障诊断报文分类

报文代号	报文描述	PGN	PGN (Hex)	优先权	数据长度	报文周期
DM1	当前故障码	8192	002000H	6	不定	事件响应
DM2	历史故障码	8448	002100H	6	不定	事件响应
DM3	诊断准备就绪	8704	002200H	6	2 字节	事件响应
DM4	当前故障码的清除/复位	8960	002300H	6	0	事件响应
DM5	历史故障码的清除/复位	9216	002400H	6	0	事件响应
DM6	停帧参数	9472	002500H	6	不定	事件响应

B.3 故障诊断报文格式和内容

故障诊断报文和内容包括：

a) PGN8192 诊断信息 1，当前故障码报文(DM1)

报文功能：发生故障时，发送当前的故障代码。每个故障代码 4 字节。数据段多余 8 字节采用传输协议功能传输，格式详见 6.5 的规定。PGN8192 报文格式见表 B.3。

表 B.3 PGN8192 报文格式

起始字节或位	长度	定义
1	1 字节	第一个当前故障码 SPN 的低 8 位有效位
2	1 字节	第一个当前故障码 SPN 的第 2 个字节
3.1	3 位	第一个当前故障码 SPN 的高 3 位
3.4	5 位	故障模式标志，定义详见 B.1
4.1	7 位	发生次数
4.8	1 位	可疑参数编号的转化方式，置为 0
……………		

b) PGN8448 诊断信息 2，历史故障码报文(DM2)

报文功能：该数据包括了一系列诊断代码以及历史故障码的发生次数。每个故障代码 4 字节。数据段多余 8 字节采用传输协议功能传输，格式详见 6.5 的规定。PGN8448 报文格式见表 B.4。

表 B.4 PGN8448 报文格式

起始字节或位	长度	定义
1	1 字节	第一个历史故障码 SPN 的低 8 位有效位
2	1 字节	第一个历史故障码 SPN 的第 2 个字节
3.1	3 位	第一个历史故障码 SPN 的高 3 位
3.4	5 位	故障模式标志，定义详见 B.1

表 B.4（续）

起始字节或位	长度	定义
4.1	7 位	发生次数
4.8	1 位	可疑参数编号的转化方式，置为 0
…………		

c） PGN8704 诊断信息 3，诊断准备就绪报文（DM3）

报文功能：报告有关诊断已准备就绪的诊断信息。PGN8704 报文格式见表 B.5。

表 B.5 PGN8704 报文格式

起始字节或位	长度	定义
1	1 字节	当前故障码个数
2	1 字节	历史故障码个数

d） PGN8960 诊断信息 4，当前故障码的清除/复位报文（DM4）

报文功能：所有关于当前故障码的诊断信息都应该清除。当需要清除当前故障码相关的诊断信息、以及问题得到纠正时发送此请求指令。该操作完成时或被请求控制模块内没有故障码，要求控制模块发送一个肯定应答。如由于某种原因，控制模块不能执行要求的操作，就必须发送否定-应答。所有与当前故障码相关的信息包括：当前故障码个数及诊断就绪状态信息和当前故障码。

e） PGN9216 诊断信息 5，历史故障码的清除/复位报文（DM5）

报文功能：当某个控制模块接收到这一参数组的请求指令时，所有有关历史故障码的诊断信息都应该清除，与当前故障码有关的诊断数据将不受影响。若无历史故障码，必须发送肯定应答。如由于某种原因，控制模块不能执行这一参数组的请求指令的要求，那么就必须发送否定应答。所有与历史故障码相关的信息包括：历史故障码个数及诊断就绪状态信息和历史故障码。

f） PGN9472 诊断信息 6，停帧参数报文（DM6）

报文功能：当接收到诊断故障代码时，已记录的一系列参数。每个故障代码 4 字节。数据段多余 8 字节采用传输协议功能传输，格式详见 6.5 的规定。PGN9472 报文格式见表 B.6。

表 B.6 PGN9472 报文格式

起始字节或位	长度	定义
1	1 字节	第一个故障诊断码的停帧长度
2	1 字节	第一个故障诊断码 SPN 的低 8 位有效位
3	1 字节	第一个故障诊断码 SPN 的第 2 个字节
4.1	3 位	第一个故障诊断码 SPN 的高 3 位
4.4	5 位	故障模式标志，定义详见 B.1
5.1	7 位	发生次数
5.8	1 位	可疑参数编号的转化方式，置为 0
…………		

附 录 C
（资料性附录）
充电过程故障处理方式

C.1 故障处理方式

故障处理方式包括：

方式 a)——充电机立即停机停用(等待专业维护人员维修)；

方式 b)——停止本次充电，并做好故障记录(需重新插拔充电电缆后，才能进行下一次充电)；

方式 c)——中止充电，待故障现象排除后自动恢复充电(检测到故障状态解除后，重新通信握手开始充电)。

C.2 充电故障分类及处理方式

充电故障分类及处理方式见表 C.1。

表 C.1 充电故障分类及处理方式

故障级别	故障分类以及处理方式
1	人身安全级别故障分类及处理方式： 1) 绝缘故障： 处理方式 a)。 2) 漏电故障： 处理方式 a)。 3) 急停故障： 处理方式 a)
2	设备安全级别故障分类及处理方式： 1) 连接器故障(导引电路检测到故障)： 处理方式 b)。 2) BMS 元件、输出连接器过温： 处理方式 b)。 3) 电池组温度过高： 处理方式 b)。 4) 电池单体电压过低、单体电压过高： 处理方式 b)。 5) BMS 检测到充电电流过大，或充电电压异常： 处理方式 b)。 6) 充电机检测到充电电流不匹配，或充电电压异常： 处理方式 c)。 7) 充电机内部过温： 处理方式 c)。 8) 充电机电量不能传送： 处理方式 c)。 9) 车辆接触器粘连： 处理方式 b)

表 C.1（续）

故障级别	故障分类以及处理方式
3	告警提示级别故障分类及处理方式： 1） 充电握手阶段、配置阶段的超时、充电过程超时 处理方式 c)。 2） 充电结束超时 直接结束

注 1：BMS 检测到故障后，根据故障程度，选择在 BSM（动力蓄电池状态信息）报文或 BST（BMS 中止充电）报文中提供停止充电信息，使充电机停机，进入处理方式 b)；或是将 BSM 报文中 SPN3090～SPN3095 均置为 00（电池状态正常），且 SPN3096 置为 00（禁止充电），使充电机暂停输出电流，此时 BMS 和充电机进行正常通信，直到等待 BMS 发送的 BSM 报文中 SPN3096 为 01（允许充电）后，重新允许充电机电流输出，如果等待时间超过 10 min，充电机中止充电，并保存中止充电原因。

注 2：当充电机检测到充电故障时，立即发送 CST（充电机中止充电）命令，同时充电机停机，停止 CAN 通信，切断 K1、K2、K3、K4 等开关，根据故障类型进入相应的处理方式。在处理方式 c)下，当充电机自检到故障消除时，重新由充电机发起握手辨识阶段的连接，进行充电。如果重新连接 3 次仍未成功，则按照处理方式 b)，需操作人员查看当前状况并重新插拔充电连接器，尝试再次充电。

注 3：当充电过程中发生电网停电故障，即使一段时间后供电自动恢复，也需要人工干预（处理方式 b)后，再进行重新充电。

C.3 不可信状态处理方式

当收到不可信状态时，接收方保持上一状态，数据包不做处理。

附 录 D
（资料性附录）
报文开始发送条件和中止发送条件

各类报文的开始发送条件和中止发送条件见表 D.1。

表 D.1 报文开始发送条件和中止发送条件

报文代号	报文开始发送条件	报文中止发送条件
CHM	低压辅助上电	绝缘检测完成准备发送 CRM
BHM	收到 CHM 报文	收到 CRM 报文
CRM	绝缘校验结束	收到 BCP 报文
BRM	收到 CRM 报文	收到 SPN2560＝0xAA 的 CRM 报文
BCP	收到 SPN2560＝0xAA 的 CRM 报文	收到 CML 报文
BRO	收到 CML 报文	发送 SPN2829＝0xAA 的 BRO 报文，且收到 SPN2830＝0xAA 的 CRO 报文
CTS	收到 BCP 报文	收到 SPN2829＝0xAA 的 BRO 报文
CML		
CRO	收到 SPN2829＝0xAA 的 BRO 报文	收到 BCL 和 BCS 报文
BCL	收到 SPN2830＝0xAA 的 CRO 报文	收到 CST 报文（充电机主动中止充电） 或者发送 BST 报文（BMS 主动中止充电）
BCS		
CCS	收到 BCL 和 BCS 报文	收到 BST 报文（BMS 主动中止充电） 或者发送 CST 报文（充电机主动中止充电）
BSM	收到 CCS 报文	收到 CST 报文（充电机主动中止充电） 或者发送 BST 报文（BMS 主动中止充电）
BMV		
BMT		
BSP		
BST	当 BMS 需要中止充电时（BMS 主动中止充电） 或者收到 CST 时（充电机主动中止充电）	收到 CST 报文（BMS 主动中止充电） 或者发送 BSD 报文的同时（充电机主动中止充电）
CST	当充电机需要中止充电时（充电机主动中止充电）； 或者收到 BST 时（BMS 主动中止充电）	收到 BSD 报文
BSD	收到 CST 报文	1） BMS 收到充电机发送的充电机辨识报文（CRM） 2） 或检测不到辅助电源输出
CSD	收到 BSD 报文	1） 重新开始握手发送 CRM 帧 2） 或关闭辅助电源

表 D.1（续）

报文代号	报文开始发送条件	报文中止发送条件
BEM	当 BMS 检测到该报文所包含的错误时	1） BMS 收到充电机发送的充电机辨识报文（CRM） 2） 或检测不到辅助电源输出
CEM	当充电机检测到该报文所包含的错误时	1） 重新开始握手发送 CRM 帧 2） 或关闭辅助电源

ICS 53.040.20
G 42

中华人民共和国国家标准

GB/T 28267.2—2015

钢丝绳芯输送带　第2部分：优选带型

Steel cord conveyor belts—Part 2: Preferred belt types

(ISO 15236-2:2004,MOD)

2015-12-31 发布　　2016-07-01 实施

中华人民共和国国家质量监督检验检疫总局
中国国家标准化管理委员会　发布

前　言

GB/T 28267《钢丝绳芯输送带》分为以下 4 个部分：

——第 1 部分：普通用途输送带的设计、尺寸和机械要求；

——第 2 部分：优选带型；

——第 3 部分：井下用输送带的特殊安全要求；

——第 4 部分：带的硫化接头。

本部分为 GB/T 28267 的第 2 部分。

本部分按照 GB/T 1.1—2009 给出的规则起草。

本部分使用重新起草法修改采用 ISO 15236-2:2004《钢丝绳芯输送带　第 2 部分：优选带型》(英文版)。

本部分与 ISO 15236-2:2004 相比存在技术性差异，这些差异涉及的条款已通过在其外侧页边空白位置的垂直单线(|)进行了标示，技术差异及其原因如下：

为了适用我国钢丝绳芯输送带技术水平的发展，带型系列表中增加了三种带型号：6300、7000 和 7500(见表 2)。

本部分还做了下列编辑性修改：

——在范围中增加了“本部分适用于钢丝绳芯输送带”。

本部分由中国石油和化学工业联合会提出。

本部分由全国带轮与带标准化技术委员会输送带分技术委员会(SAC/TC 428/SC 1)归口。

本部分起草单位：青岛橡六输送带有限公司、浙江奋飞橡塑制品有限公司、浙江三维橡胶制品股份有限公司、山东晨光胶带有限公司、山东中一橡胶有限公司。

本部分主要起草人：张墩、郑志柳、张国方、刘生平、郭永县、张静。

引　　言

钢丝绳芯输送带的总长度一般较长,因而需要将生产厂家提供的若干带段在使用现场加以连接。为在由多个生产厂家提供的输送带之间制作出具有高动态性能的接头,对一些特性,例如带芯层厚度、钢丝绳间距及钢丝绳直径决定的输送带类型进行标准化规定是很有必要的。

钢丝绳芯输送带　第2部分:优选带型

1　范围

GB/T 28267 的本部分规定了以纵向钢丝绳作为增强体的输送带设计中优先选择的类型。本部分规定的优选类型系列基于 GB/T 28267.1 规定结构的一般要求。

本部分适用于钢丝绳芯输送带。

2　总则

本部分涉及的钢丝绳芯输送带类型是从无数可能的带结构中精选的,其中 A 型带和 B 型带的输送带已经被大量生产和使用。

一般认为,具有某一公称拉断强度的输送带应采用相同的钢丝绳和钢丝绳间距,或至少具有相同的带芯层厚度。

关于带设计要求,即对钢丝绳直径和钢丝绳间距的要求,取决于带在应用中将要采用的接头型式。钢丝绳芯输送带按照 GB/T 28267.4 主要有三种硫化接头:

——交错阶梯式接头;

——普通阶梯式接头;

——指形接头。

对于高性能的阶梯式接头,被连接的两段带应具有相等的钢丝绳间距和钢丝绳直径;而对于采用指形接头连接的输送带,对钢丝绳间距和钢丝绳直径的一致性要求就没有那么重要了,重要的是两段带应具有相同的带芯层厚度。因此在关于不同带类型的下列各表中,所规定的钢丝绳直径、钢丝绳间距和钢丝绳根数仅适用于采用阶梯式接头的带类型,即 A1 型带、A2 型带和 B2 型带。

表 2、表 3 和表 5 中规定的钢丝绳根数只是一种指导性规定,其计算公式如下:

$$n_{\min}=\frac{K_{\mathrm{N}}\times B}{F_{\mathrm{bs}}\times 1\,000}$$

在钢丝绳根数的计算中还考虑了关于边胶宽度应不大于 40 mm 且不小于 15 mm 的要求,即:

$$15\leqslant b_{\mathrm{k}}\leqslant 40$$

在 GB/T 28267.1 和 GB/T 28267.4 中规定的最小拉断强度(实际拉断强度按下式计算)得到满足的情况下,也可采用多于或少于表中规定值的钢丝绳根数。

$$K_{\mathrm{N}}=\frac{F_{\mathrm{bs}}\times n\times 1\,000}{B}$$

表 1 中给出的符号和单位适用于本文件。

表 1 符号和单位

符号	意 义	单位
B	带宽	mm
F_{bs}	钢丝绳拉断力(绳取自硫化带)	kN
K_N	带的拉断强度公称值	N/mm
b_k	计算的边胶宽度	mm
d	钢丝绳直径	mm
n	钢丝绳根数	—
s	覆盖层厚度	mm
s_6	带芯层厚度	mm
t	钢丝绳间距	mm
min	最小值	—
max	最大值	—

3 A 型带

A 型带所采用的钢丝绳中的每一根钢丝都预先以热镀法镀锌。对 A1 型带和 A2 型带的要求分别如表 2 和表 3 中所示。

注：A 型带是为含有 1 个～4 个阶梯的交错阶梯式带接头而设计的。A2 型带的 t/d 比值要比 A1 型带略低，因此，在拉伸强度相近的情况下 A2 型带所用的钢丝绳的直径要小一些而接头中所含的阶梯数要多一些。

表 2 A1 型带的要求

带的型号		500	630	800	1 000	1 250	1 400	1 600	1 800	2 000	2 250	2 500	2 800	3 150	3 500	4 000	4 500	5 000	5 400	6 300	7 000	7 500
项目	单位																					
最小拉断强度 $K_{N\,min}$	N/mm	500	630	800	1 000	1 250	1 400	1 600	1 800	2 000	2 250	2 500	2 800	3 150	3 500	4 000	4 500	5 000	5 400	6 300	7 000	7 500
钢丝绳最大直径 d_{max}	mm	3.0	3.0	3.7	4.2	4.9	5.0	5.6	5.6	5.6	5.6	7.2	7.2	8.1	8.6	8.9	9.7	10.9	11.3	12.8	13.5	15.0
钢丝绳最小拉断力 $F_{bs\,min}$	kN	7.6	7.6	10.3	12.9	18.4	20.6	26.2	25.5	25.5	26.2	39.7	39.7	50.0	55.5	63.5	75.0	90.3	96.0	130.4	142.4	166.7
钢丝绳间距 t	mm	14.0	11.0	12.0	12.0	14.0	14.0	15.0	13.5	12.0	11.0	15.0	13.5	15.0	15.0	15.0	16.0	17.0	17.0	19.5	19.5	21.0
覆盖层最小厚度 s_{min}	mm	4.0	4.0	4.0	4.0	4.0	4.0	4.0	4.0	4.0	4.0	5.0	5.0	5.5	6.0	6.5	7.0	7.5	8.0	10.0	10.0	10.0

表 2（续）

带的型号		500	630	800	1 000	1 250	1 400	1 600	1 800	2 000	2 250	2 500	2 800	3 150	3 500	4 000	4 500	5 000	5 400	6 300	7 000	7 500
项目	单位																					
带宽 B/mm	极限偏差/mm	钢丝绳根数 *n*																				
500	+10/−5	33	42	39	39	34	34	31	N/A	N/A	N/A	N/A	N/A	N/A	N/A	N/A	N/A	N/A	N/A	N/A	N/A	N/A
650	+10/−7	44	54	51	51	45	45	41	46	52	56	41	46	41	41	41	39	36	N/A	N/A	N/A	N/A
800	+10/−8	54	68	64	63	55	55	50	57	64	69	51	57	51	51	51	48	45	45	N/A	N/A	N/A
1 000	±10	68	84	80	80	68	68	63	71	80	86	63	71	63	64	63	60	56	57	N/A	N/A	N/A
1 200	±10	86	110	97	97	82	82	76	85	96	104	76	85	76	76	76	72	67	68	58	59	54
1 400	±12	96	124	114	113	97	97	90	100	112	122	89	99	89	89	89	84	79	79	68	69	64
1 600	±12	111	142	130	130	111	111	103	114	129	140	102	114	102	102	102	96	90	90	78	80	73
1 800	±14	125	160	147	147	125	125	116	129	145	159	116	128	116	116	116	108	102	102	89	90	83
2 000	±14	139	177	164	163	140	139	130	144	162	177	129	143	129	129	129	121	114	114	99	100	92
2 200	±15	153	195	180	180	154	154	143	159	179	195	142	158	142	142	142	133	126	126	109	110	102
2 400	±15	167	213	197	197	168	168	156	174	195	213	156	173	156	156	156	146	137	137	119	119	110
2 600	±15	181	231	214	213	182	182	170	189	212	231	169	188	169	169	169	158	149	149	129	129	120
2 800	±15	196	249	230	230	197	197	183	203	229	249	182	202	182	182	182	171	161	161	139	139	129
3 000	±15	210	267	247	247	211	211	196	218	245	268	196	217	196	196	196	183	173	173	149	149	139
3 200	±15	224	286	264	263	225	225	210	233	262	286	209	232	209	209	209	196	184	184	160	160	149

注：N/A 表示由于成槽性的缘故而不适用。

表 3 A2 型带的要求

带的型号		1 000	1 250	1 400	1 600	1 800	2 000	2 250	2 500	2 800	3 150	3 500
项目	单位											
最小拉断强度 $K_{N\,min}$	N/mm	1 000	1 250	1 400	1 600	1 800	2 000	2 250	2 500	2 800	3 150	3 500
钢丝绳最大直径 d_{max}	mm	3.7	4.2	4.4	4.7	4.9	5.2	5.6	5.8	6.7	7.2	7.4
钢丝绳最小拉断力 $F_{bs\,min}$	kN	10.7	13.3	14.9	17.1	19.2	21.3	24.0	26.6	35.9	40.4	44.9
钢丝绳间距 t	mm	10.0	10.0	10.0	10.0	10.0	10.0	10.0	10.0	12.0	12.0	12.0
覆盖层最小厚度 s_{min}	mm	4.0	4.0	4.0	4.0	4.0	4.0	4.0	4.0	5.0	5.0	6.0
带宽 B/mm	极限偏差/mm	钢丝绳根数 n										
500	+10/−5	47	47	47	47	47	47	47	47	39	39	39
650	+10/−7	61	62	62	61	61	62	61	62	51	51	51
800	+10/−8	76	76	76	75	76	76	76	76	63	63	63
1 000	±10	96	96	96	95	95	95	94	94	78	78	78
1 200	±10	116	116	116	115	115	115	114	114	94	94	94
1 400	±12	136	136	136	135	135	135	134	134	111	111	111
1 600	±12	156	156	156	155	155	155	154	154	128	128	128
1 800	±14	176	176	176	175	175	175	174	174	144	144	144
2 000	±14	196	196	196	195	195	195	194	194	161	161	161
2 200	±15	216	216	216	215	215	215	214	214	178	178	178
2 400	±15	236	236	236	235	235	235	234	234	194	194	194
2 600	±15	256	256	256	255	255	255	254	254	211	211	211
2 800	±15	276	276	276	275	275	275	274	274	228	228	228
3 000	±15	296	296	296	295	295	295	294	294	244	244	244
3 200	±15	316	316	316	315	315	315	314	314	261	261	261

4 B 型带

与 A 型带相比较，B 型带具有横向增强体，如 GB/T 28267.1—2012 的 5.2 所示。

B 型带被划分为两类：

——B1 型带：其经向钢丝绳具有相对高的伸长率；

——B2 型带：其经向钢丝绳具有标准伸长率。

对 B1 型带和 B2 型带的要求分别在表 4 和表 5 中给出。

具有高弹性伸长率的钢丝绳横向件应布置在纵向钢丝绳的上方和下方，与纵向钢丝绳共同构成 ST S/S 型带的带芯。

此类输送带可仅有一层布置在纵向钢丝绳的上方的钢丝绳横向件；也可在纵向钢丝绳的上方和下方布置织物横向件。两层钢丝绳之间应有橡胶层。

B型带应采用以下接头进行连接：

——B1型带采用指形接头或普通阶梯式接头；

——B2型带采用普通阶梯式接头或交错阶梯式接头。

表4 B1型带的要求

带的型号		500	630	800	1 000	1 250	1 400
项目	单位						
最小拉断强度 $K_{N\ min}$	N/mm	500	630	800	1 000	1 250	1 400
钢丝绳最大直径 d_{max}	mm	3.0	3.0	3.0	3.0	3.0	3.0
含有下列横向件的带芯层的厚度							
2层织物横向件，ST T/T型	mm	5.6	5.6	5.6	5.6	5.6	5.6
1层金属横向件，ST S/—型	mm	4.0	4.0	4.0	4.0	4.0	4.0
2层金属横向件，ST S/S型	mm	5.6	5.6	5.6	5.6	5.6	5.6
覆盖层最小厚度 s_{min}	mm	3.0	3.0	3.0	3.0	3.0	3.0

表5 B2型带的要求

带的型号		800	1 000	1 250	1 400	1 600	1 800	2 000	2 250	2 500	2 800	3 150	3 500
项目	单位												
最小拉断强度 $K_{N\ min}$	N/mm	800	1 000	1 250	1 400	1 600	1 800	2 000	2 250	2 500	2 800	3 150	3 500
钢丝绳最大直径 d_{max}	mm	3.3	3.3	3.3	3.3	3.3	3.3	3.3	3.3	5.4	5.4	7.1	7.4
钢丝绳最小拉断力 $F_{bs\ min}$	kN	10.5	10.5	10.5	10.5	10.5	10.5	10.5	10.5	27.0	27.0	40.7	44.9
钢丝绳间距 t	mm	12.1	9.7	7.7	6.9	6.1	5.4	4.8	4.4	9.9	9.3	11.0	12.0
2层织物横向件，ST T/T型	mm	6.6	6.6	6.6	6.6	6.6	6.6	6.6	6.6	8.6	8.6	10.6	10.6
1层金属横向件，ST S/—型	mm	5.5	5.5	5.5	5.5	5.5	5.5	5.5	5.5	7.5	7.5	9.5	9.5
2层金属横向件，ST S/S型	mm	7.0	7.0	7.0	7.0	7.0	7.0	7.0	7.0	9.0	9.0	11.0	11.0
覆盖层最小厚度 s_{min}	mm	3.0	3.0	3.0	3.0	3.0	3.0	3.0	3.0	4.0	4.0	5.0	5.0

表 5（续）

带的型号		800	1 000	1 250	1 400	1 600	1 800	2 000	2 250	2 500	2 800	3 150	3 500
项目	单位												
带宽 B/mm	极限偏差/mm	钢丝绳根数 n											
650	+10/−7	50	62	78	87	N/A	N/A	N/A	N/A	N/A	N/A	N/A	N/A
800	+10/−8	61	77	96	107	122	138	153	172	75	83	70	64
1 000	±10	77	96	123	134	153	172	193	215	94	104	88	80
1 200	±10	96	119	149	163	185	209	235	258	114	125	105	96
1 400	±12	110	137	175	192	218	246	276	301	134	146	123	112
1 600	±12	129	158	198	221	250	283	318	347	154	166	140	128
1 800	±14	143	178	224	250	283	320	360	392	175	187	158	144
注：N/A 表示由于成槽性的缘故而不适用。													

5 C型带

C 型带的抗拉体具有织物状结构，C1 型带和 C2 型带的经线均应为镀黄铜钢丝绳或镀锌钢丝绳。

注：与 C2 型带相比较，C 1 型带的纵向钢丝绳具有更高的弹性伸长率。

C1 型带的横向件应为纺织物或钢丝绳，布置在纵向钢丝绳的上方和(或)下方。

C2 型带的横向件应为钢丝绳，布置在纵向钢丝绳的上方或下方。

C 型带的接头应为指形接头或普通阶梯式接头。

对 C1 型带和 C2 型带的要求分别在表 6 和表 7 中给出。

表 6　C1 型带的要求

带的型号		500	630	800	1 000	1 250	1 400	1 600	1 800	2 000
项目	单位									
最小拉断强度 $K_{N\ min}$	N/mm	500	630	800	1 000	1 250	1 400	1 600	1 800	2 000
带芯层最大厚度 s_{6max}	mm	5.3	5.3	6.1	6.1	8.0	8.0	8.0	8.0	8.0
覆盖层最小厚度 s_{min}	mm	3.0	3.0	3.0	3.0	4.0	4.0	4.0	4.0	4.0

表 7　C2 型带的要求

带的型号		630	800	1 000	1 250	1 400	1 600	1 800	2 000
项目	单位								
最小拉断强度 $K_{N\ min}$	N/mm	630	800	1 000	1 250	1 400	1 600	1 800	2 000
带芯层最大厚度 s_{6max}	mm	5.3	5.9	5.9	6.7	6.7	7.5	7.5	7.5
覆盖层最小厚度 s_{min}	mm	3.0	4.0	4.0	4.0	4.0	4.0	4.0	4.0

ICS 53.040.20
G 42

中华人民共和国国家标准

GB/T 28267.3—2015/ISO 15236-3:2007

钢丝绳芯输送带　第3部分:井下用输送带的特殊安全要求

Steel cord conveyor belts—Part 3:Special safety requirements for belts for use in underground installations

(ISO 15236-3:2007,IDT)

2015-12-31 发布　　2016-07-01 实施

中华人民共和国国家质量监督检验检疫总局
中国国家标准化管理委员会　发布

前言

GB/T 28267《钢丝绳芯输送带》分为以下4个部分：

——第1部分：普通用途输送带的设计、尺寸和机械要求；

——第2部分：优选带型；

——第3部分：井下用输送带的特殊安全要求；

——第4部分：带的硫化接头。

本部分为GB/T 28267的第3部分。

本部分按照GB/T 1.1—2009给出的规则起草。

本部分使用翻译法等同采用ISO 15236-3:2007《钢丝绳芯输送带　第3部分：井下用途输送带的特殊安全要求》(英文版)。

与本部分中规范性引用的国际文件有一致性对应关系的我国文件如下：

GB/T 528　硫化橡胶或热塑性橡胶　拉伸应力应变性能的测定(GB/T 528—2009,ISO 37:2005,IDT)；

GB/T 3916　纺织品　卷装纱　单根纱线断裂强力和断裂伸长率的测定(CRE法)(GB/T 3916—2013,ISO 2062:2009,MOD)；

GB/T 5754.2　钢丝绳芯输送带　纵向拉伸试验　第2部分：拉伸强度的测定(GB/T 5754.2—2005,ISO 7622-2:1984,IDT)；

GB/T 5755　钢丝绳芯输送带　钢丝绳粘合强度的测定(GB/T 5755—2013，ISO 7623:1996，IDT)；

GB/T 7983　输送带　横向柔性(成槽性)　试验方法(GB/T 7983—2013,ISO 703:2007,MOD)；

GB/T 17044　钢丝绳芯输送带　覆盖层与带芯层粘合强度试验(GB/T 17044—2013,ISO 8094:1984,IDT)。

本部分做了下列编辑性修改：

——将表1中"$h_m \leqslant 1$ mm、1.0 mm $< h_m \leqslant 1.5$ mm、$h_m > 1.5$ mm"分别改正为"$\Delta h \leqslant 1$ mm、1.0 mm $< \Delta h \leqslant 1.5$ mm、$\Delta h > 1.5$ mm"；

——用国际标准最新版本ISO 7590:2009代替ISO 7590:2001。

本部分由中国石油和化学工业联合会提出。

本部分由全国带轮与带标准化技术委员会输送带分技术委员会(SAC/TC 428/SC 1)归口。

本部分起草单位：浙江双箭橡胶股份有限公司、安徽中意胶带有限责任公司、浙江奋飞橡塑制品有限公司、浙江三维橡胶制品股份有限公司、兖矿集团唐村实业有限公司。

本部分主要起草人：朱汉华、宋长江、郑志柳、张国方、黄孝庭。

钢丝绳芯输送带　第3部分:井下用输送带的特殊安全要求

1　范围

GB/T 28267的本部分规定了以纵向钢丝绳作为增强体的井下用钢丝绳芯输送带的性能和结构要求。这些设计和结构要求适用于单根带的设计和GB/T 28267.2覆盖的全部型号系列的设计。

符合本部分的钢丝绳芯输送带主要用于煤矿井下及其他安全性要求特别高的易燃易爆场合。

注:目前只有以氯丁橡胶构成覆盖层和粘合胶的输送带能够满足这些要求。

2　规范性引用文件

下列文件对于本文件的应用是必不可少的。凡是注日期的引用文件,仅注日期的版本适用于本文件。凡是不注日期的引用文件,其最新版本(包括所有的修改单)适用于本文件。

GB/T 5753—2013　钢丝绳芯输送带　总厚度和覆盖层厚度的测定方法(ISO 7590:2009,IDT)

GB/T 9867—2008　硫化橡胶或热塑性橡胶耐磨性能的测定(旋转辊筒式磨耗机法)(ISO 4649:2002,IDT)

ISO 37　硫化橡胶或热塑性橡胶　拉伸应力-应变性能的测定(Rubber, vulcanized or thermoplastic—Determination of tensile stress-strain properties)

ISO 703　输送带　横向柔性(成槽性)　试验方法(Conveyor belts—Transverse flexibility (troughability)—Test method)

ISO 2062　纺织品　卷装纱　等速伸长(CRE)测试仪单根纱线断裂强力和断裂伸长率的测定(Textiles—Yarns from packages—Determination of single-end breaking force and elongation at break)

ISO 7622-2　钢丝绳芯输送带　纵向拉伸试验　第2部分:拉伸强度的测定(Steel cord conveyor belts—Longitudinal traction test—Part 2:Measurement of tensile strength)

ISO 7623　钢丝绳芯输送带　绳与包覆胶的粘合试验　原始状态下和热老化后试验(Steel cord conveyor belts—Cord-to-coating bond test—Initial test and after thermal treatment)

ISO 8094　钢丝绳芯输送带　覆盖层与带芯层粘合强度试验(Steel cord conveyor belts—Adhesion strength test of the cover to the core layer)

EN 13827　钢丝绳芯输送带　钢丝绳横向和纵向位置的测定(Steel cord conveyor belts—Determination of the lateral and vertical displacement of steel cords)

EN 14973　地下矿井用输送带　导电性和可燃性安全要求(Conveyor belts for use in underground installations—Electrical and flammability safety requirements)

3　术语和定义

下列术语和定义适用于本文件。

3.1

边胶宽度　edge width

b_k

外侧钢丝绳与带边间的胶层厚度。

见图1。

3.2

缓冲层　breaker

输送带中的一种横向增强体，一般由织物构成，埋设在上覆盖层和(或)下覆盖层中，距离纵向绳至少1 mm，且把它看作是覆盖层的一部分。

见图2。

注：改写GB/T 5753—2013，定义2.1。

3.3

横向件　weft

输送带中的一种横向增强体，一般由钢丝构成，埋设在纵向钢丝绳上方和(或)下方距其不到1 mm的地方，且把它看作是带芯的一部分。

见图3。

注：改写GB/T 5753—2013，定义2.2。

4　符号和单位

本部分使用的符号和单位如表1所示。

表1　符号和单位

符号	意　　义	单位
B	带宽	mm
F_a	钢丝绳拔脱强度	N/mm
F_{bs}	钢丝绳拉断力(绳取自硫化带)	kN
F_v	热老化后钢丝绳拔脱强度	N/mm
K_N	带的拉断强度最小(公称)值	N/mm
b_k	计算的边胶宽度	mm
b_t	带的增强宽度	mm
d	钢丝绳直径	mm
e	见图4	mm
F	带的挠度(成槽性)	mm
h_m	钢丝绳高度平均值，遵照EN 13827规定	mm
n	钢丝绳根数	—
s_1	带的标称厚度(见GB/T 5753)	mm
s_2	上覆盖层厚度	mm
s_3	下覆盖层厚度	mm
s_4	缓冲层到纵向钢丝绳层的间距	mm
s_5	横向件到纵向钢丝绳层的间距	mm
s_6	带芯层厚度	mm
t	钢丝绳间距	mm
Δh_1	位于$\Delta h \leqslant 1$ mm范围的钢丝绳根数占钢丝绳总根数的百分数	%
Δh_2	位于1.0 mm$<\Delta h \leqslant$1.5 mm范围的钢丝绳根数占钢丝绳总根数的百分数	%
Δh_3	位于$\Delta h>$1.5 mm范围的钢丝绳根数占钢丝绳总根数的百分数	%

5 带的设计

5.1 标准型输送带

符合本部分的输送带中包含被芯胶层包覆的钢丝绳，带芯层的顶部和底部由覆盖层保护(见图1)。

5.2 具有横向增强体的输送带

具有缓冲层的钢丝绳芯输送带的断面结构要求如图2所示，具有横向件的钢丝绳芯输送带的断面结构要求如图3所示。

5.3 带芯

对所有型式的输送带，带芯层厚度(s_6)均按下式计算：

$$s_6 = s_1 - s_2 - s_3$$

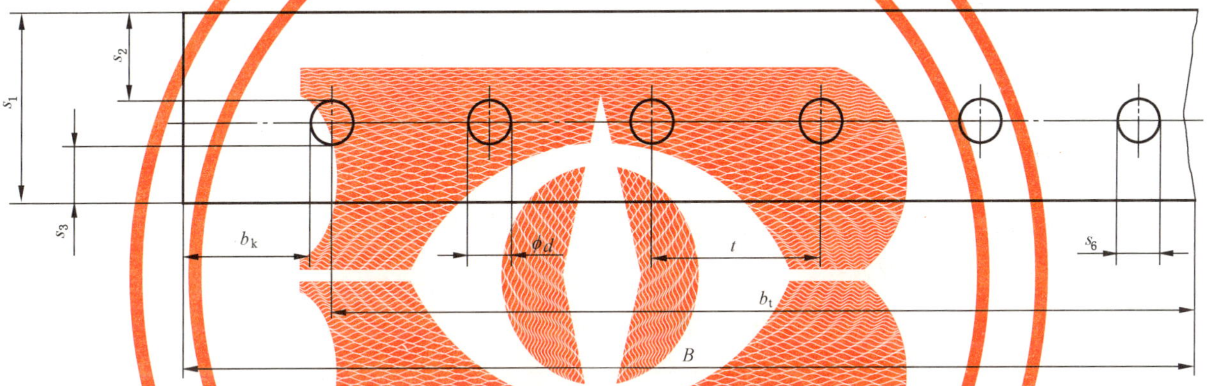

说明：

$s_6 = d$。

图1 标准型带的横截面

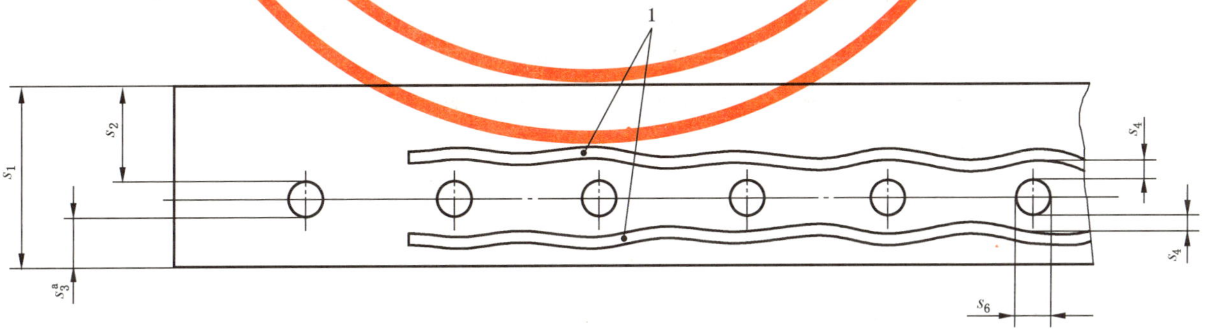

$s_4 \geqslant 1$ mm；

$s_6 = d$(见表1)。

说明：

1——缓冲层。

[a] 包括缓冲层。

图2 具有缓冲层的带的横截面

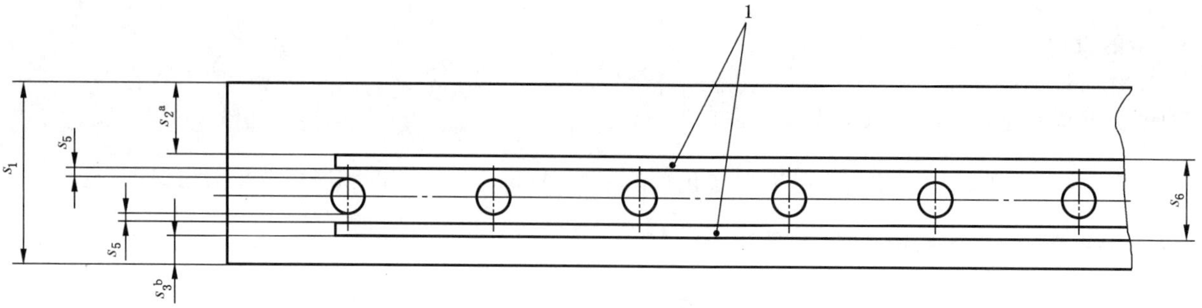

s_5<1mm。

说明：

1——横向件。

[a] 横向件上方。

[b] 横向件下方。

图 3　具有横向件的带的横截面

6　设计和结构

6.1　带的拉伸强度

钢丝绳芯输送带的纵向拉伸强度应在 500 N/mm～8 000 N/mm 之间。

宜按表 2 选择带的型号。

表 2　带的型号

ST 1000	ST 1250	ST 1600	ST 2000	ST 2500	ST 3150
ST 3500	ST 4000	ST 4500	ST 5000	ST 5400	

6.2　带的宽度

带的宽度及极限偏差如表 3 所示，它们是指带在制造时的宽度，而不是安装后承受张力时的宽度。

表 3　带宽（*B*）

B/mm	500	650	800	1 000	1 200	1 400	1 600
极限偏差	$^{+10}_{-5}$	$^{+10}_{-7}$	$^{+10}_{-8}$	±10	±10	±12	±12

6.3　带的边胶宽度和带的增强宽度

6.3.1　边胶宽度

带边胶宽度（b_k）应不小于 15 mm 而不大于 40 mm，由下式计算近似值：

$$b_k \approx 5 \times s_6$$

6.3.2　带的增强宽度

带的增强宽度（b_t）按下式计算：

$$b_t = B - 2b_k - d$$

(参见 7.2.2)。

6.4 钢丝绳根数

可利用钢丝绳的最小拉断力(F_{bs})(单位为千牛顿,kN)(见 7.1)、带的最小拉断强度(K_N)(单位为牛顿每毫米,N/mm)和带宽度(B)(单位为毫米,mm)按下式求出带的最少钢丝绳根数。

$$n_{min} = \frac{K_N \times B}{F_{bs} \times 1\ 000}$$

实际钢丝绳根数(n)应大于或等于 n_{min},即 $n \geqslant n_{min}$。

6.5 钢丝绳间距

钢丝绳间距(t)按下式计算:

$$t = \frac{b_t}{n-1}$$

钢丝绳间距的设计值应精确到 0.1 mm。

边胶宽度(b_k) 按下式计算:

$$b_k = 0.5 \times [B - d - t \times (n-1)]$$

6.6 覆盖层厚度

对于没有横向件的带,上、下覆盖层最小厚度(s_2或 s_3) 应不小于 0.7 d,当 0.7 $d \leqslant 4$ mm 时,上、下覆盖层最小厚度应不小于 4 mm。

对于具有横向增强体的带,具有缓冲层的带的覆盖层最小厚度可大于规定值(取决于缓冲层的设计);具有横向件的带的覆盖层最小厚度可小于规定值。

覆盖层实际厚度应根据覆盖层性能类型和输送工作条件确定。上、下覆盖层厚度之和($s_2 + s_3$)影响输送带的可燃性,因此最小值应遵守,当按照 GB/T 5753 进行测量时,覆盖层厚度测定值应符合设计值,上、下极限偏差分别为+1 mm 和−0.5 mm。

6.7 带厚度

带厚度(s_1)是由带芯层厚度(s_6),覆盖层厚度(s_2和 s_3)相加而得出的。

带厚度按 GB/T 5753 进行测量时,其最大值应为(s_1+2)mm。

带的两个表面应是平整和平行的,按 GB/T 5753 进行测量时,任意两点的带厚度(例如在带边或带中心)差值不得超过 $0.05s_1$。

6.8 带长度

由生产厂向用户提供的输送带的长度极限偏差见表 4。

表 4 带长极限偏差

带的交货条件	带的供货长度与订货长度之间的最大容许差值
提供的带是整根带	$^{+2.5\%}_{0}$
提供的带是几段带	每段带的长度极限偏差为±5%,各段带长度之和的总极限偏差为$^{+2.5\%}_{0}$

用户提供的订货长度应包括制作带接头及外部试验所需要的长度。

7 机械性能要求

7.1 钢丝绳拉断力

钢丝绳拉断力应以钢丝绳生产厂的试验报告为依据。如果用户要求以从输送带中取出的钢丝绳作为试样来做试验，试验应按 ISO 7622-2 进行。

钢丝绳拉断力(F_{bs})至少应等于由下述计算得到的值：以带的最小拉断强度(K_N)乘以带宽(B)，再除以钢丝绳根数(n)，即：

$$F_{bs} \geqslant \frac{K_N \times B}{n \times 1\,000}$$

7.2 钢丝绳在带中的位置

7.2.1 总则

钢丝绳在带中的位置按 EN 13827 进行测定。

7.2.2 横向位置

钢丝绳在带中应沿直线伸展。当按 EN 13827 测量时，钢丝绳间距偏离标称间距的值大于 ±1.5 mm的钢丝绳根数不得大于钢丝绳总根数的 5% 。

带的增强宽度(b_t)的实际值对计算值[$(n-1)\times t$]的偏差应不大于 1% 。

7.2.3 纵向位置

带中的钢丝绳应位于同一个平面上。当按 EN 13827 测量时，Δh_1的值至少应为 95%。Δh_2的值应不大于 5%，Δh_3的值应为零。

7.3 钢丝绳接头的数目和间距

在每一段带中(见 6.8)，有接头的钢丝绳根数不得超过钢丝绳总根数(n)的 2%。任何一根钢丝绳上不得有 1 个以上的接头。

任意两根钢丝绳上的接头之间的纵向距离应大于 10 m。

7.4 钢丝绳拔脱强度

对于以钢丝绳为增强体的输送带，为保证接头区域内力的传递，橡胶与钢丝绳间的粘合强度是至关重要的。

橡胶与钢丝绳间的粘合强度在交货状态下用 F_a表示，在热老化状态下用 F_v表示。

当试验按 ISO 7623 进行时，钢丝绳拔脱强度(F_a和 F_v)应满足表 5 要求。正常的热老化时间为(150±1)min，温度为(145±5)℃，若被试带为了数次修理或为了硫化接头时，钢丝绳拔脱强度试验中的热老化时间应为(240±1)min，温度应为(155±5)℃。

表5 钢丝绳每单位长度下钢丝绳与包覆胶的粘合强度性能要求

试验条件	钢丝绳拔脱强度 N/mm	
	$F_{a\,min}$	$F_{v\,min}$
在交货状态下：		
无横向增强体	15 d+15	—
有横向增强体	17 d+20	—
热老化后试验： (145±5)℃,(150±1)min 或 (155±5)℃,(240±1)min		
无横向增强体	—	15 d+5
有横向增强体	—	17 d+20

7.5 覆盖层——品质分级

当试验按 ISO 37 和 GB/T 9867—2008 方法 A 进行时，从覆盖层表面到带中下述位置的输送带覆盖层的性能均应符合表6要求。

——对没有横向增强体的带来说，从钢丝绳外缘向外的距离等于钢丝绳直径的±25%的位置；

——对有横向增强体的带来说，从横向增强体外缘向外的距离等于0.5 mm的位置。

表6 覆盖层等级(覆盖层性能)

等级	拉伸强度/MPa (ISO 37) ≥	拉断伸长率/% (ISO 37) ≥	磨耗量/mm^3 (GB/T 9867) ≤
V	17	350	175

7.6 粘合强度

当试验按 ISO 8094 进行时，覆盖层与带芯层之间的粘合强度、覆盖层与横向增强体之间的粘合强度均应不小于10 N/mm。

7.7 横向增强体

7.7.1 缓冲层

缓冲层位于上覆盖层和(或)下覆盖层中，由与钢丝绳垂直的织物纤维构成。这些纤维应被引进覆盖层，既可以是单根线，也可以是纤维编织为一体的织物层。

注1：在生产过程中，这些纤维的横截面可能变成椭圆形(见图4)。

为确保在硫化过程中胶料能很好地渗透到纤维之间，纤维间距与其长径之比应为2～6，即：

$$2 \leqslant \frac{t}{e} \leqslant 6$$

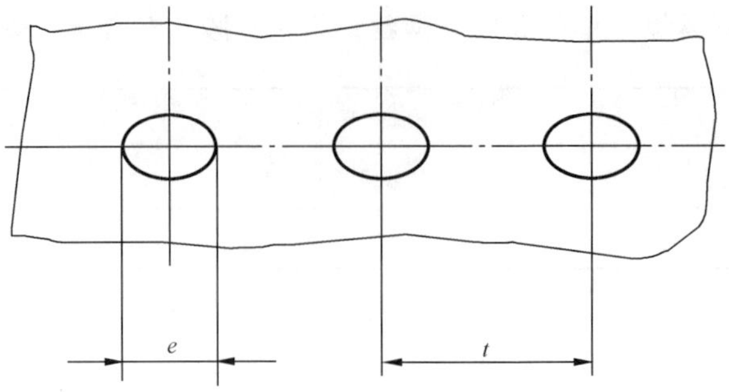

图 4 横向增强体的横截面

缓冲层与纵向钢丝绳之间的距离(s_4)应为 1 mm～2 mm。缓冲层宽度应不小于带宽度减去 100 mm 的差。缓冲层边缘到带边的距离应不小于 10 mm。

当按 ISO 2062 进行测量时,缓冲层的拉断强度应不小于 150 N/mm 且拉断伸长率应不小于 15%。

注 2:通常只对未硫化的缓冲层材料进行试验。然而,如果同意对已硫化的带进行试验,应很仔细地切取试样以防止损坏,因为缓冲层可能已经在硫化中成为波浪形。

7.7.2 横向件

作为带芯一部分的横向增强体(横向件)到纵向钢丝绳层的距离(s_5)应小于 1 mm。横向件的宽度应不小于带宽减去 50 mm 的差。横向件边缘到带边的距离应不小于 5 mm。

7.8 成槽性

按 ISO 703 进行试验时,成槽性的指标是试验中带的挠度 F 与带宽度 L[1] 之比,如表 7 所示。

表 7 等长三托辊输送机上使用的输送带的 F/L 的最小值

侧托辊槽形角	F/L
20°	0.08
25°	0.10
30°	0.12
35°	0.14
40°	0.16
45°	0.18
50°	0.20
55°	0.23
60°	0.26

7.9 不跑偏性

对于用在对中良好的输送机上以对称装载方式进行输送的钢丝绳芯输送带,其偏离正常轨迹的跑偏量应符合以下要求:带宽≤800 mm 时,跑偏量不大于±40 mm;带宽>800 mm 时,跑偏量既不大于带宽的±5%,也不大于±75 mm。

1) 在本条中,字母 L 和 ISO 703 中的用法一致。另外,字母 B 和 ISO 15236-2:2004 中的用法一致。

7.10 安全要求

井下用钢丝绳芯输送带应符合 EN 14973 中规定的有关安全要求，并遵守 EN 14973 给出的风险评估和指导。

8 取样

如果用户希望提供第 7 章中各项目的试验报告，应在两个连续带段之间取一个样品进行各项试验，其结果代表这两个带段的特性。

如果需要做更多的试验，则按订货带长度的大小按表 8 数量取样，每个样品长度不小于 450 mm，宽度为带的全宽度。

表 8 样品数量

带长度/m	样品数量
≤500	1
>500 ≤1 000	2
>1 000 ≤2 000	3
>2 000 ≤3 500	4
>3 500 ≤5 000	5
>5 000 ≤7 000	6
>7 000 ≤10 000	7
>10 000	每增加 5 000 m 增加一个样品

9 标记

在标记中以符号 ST 表示纵向抗拉体材料(钢丝绳)。在该符号之后以牛顿每毫米(N/mm)为单位表示出带的标称拉伸强度(见表 2)。

缓冲层横向增强体以字母 T(织物)或 S(钢)表示在覆盖层厚度的后面。

横向件横向增强体以字母 S(钢)或 T(织物)表示在符号“ST”后面，用以指出横向件的材料及所使用的位置。

示例 1：一条钢丝绳芯输送带(ST)，长 1 400 m，宽 1 600 mm，最小拉伸强度 5 000 N/mm，上覆盖层厚度 12 mm，下覆盖层厚度 8 mm，覆盖层性能Ⅴ级，符合 EN 14973:2006 的 C2 级安全要求：

1 400 m 钢丝绳芯输送带 GB/T 28267.3—1600 ST 5000/12+8V/C2 级

示例 2：一条钢丝绳芯输送带(ST)，长 900 m，宽 1 400 mm，最小拉伸强度 2 500 N/mm，上覆盖层厚度 10 mm，下覆盖层厚度 8 mm，覆盖层性能Ⅴ级，上、下覆盖层中均含有织物材料组成的横向增强体(缓冲层)，符合 EN 14973:2006的 C1 级安全要求：

900 m 钢丝绳芯输送带 GB/T 28267.3—1400 ST 2500/10T+8T V/C1 级

示例 3：一条钢丝绳芯输送带(ST)，长 1 000 m，宽 800 mm，最小拉伸强度 800 N/mm，上覆盖层厚度 10 mm，下覆盖层厚度 6 mm，覆盖层性能Ⅴ级，带芯层两面均含有钢制横向增强体(横向件)，符合 EN 14973:2006 的 B1 级安全要求：

1 000 m 钢丝绳芯输送带 GB/T 28267.3—800 ST S/S 800/10+6V/B1 级

10 订货资料

客户在订货时应提供的最少要求包括:带长度、带宽度、拉断强度、覆盖层厚度。

对于在多家输送带生产厂订货或为获得替换带而订货的用户,为保证输送带的互换性,还应提供关于钢丝绳根数和间距的信息,可能时还需告知钢丝绳直径(参见附录A),以及要求输送带是标准型式的还是具有缓冲层或横向件的。在这方面可参照GB/T 28267.2“优选带型”。

11 标志

钢丝绳芯输送带的标志应至少包含下列信息:

a) GB/T 28267本部分的编号和出版年代,即“GB/T 28267.3—2015”;

b) 带生产厂家的名称;

c) 带生产年代(用年代号的后两位数,例如用07来表示2007);

d) 不大于5位数的带编号;

e) 标称拉伸强度,单位为牛顿每毫米(N/mm);

f) 上、下覆盖层厚度,单位为毫米(mm),以及字母“T”(用于织物增强体)或字母“S”(用于钢制缓冲层或横向件)。

附　录　A
（资料性附录）
买方需提供的有用信息

A.1　适用性

订货时，买方应根据第 10 章（订货资料）确定并向卖方提供对带的设计和选择有用的信息。

A.2　替换带

当给输送机更换新带而订货时，应提供下列信息：

a)　被替换带的详细特征，即钢丝绳直径、间距、钢丝绳根数、覆盖层厚度、横向增强体、覆盖层类型；

b)　带宽，单位为毫米；

c)　带速，单位为米每秒；

d)　滚筒直径，单位为毫米，标出中凸滚筒的位置；

e)　张紧方法和张紧装置数量；

f)　驱动装置类型，包括其布置和连接方法；

g)　驱动滚筒是绝缘的还是导电的；

h)　托辊的间距、长度和角度；

i)　轮廓草图，指明传动位置、张紧装置、卸料机等的位置，以及运行线路的垂直/水平弯曲部的曲线半径；

j)　带长度，单位为米；

k)　带接头类型；

l)　安装到电机功率；

m)　起动类型；

n)　按照 EN 14973 要求的安全类别；

o)　头部和尾部的过渡距离；

p)　裂口预防/探测系统。

A.3　用于新装置的附加信息

在适当并且可能的情况下，应提供下列附加信息：

a)　被输送的物料；

b)　物料状况：潮湿的、干燥的、黏性的、油腻的或磨蚀性的，如果是热的或者冷的，在温度可知的情况下说明温度或者描述状况，是否要需要清扫器；

c)　物料的容积密度；

d)　大块物料的尺寸（三维），单位为毫米；

e)　物料尺寸的平均值，单位为毫米；

f)　物料的近似筛选分析（见 ISO 7806 和 ISO 9045）；

g)　在将物料放到输送带上之前的物料搬运方法；

h) 给料过程中是否需要对其进行调节,首选的给料机类型;
i) 输送机的日工作量和小时工作量,每日工作小时数;
j) 输送机卸料方法;
k) 提升和下降的高度,单位为米;
l) 初始输送距离(头部滚筒与尾部滚筒的中心距),单位为米;
m) 最终输送距离(头部滚筒与尾部滚筒的中心距),单位为米;
n) 驱动位置;
o) 电源信息,即电压是交流还是直流;
p) 输送机装置的轮廓草图;
q) 首选的托辊布置和侧面托辊倾角;
r) 环境条件;
s) 其他特性要求或试验要求。

参 考 文 献

[1] ISO 7806 Industrial plate screens—Codification for designating perforations
[2] ISO 9045 Industrial screens and screening—Vocabulary

ICS 53.040.20
G 42

中华人民共和国国家标准

GB/T 28267.4—2015/ISO 15236-4:2004

钢丝绳芯输送带 第4部分:带的硫化接头

Steel cord conveyor belts—Part 4: Vulcanized belt joints

(ISO 15236-4:2004,IDT)

2015-12-31 发布　　2016-07-01 实施

中华人民共和国国家质量监督检验检疫总局
中国国家标准化管理委员会 发布

前　言

GB/T 28267《钢丝绳芯输送带》分为以下几个部分：

——第1部分：普通用途输送带的设计、尺寸和机械要求；

——第2部分：优选带型；

——第3部分：井下用输送带的特殊安全要求；

——第4部分：带的硫化接头。

本部分为GB/T 28267的第4部分。

本部分按照GB/T 1.1—2009给出的规则起草。

本部分使用翻译法等同采用ISO 15236-4:2004《钢丝绳芯输送带　第4部分：带的硫化接头》。

本部分做了下列编辑性修改：

——将表2中的“≥6.0”更正为“≤6.0”。

本部分由中国石油和化学工业联合会提出。

本部分由全国带轮与带标准化技术委员会(SAC/TC 428)归口。

本部分负责起草单位：浙江双箭橡胶股份有限公司、山西凤凰胶带有限公司、浙江三维橡胶制品股份有限公司、山东晨光胶带有限公司、沈阳泰丰胶带制造有限公司、兖矿集团唐村实业有限公司。

本部分主要起草人：庄炳建、屈文德、张国方、刘生平、王博、孙桂美。

钢丝绳芯输送带
第4部分:带的硫化接头

1 范围

GB/T 28267 的本部分规定了钢丝绳芯输送带硫化接头的设计、尺寸、要求和标志。

2 术语和定义

下列术语和定义适用于本文件。

2.1

硫化接头 vulcanized joint

钢丝绳输送带上的一个区域,该区域是通过将两段带在长度上进行接合并对钢丝绳周围的包覆橡胶进行硫化而形成的。

3 符号和单位

本部分使用的符号和单位如表1所示。

表1 符号和单位

符 号	意 义	单 位
d	钢丝绳直径	mm
K_{N}	带的拉断强度公称值	N/mm
K_{Nred}	减少的接头拉断强度	N/mm
l_{p}	钢丝绳末端交错区长度	mm
l_{q}	钢丝绳过渡区长度	mm
l_{s}	钢丝绳末端对接端面间隙	mm
n_{st}	阶梯数目	—
SG	接头部位绳间橡胶厚度	mm
SG_{min}	接头部位绳间橡胶最小厚度	mm
t	间距	mm
t_{min}	带中钢丝绳最小间距	mm

4 接头类型

4.1 总则

按照力从接头一边传递到另一边的方式不同,接头类型可分为两种:

a) 阶梯式接头

在这种接头中,力是通过包覆在钢丝绳周围的橡胶传递的。

b) 指形接头

在这种接头中，力既通过包在钢丝绳周围的橡胶传递，又通过横向增强体传递。采用这种接头的带中必有横向增强体。

注 1：阶梯式接头可提供最高的动态性能，但需要更多的制作时间，操作者要有丰富的知识并需小心操作。

注 2：对这两种接头，橡胶的物理性能，特别是与钢丝绳的粘合，对接头质量是极重要的。

4.2 阶梯式接头

4.2.1 设计原则

将欲接头的两带端的钢丝绳包覆胶剥去。根据协议规定的接头式样，将各根钢丝绳分别切去不同长度，使之形成阶梯状。必要时将钢丝绳周围的芯胶也切去。将两带段的端部钢丝绳互相插接。在钢丝绳之间嵌入黏合胶并用覆盖胶覆盖。在钢丝绳层上下两面贴合覆盖层胶料。硫化后的接头可将力从接头的一端传递到另一端。

不同于织物增强体的输送带制作接头时带端通常斜切，钢丝绳芯带制作接头时带端斜切或垂直于带边切割。

接头阶梯数目、接头长度、阶梯长度及接头式样(即钢丝绳的切断顺序)由生产厂家规定或由企业标准或国家标准给出。

除了实践经验，阶梯式接头质量可通过计算橡胶与钢丝绳之间的粘合力或通过静态和动态试验方法来评估。

4.2.2 接头部位的绳间橡胶

填入接头中两边钢丝绳之间的橡胶在胶带工作时发生最大的应变和承受最大的应力，因此，接头部位绳间橡胶最小厚度 SG_{min} 应符合下式的要求：

$$SG_{min} \geqslant 1.2 + (0.1 \times d)$$

4.2.3 对接端间隙

被接合两端的对应钢丝绳之间的对接端间隙 l_s 应近于 $4d$ 但不小于 $3d$。

4.2.4 阶梯

虽然允许更高的阶梯数，但接头应做成一阶、二阶、三阶或四阶接头。

根据确定的阶梯数，钢丝绳应在整个带宽上依次切割。

4.2.5 交错阶梯式接头

交错阶梯式接头的特点是接头中的钢丝绳根数比带本身的钢丝绳根数要多很多。

接头两端的钢丝绳应有一个过渡长度 l_q，l_q 是钢丝绳直径的一个函数。优选的钢丝绳过渡长度见表 2。过渡长度应不小于钢丝绳直径的 16 倍。

表 2　钢丝绳过渡长度

单位为毫米

D	l_q
≤6.0	100
> 6.0～≤ 8.5	150
> 8.5～≤ 10.0	200
>10.0～≤ 11.5	250

注：钢丝绳末端错开长度 l_p 最好为 50 mm。

直切式和斜切式的二阶交错阶梯式接头的一部分如图 1 所示。

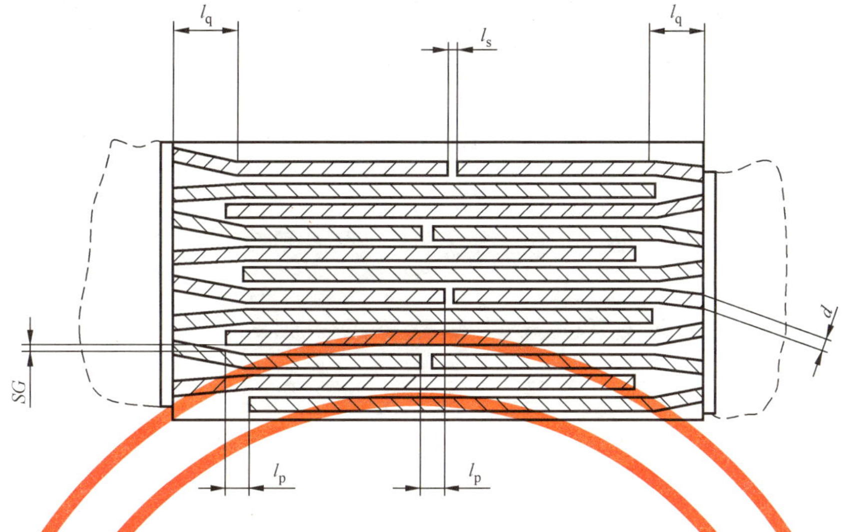

a） 直切式

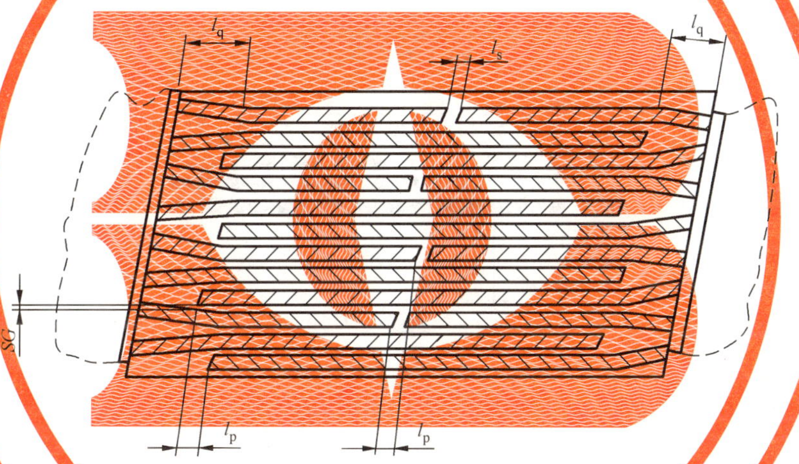

b） 斜切式

说明：

符号意义见表 1。

图 1 二阶交错阶梯式接头(直切式和斜切式)的一部分

4.2.6 普通阶梯式接头

4.2.6.1 带中钢丝绳最小间距

普通阶梯式接头中的钢丝绳根数与带中的钢丝绳根数相同。带的钢丝绳最小间距 t_{min} 按下式计算：

$$t_{min} = d + SG_{min}$$

注：当钢丝绳间距小于 t_{min} 时，将降低接头质量，更小的间距宜避免。

4.2.6.2 接头拉断强度

接头的实际拉断强度 K_{Nred} 可从带接头端相对面间的粘合区数量计算。

$$K_{\mathrm{Nred}} \geqslant \frac{n_{\mathrm{st}}}{n_{\mathrm{st}}+1} \times K_{\mathrm{N}}$$

4.2.6.3 接头钢丝绳布置方式

普通阶梯式接头应为“琴管形接头”或“树冠形接头”,如图 2 所示。

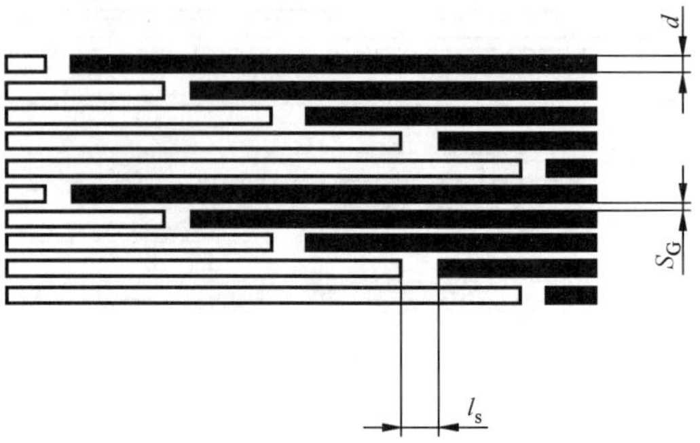

a) 琴管形接头

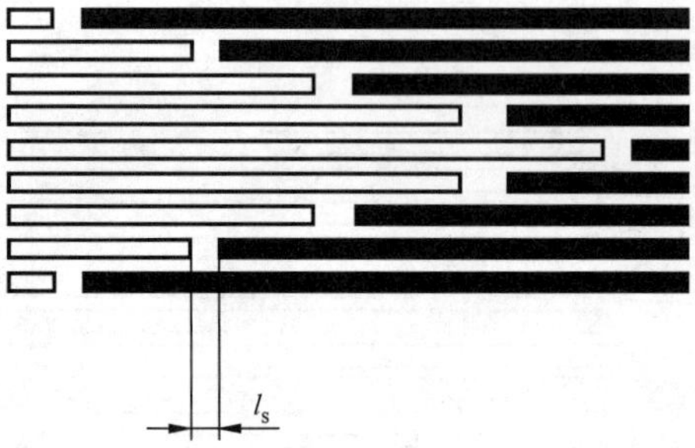

b) 树冠形接头

图 2 典型的四阶普通阶梯式接头的一部分

4.2.7 横向增强体[1)]

接头材料上的最大应力会因接合横向增强体而减小,即,使应力更加均衡。横向增强体到覆盖层过渡区的距离应至少为 50 mm。

4.3 指形接头

制作指形接头时应使用剪刀或类似剪刀工具以便准确地剪断钢丝绳。因此这种接头形式通常只限于钢丝绳直径不大于 3.3 mm 的带。

为了制作指形接头,应除去带两端接头区域的覆盖层和横向增强体。将剩余部分剪成多个三角形试样,形成带有许多指形的带端(两带端的去掉部分和保留部分正好互补),将两带端部位的指形互相对插,在接头部位覆盖浸胶横向增强体和覆盖层并加以硫化(见图 3)。

注 1:接头区的横向增强体对接头质量是必不可少的。

指形的长度和宽度应由生产厂家规定或由企业标准或国家标准给出。

1) 经计算,琴管形阶梯式接头的应力低于树冠形阶梯式接头。

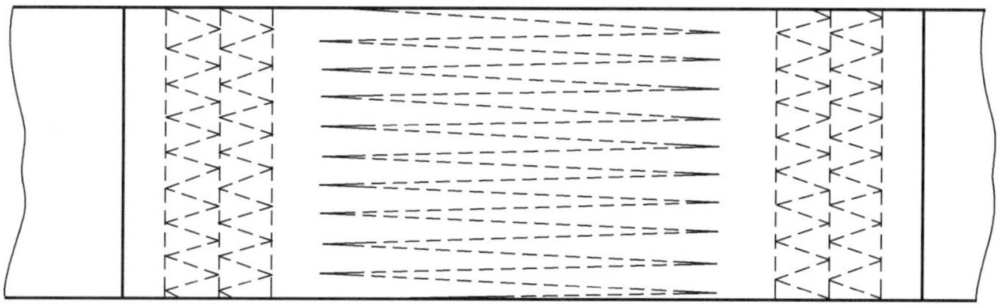

图 3 指形接头的一部分

注 2：接合过程中带的静态强度损失是不可避免的，损失的程度与接合的结构有关。

5 接头材料

接头材料应根据被接头的带型来选择，应确保接头材料没有因老化而变质。

6 接头的制作

加热平板在纵向上应至少比接头两端大 150 mm，并且在横向上应至少盖住垫铁。

加热平板应均衡地施加至少为 1 MPa 的压力。机械压力设备应使用能施加压力的装置。

生产者和买方之间除非另有约定，制作接头时填充在钢丝绳之间的橡胶厚度应相等。

制作接头时应遵守下列通用指南：

——通过斜切覆盖层过渡区来确保一个大的粘合面；

——在钢丝绳的表面覆上一层黏合胶；

——仔细地在绳间空隙中填满质量足够好的黏合胶；

——使用具有高粘合强度的材料。

对于交错阶梯式接头还应注意以下各点：

——避免带边部位的钢丝绳对接；

——将接头样式导致的偏离转移到带的中央。

注：关于带接头制作及硫化要求的详细信息由带的生产厂提供或由专门从事带服务的公司提供。

7 接头的标志

带接头应具有易读持久的标志。标志中的字母和数字的高度应至少为 20 mm 并且线宽度应至少为 3 mm。

标志应按下列示例所示顺序排列：

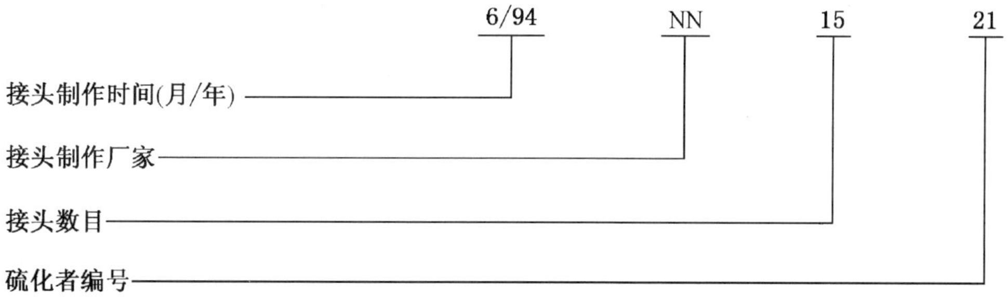

ICS 75.200;83.140.30
E 97;G 33

GB

中华人民共和国国家标准

GB/T 29165.3—2015/ISO 14692-3:2002

石油天然气工业　玻璃纤维增强塑料管
第3部分:系统设计

Petroleum and natural gas industries—Glass-reinforced plastics(GRP) piping—Part 3:System design

(ISO 14692-3:2002,IDT)

2015-05-15 发布　　2015-09-01 实施

中华人民共和国国家质量监督检验检疫总局
中国国家标准化管理委员会　发布

前　言

GB/T 29165《石油天然气工业　玻璃纤维增强塑料管》分为以下4个部分：

——第1部分：词汇、符号、应用及材料；

——第2部分：评定与制造；

——第3部分：系统设计；

——第4部分：装配、安装与运行。

本部分为GB/T 29165的第3部分。

本部分按照GB/T 1.1—2009给出的规则起草。

本部分使用翻译法等同采用ISO 14692-3:2002《石油天然气工业　玻璃纤维增强塑料管　第3部分：系统设计》。

请注意本文件的某些内容可能涉及专利。本文件的发布机构不承担识别这些专利的责任。

本部分由全国石油天然气标准化技术委员会(SAC/TC 355)归口。

本部分起草单位：中国石油集团石油管工程技术研究院、哈尔滨斯达玻璃钢有限公司、山东胜利新大实业集团有限公司、中国石化西北油田分公司。

本部分主要起草人：戚东涛、赵岩、金立群、羊东明、李厚补、方伟、徐婷、杨志勇、朱加强。

石油天然气工业　玻璃纤维增强塑料管
第3部分:系统设计

1　范围

GB/T 29165的本部分规定了玻璃纤维增强塑料管道系统的设计指南。

本部分适用于玻璃纤维增强塑料管的布置尺寸、水力设计、结构设计、细节设计、耐火性能、火焰蔓延、烟雾和静电释放控制等。

本部分应与第1部分配合使用。

2　规范性引用文件

下列文件对于本文件的应用是必不可少的。凡是注日期的引用文件,仅注日期的版本适用于本文件。凡是不注日期的引用文件,其最新版本(包括所有的修改单)适用于本文件。

GB/T 29165.1—2012　石油天然气工业　玻璃纤维增强塑料管　第1部分:词汇、符号、应用及材料(ISO 14692-1:2002,IDT)

GB/T 29165.2—2012　石油天然气工业　玻璃纤维增强塑料管　第2部分:评定与制造(ISO 14692-2:2002,IDT)

GB/T 29165.4—2015　石油天然气工业　玻璃纤维增强塑料管　第4部分:装配、安装与运行(ISO 14692-4:2002,IDT)

ASTM E1118　增强热固树脂管(RTRP)声发射检测标准作法[Standard practice for acoustic emission examination of reinforced thermosetting resin pipe(RTRP)]

BS 7159:1989　独立工厂或场所用玻璃纤维增强塑料(GRP)管道系统的设计和施工规范[Code of practice for design and construction of glass-reinforced plastics(GRP) piping systems for individual plants or sites]

3　术语和定义

GB/T 29165.1界定的术语及定义适用于本文件。

4　符号及缩略语

GB/T 29165.1给出的符号及缩略语适用于本文件。

5　系统布置要求

5.1　概述

玻璃纤维增强塑料(GRP)管的尺寸、管件及材料种类的选择可能会受供应商生产能力的限制,因此在设计阶段应尽早明确产品应用要求。在选择供应商时,宜将其所能提供的工程支持作为一个关键因素。

设计管道系统时应最大限度地采用预制管串以减少现场工作量。管串尺寸受下列因素影响:

——现场运输及装卸设备的要求;

——安装要求;

——安装时必需的配合公差要求(满足裕量要求)。

设计方应评估制造商提供的特定管道系统的布置要求,包括但不限于:

a) 轴向热膨胀要求;

b) 抗紫外线辐射及大气老化要求;

c) 组件尺寸;

d) 连接系统要求;

e) 支承要求;

f) 维修隔离要求;

g) 舱体与甲板的连接;

h) 提升时舱体弯曲的要求;

i) 便于管道维修;

j) 安装及使用过程中管道损坏的风险级别;

k) 防火性能;

l) 静电控制。

水压试验是评估组件质量及系统完整性的最可靠方法,系统的设计应使局部管道安装结束后可立即进行压力试验,避免大型 GRP 管道系统施工结束时再进行整体压力试验的情况,因为后期发现问题会影响项目的整体工期进度。

附录 A 给出了 GRP 管道系统的布置指南。

5.2 空间要求

设计方应考虑某些 GRP 管道组件比钢制组件需要更大的空间,GB/T 29165.2—2012 中第 7 章给出了管件的推荐尺寸。与同等金属组件相比,GRP 管件通常具有铺设长度长、体积大的特点,因此更易受空间限制。可能的情况下尽量在工厂内预制成管串,以避免管件现场组装空间受限问题。

当空间有限时,应考虑对 GRP 及金属组件进行优化设计。

5.3 系统支承

5.3.1 概述

GRP 管道系统可以采用与金属管道系统相同的支承原理,但是由于管道系统的特性,标准尺寸支承可能与管道外径并不匹配。采用标准支承时可采用鞍座和弹性衬垫。

系统支承应符合下列要求:

a) 支承间隔应能避免管道系统在设计使用寿命期间发生下垂(长期过度偏移)和/或过度振动;

b) 支承应按照制造商的指南设计;

c) 当管道固定可靠时,长距离铺设可采用低模量材料以控制轴向膨胀,且无需采用膨胀伸缩节;

d) 阀门或其他重型附属设备应采用独立支承;

注:由于阀门通常与远离管道中心线的重型控制机构装配在一起,可形成过大弯曲载荷及扭转载荷。

e) 除非业主同意,GRP 管不能用于支承其他管道;

f) GRP 管道应充分支承，以确保其连接软管接入公共设施或加载站时不会产生由于材料应力过大导致的拔脱；

g) 当支承需要采用保护接地措施时，应按照第 10 章和 5.8 的要求设计。

管道支承可分为允许滑动式管道支承和固定式管道支承两类。

5.3.2 管道支承接触面

5.3.2.1 导则

GRP 管道支承应遵循以下原则：

a) 为了避免损伤受支承的管道，支座应保证足够的宽度，并采用弹性材料或其他软质材料做支承衬垫；鞍座板最小宽度应不低于$\sqrt{30D}$（单位为毫米），其中 D 为管道平均直径（单位为毫米）；

b) 夹紧力不可压损管道；安装不当会导致管道局部压损，夹紧力过大会导致管道周向压损；

c) 支承应安装在直管段，不应安装在管件或连接处；

d) 防火 GRP 管道的支承条件应进行特殊设计；支承如果安装在防火设计的外部，会导致载荷通过涂层时发生不规则传递，从而导致剪切/挤压损伤，破坏支承完整性。

5.3.2.2 滑动式管道支承

应在滑动式管道支承上设置鞍座板、弹性材料或金属片等耐磨损装置。

5.3.2.3 固定式管道支承

固定式管道支承应能够在不对 GRP 管道材料造成过载的情况下，将所需的轴向载荷传递至管道。建议将锚固夹板设置在两组双 180°的鞍架之间，与管道固定在一起。建议采用制造商的标准鞍座并应按标准工序固定。

5.3.3 支承及导向装置的间距

由于材料模量低，GRP 管道跨距通常比钢管小。支承的放置间隔应能避免管道系统在设计使用寿命内发生下垂（长期过度偏移）和/或过度振动。

GRP 管道充满水时，假设支承采用简支方式，间距应不大于表 1 规定的跨距，同时符合 0.5%跨度的偏移准则或偏心距为 12.5 mm，以两者中较小值为准。某些情况下，弯曲应力或支座/支架接触应力可能成为限制因素（见 8.6），设计中必须减小支承间距。

也可以采用更大的跨距，设计方应确认应力符合 8.6 规定的允许应力范围。设计方应考虑屈曲效应（8.7）和温度对 GRP 材料轴向模量的影响。

5.4 用于清理的隔离装置及通道

设计方应预先设置用于管道维护的隔离及通道，例如用于清除排水管中的污垢及阻塞物的通道。应在设计阶段注明用于隔离或通道的接头，并将接头设置偏于将法兰提离的位置，不应设置在两个锚固支架之间的短管上。

5.5 薄弱点

5.5.1 点载荷

应尽量避免点载荷，必要时对 GRP 管路进行局部增强。

表1 跨距

管道公称直径/mm	跨距/m
25	2.0
40	2.4
50	2.6
80	2.9
100	3.1
150	3.5
200	3.7
250	4.0
300	4.2
350	4.8
400	4.8
450	4.8
500	5.5
≥600	6.0

5.5.2 不当操作

设计方应考虑 GRP 管在安装及使用中不当操作的风险，以及长期抗冲击的需求。

不当操作主要包括：

a) 管道上任何可被人登踏或作为支承的区域；

b) 坠落物的冲击；

c) 管道可能被邻近吊运活动(例如吊杆、吊物、缆绳、绳索或链条)损坏的任何区域；

d) 附近或上部空间焊接活动产生的焊熔金属飞溅。

小型管道支管(例如，仪器及通风管)等容易遭受剪切破坏部位，应采用加固角板设计以减少隐患。必要时应设计防冲击装置以保护管道及防火层。

注：BS 4994 中详细阐述了角板的设计指南。

5.5.3 与邻近设备及管道的动态响应及相互作用

设计方应考虑管件的相对位移，因为该位移可导致 GRP 管道出现应力过大。必要时应该考虑采用柔性管件。

设计方应确保 GRP 管(与碳钢管道系统相比)对不同动态响应产生的振动不会导致支承产生磨损或支管应力过大。设计方应保证 GRP 管的支承足以承受由于瞬时压力波动(例如压力安全阀操作及阀门关闭等)导致的冲击荷载。

5.5.4 外部环境的影响

5.5.4.1 日光和紫外线(UV)辐照

当 GRP 管受到阳光照射时，设计方应考虑是否需要采用防紫外线措施以防止树脂表面降解。如果

GRP 管采用半透明材料,设计方应考虑在管道外部喷漆以防止管道内慢速流动的水中滋生藻类。

5.5.4.2 低温及保温要求

设计方应考虑低温对管道材料性能的影响,例如冻结/解冻的影响。当输送液体时,设计方应重点考虑内部流体的冰点。对于完全注满的管道,内部液体的凝固会发生体积膨胀,从而导致 GRP 管的破裂或失效。对于供水管道,凝固或冻结过程中体积膨胀更易使 GRP 管失效。

管道可通过保温和/或表面电加热处理避免寒冷天气下管道冻结,以保证内部流体流动。设计方应考虑以下因素影响:

a) 保温材料的质量及增加的截面面积所产生的附加载荷;

b) 确保表面电加热不会使管道温度高于其额定温度。

应将电伴热线螺旋式缠绕到 GRP 管道上,以便热量均匀地分布到管壁四周。可通过首先将铝箔包缠到管道上的方式改善热量分布。

5.6 接头的选择

5.6.1 概述

可采用多种粘接及机械接头形式,这些专用接头大致分为以下几类:

——粘接接头;

——层合接头;

——弹性承插密封接头(带或不带锁键);

——法兰接头;

——螺纹接头;

——金属/GRP 转换接头;

——其他机械接头。

附录 B 详细阐述并给出了不同类型接头的应用指南。选择接头形式时,设计方应考虑下列因素:

a) 临界条件;

b) 可靠性;

c) 便于安装;

d) 便于维修、将来的变更及搭接。

5.6.2 临界条件及可靠性

设计方应考虑服役过程中对接头性能的评估要求。

接头的选择应考虑装配过程中可能出现的环境状况,例如温度及湿度。

接头的选择应考虑主轴向应力及平面内轴向弯曲应力,因为与单独承担内压相比,这些应力在存在接头缺陷时造成损伤。

接头的选择应考虑海上浮动平台安装时船壳的挠曲和船舱在提升操作中的挠曲引起的管道运动。

5.6.3 接头安装便捷性

设计方应合理进行布管设计以使现场接头按正确尺寸装配,无需拉伸即可使接头就位以防材料所受应力过大。

选择现场接头时应考虑到装配工正确安装连接件时所需的通道。现场接头应设置在远离支座及管件并且容易靠近的部位。

设计方应考虑管路回路中最后现场接头的最佳位置,以保证有必要的通路,因为通常这个接头最难装配。

5.6.4 便于维修和将来的变更及连接

如果在将来可能发生变更的位置采用承插接头，设计方应考虑管道轴向位移的需要，以便无需切断管道就可以打开接头。

5.6.5 金属/GRP 管转换接头

与金属罐、容器、设备或管路之间的界面应采用法兰连接。

为使法兰密封可靠，并保证较低的螺栓拉力，应采用钢圈增强弹性垫圈。仅可采用软质弹性体，硬度宜介于邵氏硬度 A55～A75(C24～C43)之间。垫圈材料应符合管道系统的压力、温度及抗化学性要求。不宜采用 PTFE 包覆型垫圈，而且不可在高压(大于 3.2 MPa)、大直径管道(大于 600 mm)中采用该垫圈。

除非按 GB/T 29165.2—2012 中的 6.2.3.2 进行质量评定，否则不得采用其他方式制作的接头，如采用端部包缠法连接金属管道和 GRP 管道。

5.7 火灾及爆炸

5.7.1 概述

应考虑火灾(包括爆炸)对系统布置要求的影响。对具有耐火要求的 GRP 管道系统进行布置设计时需要考虑的事项包括：

a) 爆炸；
b) 接头及支承的耐火性；
c) 与金属固定物之间的界面；
d) 疏水阀的结构；
e) 喷射火焰；
f) 热量释放及火焰蔓延；
g) 烟气排放物、可见度及毒性。

第 9 章给出了评估耐火性能的方法。

5.7.2 爆炸

如果组件可能处于有爆炸危险的环境中时，应考虑爆炸超压、拉曳力及抛射体冲击的影响(见 7.6.1)，包括其对支承间距可能产生的影响。

5.7.3 疏水阀

应考虑在含滞流水的管道中设置疏水阀的可能性，这样可以利用水降低热传导。

5.7.4 喷射火焰

喷射火焰可形成极高的热流及侵蚀环境，从而对各种管道系统造成巨大威胁。尽管可以设计在指定时期内具有耐喷射火焰的性能的 GRP 管道系统，但设计系统布置时应尽量使管道远离喷射火焰直接冲击的区域。

5.7.5 热量释放及火焰蔓延

应考虑火灾类型及火焰表面蔓延至其他区域的风险，特别在管道空载或不再使用的情况下，设计方应考虑管道方位及可能来自附近反射面的热反射对管道防火性能的影响。

5.7.6 烟气排放物、可见度及毒性

烟气及毒性排放物的性能准则主要适用于封闭区、逃生通道或通风受限区域及危险操作区的 GRP 管道。应考虑烟气及毒性排放物扩散到其他区域的风险，特别在管道空载或不再使用的情况下。

5.7.7 穿越

穿越（舱壁、防水壁、甲板）不应减弱穿越部位性能，其主要要求为防止烟气及火焰通过、保持结构完整性和防止背燃面温度升高。因此，穿越部位应符合对相关危险区域的要求，对考虑使用特种 GRP 管道工程的穿越进行耐火试验和认证。

5.8 静电放电控制

针对特定的服役条件及位置，GRP 管及相关系统可能需要具有导电性、静电耗散性并采用接地处理。

管道所处的位置决定了管道可能产生的外部静电程度和可燃性放电的结果。例如，管道上方的金属通道及甲板所产生的屏蔽效应能减少大气电场而造成的影响。

在危险区，设计方应注意工艺管道与其他可能形成产生强静电的机制的高压气射流源的距离。此外，设计方还应注意其他可能的静电产生源，例如摩擦生电、清理罐体时产生的带电薄雾及烟尘。在这些位置上，设计方应尽量减少使用与管道相连的未接地金属物体，并应在风险分析时考虑附近金属物体的距离（见 10.1）。

第 10 章及附录 G 给出了评估静电放电控制要求的指南。

5.9 电化学腐蚀

如果 GRP 组件中仅含有少量具有导电性的碳纤维，则不必考虑金属管道组件与 GRP 管道组件的界面电化学腐蚀问题。因为与邻近的金属组件相比，碳纤维（阴极）的外露面积相对较小。反之，阴极与阳极之间的面积比值高时，会产生加速腐蚀的风险。

但是，如果 GRP 组件含大量碳或其他阴极材料（例如用于辅助增强的材料），则可能需要采取预防措施，对金属组件界面处的碳纤维进行绝缘处理。这种情况下，不建议采用阴极保护系统的外加电流进行保护。

6 水力学设计

6.1 概述

水力学设计旨在保证 GRP 管道系统能在其预期使用寿命内输送规定的速度、压力及温度的流体。管道公称直径的选择取决于满足流体流量要求所需的管道内径，该液体流量需符合系统的流体及水力特性。

6.2 流动特性

估算压力损失时应考虑流体速度、密度、管道及管件内表面粗糙度、管道长度、管道内径、阀门及管件的阻力。ISO 13703 中给出了压力损失的计算方法。与金属管道相比，GRP 的表面光滑，压力损失较小，但是存在过多的胶珠时会增加管道压力损失。

6.3 限制流速的因素

管道系统中限制流速的因素包括：

a) 不可接受的压力损失；

b) 防止泵和阀产生气蚀；

c) 防止瞬时过载(水锤)；

d) 减少侵蚀；

e) 减少噪音；

f) 减少阀门等组件的磨损；

g) 管道直径及几何结构(惯性载荷)。

当设计 GRP 管道系统流速时，设计方应考虑上述因素。对于典型 GRP 管，连续使用情况下流体的平均线性流速为 1 m/s～5 m/s，瞬时流速为 10 m/s。对于气体而言，连续使用情况下其平均线性流速为 1 m/s～10 m/s，瞬时流速为 20 m/s。当限制流速的因素已消除或得到控制时，例如设置排放到大气的排气系统时，可采用更高的流速。

6.4 侵蚀

6.4.1 概述

易造成 GRP 管材侵蚀的因素包括：

a) 流速；

b) 管道结构；

c) 颗粒尺寸、密度及形状；

d) 颗粒与流体的比例；

e) 气蚀。

当管材抗侵蚀性能不明确时，设计方应咨询制造商并考虑降低流速。

6.4.2 颗粒含量

GRP 的抗侵蚀性能与颗粒含量密切相关。设计方应考虑流体中颗粒含量并相应降低最大平均流速。对于 GRP 管道而言，最严重的侵蚀损坏通常发生在硬粒子撞击角在 45°～90°之间的部位，如弯管及三通等。撞击角较小(<15°)的部位，如相对平直的部分，侵蚀损坏极小。DNV RP 0501[3] 中详细阐述了与侵蚀相关的问题。

6.4.3 管道结构

湍流对 GRP 管道的侵蚀速率的影响取决于流体速度及颗粒含量。设计方设计管路构造时应考虑湍流速度及潜在的侵蚀风险。为尽量减少对 GRP 管道系统的侵蚀损坏，应避免以下情况：

a) 流向的突然变化；

b) 局部流动受限或湍流引发体，例如在接头内部残留的过多胶粘剂(胶粘剂凝珠)。GB/T 29165.4—2015 中表 4 给出了胶粘剂凝珠的最大尺寸限度要求。

6.4.4 气蚀

GRP 管易于因气蚀产生快速损坏。管道系统有时会形成气蚀条件，设计具有较高流速系统时更易发生这种情况。气蚀可能出现的位置包括：分段弯头弯角处、三通及变径、垫圈安装偏心的法兰以及涂有过多胶粘剂的连接部位。

设计方应采用标准方法预测气蚀可能出现的部位(例如控制阀),并采用必要措施确保正常使用时不会出现气蚀。

6.5 水锤

GRP管对水锤引起的瞬时压力及失衡力的敏感性取决于其压力值和发生频率。在存在发生瞬时压力的情况下,应进行全面的水流分析以确定GRP管是否对水锤敏感。分析应包括所有预期操作条件,包括初始启动、开阀、水泵试验及冲洗软管等。水锤定义为偶然载荷,见7.6.2.3。

如果水锤造成的风险极大,设计方应采用标准技术确保瞬时压力不超过水压试验压力。

注:产生水锤的主要原因为阀门的快速关闭。管线越长,流体流速越快,产生冲击载荷越大。冲击载荷通常会使管道内部出现振动。与同等钢管相比,由于GRP管道轴向弹性模量较低,因此其纵向振动更大。

6.6 循环条件

最大压力不应超过设计压力。如果在设计使用寿命期间,预计压力循环或其他载荷循环超过7 000周次,则应执行7.4.4的规定。

7 结构设计

7.1 概述

GRP管道系统结构设计旨在确保其在服役寿命期间运行良好、承受所有应力和施工/安装过程中的变形。本章确定了服役设计判据和GRP可能承受的载荷。第8章给出了应力分析的要求。

7.2 制造商的压力等级

产品资料中给出的制造商压力等级不同于7.3中定义的评定压力 p_q(见7.3)或系统设计压力。制造商的压力等级定义如下:

$$p_{NPR}=f_2 \cdot f_{3,man} \cdot p_q \qquad \cdots\cdots(1)$$

式中:

f_2 ——载荷分项系数(见7.6.2);

$f_{3,man}$——制造商基于GRP管有限轴向载荷能力选取的系数 f_3(见7.10);

f_3 ——一个非固定参数并且主要取决于组件的应用及 p_q 值;对于能够形成极大的非内压应力的复杂管道系统,其组件的 f_3 值约为0.5;相反,如果组件支承情况良好并且是长管道的一部分,则 f_3 值不小于0.9。

制造商压力等级仅起指导性作用,制造商应始终提供用于采购报价的 f_3 值。

注:对于回归斜率小于0.03的GRP管道,可能需要式(5)中的 p_{qf} 值降级。7.6.2.1中描述了降级系数。

7.3 评定压力

管道及管件的评定压力 p_q(单位为兆帕)应按GB/T 29165.2—2012中的6.2.2规定的方法确定。评定压力是基于20年的设计寿命。使用寿命超过20年以上的评定压力应按GB/T 29165.2—2012中的6.2.7确定。7.5定义了组件的评定压力与设计压力之间的关系。

7.4 因数化评定压力

7.4.1 概述

因数化评定压力指用于确定GRP管道或管道系统安全操作范围的压力。该压力考虑了质量评定程序中没有涵盖的特殊服役条件。

管道或管件的因数化评定压力 p_{qf}(单位为兆帕)应按式(2)计算:

$$p_{qf} = A_1 \cdot A_2 \cdot A_3 \cdot p_q \quad \cdots\cdots(2)$$

式中:

p_q ——评定压力,单位为兆帕(MPa),见7.3;

A_1 ——按7.4.2确定的温度分项系数;

A_2 ——按7.4.3确定的抗化学性的分项系数;

A_3 ——按7.4.4确定的循环服役的分项系数。

7.4.2 设计温度

分项系数 A_1 表示温度对力学性能降低的影响,A_1 按GB/T 29165.2—2012中附录D确定。

管道系统最大运行温度不应超过用于计算GRP组件分项系数 A_1 的温度。如果运行温度不大于65 ℃,则 A_1 值通常为1.0。

应考虑低温对材料性能及系统性能的影响。对于服役温度小于0 ℃的情况,委托方应根据树脂体系考虑是否需要进行附加试验,同时应考虑质量评定试验及附加力学试验。

尼龙锁键等系统组件在低温下易发生脆性断裂。

注:由于GRP材料在本部分规定的温度范围内不会发生韧脆转变,因此低温力学性能不会发生明显变化。但是,当温度低于−35 ℃时,内部残余应力过大可能降低管道系统的安全操作范围。

7.4.3 化学降解

应考虑由输送介质或外部环境导致的系统构件化学降解对压力和温度等级的影响,系统构件包括粘接剂、弹性密封件/锁紧环和基体玻璃纤维及树脂材料。

化学降解的影响用抗化学性分项系数 A_2 表示,该系数按GB/T 29165.2—2012的附录D确定。如果常规服役流体为水,则 $A_2=1$,其他应参照制造商提供的数据。

注1:通常GB/T 29165.2—2012评定方法中规定的溶液是指服役中可能经历腐蚀性较强环境下的水溶液。但是强酸、碱、次氯酸盐、乙二醇、芳烃及酒精也会降低GRP管道元件的性能,其影响程度取决于化学物质的浓度、温度和树脂种类。

注2:制造商提供的表格中数据来源于大气压力下经验和实验室试验数据、公开发表的文献以及原材料供应商提供的数据等。有时可不考虑化学物质浓度、管壁应力、增强形式及树脂种类等因素,因此表格仅给出了管道组件适合输送的化学物质。此外,化学物质的混合物可引起不可预测的更为严重后果。

7.4.4 疲劳载荷及循环载荷

循环载荷不仅局限于压力载荷,因此评估循环严重性时还应考虑热载荷和其他循环载荷。

如果在设计寿命周期内压力循环或其他载荷循环的预计周次小于7 000周次,则应视其为静态服役。必要时,管道系统组件有限的循环能力可以根据GB/T 29165.2—2012的6.4.5进行描述。

如果在设计寿命周期内,压力循环或其他载荷循环的预计周次大于7 000周次,设计方则应确定管道系统的设计循环严重性 R_c。R_c 定义为

$$R_c = F_{min}/F_{max} \quad \cdots\cdots(3)$$

式中:

F_{min} 和 F_{max} 分别为载荷(或应力)循环过程中的最小及最大载荷(或应力)。

循环服役的分项系数 A_3 计算公式如下：

$$A_3=\sqrt{\left[R_c^2+\frac{1}{16}(1-R_c^2)\right]}\times\exp\left[(1-R_c)\left(1-\frac{N-7\,000}{10^8}\right)\right] \quad\cdots\cdots\cdots\cdots(4)$$

式中：

N——服役寿命周期内总循环周次。

该方程通常仅适用于循环内压载荷，也可用适用于轴向载荷保持为拉伸载荷的情况，即不适用于存在拉伸压缩循环载荷条件。

7.5 系统设计压力

系统设计压力 p_d 应小于式(5)给出的组件最大允许压力：

$$p_d\leqslant f_2\cdot f_3\cdot p_{qf} \quad\cdots\cdots\cdots\cdots(5)$$

式中：

f_2——见 7.6.2 中定义；

f_3——见 7.10 中定义；

p_{qf}——见 7.4 中定义。

系统设计压力受具有 f_3 最小值的组件限定。由于 f_3 值取决于轴向应力值，因此 f_3 最小值只能在进行系统应力分析之后确定。

注 1：如果将设计应力与失效包络线(见 7.11)进行了比对，则不必计算 f_3 值。

注 2：对于回归斜率小于 0.03 的 GRP 管道，可能需要对式(5)中的 p_{qf} 值降级，降级系数见 7.6.2.1。

7.6 载荷要求

7.6.1 外加载荷

管道系统设计应考虑在系统安装和服役寿命周期内最苛刻的预计服役条件。设计方应考虑表 2 给出的载荷，即在预计服役寿命周期内管道系统可能承受的载荷，其中动荷载通常包括但不限于传输介质的质量。

在某些情况下，环境温度的变化可能比流体温度的变化更为重要。因此，管壁平均温度变化应取使用环境温度与运行温度的温差。此外，还应考虑极端瞬时温度，例如绝热冷却过程温度。

设计方应考虑对基于重力的结构进行混凝土浇筑及安装施工时原油及压载水对 GRP 管道施加的力学载荷及热载荷。

设计方应考虑根据风险评估确定的超压带来的影响，爆炸超压的影响通常采用分析技术确定。

7.6.2 载荷分项系数

7.6.2.1 概述

载荷分项系数 f_2 用于定义材料强度与运行应力之间的可接受的安全边界条件，此处的运行应力指三种载荷情况，即偶然载荷、存在热载荷的持续载荷和不存在热载荷的持续载荷。表 3 列出了基于 7.6.2.2 及 7.6.2.3 的 f_2 默认值。对于多数 GRP 管道系统而言，可接受的安全边界条件定义为长期因数化设计包络线(图 1，说明 5)，它等于 f_2 与理想长期包络线(图 1，说明 3)的乘积。对于回归曲线平直($G<0.03$)的 GRP 管道系统，建议进一步评估可接受的安全边界条件，它们的平均短时爆破压力与设计压力之比小于 2.5。比值是否可以小于 2.5 应由委托方与制造商协商确定，如果该比值不可接受，则应将理想长期包络线降至 $1.44\times p_{LCL}/p_{STHP}$(见 GB/T 29165.2—2012 的 6.2.4)。

表 2 GRP 管道系统承受的载荷

持续载荷	偶然载荷
内压、外压或真空压力	水锤、瞬时设备振动、压力安全阀释放、水压试验
管道自身质量、管道保温层质量、防火层质量、输送介质的质量、浮力、其他系统载荷	冲击
操作中由于移动造成的惯性载荷 操作中管道外壳挠曲引起的支座位移	运输中由于移动形成的惯性载荷 地震产生的水平方向和垂直方向的力 提升过程中,由于挠曲引起的支座位移
热载荷、表面电加热	安装载荷、提升载荷、运输载荷
环境载荷、冰	绝热冷却载荷
混凝土封装	地震、风
土压(埋藏深度)	爆破超压
土壤沉降	

表 3 f_2 的默认值

载荷类型	载荷持续时间	f_2	载荷类型举例
偶然载荷	短期	0.89	水压试验
存在热载荷的持续载荷	长期	0.83	热膨胀时自身质量
不存在热载荷的持续载荷	长期	0.67	自身质量

7.6.2.2 持续载荷分项系数

用于评估持续载荷的持续载荷分项系数 f_2 应通过考虑与管道系统相关的运行条件及风险确定,用于特殊管道系统的分项系数值应由用户指定。由于热膨胀相关载荷具有自限性,因此与评估不存在热效应的持续载荷分项系数 f_2 相比,评估存在热效应的持续载荷分项系数 f_2 的值可能更大。

因此,评估持续载荷应在下列两个阶段进行:

a) 评估不存在热效应的持续载荷。

除非用户另行指定,否则应选取 0.67 作为评估不存在热效应的持续载荷分项系数 f_2 值。

b) 评估含热效应的持续载荷。

除非用户另行指定,否则应选取 0.83 作为评估含热效应的持续载荷分项系数 f_2 值。

7.6.2.3 偶然载荷分项系数

确定评估持续载荷(如压力、质量)和偶然载荷(如水锤、风、地震或爆炸载荷)组合时应用的分项系数 f_2 应考虑与管道系统相关的运行条件和风险,特殊管道系统采用的系数值应由用户指定。除非用户另行指定,否则应选取 $1.33\times0.67=0.89$ 作为分项系数 f_2 值。

不必同时考虑风、地震、水锤或爆炸载荷的影响，但是应考虑不存在热效应的持续载荷的组合作用。水压试验应视作偶然载荷。

7.6.3 外部压力/真空

管道及管件应有足够的刚度以承受外部压力或真空载荷。刚度应至少可以承受短时真空载荷(例如由控制上游阀引起的真空)，其安全系数 F_e 为1.5。

易受长期真空载荷或外压载荷的管道应具有足够承受相应载荷的刚度，其安全系数 F_e 为3.0。

7.7 允许位移

7.7.1 挠度

挠度不应大于12.5 mm或跨距及支座间距的0.5%，二者取其中最小值。

如果不大于制造商的最小支承间距，则挠度应符合这些许用极限值。委托方及制造商应达成协议，确保使合同中约定的支座间距不会导致挠度大于规定值。

7.7.2 椭圆度

管道直径的椭圆度不应大于5%。

7.8 评定应力

制造商应按式(6)确定管道的评定应力 σ_{qs}(单位为MPa)：

$$\sigma_{qs}=p_q\times\frac{D}{2t_r} \qquad (6)$$

式中：

p_q ——评定压力，单位为兆帕(MPa)；

D ——管道平均直径，单位为毫米(mm)；

t_r ——管道增强层平均厚度，单位为毫米(mm)。

管件的评定应力应按式(7)计算：

$$\left(\frac{\sigma_{qs}}{p_q}\right)_{管件}=\left(\frac{\sigma_{qs}}{p_q}\right)_{管道} \qquad (7)$$

7.9 因数化应力

直管的因数化应力 σ_{fs}(单位为MPa)应按式(8)或式(9)计算：

$$\sigma_{fs}=\sigma_{qs}\cdot A_1\cdot A_2\cdot A_3 \qquad (8)$$

式中：

σ_{qs} ——评定应力，单位为兆帕(MPa)；

A_1 ——温度分项系数；

A_2 ——耐化学性分项系数；

A_3 ——循环服役分项系数。

$$\sigma_{fs}=\frac{p_{qf}\cdot D}{2t_r} \quad\cdots\cdots(9)$$

式中：

p_{qf}——因数化评定压力，单位为兆帕(MPa)，按 7.4 确定。D 及 t_r 的定义如 7.8 所述。

管件的因数化应力 σ_{fs} 应按式(10)计算：

$$\left(\frac{\sigma_{fs}}{p_{qf}}\right)_{管件}=\left(\frac{\sigma_{fs}}{p_{qf}}\right)_{管道} \quad\cdots\cdots(10)$$

7.10 载荷产生的计算应力极限值

管道系统中任何组件由于压力、质量及其他持续载荷和偶然载荷(风、爆破或地震等)产生的环向应力之和 $\sigma_{h,sum}$、轴向应力之和 $\sigma_{a,sum}$ 均不得大于因数化长期设计包络线，见 7.11。

如果这些应力之和在因数化长期设计包络线之外，则应选取产品族中下一个具有较高额定压力等级的管道，重复计算其应力总和直至落入因数化长期设计包络线内。确定长期设计包络线的方法见 7.11。

如果已知非压力产生的轴向应力值，则应采用式(11)确定许用环向应力 $\sigma_{h,sum}$(单位为兆帕)。

$$\sigma_{h,sum}\leqslant f_2\cdot f_3\cdot \sigma_{fs} \quad\cdots\cdots(11)$$

式中：

f_2——载荷的分项系数，应按 7.6.2 确定；

f_3——轴向载荷的分项系数，采用式(13)或式(14)计算；

σ_{fs}——定义见 7.9。

分项系数 f_3 取决于双轴应力比 r 值：

$$r=2\cdot\frac{\sigma_{sa(0:1)}}{\sigma_{sh(2:1)}} \quad\cdots\cdots(12)$$

式中：

$\sigma_{sa(0:1)}$——仅存在轴向载荷条件下的短期轴向强度，单位为兆帕(MPa)；

$\sigma_{sh(2:1)}$——应力为 2∶1 条件下的短期环向强度，单位为兆帕(MPa)。

双轴应力比 r 的定义见 GB/T 29165.2—2012 中 6.2.6。如果制造商没有提供的这一数据，则应选用 7.11.4 给出的默认值。

分项系数 f_3 按 r 是否大于 1 或小于 1 定义。

如果 $r\leqslant 1$，则

$$f_3=1-\frac{2\sigma_{ab}}{r\times f_2\times\sigma_{fs}} \quad\cdots\cdots(13)$$

如果 $r>1$，则

$$f_3=r-\frac{2\sigma_{ab}}{f_2\times\sigma_{fs}} \quad\cdots\cdots(14)$$

式中：

σ_{ab}——非压力产生的轴向应力，单位为兆帕(MPa)，见图 1。

f_3 最大许用值为 1。当非压力产生的持续轴向应力 σ_{ab} 为压应力时 f_3 等于 1。

分项系数 f_3 的计算方法适用于管道及管件。计算管件的分项系数 f_3 时，等效评定应力 σ_{fs} 采用式(10)确定。

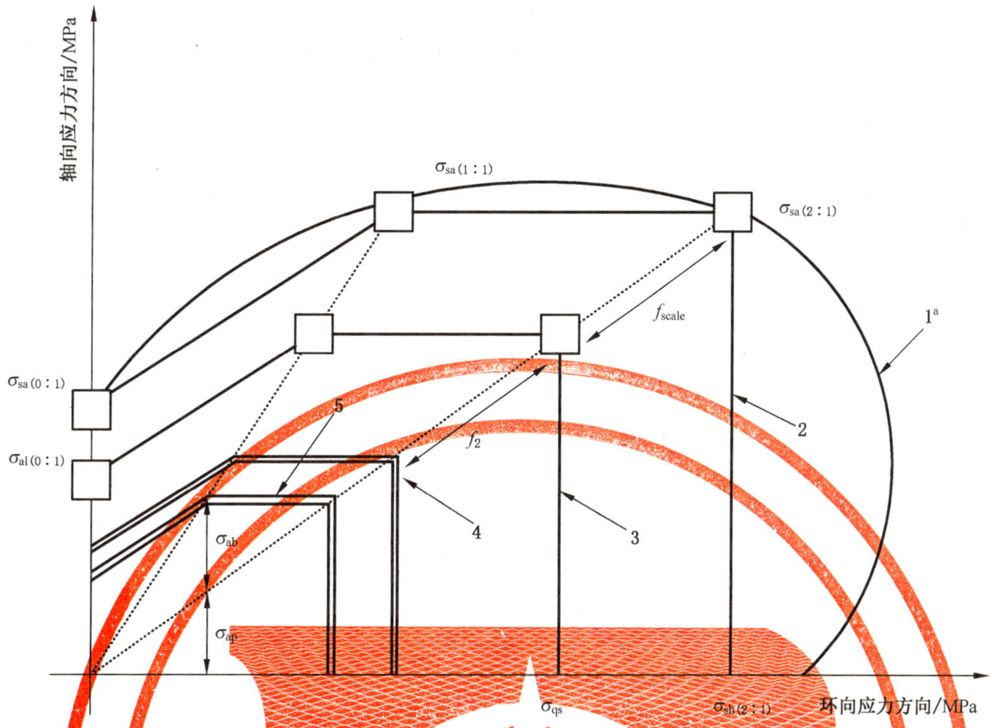

说明：

1——短期失效包络线的图示；

2——理想短期包络线；

3——理想长期包络线；

4——非因数化长期设计包络线；

5——因数化长期设计包络线。

[a] 为了设计目的，包络线形状应根据实际测量的数据点确定。

图 1 缠绕角约为 45°～75°时单缠绕角 GRP 复合管道的理想长期包络线

7.11 失效包络线的确定

7.11.1 概述

本部分主要阐述如何确定 GRP 管道组件的失效包络线以符合 7.10 规定的要求。根据测量数据的有效性，定义了两种设计方案：完整测量的包络线（见 7.11.2）和简化包络线（见 7.11.3）。

完整测量的包络线通常只适用于管体，对于其他所有组件变量应采用简化包络线。最不保守的方案采用的是完整测量的包络线。

注：对于纤维缠绕的 GRP 管道，多数制造商采用的设计方法是优选 2∶1 压力条件（带封闭端的系统）的性能，因此其环向强度远大于轴向强度。

7.11.2 完整测量的包络线

长期包络线按 GB/T 29165.2—2012 附录 C 中给出的方法根据完整测量的短期包络线求得。就几何形状而言，理想长期失效包络线（图 1）与短期包络线几何形状类似，并且其所有三个数据点根据 f_{scale} 进行比例计算。

$$f_{scale}=\frac{\sigma_{qs}}{\sigma_{sh(2:1)}} \quad \cdots\cdots(15)$$

式中：

f_{scale} ——比例系数；

σ_{qs} ——评定应力，单位为兆帕(MPa)；

$\sigma_{sh(2:1)}$ ——应力比为2：1时的短期环向强度，单位为兆帕(MPa)。

根据载荷类型，非因数化长期设计包络线通过理想长期包络线乘相应的分项系数 f_2（见7.6.2）确定。

因数化长期设计包络线按式(16)定义如下：

$$g_{long}(\sigma_{h,sum},\sigma_{a,sum})\leqslant f_2\cdot f_{scale}\cdot A_1\cdot A_2\cdot A_3\cdot g_{short}[\sigma_{sh(2:1)},\sigma_{sa(0:1)}] \quad \cdots\cdots(16)$$

式中：

$g_{long}(\sigma_{h,sum},\sigma_{a,sum})$ ——因数化长期包络线的形状；

$\sigma_{h,sum}$ ——所有环向应力之和，单位为兆帕(MPa)(压力综合系统设计)；

$\sigma_{a,sum}$ ——所有轴向应力之和，单位为兆帕(MPa)；

A_1 ——温度分项系数；

A_2 ——耐化学性分项系数；

A_3 ——循环服役分项系数；

$g_{short}[\sigma_{sh(2:1)},\sigma_{sa(0:1)}]$ ——理想短时包络线的形状。

7.11.3 简化包络线

7.11.3.1 概述

该方法采用双轴强度比 r，即根据GB/T 29165.2—2012中6.2.6确定的应力比为0：1与2：1时的轴向应力比。

如果组件的 r 值不明确，应采用7.11.4给出的默认值。

7.11.3.2 直管

图2为缠绕角为±45°～75°的单缠绕角GRP复合管道的短期及长期失效包络线，其中 r 值小于1。当 r 值大于1时，例如手工铺设管道，则根据7.11.3.3的要求。

理想长期失效包络线与短期包络线几何形状相似，根据式(17)或式(18)可以推导：

$$\sigma_{al(0:1)}=\sigma_{sa(0:1)}\times\frac{\sigma_{qs}}{\sigma_{sh(2:1)}} \quad \cdots\cdots(17)$$

或

$$\sigma_{al(0:1)}=r\times\frac{\sigma_{qs}}{2} \quad \cdots\cdots(18)$$

式中：

σ_{qs} ——评定应力，单位为兆帕(MPa)；

$\sigma_{al(0:1)}$ ——应力比为0：1时的长期轴向(纵向)强度，单位为兆帕(MPa)；

$\sigma_{sa(0:1)}$ ——应力比为0：1时的短期轴向强度，单位为兆帕(MPa)；

$\sigma_{sh(2:1)}$ ——应力比为2：1时的短期环向强度，单位为兆帕(MPa)；

r ——根据式(12)确定。

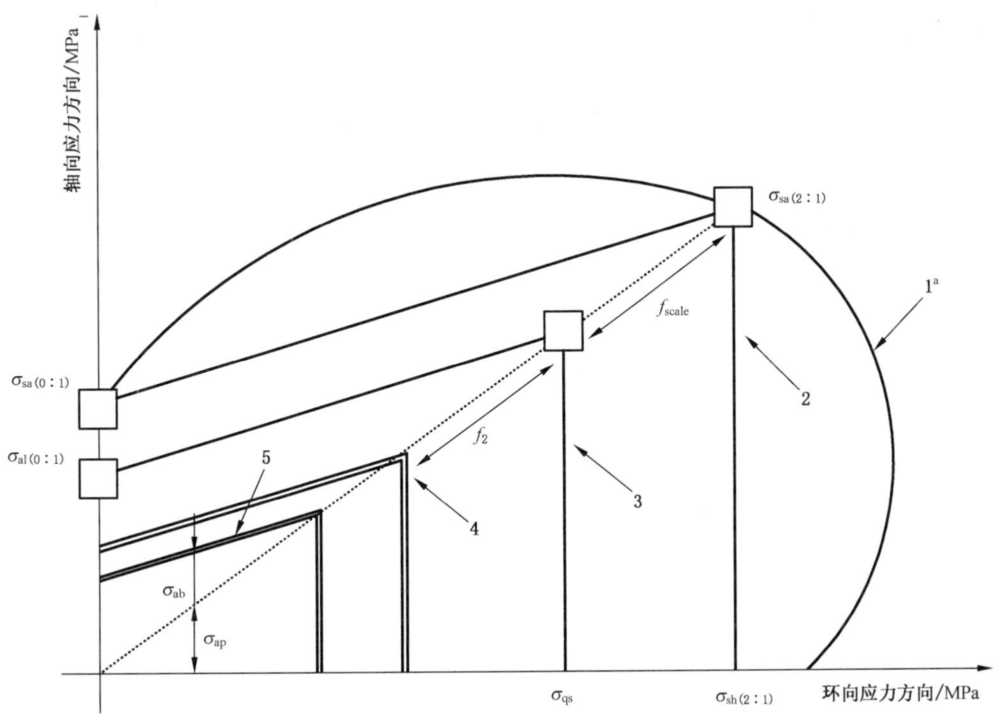

说明：

1——短期失效包络线的图示；

2——理想短期包络线；

3——理想长期包络线；

4——非因数化长期设计包络线；

5——因数化长期设计包络线。

[a] 为了设计目的，包络线形状应根据实际测量的数据点确定。

图 2 缠绕角范围大约为 45°～75°的单缠绕角 GRP 复合管道的短期时及长期理想失效包络线及设计包络线

图 2 的重要特征是轴向拉伸强度 $\sigma_{al(0:1)}$ 小于 2∶1 内压 $\sigma_{sa(2:1)}$ 条件下的轴向应力。取决于不同的缠绕角及特定的管道类型，直管段的强度比例范围为 0.5～0.75。根据载荷型类型，非因数化长期设计包络线通过理想包络线乘以相应的分项系数 f_2 求得(见 7.6.2)。

环向和轴向应力的因数化长期设计包络线分别由下列公式定义：

$$\sigma_{h,sum} \leqslant f_2 \cdot A_1 \cdot A_2 \cdot A_3 \cdot \sigma_{qs} \qquad \cdots\cdots(19)$$

或

$$\sigma_{h,sum} \leqslant f_2 \cdot \sigma_{fs} \qquad \cdots\cdots(20)$$

及

$$\sigma_{a,sum} \leqslant f_2 \cdot A_1 \cdot A_2 \cdot A_3 \left[\left(\frac{\sigma_{qs}}{2} - \sigma_{al(0:1)}\right)\frac{\sigma_{h,sum}}{\sigma_{qs}} + \sigma_{al(0:1)}\right] \qquad \cdots\cdots(21)$$

或

$$\sigma_{a,sum} \leqslant f_2 \cdot A_1 \cdot A_2 \cdot A_3 \left[(1-r)\frac{\sigma_{h,sum}}{2} + \frac{r \cdot \sigma_{qs}}{2}\right] \quad (\text{当 } r \leqslant 1 \text{ 时}) \qquad \cdots\cdots(22)$$

式中：

$\sigma_{a,sum}$——所有轴向应力之和，单位为兆帕(MPa)；

$\sigma_{h,sum}$——所有环向应力之和，单位为兆帕(MPa)；

σ_{qs} ——评定应力，单位为兆帕(MPa)；

A_1 ——温度的分项系数；

A_2 ——耐化学性的分项系数；

A_3 ——循环服役的分项系数；

σ_{fs} ——定义见式(8)。

注：式(19)～式(22)分别阐述了基于环向和轴向应力的因数化长期设计包络线的极限值，均应符合公式规定的准则。这些公式与式(11)并不矛盾，实际上通过将式(19)～式(22)结合即可证明式(11)。

7.11.3.3 带接头的管道

长期理想失效包络线呈矩形，边缘根据 σ_{qs} 及接头的长期轴向强度 σ_a 确定。长期理想失效包络线如图 3 a)或图 3 b)所示，其中图 3 a)代表准各向同性接头(例如层合接头)的包络线示意图，图 3 b)代表各向异性粘接接头的包络线示意图。

两种情况中 $\sigma_{al(0:1)}$ 均按式(17)确定。

根据载荷种类，非因数化长期设计包络线通过理想包络线乘以相应的分项系数 f_2 确定(见 7.6.2)。因数化长期设计包络线按式(19)～式(24)确定。

$$\sigma_{a,sum} \leqslant \frac{f_2 \cdot A_1 \cdot A_2 \cdot A_3 \cdot r \cdot \sigma_{qs}}{2} \quad 当 r \geqslant 1 \qquad (23)$$

或

$$\sigma_{a,sum} \leqslant f_2 \cdot \sigma_{fs} \cdot \frac{r}{2} \quad 当 r \geqslant 1 \qquad (24)$$

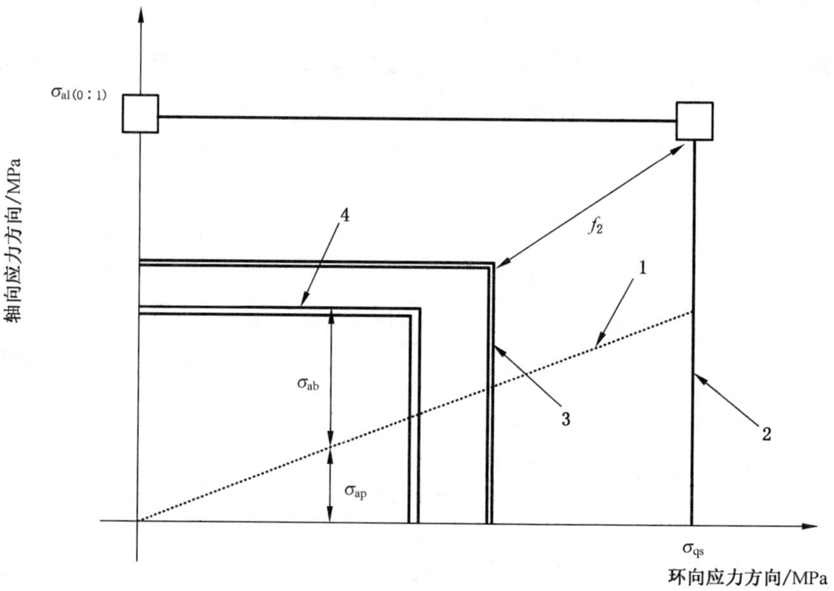

a) 准各向同性 GRP 接头

图 3 短期及长期理想失效包络线及设计包络线

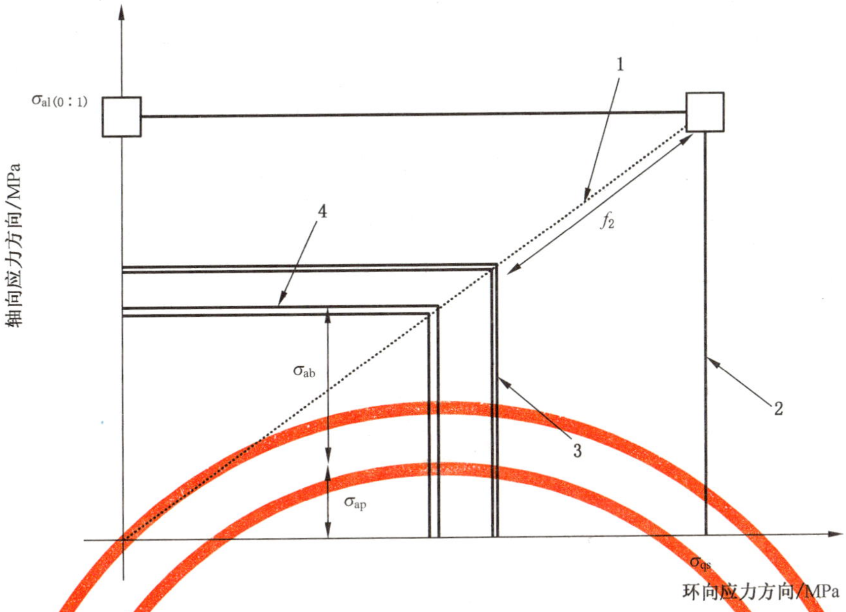

b）粘接接头

说明：

1——压力比为 2∶1；

2——长期理想包络线；

3——非因数化长期设计包络线；

4——因数化长期设计包络线。

图 3（续）

7.11.3.4 管件

7.11.3.4.1 弯头

与同等载荷条件下的直管相比，由压力产生的轴向及弯曲载荷对弯管的影响更为复杂。弯矩会造成椭圆化，从而产生轴向及环向应力。失效包络线的形状取决于弯头铺设结构。

对于纤维缠绕的弯头，其失效包络线与图 2 所示包络线类似，即 r 小于 1。由于外加压力及弯曲载荷可能产生轴向及环向应力，因此确定 GRP 弯头的长期强度时应保守设计。

对于完全采用手工铺设的弯头，可认为其失效包络线呈矩形，r 大于 1[如图 3 a)]所示。

根据载荷类型，非因数化长期设计包络线通过理想包络线乘以相应的分项系数 f_2（见 7.6.2）确定。

如果制造商无法提供相关数据，则应采用 7.11.4 给出的默认值。

7.11.3.4.2 三通

三通横截面交接处的应力较为复杂，很难通过外加压力及拉伸载荷计算。由于交接处对组件性能起决定性作用，因此三通的设计包络线与接头设计包络线类似（见 7.11.3.3），即拉伸载荷下主要失效形式是管道与三通交接区的轴向"拉脱"，压力引起的主要失效形式为渗漏。

如图 3 b)所示，三通的失效包络线呈矩形。

如果制造商无法提供相关数据，则应采用 7.11.4 给出的默认值。

7.11.4 管件及接头的默认值

表 4 给出了管件及接头的短期双轴强度比 r 的默认值。

注 1：应从制造商获取直管段的 r 值。对于缠绕角为 55°的玻璃纤维缠绕增强环氧管，r 值约为 0.4，但是对于其他树脂体系和缠绕角度，r 值可能较低。

表 4 接头及管件的短期双轴强度比 r 值

组件	短期双轴强度比 r[a]
管件：	
弯头：纤维缠绕，单向缠绕角 90°和 $\pm\theta$°	0.45
弯头：纤维缠绕加手工铺设	1
弯头：100%手工铺设	1.9
三通：纤维缠绕加手工铺设	1
其他手工制作管件：CSM/WR	1.9
接头：	
承插接头：粘接或机械连接	1
螺纹接头	0.45
法兰接头	1
层合接头	2.0
[a] 如果已经按 GB/T 29165.2—2012 中 6.2.6 要求进行了试验验证，则 r 可以采用更高的系数值。	

当 r 小于 1 时，失效包络线的形状如图 2 所示。

当 r 大于 1 时，失效包络线的形状呈矩形，如图 3 a)或图 3 b)所示。

注 2：当 r 小于 2 时，例如粘接接头，接头受轴向拉伸强度影响。

8 应力分析

8.1 分析方法

管道系统的结构分析应采用人工或计算机方法。但是，分析程度取决于下列因素：

a) 管道的柔韧性；

b) 布管的复杂性；

c) 管道支承；

d) 管道直径；

e) 温度变化幅度；

f) 系统极端条件和失效风险评估。

随着管道直径的增加，管道的柔性会减小，同时弯头及三通的应力强化系数会增大。

8.2 分析要求

8.2.1 概述

设计方应评估整个管道系统，包括评估基于运行和材料系数的系统极端条件和失效风险，以便评估是否需要进行柔性/应力分析。对于大口径管道系统，管道设计可能更多地取决于支承条件而非内压条件，应检查锚座(支承)载荷的适用性。在进行柔性/应力分析前应获取 8.2.2 及 8.2.3 列出的资料。

注：由于制造工艺的特性，GRP 管道的尺寸通常以内径及壁厚表征。

8.2.2 安装和设计参数

这些参数包括：

a) 管道的设计压力及工作压力；

b) 管道的设计温度及工作温度；

c) 管道组件单位长度的质量；

d) 阀门类型、阀门及其内构件的质量；

e) 铺设路径；

f) 环境载荷；

g) 提升作业中可能产生的支座位移值；

h) 移动设备外壳挠曲引起的支座位移值；

i) 动态设备的移动引起的加速力及位移。

8.2.3 组件性能

这些性能包括：

a) 系统所有部件的直径及壁厚；

b) 空组件单位长度的质量；

c) 管道材料轴向及环向热膨胀系数；

d) 管道材料轴向及环向弹性模量；

e) 泊松比(轴向及环向)；

f) 管件及弯头的应力集中系数(S_f)；

g) 管件及弯头的挠度系数；

h) 压应力乘子；

i) 材料的允许应力。

附录C阐述了有关材料性能的详细信息。应按附录D或与委托人商定的方法采用应力集中系数(S_f)、挠度系数及压应力乘子。

8.3 外部压力/真空

设计方应确保可能处于真空状态的组件适用。

GRP管道的外部塌陷压力 p_c(单位为兆帕)，应按式(25)计算，此公式假定管道长度远大于管道直径：

$$p_c = 2\left(\frac{1}{F_e}\right) \cdot E_h \left(\frac{t_r}{D}\right)^3 \qquad (25)$$

式中：

F_e ——安全系数，定义见7.6.3；

E_h ——环向模量，单位为兆帕(MPa)；

t_r ——增强层的平均厚度，单位为毫米(mm)；

D ——增强层的平均管道直径，单位为毫米(mm)，$D=(D_i+2t-t_r)$；

D_i ——管道内径，单位为毫米(mm)；

t ——公称壁厚，单位为毫米(mm)。

与环向拉伸模量相比，厚壁且具有夹层结构管壁的管道应优先采用环向弯曲模量。

轴向应力为压应力时，应按8.7.1及8.7.2给出的允许应力及轴向屈曲判据检验。

8.4 热载荷

设计时应考虑与最大运行温度或最大环境温度范围有关的热载荷。

考虑管内流体对未保温管道管壁的加热或冷却时，应采用式(26)计算应力分析所需的管壁平均温差：

$$\Delta T_{eff}=k\Delta T_{pa} \qquad\cdots\cdots(26)$$

式中：

ΔT_{eff}——应力分析所需的有效设计温差，单位为摄氏度(℃)；

ΔT_{pa}——环境温度与工艺设计温度之差，单位为摄氏度(℃)；

k ——GRP 考虑了低温导热性能的系数(由于 GRP 导热性低，因此管道平均壁温总是小于设计温度)。在缺乏详细信息时，液体的 k 值应取 0.85，气体的 k 值应取 0.8。

应验证轴向应力的允许应力，当为压应力时，应按 8.7.1 及 8.7.2 给出的轴向屈曲判据验证。

8.5 内压产生的应力

管体由于内压产生的环向应力(单位为兆帕 MPa)应按式(27)计算：

$$\sigma_{hp}=\frac{p\cdot D}{2\cdot t_r} \qquad\cdots\cdots(27)$$

式中：

p ——压力，单位为兆帕(MPa)；

D ——增强层的平均管道直径，单位为毫米(mm)，$=(D_i+2t-t_r)$；

D_i——管道内径，单位为毫米(mm)；

t ——公称壁厚，单位为毫米(mm)；

t_r ——管道增强层的平均厚度，单位为毫米(mm)。

管件的等效环向应力 σ_{hp} 应按式(28)计算：

$$\left(\frac{\sigma_{hp}}{p}\right)_{管件}=\left(\frac{\sigma_{hp}}{p}\right)_{管道} \qquad\cdots\cdots(28)$$

直管由内压产生的轴向应力(单位为兆帕)应按式(29)计算：

$$\sigma_{ap}=\frac{p\cdot D}{4\cdot t_r} \qquad\cdots\cdots(29)$$

8.6 管道支承产生的应力

设计方应考虑充满液体的大直径管道支座部位的接触应力的影响，它随直径及 D/t 比的增加而变大。对于直径大于 0.6 m 的管道，其轴向应力应按附录 E 或经委托方认可的方法计算。可通过在支承处进行局部增强并采用弹性垫来减少支承条件的刚度从而降低应力值。

对于应用于气体的管道和应用于液体的中、小直径管道，与中跨处弯曲应力相比，支承应力可忽略不计。轴向应力值应按式(30)及式(31)计算并用相应的允许应力检验。如果该应力为压应力，则应按 8.7.1 及 8.7.2 给出的轴向屈曲判据验证。

当采用单跨简支方式时，管道由于弯曲时自身质量产生的附加轴向拉伸应力应按式(30)计算：

$$\sigma_{ab}=\frac{M_i\left[(D_i+2t)/2\right]}{I_p\times10^6} \qquad\cdots\cdots(30)$$

式中：

I_p ——垂直于管子轴向沿重心轴线的面二次矩，单位为四次方米(m^4)，$=\pi/64[(D_i+2t)^4-D_i{}^4]$，

对于薄壁管 $=\pi D^3 t_r/8$；

D ——增强层的平均管道直径，单位为米(m)，$D=(D_i+2t-t_r)$；

D_i——管道内径，单位为米(m)；

t ——公称壁厚，单位为米(m)；

t_r ——增强层的平均厚度，单位为米(m)；

M_i——静载、单跨及双跨横梁时的挠矩，单位为牛顿米(N·m)，$=\rho_0\times 9.81\times L_s^2/8\sqrt{b^2-4ac}$

式中：

L_s ——支承跨度，单位为米(m)；

ρ_0 ——管道及流体组合体的单位长度质量，单位为千克每米(kg/m)，$=\rho_{eff}\dfrac{\pi D_i{}^2}{4}$

式中：

ρ_{eff}——管道及流体组合体材料的有效密度，单位为千克每立方米(kg/m³)，$=\left(\rho_L+4\dfrac{\rho_c t}{D_i}\right)$

ρ_c ——GRP 的密度，单位为千克每立方米(kg/m³)；

ρ_L ——管道内流体的密度，单位为千克每立方米(kg/m³)。

注：式(30)忽略了管道内水头产生的压力影响。

由内压和管道底部与顶部的自身质量产生的弯曲共同作用引起的轴向总应力 $\sigma_{a,bp}$(单位为兆帕)，按式(31)确定：

$$\sigma_{a,bp}=\frac{p\cdot D}{4\cdot t_r}\pm\sigma_{ab} \qquad (31)$$

静载(管道及流体质量)产生的挠度计算方程如下：

$$\delta=(5\times\rho_0\times 9.81\times L_s{}^4\times 10^{-3})/(K_s\times E_a\times I_p) \qquad (32)$$

式中：

δ ——静载、单跨、双跨横梁及锚架产生的挠度，单位为毫米(mm)；

K_s——支承类型系数；

=384，单跨横梁(两个支承)；

=925，双跨横梁(三个支承)；

=1 920，锚架梁(两端内置两个固定支座)；

E_a——设计温度下轴向弯曲模量，单位为兆帕(MPa)。

8.7 轴向压缩载荷(屈曲应力)

8.7.1 壳体屈曲载荷

圆筒在纯弯曲情况下的轴向弹性屈曲应力 σ_u(单位为兆帕 MPa)计算公式如下：

$$\sigma_u=0.90\times\beta\frac{E_{eff}t_r}{D} \qquad (33)$$

式中：

D ——增强层的平均管道直径，单位为米(m)，$D=(D_i+2t-t_r)$；

D_i——管道内径，单位为米(m)；

t ——公称壁厚，单位为米(m)；

t_r ——增强层的平均厚度，单位为米(m)；

$E_{eff}=\sqrt{E_a\cdot E_h}$

E_a——轴向模量，单位为兆帕(MPa)；

E_h——环向模量，单位为兆帕(MPa)；

$\beta=0.188\ 7+0.811\ 3\beta_0$

β_0 值应按式(34)确定：

$$\beta_0=\frac{0.83}{\sqrt{0.1+0.005(D_i/t_r)}} \quad \cdots\cdots(34)$$

屈曲应力与最大轴向应力之比应大于3。

注：壳体屈曲是薄壁大直径管道主控因素。

8.7.2 欧拉(Euler)屈曲

对于轴向压缩系统载荷，例如有约束的热膨胀或带有端部压缩载荷的垂直管串，和已知长度 L(单位为米)无支承管道的轴向压缩载荷采用式(35)确定，且不应大于 $F_{a,max}$(单位为牛顿)，其中惯性力矩近似等于 $\pi D^3 t_r/8$。

$$F_{a,max}=\frac{\pi^3 D^3 t_r}{8L^2}E_a\times 10^6 \quad \cdots\cdots(35)$$

式中：

E_a——轴向模量，单位为兆帕(MPa)；

L——无支承管道的长度，单位为米(m)；

D——增强层的平均管道直径，单位为米(m)，$D=(D_i+2t-t_r)$；

D_i——管道内径，单位为米(m)；

t——公称壁厚，单位为米(m)；

t_r——增强层的平均厚度，单位为米(m)。

等效屈曲应力(单位为兆帕)应按式(36)确定：

$$\sigma_u=\frac{F_{a,max}}{\pi D\cdot t_r}\times 10^{-6} \quad \cdots\cdots(36)$$

屈曲应力与最大轴向应力之比应大于3。

9 防火性能

9.1 概述

设计方应确定对管道系统防火性能的要求。防火性能包括以下性能：

——耐火性；

——燃烧反应性能。

耐火性是指在燃烧过程中特定时间内某一结构元件或组件作为隔离物或结构组件继续发挥其功效的能力。

燃烧反应性能与材料和点火时间相关，表面火焰蔓延特征包括焖燃、明火后燃烧和热、烟、毒气排放比。

如果管道不符合规定的耐火性及燃烧反应性能的要求，设计方应考虑以下替代方案：

——重新设计线路以减少或消除火灾危险；

——采用替代材料；

——采用适当的防火层。

如果采用防火层，设计方应考虑涂层应用的可靠性及其在服役寿命周期内保持其功效的能力。

5.7 给出了管道系统布置对系统防火性能的影响。7.6.1 阐述了爆炸超压的影响。

9.2 耐火性

应根据安全条件下确定的设备总耐火时间和/或财产保护要求评估防火要求。设计方应考虑使用防护板，尤其针对仅影响管道一小部分的最严重的火灾危险(如喷射火焰)。

GRP 管道组件的耐火性应按委托方及权威机构认可的 GB/T 29165.2—2012 附录 E 规定的相应方法确定。附录 F 给出了相应耐火性的量化方法。

设计方还应考虑以下因素：

a) 管道及管件的走向；

b) 管道内流体状态(例如干燥、滞流或流动)；

c) 管道内设置疏水阀的可行性，例如由水提供的局部冷却效应；

d) 穿越处的防火性能；

e) 与金属管件(例如阀门及支承夹板)接触并可将热量传导至 GRP 组件的界面应考虑采用防火层；

f) 支承在火灾中过早失效的风险，该风险可导致管道承受附加应力；

g) 将 GB/T 29165.2—2012 附录 E 中评定防火性能时采用的长度与支座跨距相比较，必要时设计方应减少跨距或增加壁厚以确保管道在火灾中自重状态下可以保持其完整性。

设计方应按 GB/T 29165.2—2012 中表 7 给出的三栏式耐火性分类编码确定管道系统所需的防火性能。其中服役功能 A、火灾种类 B 及性能 C 按指定的严重性级别降序排列。出于对完整性的考虑，火灾分类编码包括的服役条件可能未包含在本部分中。管道系统可采用不同的火灾分类编码，设计方可以按位置等因素制定多个火灾分类编码要求。F.7 给出了分类编码的实例。对于无防火层及专用于火灾条件的 GRP 管道，设计时应考虑结构层壁厚的损失。

注：GRP 可以在很长一段时间内保证良好的耐火性，因为树脂热解属于吸热过程，可以吸收火焰热量并延缓温度升高。此外，它还有利于形成绝热炭化层，从而保护底层材料。

对于非防火供水管，管壁处水的缓慢渗漏可以降低管道的表面温度，是 GRP 管道具有耐火性的重要因素，但设计方应确保渗漏造成的流体损失不会降低系统性能。当内部为除水外的其他流体(水除外)时，GRP 管道的耐火性可能有所不同，例如产出液、乙二醇、柴油管道及封闭式排污管，设计方应确保 GRP 管道在这些条件下具有规定的防火性，必要时应进行风险分析或附加试验。

9.3 燃烧反应

燃烧反应包括下列性能：

a) 易燃性；

b) 表面火焰蔓延特性；

c) 热释放率；

d) 烟气排放；

e) 毒气排放。

附录 F 给出了量化相应燃烧反应性能的方法指南。设计方应按 GB/T 29165.2—2012 中表 8 给出的分类编码确定管道系统所需的耐火性能。燃烧反应分类编码用二栏式编号标明，其中火焰蔓延及热释放 D、烟尘及毒性 E 按照指定的严重性级别降序排列。整个管道系统可采用不同的火灾分类编码，设计方可以按位置等因素制定多个火灾分类编码要求。

9.4 防火层

确定防火层的性能时，设计方应考虑下列因素：

a) 管道安装区域的火灾风险(火灾区域)和火灾类型；

b) 管道的类型、等级及直径；

c) 采用的连接系统；

d) 管道处于干燥状态或含有滞流水或流动水；

e) 惰性防火层的类型及厚度；

f) 长期气候、盐水、温度及紫外线辐射的影响；

g) 挠曲、振动、机械损伤、冲击力及热膨胀的影响；

h) 涂层及管路的液体吸收性能。如果用于盐水、石油或舱底污水等环境下，涂层的防火性能不应降低；

i) 涂层在现场条件下附着性及界面液体滞留的影响。涂层的粘接力应能保证其在附着力试验中不剥落、碎裂或成粉末状；

j) 易于维修。

防火层最好由制造商在工厂涂装，符合火焰蔓延、烟度及毒性要求的防火材料的施工对管道结构是永久性的。现场涂层施工应只限于安装目的，例如现场接头。如果防火层仅需符合耐火性要求，则可按每个组合件认可的规程，采用认可的管道材料及保温材料现场涂制防火层，并进行现场检验及鉴定。

10 静电

10.1 概述

与其他所有绝缘及非接地导体材料一样，GRP 存在较高产生及聚积静电电荷的风险。绝缘材料表面的风险取决于其几何结构，小直径圆筒的风险比同面积平板的风危险小得多。电缆及 GRP 栏杆直径较小，但是 GRP 管道直径较大且更类似于平板。与建筑结构不同，GRP 及其他绝缘材料制成的管道也能在管道内部产生静电电荷，因此静电荷可以同时在 GRP 管道内部及外部产生，从而存在因外部放电而引燃管道周围区域可燃气体的风险。如果管道上安装了诸如管箍等非接地导体，更易发生绝缘管道内部高能放电，因此应谨慎使用未被充满且可能含有易燃蒸气的管道。后续放电的火花也会击穿管壁、产生震动并影响人员工作，接触带有大量电荷的 GRP 管道人员可将静电荷携带到危险区域。

因此，当 GRP 管道系统在下列情况工作时，设计中应考虑上述危险。

a) 用来输送能够产生静电电荷的流体；

b) 与绝缘材料发生摩擦；

c) 用于危险区。

10.2 控制静电积累的分类编码

表 5 概述了 10.4 中定义的导电性、静电耗散性及接地电阻等性能要求。GB/T 29165.2—2012 中表 9 给出了 GRP 管道组件电性能分类编码 X/Y 中的 X 分项。根据是否符合接头位置的连续性要求，参数 Y 值为 1 或 0(见 10.9)。

设计具有导电性的 GRP 管道系统组件时应符合 C1a、C2a、C3 或 C4 的分类编码要求。C5 及 C6 编码提供了可用作风险评估输入的性能参数，可用于非导电性 GRP 管道系统组件。如果委托方及权威机构认可，分类编码 C7 及 C8 允许根据特定情况采用不符合 C1～C6 要求的管道组件。

表 5　危险区内作为服役条件效能的导电性、消静电性及接地要求

服役条件	导电性编码 X/Y 中参数 X	接地电阻
内部电荷产生机制		
内部流体导电性大于 10 000 pS/m 并且内部不可能形成高电荷态液滴的管道组件(见 10.5.3 及 10.5.4)	对导电性无要求	管道中至少一点处的流体接地电阻为 10^6 Ω
含有导电性大于 10 000 pS/m 高电荷态流体液滴的管道组件(见 10.5.2、10.6.4 及 10.6.9)	C1a、C2a 或 C3，见注	管道中至少一点处的流体接地电阻为 10^6 Ω。所有绝缘、大尺寸金属件的接地电阻为 10^6 Ω
内部存在易燃环境，例如仅处于部分充满的状态，流体的导电性小于 10 000 pS/m 的管道组件(见 10.6.5 及10.6.9)	优选 C1a，也可以采用 C2a 及 C3。见注	管道中至少一点处的流体接地电阻为 10^6 Ω。所有绝缘、大尺寸金属件的接地电阻为 10^6 Ω
内流动流体的流速大于 1 m/s，导电性小于 10 000 pS/m 的管道组件(见 10.6.4 及 10.6.9)	C1a、C2a 或 C3。见注	管道中至少一点处的流体接地电阻为 10^6 Ω。所有绝缘、大尺寸金属件的接地电阻为 10^6 Ω
长度小于 10 m，内部流动流体最大流速不大于 1 m/s，导电性小于 10 000 pS/m 的管道系统(见 10.6.7 及 10.6.8)。根据风险分析的结果，长度大于 10 m、特别是管道上游端设有精密过滤器的管道系统可能需要符合 10.5.4 规定的要求	对导电性无要求	管道中至少一点处的流体接地电阻为 10^6 Ω。所有绝缘、大尺寸金属件的接地电阻为 10^8 Ω
外部电荷产生机制		
存在来自产生弱外部电荷机制风险并且不可能具有大尺寸导电层覆盖物或在正常操作中不可能产生外部静电的管道组件(见 10.7.3)	对导电性无要求	所有绝缘、大尺寸金属件接地电阻为 10^8 Ω
存在来自产生中度电荷产生机制的风险并且可能具有大尺寸导电层覆盖物的管道组件(见 10.7.4)	C2a 见注	所有绝缘、大尺寸金属件接地电阻为 10^8 Ω
正常运行时存在来自强外部电荷产生机制的极大风险的管道组件。(见 10.8.4 及 10.8.5)	C2a 见注	所有大尺寸绝缘金属件接地电阻为 10^6 Ω
注：如果委托方及权威机构认同，也可以采用其他的性能标准。		

10.3　静电防护方案

如果明确不存在重大静电危险且 GRP 管道不经过危险区域，不要求 GRP 管路具有导电性、静电耗散性或接地，不必执行 10.5～10.9 规定的要求。

如果管道经过危险区域，设计方应考虑选用以下方案之一：

——无论是否输送流体，要求所有 GRP 管路具有导电性，编码 C1a 及 C2a；管道系统任何一点的接地电阻不应大于 1×10^6 Ω；不必执行 10.5～10.9 规定的要求；

注 1：上述要求与国际海事组织(IMO)决议案 A753(18)中的要求一致，见 G.1。

——采用 10.5～10.9 给出的基于风险的方法。根据静电聚积源是否来自于管道组件内部或外部的电荷产生机制，该方法可能会产生多个性能标准。当出现这种情况时应采用较严格的性能

要求。附录G详细阐述了GRP管道组件导电性及接地电阻要求的主控因素。

注2:GRP管道易燃放电源主要是来自GRP管路连接的绝缘非接地金属件,而不是GRP材料本身。

注3:当外部电荷产生机制为主要考虑因素时,则相同临近区域内所有绝缘的非GRP管道组件及结构都应采用相同的风险对策。

注4:理论上,多数情况下静电放电风险来自于外部电荷产生机制,可能需要一系列特定环境才能发生。所以使用GRP管并不会显著增强出现易燃放电的风险。

10.4 设计及档案编制要求

设计方应按10.3及10.10规定的要求对位于危险区的管道系统的导电性、静电耗散性及接地要求进行鉴定并编制相关文件,此要求同样适用于GRP管道及外部涂有永久保护层的GRP管道,GRP管道外覆有可除去的材料时(例如绝缘材料,见G.7)应考虑其他因素。

应提供给安装者及操作者上述资料。如果已经按其表面电阻C5、电荷屏蔽性C3或电荷耗散性对管道进行质量鉴定,设计方应确定安装或操作时是否需要验证这些性能。

10.5 内部流体导电性大于10 000 pS/m的管道

10.5.1 海水及原油通常符合这些条件。

10.5.2 如果管道内形成带电雾气,则应采用10.6规定的要求。

注:除非导电性液体像带电雾气那样形成极细小的液滴,否则管道内不会聚积电荷。因为需要极高的流速和/或极大的管道直径,因此本部分覆盖的条件通常不会发生这种情况。

10.5.3 管道内部应至少通过系统内一个外露接地点接地。如果管道并非始终处于满液状态,应在管道内部系统最低点处及可能截留液体的位置接地。

10.5.4 所有管道上或与管道连接的大尺寸绝缘金属件(见G.4)在任何接地点的最大接地电阻宜为10^6 Ω。正常运行时应重点关注非常接近固定及移动接地物体的对象(包括操作人员)。

注:该要求旨在提示并阐明不可能出现的外部电荷产生机制,所以风险分析中没有考虑。

10.6 内部流体导电性小于10 000 pS/m的管道

10.6.1 此类流体通常包括柴油及煤油等炼化产品。

注:见G.3.1中的注。

10.6.2 如果存在人员被电击和人员可能将静电携带到危险区的风险时,非危险区应满足10.6.3～10.6.6规定的要求。

10.6.3 应至少在管道系统内部一个外露接地点处接地。如果管道并非始终处于满液状态,应在管道系统内部最低点处可能截留液体的位置接地。

10.6.4 线性流速大于1 m/s的GRP管道系统应符合C1a、C2a或C3规定的导电性要求。采用具有C4且C5、C6或C7静电耗散性的组件应经过委托方和权威机构认同。

注:C3分类编码假定管道内产生的最大电压小于50 kV。如果有资料表明服役过程中管道内产生的电压大于50 kV,设计方应考虑更改验收判据。反之,如果有资料表明管道内产生的电压远小于50 kV,则可以降低性能标准。

10.6.5 对于具有易燃环境管道,例如处于部分满液的管道,其内部任何一点的最大接地电阻宜为10^6 Ω(C1a)。

10.6.6 如果除安全性之外其他原因(如产品质量)造成的管道内壁完整性及其管道内壁易于击穿成为重要影响因素,管道内任何一点的最大接地电阻宜为10^6 Ω(C1a)。

10.6.7 长度小于10 m、流体最大流速为1 m/s、导电性小于10 000 pS/m的管道不要求有导电性,主要大尺寸绝缘金属组件的最大接地电阻(参见附录G)小于10^8 Ω。根据风险分析的结果,长度大于10 m、特别是管道上游端设有微孔过滤器的管道系统应满足10.6.4规定的要求。

10.6.8 对于能在管线内部及外部之间形成直接电通路的管道内部金属组件，其任何一点的最大接地电阻应为 10^6 Ω。对于符合 10.6.7 要求的管道，其接地电阻可增加至 10^8 Ω。

10.6.9 所有管道上或与管道连接的大尺寸（见 G.4）绝缘金属件的任何接地点的最大接地电阻宜为 10^6 Ω。正常运行时应重点关注非常接近固定及移动接地物体的对象（包括人员）。见 10.5.4 中的注。

10.7 处于弱/中度外部电荷产生机制的管道

10.7.1 存在人员可能将聚积的静电携带到危险区的重大风险时，非危险区应符合 10.7.3～10.7.4 规定的要求。

10.7.2 具有可去除式包覆层的 GRP 管道系统的暴露部分或包覆层下的大尺寸绝缘金属部件应该符合本节规定的要求，见 G.7。

10.7.3 对于未被导电层覆盖的大尺寸管道组件或正常运行时几乎不会产生外部强静电的管道组件，只要其只处于弱的外部产生电荷机制环境下，可不具有导电性，例如偶然的摩擦静电及冲洗时小水箱附近的组件。管道上或与管道连接的所有大尺寸绝缘金属件的（见 G.4）最大接地电阻应小于 10^8 Ω。正常运行时应重点关注非常接近固定及移动接地物体的对象（包括人员）。

注：大管道比小管道更容易被导电材料覆盖。

10.7.4 对于使用时可能被大尺寸导电层覆盖但在正常服役时几乎不会产生外部强静电的管道组件，只要组件仅处于弱的或中度的外部产生电荷机制环境，例如冲洗时大贮罐附近的组件、变化中的大气场及频繁摩擦静电，应符合分类编码 C2a 的静电耗散性要求。如果管道无法达到 C2a 规定的要求，经过委托方及权威机构认同后也可以采用分类编码 C5 或 C6。所有管道上或与管道连接的大尺寸（见 G.4）绝缘金属件的任何接地点的最大接地电阻宜为 10^8 Ω。正常运行时应重点关注非常接近固定及移动接地物体的对象（包括人员）。

10.8 处于强外部产生静电机制作用的管道

10.8.1 具有可去除式包覆层的 GRP 管道系统的暴露部分或包覆层下的大尺寸绝缘金属部件应符合本节规定的要求，见 G.7。

10.8.2 通过管道的两相流体是主要考虑机制，如含有冷凝物的气体，邻近管道泄漏的蒸汽或烃类等。因为周围始终存在危险环境，因此后者存在潜在危险条件。

10.8.3 作为风险评估的一部分，设计方应该考虑泄漏流体的性能、分离电荷的能力、泄漏的驱动压力、产生泄漏源的管件和紧固件的可靠性、维修频率、GRP 管道的走向及泄漏源距距离、通风条件、潜在易燃放电点相对于最近的可接地物体的距离及人工操控设备的时间比例。

10.8.4 所有管道上或与管道连接的大尺寸（见 G.4）绝缘金属件的任何接地点的最大接地电阻宜为 10^6 Ω。正常运行时应重点关注非常接近固定及移动接地物体的对象（包括人员）。

10.8.5 在正常运行中，如果已确定强电荷外部产生机制会给管道组件带来重大风险，该组件应符合分类编码 C2a 规定的导电性要求。如过管道无法达到 C2a 要求，经过委托方及权威机构认同后也可以采用分类编码 C5 或 C6。

注：当 GRP 管道装有导电性流体并且壁厚小于 8 mm 时，GRP 表面本身的电磁辐射状放电机率增加。与小管道相比，大管道更易具有易燃放电的电容。

10.9 管道系统内电路的连续性

10.9.1 如果规定管道具有导电性，设计方应考虑通过接头的电路连续性并确定接地母线的间距。所有不符合连续性分类编码 Y=1 的组件应按制造商的建议采取独立接地措施。

10.9.2 如果需要采用外部导电涂料，建议在安装管道之前在工厂涂装，并建议不可在检验期间在难以进入的区域涂装导电涂料。

10.9.3 如果采用外部导电涂料,操作者必须在服役寿命周期内监控涂层的完整性以保证涂层区域不与地绝缘。

10.9.4 运行方应在使用过程中监控所有地连接点的性能。

10.9.5 涂层及地连接点完整性的评估频率及方法应尽可能与风险分析结果比对。

10.10 雷击

应根据风险分析结果确定是否可在存在雷击的环境中采用GRP管道输送易燃或危险流体。

11 安装方与运行方档案

系统设计方应提供安装及运行人员使用的必要资料,这些资料应包括但不限于:

a) 运行及设计参数;
   1) 设计压力;
   2) 设计温度;
   3) 树脂的 T_g 值;
   4) 每个组件的评定压力;
   5) 每个管道系统的最小评定压力;
   6) 每个管道系统的平均及最大流速条件;
   7) 如果可行,抗化学性的极值;
   8) 如果可行,消除或控制水锤及气蚀的方法;
   9) 如果可行,防火管道的火灾分类编码及位置;
   10) 导电性分类、导电管道的位置、接地漏电/接地要求及接地点的位置;
   11) 临界条件。

b) 重型设备的系统图纸及支承要求;

c) 如果可行,管道回路中连接最终接头的最佳位置;

d) 如果可行,管段早期压力试验指南;

e) 检验规划。

安装及运行的检验规划应考虑系统的临界条件及检验的可行性。附录H给出了制定检验规划需要考虑的因素。GB/T 29165.2—2012附录E给出了检验方法指南。当需要进行声发射试验时,应按ASTM E1118的要求进行。评估树脂或粘接剂的状态应按GB/T 29165.2—2012中6.8.2的要求进行。

附 录 A
（资料性附录）
GRP 管道系统布置设计指南

A.1 支承结构类型

允许管道在相对自由度内移动的支承结构包括：

a) 吊架，允许管道横向或纵向自由移动；

b) 管道可在其上部滑动的固定支承，允许产生纵向及横向移动；

c) 导轨，允许管道发生纵向和旋转移动，但限制其发生横向移动；

d) 锚，限制管道在所有方向上的移动，将管道系统分成独立可膨胀的分部。

吊架能在吊杆上自由移动，包括带、环、U 形钩或辊。由角钢做成的传统管架是一种典型的固定支承，它允许横向和纵向移动。

A.2 支承间距

在管道系统里设计支承结构是为了防止由管道和流体质量引起的管道过度挠曲。当间距正中的挠度限制在 12.5 mm 或跨距的 0.5%时，管道的弯曲应力通常低于管子和连接件的许用应用。然而，在要求更为严格设计中，可能需要使用更短的支承间距。如果系统中有很多重型在线组件，例如阀门，或者当设计压力和设计温度接近产品极限时，应进行更严格的设计。支承间距决定了管子的最大应力水平。

A.3 热膨胀

对于任何地上管道系统，需要计算由热膨胀引起的长度方向上的变化。接触模法和长纤维缠绕法成型的 GRP 管道在轴向热膨胀值变化很大。GRP 管道的热膨胀值是热膨胀系数、温度变化以和管道总长的函数。当高于设计使用温度时，GRP 管道的热膨胀系数近似为恒定值，热膨胀值与温度成线性关系。

A.4 内压膨胀

由于 GRP 管道模量较低，由内压引起的轴向膨胀经常被忽略不计，但是有时它与热膨胀属于同一数量级，为了获得准确的结果，设计时应考虑内压膨胀。压力膨胀的大小取决于设计压力、管道尺寸、壁厚以及产品的机械性能。建议校核压力膨胀值并确定设计时是否需要将其作为影响因子。

A.5 用锚控制膨胀

在 GRP 管道系统设计中，应该利用其轴向弹性模量低的特性。这个特性优点之一是温度和压力作用产生的端部荷载较小，可采用较轻的锚。在锚－锚条件下，因为压力影响一般只出现在方向改变时，因此设计中通常不考虑压力膨胀。但是，在每一个设计中都应评估压力影响。

A.6 采用导轨控制膨胀

除非管道系统由导轨适当的限制,否则由于膨胀产生的压缩力可能会导致管壁屈曲和失稳。导轨固定在支承结构上以提供管道支持,它允许管道轴向移动以防止膨胀引起的屈曲。正常条件下,管道系统在锚定点之间的线性膨胀在不超出管道及配件轴向允许应力情况下可以得到控制。

推荐在管线在受到侧向载荷或提升力作用时使用导轨。例如,当管道承受压力波动、服役过程中的管道被清空和注满、管道被风或其他外部载荷抬起或移动(尤其是空管)的情况下。

A.7 通过方向改变来控制膨胀

作为管道系统几何设计的一部分,方向的改变能减小由热膨胀和压力膨胀产生的应力。但是在方向改变的情况下,GRP管件,特别是弯头处产生的应力水平应低于管道和管件弯曲允许应力水平。管道和管件中的应力水平取决于管道长度的总变化和距第一个导轨或吊架长度。

A.8 通过膨胀环控制膨胀

膨胀环(管环通常是C形的)是减小管道系统中由于长度方向上变化产生的应力的另一种方法。膨胀环一般设置在非常长的直管段以减小锚间的末端载荷和屈曲。与用于方向改变的导轨间距一样,此设计也是一种简化方案。设计参数同样包括热膨胀和内压膨胀,而不仅仅是温度变化。任何详细设计均应考虑到为了减少温度影响降低模量会导致更为保守的结果。

A.9 利用伸缩装置控制膨胀

尽可能将伸缩装置(柔性管接头)的使用限制承受轴向压缩或伸长的场合,即压缩或扩展的场合。其他方法,如单伸缩装置和铰接式伸缩装置需要特别考虑。

附 录 B
（资料性附录）
连接设计选择的方式和指南

B.1 概述

有各种类型的适用于GRP管道的胶接和机械连接，这些专用连接通常可以分成以下几类：

a) 同心粘接接头；

b) 层合板接头；

c) 机械O形环承插式弹性密封接头(有/无锁键)；

d) 法兰接头；

e) 其他机械接头；

f) 金属/GRP转换接头。

海上应用时通常需要抗推接头，如粘接接头、弹性承插密封接头(有锁键)、层合板接头或法兰接头。

但是，对于支承良好及锚固的管道，也可使用非抗推接头，例如，弹性承插密封接头(没有锁键)或机械接头。

选择连接方法时，设计者应考虑以下因素：

——极限服役状态(可靠性)；

——弯曲性能；

——安装环境(易于检验)；

——易于制造。

B.2 粘接接头

粘接接头是一种刚性接头，它由略带锥度(锥形)的承口和机制插口(圆柱或圆锥形)构成。此外，承插口的锥体可带螺纹。图B.1图示了一种典型的粘接接头。

在所有连接方式中，粘接接头的原材料耗费最低，正确连接时效果良好。当使用圆柱形插口时，接头会形成台肩。当使用锥形插口时，承口和插口的锥形表面相匹配，不会形成台肩。前者的优势在于能很容易的确定最终涂胶的位置，而后者(圆锥/圆锥接头)连接强度更高，但是连接不适当时易造成涂胶位置错误，从而降低接头强度。

对于大口径管子，尤其当直径大于450 mm时，粘接接头安装比较困难。应注意涂胶时产生的胶珠的尺寸，它可能被挤入到管道中，从而阻塞管道或成为管道侵蚀和气蚀损伤起源。

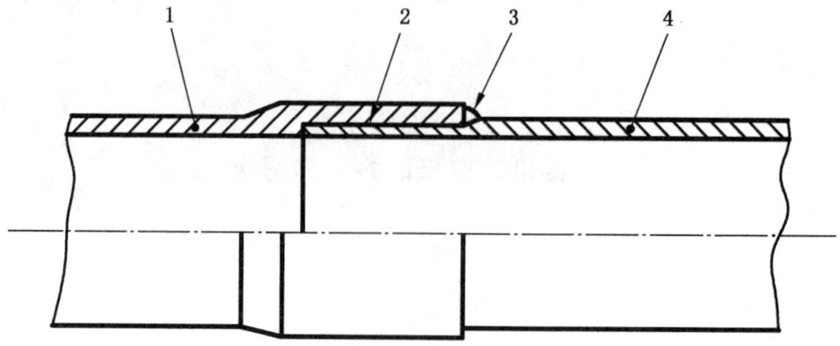

说明：

1——集成承插端的管子；

2——粘接剂；

3——倒角；

4——带插口端的管子。

图 B.1 典型的粘接接头

B.3 层合板接头

如图 B.2 所示，层合板接头由直管管端和预制的管件构成，直管端和管件对齐后将增强纤维和树脂/固化剂的混合物层合粘接在一起。有两种类型的层合板接头：管道外表面经打磨后形成圆柱面型和外表面经打磨后形成锥形表面型。层合接头需要很高的操作技巧，因此尽可能少在现场施工时采用这种连接方式。

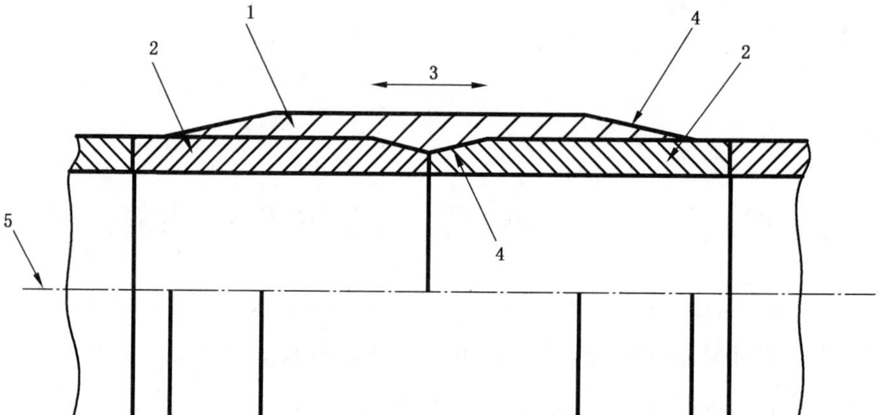

说明：

1——层合结构；

2——管体；

3——层合长度方向；

4——锥度，不大于 1/6；

5——管道中心线。

图 B.2 典型的层合板接头

层合接头相对于粘接接头的优势在于，仅需从管道外部制备接头，管端定位相对容易。当现场搭接时，由于层合板接头容许微量的错位，因此可考虑采用这种连接。

B.4 机械 O 形环承插式弹性密封接头

承插式弹性密封接头由插口端和带有 O 形环或边缘密封环的承口组成。承口既可以与管(单承口)集成，也可以是一个独立的部件(双承口)，双承口适用于连接两根带有插口的管。连接可能会使用两个或更多 O 形环的接头。弹性密封接头允许管道产生一定的轴向移动和一定量的角度偏移。当需要抗拉连接时，应在接头中加入锁键，如图 B.3 所示。

这种连接方式组装最为简便，设计时允许在接头内有一定的轴向运动和一定角度偏离。它们比法兰接头价格低且结构上更加有效，但比粘接接头价格高。相比粘接接头，这种接头比较笨重，但优点在于能在简陋的工作条件下快速的组装。对于混凝土重力基座系统的管道以及船用的压载传输管道，应首选这种接头。

这种接头也可用于泵送立管柱体，需在接头的轴向加入键槽以使其能传输扭矩。

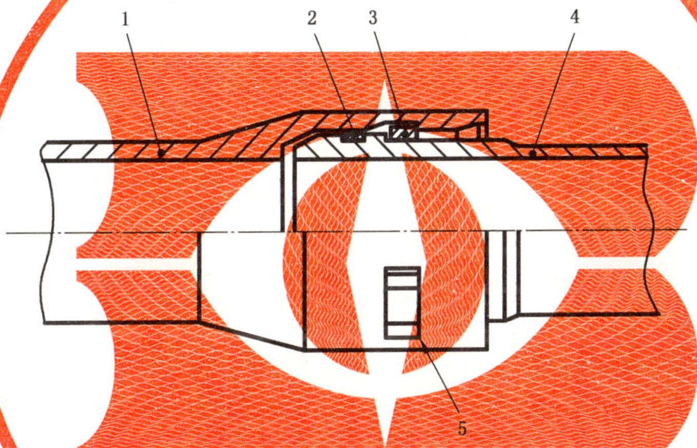

说明：

1——集成承口的管子；

2——弹性密封圈；

3——锁键条；

4——带插口管子；

5——锁键条插孔。

图 B.3 典型的弹性承插式密封接头(带锁键)

B.5 法兰连接

法兰连接便于 GRP 管道与钢管的连接，易于管道系统的安装和拆卸。法兰的外径和孔距应符合 ISO 7005-3、ISO 15649 或 ASME B16.5 要求。GRP 法兰应为平面法兰，相应的金属法兰也是平面式的。

以下是两种常用的法兰类型：

——固定式法兰，与管道末端用粘接剂粘接或者用层合方法连接；

——松环式法兰，肩圈为GRP，通过粘接或者层合方式连接到管道的末端，末端带有GRP或者金属法兰底。

在使用螺栓连接法兰盘时，应在两边的法兰面上采用垫圈，并考虑使用垫板防止在拧螺栓时损伤GRP。

通常情况下应尽量避免使用法兰连接，因为复合材料法兰对对中不当和螺栓过紧非常敏感。应避免使用重型法兰，不应将其用于弥补安装过程中可能存在质量缺陷，因为这样会显著增加成本、重量和增加装配长度。

B.6 螺纹连接

以下三种螺纹连接方式可用于高压和中压的GRP管道系统：

a) 外螺纹/外螺纹连接，使用标准API螺纹管箍(例如EUE 10RD、EUE 8RD，也称为圆螺纹)见图B.4；

b) 内螺纹/外螺纹连接，接头带有标准API螺纹，密封通过制造商推荐的聚四氟乙烯带和/或特种化合物，见图B.5；

c) 内/外粗螺纹连接，使用O形环密封，见图B.6。

为了减小摩擦力和增强密封效果，可在螺纹间使用填料，例如石墨和/或者陶瓷微粒。也可以使用聚四氟乙烯类润滑剂来减小摩擦力，降低上卸扣扭矩。

API标准螺纹应满足API Spec 15HR的要求。由制造商设计的螺纹应满足企业标准，如螺纹的加工质量，表面光洁度等。

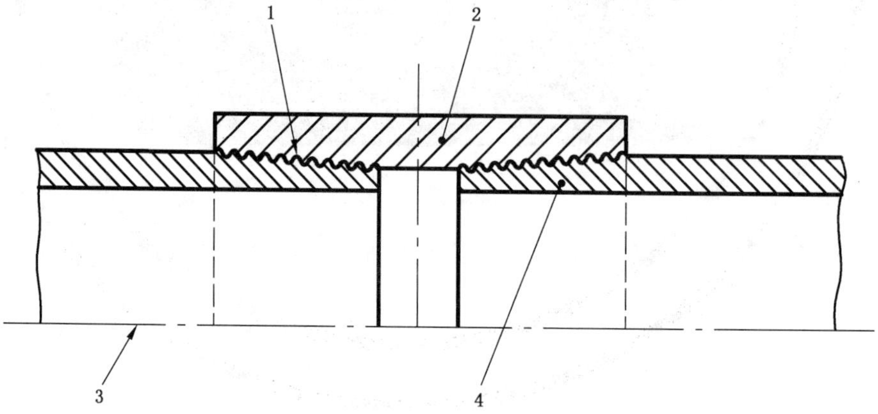

说明：

1——标准API螺纹；

2——内螺纹接头；

3——管道中心线；

4——管体。

图B.4 标准API螺纹连接

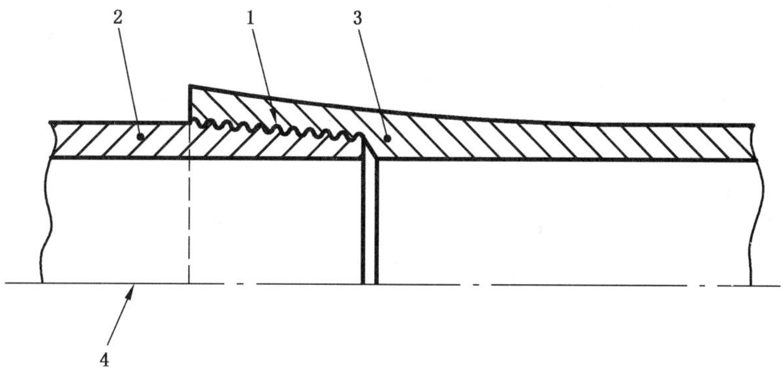

说明：

1——标准 API 螺纹；

2——带有外螺纹的管体；

3——带有内螺纹的管体；

4——管道中心线。

图 B.5　API 螺纹整体连接

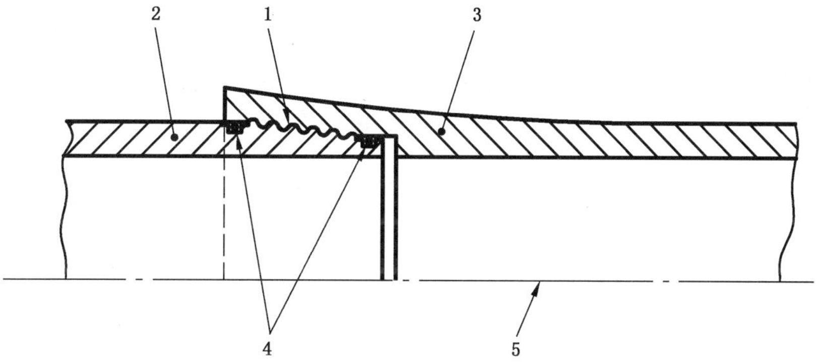

说明：

1——粗螺纹；

2——带有外螺纹的管子；

3——带有内螺纹的管子；

4——O 形密封圈；

5——管道中心线。

图 B.6　螺纹整体连接(粗螺纹＋O 形密封圈)

B.7　其他的机械连接

有多种适用于 GRP 管道的专用机械接头或管件，应参考制造商提供的应用指南。

附 录 C
（资料性附录）
材料性能与应力应变分析指南

制造商通常选择内压 2∶1(环向与轴向应力比)的工况来作为优化 GRP 管道性能的条件，这表明 GRP 的性能是各向异性的，其环向模量要远大于与轴向模量。

以下是与 GRP 管道及管道系统设计有关的材料性能及其符号：

符号　　材料性能

E_a　　轴向的杨氏模量

E_h　　环向的杨氏模量

ν_{ha}　　(环向)泊松比，环向应力造成的轴向应变与环向应变之比

ν_{ah}　　(轴向)泊松比，轴向应力造成的环向应变与轴向应变之比

G_{shear}　　剪切模量

α_a　　轴向热膨胀系数

α_h　　环向热膨胀系数

其中 $\frac{V_{ha}}{E_h}=\frac{V_{ah}}{E_a}$。

表 C.1 给出了上述 GRP 管道的性能参考值。该种 GRP 管道采用连续玻璃纤维以 55°缠绕角进行缠绕，其中玻璃纤维体积分数为 55%，基体分别采用环氧树脂，乙烯基酯树脂和不饱和聚酯树脂。

表 C.1　材料的典型性能

材 料 性 能	参 考 值
E_a	12 000 MPa
E_h	22 000 MPa
ν_{ha}	0.55
ν_{ah}	0.30
G_{shear}	11 000 MPa
α_a	18 μm/m·℃
α_h	12 μm/m·℃

用于 GRP 管道/管道系统设计的相关应力，应变参数及符号如下：

符号　　应力/应变

ε_a　　轴向应变

ε_h　　环向应变

γ　　剪切应变(面内)

σ_a　　轴向应力

σ_h　　环向应力

τ　　剪切应力(面内)

应变随应力变化的关系式如下：

$$\varepsilon_a=\frac{\sigma_a}{E_a}-\nu_{ha}\frac{\sigma_h}{E_h}$$

$$\varepsilon_h = -\nu_{ah}\frac{\sigma_a}{E_a} + \frac{\sigma_h}{E_h}$$

$$\gamma = \frac{r}{G_{shear}}$$

相反,应力随应变的变化关系如下:

$$\sigma_a = \frac{E_a}{(1 - \nu_{ha}\nu_{ah})}(\varepsilon_a + \nu_{ha}\varepsilon_h)$$

$$\sigma_h = \frac{E_h}{(1 - \nu_{ha}\nu_{ah})}(\varepsilon_h + \nu_{ah}\varepsilon_a)$$

$$\tau = G_{shear} \cdot \gamma$$

附　录　D
（规范性附录）
挠度分析指南

D.1　概述和定义

以下的系统设计指南提供了一种获取纤维缠绕管道及其管件设计裕量输入参数的方法，它以供应商提供的产品评定鉴定过程中的部分测试数据和组合负载下纤维缠绕层合板结构的应用经验为基础，程序中包括了不同载荷条件下许用设计包络线的评估。本程序设计原则为不应给组件供应商增加额外的测试负担。

在其他标准引文中，GB/T 29165 应作为 UKOOA 文件的发展。系统持续载荷、偶然载荷情况的定义与 ASME B31.3 一致。系统设计参数、挠度系数、应力集中系数和压力应力乘子的定义见 BS 7159：1989。GB/T 29165 和其他文献的主要区别在于，它规定了产品应以性能为基础进行供货和质检。

由于组件自身完整性不是通过设计而是通过测试来判定，当开发用于设计计算参数的方法时，会遇到一定的技术难题。

直管的设计过程比较单一，因为通常会有足够的数据用于构建系统在应力条件下的短时基准包罗线，许用设计包络线可通过此基准线的比例放大获得。（前提是假设比例放大的有效性）。

但是，管件的设计过程相对复杂，主要包括以下过程：

——压力作用下管件中的应力分布非常复杂，不能局限于简单薄膜应力；对于许多管件，局部弯曲应力是应力的主要组成部分；通常采用在设计中引入了压力应力乘子（m_{psb}）来进行修正；

——管件所使用的材料和制造方法都不同于直管。几何尺寸的限制造成即使产品使用的树脂和玻璃纤维增强材料相同，铺层也是不同的，其结构细节、缠绕角，纤维含量等也会发生变化；这就造成产品的力学性能也不相同，如强度、各向异性的程度等；

——在二维曲面上层合结构的厚度随着位置不同变化很大，例如，弯头内弧面要比拱背厚很多。这种影响增加了应力分析的复杂性。

本指南采用了“等效应力”的概念，此方法将管件性能等效成直管，计算出许用“等效”设计应力。因为管件中的实际应力分布变化很大，且难以计算，因此这种方法计算出的并非管件中的实际应力。推算“等效应力”的前提是质检测试结果表明管件的压力等级不低于相关直管段。

指南给出的方法代表了当前的技术现状，它以直径小于 0.3 m 的管材的经验数据为基础。它不能保证采用本附录中描述的方法进行应力计算的准确性，因此与业主协商后也可采用其他的计算方法。例如使用有限元分析技术和基于经验的计算方法。

下列术语和定义适用于本附录。

D.1.1

应力集中系数

S_f

在外加载荷作用下管件中的实际/有效应力和名义应力的比值，名义应力是基于与管件相同截面模量和杨氏模量的直管确定的。

D.1.2

挠度系数

K

组件/管件的弯曲挠度和相应直管的弯曲挠度的比值，该直管段与管件具有相同铺层结构、杨氏模量、展开长度和厚度。

D.1.3

压力应力乘子

m_{psb}

由作用在管件上的内压造成的环向应力载荷的微量增加。

注：以上定义将弯头或三通的挠度应力集中系数与相同材料制备、相同直径和壁厚直管的挠度联系在一起。在传统的钢管系统中，弯头和管道通常采用相同的材料和尺寸。在GRP管道系统中，直管和弯头通常是分开的部件，然后通过粘结或者层合连接在一起。弯头和直管所用的材料、铺层结构和尺寸可能并不相同，尤其是弯头的壁厚更大。取决于管道的直径和压力等级，厚度增加系数通常在2～5之间。

对于GRP管，几乎没有可用的实验证据证实应力集中系数的定义。SINTEF[7]最近的研究表明，BS 7159:1989中提出的应力集中系数值和挠度值与他们最近设计的纤维缠绕GRP管的实验结果并不相符。

由于BS 7159:1989中提出的应力集中系数存在争议，同时又缺乏完善的数据支持，应按以下方法定义应力集中系数和挠度系数，这些方法基于分析过程中大量使用且被证明有效的数据。

对于使用非纤维缠绕成型的管件和/或管子，可直接参考BS 7159:1989标准。

当直径大于0.5 m时，挠度分析中的特定系数应参考BS 7159:1989。

D.2 挠度分析

D.2.1 概述

挠度分析中两部分内容需要设计工程师来进行判断。首先，管道系统模型应能反映它的实际特性。尽管一些建模技术只适用于各向异性系统，还有许多好的建模技术对各向同性和各向异性管道系统是通用的。

其次，应对从挠度分析中获得的结果进行合理的解释。当采用钢管体系时，各种不同等级的钢材都有明确规定的允许应力水平。但是，对于GRP管而言，由于存在很多的铺层方式，因此允许应力水平的定义非常复杂。

D.2.2 弯头

D.2.2.1 概述

弯头对压力和热引起的轴向和弯曲载荷的响应比直管在同等载荷作用下的响应更为复杂。弯矩可以产生椭圆度、导致轴向和环向应力。取决于载荷的方向是在面内还是面外，弯矩产生的环向和轴向应力比值可在2.1和2.8之间变化。因此，弯头内的应力分布及其方向变得非常复杂，不能简单地通过承受的内压和拉伸载荷计算。

内压和弯曲载荷可能产生的轴向和环向应力，导致定义GRP弯头长期强度时会趋于保守。在应力比为 2∶1 时,长期轴向强度取值为管材长期强度的一半。对直管进行系统设计时同样趋于保守。

以下挠度系数、应力集中系数和压力应力乘子的经验关系是以 BS 7159:1989 为基础的。当在管道系统设计中使用这些关系时,应考虑经验公式的假设和限制条件,尤其应注意毗邻管子的壁厚。在推导挠度系数、压力应力乘子和应力集中系数之间的经验关系时,假定弯头的最大壁厚是直管最大壁厚的 1.75 倍。**备注**:在 BS 7159:1989 中描述的多种铺层类型中,仅考虑类型 3 纤维缠绕铺层。

D.2.2.2 挠度系数($\boldsymbol{K}_b$)

以下给出了确定弯头的挠度系数的计算方法,首先计算管件本身的挠度系数,然后转换成管道分析计算程序应用的总体挠度系数,弯头挠度系数通过将局部挠度系数与$(E_a/_b)_{管子}/(E_a/_b)_{弯头}$比值相乘获得。

对于 GRP 弯头,其挠度系数 K_b 以管道系数 λ_b 和由内压作用产生的轴向压力修正系数 δ_a 为基础。

λ_b 通过下式计算:

$$\lambda_b = \frac{4t_b R_b}{D_i^2} \qquad \cdots\cdots (D.1)$$

式中:

t_b ——弯头参考层合板的平均壁厚,单位为毫米(mm);

D_i ——弯头增强层的内径,单位为毫米(mm);

R_b ——管道弯曲半径的平均值,单位为毫米(mm)。

详见表 D.1。

注 1:参考层合板的壁厚 t_b 定义为管道设计计算中用于建模的等效直管段壁厚。

δ_a 通过下式计算:

$$\delta_a = \frac{1}{1+[2.53p/(E_{h,bend})\cdot(R_b/t_b)^{1/3}\cdot(D_i/2t_b)^2]} \qquad \cdots\cdots (D.2)$$

式中:

p ——施加的内压,单位为兆帕(MPa);

$E_{h,bend}$ ——弯头的环向模量,单位为兆帕(MPa)。

平滑弯头的挠度系数为λ_b的函数,见表 D.1:

$$\kappa_b = \delta_a \cdot \frac{0.64}{(\lambda_b)^{0.83}} \cdot \frac{E_{a,pipe}\cdot t_{pipe}}{E_{a,bend}\cdot t_b} \qquad \cdots\cdots (D.3)$$

对于手糊成型弯头,式中的系数 0.7 更换为 1.0。

斜接弯头的挠度系数为λ_b的函数,见表 D.1:

$$\kappa_b = \delta_a \cdot \frac{0.64}{(\lambda_b)^{0.83}} \cdot \frac{E_{a,pipe}\cdot t_{pipe}}{E_{a,bend}\cdot t_b} \qquad \cdots\cdots (D.4)$$

式中:

$E_{a,pipe}$ ——与其连接的管子的轴向模量,单位为兆帕(MPa);

$E_{a,bend}$ ——弯头的轴向模量,单位为兆帕(MPa)。

注 2:式(D.3)和式(D.4)不同于 BS 7159:1989 中相关的公式。SINTEF 研究[7]表明,由于弯头椭圆度造成的挠度增量超过通过增加弯头壁厚形成的补偿,从而导致整体的挠度系数小于 1,即弯头刚度大于直管。

注 3:壁厚比作为面积二次矩比值的近似值。如果弯头的模量未知,可用管道的轴向模量来代替。

根据经验设置 κ_b 上限值,平滑弯头或斜接弯头都不应大于 3。

表 D.1 管道设计中弯头设计系数总结

弯 头	平 滑	斜 接
图示	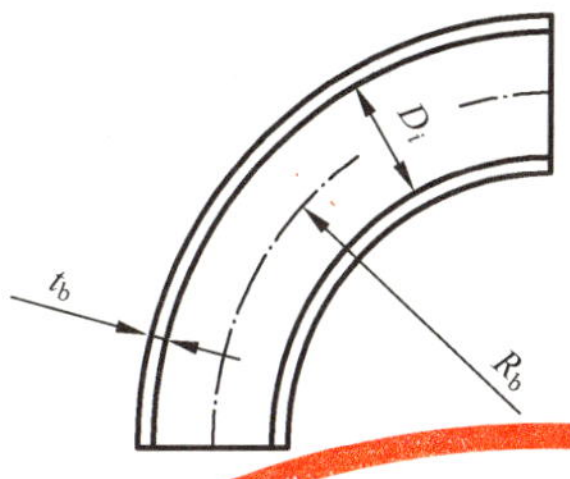	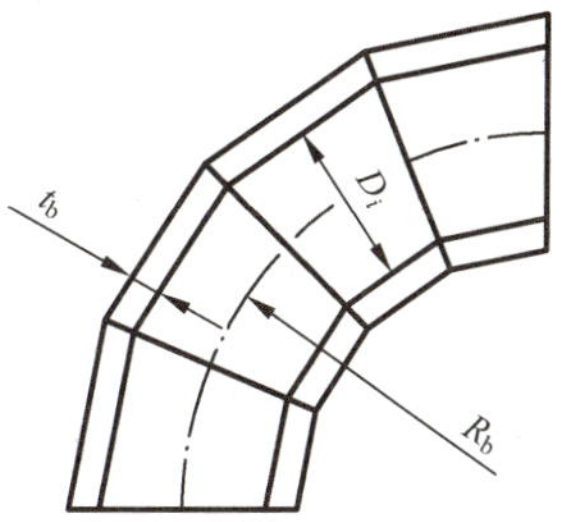
管道系数	$\lambda_b = \frac{4t_b R_b}{D_i^2}$	
轴向压力修正系数	$\delta_a = \frac{1}{1 + [2.53p/(E_{h,bend}) \cdot (R_b/t_b)^{\frac{1}{3}} \cdot (D_i/2t_b)^2]}$	
环向压力修正系数	$\delta_h = \frac{1}{1 + [1.1p/(E_{h,bend}) \cdot (R/t_b)^{\frac{2}{3}} \cdot (D_i/2t_b)^{\frac{11}{6}}]}$	
挠度系数	$\kappa_b = \delta_a \cdot \frac{0.7}{\lambda_b} \cdot \frac{E_{a,pipe} \cdot t_{pipe}}{E_{a,bend} \cdot t_b}$	$\kappa_b = \delta_a \cdot \frac{0.64}{\lambda_b^{0.83}} \cdot \frac{E_{a,pipe} \cdot t_{pipe}}{E_{a,bend} \cdot t_b}$
面内轴向 SIF	$S_{fa,ib} = \delta_a \cdot \frac{0.76}{\lambda_b^{\frac{2}{3}}}, S_{fa,ib} \leqslant 2.5$	$S_{fa,ib} = \delta_a \cdot \frac{0.5}{\lambda_b^{\frac{2}{3}}}, S_{fa,ib} \leqslant 2.5$
面外轴向 SIF	$S_{fa,ob} = \delta_a \cdot \frac{0.56}{\lambda_b^{\frac{2}{3}}}, S_{fa,ob} \leqslant 2.5$	$S_{fa,ob} = \delta_a \cdot \frac{0.51}{\lambda_b^{\frac{2}{3}}}, S_{fa,ob} \leqslant 2.5$
面内环向 SIF	$S_{fh,ib} = \delta_h \cdot \frac{1.6}{\lambda_b^{\frac{2}{3}}}, S_{fh,ib} \leqslant 2.5$	$S_{fh,ib} = \delta_h \cdot \frac{1.2}{\lambda_b^{\frac{2}{3}}}, S_{fh,ib} \leqslant 2.5$
面外环向 SIF	$S_{fh,ob} = \delta_h \cdot \frac{1.58}{\lambda_b^{\frac{2}{3}}}, S_{fh,ob} \leqslant 2.5$	$S_{fh,ob} = \delta_h \cdot \frac{1.53}{\lambda_b^{\frac{2}{3}}}, S_{fh,ob} \leqslant 2.5$
注：正文中给出了适用于平滑手糊组件的修改后的公式。		

D.2.2.3 应力集中系数(S_f)

对于平滑弯头或斜接弯头，需要 4 个应力集中系数来量化主应力，即：

$S_{fa,ib}$ ——面内弯曲应力下的轴向应力集中系数；

$S_{fa,ob}$ ——面外弯曲载荷作用下的轴向应力集中系数；

$S_{fh,ib}$ ——面内弯曲载荷作用下的环向应力集中系数；

$S_{fh,ob}$ ——面外弯曲载荷作用下的环向应力集中系数。

这些应力集中系数是管道系数的函数 λ_b、轴向压力修正系数 δ_a 和环向压力修正系数 δ_h 的函数，其中 δ_h 通过下式计算：

$$\delta_h = \frac{1}{\{1 + [1.1p/(E_{h,bend}) \cdot (R_b/t_b)^{2/3} \cdot (D_i/2t_b)^{11/6}]\}} \quad \cdots\cdots\cdots\cdots\cdots\cdots (D.5)$$

面内弯曲载荷作用下平滑弯头的轴向应力集中系数通过下式计算(见表 D.1)：

$$S_{fa,ib}=\delta_a \cdot \frac{0.76}{(\lambda_b)^{2/3}} \qquad \text{(D.6)}$$

对于手糊平滑弯头，式中的系数 0.76 更换为 0.96。

面内弯曲载荷作用下斜接弯头的轴向应力集中系数通过下式计算(见表 D.1)：

$$S_{fa,ib}=\delta_a \cdot \frac{0.5}{(\lambda_b)^{2/3}} \qquad \text{(D.7)}$$

面外弯曲载荷作用下平滑弯头的轴向应力集中系数通过下式计算(见表 D.1)：

$$S_{fa,ob}=\delta_a \cdot \frac{0.56}{(\lambda_b)^{2/3}} \qquad \text{(D.8)}$$

对于手糊平滑弯头，式中系数 0.56 更换为 1.03。

面外弯曲载荷作用下斜接弯头的轴向应力集中系数 $S_{fa,ob}$ 通过下式计算(见表 D.1)：

$$S_{fa,ob}=\delta_a \cdot \frac{0.51}{(\lambda_b)^{2/3}} \qquad \text{(D.9)}$$

面外弯曲载荷作用下平滑弯头的环向应力集中系数 $S_{fh,ib}$ 通过下式计算(见表 D.1)：

$$S_{fh,ib}=\delta_h \cdot \frac{1.6}{(\lambda_b)^{2/3}} \qquad \text{(D.10)}$$

对于手糊平滑弯头，系数 1.6 保持不变。

面外弯曲载荷作用下斜接弯头的环向应力集中系数 $S_{fh,ib}$ 通过下式计算(见表 D.1)：

$$S_{fh,ib}=\delta_h \cdot \frac{1.2}{(\lambda_b)^{2/3}} \qquad \text{(D.11)}$$

面外弯曲载荷作用下平滑弯头的环向应力集中系数 $S_{fh,ob}$ 通过下式计算(见表 D.1)：

$$S_{fh,ob}=\delta_h \cdot \frac{1.58}{(\lambda_b)^{2/3}} \qquad \text{(D.12)}$$

对于手糊弯头，式中系数 1.58 更换为 1.42。

面外弯曲载荷作用下斜接弯头的环向应力集中系数 $S_{fh,ob}$ 通过下式计算(见表 D.1)：

$$S_{fh,ob}=\delta_h \cdot \frac{1.53}{(\lambda_b)^{2/3}} \qquad \text{(D.13)}$$

根据经验，对上述四个应力集中系数设置上限，其上限值应不超过 2.5。

D.2.2.4 压力应力乘数(m_{psb})

GB/T 29165.2 给出了建立管道系统中组件评定压力的步骤。如果式(7)用于确定弯头的评定应力，那么就已经考虑了组件中的应力集中。在这种情况下，系统设计计算中采用的压力应力乘子 m_{psb} 应设为 1。

对于没有按 GB/T 29165.2 中的方法评定的弯头，应使用以下的压力应力乘子：

——对于平滑弯头，压力应力乘子应为 1；

——对于斜接弯头，压力应力乘子应为 1.3。

D.2.2.5 应力分析

应力分析的目的是计算有效环向和轴向应力，它们用于评估弯头的应力水平是否在可接受的范围内，即是否在因数化长期设计包络线内。

有效环向和轴向应力 $\sigma_{heff,b}$ 和 $\sigma_{aeff,b}$ 通过下式计算：

$$\begin{aligned}\sigma_{heff,b}&=\sqrt{(\sigma_{hp}+\sigma_{hb})^2+4\xi^2}\\ \sigma_{aeff,b}&=\sqrt{(\sigma_{ap}+\sigma_{ab})^2+4\xi^2}\end{aligned} \qquad \text{(D.14)}$$

式中：

σ_{hp}——环向压力应力，单位为兆帕(MPa)，$=\frac{m_{psb}\cdot p(D_i+t_b)}{2t_b}$

σ_{hb}——环向弯曲应力，单位为兆帕(MPa)，$=\frac{(D_i+2t_b)}{2I_b}\sqrt{(S_{fh,ib}M_i)^2+(S_{fh,ob}M_o)^2}$

σ_{ab}——轴向弯曲应力，单位为兆帕(MPa)，$=\frac{(D_i+2t_b)}{2I_b}\sqrt{(S_{fa,ib}M_i)^2+(S_{fa,ob}M_o)^2}$

ξ ——扭转应力，单位为兆帕(MPa)，$=1.5\times\frac{M_T\ (D_i+2t_b)^4}{4I_b}$

注：上式中 1.5 是应力集中系数。

p ——施加压力，单位为兆帕(MPa)；

M_i——施加的面内弯曲力矩，单位为牛毫米(N·mm)；

M_o——施加的面外弯曲力矩，单位为牛毫米(N·mm)；

M_T——施加的扭矩，单位为牛毫米(N·mm)；

I_b ——截面惯性矩，单位为四次方毫米(mm^4)，$=\frac{\pi}{64}[(D_i+2t_b)^4-D_i^4]$。

如果有效环向压力 $\sigma_{heff,b}$ 和轴向应力 $\sigma_{aeff,b}$ 处于因数化长期设计包络线内，那么弯头的设计在可接受的极限范围之内；如果这两个应力处于包络线之外，则需要选择更高等级的弯头，即厚壁更大的弯头，并重复计算其应力值。

D.2.3 三通

D.2.3.1 概述

在三通截面的交联处，应力大小和方向比较复杂，不容易建立外加压力和拉伸载荷与它们之间的关系。没有用于计算三通内的应力的解析表达式，因此，管道标准中的压力应力乘子、应力集中系数和挠度系数之间的关系式均是经验性的。

近期 Marinetech 项目[8]研究了典型三通构件在弯曲载荷和内部压力作用下的力学行为，从中可以得出了以下结论：

a) 由于内压产生的最大应力集中系数与 1 为同一个数量级，且位于在交接处；

b) 由于弯曲载荷造成的最大应力集中系数也与 1 为同一数量级，因此由于弯曲载荷造成的附加应力也可累加至内压应力中。

由于三通交接部位控制了组件的性能，因此它的设计包络线同接头相似的。也就是说，拉伸载荷下的失效形势主要是管道和三通接合处的轴向“拔脱”，内压载荷下的失效形式主要是渗漏。这就表明长期失效包络线是矩形的。

以下挠度系数、压力应力乘子和应力集中系数之间的经验关系基于 BS 7159:1989，当将其应用于管道系统的设计时，应考虑这个经验公式的假设和限制条件。

注：在 BS 7159:1989 中所述的层合板类型中，仅考虑类型 3 纤维缠绕铺层结构。

D.2.3.2 挠度系数(K_t)

GRP 三通，无论是等径三通还是变径三通，模塑还是机制，其挠度系数(K_t)值均为 1，见表 D.2。

D.2.3.3 应力集中系数(S_{ft})

三通的应力集中系数(S_{ft})没有方向性，是管道因数 λ_t 的函数，通过下式计算：

对于等径三通：$\lambda_t=2t_t/D_i$

对于变径三通：$\lambda_t=(2t_{br}/D_b)^2/(2t_t/D_i)$ ……………………………(D.15)

式中：

t_{br} ——三通支管铺层结构的平均壁厚，单位为毫米(mm)；

D_b ——三通支管的内径，单位为毫米(mm)。

注：在管路系统的设计计算中，三通参考层合结构的管壁厚度被定义为用于建模的等效直管的壁厚。

应力集中系数是 λ_t 的函数，通过下式计算：

$$S_{ft}=\frac{0.66}{\lambda_t^{0.5}} \qquad \cdots\cdots(D.16)$$

根据经验，S_{ft}上限值应不大于 2.3。

D.2.3.4 压力应力乘子(m_{pst})

GB/T 29165.2 中给出了建立管道系统中组件评定压力的过程。当用式(7)确定三通的评定压力时，已经考虑了组件中应力集中。在这种情况下，用于系统设计计算的压力应力乘子 m_{pst}应设置为 1。

对于没有按 GB/T 29165.2 中进行评定的三通，其压力应力乘子 m_{pst}应由以下方法确定。

三通的压力应力乘子 m_{pst}是无方向性，且为管道因数的函数，其中管道因数通过式(D.15)给出。压力应力乘子是管道因数的函数，通过下式计算：

$$m_{pst}=\frac{1.4}{\lambda_t^{0.25}} \qquad \cdots\cdots(D.17)$$

根据经验，m_{pst}的上限值不应大于 3。

表 D.2 管道设计中三通设计系数总结

图示	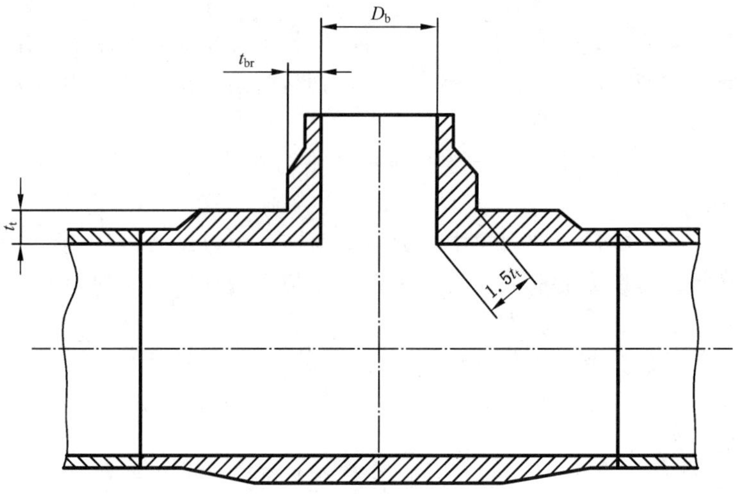	
挠度系数	$K_t=1$	
应力集中系数	$S_{ft}=\frac{0.66}{\lambda_t^{0.5}}$，$S_{ft}\leqslant 2.3$	
管道系数	等径三通	变径三通
	$\lambda_t=\frac{2t_t}{D_i}$	$\lambda_t=\frac{(2t_{br}/D_b)^2}{2t_t/D_i}$
压力应力乘子	$m_{pst}=1$(详见 D.2.3.4)或 $m_{pst}=\frac{1.4}{\lambda_t^{0.25}}$，$m_{pst}\leqslant 3.0$	

D.2.3.5 应力分析

有效环向应力和轴向应力通过下式计算：

$$\sigma_{heff,t}=\sqrt{(\sigma_{hp}+\sigma_{hb})^2+4\zeta^2}$$
$$\sigma_{aeff,t}=\sqrt{(\sigma_{ap}+\sigma_{ab})^2+4\zeta^2} \quad \cdots\cdots(D.18)$$

式中：

σ_{hp} ——环向内压应力，单位为兆帕(MPa)，$=[m_{pst}p(D_i+t_t)]/2t_t$

σ_{ap} ——轴向内压应力，单位为兆帕(MPa)，$=[p(D_i+t_t)]/4t_t$

σ_{hb} ——环向弯曲应力，单位为兆帕(MPa)，$=0$

σ_{ab} ——轴向弯曲应力，单位为兆帕(MPa)，$=[(D_i+2t_t)S_{ft}(M_i^2+M_o^2)^{1/2}]/2I_b$

ζ ——扭转应力，单位为兆帕(MPa)，$\zeta=[1.5M_T(D_i+2t_t)]/4I_t$

p ——内压，单位为兆帕(MPa)；

M_i ——面内弯矩，单位为牛毫米(N·mm)；

M_o ——面外弯矩，单位为兆帕(MPa)；

M_T ——扭矩，单位为牛米(N·m)；

I_T ——三通的截面惯性矩，单位为四次方毫米(mm^4)，$=\pi[(D_i+2t_t)^4-D_i^4]/64$。

若有效环向压力 $\sigma_{heff,b}$ 和轴向应力 $\sigma_{aeff,b}$ 处于长期因数化设计包络线内，那么三通的设计在可接受的极限范围内；若这两个应力处于包络线之外，则应该选择一个更高级别的三通，即选一个厚壁更大的三通，然后重复进行应力计算。

附 录 E
（规范性附录）
大口径充液管道的支承应力计算

E.1 概述

对于径厚比(D/t)较大的大口径充液管道，支承处的接触应力比较明显。本附录在以下假设的基础上，给出了大口径充体管道支承应力的计算方法。

a) 相对于管道内液体质量，GRP管道本身质量可忽略不计；

b) 管材为各向同性材料，即环向和轴向模量相等；

c) 支承为柔性材料，例如支承包含一个弹性垫；

d) 经验系数基于直径 1 m 及 1 m 以上容器的实验数据。

注：典型纤维缠绕GRP管的环向模量是轴向模量的两倍。

经业主同意，可采用其他计算方法。例如，可采用有限元分析技术和基于经验的计算方法。

E.2 跨距中点的轴向应力

以简支的单跨为研究对象，其跨距中点的轴向应力是由总体压力 p(MPa)、静水压头和跨距 L_s 间的管道弯曲引起的。

横截面最高点处的轴向应力(单位为MPa)为

$$\sigma_{a,bp} = \frac{0.125}{t_r}\left[(2p \cdot D) + \rho_L \times 9.81 \times (0.5D_i^2 - L_s^2) \times 10^{-6}\right] \quad \cdots\cdots\cdots\cdots\cdots (E.1)$$

式中：

p ——内压，单位为兆帕(MPa)；

D ——管道增强层平均直径，($D_i + 2t - t_r$)，单位为米(m)；

D_i ——管道内径，单位为米(m)；

t ——公称壁厚，单位为米(m)；

t_r ——增强层平均壁厚，单位为米(m)；

L_s ——支承跨度，单位为米(m)；

ρ_L ——管内流体密度，单位为千克每立方米(kg/m^3)。

注：GRP管道质量相对于管道内液体质量可忽略不计。

横截面最低点的轴向应力(单位MPa)为：

$$\sigma_{a,bp} = \frac{0.125}{t_r}\left[(2p \cdot D) + \rho_L \times 9.81 \times (1.5D_i^2 + L_s^2) \times 10^{-6}\right] \quad \cdots\cdots\cdots\cdots\cdots (E.2)$$

以单跨简支结构为研究对象，跨距中点垂直方向的挠度可按式(32)计算。

E.3 管道支承处的轴向应力

假设管段单独处在某一支承上，见图 E.1。

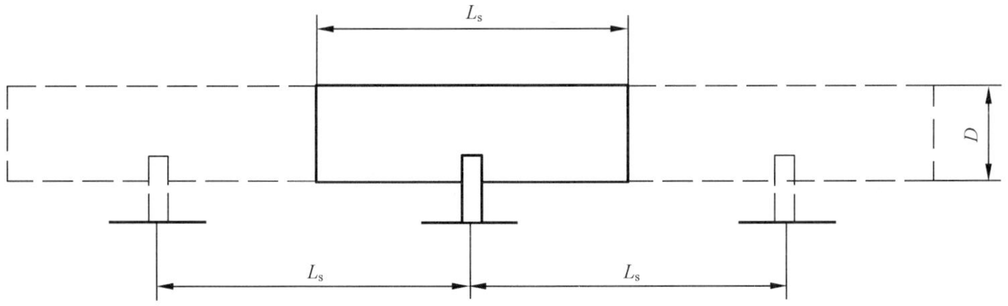

图 E.1 管段单独处于某一支承上

在最大整体弯曲拉应力处的轴向应力(单位 MPa)为:

$$\sigma_{a,bp}=\frac{0.125}{t_r}\left\{(2p\cdot D)+\left[\rho_L\times 9.81\times D_i^{\ 2}-\frac{\rho_L\times 9.81}{K_1}(L_s^{\ 2}-0.5D_i^{\ 2})\right]\times 10^{-6}\right\}\quad\cdots(E.3)$$

式中尺寸和参数同 E.2。

在横截面的最低点的轴向应力(单位为 MPa)为:

$$\sigma_{a,bp}=\frac{0.125}{t_r}\left\{(2p\cdot D)+\left[\rho_L\times 9.81\times D_i^{\ 2}-\frac{\rho_L\times 9.81}{K_2}(L_s^{\ 2}-0.5D_i^{\ 2})\right]\times 10^{-6}\right\}\quad\cdots(E.4)$$

式中常数 K_1 和 K_2 随鞍座夹角 θ 的变化见表 E.1。

表 E.1 常数 $\boldsymbol{K}_1$ 和 $\boldsymbol{K}_2$ 的取值

θ (°)	K_1	K_2
120	0.107	0.192
135	0.132	0.234
150	0.161	0.279
165	0.193	0.328
180	0.229	0.380

E.4 管材支承处的剪切应力

使用以上采用的单独支承的概念,最大剪切应力(单位为 MPa)为:

$$\tau_{max}=K_3\times\rho_{eff}\times 9.81\times\left[\frac{\pi D}{4t_r}\right]\times L_s/10^6\quad\cdots\cdots(E.5)$$

式中尺寸和参数同 8.6。

注:此方程不包括内部压力的影响。

常数 K_3 随鞍座夹角 θ 的变化见表 E.2。

表 E.2　常数 K_3 随总鞍座夹角 θ 变化的取值

θ (°)	120	135	150	165	180
K_3	1.171	0.958	0.799	0.675	0.577

许用剪切应力 $\tau_{许用}$(单位 MPa)不应大于 50/K,对于纤维缠绕管道 $K=5$。

也可通过试验确定 K 值。

所有情况下 $\tau_{许用} > \tau_{max}$。

E.5　管道支承处的环向应力

E.5.1　综述

应确定支承截面最低点和支承最高点(鞍角)的环向应力(单位为 MPa)。同样采用单独支承的概念,可得到以下应力等式。

E.5.2　最低点的环向应力

$$\sigma_h = -K_4 \times \frac{9.81 \times L_s \times \rho_0}{t_r \times (b_1 + 10t_r) \times 10^6} \quad \cdots\cdots\cdots\cdots(E.6)$$

式中:

尺寸和参数同 8.6;

b_1——鞍式支座的宽度,单位为米(m)。

注:此等式没有考虑内压的影响。

常数 K_4 随总鞍座夹角 θ 变化见表 E.3。

表 E.3　常数 K_4 随总鞍座夹角 θ 变化的取值

θ (°)	120	135	150	165	180
K_4	0.750	0.711	0.673	0.645	0.624

如果管道和支座固定在一起,K_4 为表 E.3 中给定值的 1/10。

如果管道没有固定在支座上,K_4 为表 E.3 中给定值。

E.5.3　鞍角处的环向应力

$$\sigma_h = \left[\frac{9.81 \times L_s \times \rho_0}{4t_r(b_1 + 10t_r)} + \frac{3}{2}K_5\left(\frac{9.81 \times L_s \times \rho_0}{t_r^{\,2}}\right)\right] / 10^6 \quad \cdots\cdots\cdots\cdots(E.7)$$

式中:

尺寸和参数同 8.6;

b_1——鞍式支座的宽度,单位为米(m)。

注：此方程没有考虑内压的影响。

常数 K_4 随总鞍座夹角 θ 的变化见表 E.4。

表 E.4 常数 K_5 随总鞍座夹角 θ 变化的取值

θ (°)	120	135	150	165	180
K_3	0.052 8	0.041 3	0.031 6	0.023 8	0.017 4

式(E.6)和式(E.7)中的环向应力应与允许应力值进行校核。

附　录　F
（资料性附录）
耐火性能评定指南

F.1　概述

本指南主要应用于GRP海水管道系统。给出的测试过程也可应用于某些含烃类和/或易燃液体的GRP管道，例如产出水、柴油燃料管道和污水管道等。但是，高压烃类管道（如炼化管道）要求更严格的消防工程和防火性能。如果管道系统失效不会造成严重后果，可不进行耐火测试。

选择耐火性能要求如下：

a）应用场所和相应的服役极端条件；

b）服役极端条件可识别失效后果；

c）应用场所识别：

　1）可对应用造成风险的性质；

　2）火灾蔓延和烟雾/有毒物质排放的后果。

d）可以识别承担风险的性能参数；

e）性能标准是定量化的，且应符合或超出实际功能需求；

f）选择火灾的分类代码以符合所需的性能标准；

g）审核支承工程数据，验证其是否满足性能标准。如果存在信息缺失，应进一步进行测试或选择其他设计方案。

耐火性能在GB/T 29165.1中定义为耐火性和火焰反应特性，即烟雾和有毒物质的排放、热量释放和火焰蔓延特性。由特定功能要求推导出的耐火测试参数和性能标准，可与按GB/T 29165.2—2012中附录E和附录F的要求经过测试、并在明确定义的火焰条件下耐火性满足要求的管道系统相匹配。

F.2　系统定义

F.2.1　应用环境

GRP管道系统防火性能要求选择中第一阶段是识别服役中系统所处的应用环境和范围。如果设计者要求，应明确定义系统的耐火功能。

F.2.2　临界条件

明确系统应用环境后，应对系统的极限服役条件进行风险评估。临界系统可被定义火灾中或火灾后继续保持其功能的系统，功能的丧失会直接或间接导致人员危险或不可接受设施破坏。给定应用环境的临界条件取决于精确定位特定装置功能。例如，在火灾发生时，应明确用于设备的冷却水系统的连续运行对设施和/或人员的生存是否必要。

F.2.3　场所

应对场所或系统安装的场所进行定义，因为它们影响了管道暴露于潜在火灾和/或爆炸以及其他危险的概率。

场所是系统发生火灾类型的重要因素（见F.6）。例如，依据设计，消防水管道可能暴露于喷射火焰或烃池火焰,但在安全区域内的管道可能承受纤维素类火灾。

场所也确定了非功能性“燃烧反应”因素造成的“后果”,包括:

a) 火焰蔓延;

b) 火焰升级;

c) 人员安全(GRP 管材造成的烟雾和有毒气体排放)。

这些后果主要取决于人员和逃生路线的距离、通风口数量。火灾的蔓延和升级也可导致基础生产线和其他设备失效。

F.3 系统故障和/或火焰蔓延和排放的后果

GRP 管道出于火灾中时,需考虑两种后果,即系统失效后果和燃烧反应后果。

在识别系统耐火性能要求之前,必须评估系统的失效后果。例如,在管道系统中,饮用水系统失效和消防水失效造成的后果有很大的不同。饮用水管道一般情况下不要求耐火性能,而消防水管在大多数情况下会有消防要求。应评估其直接和间接后果,如果失效后果对操作人员的安全和资产的完整性而言是不可接受的,应评估气体工程解决方案(即重新设计、设备重新定位或减少库存等)。

在空间有限或穿越防火墙时可能存在燃烧反应后果,因重点关注热量释放、表面火焰蔓延到邻近区域、烟雾和有毒物质释放。

总之,火灾后能维持其功能的系统,其失效后果是由极限服役环境决定的;燃烧反应的后果是由系统所处的场所、性质和应用领域决定的。

F.4 性能参数

F.4.1 概述

在确定了管道系统失效后果、损伤和/或燃烧反应后果后,应确定火灾期间和火灾后的相关性能参数。

F.4.2 功能性能参数

可能要求以下功能参数:

a) 系统可能承受的最大爆炸超压;

b) 系统行使其功能所需的通过管道系统的流体最小流动速率;

c) 系统正常行使其功能所需的管道系统内保持的最小流体压力;

d) 系统的持久性,即系统在规定水平下运行要求的最短时间。例如,排洪管道的干燥持续时间可定义为定量风险评估的输入值。而流水条件的持续时间可通过其他方式定义,例如,安全庇护下的生存时间、人员疏离、财产保护等。

F.4.3 燃烧反应性能参数

推荐采用以下参数:

a) 烟雾可见性和毒性要求,尤其封闭区域内的管道;

b) 火焰蔓延要求,应考虑:

  1) 管道的方向和反射面的距离;

  2) 集束管道和封闭热量对火焰在烟囱中的蔓延的影响;

  3) GRP 的剥落和毛细作用及其可能将碳氧化合物作为燃料的影响。

c) GRP 中增加燃料类型的可能性,这应通过 GRP 的热量释放特性进行量化。

d) 还应考虑以下因素影响：
   1) 点燃后燃烧时间(即材料的自熄时间)；
   2) 闷燃(即产生一氧化碳和烟雾)；
   3) 重新燃烧的可能性。

GB/T 29165.2—2012 中表 8 给出了定量评价火焰蔓延、热量释放、烟雾和毒气释放的适用方法。可采用锥形量热仪[9]测量热量释放，此测试可用于确定热源去除后材料的自熄性，及其能否产生增加燃烧率的热反馈。壁厚是热量释放大小的主要影响因素。因为较高的热量释放率经常与浓烟的产生相关，因此热量释放通常可以表征烟雾排放的程度。

实验室中小样品的测试可为不同材料的烟雾排放分级提供指导。由于火灾中材料的性能直接受周围空气流动的影响，这会使烟雾稀释并影响烟雾颗粒燃烧形成 CO 和 CO_2 的程度，因此任何系统的烟雾测试实际上很难进行模拟。此外，烟雾形成的速率与热量释放和火焰增长有关，因此海上发生火灾应用这些参数应引起注意。

对于户外或通风良好的区域，相关的毒性测试结果并不确定，这是因为新鲜空气会大大稀释由于 GRP 燃烧产生的烟雾并减少由此带来的有害后果，因此这种情况下不必进行毒性测试。如果密封区域含有 GRP 管道，烟气的毒性应低于 IMO MSC.61(67)[10]中规定的最大许用水平。

不含发泡涂层和阻燃添加剂的玻璃纤维增强热固性复合材料不会产生刺激性的气体，有害气体释放主要是一氧化碳和二氧化碳。因此，基体树脂的潜在毒性通常仅限于二氧化碳，它主要是由外部氧气而不是材料内部氧元素决定的。如果管道是由基体树脂材料之外的非基体材料制备，唯一产生毒性释放的位置可能在有限的空间内。

F.5 性能标准

确定了系统(见 F.4)的临界性能参数后，就可量化性能标准。性能标准至少应符合功能的要求。应考虑由于燃烧造成的降级和老化、气候等因素造成的力学性能下降。如果必须考虑安全系数，应包含在性能标准中并进行记录，这就给复查提供了依据，从而避免安全系数超出合理水平。性能标准和所有包括的安全系数应得到业主和委托人和权威机构同意。

F.6 火灾威胁评估

火灾威胁的评估包括三个步骤：

a) 应明确定义系统所处的场所，因为它可能不仅会影响失效后果，而且会影响火灾的类型、范围，持续时间以及主动和被动的火灾控制设备；
b) 确定系统位置后，可以定性确定火灾威胁，它与火灾前的爆炸、燃料库存、通风设施和可能存在的喷射火焰有关；
c) 定性的威胁评估直接带来定量的威胁评估，从而产生持续时间的预估和爆炸超压、温度和/或热流以及燃烧过程中经历的火焰侵蚀/惰性效果，火灾威胁的量化应与安全情况中的推论相一致。

设计师应注意建模软件可能存在的缺陷和不准确情况及其他们对上述评估的影响。

F.7 管道系统火灾的分类代码(型式试验包络线)

GB/T 29165.2—2012 中表 7 和表 8 给出的分类代码提供了基于服役条件和火灾威胁严重性确定管道防火性能和火灾威胁严重性的方法。虽然测试项目的数量和不同的性能要求可能影响供应商规范系统，但是预计所有的海上应用中有95%将被数量有限数量的分类代码覆盖，很快他们就将代表典型的"型式试验"包络线。下面列出了火灾分类代码说明了GRP的潜在用途。

A.B.C/xxx-(D.E) 其中：

a) **EF.JF.EC**/030-(3.4) 代表在一个开放的通风区域中干的消防水排洪系统，通风区域可能会处于碳氢化合物喷射火焰中，它在开始的时候为空，但在检测到火灾后立刻充水。要求系统运作30 min，同时应限制火势沿管道蔓延到毗邻区域。

b) **ST.HF.EB**/030-(3.4) 代表了充水的消防水管道系统，它注入管卷并监测开放的通风区域中的危险区域，也可能会暴露在有限的烃类消防水池中。应限制火势沿管道蔓延到毗邻区域。

c) **ST.IF.EB**/030-(3.4) 代表了充水的消防水环式主通道，它沿着开放通风区域中平台的外周，可能会暴露在有限的烃类消防水池中。应限制火势沿管道蔓延到毗邻区域。

d) **SF.IF.EB**/030-(2.3) 代表了典型的连续充水管道系统，处于停滞或停滞后流动状态，例如临界冷却水供给线，它可能会暴露在有限的烃类消防水池内。不允许火焰蔓延至燃烧区域之外，烟雾和有毒气体水平在排空时间内应保持在可接受的范围。

e) **ST.CF.EF**/000-(2.2) 代表了安全区域内的管道，如宿舍、安全避难所和控制室等。典型系统用于淡水、公用水或污水输送。火灾类型是纤维素类，但在这种情况下没有可以依靠的主动式自动喷水灭火系统。火势蔓延十分有限，烟雾和毒性水平应满足安全区的要求。

f) **HL.HF.EA**/60-(3.4) 代表了含有烃类的系统，它可能会处于传统的烃类消防水池中。尽管烟雾和有毒气体水平没有限制，但是不允许发生明显的火灾蔓延。应注意此类应用超出了目前进行的大部分耐火试验范围。

注1：分类代码只提供性能的一级指南。性能标准的细节分配到每个代码，例如，在测试过程中爆炸、持续时间、压力和流量保持、火焰蔓延和烟雾/有毒气体水平。

注2：等效于IMO决议A.753(18)[11]的耐火要求如下：

a) 一级：DE.HF.EA/60；

b) 二级：DE.HF.EA/30；

c) 三级：ST.IF.EB/30。

F.8 燃烧试验参数

燃烧试验参数来自于火灾威胁评估。在定性确定了燃烧类型后，应确定适用于此类型的燃烧试验方法符合GB/T 29165.2—2012中6.5规定的GRP管道的型式试验。

之前在F.5中建立的目标设定性能标准为测试提供了合格或不合格参数，这就明确规定了基于性能的准则，并给予此准则一个适当的规范水平。

附 录 G
（资料性附录）
静 电

G.1 概述

本附录中的指南适用于包括绝缘和半绝缘材料的管道及非管道应用领域。此指南主要涉及管道中液体流动产生的静电，也可延伸到粉末输送领域。

注 1：以往基于 IMO 管道规范的指南，对于很多海上条件而言过于复杂了。这是由于 IMO A.753(18)[11] 决议要求："当管道穿过危险区域时，无论输送流体种类，塑料管道应具有导电性。"但是石油天然气设施中的静电问题可能是外部原因造成的，也可能是管道内部流体造成的，从这方面来看，GRP 管道与其他经常处于危险区域且拥有绝缘表面的构件没有什么区别，例如电缆、栏杆、格栅、被动防火装置、涂层钢板和 GRP 安全设施储柜等，这些构件并没有被要求具有导电性，应用中也没有引起明显的静电问题。

注 2：由于镀层钢板是接地的，因此表面不带高电荷时处于低风险状态。但是，由于刷型放电扩散极度活跃且易受激发[15]，因此可能带有高电荷的接地导体基板上的绝缘表面处于高风险状态，这种情况可能发生在充水的 GRP 管道。

采用基于性能的方法限制处于风险中的管道组件的导电性、静电耗散和接地要求。

在本部分中，具有永久性整体外涂层(如防火层)涂覆的玻璃纤维管道与普通管道处理方法相同。但是，带有可去除绝缘层的管道处理方法不同，这是由于这种材料已超出了本部分范围要求，见 G.7。

G.2 危险评估

在以下情况下能量释放存在潜在的危险：

——存在可燃气氛；

——管道刺漏产生危险流体；

——轻微电击影响人员特性。

以下因素影响静电的积累和释放：

a) 电荷产生方法；

流体沿管道内壁或外壁的运动或流动。

b) 静电积累机制；

材料提供电容，并使之与地电绝缘和/或具有高电阻率。

c) 管道表面上电极结构特性。

存在足够活泼的放电特性。

控制放电风险所采用的方法主要是通过控制电荷产生的机制和保持绝缘。由于静电放电的威胁主要与可燃气氛存在位置相关，因此威胁与存在位置的危险区域分类相关。电击可引燃气氛并造成危险，所以采取步骤以减少引燃可燃气氛危险的重点是控制产生较多的微弱电击。

因为需要产生足够电荷的环境在本部分规定的应用领域并不常见，因此可认为刺漏管道不会产生威胁。

G.3 电荷产生方法

G.3.1 管内流动

当电荷是由于管道内部流动产生时，实验结果表明[12]，如果流体的导电率大于10 000 pS/m就不会发生电荷聚集，海水和原油均属于这种情况。当流体是薄雾状态时可携带电荷，所以这种条件属于例外情况。

注：在大部分实际应用过程中，例如接地点之间存在的短管，在流体电导率在10 000 pS/m以上时不会发生明显的电荷聚集，IMO决议A.753(18)中采用了相同的电导率[11]。

如果内部流体的电导性小于10 000 pS/m，例如炼化流体(煤油等)，应采取措施以确保管道不会产生足够的电荷以使其内部(部分充满时)或外部发生激励放电。种风险可能进一步加剧，电荷是从导电组件或管道或金属部件例如联轴器上隔离的，这样就提供了一个从管道内到管道外的电气通路。在泵和过滤器存在的条件下也可能导致电荷电流的大幅提高。

如果流体的线速度低于1 m/s、线速度和直径之积保持在0.5 m^2/s[17]以下，静电电荷产生的风险将显著降低。

G.3.2 外部充电机制

G.3.2.1 大气电场的变化和雷击

大气电场的变化，尤其在风暴附近时，可产生中度到高度的外部充电机制，尽管过去的经验[13]表明通常不会发生意外燃烧，但在雷击的附近可产生大量的电荷聚集。

雷击比在GRP管道表面放电更易成为起火源。在多数情况下，管道周围的金属通道和甲板可减轻电荷产生机制。但是，雷击可导致GRP管道刺漏和易燃或有毒的气体的泄漏。

G.3.2.2 机械摩擦(摩擦生电)

与另一绝缘材料的机械摩擦，例如与衣物的摩擦，产生大量电荷的风险可能性很小[12]。

G.3.2.3 管道与高压喷淋、冲洗和惰性气体产生的烟雾

GRP管道表面与高压释放液体相互作用时，由于液滴破裂形成烟雾有助于电荷的产生。液体分裂后会一直保持电荷，直到他们被中和产生放电，放电通常是非激励电晕而不是火花放电。

流体的导电性能可能是决定烟雾中产生电荷密度大小的一个主要因素。煤油中存在5%的水分会增加1 000倍的空间电荷密度[14]。

G.3.2.4 与泄漏的双相流体形成的射流柱相互作用

GRP管道表面与双相高压气体喷射体之间的相互作用是一种很强的外部生电机制。经常可以发现二氧化碳和蒸汽喷射[12]，但也适用于含第二相的过程气体[14]。当GRP管在可见喷射以外时，且与喷气处接近时，此机制仍然有效。因为过程气体不仅会产生电荷而且是着火和爆炸的起源，因此它非常危险。

纯气体的运动产生很少的静电电荷，但悬浮液滴或固体颗粒可携带静电电荷，例如过程气体的凝聚相。作为风险评估的一部分，应确定气体喷射流是含有能传输静电荷重要的第二相[15]。

注：电荷分离的根源可能在高压液体泄漏口，因为第二相已经带电，且电荷易在GRP管道上积聚，所以第二相通过GRP管道的速度并不是产生电荷的重要因素。

因为气体泄漏可能在喷嘴处产生的明显的动能，所以 GRP 管可能在远离泄漏处产生很强的电荷积累。但是，在绝大部分情况下这个距离不会大于 12 m，建议应关注距离泄漏源小于 3 m 处的 GRP 管。设计者应明确选择的最大距离是否合适。

G.4 电荷积累

在绝大多数情况下，放电的能量当量应大于点燃碳氢化合物蒸汽所需的能量值 0.2 mJ[12]。

注：BS 5958-1[15] 中给出的碳氢化合物气体点燃能量的最小值在 0.01 mJ～1.0 mJ 之间。

当管子外部存在可贮存电能的绝缘的金属组件时，如法兰螺栓、放空接头，激励放电的风险最大。电容量取决于金属构件的尺寸和它是否位于接地物体的附近，如管道支座或隔离物。通过激励放电要求的最小能量和电位可估算金属组件尺寸，它们的关系可以用下式描述：

$$带电表面能量\ E=0.5C\cdot V^2 \qquad\cdots\cdots(G.1)$$

此式表明所需的电容 C 主要取决于电场中有效电压 V。如果金属构件靠近墙体或隔板，几何因素会限制构件承受电压的大小。但是，金属构件靠近接地面会增加电容并降低产生激励火花所需的电压。

但是目前几乎没有设计者用于准确评估组件所处位置电压大小的信息。假设能量和电压分别为 0.2 mJ 和 1 000 V，那么产生激励放电的电容约为 400 pF。假设电压为 20 000 V，那么仅需约 1.0 pF 的电容就能产生激励放电。对一个相对独立的构件，综合考虑圆柱体和接地平面的距离，通过式(G.2)计算出相对准确的电容。从中可以看出，400 pF 的电容对应一个很大的构件，而一个相对较小的、几十毫米尺寸的构件可以产生 1.0 pF 的电容。

电荷的积累不仅局限于金属构件。如果 GRP 有一个湿的或被污染的表面，尤其对于大口径的管材，可能会产生一个很大的电容。当 GRP 管外表面涂覆的导电涂料脱落时会留下提供大容量电容的孤立的导电涂料，从而带来风险。如果产生很高的电压并存在刷型放电或刷型放电扩散，GRP 自身可提供就电容。

单位长度的孤立圆筒的电容可通过式(G.2)计算：

$$C=\varepsilon_R\cdot\varepsilon_o\cdot\frac{2\pi}{\ln[h+(h^2-r_m{}^2)^{0.5}]/r_m} \qquad\cdots\cdots(G.2)$$

式中：

r_m ——金属组件的半径，单位为米(m)；

h ——接地处与构件轴心的距离，单位为米(m)。

对空气来说 $\varepsilon_r=1$，$\varepsilon_o=8.85\times10^{-12}$ F/m。

一个独立的球形电容(单位为 pF)可用简化式(G.3)表示：

$$C=100\ r_m \qquad\cdots\cdots(G.3)$$

两个有限平面之间的电容公式如式(G.4)：

$$C=\varepsilon_r\cdot\varepsilon_o\cdot(A/y) \qquad\cdots\cdots(G.4)$$

式中：

A ——平面面积，单位为平方米(m^2)；

y ——平面间的距离，单位为米(m)。

G.5 激励放电的条件

对于可能发生的静电危险，应使积累电荷通过激励放电发生耗散。主要有三种放电形式：

——火花放电，需要两个电压不同的导电电极；

——刷型放电，在绝缘的带电区域(带电表面或薄雾)附近的接地电位处需要一个弯曲但不突出的导电电极。刷型放电中局部能量密度一般不大，但足够产生被激发[15]；

——刷型放电扩散，在由接地电位处导体支承的绝缘表面附近，在接地电位处需要有一个弯曲但不突出的导电电极。它产生的结果是一种强烈的和高能量的非常危险的电火花放电[15]。

产生激励火花的情况取决于单独的金属构件的电容量、GRP 或独立钢件上产生或积累的电压、与接地件间的距离。在绝大多数情况下，电势应超过 1 000 V 才能引燃碳氢化物的蒸汽。要产生激励火花放电，单独的金属构件必须与接地物非常近。在干净的空气中，需要 14 kV 以上的电压才能在 12 mm 宽的针状电极间产生激励放电。（对球状电极需要 20 kV[13]）。

从靠近绝缘表面（如 GRP 或带电薄雾）的接地导体产生一个明显刷型放电需要较高的电压，可能，在 25 kV～60 kV[12]之间。刷型放电特别激烈，它需要超过 60 kV 的电压和厚度小于 8 mm 的绝缘层[13]。在泄漏的过程气体法兰附近，壁厚小于 8 mm 的充水非导电 GRP 管原则上能作为刷型放电起源。

管子外表面存在非接地的导电构件是影响产生激励火花放电的重要因素，这是因为它提供了一个能将能量更有效率的转化为放电的电极，使放电电压比 GRP 绝缘材料直接放电更低。通常应假设管子支承了非接地导体，如一块相对导电的污物或水，这就会降低引燃需要的电位。

G.6 静电荷控制

G.6.1 概述

为了最小化静电积累的风险，应保证位于 GRP 管表面的导电的独立金属构件（如接头）接地可靠。这一点在应用于整个管道系统时并不总是可行的，因此应采用一种基于风险的方法明确最危险的区域。

如果不能保证所有的金属构件是独立且有效接地的，应使管材导电以提供一种接地途径。由于水箱中地线容易腐蚀，检测困难，这种措施对它非常必要。

在一些应用中，有必要保证 GRP 自身充分接地以消耗静电，例如当存在持久的摩擦生电、接触液体双相喷射流或者 GRP 与管内流体产生电荷时。

如果管子用于输送非导电的液体时，同样需要控制从管中充入和排出易燃液体时间，这是因为可能发生在管内部发生激励放电，尤其是当液体流经过滤器的时候。

G.6.2 接地电阻的要求

如果存在静电风险，BS 5958-1 和 IMO Resolution A.753(18) 建议接地电阻不应超过 10^6 Ω。但是 BS 5958 认为这个数值是保守的，因为这是设计用于保证最极端的环境，主要针对强电荷产生机理条件，例如 GRP 管表面和双相高压气体喷口处流体间的相互作用。如果电荷产生来自于管内液体流动，管线内泵和过滤器的存在可能会导致充电电流显著增加。

BS 5958-1 提出，如果确定没有很强的电荷产生过程可采用较高的接地电阻——10^8 Ω，并建议在很多情况下为了安全应用可采用更高的接地电阻。分析了在参考文献[12]中的信息后，明确了可应用的条件，例如

a) 当电荷的产生是因为液体在管道内的流动且管线中没有泵或过滤装置时（见注 1）；

b) 当电荷的产生是因为大气电场发生改变时（见注 2）；

c) 当电荷的产生是因为 GRP 管表面和高压液体泄漏喷头的流出物相互作用时，其中液体的泄漏会增加由于破裂的液滴形成烟雾产生的电荷（见注 3）。

注 1：对于一个直径 0.4 m 输送炼化石油制品的 GRP 管线，估算它需要的接地电阻应该被控制在大约 1×10^9 Ω 以下。

注 2：对于位于地面或平台几米上方的露天管道，估算 1×10^8 Ω 的接地电阻足以抵抗大气电场的变化。但是，接地电阻再高一个数量级，即 1×10^9 Ω，即可满足在绝大部分情况的需要。

注 3：水箱清洗时的接地电阻估计约为 1×10⁹ Ω。在绝大部分情况下，参考文献[12]建议接地电阻应会一到两个数量级，即 10^{10} Ω～10^{11} Ω。

BS 5958-1 也建议，如果表面电阻保持低于一定的数量，很多应用中可以避免积聚电荷。考虑到爆炸和静电放电的情况，另一种途径是限制硬质 GRP 通风管道的表面电阻不超过 1.2×10^{9} Ω。对于高电阻的材料，如果能证明不会发生大量的电荷聚集，BS 5958-1 建议分散接地。在没有电荷积聚的情况下，BS 5958 不要求位于 2 类区域的构件接地(在正常的操作中不易产生爆炸气氛，即使产生也只存在很短的时间)。

G.6.3 管子的导电性要求

在很多情况下，只要保证金属组件接地充分，管子自身不需要导电。

在某些情况下，因为下列原因管子应具有导电性：

a) GRP 表面存在激励刷型放电或刷型放电扩散风险；

b) GRP 表面的导电板存在产生激励火花放电风险；

c) 与绝缘材料接触存在摩擦生电风险；

d) 直接与管道外表面接触的人员将电荷带入危险区域的风险；

e) 管子上所有金属不可能单独接地。

组件单位长度的电阻取决于距最近的接地夹最大距离所需要的电阻。

此外，G.6.2 已经指出，如果材料的电阻低于 10^{9} Ω，可选取更高的接地电阻。

使 GRP 管材导电的方法在 G.6.4 中讨论。

G.6.4 管材的电性能

GRP 管材有四种类型：

a) 没有采取附加措施增强电导性的普通 GRP；

b) 管壁内中加入了导电纤维丝结构；

c) 管壁中采用了导电树脂；

d) 组件外壁涂覆了导电涂层。

在某些情况下，根据树脂体系的不同，GRP 管暴露在如海水这样的导电液体中一段时间后，可能永久形成低表面电阻，从而能对静电积累提供足够的保护。如果管子外部暴露在海洋环境中，如海潮、高湿度、水箱浸泡等，也会发生相似的表面电阻降低现象。

在结构中加入导电元素的管子可能会有一个高电阻的表面层，它使组件在管子接地点不能满足电阻要求。基于电荷屏蔽、电荷衰减和表面电阻性能的措施提供了确定是否会在特定区域积聚大量电荷的方法。电荷屏蔽实验确定在管内产生的电荷能否大量聚集在外表面，是否会在管外表面产生大的电荷积累。电荷衰减确定当电荷主要施加在外表面时，接地管、管件或接头外表面存在的电荷衰减速率。测试细节见 GB/T 29165.2—2012 中 G.3 和 G.4。

注 1：如果管子通过了衰减测试，不会发生由于摩擦生电产生的局部高电势。但是，由于它是一个局部的测试，因此不能防止扩展的充电机制(如因为外部空间电势的变化)产生的高电势，也不存在防止液体流动产生的内部充电的必要措施。

注 2：如果管子通过了表面电阻测试，外表面能耗散一定量的电荷。但是，根据管子几何结构，电阻可能上升到 10^{10} Ω，所以只是防止了微弱的和中度的电荷产生机制。

如果组件中含有导电元素，应无采用接地夹按正常方式不能接地的孤立的绝缘导体，尤其是不能存在通过电绝缘导电纤维直接从内表面向外表面导电的路径。

位于服役过程中检修时难以到达的区域的 GRP 管道中不应采用外涂层，见 G.4。

G.6.5 保证接地通路的连续性

管道内部物质应至少与系统中一处暴露的接地点相连。

对于管内流体电导率低于 10 000 pS/m 的管道，它可能不是总是完全充满液体的。管子内壁应在系统的最低点接地，以保证接地处应有液体存在。

接地电阻由主管道组件的电阻和组件之间接头的电阻构成。如果接头的设计不能保证形成正确的导电路径，就无法实现管道系统中要求的最小电导率。采用导电树脂达到导电率要求比采用导电纤维容易，这是因为相关导电层可能出现接触不良。管道装配过程应测试接头的导电性，以保障接头和管道形成的导电路径满足要求。

在结构中加入导电元素的管道应正确接地，尤其在存在较强静电充电机制的情况下。如果接地不良，这种结构的管道就像一个电容，它造成的静电危害比没有导电纤维时造成的危害更大。

当 GRP 通过涂覆导电涂料的方法提供必要的导电路径时，管道和附着在管道上的金属构件，例如压力喷嘴和吊架，形成可靠的导电连接非常重要。不应仅通过管件上的涂料提供导电性，因为当涂料中出现裂纹时，会在距接地导体几分之一毫米的位置形成独立导体，激励火花可轻易跳过它们。在这种情况下，应单独采取措施保证管道和支座之间形成良好的导电路径，例如使用涂胶铜带。

G.6.6 湿度的影响

仅可能在相互电隔离和及与地电隔离的物体上积聚危险级别的静电电荷，因此电荷积聚受湿度的影响很大。在正常湿度条件下（50%或者更高），一层看不见的水薄膜会在表面形成连续的单分子层，从而显著增加其表面电导率[17]。在沙漠和极地条件以及一些相对干燥的区域，不能仅依靠湿度，还应通过接地进行弥补。

在较小的湿度水平，表面吸附的水分子可提供离子驻点，从而增加了表面电荷密度，并通过产生局部激励放电增加静电耗散的风险[13]。

G.7 涂覆层可去除的管道

在 GRP 管道完全被涂覆层覆盖的危险区域，以及仅由于外在机制产生的静电源，静电释放的控制主要是由涂覆层而不是管材的电性能决定的。在这种情况下，因为涂覆层的导电性能比管材更重要，因此不要求 GRP 管道具有导电性，尽管涂覆层下孤立金属构件上电荷积聚可能会成为危险区域中潜在的引燃源。尽管本部分建议设计者考虑涂覆层的静电性能，但对涂覆层的静电耗散性能没有强制性要求。

如果孤立的大尺寸的金属组件（例如阀门）外露或位于涂覆层下，可能需采取一些预防措施以保证其处于接地状态。

附 录 H
（资料性附录）
检测规划

H.1 概述

此程序基于 NORSOK M-622，适合于编制 GPR 系统和结构的综合检测规划。

符合以下条件的系统为非临界状态：

a) 失效不会导致人员伤亡；

b) 失效不会导致难以接受的经济损失；

c) 即使发生最可能失效模式，仍保持可接受的功能；

d) 操作压力明显低于公称设计压力，如系统内包括露天排水沟、冷却水系统。

以下系统处于准备完毕/进行检测状态：

——物理上可接近；

——不需要为压力测试支付过多的费用(如关闭接头、阻断压力喷嘴等)。

H.2 状态监测

表 H.1 建议的检测程序基于可能存在的缺陷或发生的降级以及系统的临界状态。选择状态监测方法时，应考虑材料和工艺条件之间的相互作用，这需要对材料进行包括最大概率失效/降级机制和缺陷在内的综合性材料工程评价。应选择相关无损检测(NDT)方法，并明确每种方法的可行性和局限性。必要时应采用几种方法的组合，以实现安全和设备/系统的有效利用。建议检测的时间间隔如表 H.2所示。

检测程序的选择应基于对失效后果的全面评价。失效概率和严重性的评估应基于以往经验、材料特性、工艺单元设计和操作工艺条件等参数。

表 H.2 中检测程序包括对材料样品进行无损检测，以确定极端的工作条件下材料的长期降级特性，这是一种经过验证的延长 GRP 设备额定寿命的方法。采用的材料样品应能代表运行中设备的特征，即从运行中的管道中截取的样品或样品所处的介质和压力水平与运行设备相同。如果初始材料工程评价表明应进行破坏性试验，则应采用与材料性能预评价相同的方法。

表 H.1 检测程序的选择

设备分类	失效概率	失效严重性(后果)	检测程序 (见表 H.2)
临界	高	高	A
		中	A
		低	B
	中	高	A
		中	B
		低	C

表 H.1（续）

设备分类	失效概率	失效严重性(后果)	检测程序 (见表 H.2)
临界	低	高	B
		中	C
		低	C
通用	高	高	A
		中	B
		低	C
	中	高	B
		中	C
		低	D
	低	高	B
		中	D
		低	D

注：海水系统是典型的程序 D，有时也为程序 C，因为这种系统一旦投入使用，发生失效的概率较低。发生失效时通常局限于滴漏（即 GRP 管壁发生少量渗透）或密封圈/连接处泄漏，这些失效不会影响系统功能。

表 H.2　推荐的无损检测方法和检验时间间隔

	检验程序			
	A	B	C	D
检验方法	内部/外部 外观检测 其他无损检验 （最适用于降级 机制的方法） 对处于实际工况材料 样品进行无损检测	内部/外部 外观检测 其他无损检验 （最适用于降级 机制的方法） 对处于实际工况材料 样品进行无损检测	内部/外部 外观检测 其他无损检验 （最适用于降级 机制的方法） 对处于实际工况材料 样品进行无损检测	外观检测 内部/外观
检验频率： 初次检验(服役后时间/a) 检验时间间隔/a	 0.5～1 1～2	 0.5～1 2～3	 1～2 0.2×服役寿命	 1～2 0.3×服役寿命

表 H.2（续）

	检验程序			
	A	B	C	D
评价结果	如果以往的检验结果发现存在严重降级,那么应缩短检验间隔时间。 在每一次检验中应采用所有列出的检验方法。 如果对材料和结构性能有足够信心,可采用检验程序 B,但最早应在经过 5 a 服役期后考虑采用	如果以往的检验结果发现存在严重降级,那么应缩短检验间隔时间。 在首次检验应采用所有列出的检验方法,随后的检验可交替进行破坏性和非破坏性方法检验。 如果对材料和结构性能有足够信心,可采用检验程序 C,但最早应在经过 5 a 服役期后考虑采用	如果以往的检验结果发现存在严重降级,那么应缩短检验间隔时间。 如果服役寿命超出了最初的预计寿命,那么应进行破坏性试验。 如果有足够的信心,可对分类为“通用”的工艺设备采用检验程序 D,但最早应在经过 5 a 服役期后考虑采用	如果服役寿命超出了最初的预计寿命,那么应进行破坏性试验

参考文献

[1] BS 4994, Specification for design and construction of vessels and tanks in reinforced plastics, British Standards Institution

[2] ISO 13703, Petroleum and natural gas industries—Design and installation of piping systems on offshore production platforms

[3] DNV RP 0501, Erosive wear in piping systems

[4] ISO 7005-3, Metallic flanges—Part 3: Copper alloy and composite flanges

[5] ISO 15649, Petroleum and natural gas industries—Piping

[6] ASME B16.5, Pipe flanges and flanged fittings—NPS ½ through NPS 24

[7] WANG, D. T., ANISDAHL, L. and STOKKE, R. Determination of GRP pipe bend flexibility fore use in piping engineering, Proc. Second International Conf. Composite Materials for Off-shore Operations, University of Houston, Texas, November 1996

[8] KITCHING, R. and TANG, W.M. Comparison of glass reinforced plastic T-junction/straight pipe combinations for offshore use, Int. J pressure vessels and piping, 71(3), 1997, p. 263

[9] ISO 5660-1, Reaction-to-fire tests—Heat release, smoke production and mass loss rate—Part 1: Heat release rate (cone calorimeter method)

[10] IMO MSC.61(67) (Part 2 of Annex), Adoption of the International Code for application of Fire Test Procedures (FTP Code)

[11] IMO Resolution A.753(18), Guidelines for the Application of Plastic Pipes on Ships

[12] WALMSLEY, H.L. Charge relaxation in pipes, 6th Conf. Electrostatics Phenomena, Institute of Physics, Oxford, April 1983

[13] PRATT, T. Electrostatic Ignitions of Fires and Explosion, ISBN 0-9659092-4, Burgoyne Inc., 1997

[14] LEES, F.P. Loss Prevention in the Process Industries: Hazard identification, Assessment and Control, Vol. 2, 2nd ed., Butterworth Heineman, 16/84 to 16/133

[15] BS 5958-1, Code of practice for control of undesirable static electricity—Part 1: General considerations

[16] API RP 2003, Protection against ignitions arising out of static, lightning, and stray currents

[17] NORSOK M-622, Guideline for NDT of GRP piping systems and tanks

[18] API Spec 15HR, Specification for high pressure fiberglass line pipe

[19] Specification and recommended practice for use of GRP piping offshore, UK OOA, 1st ed., 1994

[20] ASME B31.3, Process piping

ICS 75.200;83.140.30
E 97;G 33

中华人民共和国国家标准

GB/T 29165.4—2015/ISO 14692-4:2002

石油天然气工业　玻璃纤维增强塑料管 第4部分:装配、安装与运行

Petroleum and natural gas industries—Glass-reinforced plastics (GRP) piping—Part 4:Fabrication, installation and operation

(ISO 14692-4:2002,IDT)

2015-05-15 发布　　2015-09-01 实施

中华人民共和国国家质量监督检验检疫总局
中国国家标准化管理委员会　发布

前　言

GB/T 29165《石油天然气工业　玻璃纤维增强塑料管》分为以下4个部分：

——第1部分：词汇、符号、应用及材料；

——第2部分：评定与制造；

——第3部分：系统设计；

——第4部分：装配、安装与运行。

本部分为GB/T 29165的第4部分。

本部分按照GB/T 1.1—2009给出的规则起草。

本部分使用翻译法等同采用ISO 14692-4:2002《石油天然气工业　玻璃纤维增强塑料管　第4部分：装配、安装与运行》。

请注意本文件的某些内容可能涉及专利。本文件的发布机构不承担识别这些专利的责任。

本部分由全国石油天然气标准化技术委员会(SAC/TC 355)归口。

本部分起草单位：中国石油集团石油管工程技术研究院、中国石油股份里木油田分公司、中国石油规划总院、哈尔滨斯达玻璃钢有限公司、中国石油长庆油田分公司。

本部分主要起草人：戚东涛、魏斌、李循迹、常泽亮、韩方勇、赵岩、方伟、徐婷、李琼玮。

石油天然气工业　玻璃纤维增强塑料管
第 4 部分:装配、安装与运行

1　范围

GB/T 29165 的本部分规定了石油天然气工业中生产与公共设施中使用的玻璃纤维增强塑料管道系统的装配、安装和运行。本部分适用于管道的交货、检验、装卸、存放、安装、系统压力试验、维护、维修以及弃置。

本部分使用的压力术语在 GB/T 29165.1 中进行了解释,因此应与其配合使用。

2　规范性引用文件

下列文件对于本文件的应用是必不可少的。凡是注日期的引用文件,仅注日期的版本适用于本文件。凡是不注日期的引用文件,其最新版本(包括所有的修改单)适用于本文件。

GB/T 29165.1—2012　石油天然气工业　玻璃纤维增强塑料管　第 1 部分:词汇、符号、应用及材料(ISO 14692-1:2002,IDT)

GB/T 29165.2—2012　石油天然气工业　玻璃纤维增强塑料管　第 2 部分:评定与制造(ISO 14692-2:2002,IDT)

GB/T 29165.3—2015　石油天然气工业　玻璃纤维增强塑料管　第 3 部分:系统设计(ISO 14692-3:2002,IDT)

ISO 9712　无损检测　人员资格鉴定与认证(Non-destructive testing—Qualification and certification of personnel)

API Spec 5B,1996　套管、油管和管线管螺纹的加工、测量和检验规范(Specification for threading,gauging and thread inspection of casing,tubing and line pipe threads)

ASTM D257　绝缘材料的直流电阻或电导的标准测试方法(Standard test methods for DC resistance or conductance of insulating materials)

ASTM D1599　塑料管、管道和管件短时水压失效压力的测试方法(Standard test method for resistance to short-time hydraulic failure pressure of plastic pipe,tubing,and fittings)

3　术语和定义

GB/T 29165.1 界定的以及下列术语和定义适用于本文件。

3.1

装配　fabrication

采用独立组件和/或管串在现场构建管道系统(或管线)。

注:独立组件包括管子、三通、弯管等。

4　符号和缩略语

本部分采用的符号和缩略语见 GB/T 29165.1。

5 装配和安装

5.1 管道的交货、检验和文件

5.1.1 本部分假定管子和管件按照 GB/T 29165.2—2012 进行制造和检验。

5.1.2 安装方和运行方应获得组件和管串的规格尺寸。所有管道组件和预制管串的数量、评定压力、公称尺寸和相关特殊要求应满足采购合同要求。当装运的管道组件与采购合同要求不符时应向负责人和制造商报告以便采取纠正措施。

5.1.3 管道组件在存放和装运过程中可能发生损坏，因此应按表 A.1 对所有组件进行外观检验。应更换拒收的组件。如果对检验中发现的缺陷程度有异议，应由委托方批准的专业人员对所交付的货物进行第二次检验。

5.1.4 应对粘接连接套装进行检验以确认套装中包含所有必须的材料，且无泄漏或肉眼可见的损伤，有效储存期应不少于 6 个月。应对所有防火材料进行检验以确认原始包装无损伤。

5.2 装卸和存放

GRP 组件应按附录 B 和制造商的要求进行装卸和存放。

5.3 系统设计文件

委托方应向安装方提供下列(包括但不局限于)信息：

a) 运行和设计参数：
   1) 设计压力；
   2) 设计温度；
   3) 制造组件所用树脂的玻璃化转变温度(T_g)；
   4) 制造组件所用粘接剂的玻璃化转变温度(T_g)(如果可能)；
   5) 每种组件的评定压力和每个管道系统的最小评定压力；
   6) 每个管道系统中最大流速和平均流速；
   7) 适用的耐化学腐蚀限度；
   8) 适用的消除/控制水锤和气蚀的规程；
   9) 火灾分类与不同防火等级管道的位置；
   10) 导电管道类型及其位置，接地要求和接地点位置；
   11) 临界条件。

b) 重型设备的系统图纸和支承要求；

c) 在适当的情况下，提供管道回路中最终接头的最佳连接位置；

d) 安装过程中系统检验的临界条件和最低要求。

5.4 对安装方的要求

5.4.1 人员资格

所有的管子、管件和相关的部件都应由有资质的管道装配工安装，再由有资质的检验员确认。GRP 管道装配工和检验人员应按附录 D 中的最低要求进行资格评定。

5.4.2 健康与安全

安装方通常应采用管子、管件和化学试剂的制造商制定的安全预案。工作开始前，宜先阅读材料安全数据表，安装方应遵循附录 F 中的安全与健康指南。

5.5 安装方法

5.5.1 概述

安装方法应经委托方和制造商之间协商一致。安装开始前,现场应提供安装方法、步骤和质量计划的副本。

5.5.2 切割

5.5.2.1 公称直径 100 mm 以下的 GRP 管道可用钢锯切割,用导轨定位以保证切割端面的垂直度,公称直径 100 mm 以上 GRP 管道可用砂轮切割片切割。切割完成后应对切割端面的垂直度进行检验。公称直径 100 mm 以下的 GRP 管道的切割面的垂直度应控制在 1.5 mm 之内,公称直径 100 mm 以上 GRP 管道切割端面的垂直度应控制在 3.0 mm 以内。安装方应在切割端面上涂刷树脂。

5.5.2.2 对于采用胶粘剂连接的管道,管端应用管道刨加工。每个生产厂都有专业设备加工管道接口。管端应加工到厂家建议的角度,直径,长度和偏心距。

5.5.3 支承

5.5.3.1 GRP 管道系统可采用与金属管道系统相同的原则进行支承设计。但由于 GRP 管道的特殊性,标准尺寸的支承不必与管道的外径匹配,使用鞍座和弹性衬垫后可使用标准尺寸支承。

5.5.3.2 GRP 管道系统的支承宜遵循下列原则:

a) 在各种场合下应保证支承有足够的宽度,不致引起管道损伤,支承面应衬以弹性或软质材料;
b) 施加的夹持力不应导致管道压裂,局部挤压开裂是由配合不当引起的,环状挤压开裂是由紧固过度导致的;
c) 宜根据制造商的指导要求进行支承的设计;
d) 支承的位置宜位于管道的直管段而不是管件或接头处;
e) 支承间应保持一定间隔以防止管道系统在设计寿命周期内发生下沉(随时间变化发生过度位移)和/或过度的震动;
f) 阀门或其他附属重型设备应单独进行支承;
g) 未经委托方同意不应用 GRP 管道去支承其他管道;
h) 应关注带有防火设施 GRP 管道的支承条件。设置在防火层外表面的支承可导致载荷在层内不规则的传递,从而引起管道剪切/挤压破坏,破坏支承整体性;
i) 应对 GRP 管道进行充分的支承,以保证设备或加载站处的软管连接不会因管道受拉导致材料过载。

5.5.3.3 锚座支承应能将所需的轴向载荷传递给支承结构,从而避免 GRP 管道材料过载。

5.5.3.4 锚座的夹瓦宜放置在粘接在管道外表面的两个双 180°鞍座之间。推荐采用制造商的标准鞍座和粘接规程进行鞍座的粘接。

5.5.4 安装

5.5.4.1 一般要求

管道组件的装卸要求与 5.2 要求完全相同。安装前应按 5.1 对全部管道组件进行损伤检验。

管道组件安装后应尽可能处于无应力状态,应遵循以下要求:

a) 禁止采用强制弯曲的方法改变管道方向,或对螺栓施加过度扭矩将错位法兰拉紧在一起;
b) 应遵循制造商推荐的螺栓紧固顺序、扭矩增量和最大上扣扭矩。

管道的预组装工作应依据全尺寸管道等比例进行。整个管串尺寸应基于下述因素确定:

a) 现场运输和装卸设备的限制;
b) 安装和竖立限制;
c) 管件安装配合公差(切割至适用要求)限制。

如果在等比例图中进行了标注，装配应包括“切断至适用要求”的长度和预制构件现场连接的长度，以便现场可对两个固定点之间的管道准确定位。“切割至适用要求”尺寸应为图纸中管道的长度增加150 mm。对于搭接的管串，“切割至适用要求”的长度在每个球面方向上至少为250 mm。“切割至适用要求”的管段应端部平直。

安装方应考虑下列因素：

a) 当使管接头（尤其是法兰连接接头）对正时，应避免对GRP管道强行施加拉力导致管道组件过载；

b) 应对阀门和其他重型设备单独支承；

c) 在装卸小直径厚壁GRP管道时，如用于防火要求的GRP管，应防止接头的损伤；

注：由于管道的高刚度导致载荷集中在管体和接头相连的薄壁区域。

d) 由于在管道回路中最后的现场接头连接的难度最大，因此它的位置最好选择人员可以到达的位置；

e) 粘接和包缠的接头在固化前不应移动管道，这会造成工期拖延。周围施工活动的计划应考虑这些连接产生干扰的风险；

f) 如果安装完的GRP管道存在较高的机械损伤风险，应采取临时性防护措施；安装方应考虑采取正确的装配程序将损伤风险降至最低；

g) 对GRP管道表面进行电加热时，应防止GRP材料过热；电加热带应呈螺旋线包绕在管体表面以使热量均匀分布；如果先在管道表面包一层铝箔，传热效果会更好；电加热带包绕过紧可因管道热膨胀而发生损坏；

h) 便于隔离或维修时接近管道的适用接头的规定。

对于难以在现场维修的管道应采取高级别的监督和检验措施（譬如，需要浇铸到混凝土中的压仓管道和压仓水箱内的管道）。

5.5.4.2 组件的现场装配

管串和现场组件（例如斜接弯头和旁通）的组装工艺应按GB/T 29165.2—2012的6.2.2.3进行工艺评定。

5.5.4.3 公差

除非在经过认可的图纸中另有标注，所有方向的全局公差应在±6 mm范围内。成品管的尺寸公差见表1，尺寸编号见图1。

法兰安装时允许的错位公差见表2。实际应用中一些法兰的螺栓孔直径大于螺栓直径，通常孔径要大3 mm。当按表1和表2评价法兰错位公差时应考虑该尺寸。

表1 最大尺寸公差

管道内径 mm	相对公差 尺寸编号（见图1）					
	1 mm	2 mm	3 (°)	4 mm	5 mm	6 (°)
25～200	±5	±3	±0.5	±3	±1	±0.5
250～300	±5	±3	±0.3	±3	±1	±0.5
350～400	±5	±3	±0.3	±3	±2	±0.5
450～600	±10	±5	±0.3	±3	±2	±0.5
700～900	±10	±5	±0.2	±4	±3	±0.5
1 000～1 200	±10	±5	±0.15	±6	±3	±0.5
最大间隙应限制在6 mm。						

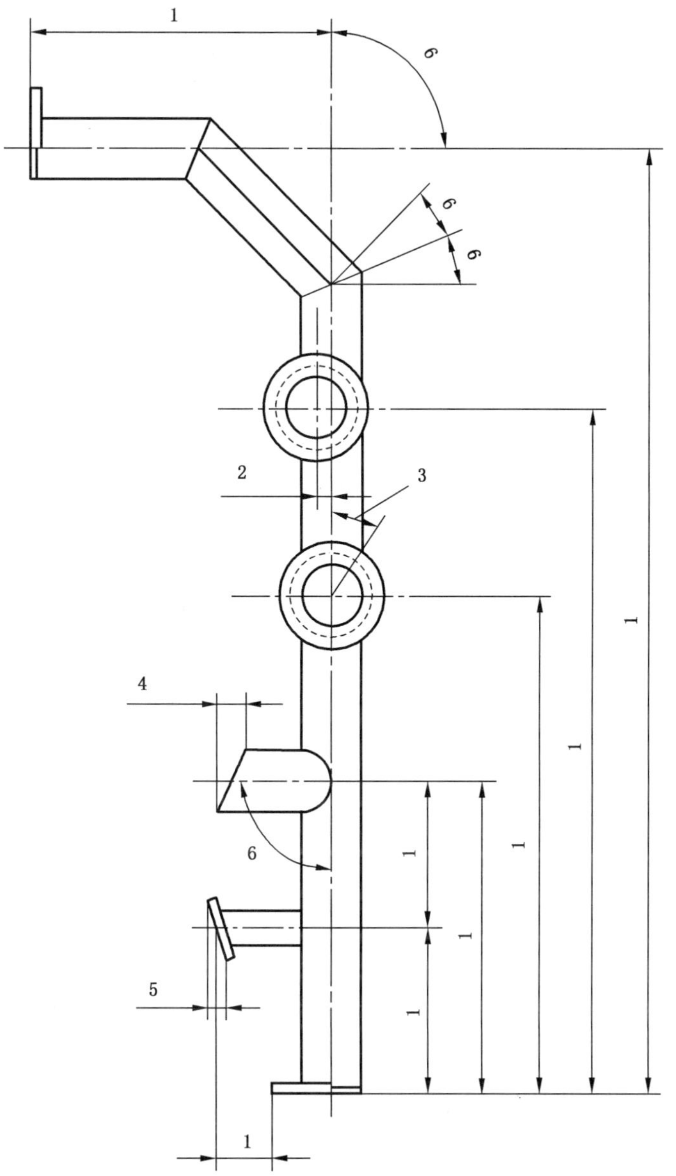

说明：

1——端面-端面尺寸、中心-端面尺寸、附件位置、中心-中心尺寸；

2——支管或接头的侧向平移；

3——法兰从指定位置转过的角度；

4——端面处理；

5——沿整个垫片表面测得的在指定位置的法兰对齐切口；

6——偏转角。

图 1　尺寸公差

表 2　法兰安装时允许的错位公差

单位为毫米

错位	公差	
	直径范围	
	50～300	350～1 200
法兰错位	±1.6	±3.2
管串间隔	±1	±1

5.5.4.4　电导率和静电耗散性能

如果对管道的导电性做出了规定，安装方应依据系统设计文件（见 5.3）要求在管道安装过程中验证管道的电导率和/或接地性能。

安装方应按下列要求进行一项或多项测试：

a）两个接地连接点之间组件的连续性；

b）管道内壁某点对地的最大电阻；

c）管道外表面、防火层或保温层表面某点对地的最大电阻；

d）管道上的金属构件对地的最大电阻；

e）依据管道系统的导电性推荐的接地点间的最大距离；

f）管道外表面、防火层或保温层表面最大表面电阻；

g）管道的电荷屏蔽特性；

h）管道外表面、防火层或保温层表面电荷衰减特性。

安装方应考虑制造商推荐的采用接地带接地的方法，以便在安装和运行过程中确保管道接地的可靠性。

如果有要求，在确保管道内外表面干燥后应采用合适的兆欧表测量接地点的电阻，兆欧表的最小量程应小于 1×10^{6} Ω，电压值最好不大于 1 500 V。

可使用比标定电压（100 V）更高的电压将运行中的组件的表面树脂层击穿，以便减小管道的接地电阻。

用一个适当的电极将管道与导电材料相接触并且与欧姆表相连接。除非作为安装程序的一部分，例如采用接地带与管道相连，电极应能在不研磨管道表面材料情况下提供与管道表面之间必要的导电性，以便获得良好的电接触。

接触导电方法包括导电涂层、导电胶带、用夹子夹持的浸透盐水的海绵等。接地电阻值应低于 5.3 中系统设计文件规定的数值。完成测试后，管道上用于测试的导电材料若达不到 C2b 级导电要求，则应全部清除掉，如导电胶带。达到 C2b 级导电要求的导电材料也宜清除。

注：清除导电材料的目的在于防止这些材料在管道表面起绝缘层的导体作用。

如果系统的导电性是由埋设在组件结构层内的导电材料提供的，安装方应验证组件接地连接点间导电的连续性。

如果系统的导电性是由外部的导电涂层提供的，安装方应验证接地连接点之间涂层是连续的。电导率（Ω/m）和对地电阻（Ω）应低于 5.3 中系统设计文件规定的数值。

如有要求，在确认管道表面干燥后，应按 ASTM D257 测定表面电阻，测量值应小于 1×10^{9} Ω。

如有要求，在确认管道表面干燥后，应按 GB/T 29165.2—2012 中 6.6.3.4 要求测定电荷衰减性能。

如有要求，在确认管道表面干燥后，应按 GB/T 29165.2—2012 中 6.6.3.3 要求测定电荷屏蔽性能。

注：由于电荷屏蔽性试验需要高压电，在某些情况下不能进行试验。

如有要求，安装方应在管道上涂覆适当的导电涂料以提供必要的导电性。管道表面准备涂覆导电涂料的区域内，未被涂料覆盖的最大面积不应大于 100 cm^2。涂料的寿命应超过管道的设计寿命，而且在正常运行、装卸和安装期间不应发生损伤。安装方应提供导电涂层的耐久性证据。

导电涂层宜在水压试验结束后涂覆，以便于检查管道可能出现的泄漏。在管道组件表面涂覆导电涂层前，应保证表面干燥、无油脂或其他任何污染物。接地点之间的涂层应连续，不能有孤立的涂层斑块存在。

如果玻璃钢管道涂覆了导电涂层，管道和所连接的金属件（例如排水喷嘴和吊架）之间应粘接可靠的导体。支承不应支承在连续喷涂了导电涂层的管件处，因为涂层开裂后会造成绝缘。在这些情况下，方应在管道和支承间提供良好的导电通道。

5.5.4.5 接地

如果系统设计人员在文件中注明了静电的危害，管道中的流体应至少通过内表面一处暴露的接地点直接接地。

应根据系统设计人员提供的文件确定接地点的位置和/或最大间距。

5.5.5 管件的现场组装

当满足以下条件时，三通和弯头等管件可在现场进行组装：

a) 现场装配过程中铺层规程按 GB/T 29165.2—2012 中 6.2.3.3 要求进行评定，包括采用的原材料、铺层技术、固化流程等。

b) 管道系统的运行压力应低于表 3 所给设计压力值，高于表 3 中要求时应与委托方达成协议。

表 3 管径与压力关系

直径 mm	设计压力 MPa (bar)
25～600	0.8 (8)
600～1 200	0.4 (4)
＞1 200	0.2 (2)

5.5.6 连接

5.5.6.1 接头选择

可采用多种类型的粘接接头或机械接头，这些特殊的接头分为以下几种类型：

a) 粘接接头；

b) 层合接头；

c) 弹性密封接头（有/或没有锁键）；

d) 法兰接头；

e) 其他机械接头；

f) 金属/玻璃钢转换接头；

g) 螺纹接头。

所有连接均应按制造商推荐的方法来完成。现场连接的选择应考虑以下因素：

——便于管道装配工进行正确连接；

——可允许可能产生的轻微错位。

如果采用粘接连接，安装方应确保在接头粘接过程中胶珠不能在管孔内形成明显突起，因为这种突起可形成阻滞作用，也会成为冲蚀和气蚀的起源。胶珠最大高度应不大于管道内径的5%或10 mm，二者取较小值。

附录C给出接头装配的指南。

5.5.6.2 粘合接头和层合接头的质量控制

如果委托方要求，安装过程应满足以下条件：

a) 委托方和安装方应就试验频率协商一致；

b) 采用的粘接剂或树脂应以制造商的推荐为准，其固化度应按GB/T 29165.2—2012中6.8.2的要求进行测定；

c) 粘接剂或树脂应在温度不低于23 ℃、相对湿度小于75%的条件下使用。

对于环氧基产品，固化后的树脂或粘结剂玻璃化转变温度 T_g 应不小于制造商规定最小值的95%。

对于聚酯和乙烯酯基树脂产品，接头的苯乙烯单体残留量应在连接工作开始前通过样品接头进行测定，苯乙烯含量(质量分数)应小于或等于树脂含量的2%。

应对所有层合接头进行巴氏硬度测定。建议每个试样上测量10个数据，去掉两个最大值和两个最小值，用余下的六个数据求取平均值，该值不应低于基准组件测定最小值的90%。

如果采用其他方法测定管线的基准固化度，质量控制的验收准则应征得委托方的同意。

5.5.7 防火层的应用

现场制作防火层应局限于为了安装需要不可避免的情况(如接头)。为了便于检测可能发生的泄漏，应在水压试验后再做防火层。

为了满足火焰蔓延、烟雾或毒性控制相关要求应用的防火材料应与管材制备一体成型，这种材料的现场使用应局限于为了安装需要不可避免的情况(如接头)。

如果防火层仅用于满足耐火要求，则可现场进行涂覆，涂覆程序应经批准、管子和隔热体应经认可，应用的材料应接收现场检验和核查。

无论是在海上还是在陆上工厂内，所有管道组件的防火性能均应符合下列要求：

a) 如果采用防火施工合同，承包方应具备质量管理体系和书面操作规程，操作规程应经委托方认可，包括环境控制、应用和检验项目。

b) 下述方法可用于管道组件防火材料的涂敷或包覆：

   1) 常规的手工施工；

   2) 自动化工艺；

   3) 不同形状和长度截面片模模压法或对半模压法。

c) 在进行管道组件防火施工前，防火材料施工人员应该：

   1) 在防火材料制造商的指导下接受过防火材料施工方法和实际操作的培训；

   2) 在管道和管件样品上进行了防火施工并得到制造商和委托方的认可。

承包方应使用防火材料制造商推荐的施工设备。管道组件表面进行防火施工前，表面应无潮气、无油渍或其他任何污染物。

管道组件的防火施工结束后，应对防火层进行检验以判定接收或拒收。检验项目包括：

——在液态或固化状态下对防火层厚度进行随机检验，厚度值应不小于最小厚度要求；

——防火层的光洁度和表观质量应与已提交的并经材料制造商和委托方认可的样品一致；

——如果防火层厚度、外观或光洁度不合格，委托方可要求局部修复或更换。

当防火材料应用于为了检验需要去除的位置，例如阀门和法兰处，应采用下述方法之一进行施工：

——将防火材料做在箱体或其他容器的内表面或外表面以实现结构的整体性；

——在防火材料中集成网状材料增强的整体结构。

5.5.8 安装质量方案

承包方应具备高水准的检验能力以确保满足本部分要求，且拥有质量管理体系。

承包方应制定个人负责 GRP 管道施工全过程质量控制，他应拥有丰富的 GRP 管道的现场组装经验。

质量控制应基于下列条款：

——粘接和层合连接规程评定记录；

——委托方对采用的所有类型接头的检验要求；

——所采用的所有类型接头的检验登记；

——按 5.5.4.3 公差带要求，检验完工管线与设计图纸的一致性。

为了安装期间的质量保证和质量控制，委托方有权检验正在施工管道以及承包方日常质量控制作法。

为了识别需要，每一连接都应作永久性标识。应保存有与粘接相关的包括关键数据的日志手册。关键数据包括：

a) 日期；

b) 温度和相对湿度；

c) 连接的识别号；

d) 适用的导电连续性和接地电阻；

e) 固化温度和时间；

f) 管道装配工和检验员的签字；

g) 螺栓扭矩。

应由按 5.4.1 中规定认证合格的检验人员对管道、管件或法兰间的每个现场接头进行检验。每个接头都应填写日志单。检验单应在管道运行期间一直保存。

建议由委托方在安装开始后立即对现场连接的具有代表性的接头和管件进行水压试验，以便对施工水平进行验证，这一点对直径 200 mm 以上的管道尤其重要。

5.6 系统试验

5.6.1 冲洗

安装结束后应对 GRP 管道系统进行冲洗，冲洗介质应为海水或清水。所有需要进行压力试验的管线在试压前应进行冲洗。对于露天不需要做压力试验的管道系统应该进行冲洗保证管道畅通。

冲洗温度宜高于 7 ℃。当用 0 ℃以下的清水进行冲洗时，应采取措施预防水在管道内冻结，如采用循环水、添加防冻剂或低于 0 ℃时将系统排空。

5.6.2 压力试验

5.6.2.1 概述

所有封闭的玻璃钢管道系统在安装后应进行水压试验，宜采用安装后尽早分段试压的方式。

注：后期进行全系统压力试验时接头失效会影响工程工期，早期压力试验能避免这种情况的发生。

露天管道系统（如排水系统）应该进行静水压渗漏试验，如管道可承受系统压力，可进行完整的水压试验。

5.6.2.2 准备

水压试验前应进行正规的风险评估。试压前所有支承、导轨和锚座应安装到位。如有要求，应加装临时支承和约束。除非另有说明，所有阀门都应在全开状态下进行试验，带检查阀的管道在其下游一侧应有压力试验源。试压前所有粘接接头和层合接头都应固化完全，螺纹连接和法兰/螺栓连接的接头都应以正确的扭矩安装完毕。

5.6.2.3 试验

应从系统的低端注水，采取措施从高点排除空气（如将法兰连接处松开）。系统内的压缩空气可产生不良后果，清除系统内的空气包可以防止系统压力试验时意外失效对管道和人员造成伤害。

试验压力应取 1.5 倍设计压力或 0.89 倍评定压力，二者取较低值，保压时间为 30 min 或更长。

注：0.89 是偶然载荷系数的 f_2，见 GB/T 29165.3—2015 中 7.6.2.2。

应避免 GRP 管道系统中压力突然升高。压力衰减试验时间不低于 1 h，渗漏试验应在 1.1 倍设计压力保压 24 h。

以下因素影响试验时间：

a) 接头的膨胀和材料的蠕变的影响，尤其对长距离管道进行测试时；

b) GRP 材料的吸水性，譬如酚醛材料；

c) 温度的影响。在高温或低温环境下进行试验时，如果温度变化较大更应引起注意。

水压试验开始进行附加检查，通过目测对全管道系统进行检验。任何开裂和渗漏都属于缺陷，应终止试验进行修复，完成后重新进行试验。不应采用过大扭矩紧固法兰的办法来阻止渗漏，渗漏的法兰应更换垫片并重新进行试验。如果仍然渗漏则更换法兰。

如果管道无开裂和渗透现象，且无明显压力降（热膨胀和委托方认可的因素引起的压降不考虑在内），则认为系统通过了水压试验。

5.6.2.4 试验结束

除非经委托方同意，试验中开裂的法兰垫片应进行更换。

5.7 检验

应对管道和接头的内（尽可能物理接触）外表面进行目视检验。光源、镜子以及其他辅助手段可用于最大限度地提高目视检验的精确度。在表 4 中给出了可能出现的缺陷、验收准则和纠正措施。表 A.1 中给出了制造、安装过程中产生的缺陷以及纠正措施。附录 E 给出了采用 NDE/NDT（无损检测/无损探伤）方法探测缺陷的指南。均匀的粘接剂边缘表明粘接接头安装装备正确。

5.9.2 对装配和安装期间采用的修复方法作了详细描述。

5.8 过程记录

5.8.1 冲洗记录

冲洗完成后，委托方应在描述冲洗范围的记录上签字。由于一次冲洗试验可包括多个压力或检漏试验段，因此应对冲洗应单独编号，并在等比例图纸中标注。完成冲洗记录的副本应纳入相关的试验包内。

5.8.2 压力试验记录

试验成功后，委托方应在表明试验极限的压力试验记录上签字并纳入相关的试验包。

5.9 安装后的修复

5.9.1 概述

拒收的组件原则上应由制造商予以更换，管串安装后可采用修复代替更换。

表4 装配、装卸和安装过程中可能产生缺陷的一般描述

可能缺陷	原因	后果	推荐的 NDT 方法	准则	纠正措施
尺寸错误	预组装不正确； 接头磨削不当	接头不能密封，渗漏，受拉时 GRP 接头应力过大	按文件规定的标准尺寸进行测量	依照 GB/T 29165.2—2012 的 6.8.5 进行	更换(大缺陷)； 在管道其他部位进行补偿(即使用现场接头或搭接进行调整)
冲击、磨损	运输不当； 搬运不当	渗漏或管道失效	在管道内用光源进行目视检验	依照表 A.1	更换(大缺陷)； 修理(小缺陷)
粘接或层合接头不正确固化	环境温度和湿度不符合规范； 混合不当； 加热带重叠或控制不当； 管道内空气冷却影响； 粘接剂过期或错误	接头薄弱或泄漏	依照 GB/T 29165.2—2012 的 8.3.3	依照 GB/T 29165.2—2012 的 8.3.3	重做接头(大缺陷)； 后固化(小缺陷)
接头错位	固化期间管道被移动； 弯曲； 尺寸错误	空气进入产生孔隙，残余应力导致性能下降	目视检验 超声波检验	按项目规范进行对正	更换组件(大缺陷)； 重新连接(小缺陷)
粘接区内部缺陷	无粘接剂或涂覆不匀； 固化期间管道移动	接头薄弱或泄漏	超声波或射线照相	脱粘面积大于总粘接面积的 30%，脱粘面积的轴向长度大于轴向总粘接长度的 20%	重新连接
粘接接头处理不当	接头表面磨削后被污染	连接强度低或开裂	目视检验	按粘接剂供方推荐的方法	重新连接
粘接剂过量	涂抹的粘接剂过多	阻碍管道内流体流动，增加管道腐蚀的风险	射线检测	无流动阻塞，内径的 5% 或 10 mm，二者取较小值	如果能够靠近，仔细打磨清除； 如果不能靠近，拒收或维修
螺纹损伤	螺纹坏齿； 端面损坏	接头不密封，渗漏	目视检验	依据表 A.1	根据供方的指南更换螺纹

5.9.2 修复方法

5.9.2.1 更换

带有明显损伤的管道部分应依据 GB/T 29165.2—2012 的 6.2.2 规定予以更换，更换工作应按 5.5 规定的方法和要求完成。对于从事更换工作的人员资格要求与 5.4.1 中对管道装配工的要求一致。带有明显裂纹的法兰应予以更换。

5.9.2.2 修补

可在现场对有轻微损伤的管道和管件进行修复。损伤的表面层应进行打磨、清洁，再按制造商推荐的方法涂刷树脂/固化剂混合物。允许用打磨和填充树脂的方法修复法兰表面的小裂纹。

5.9.2.3 修复方法的审批

应由制造商和委托方对修复方法进行审批。

6 管串修补运行

6.1 操作人员文件

6.1.1 文件内容

委托方应向操作人员提供下列信息(包括但不局限于)：

a) 运行和设计参数，见 6.1.2；

b) 系统图，见 6.1.3；

c) 系统临界值和运行期间的检验要求，见 6.1.4；

d) 适用的附加修复和水压试验规程，包括健康和安全预案。

文件应以维修效果为重点，其保存期应超过 GRP 系统的设计寿命。

6.1.2 运行和设计参数

6.1.2.1 概述

参数包括：

a) 设计压力；

b) 设计温度；

c) 组件制造使用的树脂体系的玻璃化转变温度 T_g；

d) 组件制造使用的粘接剂的玻璃化转变温度 T_g；

e) 每个组件的评定压力和管道系统的最小评定压力；

f) 每一管道系统中平均和最大流速条件；

g) 适用的耐化学介质腐蚀极限；

h) 适用的消除或控制水锤和水蚀的规程；

i) 耐火等级，见 6.1.3；

j) 电导率和接地要求，见 6.1.3；

k) 临界值。

在某些环境中，允许短时超过最大运行温度和压力。但不应超过以下限制：

——在树脂玻璃化转变温度 T_g 值以下、差值不足 30 ℃的条件下运行 1 h；

——接近评定压力 p_q 下运行 1 h。

如果超过了上述限度，委托方应对系统进行一次目视检验，并最少对系统严密监控 3 个月。

6.1.2.2 冲击损伤

与钢管相比，GRP 管道容易在较低能量水平下受损，这种损伤可能导致树脂开裂和分层，从而造成管壁的渗漏。研究表明如果冲击破坏发生在主体管道材料上，通常是非扩展性的并且几乎不会造成结构强度损失。对于输水系统(如消防水系统)，冲击损伤的修复可延期，到例行的检修期间再进行修复。如果泄漏发生在接头处，则存在突然失效的巨大风险，原因在于接头处的载荷不是由纤维直接传递，其强度取决于树脂或粘接界面的整体性。

6.1.2.3 管道发生失效

操作人员应对停止使用的 GRP 管道的防火性能变化进行评估，采取预防措施以保证在发生火灾时能保持管道防火层的整体性，例如去除失效管道或添加防火层。

注： GRP 管道在火焰存在并继续维持其功能的部分原因在于管道内液体流动的冷却作用。如果管道是空的并已停止使用，流体的冷却作用则不复存在。这类管道可能不符合初始设计的耐火要求，在防火层被穿透处可能导致火焰、烟雾和毒气的扩散。

6.1.3 系统图纸

应取得全部相关的施工图纸和记录并妥善保存，建议图纸中应至少包括下列细节：

a) 管道的公称直径和壁厚；

b) 管道布置尺寸；

c) 支承和约束的位置；

d) 适用的火灾分类和防火管道的位置；

e) 导电性能分级、导电管道的位置、接地点位置、接地连续性要求、检验方法和频率。

6.1.4 检验规划

委托方应向操作人员提供一个检验计划以明确系统的临界值和检验要求。GRP 管道系统应按检验规划定期进行检验，确保管道连续运行在正常状态。表 A.1 给出了有关可能出现的缺陷的详细信息。表 5 给出了 GRP 管道系统运行期间常见缺陷的无损检测推荐方法、验收指标，同时还包括了缺陷产生的可能原因以及纠正措施。

表 5 运行期间可能产生缺陷的一般性描述

运行缺陷	原因	后果	推荐的 NED 方法	指标	纠正措施
法兰开裂，渗漏	螺栓上扣扭矩过大或过小； GRP 法兰面拱起； GRP 法兰设计选择错误	接头不密封，渗漏，寿命减小	目视检验	不允许有渗漏	更换法兰(大缺陷)，打磨用树脂填充微小裂纹

表 5（续）

运行缺陷	原因	后果	推荐的 NED 方法	指标	纠正措施
系统失效，如管道爆裂	设计条件、载荷、温度超标；操作规程不当（如，由于阀门打开产生水锤）	系统失效	目视检验	不允许失效	更换
老化	长期材料降级	渗漏	超声波检测	比初始轴向模量减少 20%以上	可接受，但要求监测
冲击损伤	脚手架，工具坠落引起的冲击	渗漏	目视检验，超声波检测	依据表 A.1	更换(大缺陷)，临时修复（小缺陷）
接地电缆损坏	某些电缆对海洋气候腐蚀敏感	接地减弱或消失	目视检验，欧姆表检测	不允许	更换
结垢(仅限于盐水系统）	运行条件导致诸如硫酸钡沉积	流速降低	目视检验，射线检测	内径减小 5%或 10 mm 以上	用喷射水清理
冲蚀	流体中的固体颗粒	管壁减薄导致渗漏	超声波检测	比初壁厚始减小 20%以下	可接受，但应监测
				比初始壁厚减小 20%以上	拒收
粉化	曝露在紫外线辐射下	外表面微小脱落	目视检验	深度不超过表面树脂层	可接受

6.2 维护和修复

6.2.1 维护

6.2.1.1 概述

GRP 管道通常是免维护的，但运行期间应注意以下几点。

6.2.1.2 水垢和阻塞物的清除

应谨慎采用常规方法去除管道内的水垢和阻塞物(譬如高压水枪、机械和化学清理方法)，遵循制造商推荐的方法。

6.2.1.3 电导率和静电耗散性能

应定期对接地的 GRP 管道系统进行检查，确保所有接地导体有效，电路连续性畅通，接地电阻不大于操作人员文件中的给定值，见 6.1.2。依据 5.5.4.4 对接地电阻进行测试。

如果管道外表面涂敷了导电涂料，应对涂层状态进行检验。涂层区表面无涂料面积应不超过100 cm²。如果将涂层从管体表面剥离，应依据5.5.4.4对管道表面涂层重新涂覆，除非满足以下条件：

——如果依据GB/T 29165.2—2012中6.6.3.1进行了试验，并得到权威管理部门的同意，管道达到了C2b级别；

——如果依据GB/T 29165.2—2012中6.6.3.5和6.6.3.4分别进行试验，并得到权威管理部门的同意，管道达到了C5或C6导电级别(即表面电阻和电荷衰减性能)。

注：长期暴露于海洋环境可导致GRP管道组件的自身导电性大幅提高。

对接地连接点和涂层整体性进行检验的频率和方法应与操作人员文件中推荐的内容，见6.1.2。

6.2.1.4 表面和机械损伤

GRP管道对下述类型的损伤敏感：

a) 因缺少对紫外线的防护，管道表面层粉化，可能造成纤维松动；

b) 焊接的火花飞溅和摩擦导致的管道表面层脱落；

c) 冲击损伤；

d) 因法兰螺栓扭矩过大或法兰设计不当引起的法兰开裂；

e) 瞬间过压，如水锤。

这些损伤应依据6.1.4和6.2.2进行评估。

6.2.2 损伤与修复评估

附录A给出关于缺陷和建议纠正措施的指南。

6.2.3 管道装配工和检验员资质认定

以下领域应用的管道、管件和相关组件应由认证的GRP管道装配工进行维修或更换，然后由认证的GRP管道检验员进行审核。

a) 临界条件；

b) 包含有毒流体；

c) 运行压力大于表3给出的设计压力的应用。

审核按照等同于5.4.1要求完成。

其他应用领域中装配工和检验员评定水平由委托方酌情考虑。

6.2.4 健康与安全

应执行5.4.2给出的关于健康和安全的要求。

6.3 修复方法

6.3.1 概述

修复方法应依照6.2.2进行。修复规程应由承包方依据GRP管道制造商推荐的方法制定并评定合格，在实施前经委托方批准。修复后应能恢复至规定性能。委托方和制造商应就试验方法(如果适用)达成协议。应报告和记录修复面积和数量。不能对内表面进行修复。

除了所需种类的备用管子和管件外，还应提供应急修理套装，并将其储存在附近的库房。适用的维修套装应由制造商提供，建议用于维修粘接接头和层合接头的套装中包括：

a) 说明书；

b) 卷尺、卡尺、管道记号笔；

c) 温度和相对湿度测量仪；

d) 轻质带钳和管夹；

e) 调好角度的磨削工具，配有切割和粗磨削片；

f) 柔性支承片和磨片；

g) 管道磨削机；

h) 粘接剂；

i) 树脂、固化剂、玻璃纤维增强材料、毡和织布；

j) 电加热套；

k) 清洗剂、清洁布；

l) 防尘面具。

6.3.2 更换

带有明显损伤的管段应进行更换，更换工作应按 5.5 规定的方法和要求完成。对更换管道的装配工的资格要求应与 5.4.1 中对初始安装管道时一致。

如果可能，应在安装前对所有预制的管串进行压力试验。

6.3.3 修补

对管道和管件的修补可依据制造商推荐的程序在现场进行。

6.3.4 临时修复

经委托方、材料制造商和维修套装制造商同意后可以进行临时维修。可采用的维修技术包括但不限于粘接鞍座、手糊包缠、锥面包缠或打卡子。

委托方应根据应用环境的临界值和维修的可靠性对上述技术的适用性进行评估。

6.3.5 修复与维护的质量程序

修复与维护对质量程序的要求与 5.5.8 相同。为了便于识别，每处修复均应做永久性标识，并保存包含维修相关的关键数据的日志。承包方应保存所有维护记录，记录宜包括下列内容：

a) 修复或维护日期；

b) 温度和相对湿度；

c) 修复或维护点位置；

d) 维护工作内容；

e) 管道装配工签字。

6.4 变更与搭接

变更与搭接应看作新的安装，依据第 5 章中推荐的方法和要求来完成。

6.5 试验和再认证的要求

如果对系统中的管道进行了维修、更换或变更，应对包含这些部位的管段进行压力试验，重新确认是否合格。试验压力应为系统最大设计压力的 1.5 倍、或评定压力的 0.89 倍，两者取较低值。

试压前应进行正规的风险评估。试压前所有的支承、导轨和锚座都应安装到位，如果需要应增加临时支承和约束。试压前所有粘接接头和层合接头应固化完全。

6.6 弃置

6.6.1 拆除

开始拆除前,承包方应注意健康和安全的相关要求。所有管道系统应泄压力并排空,必要时进行冲洗和吹扫处理。

拆除是安装的逆过程,在管道系统的连接处进行拆除。对于非机械连接接头,可用切割的方法拆除。任何情况下均不应使用燃烧设备。

应注意避免损伤毗邻的正常运行的管道,必要时采取保护措施。

6.6.2 处理

将已拆除的组件进行包装,运送到适当地点进行处理。

应采取环境友好的方式处理拆除组件,不应在露天环境中焚烧。

附 录 A
（规范性附录）
缺陷类型、验收准则和纠正措施

表 A.1 列出了可见缺陷的类型、验收指标和纠正措施。

验收准则基于在海水中的使用经验，对于其他更为恶劣的应用工况可规定更保守的准则。

维修定义为：

a） 永久更换；

b） 在进行永久更换前，临时采用层合接头；

c） 在进行永久更换前，临时采用管夹或鞍座。

修补包括按制造商推荐的方法采用磨削、清理和涂刷树脂/固化剂等进行的现场维修。

NORSOK M-662 附录 A 给出了缺陷样品的图片。

管体缺陷的纠正措施中"拒收"的定义为更换；母螺纹接头"拒收"的定义为更换；公螺纹接头"拒收"的定义为更换或去除后重做螺纹。

所有螺纹、量规和螺纹检验的规范应依据 API Spec 5B。对于非 API 标准螺纹，接头尺寸和公差应依据制造商的规范进行评定，其他应按 API Spec 5B 进行。

表 A.1 缺陷的类型、验收准则和推荐的纠正措施

GRP 材料/粘接剂连接						
缺陷类型	说明	合格指标	纠正措施	纠正措施	纠正措施	纠正措施
			制造	运输	安装	运行
气泡	在层合结构的外表层下或内表面富树脂层内形成的气泡	不允许	拒收	拒收	拒收/维修	如无渗漏可接受
灼烧/退色	表征为扭曲变形或表面层退色的热降解	扭曲变形和/或灼烧深度大于表面树脂层厚度	拒收(大缺陷)	无	拒收/维修	拒收/维修
		轻微褪色，仅限表面树脂层厚度	修复(修补)	无	修补	修补
粉化和纤维松散	长期储存过程中由于紫外线辐射、酸雨引起的表面层轻微损坏	深度局限于表面树脂层，表面积不限，无表面纤维松散	修复(修补)	接受	接受	接受
		深度局限于表面树脂层，表面积不限，表面纤维松散	拒收	拒收	修补	修补
化学冲蚀	表面贫胶	不允许	拒收	拒收	拒收	拒收/维修
化学溢出	表面树脂的轻微损坏	受到瞬时作用	清理，接受	清理，接受	清理，接受	清理，接受

表 A.1（续）

GRP 材料/粘接剂连接						
缺陷类型	说明	合格指标	纠正措施 制造	纠正措施 运输	纠正措施 安装	纠正措施 运行
碎片	表面或边缘的小片断裂。如果增强纤维出现断裂，损伤可视为裂纹	在任意区域内存在暴露的未发生损伤纤维；或无纤维暴露但有一块大于 1 cm^2 的缺胶面积	修补	修补	修补	修补
		无纤维外露，缺胶面积小于 1 cm^2	接受	接受	接受	接受
裂纹	可在背面看到的贯通管壁的分层，连续开裂的区域呈白色	最大深度小于或等于树脂层厚度	修补	修补	修补	接受
		最大深度大于树脂层厚度	拒收	拒收	拒收/维修	维修
龟裂	表面层或表面层下的微小裂纹； 看不到白色区域的裂纹	最大微裂纹长度小于 25 mm	接受	无	接受	接受
		最大微裂纹长度大于 25 mm	修补	无	修补	修补
纤维断裂	因为刮擦或制造过程引起的表面纤维断裂	每根管子最多 3 处，每处面积小于 25 mm×25 mm。 最大深度未使壁厚低于最小值	接受	接受	接受	接受
变形	尺寸的长期变化，即蠕变	存在不能接受的渗漏	无	无	无	接受， 但应监测
分层（内部）	缠绕层中因树脂和纤维之间的粘接不当产生的“闪光区”；缠绕层层间分离	不允许	拒收	拒收	拒收	接受， 但应监测
尺寸改变	在系统上受载荷，弯曲的影响产生的尺寸变化	不允许	无	无	无	无泄漏可接受， 但要监测

表 A.1（续）

GRP 材料/粘接剂连接						
缺陷类型	说明	合格指标	纠正措施	纠正措施	纠正措施	纠正措施
			制造	运输	安装	运行
干斑	不完整的表面膜层区域，在该处纤维没有被树脂浸润造成干纤维暴露	不允许	拒收	无	拒收/维修	维修
法兰裂纹	有或没有纤维断裂的发光区域	不允许	拒收	拒收	拒收/维修	运行过程中检测到裂纹时：将开裂处打磨至最大深度小于法兰台阶的 30% 然后修补，裂纹深度大于 30%，或在制造、预制或安装期间发现裂纹时：不允许，拒收/维修
断裂	贯穿层间的断裂，多数纤维断裂，界面分离区可见颜色变浅	不允许	拒收	拒收	维修	维修
冲击破坏	有或没有纤维断裂的发光区域	不允许存在直径大于 10 mm 的环状或椭圆状“发光区”。 在设计压力或正常运行压力下无渗漏	拒收	拒收	维修	如果用于海水或饮用水，接受/修补，但应监测
		直径小于 10 mm 的环状区域， 在设计压力或正常运行压力下无渗漏	维修	维修	维修	接受/修补，如用于海水和饮用水以外的环境则应维修
		在设计压力或正常运行压力下渗漏	无	无	维修	维修

表 A.1（续）

GRP 材料/粘接剂连接						
缺陷类型	说明	合格指标	纠正措施 制造	纠正措施 运输	纠正措施 安装	纠正措施 运行
未充分粘接(如"撅嘴")	接触面无粘接剂	未粘接面积大于总粘接面积的 30%， 未粘接的轴向长度大于总粘接长度的 80%	拒收	无	拒收	维修
结构层中树脂或粘接剂固化不完全	环境温度和相对湿度影响 粘接、固化程序不当	依据 GB/T 29165.2—2012 中 8.3.3	无	无	重做接头（维修） 后固化接头（修补）	无
夹杂	杂质缠入结构层	不允许	拒收	无	拒收	无
铺层不当	层合接头铺层错误，有错层	不允许	拒收	无	拒收	无
管串尺寸错误	尺寸错误，组件错位	系统的其他位置能够对错位进行补偿	无	无	接受	无
		错位导致接头受拉时应力过大	无	无	拒收	无
缺少粘接剂	连接面存在未被粘接的区域	未粘接面积大于总粘接面积的 30%， 未粘接的轴向长度大于总粘接长度的 80%	拒收	无	无	拒收
缺少纤维	树脂/纤维比过高	不允许	拒收	无	拒收	无
材料降解	由于老化、化学冲蚀、吸湿造成的树脂脱落，变脆，变软/溶胀	不允许有渗漏	无	无	无	无渗漏则可接受，但应监测
接头错位	接头固化时被移动，带入空气导致空隙、接头磨削错误，粘接面积不足规格尺寸不当	不允许	无	无	拒收或维修	无
针孔	结构层内表面上的小坑，宽度与深度相近或小于深度	直径大于 0.8 mm 和/或深度大于衬层厚度或 10% 壁厚，和/或纤维损伤	拒收	拒收	拒收	拒收
		直径小于 0.8 mm、深度小于衬层厚度或 10%壁厚，无纤维损伤	接受	接受	接受	接受

表 A.1（续）

GRP 材料/粘接剂连接						
缺陷类型	说明	合格指标	纠正措施 制造	纠正措施 运输	纠正措施 安装	纠正措施 运行
阻碍物（粘接剂过量）	管道/管件内壁因粘接剂、树脂或异物过多引的障碍	内径 5% 的或高度 10 mm 的流动阻碍物，二者取较小值	仔细打磨去除	仔细打磨去除	如能靠近则仔细打磨去除，如果不能靠近则拒收或维修	如能靠近则仔细打磨去除，如果不能靠近则拒收或维修
粘接接头打磨后壁厚不均匀	—	允许偏心： 0.002×ID>0.3 mm	维修	无	维修	无
磨损刮伤	装卸、贮存和/或运输不当导致的表面浅划痕。如果纤维断裂则看作裂纹	在任意区域内存在未损伤纤维暴露，或纤维未暴露但缺胶面积大于或等于 10 mm×10 mm	修补	修补	修补	修补
		无纤维暴露且缺胶面积小于 10 mm×10 mm	修补	修补	修补	接受
渗水	液体穿透管壁或接头	不允许	拒收	N/A	拒收	维修
焊接火花溅伤	因附近焊接导致表面层微小损伤	与“磨损刮伤”要求相同	修补	修补	修补	接受
撕裂、切割、磨削，台阶或其他缺陷	螺纹的连续性被破坏	在管端螺纹的最小有效长度 L_c 内不允许	拒收	拒收	拒收	N/A
气泡	螺纹牙尖处的小气泡	每牙螺纹上最大长度 3 mm 的气泡允许有 1 个，最大长度 1.5 mm 的气泡允许有 10 个	接受	接受	接受	无
缺口	超过螺纹高度 10% 的区域被去除	有效螺纹长度 L_c 区域外，允许每牙有一个最大长度为 10 mm 的缺陷	接受	接受	接受	无
		L_c 区域内不允许	拒收	拒收	拒收	

表 A.1（续）

GRP 材料/粘接剂连接						
缺陷类型	说明	合格指标	纠正措施 制造	纠正措施 运输	纠正措施 安装	纠正措施 运行
开裂	沿管道轴向	不允许	拒收	拒收	拒收	无
	沿管道径向	不允许有从螺纹根部延伸到第一缠绕层的开裂	拒收	拒收	拒收	
平螺纹	螺纹顶部断裂或被磨掉	L_c 区域外每牙螺纹允许有一个长度小于 10 mm 的平螺纹，但不超过 10%齿高	接受	—	接受	N/A
		L_c 区域内不允许	拒收	—	拒收	
抛光	抛光端面	不允许端面边缘锐利、纤维暴露、突起和冲击损伤	拒收	拒收	拒收	N/A
垂直度	垂直于轴线的角度	端面偏离不应超过 1.5 mm	拒收	拒收	拒收	N/A

注：L_c 表示从管道端面到最后一扣完整螺纹的长度。

附 录 B
（规范性附录）
装卸与储存

B.1 装卸

B.1.1 总则

GRP 管道组件易于受到冲击、锐利边角刮擦引起的机械损伤，因此应特别注意对组件的防护，保证人员受过相关规程培训。在管道的装卸和存放期间管段应戴好末端保护器（如螺纹护丝）。

B.1.2 吊装和运输

应按委托方和制造商之间达成的协议完成管道的吊装、装车和卸车。在任何环境下不应抛掷管子、管件和管串，不应用铁链、钢丝绳或钢夹吊装管子、管件或管串。

小口径管道可人工搬抬；3 m 以内的短管可以用吊车和一根或多根 100 mm 宽的帆布吊索或合适的塑料吊索吊装；长度 6 m 以内的管段可用一个 3 m 的加长杆和两根 100 mm 宽的塑料吊装带吊装。吊装点应保持管道平衡。管道应装箱或成捆置于平板上运输。B.2 给出了包装/运输附加要求。

管件应手工搬运装在平板上或板条箱筐中，中间垫好隔离材料避免运输中的损伤，吊装时应用吊带捆扎。

吊装管串时应采用两根或两根以上的 100 mm 宽的塑料吊带，吊点应保持管串的平衡，帆布或塑料吊装带不应位于管道和管件的接头下方。

运输期间应当将所有的组件固定好，防止因过度晃动引起的损伤。当组件通过海运装箱运输时，应采取更可靠固定措施。

B.1.3 临时支承

为了尽量减少管串的弯曲应变，吊装前应在预制管串上增设临时固定支承。

B.2 储存

B.2.1 概述

安装前管道组件可能需要储存。为避免发生损伤，应采取特殊的预防措施，并仔细分析储存位置的平面状态（即平整度、是否存在尖锐物体）、大风、温度、紫外线辐射等。

B.2.2 管道

管道可按图 B.1 所示的节省储存空间的方式堆放，并应符合下述要求：

a) 如果能提供侧面支承，管道可以堆放至 1.5 m 高；宜采用隔离条（约 50 mm×100 mm）作为管子的支承和管道层间隔离，管堆中的木条或塑料条要上下对齐；隔离条的厚度要保证管道相互不发生接触；支承间的最大距离为 3 m，支承距管端的最小距离为 1 m；带承口的管子要两端交错摆放，避免由于接触造成损伤；隔离条的摆放应位于承口管端附近；

b) 建议对所有管子和管件端部内外都要进行防护，采用装箱或捆装运输，以保证在现场的储存期达两年以上；

c) 如果采用了隔离物且其尺寸和强度足以保证管道不相互接触，小口径管子可以储存在大直径管子内；

d) 管端保护器宜保护端面的内外表面，储存期间管端应带好保护器；木条的厚度应足以保证管子间不相互接触；

e) 为防止大风对管道的损坏，应将 GRP 管堆捆扎牢靠，可以用尼龙带或带衬垫的钢带固定管堆。固定管堆时应采取措施防止造成损伤。

单位为米

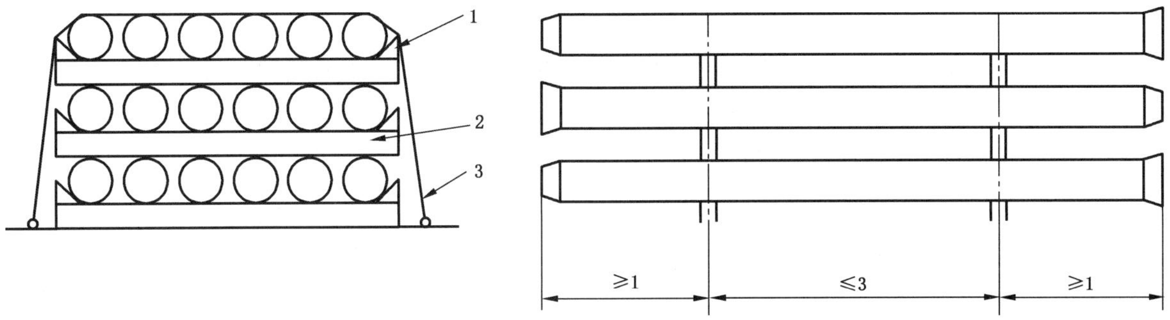

说明：

1——侧边支承；

2——隔离支承；

3——捆扎带。

图 B.1 管子堆放示意图

B.2.3 管件

如果包装没有破损且长期储存，管件应装在筐或箱内运输，储存期间管件和法兰应戴好保护器。

B.2.4 管串

管串宜由制造商包装以避免运输中造成损伤。如果可能，管串现场储存时应加装临时保护装置，管件和法兰储存期间应戴有端部保护器。管串不应堆放。

B.2.5 粘接剂/树脂系统

粘接剂和树脂系统应储存在原始包装内，该包装应满足管道制造商的建议和储存场所的安全规程。所有单独发送的防火材料应用工厂密封的容器或条箱进行发运，储存条件应符合材料安全数据表相关要求。应特别注意满足推荐储存温度要求，远离火源。如无特殊要求，材料应储存于原包装内且储存温度低于 30 ℃。

B.2.6 辅助材料

辅助材料(弹性 O 型圈、法兰垫片、锁键、增强材料和润滑脂)应依据制造商推荐的方法储存。应特别注意直接日晒(紫外线辐射)、化学品接触、微生物生长和极端温度环境对材料的影响。

附　录　C
（资料性附录）
连接方法选用指南

C.1　概述

对于绝大多数的工况都要求采用防脱型接头，如粘接接头、弹性密封锁键接头、层合接头、螺纹或法兰接头。

但对于有稳定支承和锚固的管道系统，可采用非防脱连接系统，如无锁键带机械 O 型圈的承插连接。

设计人员在选择连接方法时应考虑下列因素：

a）　可靠性；

b）　弯曲载荷下的性能；

c）　安装环境（易于检验）；

d）　易于装配。

C.2　粘接接头

C.2.1　概述

粘接连接包括锥形的承口和锥形或圆柱的插口，它们通过粘接剂/固化剂混合物粘接在一起，见图 C.1。承插结构也可以采用锥螺纹。

当采用圆柱型插口时，接头需加工台肩。采用锥形接头结构时，承口和插口接头有两个匹配的锥面，无需加工台肩。前者的优点是连接的最终位置预先确定。后者强度更高，但如果装配不当容易产生错位，导致连接强度减弱。

尽管过程简单，粘接连接也需要较高工艺水平，其工艺要求与焊工类似。随着管径的增加，特别是直径 450 mm 以上的管道，粘接接头表面处理和制备愈加困难。

当连接粘接接头时，应注意粘接剂可能产生胶珠，它们可能会深入到管孔内部。实践经验表明，涂敷粘接剂时如果不控制微珠的尺寸，其高度会达到几毫米。

C.2.2　表面处理

进行表面清理应戴好管子端帽和表面保护器。

在环境温度和湿度下进行表面处理和粘接时要遵循制造商的建议。在恶劣气候条件下，应对环境进行适当的控制。

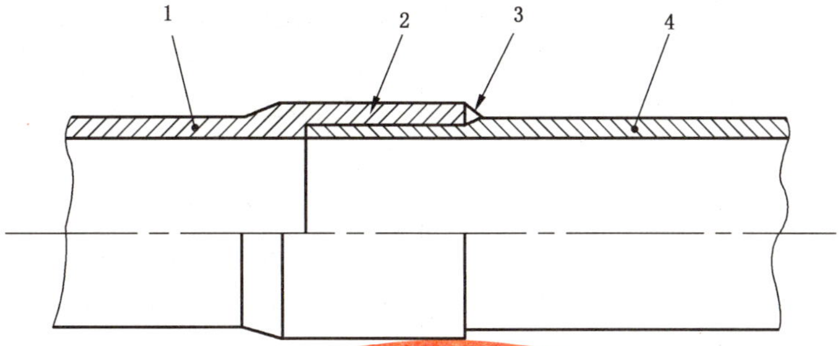

说明：

1——带承口的管子；

2——粘接剂；

3——挤出粘接剂形成的倒角；

4——端部带插口的管子。

图 C.1 粘接接头

进行锥面/锥面接头表面处理时，建议：

a) 打磨前在锥面边缘的圆周缠一圈胶带，这可以十分有效地减小对管道外表面的局部损伤，在锥面末端形成干净的切面；

b) 用适当工具磨削管道后应用砂纸手工打磨以去掉大部分松散的纤维，锥面处理完毕后用溶剂(丙酮)清理去除所有松散纤维和其他碎屑。

承口的内表面通常是预先机加工的，在准备粘接管道前同样要进行手工打磨和溶剂清理。如果提前进行了粘接表面处理，在用细砂纸清理前应对粘接表面进行目视检查，判断是否有紫外线降解。紫外线降解可以通过打磨后表面颜色的变化来辨认。存在紫外线降解的表面应重新处理，插口应重新打磨，手工打磨掉所有变色的表面，但不能打磨出平面区。

C.2.3 粘接剂混合

不应使用过期的粘接剂，任何泄漏和损坏的套装粘接剂应按材料安全数据表要求妥善处理。粘接剂混合前，各组分的温度应在制造商推荐的温度范围内。

粘接剂套装不可分开使用，固化剂容器内试剂应全部倒入粘结剂基体树脂中，将全部固化剂和树脂混合直至混合物的颜色均匀一致。混合后粘接剂储存期取决于粘接剂的种类和混合温度。如果混合容器中的粘接剂开始发热或粘度变得很大，表明已经开始固化，应废弃不用。如果罐中的粘接剂呈现块状或凝胶，也应废弃不用。

C.2.4 装配

应对粘接表面进行彻底清理和打磨。粘接前，清理好的表面不应用手触摸或被油脂和湿气污染。如果表面潮湿或被污染，应重新清理、打磨至无尘。

管道连接要尽可能对正，不应有任何肉眼能分辨的错位。如果制造商推荐，应在插口的端部作一标记，以便在连接后检查是否插入和密封无误。对于每个口径的管道，制造商应该规定从插口小端到参考标识的距离，该距离应在插口插入深度的基础上增加 25 mm。

在进行粘接前，粘接表面温度应在 23 ℃至 40 ℃之间。如果需要预热，建议用加热带单独对承插处加热。将加热带插入管道内加热可避免因外部包缠引起插口表面污染。空气湿度较高时，粘接表面会凝结水分，导致粘接强度下降。

将粘接剂在粘接表面上涂敷得薄且均匀，避免在管内形成影响介质流动胶珠。承口内表面粘接剂涂敷较薄，插口外表面涂敷较厚，这有助于减少管道内接头前端溢出的树脂量。所有机加工或打磨的表面都应用粘接剂覆盖，承口内粘接剂涂敷深度应在插口插入深度的基础上增加 25 mm。插口的切割端面应用粘接剂覆盖。

直径在 150 mm 以下的管道可以人工装配。将插口尽可能深地插入承口，插口插入承口时不应造成管子和管件损伤，并保证连接接头插口的设计长度完全插入接箍。对于带锥度的接箍，插口充分插入时不会产生错位。采用测量参考标识的方法验证平直插口的正确连接，标识到承口的距离应为 25 mm。

直径不小于 200 mm 的管道连接应使用棘轮扳手或液压张紧器，操作时应注意防止损伤接头。插口应一直插到管道承口台肩，此位置参考标识刚好位于恰当位置。

粘接接头装配至完全到位应一次完成，以避免将空气带入粘接剂。如果接头反复插入造成空气进入，应将旧的粘接剂刮掉重新连接。接头外端面挤出的粘接剂应修整光滑，且其倒角为 45°。

C.2.5 固化

环氧粘接的接头可采用加热固化，宜使用全包缠的电加热带，且经管道制造商提供或确认。加热固化应在粘结后立刻进行，固化时间和温度取决于所用粘接剂的类型。对于大口径或厚壁管道接头，采用固化炉比由于采用单独的电加热带固化。固化温度应准确监控，如固化不足将使粘接强度降低。管口应封闭以防止冷空气在管串内循环。

对于厚壁管道，应对制造商推荐的固化时间进行验证，以确保内部粘接剂完全固化(由于 GRP 材料导热系数小，有时只给出固化时间不给出温度)。

当环境温度低于 5 ℃时，电加热带的长度除能将接头或管件的固化区全部包缠外，还应最少重叠 50 mm。电加热带应围绕固化接头包缠，使自动控温器不与管壁接触。加热带(加热毯)的轴向长度应比固化接头长 50 mm～100 mm，以便将固化区的管道充分加热。加热带应进行隔热处理，典型的保温材料是背面贴箔的玻璃钢材料。保温材料与加热带两侧至少要重叠 100 mm，并固定在管道端部的边缘上。管道端部应使用非密封装置进行松散封堵，以防止冷风吹入管道。

法兰固化可将加热带插入管端内部。插入前将管子内部挤出的粘接剂刮掉，用一节与管道内径相同的管子做成加热带圆筒。

管子、管件和法兰之间的粘接连接在彻底固化前不能触动，必要时应加辅助固定装置防止意外移动。

C.3 层合接头

C.3.1 说明

层合接头(见图 C.2)是将处理好的平头管子和管件对齐，再用增强纤维和树脂/固化剂逐层压制而成。有两种类型的层合连接：一种是将管子外表面轻微打磨成圆柱形，另一种是充分打磨成锥面。

层合接头较粘接接头的优点是在外面进行接头处理是从管道。

因其允许存在少量的错位，现场连接的接头应优先考虑采用层合方式。

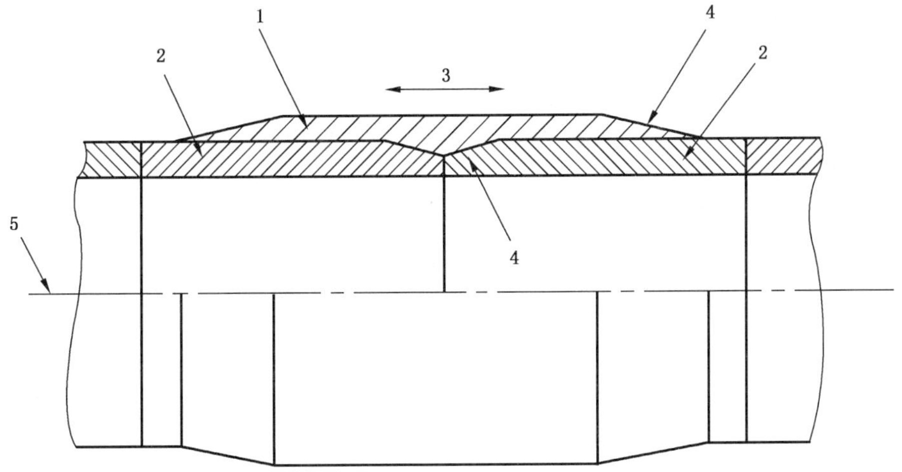

说明：

1——层合结构；

2——管材结构层；

3——层合宽度；

4——不超过 1/6 的锥度；

5——管道中心线。

图 C.2 层合接头

C.3.2 表面处理

开始层合连接前，应准备好完成此工序所需要的全部设备。

应使用夹具或其他夹持装置将管道的连接面牢固地固定在一起，且不应有偏心现象。如果端面间的间隙无法避免，应用合适的腻子填充。接头完全固化前不应去除约束。有些制造商使用气球或橡胶衬来制作光滑的内表面，气球放气后取出。

当连接两根管子时，管端应加工成最小 1/6 的锥度(见图 C.2)。

按制造商的技术规范要求，将管端 50 mm 范围内管道外表面富树脂层打磨掉，露出增强纤维。管道的端面也应该打磨。粘接面清理干净，在粘接之前不应用手触摸，不应被油脂或湿气污染。如果表面潮湿或被污染要重新清理、打磨达到无灰尘。

C.3.3 树脂混合

应使用与制造管道同一型号的树脂或兼容树脂。树脂与固化剂混合应严格遵循制造商对称重、计量、混合与温度的要求。树脂应充分搅拌直到颜色均匀一致，混合量不可超过存储期内的用量。

混合后粘接剂的贮存期取决于粘接剂的种类和混合温度。如果混合罐中的粘接剂开始发热或粘度变大，表明已经开始固化，应废弃不用。如果罐中的粘接剂出现明显的块状或凝胶，也应废弃不用。

C.3.4 装配

将管道的端面对正后固定在正确的位置，可用电加热毯加热管道端部，确保涂胶前粘接表面的温度大于 15 ℃小于 40 ℃。用统一的树脂或粘接剂涂敷倒角、打磨面和切割面。

按制造商的推荐方法用浸好混合树脂的短切毡或粗纱织布进行铺层。增强层应采用张力铺放，以赶出裹入的空气，促进树脂浸润，并保证正确的纤维/树脂比例。铺层应每层都浸透树脂，直到达到规定的厚度，最后在表面涂一层富树脂层。

C.3.5 固化

推荐采用加热固化环氧层合接头，为此要使用带保温层的全包缚式电热带，电加热带应由管道制造商提供或审核。其他加热的方法应经委托方同意。接头粘接后应立即进行加热固化，固化时间和温度取决于树脂的型号。

注：在某些情况下过度的热固化会降低聚酯和乙烯基树脂性能。

电加热带的长度要能完全包裹接头或管件的固化区域，并至少重叠 50 mm。加热带应包缠在接头处避免控温器触管壁。在未固化大接头表面和加热带之间放上塑料/金属防护膜防止将加热带粘在接头表面。如果环境温度低于 5 ℃，应将加热带保温。典型的隔热材料是背贴箔片式玻璃钢，它在加热带两侧至少要重叠 100 mm，并固定在管道端部的边缘上。管道端部应使用非密封装置进行松散封堵，以防止冷风吹入管道。

层合接头在完全固化前不应被移动或触动。

C.4 机械 O 型圈弹性密封承插接头（带锁键）

这类接头的装配最为简单，设计时允许在接头内有一定的轴向运动和一定角度偏离，例如，可允许船内壳体弯曲。与粘接接头相比，这类接头体积较大，但优点是能够在恶劣施工环境下快速连接，譬如混凝土重力基座管道。

带 O 型弹性密封圈或唇型密封圈的接头由承口和插口组成，见图 C.3。承口为集成（单承口）或分体形式（双承口），其中双承口用于连接两根带插口的管子。接头可采用两个或两个以上 O 型圈。可采用两种形式的带弹性密封圈和 O 型圈的承插接头：

——抗拉型，采用锁键带约束；

——非抗拉型，允许较大的轴向位移。

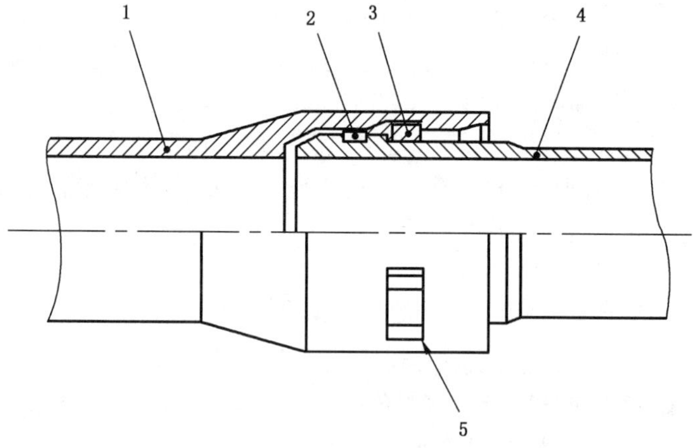

说明：

1——带承口的管子；

2——弹性密封圈；

3——锁键；

4——带插口的管子；

5——锁键插入口。

图 C.3 典型的弹性密封承插接头（带锁键）

以下是该类接头安装时的最低要求：

a) 安装前检查承口和插口是否有损伤。损坏的部件应搁置并由负责人评估；

b) 包括密封槽的连接表面应清理干净；

c) 检查密封圈和沟槽的尺寸正确与否，特别是密封圈的直径和横截面；

d) 检查非对称密封（例如唇型密封）是否正确地安装在沟槽内；

e) 插入前清理表面，在插口端和密封圈上涂上清洁的润滑脂；

f) 应采用正确的工装将插口插入承口，避免卡住或破坏密封。对于大口径管道尤为注意；

g) 检查插入深度的标识，以保证正确的插入深度；

h) 管段应尽可能对正以使密封圈保持在沟槽内；

i) 应采用塞规使密封圈安装到位；

j) 对于抗拉型带锁键接头，应将清洁并涂好润滑脂的锁键完全插入锁键槽，锁键的截面和长度应正确无误。

C.5 法兰接头

法兰式接头便于与钢管连接，安装和拆除也比较容易。GRP 法兰应与平面钢法兰连接。当与凸面钢法兰连接时可能要使用支承环（取决于垫片的类型），以防止螺栓上扣时产生过度的弯曲应力。通常使用以下两种类型的法兰：

——固定式法兰，粘接或层合在管道的端部；

——松环式法兰，肩圈为玻璃纤维增强塑料，通过粘接或者层合方式连接到管道的末端，末端带有玻璃纤维增强塑料或者金属法兰底。

应遵循制造商关于法兰的安装指导说明书，以保证良好的安装质量。以下是有关安装的最低要求：

a) 安装前应准备好粘接式法兰；

b) 按制造商的建议选择螺栓的润滑脂；

c) 用扭矩扳手严格控制安装扭矩；不应采用过大扭矩的方式纠正法兰的错位或其他尺寸偏差；

d) 螺栓的紧固顺序、扭矩增量和最大扭矩应遵照制造商的建议；

e) 连接螺栓的两侧都要加装垫圈，法兰端面应完整无损、清洁平整；

f) 按使用工况选择正确的垫片；

g) 粘接法兰的端面应与管道轴线成直角，公差应满足 5.5.4.3 要求；

h) 法兰对正时不应拉拽管道。

C.6 螺纹接头

中压或高压 GRP 管道系统可采用三种类型的螺纹接头：

a) 公扣-公扣接头，采用带有标准 API 螺纹的接箍（如圆螺纹 EUE 10RD、EUE 8RD），见图 C.4；

b) 公扣-母扣“集成”接头，采用标准 API 螺纹，密封采用 PTFE 密封带或特殊密封脂，见图 C.5；

c) 公扣-母扣“集成”接头，采用粗牙螺纹和 O 型圈密封，见图 C.6。

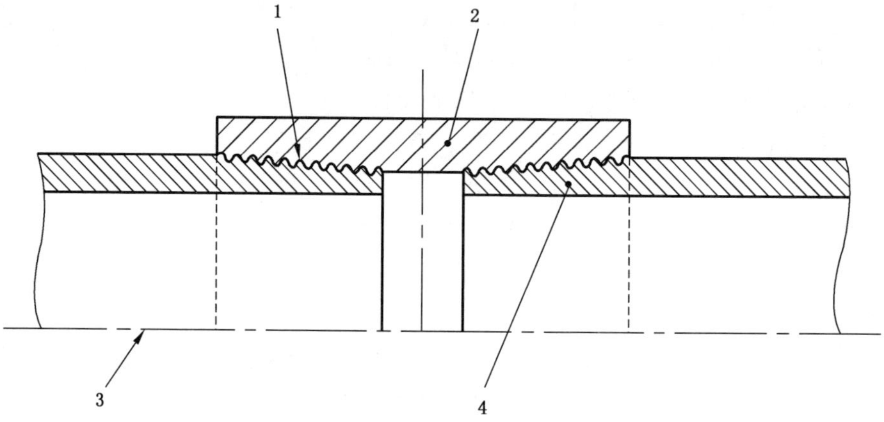

说明：
1——标准 API 螺纹；
2——内螺纹接箍；
3——管道中心线；
4——管子结构层。

图 C.4 标准 API 接头

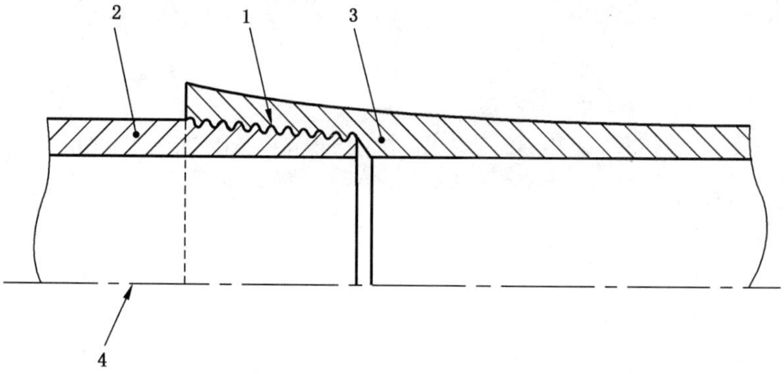

说明：
1——标准 API 螺纹；
2——管体-带外螺纹；
3——管体-带内螺纹；
4——管道中心线。

图 C.5 API 螺纹整体接头

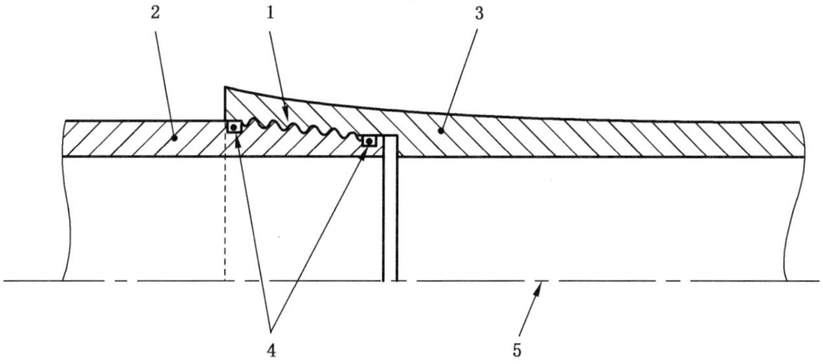

说明：

1——粗牙螺纹；

2——管体-带外螺纹；

3——管体-带内螺纹；

4——O 型密封圈；

5——管道中心线。

图 C.6 粗牙螺纹加 O 型密封圈的整体接头

为减小摩擦提高密封性能，可采用石墨或陶瓷微粒等螺纹填料，也可使用聚四氟乙烯基润滑脂，以减小上扣扭矩。

符合 API 标准的螺纹连接应满足文献[3]的要求。制造商设计的螺纹连接应符合制造商的制造质量和表面光洁度等规范。

C.7 其他机械式连接

可采用多种专用的机械或接箍连接。可参考制造商提供的使用指南。

附 录 D
（规范性附录）
管道装配工、监理与检验员资格评定

D.1 前言

复合材料管道的安装和连接与钢管有很大不同，但两类管道的安装质量都取决于良好的安装工艺。人员的培训和认证是复合材料管道应用过程中保证质量和经济性的重要环节。本附录根据参考文献[1]、[2]和[4]，规定了复合材料管道预制和安装过程中使用的管道装配工、监理和检验员进行培训和认证的最低要求，本资格评定过程仅限于玻璃纤维增强环氧树脂、乙烯基树脂、聚酯和酚醛树脂的管道。

D.2 培训和资格认证机构

认证机构应与培训机构相互独立。培训应由有能力的机构完成，认证项目应由委托方和施工所在国管理机构认可的法人执行。认证机构应设立等级考试。

D.3 认证

应分别向满足D.4、D.5和D.6要求的管道装配工、监理和检验员颁发熟练程度证书。证书至少要包括下列信息：

a) 资格认证日期、印章、签字和有效期；

b) 证书的有效范围。应对每个独立的供方对下列内容做出规定；

  1) 材料：如玻璃纤维、环氧、乙烯基、聚酯和酚醛树脂；

  2) 接头的类型和设计：粘接接头（锥型/锥型，锥型/圆柱型）、层合接头、机械接头；

  3) 直径范围和评定压力（仅对粘接和层合接头）。

c) 供方完成特定课程的日期。

D.4 复合材料管道预制和安装过程中的管道装配工和连接工

D.4.1 总则

管道装配工的认证过程包括3部分内容：

——基础培训课程的出席情况；

——至少一门供方特定培训课程的出席情况；

——认证组织达标考试的完成情况。

上述三个部分的培训可单独进行，但必须在两年内完成才能获得资格证。建议三个部分培训应在短期内连续完成。

D.4.2 基本技能、年龄和经验要求

学员应能流利地应用授课中采用语言，年龄不低于18岁且满足下列对最低经验要求中的一项：

a) 拥有工业管道装配工或塑料技工的商业资格证；

b) 至少有1年的管道装配工或玻璃纤维增强热固性塑料的培训经历。

其他文件形式的教育、培训和经验证明可以作为同等能力。

学员应该具备良好的健康状态，视力应符合下列要求之一：

——ISO 9712 或等同，每 12 个月进行一次视力测试；

——至少单眼裸视或矫正视力正常，在标准阅读测试中应能在 30 cm 以外阅读 N4 罗马字母。

D.4.3 培训

D.4.3.1 基础课程

基础课程应对复合材料管道安装中的最重要的因素给予理论和实践介绍。管道装配工的培训课程至少应包括以下内容：

a) 术语、管子类型、制造与装配、应用领域；

b) 材料性能和工程要求；

c) 健康、环境与安全；

d) 连接方法与规程，包括典型缺陷和失效形式；

e) 导电连续性的测量规程；

f) 运输、装卸和储存；

g) 安装；

h) 维修；

i) 质量保证和控制，包括检验方法；

j) 管道连接实践培训(粘接剂粘接、层合、弹性密封承插、螺纹和法兰连接)。该项培训可作为供方特定课程的一部分。

培训过程中，每个学员应在管串中制备直径 150 mm 的管接头，且按 D.4.3.3 要求进行压力试验和目视检验。每一试验管段的长度应符合 GB/T 29165.2—2012 中 6.2.1.2 要求。

培训结束后向学员颁发资格证书。

D.4.3.2 供方特定课程

D.4.3.2.1 概述

供方特定课程给出了针对特定连接方法、管径和壁厚的产品和规程进行的培训和试验要求，可由供方和承包方安排或协助进行。管样应能代表质量评定证书规定的压力和直径范围管道。

D.4.3.2.2 粘接与层合接头

按 D.4.3.3 规定对学员用特殊连接方法和/或特殊尺寸制备的接头必须进行压力试验。所有的压力试验应由学员依据特定制造商的连接方法、材料等相关的书面规程进行，且经承包方或供方批准。

表 D.1 给出的管道直径范围内接头通过压力试验后，管道装配工通过认证。每根试样的长度应满足 GB/T 29165.2—2012 中 6.2.1 要求。

表 D.1 用于评定装配工、维修工的管道直径范围

压力试验管道的公称直径 mm	管道直径范围 mm
150	25～300
300	150～600
＞600	600～名义直径

对于直径大于 600 mm 管道,应成功完成特定(口径)压力试验的认证。管道装配工成功完成直径从 600 mm 到压力试验管道范围内接头压力试验后才能获得认证资格。此外,以试验管道评定压力的 0.67 倍压力成功完成管道接头的压力试验后的管道装配工可获得认证资格。

压力试验结束后将管道沿轴向剖开,按表 A.1 进行目视检验,观察接头有无泄漏或分层,测量尺寸并与接头的装配规程要求相比较。

试验期间要对试样的装配进行检验,必要时应对导电连续性进行评价。粘接接头的外边缘的粘接剂应形成统一的倒角,管孔内部无过量粘接剂胶珠。

D.4.3.2.3 机械式接头

应对学员制备的接头按 D.4.3.3 进行压力试验。所有的压力试验应由学员依据特定制造商的连接方法、材料等相关的书面规程进行,且经承包方或供方批准。

管道装配工成功完成直径从 25 mm 到试件直径范围内接头压力试验后才能获得认证资格。每种试样的长度应满足 GB/T 29165.2—2012 中 6.2.1 要求。依据表 A.1 对接头进行目视检验,接头不应有泄漏或分层存在。

D.4.3.3 压力试验程序

以水为介质(依据 ASTM D1599)对试验管段进行压力试验,最小试验压力为 1.75 倍管道评定压力(p_q),保压时间不低于 1 h,无泄漏和接头分离。试样应采用自由端密封,保证管道同时承受轴向和环向应力。

注 1:如果使用法兰盲板,应采用高等级的密封垫片保证压力试验中的密封。

注 2:限定试验压力低于管道公称压力(p_q)的 2 倍,防止沿管壁的渗漏失效的发生。回归曲线较平的管子易于发生这种渗漏。

在每个升压阶段要对试验管道进行检验,观察是否存在裂纹、渗漏或其他介质渗出的迹象,这些现象均为失效原因。

D.4.4 考试与取证

完成下述内容的管道装配工学员可获得资格证:

a) 参加基础培训课程;

b) 通过覆盖基础培训课程的科目考试;

c) 参加了至少一个供方特定培训课程,其中压力试验结果应由经过认证的机构见证。

D.4.5 有效期与换证

D.4.5.1 有效期

自通过基础培训课程考试之日起,管道装配工资格证书的有效期为两年。在获得证书的最初六个月内,建议至少进行 4 周复合材料管道的连接。

D.4.5.2 换证

管道装配工资格证书到期换证时,应提供过去两年从事管道连接的证明,包括连接管道的类型和数量,并说明过去 6 个月依据拟更换证书规定项目安装复合材料管道的经历。

D.5 管道预制和安装的监理

D.5.1 资格与经历

学员应能流利地使用课程采用的语言。

参加监理培训的人员至少应有两年以上复合材料管道的安装经验，并已取得复合材料管道的安装资格证书。学员经历应包括所有常规管道安装技术，如粘接接头、层合接头和其他不同类型的机械式接头。

拥有记录在案的背景、培训经历和业绩可按同等能力给予考虑。

学员应具备良好的健康条件，视力应符合 D.4.2 要求。

D.5.2 培训

对监理的培训课程最少应包括以下内容：

a) 监理的责任和义务；

b) 健康和安全；

c) 安装检验清单：

  1) 运输与储存；

  2) 典型接头的表面处理、装配和打磨；

  3) 安装细节，如工艺、管道支承、损伤预防等；

  4) 水压试验和渗漏试验；

  5) 维修规程。

d) 管道和接头的检验；

e) 管道的装卸和安装。

D.5.3 考试与取证

成功完成下列项目可获得监理资格：

a) 参加课程培训；

b) 通过课程规定的科目考试。

D.5.4 有效期与换证

D.5.4.1 有效期

自考试通过之日起，监理资格证书的有效期为 5 年。

D.5.4.2 换证

监理资格证书到期换证时，应提供 5 年有效期内至少从事 25 周复合材料管道安装监理的证明，且 25 周中的最少有 10 周是在有效期的最后两年内进行的。

D.6 复合材料管道预制和安装的检验员

D.6.1 资格与经历

学员应能流利地使用课程采用的语言，年龄不低于 25 岁且符合下列条件之一：

——拥有 GRP 监理资格，1 年工作经历；

——GRP管道装配工资格，至少有3年工作经历。

拥有记录在案的背景、培训经历和业绩可按同等能力给予考虑。

既没有GRP安装资格证书又没有GRP监理资格证书的参试人员应满足D.4要求。

学员应健康状态良好，视力符合D.4.2的要求。

D.6.2 培训

检验教程中应对复合材料管道系统的检验要素进行理论和实践的介绍。授课时间至少为3 d，内容包括但不限于下列内容：

a) 重述管道装配工教程内容的重点内容；

b) 到货检验；

c) 典型接头装配前、装配中和装配后的检验；

d) 支承的检验；

e) 修复的检验；

f) 水压试验；

g) 破坏性和非破坏性试验方法；

h) 总体检验、检验员的义务和责任；

i) 书面规程、文件和报告。

学员应完成5项不同的检验，包括典型接头和管件(管子对管件以及管子对管子)的导电连续性检验。

D.6.3 考试与取证

向成功完成下述项目的学员颁发证书：

a) 参加培训课程；

b) 参加课程规定的科目考试。

D.6.4 有效期、换证和取消资质

D.6.4.1 有效期

自通过最初考试之日起，检验员资格证书的有效期为5年。

D.6.4.2 换证

检验员资格证书换证时，应提供5年有效期内至少从事过25周复合材料管道装配检验工作的证明，其中25周中的最少有10周是在有效期的最后两年内进行的。

附 录 E
（资料性附录）
无损探伤（NDE）方法指南

E.1 概述

本附件提供了GRP管道检验过程中NDE方法的指南。当使用是透明树脂时，目测是最重要的手段，它能快速地检验大面积的管道。但对于某些重要缺陷，如粘接不良，则需采用复杂的NDE方法和高水平的操作技能。这些方法详细的操作规程见文献[5]。

E.2 目测缺陷

目测可发现的主要缺陷包括：

a） 变形与尺寸偏差；
b） 表面开裂和微裂纹；
c） 近表面的分层、夹杂物和气泡；
d） 冲击损伤；
e） 起泡；
f） 内表面粘接剂过量（内部检验）；
g） 腐蚀和冲蚀（内部检验）。

E.3 压力试验

水压试验被认为是检验管道系统整体性的最佳手段，它比其他NDE技术评估系统装配和安装质量更为可靠。压力试验有两个明显的缺点：

——系统停工的耗费很高；
——压力试验通常在项目周期最后进行，任何纠正工作将导致工期延误。

压力试验过程中发现的主要缺陷包括：

a） 粘接接头缺少粘结剂或表面处理与装配不合适；
b） 粘接接头内的粘接剂固化不完全；
c） GRP材料中的制造缺陷；
d） 接头泄漏。

1.5倍设计压力下的水压试验能够发现渗漏和严重冲击损伤（如运输不当）造成的明显缺陷、系统设计和制造不当（强度不足）或粘接质量过低等缺陷。但是粘接接头的设计安全余量很宽，即便粘接接头有80%的未粘接区，依然能通过水压试验。因此水压试验虽然是保证GRP管道系统满足结构和功能要求的一种检验方法，但并不能完全保证管道的性能。

对于临界系统，可采用其他NDE方法（如采用超声波法随机验证接头粘接质量）与压力试验结合检验是否存在严重影响服役寿命的过度脱粘或空洞。

E.4 超声试验

脉冲-回波(PE)法(采用一个传感器,兼有发射和接收功能)是最常用的针对 GRP 的超声波试验方法。此外还有透射传输法(采用两个传感器)和阻抗平面法(简称 IPM,包括一个传感器和相位监视器)。

超声波法能探测到主要缺陷包括:

a) 粘接接头内缺少粘接剂的面积;

b) 分层,孔隙;

c) 壁厚偏差(20%)。

采用超声波法可以探测到分辨率为 10 mm、深度为 100 mm 的缺少粘接剂的区域和孔隙,但该方法对于不良粘接区域探测可靠性差,即缺少或没有粘接剂但粘接面相互接触的区域。对分层缺陷的分辨率与空隙近似;可探测的壁厚偏差量接近 20%。

探头选择应综合考虑分辨率(采用较高频段可提高分辨率,即频率大于 2.25 MHz)、穿透深度(低频段分辨率高,即小于 2.25 MHz)、信号衰减特性与管道直径(较大的直径要求较高的能量输入,但会牺牲缺陷的体积定义和与弧形表面的可靠耦合性)。因为粘接不足能导致背景信号的消失,建议采用背面回声技术进行粘接接头的检验。表面光洁度质量影响耦合和超声波检测结果,使用水和凝胶等耦合剂或表面抛光可以改善探测结果。由于存在与耦合作用、表面光洁度和材料结构等相关的不确定因素,建议使用扫描装置(或多点检验)。

当 GRP 管道壁厚范围在 8 mm～25 mm 之间时,采用较低的频率(通常为 0.25 Hz～2.25 Hz)最适用于进行 PE 超声波试验。与钢相比,GRP 的反射脉冲波形更为复杂,反射脉冲之间的时间间隔更短,因此信号分析不能可靠地分离多重回波。存在两种增加两个反射信号间隔时间的方法:

a) 从对面管壁采用单回路发射穿过被水浸泡的 GRP 管道;

b) 使用适当的平衡体(如甲基丙烯酸甲酯)。

E.5 射线测试

射线测试对表面粗糙度不灵敏,但对缺陷的方向比较灵敏。在陆上做该项测试相对容易一些,但由于进行该项测试时需要隔离区域,因此在海上安装时较为复杂。

射线测试可探测到的主要缺陷包括:

a) 壁厚偏差(最大 20%),粘接面之间的配合偏差;

b) 孔隙、分层和缺胶(最大偏差 5%);

c) 轴向错位;

d) 接头处管道内壁上过量的粘接剂;

e) 管道内壁结垢;

f) 粘接承口内管道的插入偏差。

此方法对于粘接不良面积(即粘接面相互接触但几乎没有粘接剂)的检测结果不可靠。

可将射线测试(RT)参数(即管电压和暴露时间)调节到适用于低密度的聚合物和复合材料,典型的中低介质管电压在 10 keV～50 keV 之间。根据射线测试结果,可确定壁厚和铺层厚度(即修复厚度)。在某些情况下,也可确定缠绕角、孔隙和缺胶区(特别是被水充填的孔隙和缺胶区)。但是,如果粘接剂中没有加入重金属元素作为对比增强物,要确定其缺胶区域是非常困难的。可加入质量比 5%的氯化锌、硫酸钡、氧化铅和钨作为对比增强物。

E.6 声发射测试

宜从声发射设备供方获取对GRP材料进行声发射检验的标准规程。

通过声发射测试可探测的主要缺陷包括：

a) 结构完整性不足(由设计、制造和材料降解等缺陷原因造成的缺陷)；

示例1：层合接头的铺层错误。

示例2：多轴应力区域内的层合结构低于设计要求。

b) 层间裂纹扩展；

c) 基体材料中裂纹扩展；

d) 纤维断裂和拔出；

e) 固化不完全导致过度应变；

f) 泄漏。

声发射测试要求管道承载至最大设计载荷。只能检测正在生成和扩展的缺陷。

E.7 差示扫描量热(DSC)和巴氏硬度试验

通过DSC和巴氏硬度试验检测到主要缺陷有：

a) 粘接接头内使用混合或固化不当的粘接剂(DSC)；

b) 层合接头或结构层中混合或固化不当的铺层(巴氏硬度)。

DSC是一项定量、精确而且相对快速的半破坏性检测技术，该技术是以测量相变和化学反应过程中热量的变化为基础，例如热固性树脂固化过程的热量变化。小试样可从接头粘接接缝的外侧切取，采用DSC分析测定其玻璃化转变温度 T_g。

巴氏硬度是一种间接测定结构层和层合接头中乙烯基树脂和聚酯树脂固化度的方法。

E.8 热成像测试

热成像可探测的主要缺陷有：

a) 结垢；

b) 壁厚的主要偏差；

c) 接头内缺胶面积。

热成像测试是一种发展中的NDE技术，如果能够建立可靠的校准标准且承包商和委托方之间达成协议，可将其用于GRP测试。

附 录 F
（规范性附录）
健康与安全

F.1 化学有害物质的健康与安全要求

在树脂、胶泥、粘接剂或其他化学品装卸和储存过程中禁止吸烟、进餐和饮水。

树脂、固化剂、促进剂接触到皮肤会引起过敏症，有时会在衣物上产生深色斑点，因此接触这类物质时应采取特殊预防措施。在装卸未固化的上述液态物质时，操作者应始终严格遵守与此相关的个人卫生条例。

用于粘接乙烯基酯和聚酯管道的过氧化物固化剂对尤其对眼睛有毒害作用，即使小量也可导致永久性损伤，因此装卸过氧化物固化剂时要带防护眼镜。建议装卸其他固化剂时也应注意眼睛保护。

可采用带橡胶手套和涂防护油的方法保护皮肤，任何意外的皮肤接触都要用肥皂和清水彻底清洗。

在通风不良的狭小区域，如果操作者暴露在有害气体中，建议使用氧气或新鲜空气面罩。

F.2 粉尘危害

在机加 GRP 管道过程中，建议操作者穿戴防护服和防尘面具，以防止粉尘吸入和皮肤过敏。建议在通风良好或露天的车间内加工 GRP 以将与粉尘接触降至最低限度。在车间内宜使用便携式吸尘设备，吸尘点应尽可能靠近加工工件。

参 考 文 献

[1] CSWIP-GRP-1-96,January 1996,Installation of composite pipes: Approval of pipe fitters/jointers and supervisors,TWI Certification Ltd,Abington,Cambridge,UK

[2] CSWIP-GRP-2-96,January 1996,Installation of composite pipes: Approval of inspectors,TWI Certification Ltd,Abington,Cambridge,UK

[3] API Spec 15HR,Specification for high pressure fiberglass line pipe

[4] NTS GRP Governing Board (Norway),GRP approval

[5] OLF Guideline 55,Guideline for NDT of GRP Pipe Systems and Tanks,1997

ICS 27.010
F 01

中华人民共和国国家标准

GB 29436.2—2015

甲醇单位产品能源消耗限额 第2部分:天然气制甲醇

Norm of energy consumption per unit product of methanol—
Part 2:Natural gas to methanol

2015-06-30 发布 2016-07-01 实施

中华人民共和国国家质量监督检验检疫总局
中国国家标准化管理委员会 发布

前　言

本部分中的 4.1 和 4.2 为强制性的，其余为推荐性的。

本标准按照 GB/T 1.1—2009 给出的规则起草。

GB 29436《甲醇单位产品能源消耗限额》分为 4 个部分：

——第 1 部分：煤制甲醇；

——第 2 部分：天然气制甲醇；

——第 3 部分：合成氨联产甲醇；

——第 4 部分：焦炉煤气制甲醇。

本部分为 GB 29436 的第 2 部分。

本部分由国家发展和改革委员会资源节约和环境保护司、工业和信息化部节能与综合利用司提出。

本部分由全国能源基础与管理标准化技术委员会(SAC/TC 20)和中国石油和化学工业联合会归口。

本部分起草单位：中国氮肥工业协会、中国石油和化学工业联合会。

本部分主要起草人：王立庆、韦勇、李永亮、孙绍华、曹占高、张荣、周俊华、凌晓东、李丹、孙伟善、陈吉明。

甲醇单位产品能源消耗限额
第2部分:天然气制甲醇

1 范围

GB 29436 的本部分规定了以天然气为原料生产的甲醇单位产品能源消耗(以下简称能耗)限额的要求、统计范围、计算方法、节能管理与措施。

本部分适用于以天然气为原料生产甲醇产品的企业进行能耗的计算、考核,以及对新建、改扩建甲醇项目的能耗控制。

2 规范性引用文件

下列文件对于本文件的应用是必不可少的。凡是注日期的引用文件,仅注日期的版本适用于本文件。凡是不注日期的引用文件,其最新版本(包括所有的修订单)适用于本文件。

GB/T 213 煤的发热量测定方法

GB 338 工业用甲醇

GB/T 2589 综合能耗计算通则

GB/T 3484 企业能量平衡通则

GB/T 11062 天然气发热量、密度、相对密度和沃泊指标的计算方法

GB/T 12497 三相异步电动机经济运行

GB/T 12723 单位产品能源消耗限额编制通则

GB/T 13462 电力变压器经济运行

GB/T 13466 交流电气传动风机(泵类、空气压缩机)系统经济运行通则

GB 17167 用能单位能源计量器具配备和管理通则

3 术语和定义

GB/T 12723 界定的以及下列术语和定义适用于本文件。

3.1

甲醇产品综合能耗　comprehensive energy consumption of methanol production

在统计报告期内,企业生产甲醇产品所消耗的各种能源总量。

3.2

甲醇单位产品综合能耗　comprehensive energy consumption per unit product of methanol

用单位产量表示的甲醇产品综合能耗。

4 技术要求

4.1 现有天然气制甲醇生产企业单位产品能耗限定值

现有天然气制甲醇生产企业单位产品能耗限定值应符合表1要求。

表 1 现有天然气制甲醇生产企业单位产品能耗限定值

原料类型	甲醇单位产品综合能耗/(kgce/t)
天然气	≤1 460

4.2 新建天然气制甲醇生产企业单位产品能耗准入值

新建天然气制甲醇生产企业单位产品能耗准入值应符合表 2 要求。

表 2 新建天然气制甲醇生产企业单位产品能耗准入值

原料类型	甲醇单位产品综合能耗/(kgce/t)
天然气	≤1 150

4.3 天然气制甲醇生产企业单位产品能耗先进值

天然气制甲醇生产企业单位产品能耗先进值应符合表 3 要求。

表 3 天然气制甲醇生产企业单位产品能耗先进值

原料类型	甲醇单位产品综合能耗/(kgce/t)
天然气	≤1 150

5 统计范围和计算方法

5.1 统计范围

5.1.1 甲醇生产输入能量包括生产系统、辅助生产系统、附属生产系统所消耗的各种一次能源量(原煤、石油、天然气等)、二次能源量(电力、热力、石油制品、焦炭、煤气等)、生产使用的耗能工质(水、氧气、压缩空气等所消耗的能源),不包括建设和改造过程用能和生活用能(例如企业系统内宿舍、学校等方面用能)。生产系统主要包括脱硫、转化、变换、净化、甲醇合成、甲醇精馏等工艺环节。辅助生产系统主要包括气化剂(氧气、富氧空气、空气和蒸汽)制备、水处理及循环冷却水系统、供热系统、仪表控制等,附属生产系统主要包括三废(废水、废气、废固)治理、机修、电修等。

5.1.2 甲醇输出能量是指甲醇系统向外输出的供其他产品或装置使用的能量。甲醇生产系统产生的废气、废液中未回收使用的、无计量的、没有实测热值以及不作为能源再次利用的,均不得计入输出能量。甲醇系统向外系统输出能量时,应计入甲醇向外输出能量。如合成放空气、甲醇贮罐弛放气、蒸汽等向外系统输出时,不得折为标准煤从输入燃料煤耗中扣除,而应计入甲醇输出能量。

5.1.3 甲醇生产回收利用的能量,用于本系统时不得作为输入能量计入。

5.1.4 甲醇生产所必需的安全、环保设施消耗的能量(如油回收、污水处理等的能耗),应计入甲醇能耗。

5.1.5 多用户共享的原料、公用工程(蒸汽、含能工质等)能耗,应按有关规定合理分摊。

5.1.6 库存损失消耗的能量,应按月分摊。

5.2 计算方法

5.2.1 甲醇综合能耗按式(1)计算:

$$E=\sum_{i=1}^{n}(E_i \times k_i)-\sum_{j=1}^{m}(E_j \times k_j) \quad \cdots\cdots(1)$$

式中:

E ——甲醇综合能耗,单位为千克标准煤(kgce);

n ——输入的能源种类数量;

E_i——甲醇生产过程中输入的第 i 种能源实物量,单位为吨(t)或千瓦时(kW·h)或标准立方米(m^3);

k_i——输入的第 i 种能源的折标准煤系数,单位为千克标准煤每吨(kgce/t)或千克标准煤每千瓦时[kgce/(kW·h)]或千克标准煤每标准立方米(kgce/m^3);

m ——输出的能源种类数量;

E_j——甲醇生产过程中输出的第 j 种能源实物量,单位为吨(t)或千瓦时(kW·h)或标准立方米(m^3);

k_j——输出的第 j 种能源的折标准煤系数,单位为千克标准煤每吨(kgce/t)或千克标准煤每千瓦时[kgce/(kW·h)]或千克标准煤每标准立方米(kgce/m^3)。

5.2.2 甲醇产量的计算方法见附录 A。

5.2.3 甲醇单位产品综合能耗按式(2)计算:

$$e=\frac{E}{M} \quad \cdots\cdots(2)$$

式中:

e ——甲醇单位产品综合能耗,单位为千克标准煤每吨(kgce/t);

E ——报告期内甲醇综合能耗,单位为千克标准煤(kgce);

M——报告期内甲醇产量,单位为吨(t)。

5.2.4 各种能源(天然气、煤、电、蒸汽)的热值应按 GB/T 2589 折算为统一的计量单位——标准煤,各种能源折标准煤系数以企业在报告期内实测的热值计算为准。煤和天然气等发热量测定方法按 GB/T 213和 GB/T 11062 执行。

5.2.5 甲醇的各种输入、输出能量的计算方法详见附录 B。

6 节能管理与措施

6.1 节能管理

6.1.1 建立健全能源管理组织机构,对节能工作进行组织、管理、监督、考核和评价。

6.1.2 制定节能制度和措施,建立健全节能责任考核体系。

6.1.3 执行 GB 17167,合理配备和用好能源计量器具和仪器仪表,使计量设备处于良好状态;对基础数据进行有效的检测、度量和计算,确保能源基础数据的准确性和完整性。

6.1.4 执行 GB/T 3484,科学、有效的组织能源统计工作,确保能源统计数据的准确性与及时性,做好能源消费和利用状况的统计分析,定期发布,并做好能源统计资料的管理与归档工作。

6.2 节能措施

6.2.1 经济运行

6.2.1.1 企业应使生产通用设备达到经济运行的状态,对电动机的经济运行管理应符合 GB/T 12497

的规定；对风机、泵类和空气压缩机的经济运行管理应符合 GB/T 13466 的规定；对电力变压器的经济运行管理应符合 GB/T 13462 的规定。

6.2.1.2 企业应加强设备、管网的检修、维护管理，提高设备的负荷率，减少跑、冒、滴、漏；转动设备应合理匹配，静止设备应处于高效率低能耗状态；加强余热、余压的回收和利用。

6.2.2 节能技术

6.2.2.1 开发利用高效节能的新技术、新工艺、新设备。

6.2.2.2 推进清洁生产，提高资源利用效率，减少污染物排放量。

6.2.2.3 推广热电联产，提高热电机组的利用率。

6.2.2.4 推广废水、废气、废固综合利用技术。

6.2.2.5 推广高效率的转化、净化、合成、精馏技术。

6.2.2.6 淘汰高能耗、高污染的工艺和设备。

6.2.3 监督考核

建立能耗测试、能耗统计、能源平衡和能耗考核结果的文件档案，并对文件进行受控管理。

附 录 A
(规范性附录)
甲醇产量计算方法

A.1 甲醇产量计算的原则和范围

A.1.1 甲醇产量指企业在统计报告期内,粗甲醇经过精馏工序脱除粗甲醇中水、杂醇、醚等杂质,生产的产品,其质量符合 GB 338。

A.1.2 准确计量:企业应配备必要的计量设备,对产量进行实际计量,甲醇计量应采用仪表计量。为保证甲醇流量表准确计量,甲醇应经过中间槽减压解析甲醇中溶解的气体,并要进行温度压力补偿。当企业既有甲醇产量总表,又有各用户的使用量分表时,总表应与分表平衡,不得超过甲醇流量表允许误差值。

A.1.3 产品质量标准:产品质量应符合 GB 338 规定或订货合同规定的技术条件,才可统计产量。

A.1.4 统计时间:产品产量反映的是一定时期的工业生产成果,凡报告期生产的产品都应该计算在报告期产量内。

A.1.5 企业甲醇产量,包括销售的商品量和本企业的自用量。在生产工业产品的同时,产生的废料,不应统计为产品产量;企业从外购进的未经本企业任何加工的工业品,不得作为企业的产品产量统计。

A.1.6 粗甲醇属于半成品,不作为产成品统计,统计半成品产量便于消耗的分摊计算。

A.2 甲醇产量计算方法

A.2.1 粗甲醇产量(实物量)计算方法

流量计在粗醇罐后:

粗甲醇产量(t)=(期末粗甲醇存量－期初粗甲醇存量)+粗醇罐后各流量计计量之和

流量计在粗醇罐前:

粗甲醇产量(t)=粗醇罐前各流量计计量之和

没有流量计:

粗甲醇产量(t)=各粗醇罐液面计计量之和

A.2.2 精甲醇产量(实物量)计算方法

流量计在精醇罐后:

精甲醇产量(t)=(期末精甲醇存量－期初精甲醇存量)+精醇罐后各流量计计量之和

流量计在精醇罐前:

精甲醇产量(t)=醇罐前各流量计计量之和

没有流量计:

精甲醇产量(t)=各精醇罐液面计计量之和

附 录 B
（规范性附录）
甲醇生产输入、输出能量的计算方法

B.1 甲醇生产各种输入能量

B.1.1 甲醇产品耗天然气

B.1.1.1 甲醇耗天然气总量，包括用于原料和燃料的天然气。单位为标准立方米（m^3）。

B.1.1.2 外销、自用（生产其他非精甲醇产品）的粗甲醇所消耗的天然气应从甲醇耗天然气总量中扣除。外购粗甲醇加工的精甲醇产量从甲醇产量中扣除。

B.1.2 甲醇产品耗标准燃料煤

B.1.2.1 甲醇耗燃料煤系指实际投入锅炉的燃料煤。

B.1.2.2 锅炉生产的（或外购的）蒸汽为多产品使用时，应按各用户消耗的蒸汽热量分摊燃料煤或外购蒸汽的消耗量。甲醇消耗的蒸汽量，包括甲醇生产系统和辅助、附属生产系统所用的蒸汽总量。输出蒸汽热量应计入输出能量。

B.1.2.3 蒸汽来自企业自备电厂时，应按照蒸汽焓值分摊自备电厂的燃料煤消耗。

B.1.2.4 外购蒸汽按购入蒸汽的焓值折标准煤，不考虑锅炉效率。

B.1.2.5 外销、自用（生产其他非精甲醇产品）的粗甲醇和外购粗甲醇加工的精甲醇所分摊的燃料煤耗均应从甲醇耗燃料煤总量中扣除。外购粗甲醇加工的精甲醇的产量从甲醇产量中扣除。

B.1.3 甲醇产品耗电

B.1.3.1 “甲醇耗电总量”包括甲醇生产系统和辅助、附属生产系统消耗和损失的电量，也包括生产系统中的事故检修、计划中小修耗电，不包括建设和改造过程用能和生活用能（例如企业系统内的宿舍、学校等方面用能）。以电表计量为准。

B.1.3.2 甲醇热电联产企业：当热电系统全部用甲醇余热、余压发电时，甲醇的耗电量不扣减余热发电量，其发电量计入甲醇输出能量。当热电系统全部或部分利用外购燃料煤发电时，热电系统独立核算，甲醇的耗电量也不扣减自发电量，用于热电联产的甲醇余热、余压的热量，计入甲醇输出能量。

B.1.3.3 外销、自用（生产其他非精甲醇产品）的粗甲醇和外购粗甲醇加工的精甲醇所分摊的电耗均应从甲醇耗电总量中扣除。外购粗甲醇加工的精甲醇的产量从甲醇产量中扣除。

B.2 甲醇产品各种输出能量

B.2.1 甲醇吹出气、弛放气、解析气作为能源（原料、燃料）供其他产品或装置使用的（包括作为民用燃料气使用的）按实测低位发热值计入输出能量。

B.2.2 甲醇系统输出的物料（锅炉排出的炉渣等）作为能源供其他产品或装置使用的（如制蜂窝煤，煤球，烧制砖瓦，作热电厂燃料等）按实测低位发热值计入输出能量。

B.2.3 蒸汽锅炉或自备电厂全部利用甲醇系统余热、余压发电、产汽时（不掺烧其他外购燃料），其外供蒸汽和外供电量分别折标准煤计入甲醇输出能量。输出电力按当量值折标准煤。

B.2.4 利用甲醇生产中的余热来预热物料(或生产用水),供其他产品或装置使用的(按回收热能量)。回收热能量计算式(B.1)为:

$$Q = D \times C \times (T_1 - T_2) \qquad \cdots\cdots (B.1)$$

式中:

Q ——回收余热输出热能量,单位为兆焦(MJ);

D ——被预热的物料量,单位为千克(kg);

C ——被预热物料的比热,单位为兆焦每千克摄氏度[MJ/(kg·℃)];

T_1、T_2——被预热物料出、入甲醇系统的温度,单位为摄氏度(℃)。

B.2.5 甲醇系统外送冷凝液(热水)供其他产品或用户使用的(包括用于生活目的),可作为输出能量从综合能耗中扣除(向外输送冷凝液或热水所耗用的电力也应扣除)。计算式(B.2):

$$Q = W \times C \times (T_1 - T_2) \qquad \cdots\cdots (B.2)$$

式中:

Q ——外送冷凝液(热水)输出热能量,单位为兆焦(MJ);

W ——甲醇系统外送冷凝液(热水)量,单位为千克(kg);

C ——外送冷凝液(热水)量的比热,单位为兆焦每千克摄氏度[MJ/(kg·℃)];

T_1——外送冷凝液(热水)温度,单位为摄氏度(℃);

T_2——统计报告期平均环境温度,单位为摄氏度(℃)。

B.2.6 外销、自用(生产其他非精甲醇产品)的粗甲醇和外购粗甲醇加工的精甲醇所分摊的输出能量均应从甲醇输出能源总量中扣除。外购粗甲醇加工的精甲醇的产量从甲醇产量中扣除。

ICS 27.010
F 01

中华人民共和国国家标准

GB 29436.3—2015

甲醇单位产品能源消耗限额 第3部分:合成氨联产甲醇

Norm of energy consumption per unit product of methanol—
Part 3:Co-production of ammonia with methanol

2015-06-30 发布 2016-07-01 实施

中华人民共和国国家质量监督检验检疫总局
中国国家标准化管理委员会 发布

前言

本部分 4.1 和 4.2 为强制性的,其余为推荐性的。

GB 29436《甲醇单位产品能源消耗限额》分为 4 个部分:

——第 1 部分:煤制甲醇;

——第 2 部分:天然气制甲醇;

——第 3 部分:合成氨联产甲醇;

——第 4 部分:焦炉煤气制甲醇。

本部分为 GB 29436 的第 3 部分。

本部分由国家发展和改革委员会资源节约和环境保护司、工业和信息化部节能与综合利用司提出。

本部分由全国能源基础与管理标准化技术委员会(SAC/TC 20)和中国石油和化学工业联合会归口。

本部分起草单位:中国氮肥工业协会、中国石油和化学工业联合会、安徽化肥工业协会、安徽晋煤中能化工股份有限公司。

本部分主要起草人:曹占高、韦勇、孙绍华、孙伟善、王立庆、刘志臣、王文富、王辉、张锋、周俊华、李峰、景玉国、李永亮。

甲醇单位产品能源消耗限额 第3部分:合成氨联产甲醇

1 范围

GB 29436的本部分规定了以无烟块煤、型煤为原料生产合成氨联产甲醇产品的能源消耗(以下简称能耗)限额的基本要求、统计范围、计算方法、节能管理及措施。

本部分适用于以无烟块煤、型煤为原料生产合成氨产品并联产甲醇的企业对甲醇产品进行能耗的计算、考核,以及对新建、改扩建合成氨联产甲醇项目能耗的控制。

2 规范性引用文件

下列文件对于本文件的应用是必不可少的。凡是注日期的引用文件,仅注日期的版本适用于本文件。凡是不注日期的引用文件,其最新版本(包括所有的修订单)适用于本文件。

GB/T 212 煤的工业分析方法

GB/T 213 煤的发热量测定方法

GB/T 219 煤灰熔融性的测定方法

GB 338 工业用甲醇

GB/T 1573 煤的热稳定性测定方法

GB/T 2589 综合能耗计算通则

GB/T 3484 企业能量平衡通则

GB/T 12497 三相异步电动机经济运行

GB/T 12723 单位产品能源消耗限额编制通则

GB/T 13462 电力变压器经济运行

GB/T 13466 交流电气传动风机(泵类、空气压缩机)系统经济运行通则

GB 17167 用能单位能源计量器具配备和管理通则

GB/T 17608 煤炭产品品种和等级划分

GB 21344 合成氨单位产品能源消耗限额

3 术语和定义

GB/T 12723界定的以及下列术语和定义适用于本文件。

3.1

合成氨联产甲醇 Co-production of ammonia with methanol

合成氨生产工艺过程中,联合生产甲醇的生产过程。

3.2

合成氨联产甲醇产品综合能耗 comprehensive energy consumption of methanol production

在统计报告期内,企业生产甲醇产品所消耗的各种能源总量。

3.3

合成氨联产甲醇单位产品综合能耗 comprehensive energy consumption per unit product of methanol

用单位产量表示的甲醇产品综合能耗。

4 技术要求

4.1 原料煤分级

4.1.1 优质无烟块煤

能达到表1各项指标的无烟块煤。

表1 合成氨联产甲醇原料用优质无烟块煤技术要求和测定方法

项目	技术要求	测定方法
粒度/mm	≥25	GB/T 17608
灰分(Ad)/%	≤18	GB/T 212
热稳定性(TS+6)/%	≥85	GB/T 1573
软化温度/℃	≥1 350	GB/T 219
注：本表未涉及项目应符合GB/T 7561的规定。		

4.1.2 非优质无烟块煤

达不到4.1.1优质无烟块煤各项指标的无烟块煤和其他煤。

4.2 现有合成氨联产甲醇生产企业单位产品能耗限定值

现有合成氨联产甲醇生产企业单位产品能耗限定值应符合表2要求。

表2 现有合成氨联产甲醇生产企业单位产品能耗限定值

原料类型	甲醇单位产品综合能耗/(kgce/t)
优质无烟块煤	≤1 550
非优质无烟块煤、型煤	≤1 750

4.3 新建合成氨联产甲醇生产企业单位产品能耗准入值

新建合成氨联产甲醇生产企业单位产品能耗准入值应符合表3要求。

表3 新建合成氨联产甲醇生产企业单位产品能耗准入值

原料类型	甲醇单位产品综合能耗/(kgce/t)
优质无烟块煤	≤1 350
非优质无烟块煤、型煤	≤1 550

4.4 合成氨联产甲醇生产企业单位产品能耗先进值

合成氨联产甲醇生产企业单位产品能耗先进值应符合表4要求。

表 4 合成氨联产甲醇生产企业单位产品能耗先进值

原料类型	甲醇单位产品综合能耗/(kgce/t)
优质无烟块煤	≤1 300
非优质无烟块煤、型煤	≤1 500

5 统计的范围和计算方法

5.1 统计范围

5.1.1 合成氨联产甲醇综合能耗包括粗甲醇综合能耗和粗甲醇精馏的综合能耗。

5.1.2 粗甲醇综合能耗的统计范围按照 GB 21344 执行。

5.1.3 粗甲醇精馏综合能耗包括精馏工段、辅助生产系统和附属生产系统分摊给该工段的各种一次能源量(原煤、石油、天然气等)、二次能源(电力、热力、石油制品、焦炭、煤气等),不包括建设和改造过程用能和生活用能(例如企业系统内的宿舍、学校等方面用能)。辅助生产系统主要包括水处理及循环冷却水系统、供热系统、仪表控制等,附属生产系统主要包括三废(废水、废气、废固)治理、机修、电修等。

5.1.4 库存损失消耗的能量,应按月分摊。

5.2 计算方法

5.2.1 合成氨联产甲醇综合能耗按式(1)计算:

$$E = E_a + E_b \qquad (1)$$

式中:

E ——甲醇综合能耗,单位为千克标准煤(kgce);

E_a ——粗甲醇综合能耗,单位为千克标准煤(kgce);

E_b ——甲醇精馏工段综合能耗,单位为千克标准煤(kgce)。

5.2.2 甲醇产量的计算方法见附录 A。

5.2.3 合成氨联产甲醇单位产品综合能耗按式(2)计算:

$$e = \frac{E}{M} \qquad (2)$$

式中:

e ——甲醇单位产品综合能耗,单位为千克标准煤每吨(kgce/t);

E ——报告期内甲醇综合能耗,单位为千克标准煤(kgce);

M ——报告期内甲醇产量,单位为吨(t)。

5.2.4 各种能源(煤、电、蒸汽)的热值应按 GB/T 2589 折算为统一的计量单位—标准煤,各种能源折标准煤系数以企业在报告期内实测的热值计算为准。煤发热量测定方法按 GB/T 213 执行。

5.2.5 合成氨联产粗甲醇综合能耗和甲醇精馏工段综合能耗计算方法详见附录 B。

6 节能管理与措施

6.1 节能管理

6.1.1 建立健全能源管理组织机构,对节能工作进行组织、管理、监督、考核和评价。

6.1.2 制定节能制度和措施,建立健全节能责任考核体系。

6.1.3 执行 GB 17167,合理配备和用好能源计量器具和仪器仪表,使计量设备处于良好状态;对基础数据进行有效的检测、度量和计算,确保能源基础数据的准确性和完整性。

6.1.4 执行 GB/T 3484,科学、有效的组织能源统计工作,确保能源统计数据的准确性与及时性,做好能源消费和利用状况的统计分析,定期发布,并做好能源统计资料的管理与归档工作。

6.2 节能措施

6.2.1 经济运行

6.2.1.1 企业应使生产通用设备达到经济运行的状态,对电动机的经济运行管理应符合 GB/T 12497 的规定;对风机、泵类和空气压缩机的经济运行管理应符合 GB/T 13466 的规定;对电力变压器的经济运行管理应符合 GB/T 13462 的规定。

6.2.1.2 企业应加强设备、管网的检修、维护管理,提高设备的负荷率,减少跑、冒、滴、漏;转动设备应合理匹配,静止设备应处于高效率低能耗状态;加强余热、余压的回收和利用。

6.2.2 节能技术

6.2.2.1 开发利用高效节能的新技术、新工艺、新设备。

6.2.2.2 推进清洁生产,提高资源利用效率,减少污染物排放量。

6.2.2.3 推广热电联产,提高热电机组的利用率。

6.2.2.4 推广废水、废气、废固综合利用技术。

6.2.2.5 推广高效率的转化、净化、合成、精馏技术。

6.2.2.6 淘汰高能耗、高污染的工艺和设备。

6.2.3 监督考核

建立能耗测试、能耗统计、能源平衡和能耗考核结果的文件档案,并对文件进行受控管理。

附 录 A
（规范性附录）
甲醇产量计算方法

A.1 甲醇产量计算的原则和范围

A.1.1 甲醇产量指企业在统计报告期内，粗甲醇经过精馏工序脱除粗甲醇中水、杂醇、醚等杂质，生产的产品，其质量符合 GB 338。

A.1.2 准确计量：准确计量是计算产品产量的重要一环，企业应配备必要的计量设备，对产量进行实际计量，甲醇计量应采用仪表计量。为保证甲醇流量表准确计量，甲醇应经过中间槽减压解析甲醇中溶解的气体，并要进行温度压力补偿。当企业既有甲醇产量总表，又有各用户的使用量分表时，总表应与分表平衡，不得超过甲醇流量表允许误差值。

A.1.3 产品质量标准：产品应符合 GB 338 或订货合同规定的技术条件，才可统计产量。

A.1.4 统计时间：产品产量反映的是一定时期的工业生产成果，凡统计报告期内生产的产品都应该计算在报告期产量内。

A.1.5 企业甲醇产量，包括销售的商品量和本企业的自用量。在生产工业产品的同时，产生的废料，不应统计为产品产量；企业从外购进的未经本企业任何加工的工业品，不得作为企业的产品产量统计。

A.1.6 粗甲醇属于半成品，不作为产成品统计，统计半成品产量便于消耗的分摊计算。

A.2 甲醇产量计算方法

A.2.1 粗甲醇产量（实物量）计算方法

流量计在粗醇罐后：

粗甲醇产量(t)＝(期末粗甲醇存量－期初粗甲醇存量)＋粗醇罐后各流量计计量之和

流量计在粗醇罐前：

粗甲醇产量(t)＝粗醇罐前各流量计计量之和

没有流量计：

粗甲醇产量(t)＝各粗醇罐液面计计量之和

A.2.2 精甲醇产量（实物量）计算方法

流量计在精醇罐后：

精甲醇产量(t)＝(期末精甲醇存量－期初精甲醇存量)＋精醇罐后各流量计计量之和

流量计在精醇罐前：

精甲醇产量(t)＝醇罐前各流量计计量之和

没有流量计：

精甲醇产量(t)＝各精醇罐液面计计量之和

附 录 B
（规范性附录）
合成氨联产粗甲醇综合能耗和甲醇精馏工段综合能耗计算方法

B.1 合成氨联产粗甲醇综合能耗

B.1.1 计算公式合成氨联产粗甲醇综合能耗按式(B.1)计算：

$$E_a = \sum_{i=1}^{n}(E_i \times k_i) - \sum_{j=1}^{m}(E_j \times k_j) \qquad \cdots\cdots\cdots\cdots (B.1)$$

式中：

E_a ——合成氨联产粗甲醇综合能耗，单位为千克标准煤(kgce)；

n ——输入的能源种类数量，有原料煤、燃料煤或蒸汽、电等；

E_i ——合成氨联产粗甲醇生产过程中输入的第 i 种能源实物量，单位为吨(t)或千瓦时(kW·h)或标准立方米(m^3)；

k_i ——输入的第 i 种能源的折标准煤系数，单位为千克标准煤每吨(kgce/t)或千克标准煤每千瓦时[kgce/(kW·h)]或千克标准煤每标准立方米(kgce/m^3)；

m ——输出的能源种类数量，有吹出气、弛放气、解析气、造气炉渣、锅炉炉渣、蒸汽、电等；

E_j ——合成氨联产粗甲醇生产过程中输出的第 j 种能源实物量，单位为吨(t)或千瓦时(kW·h)或标准立方米(m^3)；

k_j ——输出的第 j 种能源的折标准煤系数，单位为千克标准煤每吨(kgce/t)或千克标准煤每千瓦时[kgce/(kW·h)]或千克标准煤每标准立方米(kgce/m^3)。

B.1.2 合成氨联产甲醇输入能源

B.1.2.1 合成氨联产粗甲醇产品耗原料煤

$$合成氨联产粗甲醇耗原料煤 = 醇氨原料消耗总量 \times \frac{1.06 \times 粗甲醇(折 100\%)产量}{1.06 \times 粗甲醇(折 100\%)产量 + 合成氨产量}$$

合成氨联产甲醇生产能耗分摊计算办法规定，合成氨与甲醇原料消耗按 1∶1.06 分摊。

B.1.2.2 合成氨联产粗甲醇产品耗燃料或蒸汽

$$合成氨联产粗甲醇耗燃料或蒸汽 = 醇氨燃料或蒸汽消耗总量 \times \frac{1.06 \times 粗甲醇(折 100\%)产量}{1.06 \times 粗甲醇(折 100\%)产量 + 合成氨产量}$$

合成氨联产甲醇生产能耗分摊计算办法规定，合成氨与甲醇燃料或蒸汽消耗按 1∶1.06 分摊。

B.1.2.3 合成氨联产粗甲醇产品耗电

$$合成氨联产粗甲醇耗电 = 氨醇耗电总量 \times \frac{0.8 \times 粗甲醇(折 100\%)产量}{0.8 \times 粗甲醇(折 100\%)产量 + 合成氨产量}$$

合成氨联产甲醇生产能耗分摊计算办法规定，合成氨与甲醇电力消耗按 1∶0.8 分摊。

B.1.3 输出能量

$$粗甲醇输出能量 = 醇氨输出能量总量 \times \frac{1.06 \times 粗甲醇(折 100\%)产量}{1.06 \times 粗甲醇(折 100\%)产量 + 合成氨产量}$$

合成氨联产甲醇生产能耗分摊计算办法规定，合成氨与甲醇输出能量按 1∶0.6 分摊。

甲醇合成工序输出的气体(吹出气、弛放气、解析气)、固体(造气炉渣、锅炉炉渣)、热水、蒸汽，作为能源供其他产品或装置使用的按实测低位发热值或焓值计入输出能量。

利用合成氨联产甲醇系统余热、余压发电外供电量折标准煤计入合成氨联产甲醇输出能量。输出电力按当量值折标准煤。

B.2 合成氨联产甲醇精馏工段综合能耗

甲醇精馏工段综合能耗，其值等于甲醇精馏过程中所输入的各种能量减去向外输出的各种能量。

ICS 27.010
F 01

中华人民共和国国家标准

GB 29436.4—2015

甲醇单位产品能源消耗限额 第4部分:焦炉煤气制甲醇

Norm of energy consumption per unit product of methanol—Part 4: Coke oven gas to methanol

2015-06-30 发布

2016-07-01 实施

中华人民共和国国家质量监督检验检疫总局
中国国家标准化管理委员会 发布

前　言

本部分4.1和4.2为强制性的，其余为推荐性的。

GB 29436《甲醇单位产品能源消耗限额》分为4个部分：

——第1部分：煤制甲醇；

——第2部分：天然气制甲醇；

——第3部分：合成氨联产甲醇；

——第4部分：焦炉煤气制甲醇。

本部分为GB 29436的第4部分。

本部分由国家发展和改革委员会资源节约和环境保护司、工业和信息化部节能与综合利用司提出。

本标部分由全国能源基础与管理标准化技术委员会(SAC/TC 20)和中国石油化学工业联合会归口。

本部分起草单位：中国氮肥工业协会、神华集团有限责任公司、中国石油化学工业联合会。

本部分主要起草人：张荣、张惠民、孙绍华、韦勇、袁根乐、周俊华、王立庆、曹占高、梁仕普、李永亮、孙伟善。

甲醇单位产品能源消耗限额
第4部分:焦炉煤气制甲醇

1 范围

GB 29436的本部分规定了以脱焦油、粗脱硫后的焦炉煤气为原料生产的甲醇单位产品能源消耗(以下简称能耗)限额的要求、统计范围、计算方法、节能管理与措施。

本部分适用于以脱焦油、粗脱硫后的焦炉煤气为原料生产甲醇产品的企业进行能耗的计算、考核,以及对新建、改扩建甲醇项目的能耗控制。

2 规范性引用文件

下列文件对于本文件的应用是必不可少的。凡是注日期的引用文件,仅注日期的版本适用于本文件。凡是不注日期的引用文件,其最新版本(包括所有的修订单)适用于本文件。

GB/T 213 煤的发热量测定方法

GB 338 工业用甲醇

GB/T 2589 综合能耗计算通则

GB/T 3484 企业能量平衡通则

GB/T 11062 天然气发热量、密度、相对密度和沃泊指标的计算方法

GB/T 12497 三相异步电动机经济运行

GB/T 12723 单位产品能源消耗限额编制通则

GB/T 13462 电力变压器经济运行

GB/T 13466 交流电气传动风机(泵类、空气压缩机)系统经济运行通则

GB 17167 用能单位能源计量器具配备和管理通则

3 术语和定义

GB/T 12723界定的以及下列术语和定义适用于本文件。

3.1

甲醇产品综合能耗 comprehensive energy consumption of methanol production

在统计报告期内,企业生产甲醇产品所消耗的各种能源总量。

3.2

甲醇单位产品综合能耗 comprehensive energy consumption per unit product of methanol

用单位产量表示的甲醇产品综合能耗。

4 技术要求

4.1 现有焦炉煤气制甲醇生产企业单位产品能耗限定值

现有焦炉煤气制甲醇生产企业单位产品能耗限定值应符合表1要求。

表 1 现有焦炉煤气制甲醇生产企业单位产品能耗限定值

原料类型	甲醇单位产品综合能耗/(kgce/t)
焦炉煤气	≤1 650

4.2 新建焦炉煤气制甲醇生产企业单位产品能耗准入值

新建焦炉煤气制甲醇生产企业单位产品能耗准入值应符合表 2 要求。

表 2 新建焦炉煤气制甲醇生产企业单位产品能耗准入值

原料类型	甲醇单位产品综合能耗/(kgce/t)
焦炉煤气	≤1 500

4.3 焦炉煤气制甲醇生产企业单位产品能耗先进值

焦炉煤气制甲醇生产企业单位产品能耗先进值应符合表 3 要求。

表 3 现有焦炉煤气制甲醇生产企业单位产品能耗先进值

原料类型	甲醇单位产品综合能耗/(kgce/t)
焦炉煤气	≤1 300

5 统计范围和计算方法

5.1 统计范围

5.1.1 甲醇生产输入能量包括生产系统、辅助生产系统、附属生产系统所消耗的各种一次能源量(原煤、石油、天然气等)、二次能源量(电力、热力、石油制品、焦炭、煤气等)、生产使用的耗能工质(水、氧气、压缩空气等所消耗的能源),不包括建设和改造过程用能和生活用能(例如企业系统内宿舍、学校等方面用能)。生产系统主要包括脱硫、转化、变换、净化、甲醇合成、甲醇精馏等工艺环节。辅助生产系统主要包括气化剂(氧气、富氧空气、空气和蒸汽)制备、水处理及循环冷却水系统、供热系统、仪表控制等,附属生产系统主要包括三废(废水、废气、废固)治理、机修、电修等。

5.1.2 甲醇输出能量是指甲醇系统向外输出的供其他产品或装置使用的能量。甲醇生产系统产生的废气、废液中未回收使用的、无计量的、没有实测热值以及不作为能源再次利用的),均不得计入输出能量。甲醇系统向外系统输出能量时,应计入甲醇向外输出能量。如合成放空气、甲醇贮罐弛放气、蒸汽等向外系统输出时,不得折为标准煤从输入燃料煤耗中扣除,而应计入甲醇输出能量。

5.1.3 甲醇生产回收利用的能量,用于本系统时不得作为输入能量计入。

5.1.4 甲醇生产所必需的安全、环保设施消耗的能量(如油回收、污水处理等的能耗),应计入甲醇能耗。

5.1.5 多用户共享的原料、公用工程(蒸汽、含能工质等)能耗,应按有关规定合理分摊。

5.1.6 库存损失消耗的能量,应按月分摊。

5.2 计算方法

5.2.1 甲醇综合能耗按式(1)计算：

$$E=\sum_{i=1}^{n}(E_i \times k_i)-\sum_{j=1}^{m}(E_j \times k_j) \quad \cdots\cdots(1)$$

式中：

E ——甲醇综合能耗，单位为千克标准煤(kgce)；

n ——输入的能源种类数量；

E_i——甲醇生产过程中输入的第 i 种能源实物量，单位为吨(t)或千瓦时(kW·h)或标准立方米(m^3)；

k_i ——输入的第 i 种能源的折标准煤系数，单位为千克标准煤每吨(kgce/t)或千克标准煤每千瓦时[kgce/(kW·h)]或千克标准煤每标准立方米(kgce/m^3)；

m ——输出的能源种类数量；

E_j——甲醇生产过程中输出的第 j 种能源实物量，单位为吨(t)或千瓦时(kW·h)或标准立方米(m^3)；

k_j ——输出的第 j 种能源的折标准煤系数，单位为千克标准煤每吨(kgce/t)或千克标准煤每千瓦时[kgce/(kW·h)]或千克标准煤每标准立方米(kgce/m^3)。

5.2.2 甲醇产量的计算方法见附录 A。

5.2.3 甲醇单位产品综合能耗按式(2)计算：

$$e=\frac{E}{M} \quad \cdots\cdots(2)$$

式中：

e ——甲醇单位产品综合能耗，单位为千克标准煤每吨(kgce/t)；

E ——报告期内甲醇综合能耗，单位为千克标准煤(kgce)；

M——报告期内甲醇产量，单位为吨(t)。

5.2.4 各种能源(焦炉煤气、煤、电、蒸汽)的热值应按 GB/T 2589 折算为统一的计量单位—标准煤，各种能源折标准煤系数以企业在报告期内实测的热值计算为准。煤的发热量测定方法按现行国家标准 GB/T 213 执行，焦炉煤气发热量测定方法可按照天然气国家标准 GB/T 11062 执行。

5.2.5 甲醇的各种输入、输出能量的计算方法详见附录 B。

6 节能管理与措施

6.1 节能管理

6.1.1 建立健全能源管理组织机构，对节能工作进行组织、管理、监督、考核和评价。

6.1.2 制定节能制度和措施，建立健全节能责任考核体系。

6.1.3 执行 GB 17167，合理配备和用好能源计量器具和仪器仪表，使计量设备处于良好状态；对基础数据进行有效的检测、度量和计算，确保能源基础数据的准确性和完整性。

6.1.4 执行 GB/T 3484，科学、有效的组织能源统计工作，确保能源统计数据的准确性与及时性，做好能源消费和利用状况的统计分析，定期发布，并做好能源统计资料的管理与归档工作。

6.2 节能措施

6.2.1 经济运行

6.2.1.1 企业应使生产通用设备达到经济运行的状态，对电动机的经济运行管理应符合 GB/T 12497

的规定；对风机、泵类和空气压缩机的经济运行管理应符合 GB/T 13466 的规定；对电力变压器的经济运行管理应符合 GB/T 13462 的规定。

6.2.1.2 企业应加强设备、管网的检修、维护管理，提高设备的负荷率，减少跑、冒、滴、漏；转动设备应合理匹配，静止设备应处于高效率低能耗状态；加强余热、余压的回收和利用。

6.2.2 节能技术

6.2.2.1 开发利用高效节能的新技术、新工艺、新设备。

6.2.2.2 推进清洁生产，提高资源利用效率，减少污染物排放量。

6.2.2.3 推广热电联产，提高热电机组的利用率。

6.2.2.4 推广废水、废气、废固综合利用技术。

6.2.2.5 推广高效率的转化、净化、合成、精馏技术。

6.2.2.6 淘汰高能耗、高污染的工艺和设备。

6.2.3 监督考核

建立能耗测试、能耗统计、能源平衡和能耗考核结果的文件档案，并对文件进行受控管理。

附 录 A
（规范性附录）
甲醇产量计算方法

A.1 甲醇产量计算的原则和范围

A.1.1 甲醇产量是指企业在统计报告期内，粗甲醇经过精馏工序脱除粗甲醇中水、杂醇、醚等杂质，生产的产品，其质量符合 GB 338。

A.1.2 准确计量：准确计量是计算产品产量的重要一环，企业应配备必要的计量设备，对产量进行实际计量，甲醇计量应采用仪表计量。为保证甲醇流量表准确计量，甲醇应经过中间槽减压解析甲醇中溶解的气体，并要进行温度压力补偿。当企业既有甲醇产量总表，又有各用户的使用量分表时，总表应与分表平衡，不得超过甲醇流量表允许误差值。

A.1.3 产品质量标准：产品质量应符合 GB 338 或订货合同规定的技术条件，才可统计产量。

A.1.4 统计时间：产品产量反映的是一定时期的工业生产成果，凡报告期生产的产品都应该计算在报告期产量内。

A.1.5 企业甲醇产量，包括销售的商品量和本企业的自用量。在生产工业产品的同时，产生的废料，不应统计为产品产量；企业从外购进的未经本企业任何加工的工业品，不得作为企业的产品产量统计。

A.1.6 粗甲醇属于半成品，不作为产成品统计，统计半成品产量便于消耗的分摊计算。

A.2 甲醇产量计算方法

A.2.1 粗甲醇产量（实物量）计算方法

流量计在粗醇罐后：

粗甲醇产量（吨）＝（期末粗甲醇存量－期初粗甲醇存量）＋粗醇罐后各流量计计量之和

流量计在粗醇罐前：

粗甲醇产量（吨）＝粗醇罐前各流量计计量之和

没有流量计：

粗甲醇产量（吨）＝各粗醇罐液面计计量之和

A.2.2 精甲醇产量（实物量）计算方法

流量计在精醇罐后：

精甲醇产量（吨）＝（期末精甲醇存量－期初精甲醇存量）＋精醇罐后各流量计计量之和

流量计在精醇罐前：

精甲醇产量（吨）＝醇罐前各流量计计量之和

没有流量计：

精甲醇产量（吨）＝各精醇罐液面计计量之和

附 录 B
（规范性附录）
甲醇生产输入、输出能量的计算方法

B.1 甲醇生产各种输入能量

B.1.1 甲醇产品耗焦炉煤气

B.1.1.1 甲醇耗焦炉煤气总量，包括用于原料和燃料的焦炉煤气。单位为标准立方米（m^3）；

B.1.1.2 外销、自用（生产其他非精甲醇产品）的粗甲醇所消耗的焦炉煤气应从甲醇耗焦炉煤气总量中扣除。外购粗甲醇加工的精甲醇产量从甲醇产量中扣除。

B.1.2 甲醇产品耗标准燃料煤

B.1.2.1 甲醇耗燃料煤系指实际投入锅炉的燃料煤，不包括掺烧该锅炉的炉渣等。

B.1.2.2 锅炉生产的（或外购的）蒸汽为多产品使用时，应按各用户消耗的蒸汽热量分摊燃料煤或外（购蒸汽）的消耗量。甲醇消耗的蒸汽量，包括甲醇生产系统和辅助、附属生产系统所用的蒸汽总量。输出蒸汽热量应计入输出能量。

B.1.2.3 蒸汽来自企业自备电厂时，应按照蒸汽焓值分摊自备电厂的燃料煤消耗。

B.1.2.4 外购蒸汽按购入蒸汽的焓值折标准煤，不考虑锅炉效率。

B.1.2.5 外销、自用（生产其他非精甲醇产品）的粗甲醇和外购粗甲醇加工的精甲醇所分摊的燃料煤耗均应从甲醇耗燃料煤总量中扣除。外购粗甲醇加工的精甲醇的产量从甲醇产量中扣除。

B.1.3 甲醇产品耗电

B.1.3.1 “甲醇耗电总量”包括甲醇生产系统和辅助、附属生产系统消耗和损失的电量，也包括生产系统中的事故检修、计划中小修耗电，不包括建设和改造过程用能和生活用能（例如企业系统内的宿舍、学校等方面用能）。以电表计量为准。

B.1.3.2 甲醇热电联产企业：当热电系统全部用甲醇余热、余压发电时，甲醇的耗电量不扣减余热发电量，其发电量计入甲醇输出能量。当热电系统全部或部分利用外购燃料煤发电时，热电系统独立核算，甲醇的耗电量也不扣减自发电量，用于热电联产的甲醇余热、余压的热量，计入甲醇输出能量。

B.1.3.3 外销、自用（生产其他非精甲醇产品）的粗甲醇和外购粗甲醇加工的精甲醇所分摊的电耗均应从甲醇耗电总量中扣除。外购粗甲醇加工的精甲醇的产量从甲醇产量中扣除。

B.2 甲醇产品各种输出能量

B.2.1 甲醇吹出气、弛放气、解析气作为能源（原料、燃料）供其他产品或装置使用的（包括作为民用燃料气使用的）按实测低位发热值计入输出能量。

B.2.2 甲醇系统输出的物料（锅炉排出的炉渣等）作为能源供其他产品或装置使用的（如制蜂窝煤，煤球，烧制砖瓦，作热电厂燃料等）按实测低位发热值计入输出能量。

B.2.3 蒸汽锅炉或自备电厂全部利用甲醇系统余热（含自产的炉渣、废气、热水）、余压发电、产汽时（不掺烧其他外购燃料），其外供蒸汽和外供电量分别折标准煤计入甲醇输出能量。输出电力按当量值折标准煤。

B.2.4 利用甲醇生产中的余热来预热物料(或生产用水),供其他产品或装置使用的(按回收热能量)。回收热能量计算式(B.1)为:

$$Q = D \times C \times (T_1 - T_2) \quad \cdots\cdots(B.1)$$

式中:

Q ——回收余热输出热能量,单位为兆焦(MJ);

D ——被预热的物料量,单位为千克(kg);

C ——为被预热物料的比热,单位为兆焦每千克摄氏度[MJ/(kg·℃)];

T_1、T_2——为被预热物料出、入甲醇系统的温度,单位为摄氏度(℃)。

B.2.5 甲醇系统外送冷凝液(热水)供其他产品或用户使用的(包括用于生活目的),可作为输出能量从综合能耗中扣除(向外输送冷凝液或热水所耗用的电力也应扣除)。计算式(B.2):

$$Q = W \times C \times (T_1 - T_2) \quad \cdots\cdots(B.2)$$

式中:

Q ——外送冷凝液(热水)输出热能量,单位为兆焦(MJ);

W ——甲醇系统外送冷凝液(热水)量,单位为千克(kg);

C ——外送冷凝液(热水)量的比热,单位为兆焦每千克摄氏度[MJ/(kg·℃)];

T_1——外送冷凝液(热水)温度,单位为摄氏度(℃);

T_2——报告期平均环境温度,单位为摄氏度(℃)。

B.2.6 外销、自用(生产其他非精甲醇产品)的粗甲醇和外购粗甲醇加工的精甲醇所分摊的输出能量均应从甲醇输出能源总量中扣除。外购粗甲醇加工的精甲醇的产量从甲醇产量中扣除。

ICS 25.040
N 10

中华人民共和国国家标准

GB/T 29618.301—2015/IEC 62453-301:2009

现场设备工具(FDT)接口规范 第301部分:通信行规集成 FF现场总线规范

Field device tool(FDT)interface specification—Part 301: Communication profile integration—FF fieldbus specification

(IEC 62453-301:2009,Field device tool(FDT)interface specification—Part 301:Communication profile integration—IEC 61784 CPF 1,IDT)

2015-12-10 发布　　2016-07-01 实施

中华人民共和国国家质量监督检验检疫总局
中国国家标准化管理委员会　发布

前　言

GB/T 29618《现场设备工具(FDT)接口规范》分为以下几个部分:

——第1部分:概述和导则;

——第2部分:概念和详细描述;

——第301部分:通信行规集成　FF现场总线规范;

——第302部分:通信行规集成　通用工业协议;

——第303-1部分:通信行规集成　PROFIBUS现场总线规范;

——第303-2部分:通信行规集成　PROFINET输入输出接口规范;

——第306部分:通信行规集成　INTERBUS现场总线规范;

——第309部分:通信行规集成可寻址远程传感器高速通道;

——第315部分:通信行规集成　MODBUS现场总线规范;

——第41部分:对象模型行规集成　通用对象模型;

——第501部分:通用对象模型的通信实现　FF现场总线规范;

——第502部分:通用对象模型的通信实现CIP;

——第503-1部分:通用对象模型的通信实现　PROFIBUS现场总线规范;

——第503-2部分:通用对象模型的通信实现　PROFINET输入输出接口规范;

——第506部分:通用对象模型的通信实现　INTERBUS现场总线规范;

——第509部分:通用对象模型的通信实现　HART现场总线规范;

——第515部分:通用对象模型的通信实现　MODBUS现场总线规范;

——第61部分:通用对象模型的设备类型管理器样式指南。

本部分为GB/T 29618的第301部分。

本部分按照GB/T 1.1—2009给出的规则起草。

本部分使用翻译法等同采用IEC 62453-301:2009《现场设备工具(FDT)接口规范　第301部分:通信行规集成　FF现场总线规范》(英文版)。

本部分对IEC 62453-301:2009做了下列编辑性修改:

——删除了IEC 62453-301:2009的前言,重新编写了本部分的前言;

——凡有"IEC 62453"的地方改为"GB/T 29618"。

——删除了正文没有引用的缩写FDA。

本部分由中国机械工业联合会提出。

本部分由全国工业过程测量和控制标准化技术委员会(SAC/TC 124)归口。

本部分起草单位:西南大学、深圳市标利科技开发有限公司、西安邮电大学、机械工业仪器仪表综合技术经济研究所、中国四联仪器仪表集团。

本部分主要起草人:刘枫、陈汝、刘建元、欧阳劲松、王春喜、刘进、张渝、黄仁杰、祁虔。

引 言

本部分为FDT(现场设备工具)组件的开发者提供接口规范,FDT组件用于客户端/服务器结构中的功能控制和数据访问。本部分是开发标准接口过程中的分析和设计的结果。这些标准接口易于多个制造商开发可无缝互操作的服务器和客户端。

将现场设备集成到控制系统中,需要执行一些其他任务。除了需要现场总线特定工具和设备特定工具外,还需将这些工具集成到更高层次系统范围内的规划或工程工具中。特别是,为了在大规模异构的控制系统中(流程工业)使用,明确定义易于使用的相关工程接口是非常重要的。

按照本部分创建的设备特定的软件组件称为设备类型管理器(DTM)。它通过本部分定义的FDT服务,将所有设备特定的数据、功能和业务规则都集成到系统中。FDT/DTM方法对所有类型的现场总线都是开放的,允许将各种设备集成到异构系统中。

图1给出了GB/T 29618.301在GB/T 29618系列标准结构中的位置。

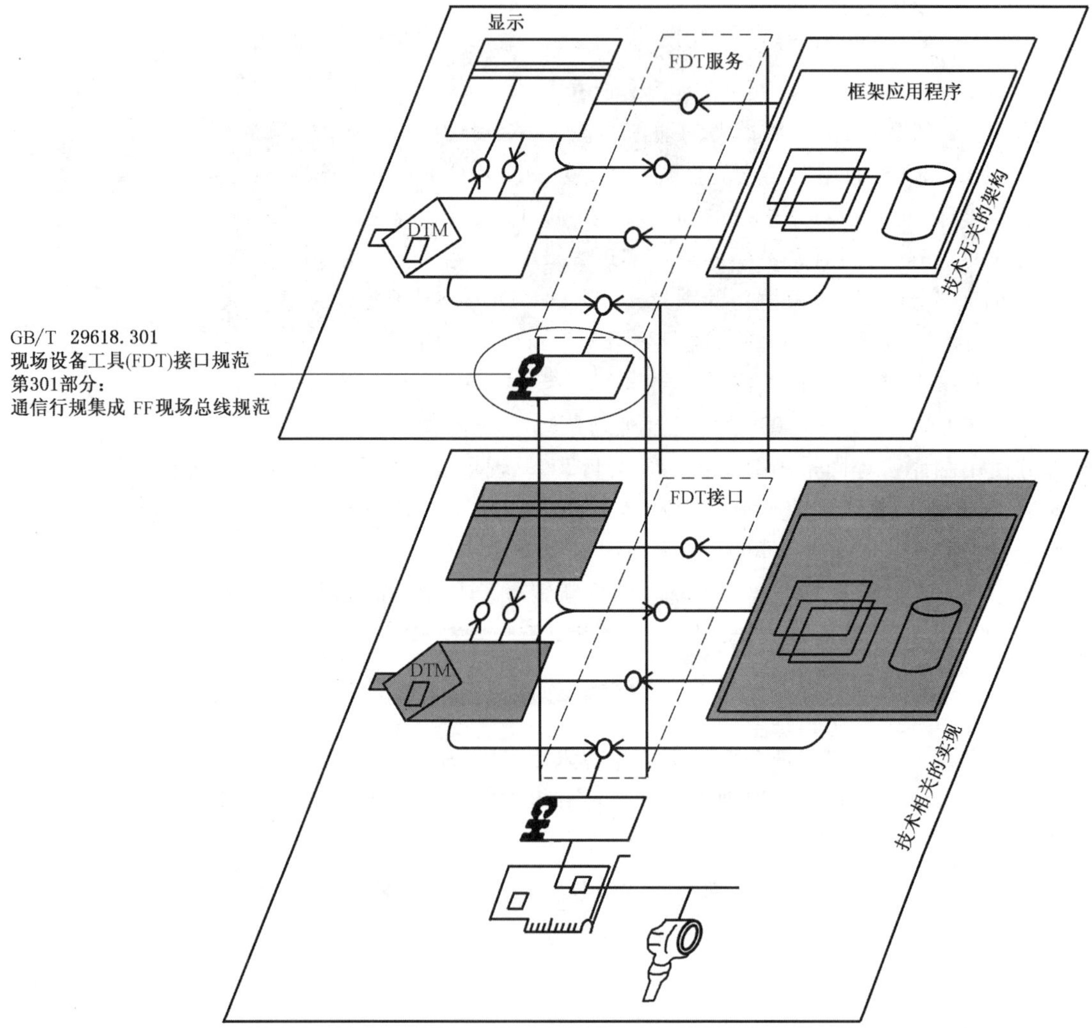

图1 GB/T 29618系列的第301部分

现场设备工具(FDT)接口规范 第301部分:通信行规集成 FF现场总线规范

1 范围

通信行规簇1(FF1)根据IEC 61158-2类型1、IEC 61158-3-1、IEC 61158-4-1、IEC 61158-5-5、IEC 61158-5-9、IEC 61158-6-5和IEC 61158-6-9定义了通信行规。在IEC 61784-1中定义了基础协议CP 1/1(FF H1)和CP 1/2(FF HSE)。

本部分为FF协议集成到FDT标准(GB/T 29618.2)提供信息。

这些标准描述了通信的定义、协议特定的扩展,以及块(如,变送块、资源块或功能块)表示方式。

新的协议特定定义基于FF H1和HSE协议规范之上。此外,这些定义包含了系统FF设备配置所需的信息。

本部分适用于FF的设备和系统特定的定义。

2 规范性引用文件

下列文件对于本文件的应用是必不可少的。凡是注日期的引用文件,仅注日期的版本适用于本文件。凡是不注日期的引用文件,其最新版本(包括所有的修改单)适用于本文件。

GB/T 29618.1—2013 现场设备工具(FDT)接口规范 第1部分:概述和导则(IEC 62453-1:2009,IDT)

GB/T 29618.2—2013 现场设备工具(FDT)接口规范 第2部分:概念和详细描述(IEC 62453-2:2009,IDT)

ISO 646 信息技术 ISO用于信息交互的7位编码字符集(ISO 646 Information technology—ISO 7-bit coded character set for information interchange)

IEC 61158-2 工业通信网络-现场总线规范 第2部分:物理层规范和服务定义(IEC 61158-2 Industrial communication networks—Fieldbus specifications—Part 2: Physical layer specification and service definition)

IEC 61158-3-1 工业通信网络 现场总线规范 第3-1部分:数据链路层服务定义 第1类元素(IEC 61158-3-1 Industrial communication networks—Fieldbus specifications—Part 3-1: Data-link layer service definition—Type 1 elements)

IEC 61158-4-1:2007 工业通信网络 现场总线规 第4-1部分:数据链路层协议规范 第1类元素(IEC 61158-4-1:2007 Industrial communication networks—Fieldbus specifications—Part 4-1 Data-link layer protocol specification—Type 1 elements)

IEC 61158-5-5 工业通信网络 现场总线规范 第5-5部分:应用层服务定义 第5类元素(IEC 61158-5-5 Industrial communication networks—Fieldbus specifications—Part 5-5: Application layer service definition—Type 5 elements)

IEC 61158-5-9 工业通信网络 现场总线规范 第5-9部分:应用层服务定义 第9类元素(IEC 61158-5-9 Industrial communication networks—Fieldbus specifications—Part 5-9: Application layer service definition—Type 9 elements)

IEC 61158-6-5　工业通信网络　现场总线规范　第6-5部分:应用层协议规范　第5类元素(IEC 61158-6-5 Industrial communication networks—Fieldbus specifications—Part 6-5: Application layer protocol specification—Type 5 elements)

IEC 61158-6-9　工业通信网络　现场总线规范　第6-9部分:应用层协议规范　第9类元素(IEC 61158-6-9 Industrial communication networks—Fieldbus specifications—Part 6-9: Application layer protocol specification—Type 9 elements)

IEC 61784-1　工业通信网络　协议　第1部分:现场总线协议(IEC 61784-1 Industrial communication networks—Profiles—Part 1: Fieldbus profiles)

3　术语、定义、符号、缩略语和约定

3.1　术语和定义

GB/T 29618.1 和 GB/T 29618.2 界定的术语和定义适用于本文件。

3.2　符号和缩略语

GB/T 29618.1 和 GB/T 29618.2 界定的以及下列符号和缩略语适用于本文件。

BTM　块类型管理器(block type manager)

DTM　设备类型管理器(device type manager)

FF　FF 现场总线 (foundation fieldbus)

FMS　现场总线报文规范(fieldbus message specification)

H1　FF 的低速版本(foundation fieldbus H1)

HSE　高速以太网(high speed ethernet)

SM　系统管理(system management)

3.3　约定

3.3.1　数据类型名称和数据类型引用

数据类型命名和引用的约定在 GB/T 29618.2 的 A.1 中规定。

3.3.2　用于要求的词汇

在规定要求时,使用下列表达方式:

——使用"应"或"强制"　表示不允许例外。

——使用"宜"或"推荐"　表示强烈推荐。只有在特殊的例外情况下不同于描述的行为才有意义。

——使用"能"或"可选"　表示根据所定义的条件,可以提供的功能或行为。

3.3.3　UML 的使用

本部分中的数字使用 GB/T 29618.1 附件 A 中定义的 UML 符号。

4　基本结构

4.1　系统和 FDT 的拓扑结构

本部分提供了通信的定义、协议特定的扩展名,以及块(例如资源块、变送块或功能块)配置的方法。

通信的定义中提供了系统管理(SM)和现场总线报文规范(FMS)的通信。

设计了单独的定义,以支持 H1 和 HSE 设备的不同管理参数和结构。

特定协议的定义可用来识别 FF 设备及其内部结构。

FF 设备由设备类型管理器(DTM)和一组块类型管理器(BTM)表示。每个 BTM 表示 FF 设备中的块功能。

4.2 H1 设备的 FDT 拓扑结构

FF H1 的拓扑结构可能包含通信 DTM、设备 DTM 和 BTM。

例如,如图 2 和表 1 所示典型的 FDT H1 设备拓扑结构。

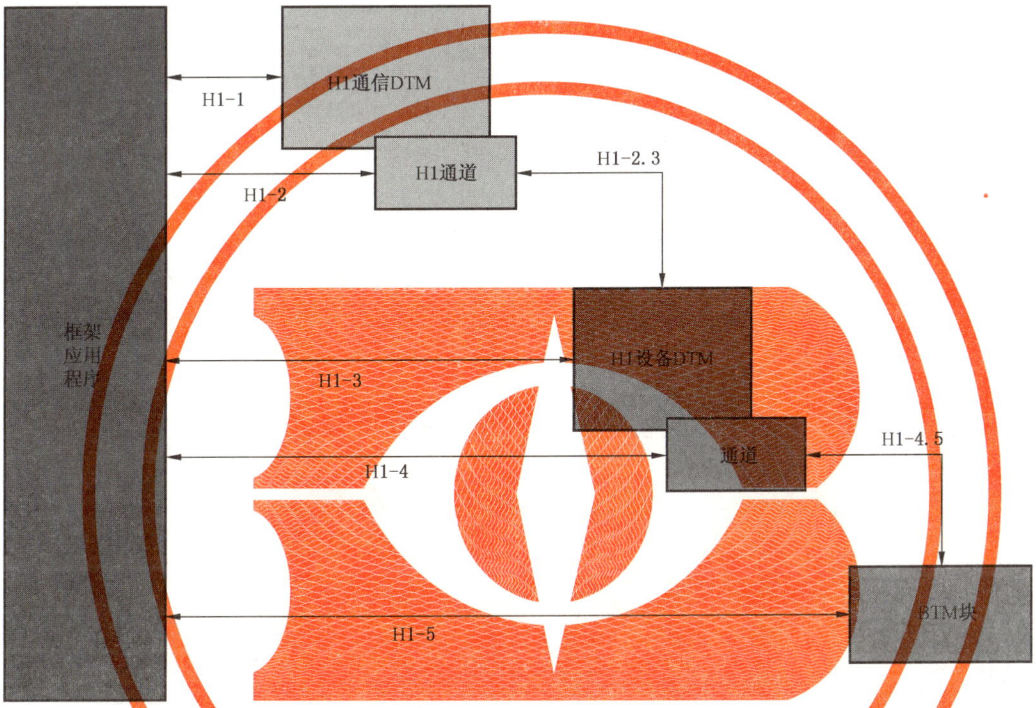

图 2 H1 设备 DTM 的对象关系

表 1 H1 设备 DTM 的对象关系

关系	信息类型	使用的定义
H1-1	管理参数访问	H1 管理数据类型(见 10.2) FF 常用数据类型(见 11.1)
H1-2	网络拓扑	FF 常用数据类型(见 11.1) 标识数据类型(见 13.4) 扫描标识数据类型(见 13.3)
	通道参数访问	通道参数数据类型(见 12)
H1-3	管理参数访问	H1 管理数据类型(见 10.2) FF 常用数据类型(见 11.1)

表 1（续）

关系	信息类型	使用的定义
H1-4	实例化的块列表	FF 常用数据类型(见 11.1) BTM 数据类型(见 GB/T 29618.2) FF 块数据类型(见 9.2.2) 标识数据类型(见 13.4) 扫描标识数据类型(见 13.3)
	通道参数访问	通道参数数据类型(见 12)
H1-5	块信息	BTM 信息数据类型(见 GB/T 29618.2) BTM 数据类型(见 GB/T 29618.2) 标识数据类型(见 13.4)
	BTM 初始化	BTM 初始化数据类型(见 GB/T 29618.2) BTM 数据类型(见 GB/T 29618.2)
	参数访问	BTM 参数数据类型(见 GB/T 29618.2) BTM 数据类型(见 GB/T 29618.2)
H1-2.3	通信	FF FMS 数据类型(见 11.2) H1 通信数据类型(见 11.3) FF 常用数据类型(见 11.1)
H1-4.5	块通信	FF FMS 数据类型(见 11.2) FF 块通信数据类型(见 11.5) BTM 数据类型(见 GB/T 29618.2) FF 常用数据类型(见 11.1)

4.3 HSE 设备的 FDT 拓扑结构

FF HSE 的拓扑结构可能包含通信 DTM、网关 DTM、设备 DTM 和 BTM。

例如，如图 3 和表 2 所示的典型的 HSE 系统的 FDT 拓扑结构。

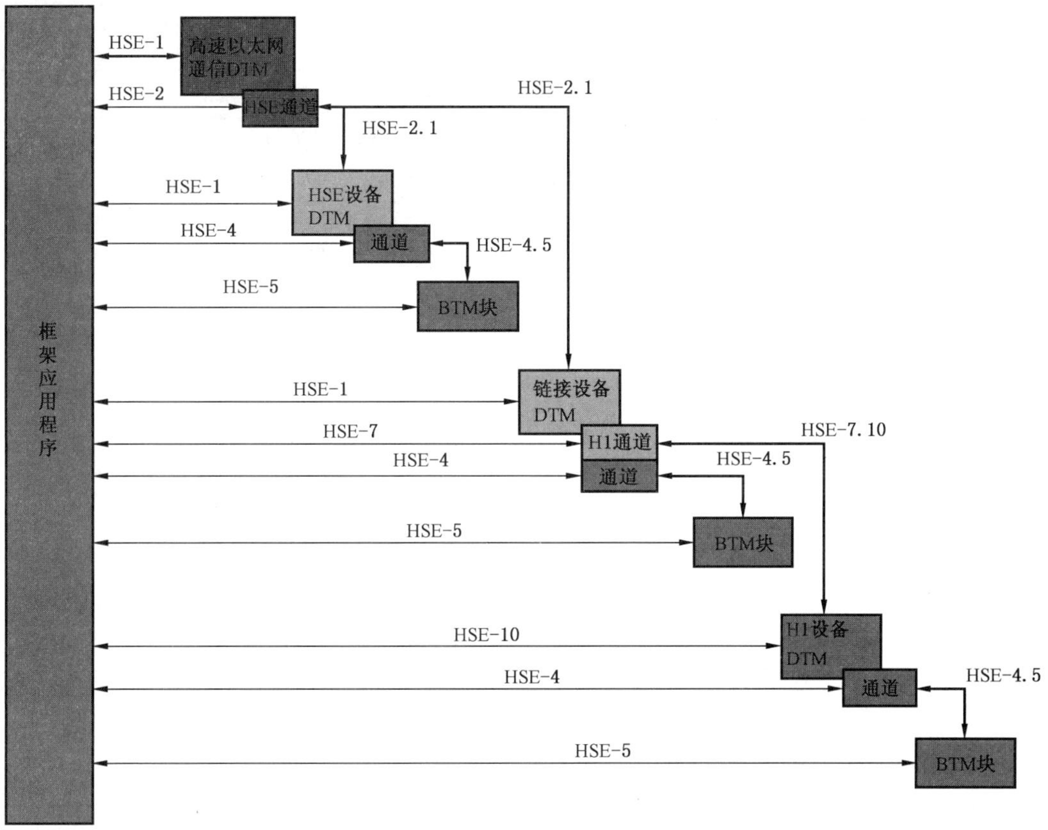

图 3　具有 DTM 和 BTM 的 HSE 应用的对象关系

图 3 中，粗线表示在 FDT 框架应用程序中管理的对象层次结构。

表 2　具有 DTM 和 BTM 的 HSE 应用的对象关系

关系	信息类型	使用的定义
HSE-1	管理参数访问	FF HSE 管理数据类型(见 10.3)
HSE-2	网络拓扑	FF 常用数据类型(见 11.1) 标识数据类型(见 13.4) 扫描标识数据类型(见 13.3)
	通道参数访问	通道参数数据类型(见 12)
HSE-2.1	通信	FF FMS 数据类型(见 11.2) FF HSE 通信数据类型(见 11.4) FF 常用数据类型(见 11.1)
HSE-4.5	块通信	FF FMS 数据类型(见 11.2) FF 块通信数据类型(见 11.5) FF 常用数据类型(见 11.1) BTM 数据类型(见 GB/T 29618.2)

表 2（续）

关系	信息类型	使用的定义
HSE-4	实例化的块列表	FF 常用数据类型(见 11.1) BTM 数据类型(见 GB/T 29618.2) 标识数据类型(见 13.4) 扫描标识数据类型(见 13.3)
	通道参数访问	通道参数数据类型(见 12)
HSE-5	块信息	BTM 信息数据类型(见 GB/T 29618.2) BTM 数据类型(见 GB/T 29618.2) 标识数据类型(见 13.4)
	BTM 初始化	BTM 初始化数据类型(见 GB/T 29618.2) BTM 数据类型(见 GB/T 29618.2)
	参数访问	BTM 参数数据类型(见 GB/T 29618.2) BTM 数据类型(见 GB/T 29618.2)
HSE-7	网络拓扑	FF 常用数据类型(见 11.1) FF HSE 通信数据类型(见 11.4) FF 块通信数据类型(见 11.5)
	通道参数访问	通道参数数据类型(见 12) H1 管理数据类型(见 10.2)
	参数访问	BTM 参数数据类型(见 GB/T 29618.2)
HSE-10	管理参数访问	H1 管理数据类型(见 10.2) FF 常用数据类型(见 11.1)
HSE-7.10	通信	FF FMS 数据类型(见 11.2) H1 通信数据类型(见 11.3) FF 常用数据类型(见 11.1)

4.4 嵌套通讯

标准的 FF 块可由实现了标准行为的 BTM 来处理。这些 BTM 可连接到对应的 DTM。DTM 提供对“FDT FF 标准块”通信协议的支持。

对于设备特定的 BTM，应该为 DTM 和 BTM 之间的协议定义设备特定的(可能是独一无二的)总线类别(CATID)。

框架应用程序可以使用这个总线类别来标识设备特定的块，并防止将来自于设备 A 的设备特定的块赋给不支持这种块的设备 B。

本标准定义的不同的通信协议(H1、HSE、标准块)可以使用相同的通信请求(FMS)。

5 总线类别

结构化数据类型“fdt:BusCategory”的协议 ID 标识了 FF 协议类型。表 3 给出了唯一的标识符。

表 3 FF 特定协议标识符

协议 ID	协议名称	描述
036D1691-387B-11D4-86E1-00E0987270B9	FF H1	对象支持 FF H1 协议
036D1692-387B-11D4-86E1-00E0987270B9	FF HSE	对象支持 FF HSE 协议
036D1693-387B-11D4-86E1-00E0987270B9	FF 标准块	用于 FDT FF 标准块的协议

6 实例和设备数据的访问

6.1 DTM

提供的数据的最小集应该是：

——FF 设备的系统管理和网络管理参数可由 DTM 提供，详见第 10 章；

——DTM 应为 9.1.2 中描述的数据提供支持；

——对于设备中的每个块，对应的在 GB/T 29618.2 中规定的 BTM 对象应提供所有的标准块参数。

推荐也提供 9.2 中规定的非标准化的块参数。

如果需要呈现给用户，设备 DTM 应提供对以下参数组的访问：

——链接参数；

——操作参数；

——报警参数；

——趋势参数；

——域对象；

——程序调用对象。

6.2 BTM

根据功能块规范开发的 BTM 应公开为 DTM 定义的对应块的所有参数。应公开在 FF 规范中定义的块的所有标准参数。可以添加制造商特定的参数作为该列表的扩展。如果存在用户自定义的参数，应将其公开。

7 协议特定的行为

7.1 连接管理

Connect 服务用于建立 FDT 连接。FDT 连接作为 FMS 连接的容器、SM 连接服务的容器以及 FDA 会话的容器。

应保持 FMS 连接与下层的 FDT 连接的独立性。

7.1.1 FMS 连接

在各自的协议中，FDT 以事务处理的方式实现所有的 FMS 和 SM 服务，包括 FMS 连接管理服务。FMS 连接的生命周期由 FmsInitiate 事务和 FmsAbort 事务进行管理。为了在同一 FDT 连接上建立多个 FMS 连接，需要使用 FmsInitiateRequest 作为参数调用一个事务服务请求。

FmsInitiateRequest 元素传递的通信参考指出所使用的 FDT 连接。事务服务响应返回的 FmsInitiateResponse 元素提供了通信参考，用于该 FMS 连接上的所有之后的 FMS 服务。

这种映射允许多个 FMS 连接对应到一个 FDT 连接。

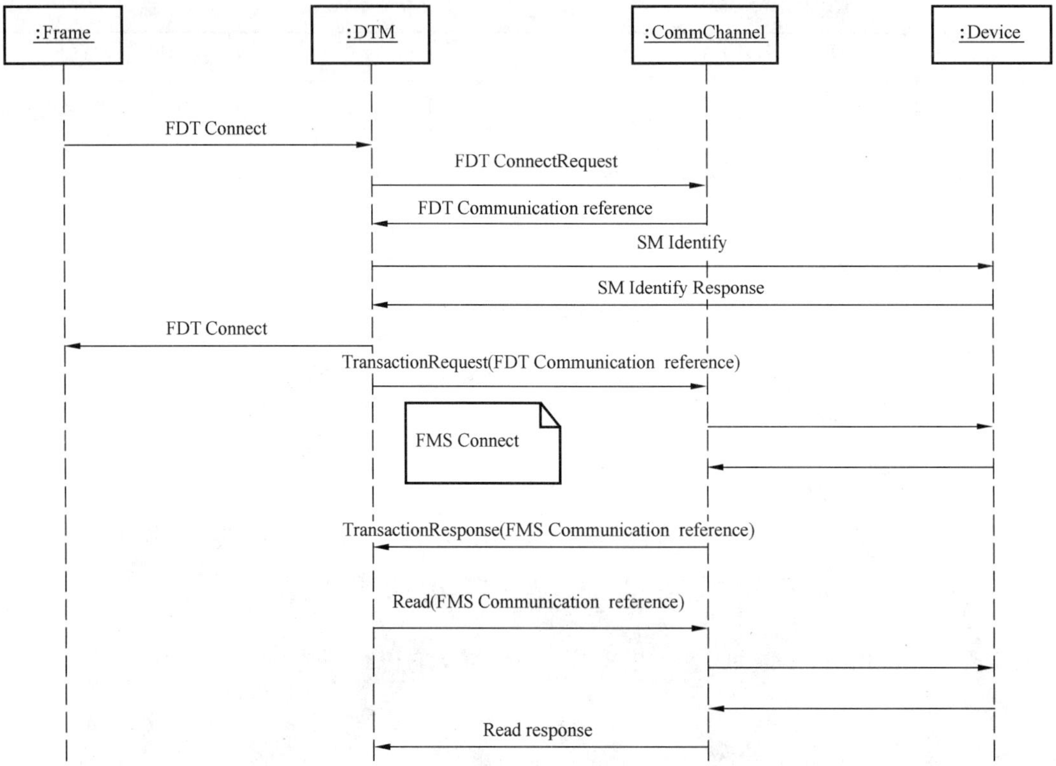

图 4 **FMS 在 FDT 连接上的映射**

如果 FDT 连接被关闭，则该连接的 FMS 连接在 FDT Disconnect 服务完成之前，也将被(通信通道)自动关闭。

所有的后续事务请求都将失效。不会处理任何还未完成的服务。

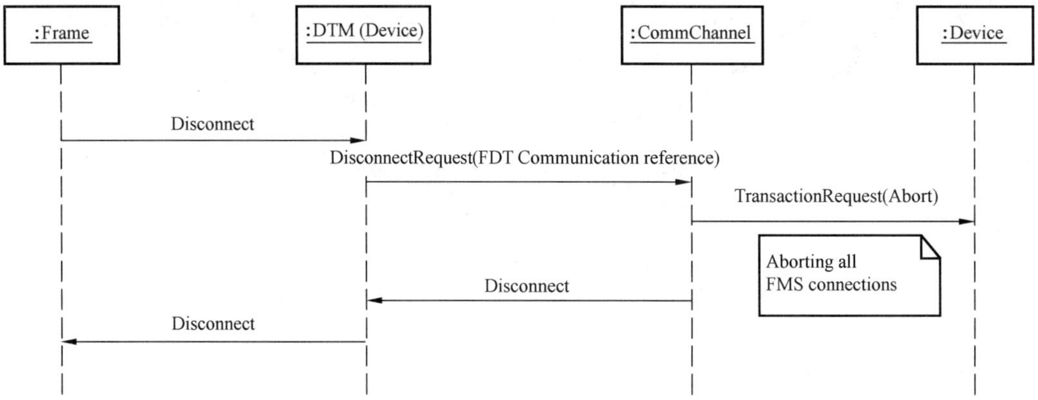

图 5 **FDT 中断服务**

FMSAbort 服务请求关闭单个 FMS 连接。

7.1.2 FDT 连接

FDT 连接使用 Connect 服务请求来：

——建立只用于系统管理服务的 FDT 连接。当仅用于 SM 服务的 FDT 连接建立后，OpenSessionRequest 元素不再是 ConnectRequest 的一部分。任何在这种类型的 FDT 连接上建立 FMS 连接的请求都将被拒绝；

——建立 FDT 连接用于会话，如 FF-588 现场设备访问代理规范描述的会话。FMS 连接可以通过使用，作为 FDT 连接建立结果返回的，FDT 通信参考来建立。需要注意的是，在此连接中不允许多播 SM 服务。

如果 HSE 设备需要两种类型的连接，它需要同时建立系统管理和 FDT 会话连接。

当框架应用程序请求 DTM 断开时，所有 FMS 连接和 FDT 连接(SM 和会话)都应被终止。

7.2 Abort 中止

7.2.1 OnAbort 指示

在(FDT 或 FMS)连接生命周期的任何时刻，DTM 或 BTM 都可以通过通信通道接收 OnAbort 事件指示。两种情况下会产生 OnAbort 事件：

——FMS 连接中止；

——FDT 连接中止。

通信参考唯一地标识了被中止的连接。如果 FDT 连接中止，对应 FDT 连接的所有 FMS 连接都应被终止。没有中止请求被发布到通信通道上。所有等待的请求都应被取消。

如果 FMS 连接中止，只有该通信参考标识的 FMS 连接被终止。

7.2.2 中止请求

在(FDT 或 FMS)连接生命周期的任何时刻，DTM 或 BTM 都可以向通信通道发出中止请求。该中止请求中有两种类型的通信参考：

——FMS 通信参考；

——FDT 通信参考。

通信参考唯一地标识了被中止的连接。

如果有 FDT 连接中止请求，所有通信通道上的相关 FMS 连接应被终止。不会为单个的 FMS 连接发出单独的中止请求到通信通道上。所有等待的请求都应被取消。

如果在中止中使用了 FMS 通信参考，只有被该通信参考标识的 FMS 连接会被中止。

7.3 FMS 请求和 FMS 响应的关系

如果设备 DTM(通信客户端)发出一个表 4 中的 FMS 请求，期望的响应如表 4 所示。

表 4 FMS 请求和 FMS 响应的关系

请 求	响 应
FmsInitiateResuest	FmsInitiateResponse FmsInitiateError
FmsAbortRequest	FmsStandardResponse

表 4（续）

请　　求	响　　应
FmsReadRequest	FmsReadResponse FmsServiceError
FmsWriteRequest	FmsStandardResponse FmsServiceError
FmsStatusRequest	FmsStatusResponse FmsServiceError
FmsIdentifyRequest	FmsIdentifyResponse FmsServiceError
FmsDefineVariableListRequest	FmsDefineVariableListResponse FmsServiceError
FmsDeleteVariableListRequest	FmsStandardResponse FmsServiceError
FmsGetOdRequest	FmsGetOdResponse FmsServiceError
FmsGenericInitiateDownloadSequenceRequest	FmsStandardResponse FmsServiceError
FmsGenericDownloadSequenceRequest	FmsStandardResponse FmsServiceError
FmsGenericTerminateDownloadSequenceRequest	FmsGenericTerminateDownloadSequenceResponse FmsServiceError
fms:FmsInformationReport	fms:FmsInformationReport
fms:CreateProgramInvocation	FmsStandardResponse FmsServiceError
fms:DeleteProgramInvocation	FmsStandardResponse FmsServiceError
fms:Start	FmsStandardResponse FmsServiceError
fms:Stop	FmsStandardResponse FmsServiceError
fms:Resume	FmsStandardResponse FmsServiceError
fms:Reset	FmsStandardResponse FmsServiceError

表 4（续）

请　　求	响　　应
fms:Kill	FmsStandardResponse FmsServiceError
H1SubscribeRequest	H1SubscribeResponse
H1UnSubscribeRequest	H1UnSubscribeResponse
HSESubscribeRequest	HSESubscribeResponse
HSEUnSubscribeRequest	HSEUnSubscribeResponse
Any Service	fdt:CommunicationError

DTM 或 BTM 可以接收标准的 FDT CommunicationError 响应而不是 FMS 事件事务响应，来指示一般的通信错误。通信客户端应做好准备处理这种响应。

如果在设备 DTM 中的 FMS 连接被多个 BTM 共享，当该设备 FMS 连接被中止时，所有连接都会收到 OnAbort 事件。

7.4 订阅机制

FF 订阅机制建立在被发起的数据传输的规则之上。对于支持设备发起的数据传输的 DTM，可能有一个或多个订阅者同时对数据进行等待。

7.4.1 概述

为了支持 IEC 61784 CPF 1 数据发起的数据传输，需要定义另外的事务请求和事务响应。两个事务请求用于发起 FMS 订阅连接，4 个事务响应和 FMS 订阅有关。这些事务如下：

——订阅的事务请求；

——订阅的事务响应；

——取消订阅的事务请求；

——取消订阅的事务响应；

——FMS 信息报告的事务细化；

——FMS EventNotification 的事务响应细化。

7.4.2 订阅 H1 事务

设备 DTM/BTM 可以通过调用 H1SubscribeRequest 事件事务来订阅数据。它可订阅：

——趋势对象里收集的数据[H1TrendSubscriptionInfo]；

——单个设备参数[H1ParameterSubscriptionInfo]；

——报警或事件[H1EventSubscriptionInfo]。

事件事务请求中提供了用于标识设备的附加信息。通信提供者可以使用该信息来加速订阅的进程。

事务 H1SubscribeResponse 中提供了订阅机制的结果事件。所使用的通信参考是 FDT 连接的通信参考。

订阅请求的 InvokeID 将用于提供订阅和 FmsInformationReport 或 FmsEventNotification 事务之间的联系。

在订阅期间收到 InvokeID 也用于取消订阅(Unsubscribing)。

该 InvokeID 唯一地标识了与创建订阅相关的所有事件事务。在订阅期生命期内不应用于任何其他的事件事务。

7.4.3 订阅 HSE 事件事务

HSE 链接设备 DTM 可以通过调用 HSESubscribeRequest 事件事务来订阅数据。DTM 可以将订阅从 H1 DTM 映射到 HSE 订阅。

HSE 订阅可用于订阅来自以下设备的数据：

——通过 HSE 链接设备的 H1 设备；

——HSE 设备。

它可以订阅：

——H1 设备上的趋势对象数据(HSETrendSubscriptionInfo)；

——HSE 设备上的趋势对象数据(LocalTrendSubscriptionInfo)；

——来自 H1 设备的单个参数(HSEParameterSubscriptionInfo)；

——来自 HSE 设备的单个参数(LocalParameterSubscriptionInfo)；

——来自 H1 设备的事件(HSEEventSubscriptionInfo)；

——来自 HSE 设备的事件(LocalEventSubscriptionInfo)。

事件事务请求中提供附加的设备的信息。通信提供者可使用该信息来加速订阅的进程。

HSESubscribeResponse 事件事务中提供了订阅机制的结果。

所使用的通信参考是 FDT 连接的通信参考。

订阅请求的 InvokeID 用于提供该订阅和 FmsInformationReport 或 FmsEventNotification 事件事务之间的联系。取消订阅使用相同的 InvokeID 来标识该订阅。

该 InvokeID 唯一地标识与创建订阅相关的所有事件事务。在订阅期生命期内该 InvokeID 不应用于任何其他的事件事务。

7.4.4 订阅 BTM 的事件事务

BTM 可以能够通过调用 BTM 订阅请求事件事务来订阅数据。父 DTM 能够映射从一个 BTM 到一个 H1 或者 HSE 的订阅。

BTM 可以订阅：

——单个单个参数(BtmParameterSubscriptionInfo)；

——设备趋势对象中收集的数据(BtmTrendSubscriptionInfo)；

——报警或事件(BtmEventSubscriptionInfo)。

如果请求订阅趋势数据，设备 DTM 应应提供趋势对象的关联和配置。

BTMubscribeResponse 事务提供了订阅机制的结果事件。

使用的通信参考是 FDT 连接的通信参考。

订阅请求的 InvokeID 用于提供订阅和 FmsInformationReport 或 FmsEventNotification 事件事务之间的关联。取消订阅(Unsubscribing)使用相同的 InvokeID 来识别该订阅。该 InvokeID 在订阅期生命期内不应用于任何其他的事件事务。

若多个 BTM 订阅了同一对象，设备 DTM 应向所有订阅的 BTM 传播该信息。

8 通用数据类型的协议特定使用

8.1 地址

所有 DTM 和 BTM 公开的参数的地址(在 GB/T 29618.2 中定义)应按照以下方式构建。

VFD:xx.INDEX:yyy[.SUBINDEX:zz]

其中:

——xx 是 VFD 标签或表示 VFD 索引的数字(以 1 开始);

——yy 是表示从 VFD 开始的参数索引的数字;

——zz 是表示参数子索引的数字。

xx、yy 和 zz 的值应为整型(有些可以是 32 位),并且以十进制显示。该数字没有前导零。

地址的子索引部分是可选的,可以省略或设置为 0。

随设备数据集提供这些信息,对于访问设备/块的参数已足够,没有必要为 BTM 定义过程通道。

8.2 protocolID

见第 5 章。

8.3 applicationDomain

applicationDomain 的属性是固定的:FDT_FoundationFieldbus。

8.4 semanticId

FF 相关参数的 semanticId 遵循以下规则:

——semanticId 应该基于 FF 规范中定义的名称进行构建;

——结构化参数应使用"."连接;

——行规定义中的空格应使用下划线代替;

——只应使用大写字母。

8.4.1 块特定的定义

详细描述参见 9.2.2 块具体定义。

示例:

——OUT.STATUS;

——OUT.VALUE;

——OUT。

8.4.2 现场总线管理定义

FF 现场总线管理参数的 SemanticID 应按照如下规则创建:

管理参数的数据类型定义的结构跟在"FDT.UserDefinedBus"之后。元素之间用"."隔开。

示例:

FDT.UserDefinedBus.ListOfH1NmaVfds.H1NmaVfd.SMIB.SmAgent.T1.t1 为参数 T1 定义了语义 ID。

8.4.3 现场总线特定的定义

对设备/块标识(见第 12 章)所使用的参数定义一组唯一的 ID。

——对于 H1 设备,定义了一组如下固定语义 ID:

- IdAddress——分配给设备的节点地址;
- IdManufacturer——设备制造商 ID;
- IdTypeID——设备类型;
- IdSoftwareRevision——设备和设备描述符的修订;
- IdTag——物理设备标签;

• IdSerialNumber——物理设备 ID,是设备实例的唯一标识符;

——对于 HSE 设备,ID 定义如下:

• IdAddress——HSE 设备地址;
• IdManufacturer——设备制造商 ID;
• IdTypeID——设备类型;
• IdTag——物理设备标签;
• IdSerialNumber——物理设备 ID,是设备实例的唯一标识符;
• numberOfLinks——链接的数目;
• linkeId[0..(numberOfLinks-1)]——与对应 H1 链接的链接 ID;

——对于具有应用 VFD 的 HSE 设备,要求的 ID 如下:

• IdManufacturer——设备制造商 ID;
• IdTypeID——设备类型;
• IdSoftwareRevision——设备和设备描述符的修订;

——对于 FF 块,定义如下固定的语义 ID:

• IdTag——与在 BLOCK.BLOCK_TAG 中定义的块标签相同;
• IdManufacturer——类似于设备制造商 ID 的块制造商 ID;
• IdTypeID——类似于设备类型的块设备类型;
• IdSoftwareRevision——类似于设备和设备修订的块修订;
• Profile——与 BLOCK.PROFILE 中定义的配置信息相同;
• ProfileRevision——与 BLOCK. PROFILE_REVISION 中定义的块配置修订信息相同;
• blockIndex——块起始索引。

9 协议特定的数据类型

9.1 DTM

9.1.1 拓扑扫描定义

进行扫描的结果是,DTM 检测到连接到通道对象的 DTM 和 BTM 对象。拓扑扫描的结果是,DTM 可能公布关于 FF 连接设备、FF 仪表以及仪表中块的相关信息。

9.1.2 参数访问

9.1.2.1 概述

访问实例数据的 DTM 服务使框架应用程序可以访问设备的参数。DTM 提供其实例数据在当前内存中显示。

访问设备数据的 DTM 服务使框架应用程序可以访问设备中的特定参数。

FF 设备 DTM 可以提供访问以下参数组的权限:

——链接参数;

——动作参数;

——报警参数;

——趋势参数;

——域对象;

——程序调用;

——视图对象。

扩展设备参数列表取决于 DTM 以及设备类型和现场总线类型。

9.1.2.2 Action 结构

在操作对象有资源支持的情况下，操作结构允许创建或删除一个块或者对象的实例。通过 FB_Action 服务，向操作对象发出一个写请求。如果识别功能支持该请求操作，将在对象字典中创建或删除相关的对象或块(以及相关视图对象)。

该数据结构包含操作识别符和相关对象或块的类型、功能和出现的有关信息。

表 5 提供了操作结构参数的助记符(基于规范 FF-890)和映射到 FDT 数据类型的 Action 结构参数。结构和每一参数的助记符应作为参数定义的名称属性的值。

表 5 操作对象定义(参考 FF-890)

结构 2	成员参数助记符	现场总线基础 数据类型/结构
ACTION_STRUCTURE	ACTION_STRUCTURE	DS-86
	ACTION_INDEX	—
	ACTION	无符号 8
	FUNCTION	无符号 32
	OCCURRENCE	无符号 16

9.1.2.3 链接结构

链接结构对象提供资源和通过通信网络交换的信息之间的映射。在某一资源内或多个资源的功能块之间，可通过链接对象定义交换的进程数据和事件。此外，用于支持趋势和报警的通信交换也可使用链接对象定义。

具有输出和输入的参数通过功能块的链接来连接。

现场设备和接口设备之间的链接可被定义用于访问趋势对象和报警报告。链接对象识别块参数、趋势对象、事件和定义了交换数据方式的通信特点。通过链接对象的定义，警报和趋势可以被路由到不同的设备来进行处理。

表 6 提供链接结构参数助记符(基于规范 FF-890)和映射到 FDT 数据类型的链接结构参数。结构和每一参数的助记符应作为参数定义的名称属性的值。

表 6 链接对象定义

结构	成员参数助记符	现场总线基础 数据类型/结构
LINK_STRUCTURE	LINK_STRUCTURE	DS-81
LINK_STRUCTURE(HSE)	LINK_STRUCTURE	DS-165
	LINK_TYPE	—
	LOCAL_INDEX	无符号 32
	VCR_LINK_ID	无符号 16

表 6（续）

结构	成员参数助记符	现场总线基础数据类型/结构
	VCR_NUMBER	无符号 16
	REMOTE_INDEX	无符号 32
	SERVICE_OPERATION	无符号 8
	STALE_COUNT_LIMIT	无符号 8
	H1_SUBSCRIBER_INDEX	无符号 16

9.1.2.4 报警结构

当检测到报警或事件时，警报结构化对象传达通知消息。事件瞬间发生，它对于调度块的执行和应用程序操作视图非常重要。报警器是块离开某一特定状态或再次返回到该状态的检测装置。检测到出现警报状态时的时间作为时间戳被包含在警报消息里。此外，该消息还包含有优先级，以指明这是询问还是紧急警报。

每一资源都有一个负责报告警报发生的警告发出通知。该通知也可以被确认。警报对象作为事件通知消息用于报告报警和事件发生。通知确认预示着为满足运营接口要求，警报已通过接口设备处理掉。

在某一资源中基于警报类型和事件信息至多可以定义三类报警。这些报警类型和事件信息由包含在资源中的块报告。

——模拟警报-用于报警或报告相关值是浮点数的事件；

——离散警报-用于报警或报告相关值是离散值的事件；

——更新警报-用于报告块静态数据的改变。

表 7 提供警报结构参数助记符(基于规范 FF-890)和映射到 FDT 的数据类型的警报结构参数。结构参数助记符和每个参数在参数定义时以 name 属性值使用。

表 7　警报对象定义

结构助记符	成员参数助记符	现场总线基础数据类型/结构
ALERT_ANALOG	ALERT_ANALOG	DS-75
ALERT_ANALOG	ALERT_ANALOG	DS-167
	BLOCK_INDEX	无符号 16/无符号 32
	ALERT_KEY	无符号 8
	STANDARD_TYPE	无符号 8
	MFR_TYPE	无符号 8
	MESSAGE_TYPE	无符号 8
	PRIORITY	无符号 8
	TIME_STAMP	无符号 8
	SUBCODE	无符号 16

表 7（续）

结构助记符	成员参数助记符	现场总线基础数据类型/结构
	VALUE	浮点型
	RELATIVE_INDEX	无符号 16/无符号 32
	UNITINDEX	无符号 16
ALERT_DISCRETE	ALERT_DISCRETE	DS-76
ALERT_DISCRETE(HSE)	ALERT_DISCRETE	DS-168
	BLOCK_INDEX	无符号 16/无符号 32
	ALERT_KEY	无符号 8
	STANDARD_TYPE	无符号 8
	MFR_TYPE	无符号 8
	MESSAGE_TYPE	无符号 8
	PRIORITY	无符号 8
	TIME_STAMP	时间值
	SUBCODE	无符号 16
	VALUE	无符号 8
	RELATIVE_INDEX	无符号 16/无符号 32
	UNITINDEX	无符号 16
ALERT_UPDATE	ALERT_UPDATE	DS-77
ALERT_UPDATE(HSE)	ALERT_UPDATE	DS-169
	BLOCK_INDEX	无符号 16/无符号 32
	ALERT_KEY	无符号 8
	STANDARD_TYPE	无符号 8
	MFR_TYPE	无符号 8
	MESSAGE_TYPE	无符号 8
	PRIORITY	无符号 8
	TIME_STAMP	时间值
	STATIC_REVISION	无符号 16
	RELATIVE_INDEX	无符号 16/无符号 32

9.1.2.5 趋势结构

趋势结构对象通过实现历史信息的可视化来检查其行为从而实现对功能块的管理和控制。根据所收集的信息类型，可定义三类趋势对象：

——趋势浮点-用于收集浮点数输入输出的参数值和状态的趋势对象；

——趋势离散-用于收集离散量输入和输出的参数值和状态的趋势对象；

——趋势位串-用于收集位串输入输出的参数值和状态的趋势对象。

趋势结构对象用于收集短期历史数据并存储在某一资源中。可通过接口或临时设备有效访问到。

收集到的信息用以提供长期的历史数据。通过链接对象配置，每次收集到一组新数据，资源中的一些或所有趋势对象可被自动报告到接口设备中。另外，使用 FMS 读服务可通过接口设备在任意时刻读取到趋势对象。

表 8 提供趋势结构参数助记符(基于规范 FF-890)和映射到 FDT 的数据类型的趋势结构参数。结构助记符和每个参数用于参数定义时以 name 属性值使用。

表 8　趋势对象定义

结构助记符	成员参数助记符	现场总线基础数据类型/结构
TREND_FLOAT		DS-78
TREND_FLOAT (HSE)		DS-170
	BLOCK_INDEX	无符号 16/无符号 32
	PARAMETER_RELATIVE_INDEX	无符号 16
	SAMPLE_TYPE	无符号 8
	SAMPLE_INTERVAL	无符号 32
	LAST_UPDATE_TIME	时间值
	STATUS[0]	无符号 8
	SAMPLES[0]	浮点数
	……	……
	STATUS[15]	无符号 8
	SAMPLES[15]	浮点数
TREND_DISCRETE		DS-79
TREND_DISCRETE(HSE)		DS-171
	BLOCK_INDEX	无符号 16/无符号 32
	PARAMETER_RELATIVE_INDEX	无符号 16
	SAMPLE_TYPE	无符号 8
	SAMPLE_INTERVAL	无符号 32
	LAST_UPDATE_TIME	时间值
	STATUS[0]	无符号 8
	SAMPLES[0]	无符号 8
	……	……
	STATUS[15]	无符号 8
	SAMPLES[15]	无符号 8
TREND_BIT_STRING		DS-80
TREND_BIT_STRING (HSE)		DS-172
	BLOCK_INDEX	无符号 16/无符号 32
	PARAMETER_RELATIVE_INDEX	无符号 16
	SAMPLE_TYPE	无符号 8

表 8（续）

结构助记符	成员参数助记符	现场总线基础数据类型/结构
	SAMPLE_INTERVAL	无符号 32
	LAST_UPDATE_TIME	时间值
	STATUS[0]	无符号 8
	SAMPLES[0]	位串
	……	……
	STATUS[15]	无符号 8
	SAMPLES[15]	位串

9.1.2.6 视图结构

视图对象通过提供对配置和操作的可视性实现对功能块的管理和控制。视图对象的第一个参数是静态的版本代码。因此，包含在视图块定义中的其余参数将按功能块中相关索引的命令顺序地遵循静态版本代码。视图对象可对动态及静态数据组进行相关操作、诊断和配置，用于高效的数据传输和处理。

表 9 提供视图结构参数助记符(基于规范 FF-890)和映射到 FDT 的数据类型的视图结构参数。该结构助记符和每个参数用于参数定义时以 name 属性值使用。

表 9 视图定义

结构助记符	成员参数助记符	现场总线基础数据类型/结构
VIEW		
	VIEW_INDEX	无符号 16/无符号 32
	ELEMENT_1 (1... NUMBER OF ELEMENTS)	无符号 16/无符号 32

9.1.2.7 域对象

域是内存的一部分，它包含程序或数据。FF 规范中定义其数据类型为“八位字符串”，但没有定义域中的编码信息。在域对象中定义了域的字节最大长度。注意，该域状态代表 DTM 在设备中的真实域状态的估计值。对象成员的完整定义可查询 FF-870。

表 10 提供域结构参数助记符(基于规范 FF-870)和映射到 FDT 的数据类型的域结构参数。结构助记符和每个参数在参数定义时以 name 属性值使用。

表 10 域对象定义

结构助记符	成员参数助记符	现场总线基础数据类型/结构
DOMAIN_DESCRIPTION		
	INDEX	无符号 32
	MAX_OCTETS	无符号 32
	DOMAIN_STATE	无符号 8
	UPLOAD_STATE	无符号 8
	COUNTER	整型 8
	DOMAIN_DATA	8 位组串

9.1.2.8 程序调用对象

程序调用模型为把域链接到一个程序、启动、停止和删除该程序提供服务。在设备中可以创建一个以上的程序调用。

通过在列表中为每个域提供 OD 索引来提供与 PI 对象相关联的域列表。可以通过计算元素的 name 属性值等于 PI 对象中"域"值来计算域的数目。

表 11 提供 PI 结构参数助记符(基于规范 FF-890)和映射到 FDT 的数据类型的 PI 结构参数。结构助记符和每个参数在参数定义时以 name 属性值使用。

表 11 程序调用对象定义

结构助记符	成员参数助记符	现场总线基础数据类型/结构
PROGRAM_INVOCATION		
	PI_INDEX	无符号 32
	REUSABLE	整型 8
	DELETABLE	整型 8
	PI_STATE	整型 8
	DOMAIN	无符号 32

9.1.3 FF 设备数据类型

表 12 指定了 FF 设备的数据类型,并提供了 FF 设备的相关描述信息。

表 12 结构化的 FF 设备数据类型

数据类型	定义			描述
	基本数据类型	Usage	多样性	
块列表	STRUCT			提供设备的块列表
	ffblock:BlockInformation	O	[0..*]	
HSEDeviceInformation	STRUCT			介绍高速以太网的兼容设备,包括设备的版本、冗余等
	ffhse:stateSMK	M	[1..1]	
	ffhse:repeatTimeHSE	O	[0..1]	
	ffhse:duplicateDetectionState	O	[0..1]	
	fftypes:ip	O	[0..1]	
	fftypes:IP	M	[1..1]	
	ffhse:DeviceInformation	M	[1..1]	
	ffhse:RedundancyInformation	O	[0..1]	
	ffhse:VersionInformation	O	[0..1]	
FoundationFieldbusH1Device	STRUCT			FoundationFieldbusH1 Device 包含描述 H1 兼容设备的信息
	fftypes:deviceType	M	[1..1]	
	fdt:tag	M	[1..1]	
	fftypes:devID	M	[1..1]	
	fftypes:VfdIdentification	M	[0..*]	
	fftypes:DataLinkAddress	M	[1..1]	
FoundationFieldbusHSEDevice	STRUCT			描述 HSE 兼容设备,包括设备地址、VFD 信息等
	fftypes:deviceType	M	[1..1]	
	fdt:tag	M	[1..1]	
	fftypes:devID	M	[1..1]	
	fftypes:VfdIdentification	M	[1..*]	
	HSEDeviceInformation	M	[1..1]	
	fftypes:DataLinkAddress	M	[1..1]	

9.2 BTM

9.2.1 概述

单个 BTM 时，不使用 FDT 规范中的特定 DTM 定义而使用如下定义。

9.2.2 参数访问-FF 的具体定义

可通过以下服务访问块参数：

——访问实例数据服务；

——访问设备数据服务。

BTM 标准块参数应使用标准 name 属性。表 13 提供标准功能块参数助记符(基于规范 FF-890、FF-891、FF-892、FF-893、FF-894)及其映射到 FDT 数据类型的列表。

FF 功能块参数的应用程序域应是"FDT_FFBlock"。

参数助记符应使用 name 属性值并作为在表 13 中定义的参数的语义 ID。

表 13 参数助记符

参数助记符	现场总线基础数据类型/结构
ACCEPT_ALM	DS-72
ACCEPT_D	Unsigned8
ACCEPT_PRI	Unsigned8
ACK_OPTION	Bit String
ALARM_HYS	Float
ALARM_SUM	DS-74
ALERT_KEY	Unsigned8
ALGORITHM_SEL	Unsigned32
ALM_RATE_DN	Float
ALM_RATE_UP	Float
ARITH_TYPE	Unsigned8
AUTO_CYCLE	Unsigned8
BAL_TIME	Float
BIAS	Float
BIAS_IN_1	Float
BIAS_IN_2	Float
BIAS_IN_3	Float
BKCAL_HYS	Float
BKCAL_IN	DS-65
BKCAL_IN_1	DS-65
BKCAL_IN_2	DS-65
BKCAL_IN_D	DS-66

表 13（续）

参数助记符	现场总线基础数据类型/结构
BKCAL_OUT	DS-65
BKCAL_OUT_D	DS-66
BKCAL_SEL_1	DS-65
BKCAL_SEL_2	DS-65
BKCAL_SEL_3	DS-65
BLOCK	DS-64
BLOCK_ALM	DS-72
BLOCK_ERR	Bit String
BYPASS	Unsigned8
CAS_IN	DS-65
CAS_IN_D	DS-66
CFM_ACT1_TIME	Float
CFM_ACT2_TIME	Float
CFM_PASS_TIME	Float
CHANNEL	Unsigned16
CHARACTERISTICS[3]	DS-64
CLOCK_PER	Float
CLR_FSTATE	Unsigned8
COMB_TYPE	Unsigned8
COMP_HI_LIM	Float
COMP_LO_LIM	Float
CONFIRM_TIME	Unsigned32
CONTENTS_REV	Unsigned32
CONTROL_OPTS	Bit String
CRACK_TIME	Float
CRACK_TIMER	Float
CURVE_X	Float
CURVE_Y	Float
CYCLE_SEL	Bit String
CYCLE_TYPE	Bit String
DC_STATE	Unsigned8
DD_RESOURCE	Visible String
DD_REV	Unsigned8
DEAD_TIME	DS-65

表 13（续）

参数助记符	现场总线基础数据类型/结构
DELAY_TIME	Float
DELAY_TIMER	Float
DEV_REV	Unsigned8
DEV_TYPE	Unsigned16
DEVICE_OPTS	Bit string
DISABLE_1	DS-66
DISABLE_2	DS-66
DISABLE_3	DS-66
DISABLE_4	DS-66
DISC_ALM	DS-72
DISC_LIM	Unsigned8
DISC_PRI	Unsigned8
DURATION	DURATION_TYPE（10 Floats）4
DV_HI_ALM	DS-71
DV_HI_LIM	Float
DV_HI_PRI	Unsigned8
DV_LO_ALM	DS-71
DV_LO_LIM	Float
DV_LO_PRI	Unsigned8
EXPAND_DN	Float
EXPAND_UP	Float
FAIL	Unsigned16
FAIL_ALM	DS-72
FAIL_PRI	Unsigned8
FAULT_STATE	Unsigned8
FCF_LOCATOR	LOCATOR（Unsigned32 Array）5
FDD_LOCATOR	LOCATOR（Unsigned32 Array）
FEATURE_SEL	Bit String
FEATURES	Bit String
FF_GAIN	Float
FF_SCALE	DS-68
FF_VAL	DS-65
FIELD_VAL	DS-65
FIELD_VAL_D	DS-66

表 13（续）

参数助记符	现场总线基础数据类型/结构
FILE_LOCATOR	LOCATOR (Unsigned32 Array)
FILE_REV	Unsigned32
FOLLOW	DS-66
FREE_SPACE	Float
FREE_TIME	Float
FSTATE_STATUS	Unsigned8
FSTATE_TIME	Float
FSTATE_VAL	Float
FSTATE_VAL_D	Unsigned8
FSTATE_VAL_D1	Unsigned8
FSTATE_VAL_D2	Unsigned8
FSTATE_VAL_D3	Unsigned8
FSTATE_VAL_D4	Unsigned8
FSTATE_VAL_D5	Unsigned8
FSTATE_VAL_D6	Unsigned8
FSTATE_VAL_D7	Unsigned8
FSTATE_VAL_D8	Unsigned8
FSTATE_VAL1	Float
FSTATE_VAL2	Float
FSTATE_VAL3	Float
FSTATE_VAL4	Float
FSTATE_VAL5	Float
FSTATE_VAL6	Float
FSTATE_VAL7	Float
FSTATE_VAL8	Float
GAIN	Float
GAIN_IN_1	Float
GAIN_IN_2	Float
GAIN_IN_3	Float
GOOD_LIM	Float
GRANT_DENY	DS-70
HARD_TYPES	Bit String
HI_ALM	DS-71
HI_BIAS	Float

表 13（续）

参数助记符	现场总线基础数据类型/结构
HI_GAIN	Float
HI_HI_ALM	DS-71
HI_HI_BIAS	Float
HI_HI_LIM	Float
HI_HI_LIMX	Float
HI_HI_PRI	Unsigned8
HI_LIM	Float
HI_LIMX	Float
HI_PRI	Unsigned8
HYSTVAL	Float
IGNORE	Bit String
IGNORE_ALM	DS-72
IGNORE_PRI	Unsigned8
IGNORE_TIME	Float
IN	DS-65
IN_1	DS-65
IN_2	DS-65
IN_3	DS-65
IN_4	DS-65
IN_5	DS-65
IN_6	DS-65
IN_7	DS-65
IN_8	DS-65
IN_ARRAY	Float
IN_D	DS-66
IN_D1	DS-66
IN_D2	DS-66
IN_D3	DS-66
IN_D4	DS-66
IN_LO	DS-65
INPUT_OPTS	Bit string
INTEG_OPTS	Bit string
INTEG_TYPE	Unsigned8
INTERLOCK_D	DS-66

表 13（续）

参数助记符	现场总线基础数据类型/结构
INVERT_OPTS	Bit string
IO_OPTS	Bit string
ITK_VER	Unsigned16
L_TYPE	Unsigned8
LAG_TIME	Float
LEAD_TIME	Float
LIM_NOTIFY	Unsigned8
LO_ALM	DS-71
LO_BIAS	Float
LO_GAIN	Float
LO_LIM	Float
LO_LIMX	Float
LO_LO_ALM	DS-71
LO_LO_BIAS	Float
LO_LO_LIM	Float
LO_LO_LIMX	Float
LO_LO_PRI	Unsigned8
LO_PRI	Unsigned8
LOCKVAL	Unsigned8
LOW _CUT	Float
MANUFAC_ID	Unsigned32
MAX_NOTIFY	Unsigned8
MEMORY_SIZE	Unsigned16
MIN_CYCLE_T	Unsigned32
MIN_GOOD	Unsigned8
MO_OPTS	Bit string
MODE_BLK	DS-69
N_RESET	Float
N_START	Unsigned16
NV_CYCLE_T	Unsigned32
OP_CMD_INT	Unsigned8
OP_CMD_SPG	Unsigned8
OP_SELECT	DS-66
OUT	DS-65

表 13（续）

参数助记符	现场总线基础数据类型/结构
OUT_1	DS-65
OUT_1_RANGE	DS-68
OUT_2	DS-65
OUT_2_RANGE	DS-68
OUT_3	DS-65
OUT_4	DS-65
OUT_5	DS-65
OUT_6	DS-65
OUT_7	DS-65
OUT_8	DS-65
OUT_ALM	DS-66
OUT_ALM_SUM	Unsigned8
OUT_ARRAY	Float
OUT_D	DS-66
OUT_D5	DS-66
OUT_D6	DS-66
OUT_D7	DS-66
OUT_D8	DS-66
OUT_EXP	DS-65
OUT_HI_LIM	Float
OUT_LO_LIM	Float
OUT_PTRIP	DS-66
OUT_RANGE	DS-68
OUT_REM	DS-65
OUT_SCALE	DS-68
OUT_STATE	Unsigned16
OUT_TRIP	DS-66
OUTAGE_LIM	Float
PAUSE	DS-66
PAUSE_CAUSE	Unsigned8
PCT_INCL	Float
PERMISSIVE_D	DS-66
PI_POINTER	Unsigned32
PRE_OUT	DS-65

表 13（续）

参数助记符	现场总线基础数据类型/结构
PRE_OUT_ALM	DS-66
PRE_OUT_D	DS-66
PRE_TRIP	Float
PSP	DS-65
PULSE_VAL1	Float
PULSE_VAL2	Float
PV	DS-65
PV_D	DS-66
PV_FTIME	Float
PV_SCALE	DS-68
PV_STATE	Unsigned16
QUIES_OPT	Unsigned8
RA_FTIME	Float
RANGE_HI	Float
RANGE_LO	Float
RATE	Float
RCAS_IN	DS-65
RCAS_IN_D	DS-66
RCAS_OUT	DS-65
RCAS_OUT_D	DS-66
READBACK	DS-65
READBACK_D	DS-66
RESET	Float
RESET_CONFIRM	DS-66
RESET_D	Unsigned8
RESET_IN	DS-66
RESTART	Unsigned8
RESTART_TIME	Float
REV_FLOW 1	DS-66
REV_FLOW 2	DS-66
ROUT_IN	DS-65

表 13（续）

参数助记符	现场总线基础数据类型/结构
ROUT_OUT	DS-65
RS_STATE	Unsigned8
RTOTAL	Float
SEL_1	DS-65
SEL_2	DS-65
SEL_3	DS-65
SEL_TYPE	Unsigned8
SELECT_TYPE	Unsigned8
SELECTED	DS-66
SET_FSTATE	Unsigned8
SHED_OPT	Unsigned8
SHED_RCAS	Unsigned32
SHED_ROUT	Unsigned32
SHUTDOWN_D	DS-66
SIMULATE	DS-82
SIMULATE_D	DS-83
SP	DS-65
SP_D	DS-66
SP_HI_LIM	Float
SP_LO_LIM	Float
SP_RATE_DN	Float
SP_RATE_UP	Float
SPG_STATE	Unsigned8
SRTOTAL	Float
SSP	Float
ST_REV	Unsigned16
START	DS-66
START_TYPE	Unsigned8
START_VAL	START_VAL _TYPE (11 Floats)6
STATUS_OPTS	Bit string
STEP_POSN	DS-66

表 13（续）

参数助记符	现场总线基础数据类型/结构
STOTAL	Float
STRATEGY	Unsigned16
SWAP_2	Unsigned8
TAG_DESC	Octet string
TEST_RW	DS-85
TIME_POSN	DS-65
TIME_POSN_T	DS-65
TIME_UNIT1	Unsigned8
TIME_UNIT2	Unsigned8
TIME_UNITS	Unsigned8
TIMER_SP	Float
TIMER_TYPE	Unsigned8
TOTAL_SP	Float
TRAVEL_TIMER	Float
TRIP_TIME	Float
TRK_IN_D	DS-66
TRK_SCALE	DS-68
TRK_VAL	DS-65
UNCERT_LIM	Float
UNIT_CONV	Float
UPDATE_EVT	DS-73
WRITE_ALM	DS-72
WRITE_LOCK	Unsigned8
WRITE_PRI	Unsigned8
X_RANGE	DS-68
XD_SCALE	DS-68
XD_STATE	Unsigned16
Y_RANGE	DS-68

表 14 描述了结构定义（基于 FF 规范）和映射在 FDT 数据上的定义。

表 14 结构化数据类型助记符

结构	成员参数助记符	现场总线基础数据类型/结构
DS-64		DS-64
DS-64		DS-166
	BLOCK_TAG	Visible String
	DD_MEMBER	Unsigned32
	DD_ITEM	Unsigned32
	DD_REVIS	Unsigned16
	PROFILE	Unsigned16
	PROFILE_REVISION	Unsigned16
	EXECUTION_TIME	Unsigned32
	EXECUTION_PERIOD	Unsigned32
	NUM_OF_PARAMS	Unsigned16
	NEXT_FB_TO_EXECUTE	Unsigned16/Unsigned32
	VIEWS_INDEX	Unsigned16/Unsigned32
	NUMBER_VIEW _3	Unsigned8
	NUMBER_VIEW _4	Unsigned8
DS-65		DS-65
	STATUS	Unsigned8
	VALUE	Float
DS-66		DS-66
	STATUS	Unsigned8
	VALUE	Unsigned8
DS-67		DS-67
	STATUS	Unsigned8
	VALUE	Bit String
DS-68		DS-68
	EU_100	Float
	EU_0	Float
	UNITS_INDEX	Unsigned16
	DECIMAL	Integer8

表 14（续）

结构	成员参数助记符	现场总线基础数据类型/结构
DS-69		DS-69
	TARGET	Bit String
	ACTUAL	Bit String
	PERMITTED	Bit String
	NORMAL	Bit String
DS-70		DS-70
	GRANT	Bit String
	DENY	Bit String
DS-71		DS-71
	UNACKNOWLEDGED	Unsigned8
	ALARM_STATE	Unsigned8
	TIME_STAMP	Time value
	SUB_CODE	Unsigned16
	VALUE	Float
DS-72		DS-72
	UNACKNOWLEDGED	Unsigned8
	ALARM_STATE	Unsigned8
	TIME_STAMP	Time value
	SUB_CODE	Unsigned16
	VALUE	Unsigned8
DS-73		DS-73
	UNACKNOWLEDGED	Unsigned8
	UPDATE_STATE	Unsigned8
	TIME_STAMP	Time value
	STATIC_REVISION	Unsigned16
	RELATIVE_INDEX	Unsigned16
DS-74		DS-74
	CURRENT	Bit String
	UNACKNOWLEDGED	Bit String
	UNREPORTED	Bit String
	DISABLED	Bit String

表 14（续）

结构	成员参数助记符	现场总线基础数据类型/结构
DS-82		DS-82
	SIMULATE_STATUS	Unsigned8
	SIMULATE_VALUE	Float
	TRANSDUCER_STATUS	Unsigned8
	TRANSDUCER_VALUE	Float
	ENABLE_DISABLE	Unsigned8
DS-83		DS-83
	SIMULATE_STATUS	Unsigned8
	SIMULATE_VALUE	Float
	TRANSDUCER_STATUS	Unsigned8
	TRANSDUCER_VALUE	Float
	ENABLE_DISABLE	Unsigned8
DS-84		DS-84
	SIMULATE_STATUS	Unsigned8
	SIMULATE_VALUE	BitString
	TRANSDUCER_STATUS	Unsigned8
	TRANSDUCER_VALUE	BitString
	ENABLE_DISABLE	Unsigned8
DS-85		DS-85
	VALUE_1	Boolean
	VALUE_2	Integer8
	VALUE_3	Integer16
	VALUE_4	Integer32
	VALUE_5	Unsigned8
	VALUE_6	Unsigned16
	VALUE_7	Unsigned32
	VALUE_8	Float
	VALUE_9	Visible String
	VALUE_10	Octet String
	VALUE_11	Date
	VALUE_12	Time of Day
	VALUE_13	Time Difference
	VALUE_14	Bit String
	VALUE_15	Time Value

表 14（续）

结构	成员参数助记符	现场总线基础数据类型/结构
DS-141		
	Reserved	OctetString
	Status	Unsigned8
	Value	Boolean
DS-142		
	Reserved	OctetString
	Status	Unsigned8
	Value	Integer8
DS-143		
	Reserved	OctetString
	Status	Unsigned8
	Value	Integer16
DS-144		
	Reserved	OctetString
	Status	Unsigned8
	Value	Integer32
DS-145		
	Reserved	OctetString
	Status	Unsigned8
	Value	Unsigned16
DS-146		
	Reserved	OctetString
	Status	Unsigned8
	Value	Unsigned 32
DS-147		
DS-148		
DS-149		
DS-150		
DS-151		
DS-152		
	Reserved	OctetString
	Status	Unsigned8
	Value	VisibleString

表 14（续）

结构	成员参数助记符	现场总线基础数据类型/结构
DS-153		
	Status	Unsigned8
	Value	Date
DS-154		
	Reserved	OctetString
	Status	Unsigned8
	Value	TimeOfDay
DS-155 Reserved Status Value		
	Reserved	OctetString
	Status	Unsigned8
	Value	TimeDifference
DS-156		
	Reserved	OctetString
	Status	Unsigned8
	Value	Time
DS-157		
DS-158		
	Reserved	OctetString
	Status	Unsigned8
	Value	BitString(32)/BitString(64)
DS-159		
	Reserved	OctetString
	Status	Unsigned8
	Value_1	Unsigned8
	……	
	Value_8	Unsigned8
DS-160		
	Reserved	OctetString
	Status	Unsigned8
	Value_1	Unsigned8
	……	
	Value_16	Unsigned8

表 14（续）

结构	成员参数助记符	现场总线基础数据类型/结构
DS-161		
	Reserved	OctetString
	Status	Unsigned8
	Value_1	Unsigned8
	……	
	Value_32	Unsigned8
DS-162		
	Reserved	OctetString
	Status	Unsigned8
	Value_1	Float
	……	
	Value_8	Float
DS-163		
	Reserved	OctetString
	Status	Unsigned8
	Value_1	Float
	……	
	Value_16	Float
DS-164		
	Reserved	OctetString
	Status	Unsigned8
	Value_1	Float
	……	
	Value_24	Float
DURATION_TYPE	DURATION_1-	Float
	DURATION_10	Float
START_VAL_TYPE	START_VAL _1	Float
	START_VAL _11	Float
LOCATOR	KEY	Unsigned32
	LENGTH	Unsigned32
	LOCATION_INDEX	Unsigned32

表 15 描述了简单常用数据类型(基于 FF 行规)和映射在 FDT 数据类型上的定义。

表 15 简单常用数据类型

FF 数据类型定义	FDT 数据类型	注　意
布尔型	整型	定义 0 为 False,! 0 为 True
整型 8	整型	只有前 8 位可用
整型 16	整型	只有前 16 位可用
整型 32	整型	
无符号 8	无符号	只有前 8 位可用
无符号 16	无符号	只有前 16 位可用
无符号 32	无符号	
浮点数	浮点	
可见字符串	ASCII	详细定义和字节序列见 FF-870 的 9.3.1.5
八位位组串	十六进制串	详细定义和字节序列见 FF-870 的 9.3.1.6
Date	date and time	显示值时要使用标准 data Time 数据
Time of Day	date and time	显示值时要使用标准 data Time 数据类型
Time　Difference	十六进制串	详细定义和字节序列见 FF-870 的 9.3.1.9
Bit String	位串	若可能会使用位列举
Time Value	十六进制串	详细定义和字节序列见 FF-870 的 9.3.1.11

10　网络管理数据类型

10.1　概述

管理定义是 DTM 参数定义一个实例内的内嵌定义,以元素"BusInformation\UserDefinedBus 表示。

10.2　H1 网络管理定义

表 16 定义了 H1 现场总线管理数据类型和命名空间:ffh1Mngmnt 的使用。

表 16 H1 现场总线管理数据类型

名　称	描　述
ListOfH1NmaVfds	网络管理 VFDs 列表
H1NmaVfd	网络管理代理是一个通过管理 VFD 模拟的应用程序进程。管理 VFD 在 NMA 和系统管理内核之间共享,包含本 NMIB 和 SMIB
NMIB	网络管理信息库
SMIB	系统管理信息库

10.3 HSE 网络管理定义

表 17 列出了简单 HSE 现场总线管理定义和命名空间 ffhseMngmnt 的使用。

表 17 简单 HSE 现场总线管理定义

数据类型	定义	描述
actualNumberOfVFDs	UDINT	VFDs 的实际数目。FF-803 FS 1.19 SM 的 6.2.1
bufferSize	UNINT	在 FDA 代理规范(FF-588)中已定义该缓冲区大小 DEFAULT_BUFFER_SIZE=1460。 FF-803 FS 1.19 NM 的 5.1.2
capableTimeSyncClass	UNINT	此变量指定 HSE 存在时能够支持 SNTP 客户端的时间同步类。时间同步类枚举如下所示,定义在 IEC 61158-4-1 的7.6 TTT 子域。FF-803 FS 1.19 SM 的 6.2.2.1
daylightTimeDifference	DINT	该变量包含了添加到当前时间的签署信用号,以获得夏季时间戳时间。当通过开始夏令时和结束夏令时定义的时间间隔替换了当前时间时,它用来代替标准时间差。FF-803 FS 1.19 SM 的 6.2.2.1
discardedForForwardingDelayExceeded	UDINT	
discardedForLackOfBuffers	UDINT	计算提交上的用于传输一个或多个出站接口有效帧的数目,但由于缺乏可用的转发缓冲区被丢弃。FF-803 FS 1.19 NM 的 5.9.6
dstLinkAddress	UDINT	包含应通过 H1 桥转发的消息的 16 位目标地址(HL)。如果值是 0,说明无输入。FF-803 FS 1.19 NM 的 5.9.5
endpointType	USINT	在 FDA 代理规范(FF-588)中已定义结束指针类型。FF-803 FS 1.19 NM 的 5.1.2
fasDllMaxConfirmDelayOnConnect	UINT	在网络管理规范(FF-801)中已定义。FF-803 FS 1.19 NM 的 5.1.4
fasDllMaxDlsduSize	UINT	在网络管理规范(FF-801)中已定义。FF-803 FS 1.19 NM 的 5.1.4
FasDllDAP	USINT	在网络管理规范(FF-801)中已定义。FF-803 FS 1.19 NM 的 5.1.4
fBScheduleDescriptor		此属性是 FB 描述符记录进度表的 OD 索引。其值是 FB 进度表 OD 索引+2 +偏移,偏移表示列表中第一条记录从零开始。偏移量小于 FB 时间表列出指定的特性记录减 1 后的数。FF-803 FS 1.19 SM 的 6.2.5.2
fdaAddress	ARRAY OF USINT	在 FDA 代理规范(FF-801)中已定义。FF-803 FS 1.19 NM 的5.1.3
fdaGuardBand	UDINT	在 FDA 代理规范(FF-801)中已定义。FF-803 FS 1.19 NM 的 5.2.1
filteringDatabaseListHeaderOdIndex	UDINT	是代表过滤数据库头的列表头的类的实例。FF-803 FS 1.19 NM 的 5.9.1
forwardedInbound	UDINT	计算提交上的用于传输一个或多个出站接口有效帧的数目。FF-803 FS 1.19 NM 的 5.9.6
h1ConfiguratorAddress	UDINT	包含 H1 配置设备的 H1 地址。FF-803 FS 1.19 NM 的 5.9.3

表 17（续）

数据类型	定义	描述
h1DlOperatFunctionalClassSupported	USINT	此属性与一台连接设备的所有 H1 接口支持的类一致。它与网络管理规范(FF-801)中定义的 DlOperatFunctionalClass 具有相同的定义。HSE 设备不连接时值是 0。FF-803 FS 1.19 NM 的 5.2.1
h1Timeout	UDINT	该属性定义以毫秒为单位的时间量,它是释放调用的 ID 之前连接设备等待的时间。该 ID 由任何 H1 接口上发送的 FMS 和/或 SM 请求分配。FF-803 FS 1.19 NM 的 5.2.1
hseSubnetMask	ARRAY OF USINT	在 FDA 代理规范(FF-588)中已定义。FF-803 FS 1.19 NM 的 5.1.3
hseSubnetMaskBits	ARRAY OF USINT	FDA 代理规范 FF-588 中定义的一个 IP 地址或 HSE 子网掩码 ANDED 运算时产生 HSE 子网地址。它用于 HSE VCR 与 HSE 子网掩码属性。FF-803 FS 1.19 NM 的 5.2.1
hseVcrType	UDINT	FDA 代理规范(FF-588)中定义的 HSEVCR 类型。FF-803 FS 1.19 NM 的 5.1.3
ignoredInbound	UDINT	计算通过接口接收到的有效帧数目,转发进程决定不需要转发。FF-803 FS 1.19 NM 的 5.9.6
inactivityCloseTime	UDINT	FDA 代理规范(FF-588)中定义的无活动关闭时间 DEFAULT_INACTIVITY_CLOSE_TIME = 30 s。 FF-803 FS 1.19 NM 的 5.1.2
installedInterfaces	ARRAY OF USINT	安装接口。进入"安装"指的硬件置位和运作中。在对应的 H1 接口的每个位是接口 k 对应比特 k。第 1 位是 MSB。FF-803 FS 1.19 SM 的 6.2.1
interfaceLinkId	UDIT	
interfaceNodeId	USINT	
interfaceNumber	USINT	指出接口地址转发阵列的索引。 FF-803 FS 1.19 NM 的 5.9.5
interfaceStateArray	ARRAY OF USINT	
interfaceStatisticsSupported	ARRAY OF USINT	元素值指出支持的接口统计信息。 FF-803 FS 1.19 SM 的 5.9.2
lastSNTPMessage	ARRAY OF USINT	这个对象持有收到的最后的 SNTP 消息的前 48 个字节。此对象仅包含动态数据,它不影响版本号的计算。FF-803 FS 1.19 SM 的 6.2.2
maxForwardingDelayNormal	UINT	数据链接协议规范:桥操作附录(FF-806)中已定义。 单位=1/32 ms。 FF-803 FS 1.19 SM 的 5.9.2

表 17（续）

数 据 类 型	定义	描 述
maxForwardingDelayTimeAvailable	UINT	数据链接协议规范：桥操作附录(FF-806)中已定义。单位=1/32 ms。 FF-803 FS 1.19 SM 的 5.9.2
maxForwardingDelayUrgent	UINT	数据链接协议规范：桥操作附录(FF-806)中已定义。单位=1/32 ms。 FF-803 FS 1.19 SM 的 5.9.2
maxMessageLength	UDINT	FDA 代理规范(FF-588)中定义的最大消息长度。FF-803 FS 1.19SM 的 5.1.2
maxNumberOfInterfaces	UDINT	输入“接口最大数”指出可以被安装到设备的 H1 接口的最大数目，最大值是 30。见网络管理规范(FF-803)关于桥的特性。 FF-803 FS 1.19 SM 的 6.2.1
maxNumberOfVFDs	UDINT	VFDs 的最大数。 FF-803 FS 1.19 SM 的 6.2.1
maxNumEntries	UDINT	指出输入的最大数，可能在列表(NumConfigured+ NumUnconfigured)中被定义。FF-803 FS 1.19 SM 的 5.1.1
maxNumOfVcrs	UDINT	此元素包含了与相关会话终端输入对象一致的 HSE VCR 的最大数的计数器。其数目代表会话的“最高水位”。此属性可能不会被写入。 FF-803 FS 1.19 NM 的 5.5.2
minForwardingDelayNormal	UNIT	数据链接协议规范：桥操作附录(FF-806)中已定义。单位=1/32 ms。 FF-803 FS 1.19 SM 的 5.9.2
minForwardingDelayTimeAvailab	UNIT	数据链接协议规范：桥操作附录(FF-806)中已定义。单位=1/32 ms。 FF-803 FS 1.19 SM 的 5.9.2
minForwardingDelayUrgent	UNIT	数据链接协议规范：桥操作附录(FF-806)中已定义。单位=1/32 ms。 FF-803 FS 1.19 SM 的 5.9.2
minRepublishingDelay	UNIT	数据链接协议规范：桥操作附录(FF-806)中已定义。单位=1/32 ms。 FF-803 FS 1.19 SM 的 5.9.2
msgHdrOptions	ARRAY OF USINT	FDA 代理规范(FF-588)中定义消息头选项时已被定义 DEFAULT_HDR_OPTIONS=0。 FF-803 FS 1.19 NM 的 5.1.2
msgHdrOptionsSupported	ARRAY OF USINT	HSE 设备支持的消息头选项定义的属性。 FF-803 FS 1.19 NM 的 5.2.1

表 17（续）

数 据 类 型	定义	描 述
nmaConfigurationUse	USINT	FDA 代理规范(FF-588)中定义的 NMA 配置使用中定义。当向会话结束指针输入类的任何属性写入时设为。 FF-803 FS 1.19 NM 的 5.1.2
numberOfInterfaces	USINT	定义了 H1 桥的 H1 接口数，由于网络管理规范(FF-801)标准化的管理关系 FasDllMaxDlsduSize 属性，其最大值为 30。 FF-803 FS 1.19 NM 的 5.9.2
numberOfSchedule	UINT	包含进度的进度域的数目。每次一个新的进度域下载就增加，卸载就减少。FF-803 FS 1.19 NM 的 6.2.5.1
numConfigured	UDINT	此元素指示当前配置(与是否正在被使用独立)的列表中的条目数。它可能会被写入，但只应写入零值。除三种情况外，写零会使列表清零。FF-803 FS 1.19 NM 的 5.1.1
numOfAborts	UDINT	包含 HSE VCR 不管是被用户还是被通信堆中止的时间数的计数器，该属性可能不能被写入。FF-803 FS 1.19 NM 的 5.8.2
NumOfConfirmedRequestMessages-Received	UDINT	包含从 VCR 接收到的请求消息数的计数器，该属性可能不能被写入。 FF-803 FS 1.19 NM 的 5.8.2
NumOfConfirmedRequestMessagesSent	UDINT	包含从 VCR 发出的请求消息数的计数器，该属性可能不能被写入。 FF-803 FS 1.19 NM 的 5.8.2
numOfConnects	UDINT	包含用户或通信堆连接上的 HSE VCR 的时间数的计数器。该属性可能不能被写入。FF-803 FS 1.19 NM 的 5.8.2
numOfDuplicatedMessages	UDINT	包含 HSE VCR 接收到的复制的消息数目的计数器。见 FDA 代理规范(FF-588)。FF-803 FS 1.19 NM 的 5.8.2
numOfErrorMessagesReceived	UDINT	包含通过 HSE VCR 接收到的负响应消息数的计数器。 FF-803 FS 1.19 NM 的 5.8.2
numOfErrorMessagesSent	UDINT	包含通过 HSE VCR 接收到的负响应消息数的计数器。 FF-803 FS 1.19 NM 的 5.8.2
numOfInvalidMsgsReceived	UDINT	包含接收到的无效 FDA 消息数的计数器元素，该属性不能被写入。 FF-803 FS 1.19 NM 的 5.5.2
numOfLateMessages	UDINT	包含 HSE VCR 接收到的延迟消息数目的计数器。见 FDA 代理规范(FF-588)。FF-803 FS 1.19 NM 的 5.8.2
numOfLossOfSyncMessages	UDINT	包含 HSE VCR 检测到的同步损耗数目的计数器。见 FDA 代理规范(FF-588)。FF-803 FS 1.19 NM 的 5.8.2
numOfMissedMessages	UDINT	包含 HSE VCR 丢掉的消息数目的计数器。见 FDA 代理规范(FF-588)。 FF-803 FS 1.19 NM 的 5.8.2
numOfMsgsReceived	UDINT	含接收到的 FDA 消息数的计数器元素，该属性不能被写入。 FF-803 FS 1.19 的 5.5.2

表 17（续）

数 据 类 型	定义	描 述
numOfMsgsSent	UDINT	含发送的 FDA 消息数的计数器元素，该属性不能被写入。FF-803 FS 1.19 的 5.5.2
numOfNonMisorderedMessages	UDINT	
numOfOpenStateCtr	UDINT	含会话时间点开放时间数目的计数器元素，该属性不能被写入。 FF-803 FS 1.19 的 5.5.2
numOfResponseMessagesReceived	UDINT	含有通过 HSE VCR 接收到正响应消息数的计数器元素，该属性不能被写入。FF-803 FS 1.19 的 5.8.2
numOfResponseMessagesSent	UDINT	含有通过 HSE VCR 发送的正响应消息数的计数器元素，该属性不能被写入。 FF-803 FS 1.19 的 5.8.2
numOfUnconfirmedMessagesReceived	UDINT	含从 VCR 接收到的不确定请求消息数目的计数器元素，该属性不能被写入。FF-803 FS 1.19 的 5.8.2
numOfUnconfirmedMessagesSent	UDINT	
onChangeRefreshRate	USINT	此属性用于 HSE 本地出版商 VCR，不会传输，见 OnChangeThreshold[FDA 代理规范(FF-588)]。它决定了传输最新发布的变量值前 HSE 本地出版商 VCR 应等待多少出版商的执行周期。FF-803 FS 1.19 NM 的 5.2.1
onChangeThreshold	UDINT	FDA 代理规范(FF-588)中已定义。 FF-803 FS 1.19 NM 的 5.1.3
repubAddress	UDINT	32 位的出版地址。 FF-803 FS 1.19 NM 的 5.9.4
republishingDatabaseListHeaderOdIndex	UDINT	
restartStatisticsCollectionControl	USINT	用来重新启动指定的统计表项列表中的所有条目的统计数据收集。StatisticsCollectionStartTime 更新并且统计计数器被清零，重新启动。FF-803 FS 1.19 NM 的 5.2.1。 0 什么都不做； 1 重新收集统计信息的会话统计列表中的所有条目； 2 重新收集统计信息的 HSE VCR 统计列表的所有条目； 3 重新启动会话统计列表和 HSE VCR 统计列表中的所有条目的统计信息
rootInterface	USINT	H1 桥的接口数，如果有的话是根接口。 FF-803 FS 1.19 NM 的 5.9.2
scheduleSyncPeriod	UDINT	这个变量包含 4.6 中所描述的模函数，用于确定下一个大周期的开始时间，以刻度为单位。FF-803 FS 1.19 SM 的 6.2.2.1

表 17（续）

数据类型	定义	描述
sessionMaxOutstanding	UDINT	此元素表示客户端或服务器端可以在任何有显著的时间点的最大请求数[见 FDA (FF-588)]。FF-803 FS 1.19 NM 的 5.2.1
sessionStatisticsControlDefaultValue	USINT	此元素包含会话统计的统计控制属性条目使用的默认值。它的初始值是"开"。当一个会话统计信息项进行初始化，其统计控制属性的值设置为这个值。FF-803 FS 1.19 NM 的 5.2.1
sNTPTimestamp	UDINT	该数组对象持有用于计算延迟和偏移的 4 个时间，在 RFC-2030 中描述为 T1、T2、T3 和 T4。该数组的第一个元素持有 T1 秒的整数部分。第二个元素持有 T1 秒的小数部分。剩下的按照这种序列记录余下的 SNTP 时间。此对象仅包含动态数据，不影响计算的版本号。FF-803 FS 1.19 SM 的6.2.2
standardTimeDifference	UINT	这个变量包含了添加到当前时间的签署时刻号，以获得标准时间戳时间。当通过开始夏令时和结束夏令时定义的时间间隔替换了当前时间时，它用来代替标准时间差。FF-803 FS 1.19 SM 的 6.2.2.1
state	USINT	只读。在 FDA 代理规范(FF-588)中定义状态和指定会话的终点状态已定义。当写入任何会话终端输入类时设置为 0，FF-803 FS 1.19 SM 的 5.2.1
statisticsControl	USINT	该属性指定启动和重启动时的统计信息集。重新启动统计信息集造成要更新的 StatisticsCollectionStartTime 和所有统计计数器被清除和重新启动。FF-803 FS 1.19 NM 的 5.8.2
subAddress	UDINT	32 位的订阅地址，如果值为 0，说明没有配置。 FF-803 FS 1.19 NM 的 5.9.4
targetTimeSyncClass	UDINT	此变量表示在 HSE 存在时 SNTP 时间客户端配置的时间同步类。枚举类似于精简时间同步类。FF-803 FS 1.19 SM 的 6.2.2.1
tcpProtocolSupported	BOOL	HSE 设备是否支持 TCP 协议而定义。支持时为 TRUE（真），否则为 FALSE(假)。FF-803 FS 1.19 NM 的 5.2.1
timeRequestInterval	UDINT	这个变量包含以刻为单位，在 HSE 存在时 SNTP 时间客户端发送请求到时间服务器等待的时间。零意味着该设备将计算这个数字。如果该设备不能计算时间间隔则不允许值小于 10 s。 FF 的 1.19 SM-803 FS 的 6.2.2.1

表 17（续）

数据类型	定义	描述
timeRequestTimeout	UDINT	包含以刻度为单位的在 HSE 存在时等待时间服务器应答时间请求的 SNTP 时间客户端的时间。FF 的 1.19 SM-803 FS 的 6.2.2.1
vfdServerSelector	UDINT	此属性用于为 VFD 选择通用服务器 VCR。HSE 与 H1 NMA 变频驱动器 VFD 服务器选择属性被设置为 0，以指示在 FMS VCR 选择器的连接选项不能与这些变频驱动器一起使用。FDA 规范（FF-588）。由设备分配。FF-803 FS 1.19 SM 的 6.2.4.1

表 18 列出了结构化 HSE 现场总线网络管理的定义。

表 18 结构化 HSE 网络管理数据类型

数据类型	定义			描述
	基本数据类型	用法	多样性	
ActiveScheduleIndex	STRUCT			当前活动时间表域名的索引。FF-803 FS 1.19 SM 的 6.2.5.1
	fdt:readAccess	O	[0..1]	
	fdt:writeAccess	O	[0..1]	
	fdt:index	M	[1..1]	
ActiveScheduleVersion	STRUCT			指出正在执行的时间表的版本。FF-803 FS 1.19 SM 的 6.2.5.1
	fdt:readAccess	O	[0..1]	
	fdt:writeAccess	O	[0..1]	
	fftypes:versionNumber	M	[1..1]	
ActualNumberOfVFDs	STRUCT			FF-803 FS 1.19 SM 的 5.2.1
	fdt:readAccess	O	[0..1]	
	fdt:writeAccess	O	[0..1]	
	actualNumberOfVFDs	M	[1..1]	
AutomaticSessionList	STRUCT			自动会话列表元素定义。FF-803 FS 1.19 NM 的 5.4.1
	ListHeader	M	[1..1]	
	ListOfSessionEndpoints	M	[1..1]	

表 18（续）

数据类型	定义 基本数据类型	用法	多样性	描述
BridgeCharacteristics	STRUCT	M	[1..1]	桥特性元素定义。 FF-803 FS 1.19 NM 的 5.9.2
	Version	M	[1..1]	
	NumberOfInterfaces	M	[1..1]	
	RootInterface	M	[1..1]	
	InterfaceStatisticsSupported	M	[1..1]	
	MaxForwardingDelayUrgent	M	[1..1]	
	MinForwardingDelayUrgent	M	[1..1]	
	MaxForwardingDelayNormal	M	[1..1]	
	MinForwardingDelayNormal	M	[1..1]	
	MaxForwardingDelayTimeAvailable	M	[1..1]	
	MinForwardingDelayTimeAvailable	M	[1..1]	
	MinRepublishingDelay	M	[1..1]	
	RepublishingDatabaseListHeaderOdIndex	M	[1..1]	
BufferSize	STRUCT			在 FDA 代理规范(FF-588)中定义 BufferSize 时已定义 DEFAULT_BUFFER_SIZE = 1460。 FF-803 FS 1.19 NM 的 5.1.2
	fdt:readAccess	O	[0..1]	
	fdt:writeAccess	O	[0..1]	
	bufferSize	M	[1..1]	
CapableTimeSync-Class	STRUCT			此变量指定在 HSE 存在时能够支持 SNTP 客户端的时间同步类。时间同步的枚举类如下所示，IEC 61158-4 的 17.6 子域 TTT 中定义。 FF-803 FS 1.19 SM 的 6.2.2.1
	fdt:readAccess	O	[0..1]	
	fdt:writeAccess	O	[0..1]	
	capableTimeSyncClass	M	[1..1]	

表 18（续）

数据类型	定义			描述
	基本数据类型	用法	多样性	
ConfiguredSession-List	STRUCT			已配置的会话列表定义。列表中的每个条目可包含特定配置的会话，或者它可能是空的。FF-803 FS 1.19 NM 的 5.3.1
	ListHeader	M	[1..1]	
	ListOfSessionEndpoints	M	[1..1]	
CurrentNmaConfig-urationAccess	STRUCT			此属性不为零时是一个包含 HSE 和 H1 配置的应用识别的记录对象，目前配置访问任何一个（或全部）连接设备 NMA VFD。FF-803 FS 1.19 NM 的 5.9.1
	fdt:readAccess	O	[0..1]	
	fdt:writeAccess	O	[0..1]	
	NmaConfigurationAccess	M	[1..1]	
DaylightTimeDiffer-ence	STRUCT			这个变量包含了签署标记添加到当前时间的数目，以获得夏令时间戳的时间。当通过开始夏令时和结束夏令时定义的时间间隔替换了当前时间时，它用来代替标准时间差。 FF-803 FS 1.19 SM 的 6.2.2.1
	fdt:readAccess	O	[0..1]	
	fdt:writeAccess	O	[0..1]	
	DaylightTimeDifference	M	[1..1]	
DDDomainIndex	STRUCT			此属性是包含任何设备常驻 DD 的域的数字标识符，它由该设备分配。 FF-803 FS 1.19 SM 的 6.2.4.1
	fdt:readAccess	O	[0..1]	
	fdt:writeAccess	O	[0..1]	
	fdt:index	M	[1..1]	
DeviceContentsDo-main	STRUCT			允许软件的设备上载和下载。设备制造商定义域的内容。FF-803 FS 1.19 SM 的 6.2.1
	fdt:readAccess	O	[0..1]	
	fdt:writeAccess	O	[0..1]	
	fftypes:domain	M	[1..1]	

表 18（续）

数据类型	定　义			描　述
	基本数据类型	用法	多样性	
DeviceIdentification	STRUCT			包含目前分配给它的物理设备和应用程序的唯一标识的数据的设备识别记录。FF-803 FS 1.19 SM 的 6.2.3
	fdt:readAccess	M	[1..1]	
	fdt:writeAccess	M	[1..1]	
	DeviceIndex	M	[1..1]	
	DeviceType	M	[1..1]	
DeviceIndex	STRUCT			该属性是一网站的管理号标识设备。HSE 子网内它是唯一的。FF-803 FS 1.19 SM 的 6.2.5
	fdt:readAccess	O	[0..1]	
	fdt:writeAccess	O	[0..1]	
DeviceType	fftypes:deviceIndex	M	[1..1]	
	STRUCT			FF-803 FS 1.19 NM 的 5.2.1
	fdt:readAccess	O	[0..1]	
	fdt:writeAccess	O	[0..1]	
DiscardedForForwardingDelayExceeded	fftypes:deviceType	M	[1..1]	
	STRUCT			FF-803 FS 1.19 NM 的 5.2.1
	fdt:readAccess	O	[0..1]	
	fdt:writeAccess	O	[0..1]	
	discardedForForwardingDelayExceeded	M	[1..1]	
	InterfaceDesiredStateArray	M	[1..1]	
	InterfaceActualStateArray	M	[1..1]	
	InterfaceStatisticsList	O	[0..1]	
	RepublishingDatabase	O	[0..1]	
	FilteringDatabase	O	[0..1]	
DomainIndex	STRUCT			此属性是此调度的描述符的域的 OD 指数。它由制造商设置。FF-803 FS 1.19 SM 的 6.2.5.2
	fdt:readAccess	O	[0..1]	
	fdt:writeAccess	O	[0..1]	
	fdt:index	M	[1..1]	

表 18（续）

数据类型	定义			描述
	基本数据类型	用法	多样性	
DstLinkAddress	STRUCT			包含了应该被转发的 H1 桥的消息的 16 位目标地址(HL)。如果该值是 0,那么这个输入没有配置。 FF-803 FS 1.19 NM 的 5.9.5
	fdt:readAccess	O	[0..1]	
	fdt:writeAccess	O	[0..1]	
	dstLinkAddress	M	[1..1]	
EndDaylightTime	STRUCT			包含定义结束夏令时的时间间隔的当前时间值。如果该值小于开始夏令时,夏令时从来没有开始。FF-803 FS 1.19 SM 的 6.2.2.1
	fdt:readAccess	O	[0..1]	
	fdt:writeAccess	O	[0..1]	
	fftypes:timeValue	M	[1..1]	
EndpointType	STRUCT			在 FDA 代理规范(FF-588)中已经通过定义 EndpointType 定义了,并且指出了端点的类型。 FF-803 FS 1.19 NM 的 5.1.2
FasDllMaxConfirmDelayOnConnect	STRUCT			在网络管理规范(FF-801)中定义 FasDll-MaxConfirmDelayOnConnect 时已定义。 FF-803 FS 1.19 SM 的 5.9.4
	fdt:readAccess	O	[0..1]	
	fdt:writeAccess	O	[0..1]	
	fasDllMaxConfirmDelayOn-Connect	M	[1..1]	
FasDllMaxDlsduSize	STRUCT			在网络管理规范(FF-801)中定义 FasDll-MaxDlsduSize 时已定义。 FF-803 FS 1.19 SM 的 5.9.4
	fdt:readAccess	O	[0..1]	
	fdt:writeAccess	O	[0..1]	
	fasDllMaxDlsduSize	M	[1..1]	

表 18(续)

数据类型	定义			描述
	基本数据类型	用法	多样性	
FasDllSDAP	STRUCT			在网络管理规范(FF-801)中定义 FasDllSDAP 时已定义。 FF-803 FS 1.19 SM 的 5.9.4
	ScheduleActivation	M	[1..1]	
	ScheduleListCharacteristics	M	[1..1]	
	ListOfFBScheduleDescriptors	M	[1..1]	
EndpointType				通过定义 EndpointType 定义了,并且指出了端点的类型。 FF-803 FS 1.19 SM 的 5.1.2
	fdt:readAccess	O	[0..1]	
	fdt:writeAccess	O	[0..1]	
	endpointType	M	[1..1]	
FasDllMaxConfirmDelayOnConnect	STRUCT			在网络管理规范(FF-801)中定义 FasDllMaxConfirmDelayOnConnect 时已定义。 FF-803 FS 1.19 SM 的 5.9.4
	fdt:readAccess	O	[0..1]	
	fdt:writeAccess	O	[0..1]	
	fasDllMaxConfirmDelayOnConnect	M	[1..1]	
FasDllMaxDlsduSize	STRUCT			在网络管理规范(FF-801)中定义 FasDllMaxDlsduSize 时已定义。 FF-803 FS 1.19 SM 的 5.9.4
	fdt:readAccess	O	[0..1]	
	fdt:writeAccess	O	[0..1]	
	fasDllMaxDlsduSize	M	[1..1]	
FasDllSDAP	STRUCT			在网络管理规范(FF-801)中定义 FasDllSDAP 时已定义。 FF-803 FS 1.19 SM 的 5.9.4
	ScheduleActivation	M	[1..1]	
	ScheduleListCharacteristics	M	[1..1]	
	ListOfFBScheduleDescriptors	M	[1..1]	

表 18（续）

数据类型	定义			描述
	基本数据类型	用法	多样性	
FbSchedule	STRUCT			FF-803 FS 1.19 SM 的 5.2.1
	fdt:readAccess	O	[0..1]	
	fdt:writeAccess	O	[0..1]	
	fasDllMaxConfirmDelayOnConnect	M	[1..1]	
FBScheduleDescriptor	STRUCT			FB 进程对象涉及到该设备中的 FB 进程。FF-589 FS 1.19 SM6.2.5。此属性是 FB 进程描述符记录的 OD 指数。其值是 FB 附表 OD 指数＋2＋偏移，偏移表示列表中从零开始的位置。即，列表中第一个记录偏移为零。偏移量不大于指定的 FB 附表列出特性记录减 1。FF-803 FS 1.19 SM 的 6.2.5.2
	ScheduleVersion	M	[1..1]	
	fftypes:MacrocycleDuration	M	[1..1]	
	DomainIndex	M	[1..1]	
FdaAddress	STRUCT			在 FDA 代理规范（FF-588）中定义 FDAAddress 时已定义。FF-803 FS 1.19 SM 的 5.1.3
	fdt:readAccess	O	[0..1]	
	fdt:writeAccess	O	[0..1]	
	fdaAddress	M	[1..1]	
FdaGuardBand	STRUCT			在 FDA 代理规范(FF-588)中定义 GuardBand 时已定义。FF-803 FS 1.19 SM 的 5.2.1
	fdt:readAccess	O	[0..1]	
	fdt:writeAccess	O	[0..1]	
	fdaGuardBand	M	[1..1]	
FilteringDatabase	STRUCT			NMIB FilteringDatabase 用于级联桥(链接时不能立即连接到 H1 桥)。NMA 从 InterfaceAddressArray 和 NMIB FilteringDatabase 加载信息到 DLL 桥过滤数据库。FF-803 FS 1.19 NM 的 5.2.1
	ListHeader	M	[1..1]	
	ListOfFilteringDatabaseRecords	M	[1..1]	

表 18（续）

数据类型	定　义			描　述
	基本数据类型	用法	多样性	
FilteringDatabase ListHeaderOdI	STRUCT			代表过滤数据库标题的 ListHeader 类的一个实例。 FF-803 FS 1.19 NM 的 5.9.1
	fdt:readAccess	O	[0..1]	
	fdt:writeAccess	O	[0..1]	
	fdt:index	M	[1..1]	
FilteringEntry	STRUCT			这个类用来定义 H1 接口之间的数据路径，每个 FilterEntry 可能包含的进行转发的信息，可以是空的(未配置)。 FF-803 FS 1.19 NM 的 5.2.1
	DstLinkAddress	M	[1..1]	
	InterfaceNumber	M	[1..1]	
FirstConfiguredIn-dex	STRUCT			该元素是目前配置的列表中的第一项的 OD 指数。如果没有配置的条目，此元素的值是零。需要注意的是配置的条目不一定是连续的(即不应该假设连续 OD 配置项指标)。FF-803 FS 1.19 NM 的 5.1.1
	fdt:readAccess	O	[0..1]	
	fdt:writeAccess	O	[0..1]	
	fdt:index	M	[1..1]	
FirstUnconfig-uredIndex	STRUCT			这个元素是目前没有配置的列表中的第一项 OD 指数。如果没有未配置项(所有项均配置)，其值是零。需要注意的是未配置的条目不一定是连续的(即不应该假定为未配置项的连续 OD 指标)。FF-803 FS 1.19 NM 的 5.1.1
	fdt:readAccess	O	[0..1]	
	fdt:writeAccess	O	[0..1]	
	fdt:index	M	[1..1]	

表 18（续）

数据类型	定　义			描　述
	基本数据类型	用法	多样性	
FmsFeaturesSup-ported	STRUCT			该属性表示 FDA FMS 的 HSE 设备所支持的服务。 FF-803 FS 1.19 NM 的 5.2.1
	fdt:readAccess	O	[0..1]	
	fdt:writeAccess	O	[0..1]	
	fftypes:fmsFeatures-Supported	M	[1..1]	
ForwardedInbound	STRUCT			此元素对用于传输的一个或多个输出接口收到的有效帧的数量进行计数。 FF-803 FS 1.19 NM 的 5.9.6
	fdt:readAccess	O	[0..1]	
	fdt:writeAccess	O	[0..1]	
	forwardedInbound	M	[1..1]	
H1ConfiguratorA ddress	STRUCT			该元素包含 H1 的 H1 配置设备的地址。 FF-803 FS 1.19 NM 的 5.9.3
	fdt:readAccess	O	[0..1]	
	fdt:writeAccess	O	[0..1]	
	h1ConfiguratorAddress	M	[1..1]	
H1DlOperatFuncti onalClassSupp	STRUCT			此属性对应所支持的所有 H1 接口的连接设备的类。它具有在网络管理规范(FF-801)中与 DlOperatFunctionalClass 属性相同的定义。值是 0 时，HSE 设备是未连接的设备。 FF-803 FS 1.19 NM 的 5.2.1
	fdt:readAccess	O	[0..1]	
	fdt:writeAccess	O	[0..1]	
	h1DlOperatFunctionalClassSu pported	M	[1..1]	

表 18（续）

数据类型	定义			描述
	基本数据类型	用法	多样性	
H1Timeout	STRUCT			该属性定义了大量的以毫秒为单位的时间，是释放调用的由 FMS 和/或 SM 任何 H1 接口上发送的请求分配的 ID 之前连接设备等待的时间。 FF-803 FS 1.19 NM 的 5.2.1
	fdt:readAccess	O	[0..1]	
	fdt:writeAccess	O	[0..1]	
	h1Timeout	M	[1..1]	
HseAutomaticVcrL-ist	STRUCT			是 HSE 自动 VCR 定义的列表。列表中的每个条目可包含已定义的 HSE 自动 VCR，也可能是空的。 FF-803 FS 1.19 NM 的 5.2.1
	ListHeader	M	[1..1]	
	ListOfHseVcrEndpoints	M	[1..1]	
HseConfiguratorI-pAddress	STRUCT			由 HSE 配置器设备使用的 IP 地址。如果配置的设备不是一个 HSE 设备，则设置为 0。FF-803 FS 1.19 NM 的 5.9.3
	fdt:readAccess	O	[0..1]	
	fdt:writeAccess	O	[0..1]	
	fftypes:ip	M	[1..1]	
HseConfigured-VcrList	STRUCT			HseConfiguredVcrList 是 HseConfigur-ed-Vcr 定义的列表。列表中的每个条目可包含已定义的 HSE 配置 VCR，也可能是空的。如果 HSE 设备未配置，即无需进行任何配置在此列表中不应该有任何预配置的 HseConfiguredVcr。 FF-803 FS 1.19 NM 的 5.6.1
	ListHeader	M	[1..1]	
	ListOfHseVcrEndpoints	M	[1..1]	
HSEDeviceVersion	STRUCT			HSE 设备版本。 FF-803 FS 1.19 SM 的 6.2.1
	fdt:readAccess	O	[0..1]	
	fdt:writeAccess	O	[0..1]	
	fftypes:versionNumber	M	[1..1]	

表 18（续）

数据类型	定义			描述
	基本数据类型	用法	多样性	
HseNmaVfd	STRUCT			FF-803 FS 1.19 SM 的 5.2.1
	fdt:readAccess	O	[0..1]	
	fdt:writeAccess	O	[0..1]	
	hseSubnetMask	M	[1..1]	
HseSubnetMask	STRUCT			在 FDA 代理规范(FF-588)中定义 HSE-Subnet Mask 时已定义。 FF-803 FS 1.19 SM 的 5.1.3
	fdt:readAccess	O	[0..1]	
	fdt:writeAccess	O	[0..1]	
	hseSubnetMaskBits	M	[1..1]	
HseSubnetMask Bits	STRUCT			此属性与一个 IP 地址或 HSE 子网掩码的 AND 运算产生的 HSE 子网地址。FDA 代理规范(FF-588)中有所定义。它用于带 HSE 子网掩码属性的 HSE VCRs。 FF-803 FS 1.19 NM 的 5.2.1
	fdt:readAccess	O	[0..1]	
	fdt:writeAccess	O	[0..1]	
	hseSubnetMaskBits	M	[1..1]	
HseVcrEndpoint	STRUCT			HSE VCR 输入。 FF-803 FS 1.19 NM 的 7.5
	HseVcrType	M	[1..1]	
	FdaAddress	M	[1..1]	
	RelatedSessionEndpointOdIndex	M	[1..1]	
	VcrUserId	M	[1..1]	
	HseSubnetMask	M	[1..1]	
	OnChangeThreshold	M	[1..1]	
	InactivityCloseTime	M	[1..1]	
	StatisticsEntryOdIndex	M	[1..1]	

表 18（续）

数据类型	定义：基本数据类型	定义：用法	定义：多样性	描述
HseVcrEntryOdIndex	STRUCT			此属性指定 HSE VCR Entry 对象的 OD 指数。 FF-803 FS 1.19 NM 的 5.8.2
	fdt:readAccess	O	[0..1]	
	fdt:writeAccess	O	[0..1]	
	fdt:index	M	[1..1]	
HseVcrStatisticsEntry	STRUCT			此类用于定义一个 HSE VCR 统计进入的特征量。 FF-803 FS 1.19 NM 的 5.8.2
	HseVcrEntryOdIndex	M	[1..1]	
	StatisticsControl	M	[1..1]	
	StatisticsCollectionStartTime	M	[1..1]	
	VcrUserld	M	[1..1]	
	NumOfConnects	M	[1..1]	
	NumOfAborts	M	[1..1]	
	NumOfUnconfirmedMessagesSent	M	[1..1]	
	NumOfUnconfirmedMessagesReceived	M	[1..1]	
	NumOfConfirmedRequestMessagesSent	M	[1..1]	
	NumOfResponseMessagesSent	M	[1..1]	
	NumOfErrorMessagesSent	M	[1..1]	
	agesReceived			
	NumOfResponseMessagesReceived	M	[1..1]	
	NumOfErrorMessagesReceived	M	[1..1]	
	NumOfNonMisorderedMessages	M	[1..1]	
	NumOfDuplicatedMessages	M	[1..1]	
	NumOfLateMessages	M	[1..1]	
	NumOfMissedMessages	M	[1..1]	
	NumOfLossOfSyncMessages	M	[1..1]	

表 18（续）

数据类型	定义			描述
	基本数据类型	用法	多样性	
HseVcrStatisticsList	STRUCT			VCR 统计信息列表。 FF-803 FS 1.19 NM 的 5.8.1
	ListHeader	M	[1..1]	
	ListOfHseVcrStatistics-Entries	M	[1..1]	
HseVcrType	STRUCT			在 FDA 代理规范(FF-588)中定义 HSE VCR Type 时定义一样，指定 HSE VCR 的类型。 FF-803 FS 1.19 NM 的 5.1.3
	fdt:readAccess	O	[0..1]	
	fdt:writeAccess	O	[0..1]	
	hseVcrType	M	[1..1]	
IgnoredInbound	STRUCT			此元素计算通过接口接收的有效帧的数量，决定不需要转发。FF-803 FS 1.19 NM 的 5.9.6
	fdt:readAccess	O	[0..1]	
	fdt:writeAccess	O	[0..1]	
	ignoredInbound	M	[1..1]	
InactivityCloseTime	STRUCT			在 FDA 代理规范(FF-588)中定义 Inactivity Close Time 时定义一样。 DEFAULT _ INACTIVITY _ CLOSE _ TIME=30 s。 FF-803 FS 1.19 NM 的 5.1.2
	fdt:readAccess	O	[0..1]	
	fdt:writeAccess	O	[0..1]	
	inactivityCloseTime	M	[1..1]	
InstalledInterfaces	STRUCT			FF-803 FS 1.19 NM 的 5.2.1
	fdt:readAccess	O	[0..1]	
	fdt:writeAccess	O	[0..1]	
	installedInterfaces	M	[1..1]	

表 18（续）

数据类型	定　义			描　　述
	基本数据类型	用法	多样性	
InterfaceActual-StateArray	STRUCT			用 8 位无符号整数数组定义接口的实际状态，在数据链路协议规范：桥操作增编(FF-806)有所描述。此阵列中的每个元素代表一个特定的接口，该接口从 1 到 n 顺序编号，其中 n 是由 H1 桥支持的接口的数目。FF-803 FS 1.19 NM 的 5.9.1
	fdt:readAccess	O	[0..1]	
	fdt:writeAccess	O	[0..1]	
	interfaceStateArray	M	[1..1]	
InterfaceAddress	STRUCT			在 InterfaceAddressArray 中的一个元素，是一个特定的接口的 H1 链接 Id.Node.00。接口和这个数组的索引从 1 到 n 顺序编号，其中“1”代表第一 H1 接口[版本号列表见 HSE 体系管理(FF-589)]，n 是 H1 桥支持的 H1 接口的最大数量[见网络管理规范(FF-801)]H1 桥设备不改变 ThisLink 的属性，其值被定义在 InterfaceAddressArray 中。FF-803 FS 1.19 NM 的 5.9.1
	fdt:readAccess	O	[0..1]	
	fdt:writeAccess	O	[0..1]	
	interfaceLinkId	M	[1..1]	
	interfaceNodeId	M	[1..1]	
InterfaceAddres-sArray	STRUCT			该数组用于定义 H1 桥接口的地址。此数组中的每一个元素都是一个特定接口的 H1 链接 id.Node.00。 FF-803 FS 1.19 NM 的 5.9.1
	fftypes:listCount	M	[1..1]	
	InterfaceAddress	M	[1..1]	
InterfaceDesired-StateArray	STRUCT			是非易失性阵列的无符号的 8 位整数，用来定义所期望的接口状态。此阵列中的每个元素代表一个特定的接口，该接口从 1 到 n 顺序编号，其中 n 是由 H1 桥支持的接口的数目。FF-803 FS 1.19 NM 的 5.9.1
	fdt:readAccess	O	[0..1]	
	fdt:writeAccess	O	[0..1]	
	interfaceStateArray	M	[1..1]	

表 18（续）

数据类型	定义			描述
	基本数据类型	用法	多样性	
InterfaceNumber	STRUCT			该属性指定转发的 InterfaceAddressArray 索引。 FF-803 FS 1.19 NM 的 5.9.5
	fdt:readAccess	O	[0..1]	
	fdt:writeAccess	O	[0..1]	
	interfaceNumber	M	[1..1]	
InterfaceStatisticsEntry	STRUCT			这个类用来定义收集用于 H1 桥接口的统计数据。 FF-803 FS 1.19 NM 的 5.9.6
	ForwardedInbound	M	[1..1]	
	IgnoredInbound	M	[1..1]	
	DiscardedForLackOfBuffers	M	[1..1]	
	DiscardedForForwardingDelayExceeded	M	[1..1]	
InterfaceStatistics-List	STRUCT			若 BridgeCharacteristics 中的 InterfaceStatisticsSupported 不为零则出现该条件元素。它代表了接口的列表的性能和故障相关的统计数据。 FF-803 FS 1.19 NM 的 5.9.1
	fftypes:listCount	M	[1..1]	
	InterfaceStatisticsEntry	O	[0..*]	
InterfaceStatistics-Supported	STRUCT			该属性指定转发的 InterfaceAddressArray 索引。FF-803 FS 1.19 NM 的 5.9.5
	fdt:readAccess	O	[0..1]	
	fdt:writeAccess	O	[0..1]	
	interfaceStatisticsSupported	M	[1..1]	
LastSNTPMessage	STRUCT			这个对象持有接收到的最后 SNTP 消息的前 48 个字节。此对象仅包含动态数据，不影响版本号的计算。 FF-803 FS 1.19 SM 的 6.2.2
	fdt:readAccess	O	[0..1]	
	fdt:writeAccess	O	[0..1]	
	lastSNTPMessage	M	[1..1]	

表 18(续)

数据类型	定义			描述
	基本数据类型	用法	多样性	
ListHeader	STRUCT	M	[1..1]	这是一个 HSE NMA NMIB 的列表中的通用头。列表头提供用于直接访问它们的第一个配置条目和第一个未配置条目的参数。也提供了该列表中的条目数,以允许用户从列表中读取一系列条目。 FF-803 FS 1.19 NM 的 5.1.1
	Version	M	[1..1]	
	FirstConfiguredIndex	M	[1..1]	
	FirstUnconfiguredIndex	M	[1..1]	
	MaxNumEntries	M	[1..1]	
	NumConfigured	M	[1..1]	
ListOfFBSchedule-Descriptors	STRUCT			功能块进度描述列表。 FF-803 FS 1.19 NM 的 6.4.5
	fftypes:listCount	M	[1..1]	
	FBScheduleDescriptor	M	[1..*]	
ListOfFilteringData-baseRecords	STRUCT			此属性是过滤数据库中记录的列表。列表中的每个条目是 FilteringEntry 类的一个实例。FF-803 FS 1.19 NM 的 5.2.1
	fftypes:listCount	M	[1..1]	
	FilteringEntry	O	[0..*]	
ListOfH-seVcrEndpoints	STRUCT			HSEVCREntries 列表。 FF-803 FS 1.19 NM 的 7.5
	fftypes:listCount	M	[1..1]	
	HseVcrEndpoint	O	[0..*]	
ListOfHseVcrStatis-ticsEntries	STRUCT			HSE VCRs 的性能和故障相关的统计数据的列表。 FF-803 FS 1.19 NM 的 5.8.1
	fftypes:listCount	M	[1..1]	
	HseVcrStatisticsEntry	O	[0..*]	
ListOfLocalIPAd-dresses	STRUCT			此数组包含的 HSE 设备所支持的每个以太网接口的本地 IP 地址。其中的每个条目是一个 IP6 地址。元素的数量取决于 HSE 设备支持的以太网接口数目。 FF-803 FS 1.19 SM 的 6.2.1
	fftypes:listCount	M	[1..1]	
	LocalIPAddress	M	[1..*]	

表 18（续）

数据类型	定义			描述
	基本数据类型	用法	多样性	
ListOfRepublishing-DatabaseRecords	STRUCT			重新发布的数据库记录的列表。列表中的每个条目是 RepublishingEntry 类的一个实例。 FF-803 FS 1.19 NM 的 5.9.1
	fftypes:listCount	M	[1..1]	
	RepublishingEntry	O	[0..*]	
ListOfSessionEnd-points	STRUCT			会话端点元素列表。 FF-803 FS 1.19 NM 的 7.3
	fftypes:listCount	M	[1..1]	
	SessionEndpoint	O	[0..*]	
ListOfSessionStatis-ticsEntries	STRUCT			会话统计条目的元素列表。FF-803 FS 1.19 NM 的 5.4
	fftypes:listCount	M	[1..1]	
	SessionStatisticsEntry	O	[0..*]	
ListOfSNTPTimes-tamps	STRUCT			SNTP 时间戳列表。 FF-803 FS 1.19 SM 的 6.2.2
	fftypes:listCount	M	[1..1]	
	SNTPTimestamp	M	[1..1]	
ListOfVersionNum-bers	STRUCT			该在 SMIB 中的 SM 的特点的属性显示了设备中所有 SMIBs、NMIBs 和功能块变频驱动器的版本号。 FF-803 FS 1.19 SM 的 6.2.1
	HSEDeviceVersion	M	[1..1]	
	MaxNumberOfInterfaces	M	[1..1]	
	InstalledInterfaces	M	[1..1]	
	MaxNumberOfVFDs	M	[1..1]	
	ActualNumberOfVFDs	M	[1..1]	
	MIBVersion	M	[1..*]	
	VFDVersion	O	[0..*]	

表 18（续）

数据类型	定义 基本数据类型	用法	多样性	描述
LocalIPAddress	STRUCT			类似于在 FDA 代理规范(FF-588)定义本地 IP 地址一样定义该属性。 FF-803 FS 1.19 NM 的 5.1.2
	fdt:readAccess	O	[0..1]	
	fdt:writeAccess	O	[0..1]	
	fftypes:ip	M	[1..1]	
MaxForwardingDelayNormal	STRUCT			在数据链接协议规范:桥操作增编(FF-806)。Unit=1/32 ms 定义了该属性。 FF-803 FS 1.19 NM 的 5.9.2
	fdt:readAccess	O	[0..1]	
	fdt:writeAccess	O	[0..1]	
	maxForwardingDelayNormal	M	[1..1]	
MaxForwardingDelayTimeAvaila	STRUCT			在数据链接协议规范:桥操作增编(FF-806)。Unit=1/32 ms 定义了该属性。 FF-803 FS 1.19 NM 的 5.9.2
	fdt:readAccess	O	[0..1]	
	fdt:writeAccess	O	[0..1]	
	maxForwardingDelayTimeAvailable	M	[1..1]	
MaxForwardingDelayUrgent	STRUCT			在数据链接协议规范:桥操作增编(FF-806)。Unit=1/32 ms 定义了该属性。 FF-803 FS 1.19 NM 的 5.9.2
	fdt:readAccess	O	[0..1]	
	fdt:writeAccess	O	[0..1]	
	maxForwardingDelayUrgent	M	[1..1]	
MaxMessageLength	STRUCT			类似于在 FDA 代理规范(FF-588)定义最大信息长度一样定义该属性。 FF-803 FS 1.19 NM 的 5.1.2
	fdt:readAccess	O	[0..1]	
	fdt:writeAccess	O	[0..1]	
	maxMessageLength	M	[1..1]	

表 18（续）

数据类型	定义			描述
	基本数据类型	用法	多样性	
MaxNumberOfInterfaces	STRUCT			“接口最大数量(M)”表示可以被安装到设备的 H1 接口的最大数目。最大值为 30。参阅网络管理规范 FF-803 关于桥的特点。 FF-803 FS 1.19 SM 的 6.2.1
	fdt:readAccess	O	[0..1]	
	fdt:writeAccess	O	[0..1]	
	maxNumberOfInterfaces	M	[1..1]	
MaxNumberOfVFDs	STRUCT			VFDs 的最大数目。 FF-803 FS 1.19 SM 的 6.2.1
	fdt:readAccess	O	[0..1]	
	fdt:writeAccess	O	[0..1]	
	maxNumberOfVFDs	M	[1..1]	
MaxNumEntries	STRUCT			此元素表示可以定义在列表中的最大数目（NumConfigured 和 NumUnconfigured）。 FF-803 FS 1.19 NM 的 5.1.1
	fdt:readAccess	O	[0..1]	
	fdt:writeAccess	O	[0..1]	
	maxNumEntries	M	[1..1]	
MaxNumOfVcrs	STRUCT			此元素包含同时相关会话终端输入对象的 HSE 录像机最大数量的计数器。代表了有关本次会话 VCR 数量的“高水位”。不会被写入。 FF-803 FS 1.19 NM 的 5.5.2
	fdt:readAccess	O	[0..1]	
	fdt:writeAccess	O	[0..1]	
	maxNumOfVcrs	M	[1..1]	
MIBVersion	STRUCT			管理信息库版本。 FF-803 FS 1.19 SM 的 6.2.1
	NMIBVersion	M	[1..1]	
	SMIBVersion	M	[1..1]	

表 18(续)

数据类型	定义			描述
	基本数据类型	用法	多样性	
MinForwardingDelayNormal	STRUCT			此属性在数据链路协议规范:桥操作增编(FF-806)中定义。1/32 ms。 FF-803 FS 1.19 NM 的 5.9.2
	fdt:readAccess	O	[0..1]	
	fdt:writeAccess	O	[0..1]	
	minForwardingDelayNormal	M	[1..1]	
MinForwardingDelayTimeAvailab	STRUCT			该属性指定设备支持 MinForwardingDelayTimeAvailable 的最低值。unit = 1/32 ms。 FF-803 FS 1.19 NM 的 5.9.2
	fdt:readAccess	O	[0..1]	
	fdt:writeAccess	O	[0..1]	
	minForwardingDelayTimeAvailable	M	[1..1]	
MinForwardingDelayUrgent	STRUCT			该属性指定设备支持 MaxForwardingDelayUrgent 的最低值。unit=1/32 ms。 FF-803 FS 1.19 NM 的 5.9.2
	fdt:readAccess	O	[0..1]	
	fdt:writeAccess	O	[0..1]	
	minForwardingDelayUrgent	M	[1..1]	
MinRepublishingDelay	STRUCT			此属性在数据链路协议规范:桥操作增编(FF-806)中定义。 单位=1/32 ms。 FF-803 FS 1.19 NM 的 5.9.2
	fdt:readAccess	O	[0..1]	
	fdt:writeAccess	O	[0..1]	
	minRepublishingDelay	M	[1..1]	
MsgHdrOptions	STRUCT			在 FDA 代理规范 FF-588 中定义邮件标头"选项"时已定义。 DEFAULT_HDR_OPTIONS=0。 FF-803 FS 1.19 NM 的 5.1.2
	fdt:readAccess	O	[0..1]	
	fdt:writeAccess	O	[0..1]	
	msgHdrOptions	M	[1..1]	

表 18（续）

数据类型	定义 基本数据类型	用法	多样性	描述
MsgHdrOptionsSupported	STRUCT			此属性定义了 HSE 设备支持的邮件头选项。 FF-803 FS 1.19 NM 的 5.2.1
	fdt:readAccess	O	[0..1]	
	fdt:writeAccess	O	[0..1]	
	msgHdrOptionsSupported	M	[1..1]	
NmaConfiguration-Access	STRUCT			网络管理代理配置访问对象定义。 FF-803 FS 1.19 NM 的 5.9.3
	H1ConfiguratorAddress	M	[1..1]	
	H1ConfiguratorAddress	M	[1..1]	
NmaConfiguration-Use	STRUCT			在 FDA 代理规范 FF-588 中定义 NMA 配置使用时已定义。当向会话终端进入类写入任何属性时，其值设为 0。 FF-803 FS 1.19 NM 的 5.1.2
	fdt:readAccess	O	[0..1]	
	fdt:writeAccess	O	[0..1]	
	nmaConfigurationUse	M	[1..1]	
NmCharacteristics	STRUCT			指出 HSE 设备的网络管理特征。 FF-803 FS 1.19 NM 的 5.2.1
	NmibRevision	M	[1..1]	
	H1D1OperatFunctionalClass-Supported	M	[1..1]	
	TcpProtocolSupported	M	[1..1]	
	MsgHdrOptionsSupported	M	[1..1]	
	OnChangeRefreshRate	M	[1..1]	
	HseSubnetMaskBits	M	[1..1]	
	FmsFeaturesSupported	M	[1..1]	
	FdaGuardBand	M	[1..1]	
	H1Timeout	M	[1..1]	
	SessionMaxOutstanding	M	[1..1]	
	SessionStatisticsControlDe-faultValue	M	[1..1]	
	VcrStatisticsControlDefault-Value	M	[1..1]	
	RestartStatisticsCollection-Control	M	[1..1]	

表 18（续）

数据类型	定义			描述
	基本数据类型	用法	多样性	
NMIB	STRUCT			网络管理信息库。 FF-803 FS 1.19 NM 的 5.2.1
	NmCharacteristics	M	[1..1]	
	ConfiguredSessionList	M	[1..1]	
	AutomaticSessionList	M	[1..1]	
	SessionStatisticsList	O	[0..1]	
	SessionStatisticsList	M	[1..1]	
	HseAutomaticVcrList	M	[1..1]	
	HseVcrStatisticsList	O	[0..1]	
	DlmeBridge	O	[0..1]	
NmibRevision	STRUCT			此元素表示的 HSE NMIB 修订版。每次有任何可写的对象的 HSE NMIB 的改变，网络管理代理通过本地更新或 FMS 服务自动递增 NMIB 修订版。它的初始值是 0。 FF-803 FS 1.19 NM 的 5.2.1
	fdt:readAccess	O	[0..1]	
	fdt:writeAccess	O	[0..1]	
	fftypes:versionNumber	M	[1..1]	
NMIBVersion	STRUCT			SMIB 版本号。是一个整数值。 FF-803 FS 1.19 NM 的 6.2.1
	fdt:readAccess	O	[0..1]	
	fdt:writeAccess	O	[0..1]	
	fftypes:versionNumber	M	[1..1]	
NumberOfInterfaces	STRUCT			该属性定义了 H1 桥的 H1 接口数。最大值是 30,因为有网络管理规范 FF-801 中标准化的管理关系 FasDllMaxDlsduSize 属性。 FF-803 FS 1.19 NM 的 5.9.2
	fdt:readAccess	O	[0..1]	
	fdt:writeAccess	O	[0..1]	
	numberOfInterfaces	M	[1..1]	
NumberOfSchedule	STRUCT			此属性包含含进度表的进度表域的数量。每当一个新的进度表域被下载时就增加一个新的进度表。每次一个进度表域初始化时它就递减一个。 FF-803 FS 1.19 SM 的 6.2.5.1
	fdt:readAccess	O	[0..1]	
	fdt:writeAccess	O	[0..1]	
	numberOfSchedule	M	[1..1]	

表 18（续）

数据类型	定义			描述
	基本数据类型	用法	多样性	
NumConfigured	STRUCT			此元素指示在当前配置的列表中的条目数(该列表不管是否正在使用都是独立的)。它可以被写入，但只可写入零。除三个例外，写零意味着列表清零。FF-803 FS 1.19 NM 的 5.1.1
	fdt:readAccess	O	[0..1]	
	fdt:writeAccess	O	[0..1]	
	numConfigured	M	[1..1]	
NumOfAborts	STRUCT			此元素包含 HSE VCR 被用户或由通信栈中止次数的计数器。此属性不能被写入。FF-803 FS 1.19 NM 的 5.8.2
	fdt:readAccess	O	[0..1]	
	fdt:writeAccess	O	[0..1]	
	numOfAborts	M	[1..1]	
NumOfConfirmedRequestMessagesReceived	STRUCT			该元素包含用于接收来自 VCR 的确认请求消息数的计数器。不能被写入。FF-803 FS 1.19 NM 的 5.8.2
	fdt:readAccess	O	[0..1]	
	fdt:writeAccess	O	[0..1]	
	numOfConfirmedReques-MessagesReceived	M	[1..1]	
NumOfConfirmedRequestMessa	STRUCT			FF-803 FS 1.19 NM 的 5.2.1
	fdt:readAccess	O	[0..1]	
	fdt:writeAccess	O	[0..1]	
	numOfConfirmedRequestMessagesSent	M	[1..1]	
NumOfConnects	STRUCT			包含 HSEVCR 通过用户或通信栈被连接的次数的计数器。 不能被写入。 FF-803 FS 1.19 NM 的 5.8.2
	fdt:readAccess	O	[0..1]	
	fdt:writeAccess	O	[0..1]	
	numOfConnects	M	[1..1]	

表 18（续）

数据类型	定义 基本数据类型	用法	多样性	描述
NumOfDuplicat-edMessages	STRUCT			包含通过 HSE VCR 收到的重复消息数量的计数器。 见 FDA 代理规范 FF-588。 FF-803 FS 1.19 NM 的 5.8.2
	fdt:readAccess	O	[0..1]	
	fdt:writeAccess	O	[0..1]	
	numOfDuplicated-Messages	M	[1..1]	
NumOfErrorMes-sagesReceived	STRUCT			包含通过 HSE VCR 接收到的否定应答消息数的计数器。 此属性不能被写入。 FF-803 FS 1.19 NM 的 5.8.2
	fdt:readAccess	O	[0..1]	
	fdt:writeAccess	O	[0..1]	
	numOfErrorMessages-Re-ceived	M	[1..1]	
NumOfErrorMessa-gesSent	STRUCT			包含通过 HSE VCR 发送的否定应答消息数的计数器。 此属性不能被写入。 FF-803 FS 1.19 NM 的 5.8.2
	fdt:readAccess	O	[0..1]	
	fdt:writeAccess	O	[0..1]	
	numOfErrorMessagesSent	M	[1..1]	
NumOfInvalidMsgs-Received	STRUCT			包含接收到的无效 FDA 消息数的计数器。此属性不能被写入。 FF-803 FS 1.19 NM 的 5.5.2
	fdt:readAccess	O	[0..1]	
	fdt:writeAccess	O	[0..1]	
	numOfInvalidMsgsReceived	M	[1..1]	
NumOfLateMessag-es	STRUCT			包含 HSE VCR 接收到的最后消息数的计数器。 见 FDA 代理规范 FF-588。 FF-803 FS 1.19 NM 的 5.8.2
	fdt:readAccess	O	[0..1]	
	fdt:writeAccess	O	[0..1]	
	numOfLateMessages	M	[1..1]	

表 18（续）

数据类型	定义			描述
	基本数据类型	用法	多样性	
NumOfLossOfSync-Messages	STRUCT			包含 HSE VCR 检测的同步损失数的计数器。见现场设备访问代理(FDA)规范 FF-588。FF-803 FS 1.19 NM 的 5.8.2
	fdt:readAccess	O	[0..1]	
	fdt:writeAccess	O	[0..1]	
	numOfLossOfSync-Messages	M	[1..1]	
NumOfMissedMes-sages	STRUCT			包含 HSEVCR 丢掉的消息数的计数器。见 FDA 代理规范 FF-588。FF-803 FS 1.19 NM 的 5.8.2
	fdt:readAccess	O	[0..1]	
	fdt:writeAccess	O	[0..1]	
	numOfMissedMessages	M	[1..1]	
NumOfMsgsRe-ceived	STRUCT			包含接收到的 FDA 消息数的计数器。不能被写入。FF-803 FS 1.19 NM 的 5.5.2
	fdt:readAccess	O	[0..1]	
	fdt:writeAccess	O	[0..1]	
	numOfMsgsReceived	M	[1..1]	
NumOfMsgsSent	STRUCT			包含发送的 FDA 消息数的计数器。不能被写入。FF-803 FS 1.19 NM 的 5.5.2
	fdt:readAccess	O	[0..1]	
	fdt:writeAccess	O	[0..1]	
	numOfMsgsSent	M	[1..1]	
NumOfNonMisorde-redMessages	STRUCT			包含 HSE VCR 接收到的非乱序消息数的计数器。见 FDA 代理规范 FF-588。FF-803 FS 1.19 NM 的 5.8.2
	fdt:readAccess	O	[0..1]	
	fdt:writeAccess	O	[0..1]	
	numOfNonMisordered-Messa-ges	M	[1..1]	

表 18（续）

数据类型	定义			描述
	基本数据类型	用法	多样性	
NumOfOpenStateCtr	STRUCT			含会话终端被打开次数的计数器。该属性不能被写入。 FF-803 FS 1.19 NM 的 5.5.2
	fdt:readAccess	O	[0..1]	
	fdt:writeAccess	O	[0..1]	
	numOfResponse-MessagesReceived	M	[1..1]	
NumOfResponse-MessagesReceived	STRUCT			FF-803 FS 1.19 NM 的 5.2.1
	fdt:readAccess	O	[0..1]	
	fdt:writeAccess	O	[0..1]	
	numOfOpenStateCtr	M	[1..1]	
NumOfResponse-MessagesSent	STRUCT			包含通过 HSE VCR 发送的肯定应答消息数的计数器。 此属性不能被写入。 FF-803 FS 1.19 NM 的 5.8.2
	fdt:readAccess	O	[0..1]	
	fdt:writeAccess	O	[0..1]	
	NumOfResponseMessagesSent	M	[1..1]	
NumOfUncon-firmedMessagesRe-ceived	STRUCT			含通过 VCR 接收的不确定请求消息数的计数器。不能被写入。 FF-803 FS 1.19 NM 的 5.8.2
	fdt:readAccess	O	[0..1]	
	fdt:writeAccess	O	[0..1]	
	numOfUnconfirmedMessages-Received	M	[1..1]	
NumOfUncon-firmedMessagesSent	STRUCT			含通过 VCR 发送的不确定请求消息数的计数器。不能被写入。 FF-803 FS 1.19 NM 的 5.8.2
	fdt:readAccess	O	[0..1]	
	fdt:writeAccess	O	[0..1]	
	numOfUnconfirmedMessages-Sent	M	[1..1]	

表 18(续)

数据类型	定义			描述
	基本数据类型	用法	多样性	
OnChangeRefresh-Rate	STRUCT			用于 HSE 本地出版商 VCR,由于 On-ChangeThreshold 不会转发(见 FDA 规范 FF-588)。它决定了转发最新发布的变量值之前 HSE 本地出版商 VCR 须等待的出版商执行周期数。 FF-803 FS 1.19 NM 的 5.2.1
	fdt:readAccess	O	[0..1]	
	fdt:writeAccess	O	[0..1]	
	OnChangeRefreshRate	M	[1..1]	
OnChangeThreshold	STRUCT			在 FDA 代理规范 FF-588 中定义 OnChange Threshold 时已定义。 FF-803 FS 1.19 NM 的 5.1.3
	fdt:readAccess	O	[0..1]	
	fdt:writeAccess	O	[0..1]	
	OnChangeThreshold	M	[1..1]	
OperationalIPAdd-ress	STRUCT			该属性定义选定的目前正在用于发送 SM 查找标记回复消息的本地 IP 地址,它是为所有 FDA 发布会话的源 IP 地址(见 FDA 规范 FF-588)。它是一个本地 IP。在本机地 IP 地址数组中包含有该地址。 FF-803 FS 1.19 SM 的 6.2.1
	fdt:readAccess	O	[0..1]	
	fdt:writeAccess	O	[0..1]	
	fftypes:ip	M	[1..1]	
PreviousNmaConfig-urationAccess	STRUCT			该属性不为 0 时,是一个包含 HSE 或 HT 配置器应用程序识别的记录对象,该应用程序预先配置可访问任何一个(或全部)连接设备 NMA VFD(S)。在 NmaConfig-urationAccess Class 中定义。 FF-803 FS 1.19 SM 的 5.9.1
	fdt:readAccess	O	[0..1]	
	fdt:writeAccess	O	[0..1]	
	NmaConfigurationAccess	M	[1..1]	

表 18（续）

数据类型	定义			描述
	基本数据类型	用法	多样性	
PrimaryTimeServer	STRUCT			此变量包含此设备的主要 SNTP 时间服务器的 IP 地址。 FF-803 FS 1.19 SM 的 6.2.2.1
	fdt:readAccess	O	[0..1]	
	fdt:writeAccess	O	[0..1]	
	fftypes:ip	M	[1..1]	
RelatedSessionEnd-pointOdIndex	STRUCT			HSEVCR 使用的会话终端 OD 指数。它被 HSEVCR 用来获得相关会话终端 ID 的属性。FDA 代理规范 FF-588 中有相关定义。 FF-803 FS 1.19 SM 的 5.1.3
	fdt:readAccess	O	[0..1]	
	fdt:writeAccess	O	[0..1]	
	fdt:index	M	[1..1]	
RemoteIpAddress	STRUCT			在 FDA 代理规范 FF-588 中定义 RemoteIPAddress 时已定义。 FF-803 FS 1.19 SM 的 5.1.2
	fdt:readAccess	O	[0..1]	
	fdt:writeAccess	O	[0..1]	
	fftypes:ip	M	[1..1]	
RemotePdTag	STRUCT			在 FDA 代理规范 FF-588 中定义 RemotePDTag 时已定义。 FF-803 FS 1.19 SM 的 5.1.2
	fdt:readAccess	O	[0..1]	
	fdt:writeAccess	O	[0..1]	
	fdt:tag	M	[1..1]	
RepubAddress	STRUCT			这是一个 32 位的再发布地址。 FF-803 FS 1.19 SM 的 5.9.4
	fdt:readAccess	O	[0..1]	
	fdt:writeAccess	O	[0..1]	
	repubAddress	M	[1..1]	
RepublishingDa-tabase	STRUCT			由重新发布的数据库记录组成的重新发布的数据库。 FF-803 FS 1.19 NM 的 5.9.4
	ListHeader	M	[1..1]	
	ListOfRepublishing-Data-baseRecords	M	[1..1]	

表 18（续）

数据类型	定义			描述
	基本数据类型	用法	多样性	
RepublishingDatabaseListHeaderOdIndex	STRUCT			此属性指定 RepublishingDatabaseListHeader 记录的 OD 索引。如果 HSE 设备不支持再版设置为 0。 FF-803 FS 1.19 NM 的 5.9.2
	fdt:readAccess	O	[0..1]	
	fdt:writeAccess	O	[0..1]	
	fdt:index	M	[1..1]	
RepublishingEntry	STRUCT			重新发布项目用来定义 H1 接口之间的数据路由。每个重新发布条目可包含用于重新发布的信息，或它是空的(未配置)。 FF-803 FS 1.19 NM 的 5.9.4
	SubAddress	M	[1..1]	
	RepubAddress	M	[1..1]	
	FasDllMaxConfirmDelay-OnConnect	M	[1..1]	
	FasDllMaxDlsduSize	M	[1..1]	
	FasDllSDAP	M	[1..1]	
RestartStatisticsCollectionControl	STRUCT			此元素用来重启在指定统计表项列表中的所有条目的统计数据的收集。重新启动会使得 StatisticsCollectionStartTime 更新并且所有统计计数器被清零。 FF-803 FS 1.19 NM 的 5.2.1
	fdt:readAccess	O	[0..1]	
	fdt:writeAccess	O	[0..1]	
	restartStatisticsCollection-Control	M	[1..1]	
RootInterface	STRUCT			为根接口的 H1 桥的接口编号。 FF-803 FS 1.19 NM 的 5.9.2
	fdt:readAccess	O	[0..1]	
	fdt:writeAccess	O	[0..1]	
	rootInterface	M	[1..1]	
ScheduleActivation	STRUCT			用来激活在 SMIB 中的 FB 进度表中的一项。要激活一个进度表，则此时间表的版本号要被写入到这个变量中。 FF-803 FS 1.19 SM 的 6.2.5
	fdt:readAccess	O	[0..1]	
	fdt:writeAccess	O	[0..1]	
	fftypes:scheduleActivation	M	[1..1]	

表 18（续）

数据类型	定义			描述
	基本数据类型	用法	多样性	
ScheduleListCharacteristics	STRUCT			功能块进度列表特征。 FF-803 FS 1.19 SM 的 6.4.4
	NumberOfSchedule	M	[1..1]	
	ActiveScheduleVersion	M	[1..1]	
	ActiveScheduleIndex	M	[1..1]	
ScheduleSyncPeriod	STRUCT			该变量包含 4.6 所描述的用于确定下一个大周期的开始时间的模函数，以 tick 为单位。FF-803 FS 1.19 SM 的 6.2.2.1
	fdt:readAccess	O	[0..1]	
	fdt:writeAccess	O	[0..1]	
	scheduleSyncPeriod	M	[1..1]	
ScheduleVersion	STRUCT			此属性是一个时间表的数字标识符。它不一定是用来跟踪变化的时间表。在一设备中，除非它有一个零值，否则它是唯一的。零表示该进度已被初始化并且您正在访问的域名可以下载一个新的时间表。只有零唯一允许被写入到该属性。并且只有当这是不活跃的时刻表时才能写。写入零使域初始化，从而导致大环时间和进度表版本值为零，也减少 FB 进度表特性记录的进度数目。当是激活的进度表时，写入其他任何数值或任何值，会导致“访问”错误类的响应和“对象访问被拒绝”的错误代码。当下载完成后，在域进度总结中该属性的值将被设置为相同的值。它的初始值是零。 FF-803 FS 1.19 SM 的 6.2.5.2
	fdt:readAccess	O	[0..1]	
	fdt:writeAccess	O	[0..1]	
	fftypes:versionNumber	M	[1..1]	
SecondaryTimeServer	STRUCT			该变量包含该设备二级 SNTP 时间服务器的 IP 地址。 FF-803 FS 1.19 SM 的 6.2.2.1
	fdt:readAccess	O	[0..1]	
	fdt:writeAccess	O	[0..1]	
	fftypes:ip	M	[1..1]	

表 18（续）

数据类型	定义			描述
	基本数据类型	用法	多样性	
SessionEndpoint	STRUCT			会话终端元素定义。FF-803 FS 1.19 SM 的 5.1.2 和 7.3
	RemotePdTag	M	[1..1]	
	LocalIPAddress	M	[1..1]	
	RemoteIpAddress	M	[1..1]	
	EndpointType	M	[1..1]	
	MsgHdrOptions	M	[1..1]	
	State	M	[1..1]	
	TransportProtocol	M	[1..1]	
	NmaConfigurationUse	M	[1..1]	
	UdpPortNumber	M	[1..1]	
	BufferSize	M	[1..1]	
	TransmitDelayTime	M	[1..1]	
	InactivityCloseTime	M	[1..1]	
	MaxMessageLength	M	[1..1]	
	StatisticsEntryOdIndex	M	[1..1]	
SessionEndpointEntryOdIndex	STRUCT			此属性指定会话终端输入对象的统计数据收集的 OD 指数。当会话统计信息的索引记录被写入到配置或自动会话表项的统计信息被收集，该属性的值由 NMA 设定。值 0 表示该条目未使用。 FF-803 FS 1.19 NM 的 5.5.2
	fdt:readAccess	O	[0..1]	
	fdt:writeAccess	O	[0..1]	
	fdt:index	M	[1..1]	
SessionMaxOutstanding	STRUCT			此元素表示客户端或服务器端可以在任何时间点请求数目的最大值（见现场设备访问代理（FDA）规范 FF-588）。 FF-803 FS 1.19 NM 的 5.2.1
	fdt:readAccess	O	[0..1]	
	fdt:writeAccess	O	[0..1]	
	sessionMaxOutstanding	M	[1..1]	

表 18（续）

数据类型	定义			描述
	基本数据类型	用法	多样性	
SessionStatistics-ControlDefault	STRUCT			包含用于 SessionStatistics 项目的 StatisticsControl 属性的默认值。它的初始值是“OnOpening”。当一个 SessionStatistics 条目初始化，StatisticsControl 属性的该值被设置就设为这个值。 FF-803 FS 1.19 NM 的 5.2.1
	fdt:readAccess	O	[0..1]	
	fdt:writeAccess	O	[0..1]	
	sessionStatisticsControlDefaultValue	M	[1..1]	
SessionStatisticsEntry	STRUCT			会话统计信息入口元素。 FF-803 FS 1.19 NM 的 7.4
	SessionEndpointEntryOdIndex	M	[1..1]	
	StatisticsControl	M	[1..1]	
	StatisticsCollectionStartTime	M	[1..1]	
	MaxNumOfVcrs	M	[1..1]	
	NumOfMsgsReceived	M	[1..1]	
	NumOfInvalidMsgsReceived	M	[1..1]	
	NumOfMsgsSent	M	[1..1]	
	NumOfOpenStateCtr	M	[1..1]	
SessionStatisticsList	STRUCT			会话统计列表元素。 FF-803 FS 1.19 NM 的 5.5.1
	ListHeader	M	[1..1]	
	ListOfSessionStatisticsEntries	M	[1..1]	
SmCharacteristics	STRUCT			SM 特性复合对象，由 SM 支持。 FF-803 FS 1.19 SM 的 6.2.1
	fftypes:SmSupport	M	[1..1]	
	fftypes:OperationalPowerup	M	[1..1]	
	ListOfVersionNumbers	M	[1..1]	
	OperationalIPAddress	M	[1..1]	
	ListOfLocalIPAddresses	M	[1..1]	
	DeviceContentsDomain	M	[1..1]	
	SmCharacteristics	M	[1..1]	
	SyncAndScheduling	M	[1..1]	
	DeviceIdentification	M	[1..1]	
	VfdList	M	[1..1]	
	FbSchedule	O	[0..1]	

表 18（续）

数据类型	定义			描述
	基本数据类型	用法	多样性	
SMIB	STRUCT			系统管理信息库。 FF-803 FS 1.19 SM 的 5.2.1
	SmCharacteristics	M	[1..1]	
	SyncAndScheduling	M	[1..1]	
	Deviceidentification	M	[1..1]	
	VfdList	M	[1..1]	
	FbSchedule	M	[1..1]	
SMIBVersion	STRUCT	O		SMIB 版本号。是整数值。 FF-803 FS 1.19 SM 的 6.2.1
	fdt:readAccess	O	[0..1]	
	fdt:writeAccess	O	[0..1]	
	fftypes:versionNumber	M	[1..1]	
				FF-803 FS 1.19 SM 的 6.2.2
	fdt:readAccess	O	[0..1]	
	fdt:writeAccess	O	[0..1]	
	sntpTimestamp	M	[1..1]	
StandardTimeDifference	STRUCT			此变量包含为获得标准时间戳时间而增加到当前时间的签署 tick 数。当前时间不在定义的开始夏令时和结束夏令时的时间间隔内，或者如果开始夏令时是零时，它用来代替夏时制时间差。 FF-803 FS 1.19 SM 的 6.2.2.1
	fdt:readAccess	O	[0..1]	
	fdt:writeAccess	O	[0..1]	
	standardTimeDifference	M	[1..1]	
StartDaylightTime	STRUCT			该变量包含定义了开始夏令时的时间间隔当前时间值。如果值是零或大于结束时间，说明夏令时没有开始。 FF-803 FS 1.19 SM 的 6.2.2.1
	fdt:readAccess	O	[0..1]	
	fdt:writeAccess	O	[0..1]	
	fftypes:timeValue	M	[1..1]	

表 18（续）

数据类型	定义			描述
	基本数据类型	用法	多样性	
State	STRUCT			只读。在 FDA 代理规范 FF-588 中定义 State 已定义。指出了会话终端状态。当 SessionEndpointEntry class 写入任何属性时,其值为零。 FF-803 FS 1.19 SM 的 5.1.2
	fdt:readAccess	O	[0..1]	
	fdt:writeAccess	O	[0..1]	
	state	M	[1..1]	
StatisticsCollection-StartTime	STRUCT			这个属性指定什么时候开始收集统计信息。StatisticsControl 属性中定义的。 FF-803 FS 1.19 NM 的 5.8.2
	fdt:readAccess	O	[0..1]	
	fdt:writeAccess	O	[0..1]	
	fftypes:timeValue	M	[1..1]	
StatisticsControl	STRUCT			指出什么时候统计收集开始和重新开始，重新开始统计收集会使得 StatisticsCollec-tionStartTime 更新并且所有统计计数器清零重启。 FF-803 FS 1.19 NM 的 5.8.2
	fdt:readAccess	O	[0..1]	
	fdt:writeAccess	O	[0..1]	
	statisticsControl	M	[1..1]	
				FF-803 FS 1.19 NM 的 5.1.3
	fdt:readAccess	O	[0..1]	
	fdt:writeAccess	O	[0..1]	
	fdt:index	M	[1..1]	
SubAddress	STRUCT			这是 32 位的订阅地址。如果该值是 0,那么该输入没有配置。 FF-803 FS 1.19 NM 的 5.9.4
	fdt:readAccess	O	[0..1]	
	fdt:writeAccess	O	[0..1]	
	subAddress	M	[1..1]	

表 18（续）

数据类型	定义：基本数据类型	用法	多样性	描述
SyncAndScheduling	STRUCT			同步和调度记录，包含同步时钟和显示相关同步的诊断信息的必要的数据。 FF-803 FS 1.19 SM 的 6.2.2
	SyncAndSchedulingCharacteristics	M	[1..1]	
	LastSNTPMessage	M	[1..1]	
	ListOfSNTPTimestamps	M	[1..1]	
SyncAndScheduling-Characteristics	STRUCT			该数据类型结构用于显示同步和调度记录。 FF-803 FS 1.19 SM 的 6.2.2.1
	fftypes:CurrentTime	M	[1..1]	
	StandardTimeDifference	M	[1..1]	
	PrimaryTimeServer	M	[1..1]	
	SecondaryTimeServer	M	[1..1]	
	TimeRequestTimeout	M	[1..1]	
	TimeRequestInterval	M	[1..1]	
	CapableTimeSyncClass	M	[1..1]	
	TargetTimeSyncClass	M	[1..1]	
	ScheduleSyncPeriod	M	[1..1]	
	DaylightTimeDifference	M	[1..1]	
	StartDaylightTime	M	[1..1]	
	EndDaylightTime	M	[1..1]	
TargetTimeSync-Class	STRUCT			此变量表示在 HSE 存在时 SNTP 时间客户端配置的时间同步类。枚举类和功能时间同步一样。 FF-803 FS 1.19 SM 的 6.2.2.1
	fdt:readAccess	O	[0..1]	
	fdt:writeAccess	O	[0..1]	
	targetTimeSyncClass	M	[1..1]	
TcpProtocolSupport-ed	STRUCT			该属性定义了是否 HSE 设备支持 TCP 协议。当支持时其值为 TRUE，否则为 False。 FF-803 FS 1.19 SM 的 5.2.1
	fdt:readAccess	O	[0..1]	
	fdt:writeAccess	O	[0..1]	
	tcpProtocolSupported	M	[1..1]	

表 18（续）

数据类型	定义			描述
	基本数据类型	用法	多样性	
TimeRequestInterval	STRUCT			此变量包含以刻为单位的 SNTP 时间客户端在 HSE 存在时向时间服务器发送请求的时间之间需要等待的时间。零值表示该设备将计算出这个数字。如果设备不能计算出这个间隔，其值不应少于 10 s，FF-803 FS 1.19 SM 的 6.2.2.1
	fdt:readAccess	O	[0..1]	
	fdt:writeAccess	O	[0..1]	
	timeRequestInterval	M	[1..1]	
TimeRequestTime-out	STRUCT			此变量包含以刻为单位 SNTP 时间客户端在 HSE 存在时，等待时间服务器应答一个时间请求需要的时间。 FF-803 FS 1.19 SM 的 6.2.2.1
	fdt:readAccess	O	[0..1]	
	fdt:writeAccess	O	[0..1]	
	timeRequestTimeout	M	[1..1]	
TransmitDelayTime	STRUCT			在 FDA 代理规范中定义 Transmi Delay Time 时已定义。 DEFAULT_TRANSMIT_DELAY=0。 FF-803 FS 1.19 NM 的 5.1.2
	fdt:readAccess	O	[0..1]	
	fdt:writeAccess	O	[0..1]	
	transmitDelayTime	M	[1..1]	
TransportProtocol	STRUCT			FDA 代理规范中定义传输协议和用于会话的识别传输协议时已给出定义。 FF-803 FS 1.19 NM 的 5.1.2
	fdt:readAccess	O	[0..1]	
	fdt:writeAccess	O	[0..1]	
	transportProtocol	M	[1..1]	
UdpPortNumber	STRUCT			在 FDA 代理规范 FF-588 中第一 UDP-PORTNumber 时已定义。 FF-803 FS 1.19 NM 的 5.1.2
	fdt:readAccess	O	[0..1]	
	fdt:writeAccess	O	[0..1]	
	fftypes:port	M	[1..1]	

表 18（续）

数据类型	定 义			描 述
	基本数据类型	用法	多样性	
VcrStatisticsControlDefaultValue	STRUCT			该元素包含用于 VcrStatistics 项目的 StatisticsControl 属性的默认值。它的初始值是"OnOpening"。 FF-803 FS 1.19 NM 的 5.2.1
	fdt:readAccess	O	[0..1]	
	fdt:writeAccess	O	[0..1]	
	VcrStatisticsControlDefaultValue	M	[1..1]	
VcrUserId	STRUCT			含通过 HseVcrEntryOdIndex 属性识别出的 VCR 项目属性的 VCR 用户 ID 属性的值。 FF-803 FS 1.19 NM 的 5.8.2
	fdt:readAccess	O	[0..1]	
	fdt:writeAccess	O	[0..1]	
	vcrUserId	M	[1..1]	
Version	STRUCT			该元素描述了数据链接协议规范:支持桥操作增编的版本。 FF-803 FS 1.19 NM 的 5.9.2
	fdt:readAccess	O	[0..1]	
	fdt:writeAccess	O	[0..1]	
	fftypes:versionNumber	M	[1..1]	
VfdList	STRUCT			包含用于的 VcrStatistics 项目的 StatisticsControl 属性的默认值。它的初始值是"OnOpening"。 FF-803 FS 1.19 NM 的 5.2.1
	fftypes:listCount	M	[1..1]	
	VfdRefEntry	M	[1..*]	
VfdRefEntry	STRUCT			虚拟现场设备的参考条目。 FF-803 FS 1.19 SM 的 6.4.3
	fftypes:VfdRef	M	[1..1]	
	fftypes:VfdTag	M	[1..1]	
	VfdServerSelector	M	[1..1]	
	DDDomainIndex	M	[1..1]	

表 18（续）

数据类型	定义			描述
	基本数据类型	用法	多样性	
VfdServerSelector	STRUCT			此属性是用于 VFD 的通用服务器 VCR 选择器。VFD 服务器选择的 HSE 和 H1 NMA 的变频驱动器的属性被设置为 0，表明 FMS VCR 选择连接选项不能使用这些变频驱动器。见 FDA 规范 FF-588。它由该设备分配。 FF-803 FS 1.19 SM 的 6.2.4.1
	fdt:readAccess	O	[0..1]	
	fdt:writeAccess	O	[0..1]	
	vfdServerSelector	M	[1..1]	
VFDVersion	STRUCT			VFD 版本号
	fdt:readAccess	O	[0..1]	
	fdt:writeAccess	O	[0..1]	
	fftypes:versionNumber	M	[1..1]	

11 通信数据类型

11.1 通用数据类型

表 19 提供了 FF 数据类型定义。作为全球性的 FF 定义与命名空间:fftypes 被引用。

表 19 简单通用数据类型

数据类型	定义	描述
communicationReference	UUID	通信端点的唯一标识符。是在连通现场设备请求时使用的虚拟通信关系识别符
ddRevision	USINT	在 VFD 资源块中规定的设备描述修订
deviceIndex	UINT	该属性是一个标识设备的网站管理号。HSE 子网内该指数是唯一的 FF-803 FS 1.19 SM 的 6.2.5
deviceRevision	USINT	VFD 资源块中规定的设备修订
deviceType	列举	如 FF-589 的 6.2.3.1 中描述的，指出设备功能的设备类型
devID	SIRING	设备 ID 是一个系统的独立标识符，该标识符由生产商提供 FF-880 的 5.3
devType	UNIT	VFD 资源块中规定的设备类型
domain	ARRAY OF USINT	作为 bin.hex 数据类型提供的域数据

表 19（续）

数据类型	定　义	描　述
eventNumber	UDINT	该参数包含标识事件计数器的值
fmsFeaturesSupported	ARRAY OF USINT	见 FF-870 的 3.3.4-FMS 服务和服务器支持的相关选项
ip	STRING	在 RFC 791 Internet 协议(IP)中字符串表示的 IP 地址
linkId	UINT	链接指示符，据 FF-822
listCount	UDINT	列表计数
macroCycleDuration	UDINT	时间表重复的一段时期。更多信息，请参阅该元素描述
nodeId	UINT	节点指示符，据 FF-822
numberOfElements	UDINT	在列表，VCR 列表等中使用的元素数
odIndex	UDINT	对象字典索引
operationalPowerup	UDINT	描述设备的系统管理状态
port	UINT	在 RFC 791 Internet 协议(IP)中描述的通信终端
scheduleActivation	UDINT	用来激活在 SMIB 中的 FB 进度表中的一项。要激活一个进度表，则此时间表的版本号要被写入到这个变量中。FF-803 FS 1.19 SM 的 6.2.5
selector	UINT	选择器，据 FF-822
smServiceID	列举	用于系统管理服务识别的枚举属性
smSupport	ARRAY OF USINT	此属性指定在此设备的系统管理内核所支持的功能。详见 FF-589 的 6.2.1 SM 特性定义，或 FF-880 的 8 系统管理信息的基本定义
subIndex	UDINT	参数分项指数值
subscriptionInvokeId	UUID	用于认购服务时调用过程中使用的 ID。在整个认购生命期内都要使用。通过 subscriptionInvokeId，客户端识别认购数据
timeValue	ARRAY OF USINT	提供事件时间的时间值，据 FF-870
versionNumber	ARRAY OF USINT	识别版本号的一个整数
versionOd	INT	对象字典的版本号
vfdRef	UDINT	根据 FF-880 第 8 节 VFD 参考。此属性是一个 VFD 的数字标识符。它由设备分配。在 NMA VFD 定义的内容内 VFD Ref 是独特的。在连接装置中，如果一个 VFD 列表中出现的 VFD 目录多于一个接口(HSE 或 H1)，那么它的 VFD 号可能在每个里是不同的。然而，当通过了它的接口资格，它唯一标识 VFD。 FF-803 FS 1.19 SM 的 6.2.4.1
vfdTag	STRING	可读形式下虚拟现场设备(VFD)的一个唯一标识符。此属性是 VFD 的字母数字标识符。它可以是由用户指定的。FF-803 FS 1.19 SM 的 6.2.4.1

表20定义并描述了FF协议使用的常见结构化数据类型。

表20 结构化通用数据类型

数据类型	定义			描述
	基本数据类型	用法	多样性	
ConfiguredSession-ListInfo	STRUCT			配置会话列表信息。 HSE设备的NM VFD的会话列表描述。该列表包括一个列表的报头结构和一个SessionEndpointEntry记录的连续列表。对应从设备的NM Directory对象或设备的功能文件读取信息。详细信息,请参阅FF-803的5.1.2。 属性odIndex是HSE设备NM VFD会话列表的OD指数。该属性可从设备功能文件获取。参见会话列表listHeader记录
	odIndex	M	[1..1]	
	fdt:index	M	[1..1]	
CurrentYime	STRUCT			当前时间元素。作为时间值属性提供时间
	fdt:readAccess	O	[0..1]	
	fdt:writeAccess	O	[0..1]	
	timeValue	M	[1..1]	
DataLinkAddress	STRUCT			表示数据链路(DL)地址。对于H1见FF-822附件A。对于HSE见FF-588现场设备访问代理规范附件B中FDA地址使用
	linkid	M	[1..1]	
	selector	M	[1..1]	
Deviceid	STRUCT			设备ID元素。作为devID属性提供设备ID
	fdt:readAccess	O	[0..1]	
	fdt:writeAccess	O	[0..1]	
	decID	M	[1..1]	
Index	STRUCT			元素索引。用于IndexList元素
	fdt:readAccess	O	[0..1]	
	fdt:writeAccess	O	[0..1]	
	Fdt:index	M	[1..1]	
IndexList	STRUCT			包含参数列表的元素。值是绝对的。正确的索引值需要有块的起始索引偏移量
	listCount	M	[1..1]	
	Index	M	[1..*]	

表 20（续）

数据类型	定义			描述
	基本数据类型	用法	多样性	
IP	STRUCT			表示一个完整的 IP 地址，包括 IP 地址“IP”的属性和以“port”属性表示的端口号的属性
	Ip	M	[1..1]	
	port	O	[0..1]	
CurrentYime	STRUCT			当前时间元素。作为时间值属性提供时间
	fdt:readAccess	O	[0..1]	
	fdt:writeAccess	O	[0..1]	
	timeValue	M	[1..1]	
DataLinkAddress	STRUCT			表示数据链路(DL)地址。对于 H1 见 FF-822 附件 A。对于 HSE 见 FF-588 现场设备访问代理规范附件 B 中 FDA 地址使用
	linkid	M	[1..1]	
	selector	M	[1..1]	
Deviceid	STRUCT			设备 ID 元素。作为 devID 属性提供设备 ID
	fdt:readAccess	O	[0..1]	
	fdt:writeAccess	O	[0..1]	
	decID	M	[1..1]	
Index	STRUCT			元素索引。用于 IndexList 元素
	fdt:readAccess	O	[0..1]	
	fdt:writeAccess	O	[0..1]	
	Fdt:index	M	[1..1]	
IndexList	STRUCT			包含参数列表的元素。值是绝对的。正确的索引值需要有块的起始索引偏移量
	listCount	M	[1..1]	
	Index	M	[1..*]	

表 20（续）

数据类型	定义			描述
	基本数据类型	用法	多样性	
IP	STRUCT			表示一个完整的 IP 地址，包括 IP 地址“IP”的属性和以“port”属性表示的端口号的属性
	Ip	M	[1..1]	
	port	O	[0..1]	
LinkobjectInfo	STRUCT			H1/HSE 设备的功能块 VFD 中链接对象列表描述。元素定义链接对象列表的位置和链接对象条目的数目。 属性 odIndex 是在功能块 VFD 中起始链接对象的 OD 指数。它可以从设备能力文件中获取(详见规范 FF-103)
	Odindex	M	[1..1]	
	numberOfElements	M	[1..1]	
MacrocycleDuration	STRUCT			指定为设备定义的大环的长度。详细信息请参见 FF-880
	fdt:readAccess	O	[0..1]	
	fdt:writeAccess	O	[0..1]	
	macrocycleDuration	M	[1..1]	
OperationalPowerup	STRUCT			操作上电变量控制，上电后将进入 SMK 状态。详见 FF-880
	fdt:readAccess	O	[0..1]	
	fdt:writeAccess	O	[0..1]	
	operationalPowerup	M	[1..1]	
PdTag	STRUCT			物理设备标签
	fdt:readAccess	O	[0..1]	
	fdt:writeAccess	O	[0..1]	
	fdt:tag	M	[1..1]	
SmSupport	STRUCT			提供系统管理核心支持的功能
	fdt:readAccess	O	[0..1]	
	fdt:writeAccess	O	[0..1]	
	smSupport	M	[1..1]	
SubIndex	Struct			参数分类指数
	subindex	M	[1..1]	

表 20（续）

数据类型	定义			描述
	基本数据类型	用法	多样性	
VfdIdentification	STRUCT			提供设备的 VFD 识别信息，包括设备制造商、设备类型、修订等
	ddRevision	M	[1..1]	
	deviceRevision	M	[1..1]	
	devType	M	[1..1]	
	Fdt:manufacturerid	O	[0..1]	
	vfdTag	M	[1..1]	
VfdRef	STRUCT			根据 FF-880 的 8VFD 参考。此属性是一个 VFD 的数字标识符。它由设备分配。定义的 NMA VFD 上下文内 VFD Ref 是唯一的。在连接装置中，如果一个 VFD 列表中的 VFD 出现在多于一个接口中(HSE 或 H1)，那么它的 VFD 档号可能在每个中是不同的。然而，若通过了它的接口资格，它唯一标识 VFD。 FF-803 FS 1.19 SM 的 6.2.4.1
	fdt:readAccess	O	[0..1]	
	fdt:writeAccess	O	[0..1]	
	vfdRef	M	[1..1]	
VfdTag	STRUCT			虚拟现场设备标签
	fdt:readAccess	O	[0..1]	
	fdt:writeAccess	O	[0..1]	
	vfdTag	M	[1..1]	
VcrListInfo	STRUCT			VCR 列表信息。 提供一台 H1 设备或者 HSE 链接设备的 H1 链接的 VNM VFD 中 VCR 列表的说明。它和从设备 NM 字典对象或设备功能文件中读取的信息一致。来自 VCR 列表的可用静态 VCR 条目的实际数目是可计算的，公式如下： (numberOfElements-2)/2。 该属性是 NM VFD 中 VCR 列表的 OD 指数。它能从设备功能文件中获取。详见 FF-801 的 5.2.1
	odIndex	M	[1..1]	
	numberOfElements	M	[1..1]	

表 20（续）

数据类型	定义			描述
	基本数据类型	用法	多样性	
HseConfigureVcrL-istInfo	STRUCT			HSE 配置 VCR 列表信息。 描述了一台 HSE 设备的 NM VFD 中的 HSE VCR 列表。它和从设备 NM 字典对象或设备功能文件中读取的信息一致。 该属性是 HSE 设备 NM VFD 中 VCR 列表的 OD 指数。它能从设备功能文件中获取。参见 HSE VCR 列表的 ListHeader 记录项。 详见 FF-803 的 5.1.3
	odIndex	M	[1..1]	
	numberOfElements	M	[1..1]	

11.2 FF FMS 数据类型

FF FMS 数据类型定义(表 21 和表 22)用作一个全局 FF FMS 定义。
命名空间:fms。

表 21 简单 FF FMS 数据类型

数据类型	定义	描述
connectOption	枚举 (VCRSelector| NMAAccess| FBAPConnect)	
allAttributes	BOOL	
startFlag	BOOL	
moreFollows	BOOL	
numberOfObjectDescriptions	USINT	
versionOdCalling	INT	
profileNumberCalling	UNIT	
accessProtectionSupportedCalling	BOOL	
passwordAndAccessGroupsCalling	ARRAY OF USINT	
maxFmsPduSendingCalled	USINT	
maxFmsPduReceivingCalled	USINT	
profileNumberCalled	UINT	
accessProtectionSupportedCalled	BOOL	
passwordAndAccessGroupsCalled	UNIT	

表 21（续）

数据类型	定　义	描　述
accessProtection	ARRAY OF USINT	
logicalStatus	枚举 (stateChangesAllowed| limitedServicesPermitted | odLoadingNonInteracting | odLoadingInteracting)	
physicalStatus	| partiallyOperational | inoperable | needsCommissioning)	
localDetail	ARRAY OF USINT	
modelName	ATRING	
revision	STRING	
responseType	枚举 (FmsWrite | FmsDeleteVariableList| FmsGenericInitiateDownloadSequence | FmsGenericDownloadSegment|FmsAbort| FmsAcknowledgeEventNotification)	
finalResult	BOOL	
additionalCode	UNIT	
additionalDescription	STRING	
errorCode	SINT	
errorClass	SINT	
abortReason	USINT	
abortIdentifier	枚举 (FMSUSER | FMS | FAS | DLL)	
locallyGenerated	BOOL	
abortDetail	ARRAY OF USINT	

表 22 结构化的 FF FMS 数据类型

数据类型	定义			描述
	基本数据类型	用法	多样性	
VariableName	STRUCT			
	fdt:name	M	[1..1]	
VariableListName	STRUCT			
	fdt:name	M	[1..1]	
DomainName	STRUCT			
	fdt:name	M	[1..1]	
EventName	STRUCT			
	fdt:name	M	[1..1]	
PiName	STRUCT			
	fdt:name	M	[1..1]	
StartIndex	STRUCT			
	fdt:index	M	[1..1]	
AccessSpecificationVar	STRUCT			
	Choice of	M	[1..1]	
	fftype:index	S	[1..1]	
AccessSpecificationVL	STRUCT			
	Choice of	M	[1..1]	
	fftype:index	S	[1..1]	
	VariableListName	S	[1..1]	
VariableListItem	STRUCT			
	Choice of	M	[1..1]	
	fftype:index	S	[1..1]	
	VariableName	S	[1..1]	
AccessSpecificationOd	STRUCT			
	Choice of	M	[1..1]	
	fftype:index	S	[1..1]	
	VariableName	S	[1..1]	
	VariableListName	S	[1..1]	
	DomainName	S	[1..1]	
	EventName	S	[1..1]	
	PiName	S	[1..1]	
	STartIndex	S	[1..1]	

表 22（续）

数据类型	定义			描述
	基本数据类型	用法	多样性	
AccessSpecificationDomain	STRUCT			
	Choice of	M	[1..1]	
	fftype:index	S	[1..1]	
	DomainName	S	[1..1]	
ErrorDescription	STRUCT			
	fftype:EnumeratorEntry	M	[1..1]	
ErrorInfo	STRUCT			
	errorClass	M	[1..1]	
	errorCode	M	[1..1]	
	additionalCode	O	[0..1]	
	additionalDescription	O	[0..1]	
	ErrorDescription	O	[0..1]	
CommonErrorType	STRUCT			
	ErrorInfo	M	[1..1]	
OdErrorType	STRUCT			
	ErrorInfo	M	[1..1]	
	fdt:index	M	[1..1]	
FmsInitiateRequest	STRUCT			
	connectOption	M	[1..1]	
	fftypes:communication-Reference	M	[1..1]	
	fdt:tag	M	[1..1]	
	versionOdCalling	O	[0..1]	
	profileNumberCalling	O	[0..1]	
	accessProtectionSupported-Calling	O	[0..1]	
	passwordAndAccess-GroupsCalling	O	[0..1]	
	fftypes:DataLinkAddress	M	[1..1]	
	fftypes:VfdTag	M	[1..1]	
FmsInitiateResponse	STRUCT			
	fftypes:communication-Reference	M	[1..1]	
	fftypes:versionOd	O	[0..1]	
	profileNumberCalled	O	[0..1]	
	accessProtectionSupported-Called	O	[0..1]	
	passwordAndAccess-GroupsCalled	O	[0..1]	

表 22（续）

数据类型	定义			描述
	基本数据类型	用法	多样性	
FmsInitiateResponse	STRUCT			
	fftypes:communication-Reference	M	[1..1]	
	maxFmsPduSendingCalled	O	[0..1]	
	maxFmsPduReceiving-Called	O	[0..1]	
	fftypes:fmsFeatures-Supported	O	[0..1]	
	CommonErrorType	M	[1..1]	
FmsAbortRequest	STRUCT			
	fftypes:communication-Reference	M	[1..1]	
	abortIdentifier	M	[1..1]	
	abortReason	M	[1..1]	
	abortDetail	O	[0..1]	
FmsAbortIndication	STRUCT			
	fftypes:communication-Reference	M	[1..1]	
	locallyGenerated	M	[1..1]	
	abortIdentifier	M	[1..1]	
	abortReason	M	[1..1]	
	abortDetail	O	[0..1]	
FmsStandardResponse	STRUCT			
	fftypes:communication-Reference	M	[1..1]	
	responseType	M	[1..1]	
FmsServiceError	STRUCT			
	fftypes:communication-Reference	M	[1..1]	
	choice of	M	[1..1]	
	CommonErrorType	S	[1..1]	
	OdErrorType	S	[1..1]	
FmsStatusRequest	STRUCT			
	fftypes:communication-Reference	M	[1..1]	
FmsStatusResponse	STRUCT			
	fftypes:communication-Reference	M	[1..1]	
	logicalStatus	M	[1..1]	
	physicalStatus	M	[1..1]	
	localDetail	O	[0..1]	

表 22（续）

数据类型	定义 基本数据类型	用法	多样性	描述
FmsIdentifyRequest	STRUCT			
	fftypes:communication-Reference	M	[1..1]	
FmsIdentifyResponse	STRUCT			
	fftypes:communication-Reference	M	[1..1]	
	fdt:vendor	M	[1..1]	
	modelName	M	[1..1]	
	revision	M	[1..1]	
FmsReadRequest	STRUCT			
	fftypes:communication-Reference	M	[1..1]	
	AccessSpecificationVar	M	[1..1]	
	fftypes:SubIndex	O	[0..1]	
FmsReadResponse	STRUCT			
	fftypes:communication-Reference	M	[1..1]	
	fdt:CommunicationData	M	[1..1]	
FmsWriteRequest	STRUCT			
	fftypes:communication-Reference	M	[1..1]	
	AccessSpecificationVar	M	[1..1]	
	fftypes:SubIndex	O	[0..1]	
	fdt:CommunicationData	M	[1..1]	
FmsDefineVariableList Request	STRUCT			
	fftypes:communication-Reference	M	[1..1]	
	accessProtection	M	[1..1]	
	fdt:byteArray	O	[0..1]	
	fftypes:listCount	M	[1..1]	
	VariableListItem	M	[1..*]	
	VariableListName	O	[0..1]	
FmsDefineVariableList Response	STRUCT			
	fftypes:communication-Reference	M	[1..1]	
	fftypes:Index	M	[1..1]	
FmsDeleteVariableList Request	STRUCT			
	fftypes:communication-Reference	M	[1..1]	
	AccessSpecificationVL	M	[1..1]	

表 22（续）

数据类型	定义			描述
	基本数据类型	用法	多样性	
FmsGetOdRequest	STRUCT			
	fftypes:communication-Reference	M	[1..1]	
	allAttributes	M	[1..1]	
	startFlag	M	[1..1]	
	AccessSpecificationOd	M	[1..1]	
FmsGetOdResponse	STRUCT			
	fftypes:communication-Reference	M	[1..1]	
	moreFollows	M	[1..1]	
	numberOfObject- Descriptions	M	[1..1]	
	fdt:CommunicationData	M	[1..1]	
FmsGenericInitiateDownload-SequenceRequest	STRUCT			
	fftypes:communication-Reference	M	[1..1]	
	AccessSpecificationDomain	M	[1..1]	
FmsGenericDownloadSegmen-tRequest	STRUCT			
	fftypes:communication-Reference	M	[1..1]	
	moreFollows	M	[1..1]	
	AccessSpecificationDomain	M	[1..1]	
	fdt:CommunicationData	M	[1..1]	
FmsGenericTerminateDown-loadSequenceRequest	STRUCT			
	fftypes:communication-Reference	M	[1..1]	
	AccessSpecificationDomain	M	[1..1]	
FmsGenericTerminateDown-loadSequenceResponse	STRUCT			
	fftypes:communication-Reference	M	[1..1]	
	finalResult	O	[0..1]	
FmsInformationReport	STRUCT			
	fftypes:communication-Reference	M	[1..1]	
	fftypes:subscriptionInvokeId	M	[1..1]	
	fftypes:Index	M	[1..1]	
	fftypes:SubIndex	O	[0..1]	
	fdt:CommunicationData	M	[1..1]	

表 22（续）

数据类型	定义			描述
	基本数据类型	用法	多样性	
FmsEventNotification	STRUCT			
	fftypes:communication-Reference	M	[1..1]	
	fftypes:subscriptionInvokeId	M	[1..1]	
	fftypes:eventNumber	M	[1..1]	
	fftypes:Index	M	[1..1]	
	fdt:CommunicationData	M	[1..1]	
FmsAcknowledgeEventNotificationRequest	STRUCT			
	fftypes:communication-Reference	M	[1..1]	
	fftypes:subscriptionInvokeId	M	[1..1]	
	fftypes:eventNumber	M	[1..1]	
	fftypes:Index	M	[1..1]	

11.3 H1 通信数据类型

用于：

——连接请求；

——连接应答；

——非连接请求；

——非连接应答；

——事件请求；

——事件应答。

H1 通信定义（表 23 和表 24）包含了地址信息和通信数据。

命名空间：ffh1。

表 23 简单 H1 通信数据类型

数据类型	定义	描述
sequenceTime	UDINT	这个序列的一段时间，以 ms 为单位
delayTime	UDINT	两段通信对话之间的延迟时间，ms 为单位
clearPDTag	BOOL	系统管理相关的属性
reasonCode	enumeration (success | serviceNotSupported | invalidParameter | errorDLLInsufficientResources | errorDLLSendingQueueFull | errorDLLErrorTimeOutBeforeTra	原因码，见 FF-880 的 7

表 23（续）

数据类型	定　　义	描　　述
reasonCode	nsmission | errorDLLReasonUnspecified | deviceFailedRespondSetPDTag | deviceFailedRespondWhoHasPDTag | deviceFailedRespondSetAddress| deviceFailedRespondIdentify | deviceFailedRespondEnableSMOp | deviceFailedRespondClearAddress | mutipleResponsefromWhoHasPDTag | nonMatchingPDTagfromWhoHasPDTag | nonMatchingPDTagfromIdentify | nonMatchingdevIDfromIdentify | remoteErrorInvalidState | remoteErrorPDTagMatch | remoteErrordevIDMatch | remoteErrorSMIBWriteFailed | remoteErrorStartingSMOperational)	原因码，见 FF-880 的 7
smAPClockSyncInterval	USINT	现场设备所在的链路上的应用时钟同步的时间间隔。见系统管理服务设置地址 FF-880 的 5.2.1.2.2
smPrimaryAPTimePublisher	USINT	这是用于现场设备所在的链路上的主应用程序时钟时间出版商的地址。见系统管理服务设置地址 FF-880 的 5.2.1.2.2
		存在时，连同标签一起标识元素(如 FB 参数)被定位。 另请参阅元素 SmQueryFB 和 SmFindTagQuery
moreVCRL	BOOL	系统管理服务 FindTagReply 使用，根据 FF-880 的 5.5.2.2。当可被用于所述通信路径的远程设备中有额外的通信关系时，该布尔标志为真。另请参阅元素 SmReplyVFD、SmReplyFB 和 SmFindTagReply
extension	ARRAY OF USINT	用于程序调用的扩展属性
executionArgument	ARRAY OF USINT	用于程序调用的执行参数属性
reusable	BOOL	用于程序调用的可重复使用属性

表 24 结构化的 H1 通信数据类型

数据类型	定义			描述
	基本数据类型	用法	多样性	
SmQueryPhysicalDevice	STRUCT			指定 PD 标签的查询类型。元素 SmFindTagQuery 使用
	fdt:tag	M	[1..1]	
SmQueryVFD	STRUCT			指定 VFD 标签的查询类型。元素 SmFindTagQuery 使用
	fdt:tag	M	[1..1]	
	fftypes:vfdTag	M	[1..1]	
SmQueryFB	STRUCT			指定功能块/功能块参数的查询类型。元素 SmFindTagQuery 使用
	fdt:tag	M	[1..1]	
	elementID	O	[0..1]	
SmReplyPhysicalDevice	STRUCT			指定 PD 标签找到标签查询的应答类型。参阅元素 SmFindTagReply
	fftypes:devID	M	[1..1]	
SmReplyVFD	STRUCT			指定 VFD 标签找到标签查询的应答类型。参阅元素 SmFindTagReply
	fftypes:vfdRef	M	[1..1]	
	moreVCRL	O	[0..1]	
	fftypes:versionOd	M	[1..1]	
	fftypes:IndexList	M	[1..1]	
SmReplyFB	STRUCT			指定功能块或功能块参数找到标签查询的应答类型。参阅元素 SmFindTagReply
	fftypes:vfdRef	M	[1..1]	
	moreVCRL	O	[0..1]	
	fftypes:versionOd	M	[1..1]	
	fftypes:Index	M	[1..1]	
ConnectRequest	STRUCT			上下文管理见 FF-870 的 3.3.4 和 10.1.7
ConnectResponse	STRUCT			上下文管理见 FF-870 的 3.3.4 和 10.1.7
	fftypes:communication Reference	M	[1..1]	
DisconnectRequest	STRUCT			上下文管理见 FF-870 的 3.3.4 和 10.1.7
	fftypes: communication-Reference	M	[1..1]	

表 24(续)

数据类型	定义			描述
	基本数据类型	用法	多样性	
DisconnectResponse	STRUCT			上下文管理见 FF-870 的 3.3.4 和 10.1.7
	fftypes: communication-Reference	M	[1..1]	
AccessSpecification	STRUCT			用于程序调用中的访问规范元素
	fftypes:index	M	[1..1]	
CreatePIRequest	fftypes:IndexList	M	[1..1]	
	fftypes: communication-Reference	M	[1..1]	
	fms:accessProtenction	M	[1..1]	
	Fms: Access Specification-Domain	O	[0..*]	
	Fdt:name	O	[0..1]	
	Extension	O	[0..1]	
	reusable	O	[0..1]	
CreatePIResponse	STRUCT			创建程序调用应答元素
	fftypes: communication-Reference	M	[1..1]	
	fftypes:odIndex	M	[1..1]	
DeletePIRequest	STRUCT			删除程序调用请求
	fftypes: communication-Reference	M	[1..1]	
	Access Specification	M	[1..1]	
StartPIRequest	STRUCT			启动程序调用
	fftypes: communication-Reference	M	[1..1]	
	Access Specification	M	[1..1]	
	executionArgument	O	[0..1]	
StopPIRequest	STRUCT			停止程序调用请求
	fftypes: communication-Reference	M	[1..1]	
	Access Specification	M	[1..1]	
ResumePIRequest	STRUCT			重新开始程序调用
	fftypes: communication-Reference	M	[1..1]	
	Access Specification	M	[1..1]	
	executionArgument	O	[0..1]	

表 24（续）

数据类型	定义 基本数据类型	用法	多样性	描述
ResetPIRequest	STRUCT			重置程序调用请求
	fftypes: communication-Reference	M	[1..1]	
	Access Specification	M	[1..1]	
KillPIRequest	STRUCT			杀死程序调用请求
	fftypes: communication-Reference	M	[1..1]	
	Access Specification	M	[1..1]	
SmStandardResponse	STRUCT			系统管理服务 见 FF-880 的 5
	fftypes: communication-Reference	M	[1..1]	
	reasonCode	M	[1..1]	
	fftypes: smServiceID	M	[1..1]	
SmSetPDTagRequest	STRUCT			系统管理服务设置 PD 标签见 FF-880 的 5.2.1.1.2
	fftypes: communication-Reference	M	[1..1]	
	fdt: tag	M	[1..1]	
	fftypes: nodeID	M	[1..1]	
	fftypes: devID	M	[1..1]	
	clearPDTag	O	[0..1]	
SmSetAddressRequest	STRUCT			系统管理服务设置地址见 FF-880 的 5.2.1.2.2
	fftypes: communication-Reference	M	[1..1]	
	fdt: tag	M	[1..1]	
	fftypes: nodeID	M	[1..1]	
	smAPClockSyncInterval	M	[1..1]	
	smPrimaryAPTime-Publisher	M	[1..1]	
SmClearAddressRequest	STRUCT			系统管理服务清空地址见 FF-880 的 5.2.1.3.1
	fftypes: communication-Reference	M	[1..1]	
	fdt: tag	M	[1..1]	
	fftypes: nodeID	M	[1..1]	
	fftypes: devID	M	[1..1]	

表 24（续）

数据类型	定义			描述
	基本数据类型	用法	多样性	
SmIdentifyRequest	STRUCT			系统管理服务 SM 识别见 FF-880 的 5.3.1
	fftypes: communication-Reference	M	[1..1]	
	fftypes:DataLinkAddress	M	[1..1]	
SmIdentifyResponseEntry	STRUCT			系统管理服务 SM 识别见 FF-880 的 5.3.1
	fdt:tag	M	[1..1]	
	fftypes:devID	M	[1..1]	
SmIdentifyResponse	STRUCT			
	fftypes: communication-Reference	M	[1..1]	
	SmIdentifyResponseEntry	O	[0..*]	
SmFindTagQuery	STRUCT			系统管理服务，发现标签查询见 FF-880 的 5.5.2.1。若 SmFindTagQuery 不能被传送，会收到一个带原因码的 SmStandardResponse
	fftypes: communication-Reference	M	[1..1]	
	fftypes:DataLinkAddress	M	[1..1]	
	Choice of	M	[1..1]	
	SmQueryPhysicalDevice	S	[1..1]	
	SmQueryVFD	S	[1..1]	
	SmQueryFB	S	[1..1]	
SmFindTagReply	STRUCT			系统管理服务，发现标签应答，见 FF-880 的 5.5.2.2
	fftypes: communication-Reference	M	[1..1]	
	fftypes:DataLinkAddress	M	[1..1]	
	fftypes:DataLinkAddress	M	[1..1]	
	fftypes:nodeID	M	[1..1]	
	Choice of	M	[1..1]	
	SmQueryPhysicalDevice	S	[1..1]	
	SmQueryVFD	S	[1..1]	
	SmQueryFB	S	[1..1]	
H1SubscribeRequest	STRUCT			用于 DTM/BTM 订阅请求
	fftypes: communication-Reference	M	[1..1]	
	Choice of	M	[1..1]	
	H1TrendSubscriptionInfo	S	[1..1]	
	H1Parameter-SubscriptionInfo	S	[1..1]	
	H1EventSubscriptionInfo	S	[1..1]	

表 24(续)

数据类型	定义 基本数据类型	用法	多样性	描述
H1SubscribeResponse	STRUCT			对订阅请求做出应答
	fftypes:communication-Reference	M	[1..1]	
	fms:CommonErrorType	O	[0..1]	
H1UnSubscribeRequest	STRUCT			终止一项订阅
	fftypes:communication-Reference	M	[1..1]	
	fftypes:subscription-InvokeId	M	[1..1]	
H1UnSubscribeResponse	STRUCT			对 H1 的终止订阅做出应答
	fftypes:communication-Reference	M	[1..1]	
	fms:CommonErrorType	O	[0..1]	
H1TrendSubscriptionInfo	STRUCT			订阅请求中使用的 H1 趋势订阅
	fftypes:nodeID	M	[1..1]	
	fftypes:vfdRef	M	[1..1]	
	fftypes:odIndex	M	[1..1]	
	fftypes:LinkobjectInfo	M	[1..1]	
	fftypes:VcrListInfo	M	[1..1]	
	fftypes:Index	M	[1..1]	
H1ParameterSubscriptionInfo	STRUCT			用于人共用请求中的 H1 参数订阅
	fftypes:nodeID	M	[1..1]	
	fftypes:vfdRef	M	[1..1]	
	fftypes:LinkobjectInfo	M	[1..1]	
	fftypes:VcrListInfo	M	[1..1]	
	fftypes:Index	M	[1..1]	
	fftypes:SubIndex	O	[0..1]	
H1EventSubscriptionInfo	STRUCT			用于订阅请求中的 H1 事件订阅
	fftypes:nodeID	M	[1..1]	
	fftypes:vfdRef	M	[1..1]	
	fftypes:LinkobjectInfo	M	[1..1]	
	fftypes:VcrListInfo	M	[1..1]	
	fftypes:Index	M	[1..1]	

表 24（续）

数据类型	定　义			描　述
	基本数据类型	用法	多样性	
SequenceBegin	STRUCT			通用序列支持，见 FDT 规范通信顺序处理
	sequenceTime	O	[0..1]	
	delayTime	O	[0..1]	
	fftypes:communication-Reference	M	[1..1]	
SequenceEnd	STRUCT			通用序列支持，见 FDT 规范通信顺序处理
	fftypes:communication-Reference	M	[1..1]	
SequenceStart	STRUCT			通用序列支持，见 FDT 规范通信顺序处理
	fftypes:communication-Reference	M	[1..1]	
Abort	STRUCT			
	fftypes:communication-Reference	M	[1..1]	描述中止

11.4　HSE 通信数据类型

用于：

——连接请求；

——连接应答；

——非连接请求；

——非连接应答；

——事件请求；

——事件应答。

HSE 通信定义(表 25 和表 26)包含地址信息和通信数据。

命名空间:ffhse。

表 25　简单 HSE 通信数据类型

数据类型	定　义	描　述
sequenceTime	UDINT	整个序列的一段时间，以 ms 为单位
delayTime	UDINT	两段通信对话之间的延迟时间，ms 为单位
configurationUseNMA	BOOL	NMA 配置使用，见 FF-588 的 6.5.1.1.1
queryType	enumeration (queryPrimaryPD | queryVFD | queryFB | queryElementId | queryVFDRef | queryDeviceIndex | querySecondaryPD)	指明 SM 发现标签查询服务的查询类型，见 FF-588 的 6.5.2.1 和 FF-589 的 5.3.1

表 25（续）

数据类型	定　义	描　述
duplicateDetectionState	USINT	指示接收到的带 SM 发现的标签回复的重复检测状态，请参阅 FF-588 的 6.5.2.2 和 FF-589 的 5.3.2
stateSMK	USINT	如 FF-589 中定义的 HSE SMK 状态
redundantCapability	枚举(D1 | D2 | D3)	冗余设备类型功能，见 FF-588 的 6.5.2.7.1，对 SM 识别服务应答一起使用
deviceRedundancyState	USINT	设备冗余状态，见 FF-589 和 FF-588 的 6.5.2.7.1，对 SM 识别服务响应一起使用
repeatTimeHSE	UDINT	用于设备状态指示的 HSE 重复时间，见 FF-589
maxDeviceIndex	UINT	设备指数可以有的最大值，见冗余规范 FF-593
versionAnnunciation	UDINT	SM Annunciation 消息的版本号，见 FF-589
versionHSEDevice	UDINT	SMIB 中 SM 特性版本号列表的版本
interfaceToClear	USINT	标识 HSE 接口被清除，见 FF-589
noError	BOOL	表明没有错误发生。SmStandardResponse 使用来编码一项没有错误的 SM 服务响应
msgHdrOptions	USINT	消息头选项
bufferSize	UDINT	用于会话终端配置
maxMessageLength	UDINT	用于会话终端配置

表 26　结构化的 HSE 通信数据类型

数据类型	定义			描述
	基本数据类型	用法	多样性	
SourceIP	STRUCT			发送请求的 IP 地址
	fftypes:IP	M	[1..1]	
OperationalIP	STRUCT			设备响应的操作 IP 地址
	fftypes:IP	M	[1..1]	
OpenSessionRequest	STRUCT			打开会话请求
	fdt:tag	M	[1..1]	
	configurationUseNMA	M	[1..1]	
	fftypes:IP	M	[1..1]	
SmQueryVFDRef	STRUCT			指定用于 VFD 参考查询类型。由元素 SmFindTagQuery 使用
	fdt:tag	M	[1..1]	
	fftypes:vfdRef	M	[1..1]	

表 26（续）

数据类型	定 义			描述
	基本数据类型	用法	多样性	
SmQueryDeviceIndex	STRUCT			指定用于设备索引查询类型。由元素 SmFindTagQuery 使用
	fftypes:deviceIndex	M	[1..1]	
SmFindTagQuery	STRUCT			见 FF-588 的 6.5.2.1 和 FF-589 的 5.3.1
	fftypes:communication-Reference	M	[1..1]	
	queryType	M	[1..1]	
	fftypes:IP	M	[1..1]	
	fftypes:DataLinkAddress	M	[1..1]	
	choice of	M	[1..1]	
	ffh1:SmQueryPhysicalDevice	S	[1..1]	
	ffh1:SmQueryVFD	S	[1..1]	
	ffh1:SmQueryFB	S	[1..1]	
	SmQueryVFDRef	S	[1..1]	
	SmQueryDeviceIndex	S	[1..1]	
SmFindTagReply	STRUCT			见 FF-588 的 6.5.2.2 和 FF-589 的 5.3.2
	fftypes:communication-Reference	M	[1..1]	
	queryType	M	[1..1]	
	duplicateDetectionState	M	[1..1]	
	fftypes:linkId	M	[1..1]	
	fftypes:nodeId	O	[0..1]	
	fdt:tag	M	[1..1]	
	SourceIP	M	[1..1]	
	OperationalIP	M	[1..1]	
	choice of	M	[1..1]	
	ffh1:SmReplyPhysicalDevice	S	[1..1]	
	ffh1:SmReplyVFD	S	[1..1]	
	ffh1:SmReplyFB	S	[1..1]	
DeviceInformation	STRUCT			指出设备功能，FDA 规范(FF-588)中有定义。FF-803 FS 1.19 SM 的 6.2.5
	redundantCapability	M	[1..1]	
	fftypes:deviceIndex	O	[0..1]	
	maxDeviceIndex	O	[0..1]	

表 26（续）

数据类型	定义 基本数据类型	用法	多样性	描述
RedundancyInformation	STRUCT			编码冗余状态/ HSE 设备信息和 SM 标识服务一起使用。见元素 SmIdentifyResponse
	deviceRedundancyState	M	[1..1]	
	fftypes:port	M	[1..1]	
H1LiveListVersion	STRUCT			提供 H1Live List 的版本
	fftypes:linkId	M	[1..1]	
	fftypes:versionNumber	M	[1..1]	
H1NodeAddressVersion	STRUCT			提供 H1Node 地址的版本
	fftypes:nodeId	M	[1..1]	
	fftypes:versionNumber	M	[1..1]	
VersionInformation	STRUCT			编码设备的可选版本信息和 SM 标识服务一起使用。 见元素 SmIdentifyResponse
	versionAnnunciation	M	[1..1]	
	versionHSEDevice	M	[1..1]	
	fftypes:listCount	M	[1..1]	
	choice of	O	[0..*]	
	H1LiveListVersion	S	[1..1]	
	H1NodeAddressVersion	S	[1..1]	
SmIdentifyRequest	STRUCT			见 FF-588 的 6.5.2.3 和 FF-589 的 5.3.3
	fftypes:communication-Reference	M	[1..1]	
	fftypes:IP	M	[1..1]	
	fftypes:DataLinkAddress	M	[1..1]	
SmIdentifyResponseEntry	STRUCT			HSE 具体 SM 识别响应条目
	fftypes:deviceType	M	[1..1]	
	fdt:tag	M	[1..1]	
	fftypes:devID	M	[1..1]	
	stateSMK	M	[1..1]	

表 26（续）

数据类型	定　义			描述
	基本数据类型	用法	多样性	
SmIdentifyResponseEntry	repeatTimeHSE	O	[0..1]	
	duplicateDetectionState	O	[0..1]	
	fftypes:ip	O	[0..1]	
	fftypes:IP	M	[1..1]	
	fftypes:DataLinkAddress	M	[1..1]	
	DeviceInformation			
	RedundancyInformation	O	[0..1]	
	VersionInformation	O	[0..1]	
SmIdentifyResponse	STRUCT			见 FF-588 的 6.5.2.3 和 FF-589 的 5.3.3
	fftypes:communication-Reference	M	[1..1]	
	SmIdentifyResponseEntry	O	[0..*]	
SmStandardResponse	STRUCT			见 FF-588 的 6.5.2.3 和 FF-589 的 5.3.3
	fftypes:communication-Reference	M	[1..1]	
	fftypes:smServiceID	M	[1..1]	
	noError	O	[0..1]	
	fftypes:IP	M	[1..1]	
	fftypes:DataLinkAddress	M	[1..1]	
	fms:CommonErrorType	M	[1..1]	
SmClearAddressRequest	STRUCT			见 FF-588 的 6.5.2.4 和 FF-589 的 5.3.4
	fftypes:communication-Reference	M	[1..1]	
	fdt:tag	M	[1..1]	
	fftypes:devID	M	[1..1]	
	interfaceToClear	O	[0..1]	
	fftypes:IP	M	[1..1]	
	fftypes:DataLinkAddress	M	[1..1]	
SmClearAssignmentInfoRequest	STRUCT			见 FF-588 的 6.5.2.6 和 FF-589 的 5.3.5
	fftypes:communication-Reference	M	[1..1]	
	fdt:tag	M	[1..1]	
	fftypes:devID	M	[1..1]	
	fftypes:IP	M	[1..1]	
	fftypes:DataLinkAddress	M	[1..1]	

表 26（续）

数据类型	定　义			描述
	基本数据类型	用法	多样性	
SmSetAssignmentInfoRequest	STRUCT			见 FF-588 的 6.5.2.5 和 FF-589 的 5.3.6
	fftypes:communication-Reference	M	[1..1]	
	fdt:tag	M	[1..1]	
	fftypes:devID	M	[1..1]	
	fftypes:deviceIndex	O	[0..1]	
	maxDeviceIndex	O	[0..1]	
	repeatTimeHSE	O	[0..1]	
	fftypes:ip	O	[0..1]	
	duplicateDetectionState	O	[0..1]	
	fftypes:nodeId	O	[0..1]	
	fftypes:IP	M	[1..1]	
	fftypes:DataLinkAddress	M	[1..1]	
	RedundancyInformation	O	[0..1]	
SmSetAssignmentInfoResponse	STRUCT			见 FF-588 的 6.5.2.5 和 FF-589 的 5.3.6
	fftypes:communication-Reference	M	[1..1]	
	repeatTimeHSE	O	[0..1]	
	maxDeviceIndex	O	[0..1]	
	fftypes:IP	M	[1..1]	
	fftypes:DataLinkAddress	M	[1..1]	
ConnectRequest	STRUCT			上下文管理间见 FF-588 的 6.5.3.2 和 FF-870 的 3.3.4 和 10.1.7
	OpenSessionRequest	O	[0..1]	
ConnectResponse	STRUCT			上下文管理间见 FF-588 的 6.5.3.2 和 FF-870 的 3.3.4 和 10.1.7
	fftypes:communication-Reference	M	[1..1]	
	fms:CommonErrorType	O	[0..1]	
DisconnectRequest	STRUCT			上下文管理间见 FF-588 的 6.5.3.2 和 FF-870 的 3.3.4 和 10.1.7
	fftypes:communication-Reference	M	[1..1]	

表 26（续）

数据类型	定义			描述
	基本数据类型	用法	多样性	
DisconnectResponse	STRUCT			上下文管理间见 FF-588 的 6.5.3.2 和 FF-870 的 3.3.4 和 10.1.7
	fftypes:communication-Reference	M	[1..1]	
HSESubscribeRequest	STRUCT			HSE 订阅请求
	fftypes:communication-Reference	M	[1..1]	
	msgHdrOptions	M	[1..1]	
	bufferSize	M	[1..1]	
	maxMessageLength	M	[1..1]	
	fftypes:ip	M	[1..1]	
	choice of	M	[1..1]	
	HSETrendSubscriptionInfo	S	[1..1]	
	LocalTrendSubscriptionInfo	S	[1..1]	
	HSEParameterSubscriptionInfo	S	[1..1]	
	LocalParameterSubscriptionInfo	S	[1..1]	
	HSEEventSubscriptionInfo	S	[1..1]	
	LocalEventSubscriptionInfo	S	[1..1]	
HSESubscribeResponse	STRUCT			HSE 订阅响应
	fftypes:communication-Reference	M	[1..1]	
	fms:CommonErrorType	O	[0..1]	
HSEUnSubscribeRequest	STRUCT			HSE 不订阅请求，用于终止订阅
	fftypes:communication-Reference	M	[1..1]	
	fftypes:subscriptionInvokeId	M	[1..1]	
HSEUnSubscribeResponse	STRUCT			HSE 不订阅响应
	fftypes:communication-Reference	M	[1..1]	
	fms:CommonErrorType	O	[0..1]	
HSETrendSubscriptionInfo	STRUCT			用于订阅请求中的 HSE 趋势订阅
	fftypes:linkId	M	[1..1]	
	fftypes:vfdRef	M	[1..1]	
	ffh1:H1TrendSubscriptionInfo	M	[1..1]	
	fftypes:VcrListInfo	M	[1..1]	
	fftypes:HseConfiguredVcrListInfo	M	[1..1]	
	fftypes:ConfiguredSessionListInfo	M	[1..1]	

表 26（续）

数据类型	定 义			描述
	基本数据类型	用法	多样性	
LocalTrendSubscriptionInfo	STRUCT			订阅请求中的本地趋势订阅
	fftypes:vfdRef	M	[1..1]	
	fftypes:odIndex	M	[1..1]	
	fftypes:LinkobjectInfo	M	[1..1]	
	fftypes:HseConfiguredVcrListInfo	M	[1..1]	
	fftypes:ConfiguredSessionListInfo	M	[1..1]	
	fftypes:Index	M	[1..1]	
LocalParameterSubscription-Info	STRUCT			订阅请求中的本地参数订阅
	fftypes:vfdRef	M	[1..1]	
	fftypes:LinkobjectInfo	M	[1..1]	
	fftypes:HseConfiguredVcrListInfo	M	[1..1]	
	fftypes:ConfiguredSessionListInfo	M	[1..1]	
	fftypes:Index	M	[1..1]	
	fftypes:SubIndex	O	[0..1]	
HSEParameterSubscriptionInfo	STRUCT			订阅请求中的 HSE 参数订阅
	fftypcs:linkId	M	[1..1]	
	fftypes:vfdRef	M	[1..1]	
	ffh1:H1ParameterSubscriptionInfo	M	[1..1]	
	fftypes:VcrListInfo	M	[1..1]	
	fftypes:HseConfiguredVcrListInfo	M	[1..1]	
HSEEventSubscriptionInfo	STRUCT			订阅请求中的 HSE 事件订阅
	fftypes:linkId	M	[1..1]	
	fftypes:vfdRef	M	[1..1]	
	ffh1:H1EventSubscriptionInfo	M	[1..1]	
	fftypes:VcrListInfo	M	[1..1]	
	fftypes:HseConfiguredVcrListInfo	M	[1..1]	
	fftypes:ConfiguredSessionListInfo	M	[1..1]	

表 26（续）

数据类型	定义			描述
	基本数据类型	用法	多样性	
LocalEventSubscriptionInfo	STRUCT			订阅请求中的本地事件订阅
	fftypes:vfdRef	M	[1..1]	
	fftypes:LinkobjectInfo	M	[1..1]	
	fftypes:HseConfiguredVcrListInfo	M	[1..1]	
	fftypes:ConfiguredSessionListInfo	M	[1..1]	
	fftypes:Index	M	[1..1]	
SequenceBegin	STRUCT			通用序列支持，见 FDT 规范通信序列处理
	sequenceTime	O	[0..1]	
	delayTime	O	[0..1]	
	fftypes:communicationReference	M	[1..1]	
SequenceEnd	STRUCT			通用序列支持，见 FDT 规范通信序列处理
	fftypes:communicationReference	M	[1..1]	
SequenceStart	fftypes:ConfiguredSessionListInfo	M	[1..1]	
	fftypes:communicationReference	M	[1..1]	
Abort	STRUCT			描述中止
	fftypes:communicationReference	M	[1..1]	

11.5 FDT FF 标准块通信数据类型

用于：

——连接请求；

——连接应答；

——非连接请求；

——非连接应答；

——事件请求；

——事件应答。

表 27 中的定义提供了 BTM 和 DTM 之间进行通信的信息。

命名空间：ffbtm。

表 27 块通信数据类型

数据类型	定义			描述
	基本数据类型	用法	多样性	
BlockAddress	STRUCT			块地址元素。注意如果块标签未知他就是空的。该索引用于这种情况下的对块的识别
	btm:block Tag	M	[1..1]	
	fdt:index	M	[1..1]	

表 27（续）

数据类型	定义			描述
	基本数据类型	用法	多样性	
ConnectRequest	STRUCT			描述建立连接的通信请求
	BlockAddress	M	[1..1]	
ConnectResponse	STRUCT			描述对连接请求的通信应答
	fftypes:communication-Reference	M	[1..1]	
	BlockAddress	M	[1..1]	
DisconnectRequest	STRUCT			描述释放连接的通信请求
	fftypes:communication-Reference	M	[1..1]	
DisconnectResponse	STRUCT			描述通信响应
	fftypes:communication-Reference	M	[1..1]	
BTMubscribeRequest	STRUCT			订阅请求定义
	fftypes:communication-Reference	M	[1..1]	
	choice of	S	[1..1]	
	BtmTrendSubscriptionInfo	S	[1..1]	
	BtmParameterSubscriptionInfo	S	[1..1]	
	BtmEventSubscriptionInfo			
BTMubscribeResponse	STRUCT			订阅响应
	fftypes:communication-Reference	M	[1..1]	
	fms:CommonErrorType	O	[0..1]	
BtmTrendSubscriptionInfo	STRUCT			趋势订阅定义
	fftypes:Index	M	[1..1]	
BtmParameter SubscriptionInfo	STRUCT			参数订阅定义
	fftypes:Index	M	[1..1]	
	fftypes:SubIndex	O	[0..1]	
BtmEventSubscriptionInfo	STRUCT			事件订阅定义
	fftypes:Index	M	[1..1]	
BtmUnSubscribeRequest	STRUCT			订阅终止请求
	fftypes:communication-Reference	M	[1..1]	
	fftypes:subscription InvokeId	M	[1..1]	
BtmUnSubscribeResponse	STRUCT			订阅终止响应
	fftypes:communication-Reference	M	[1..1]	
	Fms:CommonErrorType	O	[0..1]	

12 通道参数数据类型

表28和表29中的定义用于通道对象相关的服务：

——读通道信息；

——写通道信息；

——度通道数据；

——写通道数据。

命名空间:fdtffchprms。

表28 简单FF通道数据类型

数据类型	定义	描述
dataType	列举(Boolean | Integer8 | Integer16 | Integer32 | Unsigned8 | Unsigned16 | Unsigned32 | FloatingPoint | Visible | String | Octet | String | Date | TimeofDay | Time | DifferenceBit | TimeValue | ValueStatusFloat | ValueStatusDiscrete | ValueStatusBitstring | Scaling | Mode | AccessPermissions | AlarmFloat | AlarmDiscrete | EventUpdate | AlarmSummary | AlertAnalog | AlertDiscrete | AlertUpdate | TrendFloat | TrendDiscrete | TrendBitstring | FBLink | SimulateFloat | SimulateDiscrete | SimulateBitstring | Test | Action | Custom | other)	
frameApplicationTag	STRING	框架应用程序特定的标记，用于识别和导航。DTM/BTM应该在通道特定的用户界面显示这个标签
gatewayBusCategory	UUID	支持总线类型(H1或HSE)的唯一标识符，根据具体CATID
index	UDINT	地址信息—OD中的参数索引
invalidBit	UDINT	无效状态通道的比特位置
logic	列举 (positive | negative)	额外数据类型信息:positve 0=FALSE;1=TRUE
number	UDINT	地址信息
protectedByChannelAssignment	BOOL	如果通道被设置为通过框架应用程序为只读的则为TRUE。如果通道分配存在通常设置为TRUE
simulationBit	UDINT	模拟状态通道的比特位置

表 28（续）

数据类型	定　　义	描　　述
statusChannel	BOOL	如果通道只用于状态信息则为TRUE
subIndex	UDINT	OD 中的参数子索引，用于参数寻址
substituteValueBit	UDINT	替代状态通道的比特位置

表 29　结构化的 FF 通道数据类型

数据类型	定　　义			描述
	基本数据类型	用法	多样性	
FDTChannel	STRUCT			
	fdt:tag	M	[1..1]	
	fdt:id	M	[1..1]	
	fdt:descriptor	O	[0..1]	
	protectedByChannelAssignment	M	[1..1]	
	number	M	[1..1]	
	dataType	M	[1..1]	
	fdt:signalType	M	[1..1]	
	frameApplicationTag	O	[0..1]	
	appId:applicationId	O	[0..1]	
	logic	O	[0..1]	
	fdt:SemanticInformation	O	[0..*]	
	fdt:BitEnumeratorEntries	O	[0..1]	
	fdt:EnumeratorEntries	O	[0..1]	
	fdt:Unit	O	[0..1]	
	ParameterAddress	O	[0..1]	
	fdt:Alarms	O	[0..1]	
	fdt:Ranges	O	[0..1]	
	fdt:Deadband	O	[0..1]	
	fdt:SubstituteValue	O	[0..1]	
FDTChannelType	STRUCT			带网关功能的通道的情况下通道组件的说明
	fdt:VersionInformation	M	[1..1]	
	gatewayBusCategory	O	[0..1]	
	statusChannel	O	[0..1]	

表 29（续）

数据类型	定　义			描述
	基本数据类型	用法	多样性	
ParameterAddress	STRUCT			参数地址
	fftypes:communication Reference	M	[1..1]	
	index	M	[1..1]	
	subIndex	O	[0..1]	

13 设备标识

13.1 数据类型 STRING 的协议具体处理

现场总线数据类型 VisibleString 编码：

现场总线基金会数据类型 VisibleString 的参数或结构成员编码遵循 ISO 646 标准。其详细定义和字节序列参见 FF-870 9.3.1.5。ISO 646 与 ASCII 字符集直接对应。VisibleString 的前导空格不可以(例如带 PD 标记)修改。数据类型 VisibleString 应指定长度。如果实际字符串长度小于该长度，未使用的字符置为 ASCII 空(0x20)字符。

VisibleStrings 中，设备的不可见字符都改为“?”。

13.2 常见设备类型标识数据类型

表 30 列出了 FF H1 通信识别的相关数据、来源和格式。

表 30　FF H1

FDT 属性名	语义元素名	物理设备的数据请求	FF 协议规范名	FF 数据格式	XML-FDT 格式	规范参考
DeviceA-ddress	idAddress	节点地址参数是设备的数据链接地址。它在数据链接层并通过本地 NM 对 SM 可用。通过 SET-ADDRESS 服务设置它的值	节点地址	无符号 8 位	ui1	FF-581-系统结构 7.4-“节点地址” FF-880-系统管理 7.4-“地址分配”
busPro-tocol	idBusPro-tocol	FF-H1	FF 总线协议	列举：FF-H1、FF-HSE、FF-Block	enum	

表 30（续）

FDT 属性名	语义元素名	物理设备的数据请求	FF 协议规范名	FF 数据格式	XML—FDT 格式	规范参考
manufacturerID	idManufacturer	MANUFAC_ID 资源块参数的索引 10	MANUFAC_ID	无符号 32 位	ui4	参见 FF-891 的 3.1。可通过设备资源块的相对索引 10 或设备 ID(DEV_ID)进行检索
dev-type	idTypeID	DEV_TYPE 资源块参数的索引 11	DEV_TYPE	无符号 16 位	ui2	参见 FF-891 的 3.1。可通过设备资源块的相对索引 11 或设备 ID(DEV_ID)进行检索
device_dd_Revision	IdSoftwareRevision	DEV_REV(资源块参数的索引 12)乘以 256+DD_REV(资源块参数的索引 13)	DEV_REV 和 DD_REV	无符号 16	ui2	DEV_REV 和 DD_REV 参见 FF-891 的 3.1。DEV_REV 可通过设备资源块相对索引 12 或设备 ID(DEV_ID)进行检索。DD_REV 可通过设备资源块相对索引 13 进行检索。只有设备包含功能块 VFD 时，DEV_REV 和 DD_REV 才出现
pd_tag	IdTag	物理设备标签被保存在系统管理信息库中。它的值通过使用 SM_IDENTIFY 服务决定并通过 SET_PD_TAG 服务设置	PD Tag	32 字节的 VisibleString. 编码规则见 12	字符串	参见 FF-581-系统结构化，FF-880-系统管理 5.3.1。和 SM 标识服务一起用于设备标识，和 Set PD-Tag 服务一起时用于地址分配(见 FF-880 的 5.2.1.1.2)
dev_id	IdSerialNumber	设备 ID 是制造商提供的系统独立标识	DEV_ID	32 字节的 VisibleString. 编码规则见 12	字符串	设备 ID 不像设备类型，它是设备唯一的标识。每一个确定设备类型的设备都有不同的设备 ID。参见 FF-581-系统结构化 7.4.2。 DEV_ID 的结构在 TN002-1.1 中有详细说明

注 1：设备 ID(DEV_ID)的第一个第六(6)个八位字节表示十六进制字符串，该字符串表示制造商 ID(MANUFAC_ID)，一个已经在 FF 中注册了的 24 位的二进制数。

注 2：设备 ID(DEV_ID)的以八位字节 resp.字节偏移量为 6 开始的第四(4)个八位字节表示十六进制字符串设备类型，它是制造商分配的一个 16 位二进制数。

表 31 列出了 FF HSE 通信识别的相关数据、来源和格式。

表 31　FF HSE

FDT 属性名	语义元素名	物理设备的数据请求	FF 协议规范名	FF 数据格式	XML-FDT 格式	规范参考
dataLink-Address	IdAddress	16 字节	IP 地址	长度为 16 字节的字符串	字符串	参见 FF-588FDA 代理 1.3.17 可能提到有 IPv4 或 IPv6。IP 地址转换成文本表示应该有提供。IPv6 地址文本表示在标准 RFC 3513 中标准化的
busPro-tocol	IdBusP-rotocol	FF-HSE	FF 总线协议	列举：FF-H1、FF-HSE、FF-Block	enum	
manufac-turerID	IdManu-facturer	MANUFAC_ID 资源块参数的索引 10	MANU-FAC_ID	无符号 32 位	ui4	参见 FF-891 的 3.1。可通过设备资源块相对索引 10 或设备 ID(DEV_ID)进行检索
dev-type	IdTypeID	DEV_TYPE 资源块参数的索引 11	DEV_TYPE	无符号 16 位	ui2	参见 FF-891 的 3.1。可通过设备资源块相对索引 11 或设备 ID(DEV_ID)进行检索
device_dd_Revision	IdSoftware-Revision	DEV_REV(资源块参数的索引 12)乘以 256 + DD_REV(资源块参数的索引 13)	DEV_REV 和 DD_REV	无符号 16	ui2	DEV_REV 和 DD_REV 参见 FF-891 的 3.1。DEV_REV 可通过设备资源块相对索引 12 或设备 ID(DEV_ID)进行检索。DD_REV 可通过设备资源块相对索引 13 或设备 ID(DEV_ID)进行检索。只有设备包含功能块 VFD 时,DEV_REV 和 DD_REV 才出现
pd_tag	IdTag	物理设备标签	PD Tag	32 字节的 VisibleString. 编码规则见 12	字符串	参见 FF-588 和 FF-803 FS 1.19 的 5.2.1-物理设备标签。和 SM 标识服务一起用于设备标识,和 SM Set Assignment Info 服务一起时用于地址分配(见 FF-588 的 6.5.2.5)
dev_id	IdSerial-Number	设备 ID 是制造商提供的系统独立标识	DEV_ID	32 字节的 VisibleString. 编码规则见 12	字符串	设备 ID 不像设备类型,它是设备唯一的标识。每一个确定设备类型的设备都有不同的设备 ID。参见 FF-581-系统结构化 7.4.2。DEV_ID 的结构在 TN002-1.1 中有详细说明
无语义识别属性						
deviceClass			Device Class	无符号 8 位	enum	参见 FF-588 的 6.5.2.7.1(设备类型)

注 1:设备 ID(DEV_ID)的第一个第六(6)个八位字节表示十六进制字符串,该字符串表示制造商 ID(MANUFAC_ID),一个已经在 FF 中注册了的 24 位的二进制数。

注 2:设备 ID(DEV_ID)的以八位字节 resp.字节偏移量为 6 开始的第四(4)个八位字节 表示十六进制字符串设备类型,它是制造商分配的一个 16 位二进制数。

表 32 列出了 FF 块识别的相关数据、来源和格式。

表 32 FF 块

FDT 属性名	语义元素名	物理设备的数据请求	FF 协议规范名	FF 数据格式	XML-FDT 格式	规范参考
busProtocol	idBusProtocol	“FF-Block”	FF 总线协议	列举:FF-H1、FF-HSE、FF-Block	enum	
manufacturerID	idManufacturer	常见通道要提供该设备的制造商 ID(H1 或 HSE)。块 manufacturerID 和设备 manufacturerID 一样。	MANUFAC_ID	无符号 32 位	ui4	参见 FF-891 的 3.1
dev-type	idTypeID	常见通道要提供该设备的设备类型(H1 或 HSE)。块 dev-type 和设备 dev-type 一样	DEV_TYPE	无符号 16 位	ui2	参见 FF-891 的 3.1
device_dd_Revision	IdSoftware-Revision	常见通道要提供该设备的 device_dd_Revision(H1 或 HSE)。块 device_dd_Revision 和设备 device_dd_Revision 一样	DEV_REV 和 DD_REV	无符号 16	ui2	块 device_dd_Revision 和设备 device_dd_Revision 一样
block Tag	IdTag	FMS 从块索引的 SubIndex=1 读取	Block Tag	32 字节的 VisibleString. 编码规则见 12	字符串	块标签参见 FF-890 的 5.14.1 块结构
无语义识别属性						
blockIndex		BlockIndex	BlockIndex	无符号 32 位	ui4	对象字典中块附录参见 FF-890 的 5.4(目录对象)
DDMemberID		FMS 从块索引的 SubIndex=2 读取	DDMemberid	无符号 32 位	ui4	块结构的 DDMemberID。参见 FF-890 的 5.14.1 块结构
DDItemid		FMS 从块索引的 SubIndex=3 读取	DDItemid	无符号 32 位	ui4	块结构的 DDItemid。参见 FF-890 的 5.14.1块结构

表 32（续）

FDT 属性名	语义元 素名	物理设备的 数据请求	FF 协议 规范名	FF 数据 格式	XML- FDT 格式	规范参考
DDRevision		FMS 从块索引的 SubIndex=4 读取	DDRevision	无符号 16 位	ui2	块结构的 DDRevision。参见 FF-890 的 5.14.1 块结构
profile		FMS 从块索引的 SubIndex=5 部分	Profile	无符号 16 位	ui2	块结构的 profile。参见 FF-890 的 5.14.1 块结构
profile Revision		FMS 从块索引的 SubIndex=6 读取	Profile Revision	无符号 16 位	ui2	块结构的 profile Revision。参见 FF-890 的 5.14.1 块结构
注：这里假设只有一个功能块 VFD。						

13.3 扫描识别数据类型

本节定义的数据类型用于提供协议的具体扫描(见表 33)。

表 33 简单现场总线扫描定义

属　　性	描　　述
IdAddress	所有的元素正好包含一个属性，每个包括扫描的物理设备的值。相同的元素名称的使用，FDTFieldbusIdentTransformation.xsl 而不是 FDTFieldbusDeviceIdentDefinition 任务更简单。 为更好地识别，所有元素的语义含义最好有一个前缀“id”
IdBusProtocol	
IdManufacturer	
IdTypeID	
IdSoftwareRevision	
IdHardwareRevision	
IdTag	
IdSerialNumber	
DataLinkAddress	
DeviceClass	
VendorName	
ModelName	
Revision	
ManufactureSpecificExtension	定义用于设备识别的制造商特定扩展
ScanIdentification_FF_HSE	HSE 块标识信息
ScanIdentification_FF_H1	H1 块标识信息
ScanIdentification_FF_Block	FF 块标识信息

表 33（续）

属　　性	描　　述
ScanIdentifications	扫描识别元素集
BlockIndex	块索引
DDMemberId	DD 成员 ID
DDItemId	DD 项目 ID
DDRevision	DD 修订
IdProfile	配置文件
IdProfileRevision	配置文件修订

13.4　设备类型标识数据类型-DTM 提供

本节定义的数据类型用于提供协议的具体设备类型标识(见表 34)。

相关命名空间：

——Fieldbusident；

——Fdt。

表 34　设备标识数据类型

<table>
<tr><th>属　　性</th><th>描　　述</th></tr>
<tr><td>IdDeviceAddress</td><td rowspan="13">所有的元素正好包含一个属性，每个包括扫描的物理设备的值。相同的元素名称的使用，FDTFieldbusIdentTransformation.xsl 而不是 FDTFieldbusDeviceIdentDefinition 任务更简单。
为更好地识别，所有元素的语义含义最好有一个前缀“id”</td></tr>
<tr><td>IdBusProtocol</td></tr>
<tr><td>IdBusProtocolVersion</td></tr>
<tr><td>IdTypeID</td></tr>
<tr><td>IdSoftwareRevision</td></tr>
<tr><td>IdHardwareRevision</td></tr>
<tr><td>IdTag</td></tr>
<tr><td>IdSerialNumber</td></tr>
<tr><td>DataLinkAddress</td></tr>
<tr><td>DeviceClass</td></tr>
<tr><td>VendorName</td></tr>
<tr><td>ModelName</td></tr>
<tr><td>Revision</td></tr>
<tr><td>ManufactureSpecificExtension</td><td>定义用于设备识别的制造商特定扩展</td></tr>
<tr><td>DeviecIdentification_FF_HSE</td><td>HSE 块标识信息</td></tr>
<tr><td>DeviceIdentification_FF_H1</td><td>H1 块标识信息</td></tr>
<tr><td>DeviceIdentification_FF_Block</td><td>FF 块标识信息</td></tr>
<tr><td>DeviceIdentifications</td><td>设备标识元素的集合。包含所有扫描物理设备的现场总线特定的标识元素</td></tr>
</table>

表 34（续）

属　性	描　述
BlockIndex	块索引
DDMemberId	DD 成员 ID
DDItemId	DD 项目 ID
DDRevision	DD 修订
IdProfile	配置文件
IdProfileRevision	配置文件修订

附 录 A
（资料性附录）
实现提示

A.1 关于趋势订阅配置的提示

本部分中所描述的订阅机制需要 COM/DTM 在它实际建立之前执行一个广泛的配置操作。这些配置操作应尽可能少地干预运行控制应用程序。

当为订阅执行操作时，需要 COM/DTM 遵循一定的规则：

1） 如果一个带本地索引的连接对象（服务操作＝趋势报告）已经配置了该引用，订阅本链接对象的趋势对象应该被重新利用。相应的 VCR 也被重用。

2） 如果一个连接对象（服务操作与本地索引＝0＝趋势报告）已经配置了，此链接对象应该被重用。对应的 VCR 也被重用。

3） 如果没有链接对象可以分配给订阅趋势，COM DTM 应显示出错。

4） 如果趋势 VCR 可重复使用，该 VCR 定义的组地址可以重复使用。

5） 如果一个 VCR 必须为趋势目的进行配置且没有静态 VCR 项目可被分配，COM DTM 应指示错误。

6） HSE 趋势订阅情况下，如 1）、2）和 4）中的重用需要配置额外的 HSE VCR 和 SessionEndpoint Entries。

7） 如果 HSE VCR 必须为趋势目的进行配置且没有 HSE VCR 项目可被分配，COM DTM 应指示出错。

8） 如果 SessionEndpointEntry 必须为趋势目的进行配置，并且没有项目可被分配，COM DTM 应指示出错。

趋势对象配置不属于趋势订阅。趋势订阅执行之前，相关的趋势对象需要进行配置（块指数、相关指数、样本类型、采样间隔）。其通过标准的 FMS 写入。

这些配置操作高度依赖于应用程序 resp.设备 DTM 的目标并且通过设备 DTM 执行。

A.2 关于参数订阅配置的提示

本部分中所描述的订阅机制需要 COM/DTM 在参数订阅实际建立之前执行一个广泛的配置操作。这些配置操作应尽可能少地干预到运行控制应用程序。当为订阅执行操作时，需要 COM/DTM 遵循一定的规则：

1） 如果连接对象有服务操作 PUB，并且此链接对象的本地索引和订阅该链接对象的参数索引相匹配，该链接对象应被重新利用。相应的 VCR 也应被重用。

2） 如果没有链接对象可分配给参数订阅，COM DTM 应显示出错。

3） 如果出版者 VCR 可重复使用，该 VCR 定义的本地地址可以重复使用。

4） 如果出版者 VCR 必须为参数订阅目的进行配置，并且没有静态 VCR 项目可被分配，COM DTM 应指示错误。

5） HSE 参数订阅情况下，如 1）和 3）中的重用需要配置额外的 HSE VCR 和 SessionEndpointEntries。

6） 如果 HSE VCR 必须为参数订阅进行配置，并且没有 HSE VCR 项目可被分配，COM DTM 应指示出错。

7） 如果 SessionEndpointEntry 必须为参数订阅进行配置，并且没有项目可被分配，COM DTM

应指示出错。

A.3 关于事件订阅配置的提示

本部分中所描述的订阅机制需要 COM/DTM 在事件订阅实际建立之前执行一个广泛的配置操作。这些配置操作应尽可能少地干预到运行控制应用程序。当为订阅执行操作时,需要 COM/DTM 遵循一定的规则:

1) 如果带本地索引的连接对象(服务操作=ALERY)已配置了该引用,订阅本链接对象的事件对象应该被重新利用。相应的 VCR 也应被重用。

2) 如果本地 index=0 的连接对象(服务操作=ALERY)已经配置了,此链接对象应该被重用。对应的 VCR 也应被重用。

3) 如果没有链接对象可以分配给事件趋势,COM DTM 应显示出错。

4) 如果 QUU VCR 可重复使用,则该 VCR 定义的组地址也可重复使用。

5) 如果 QUU VCR 必须为事件目的进行配置,并且没有静态 VCR 项目可被分配,COM DTM 应指示错误。

6) HSE 趋势订阅情况下,如 1)、2)和 4)中的重用需要配置额外的 HSE VCR 和 SessionEndpoint Entries。

7) 如果 HSE VCR 必须为事件目的进行配置,并且没有 HSE VCR 项目可被分配,COM DTM 应该指示出现错误。

8) 如果 SessionEndpointEntry 必须为事件目的进行配置且没有项目可被分配,COM DTM 应指示出现错误。

如下的一些必要的配置操作不属于事件订阅部分:

——对 FBAP VFD 资源块的参数 FEATURE_SEL 写入一个正确值,从而启用事件;

——对资源块的参数 CONFIRM_TIME 写入一个正确值,从而为事件确认设置时间;

——在块中配置报警极限参数,例如模拟输入块中的 HI_LIM;

——在块中配置报警优先级参数,例如模拟输入块中的 HI_PR。

这些配置操作高度依赖于应用程序 resp.设备 DTM 的目标并且通过设备 DTM 执行。

附　录　B
（规范性附录）
支持级别

B.1　常用

FF 设备的 DTMs 可以提供如表 B.1 中定义的不同级别的支持。

表 B.1　支持级别

服务 支持级别	HSE					H1				
	0 级	1 级	2 级	4 级	8 级	0 级	1 级	2 级	4 级	8 级
SmSetPDTag	N/A	N/A	N/A	N/A	—	O	—	M	—	—
SmSetAddress	N/A	N/A	N/A	N/A	—	O	—	M	—	—
SmFindTag	O	—	M	—	—	O		M	—	—
SmIdentify	M	—	M	—	—	M		M	—	—
SmClearAddress	O	—	M	—	—	O		M	—	—
SmClearAssignmentInfo	O	—	M	—	—	N/A	N/A	N/A	N/A	—
SmSetAssignmentInfo	O	—	M	—	—	N/A	N/A	N/A	N/A	—
fms:FmsInitiate	M	M	—	—	—	M	M	—	—	—
fms:FmsAbort	M	M	—	—	—	M	M	—	—	—
fms:FmsStatus	O	M	—	—	—	O	M	—	—	—
fms:FmsIdentify	O	M	—	—	—	O	M	—	—	—
fms:FmsRead	M	M	—	—	—	M	M	—	—	—
fms:FmsWrite	M	M	—	—	—	M	M	—	—	—
fms:FmsGetOd	O	M	—	—	—	O	M	—	—	—
fms:FmsDefineVariableList	O	—	—	M	—	O	—	—	M	—
fms:FmsDeleteVariableList	O	—	—	M	—	O	—	—	M	—
fms:FmsGenericDownload	O	—	—	M	—	O	—	—	M	—
Device Initiated Data Transfer-Parameter subscription	—	—	—	—	M	—	—	—	—	M
Device Initiated Data Transfer-Trend subscription	—	—	—	—	M	—	—	—	—	M
Device Initiated Data Transfer-Event subscription	—	—	—	—	M	—	—	—	—	M

注：

M:强制性的;O:选择性的;N/A:不可用的。

0 级:最小支持;1 级:FMS 强制性服务支持;2 级:SM 地址分配支持;

4 级:下载(域和变量列表)服务支持;

8 级:设备启动的数据传输支持-认购参数和参数的趋势、报警和事件。

DTM 的 FF H1 和 HSE 支持级别和表 B.1 中定义的级别相结合。表 B.1 中的级别定义方式是以不同级别的总和总可产生一个唯一的产生级别号定义的。

示例 1：

0 级强制性服务始终得到执行。

示例 2：

功能齐全的 HSE DTM 是 HSE-7 级，因为它支持级别 HSE-1、HSE-2 和 HSE-4，除此之外还有基本 HSE 级别 0。

示例 3：

支持所有强制性 FMS 服务，并允许地址和标签分配的 H1 DTM，属级别 H1-3，因为它支持级别 H1-1、H1-2 和基本 H1 级别 0。

示例 4：

SM 服务 SetPDTag 和 SetAddress 为 H1 特例，因此在 HSE 0 级和 2 级中没有列出。

示例 5：

SM 服务 ClearAssignmentInfo 和 SetAssignmentInfo HSE 特例，因此在 H1 0 级和 2 级中没有列出。

参 考 文 献

ISO/IEC 19501:2005, Information technology—Open Distributed Processing—Unified Modeling Language (UML) Version 1.4.2

FF-103, FS 1.4, June 29, 1999, Common File Format

FF-801, FS 1.4, June 29, 1999, Network Management

FF-822, FS 1.4, June 29, 1999, Data Link Protocol

FF-870, FS 1.4, June 29, 1999, Fieldbus Message Specification

FF-880, FS 1.4, June 29, 1999, System Management

FF-890, FS 1.4, June 29, 1999, Function Block Application Process Part 1

FF-891, FS 1.4, June 29, 1999, Function Block Application Process Part 2

FF-892, FS 1.4, June 29, 1999, Function Block Application Process Part 3

FF-893, Function Block Application Process Part 4

FF-894, Function Block Application Process Part 5

FF-581, FS 1.2, September 21, 2001, System Architecture

FF-588, FS 1.2, September 21, 2001, Field Device Access (FDA) Agent

FF-589, FS 1.2, September 21, 2001, High Speed Ethernet System Management

FF-593, FS 1.2, September 21, 2001, High Speed Ethernet Redundancy

FF-803, FS 1.2, September 21, 2001, High Speed Ethernet Network Management

ICS 53.020.99
J 80

中华人民共和国国家标准

GB/T 30032.1—2015

移动式升降工作平台　带有特殊部件的设计、计算、安全要求和试验方法　第1部分:装有伸缩式护栏系统的移动式升降工作平台

Mobile elevating work platforms—Design, calculations, safety requirements and test methods relative to special features—Part 1: MEWPs with retractable guardrail systems

(ISO 16653-1:2008, MOD)

2015-02-04 发布　　2015-07-01 实施

中华人民共和国国家质量监督检验检疫总局
中国国家标准化管理委员会　发布

前　言

GB/T 30032《移动式升降工作平台　带有特殊部件的设计、计算、安全要求和试验方法》分为3个部分：

——第1部分：装有伸缩式护栏系统的移动式升降工作平台；

——第2部分：装有非导电(绝缘)部件的移动式升降工作平台；

——第3部分：用于果园操作的移动式升降工作平台。

本部分为GB/T 30032的第1部分。

本部分按照GB/T 1.1—2009给出的规则起草。

本部分采用重新起草法修改采用ISO 16653-1:2008《移动式升降工作平台　带有特殊部件的设计、计算、安全要求和试验方法　第1部分：装有伸缩式护栏系统的移动式升降工作平台》。

本部分与ISO 16653-1:2008的技术性差异及原因如下：

——GB 25849—2010《移动式升降工作平台　设计计算、安全要求和测试方法》修改采用了国际标准ISO 16368:2003，本部分将规范性引用文件修改为GB 25849—2010；

——本部分在4.1.3"锚固点"中增加了关于锚固点的要求；

——本部分4.1.2.5改为"护栏伸缩过程中，整机不得行使。"；

——因升降工作平台机种较多，为便于使用单位进行参考，故增加了资料性附录A；

——4.1.1增加"注：MEWP伸缩式护栏系统示例见图A.1。"；

——5.1增加"注：型式2和型式3见GB 25849。"；

——删除ISO 16653-1:2008中与本部分无关的脚注1)。

为便于使用，本部分对ISO 16653-1:2008做了下列编辑性修改：

——ISO 16653-1:2008中的"本国际标准"改为"本部分"；

——删除ISO 16653-1:2008的前言和引言，增加本部分的前言。

本部分由中国机械工业联合会提出。

本部分由全国升降工作平台标准化技术委员会(SAC/TC 335)归口。

本部分起草单位：北京建筑机械化研究院、特雷克斯(常州)机械有限公司、浙江鼎力机械股份有限公司、杭州爱知工程车辆有限公司、北京建研机械科技有限公司、徐工集团江苏徐州工程机械研究院、捷尔杰(天津)设备有限公司上海分公司。

本部分主要起草人：李静、李富强、许树根、於晓宇、周紫晗、范旭辉、赵玲娟。

移动式升降工作平台　带有特殊部件的设计、计算、安全要求和试验方法　第1部分：装有伸缩式护栏系统的移动式升降工作平台

1　范围

GB/T 30032的本部分规定了装有护栏系统的移动式升降工作平台(以下简称MEWP)的安全要求。本部分与GB 25849配套使用。

本部分适用于需经由特殊通道进入特定工作区域的MEWP。此类MEWP可以是自行式或人力驱动式，用于日常工作中将人员提升至其可放置、安装或检修物品或物料的位置。为便于操作人员进入工作区域，可将MEWP工作平台的部分护栏系统设计为伸缩式。

本部分不适用于用作拣选和码放物品的动力驱动式工业卡车。

2　规范性引用文件

下列文件对于本文件的应用是必不可少的。凡是注日期的引用文件，仅注日期的版本适用于本文件。凡是不注日期的引用文件，其最新版本(包括所有的修改单)适用于本文件。

GB 25849　移动式升降工作平台　设计计算、安全要求和测试方法(GB 25849—2010，ISO 16368：2003，MOD)

3　危险列表

由风险评估程序识别的危险列入表1中。GB 25849及表1规定的危险范围适用于本部分。

表1　危险列表

危险	本部分中对应的条款/分条款
1 人员从平台坠落	4
1.1 人员防护装置	4.1.1
1.2 护栏系统	4.1.2
1.3 安全信息—MEWP的标识	6.1
1.4 安全信息—操作人员手册	6.2
2 物体从平台坠落	4.2
3 工作速度	5.1，5.2
4 安全装置遗失或安装不当	4.1.2
5 护栏缩回状态下行驶	4.1.2.5

4 工作平台

4.1 护栏(防护)系统

4.1.1 总则

工作平台周围应设置护栏系统。为便于进入工作区域,护栏系统的一部分可设计为伸缩式。工作平台的设计应使用防坠落系统以防止坠落的发生。

注:MEWP 伸缩式护栏系统示例见图 A.1。

4.1.2 伸缩式护栏系统

4.1.2.1 护栏系统应设计成能锁定在一个可完全围住工作平台边缘的正常位置。

4.1.2.2 护栏系统的一部分也应设计成能打开并能锁定在一个或多个伸缩位置。

4.1.2.3 用于锁定护栏系统的装置应易于检查。

4.1.2.4 护栏在所有的锁定位置都应能承受在最不利的位置和最不利的方向以 0.5 m 的间隔每人施加 500 N 的集中载荷,护栏无永久变形。

4.1.2.5 护栏伸缩过程中,整机不得行驶。

4.1.2.6 以上条款(4.1.2.1～4.1.2.5)应通过设计校验和目测检查进行验证。

4.1.3 锚固点

每个 MEWP 应设置一个或多个便于工作平台的作业人员接近的锚固点。锚固点位置的设置应与防坠落系统配合使用。

4.2 工作平台的底板

应在工作平台底板上使用围条标定护栏移动的界限,以确定活动平台的边界。该围条应是凸出的,并且其凸出的高度应不超出 10 mm,宽度不超出 30 mm。

4.3 控制装置

操作人员控制装置应设置在护栏不可伸缩或移除的位置。

5 工作速度

5.1 在举升位置时的最大行驶速度

型式 2 和型式 3 的 MEWP 在举升位置的行驶速度应不超出:

a) 对于车载式 MEWP,在驾驶室使用行驶控制装置时,0.75 m/s;

b) 对于轨道式 MEWP,1.5 m/s;

c) 对于型式 2 和型式 3 的所有其他自行式 MEWP,0.5 m/s。

应通过设计校验和功能试验进行验证。

注:型式 2 和型式 3 见 GB 25849。

5.2 结构伸展时的速度

应不超出以下速度:

a) 伸展,0.3 m/s;

b) 回转或旋转(在最大工作范围内测量工作平台最外缘的水平速度),0.5 m/s。

应通过功能试验进行验证。

6 使用信息

6.1 标识

每个工作平台上都应永久、清晰地标记有关护栏系统伸缩时需要使用防坠落系统的信息。

6.2 使用说明书

使用说明书应包括下列信息:

——有关正确的伸缩或移除、安装护栏系统的操作说明;

——有关使用装有伸缩式护栏的 MEWP 的特有工况的操作说明;

——制造商对防坠落装置的要求(例如绳索最大长度)。

附　录　A
(资料性附录)
移动式升降工作平台伸缩式护栏系统示例

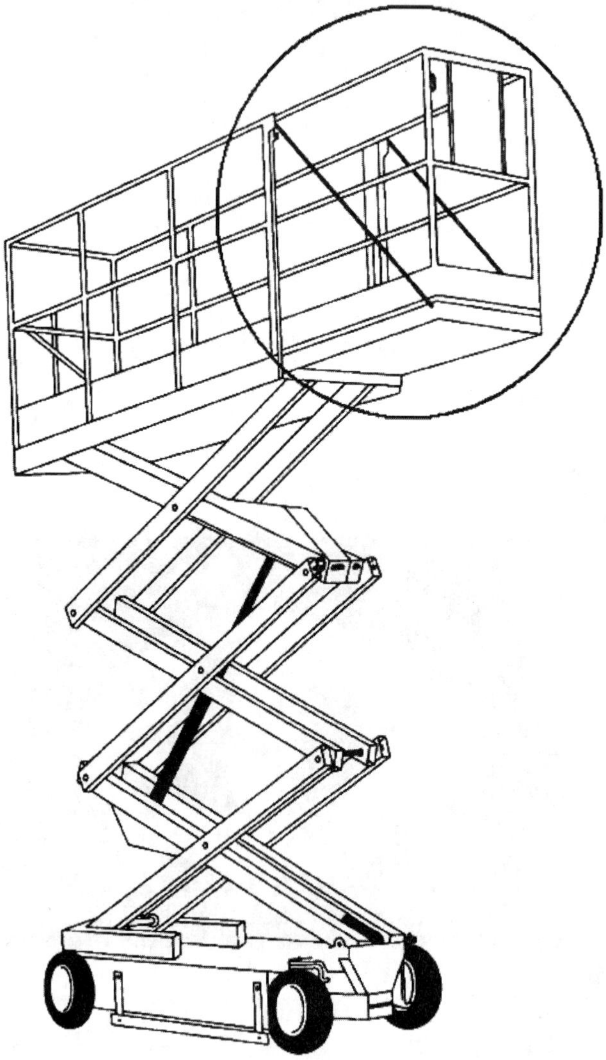

图 A.1　移动式升降工作平台伸缩式护栏系统

ICS 35.110
L 79

中华人民共和国国家标准

GB/T 30269.1—2015

信息技术 传感器网络 第1部分：参考体系结构和通用技术要求

Information technology—Sensor network—Part 1：Reference architecture and general technical requirements

［ISO/IEC 29182-5：2013，Information technology—Sensor networks：Sensor Network Reference Architecture（SNRA）—Part 5：Interface definitions，NEQ］

2015-12-10 发布 2016-08-01 实施

中华人民共和国国家质量监督检验检疫总局
中国国家标准化管理委员会 发布

前　言

GB/T 30269在《信息技术　传感器网络》总标题下，计划或已发布以下几部分：

——第1部分：参考体系结构和通用技术要求(GB/T 30269.1—2015)；

——第2部分：术语(GB/T 30269.2—2013)；

——第301部分：通信与信息交换：低速无线传感器网络网络层和应用支持子层规范(GB/T 30269.301—2014)；

——第302部分：通信与信息交换：面向高可靠性应用的无线传感器网络媒体访问控制和物理层规范；

——第303部分：通信与信息交换：基于IP的网络层规范；

——第304部分：通信与信息交换：面向视频的媒体访问控制层和物理层规范；

——第401部分：协同信息处理：支撑协同信息处理的服务及接口(GB/T 30269.401—2015)；

——第501部分：标识：传感节点标识符编制规则(GB/T 30269.501—2014)；

——第502部分：标识：传感节点标识符解析和管理规范；

——第503部分：标识：传感节点标识符注册规程；

——第601部分：信息安全：通用技术规范；

——第602部分：信息安全：网络传输安全技术规范；

——第701部分：传感器接口：信号接口(GB/T 30269.701—2014)；

——第702部分：传感器接口：数据接口；

——第801部分：测试：通用要求；

——第802部分：测试：低速无线传感器网络媒体访问控制和物理层；

——第803部分：测试：低速无线传感器网络网络层和应用支持子层；

——第901部分：网关：通用技术要求；

——第1001部分：中间件：传感器网络节点数据交换规范；

……

本部分是GB/T 30269的第1部分。

本部分按照GB/T 1.1—2009给出的规则起草。

本部分使用重新起草法参考ISO/IEC 29182-5:2013《信息技术　传感器网络：传感器网络参考体系结构　第5部分：接口定义》编制，与ISO/IEC 29182-5:2013的一致性程度为非等效。

请注意本文件的某些内容可能涉及专利。本文件的发布机构不承担识别这些专利的责任。

本部分由全国信息技术标准化技术委员会(SAC/TC 28)提出并归口。

本部分起草单位：无锡物联网产业研究院、中国电子技术标准化研究院、中国科学院上海微系统与信息技术研究所、中国移动通信集团公司、深圳市海思半导体有限公司、东南大学。

本部分主要起草人：沈杰、徐全平、陈洁、吴明娟、董挺、张晖、高林、邢涛、刘玮、刘培、徐平平。

引　　言

传感器网络作为物联网重要支撑技术之一，自20世纪末被提出以来得到了快速发展，产业化逐步推进，国内外成立了多个标准组织和产业联盟开展相关工作。

传感器网络具有广泛的应用前景，但目前由于商业模式还不成熟，以及传感器网络本身的复杂性等问题导致尚未形成大规模应用。传感器网络涉及传感器、通信与网络、信号处理、电子电路、嵌入式系统、信息安全等多种技术，应用需求差异性也非常大，这些问题导致在设计和开发传感器网络时往往需要定制，成果和方案的复用性比较差。近年来的大量实践逐步表明不同的传感器网络应用间存在很多共性之处，包括在系统架构和功能模块等方面。GB/T 30269的本部分为不同的传感器网络的设计、开发和集成等提供系统结构参考和互操作指导，便于模块、设备间的即插即用和可替换，以及系统间的互联互通和协同应用。

GB/T 30269的本部分的参考体系结构是指对系统整体结构、层次划分、不同部分之间协作关系的描述，设计开发者可根据具体开发需求进行裁剪使用。

信息技术 传感器网络 第1部分：参考体系结构和通用技术要求

1 范围

GB/T 30269 的本部分给出了传感器网络的系统参考体系结构，规定了传感器网络通用技术要求。

本部分适用于指导传感器网络系统的设计、开发和应用。

2 规范性引用文件

下列文件对于本文件的应用是必不可少的。凡是注日期的引用文件，仅注日期的版本适用于本文件。凡是不注日期的引用文件，其最新版本(包括所有的修改单)适用于本文件。

GB/T 30269.2—2013 信息技术 传感器网络 第2部分：术语

GB/T 30269.301—2014 信息技术 传感器网络 第301部分：通信与信息交换：低速无线传感器网络网络层和应用支持子层规范

GB/T 30269.501—2014 信息技术 传感器网络 第501部分：标识：传感节点标识符编制规则

GB/T 30269.601—2016 信息技术 传感器网络 第601部分：信息安全：通用技术规范

GB/T 30269.701—2014 信息技术 传感器网络 第701部分：传感器接口：信号接口

3 术语和定义

GB/T 30269.2—2013 界定的以及下列术语和定义适用于本文件。

3.1

物理实体 physical entity

在传感器网络中，具有独立功能的实际客体，包括传感结点、传感器网络网关、本地局域网络、基础支撑网络、服务平台和应用终端。

3.2

功能实体 functional entity

在传感器网络中，实现某一特定任务或服务的功能单元。

注：如数据存储、安全管理、信息交换等。

4 参考体系结构

4.1 参考体系结构图及描述

4.1.1 参考体系结构图

传感器网络的系统参考体系结构是从构成参考体系结构分层的物理实体角度来描述系统中主要物理实体间的交换和通信连接关系。按照传感器网络部署和应用特点，图1给出了传感器网络系统参考体系结构。

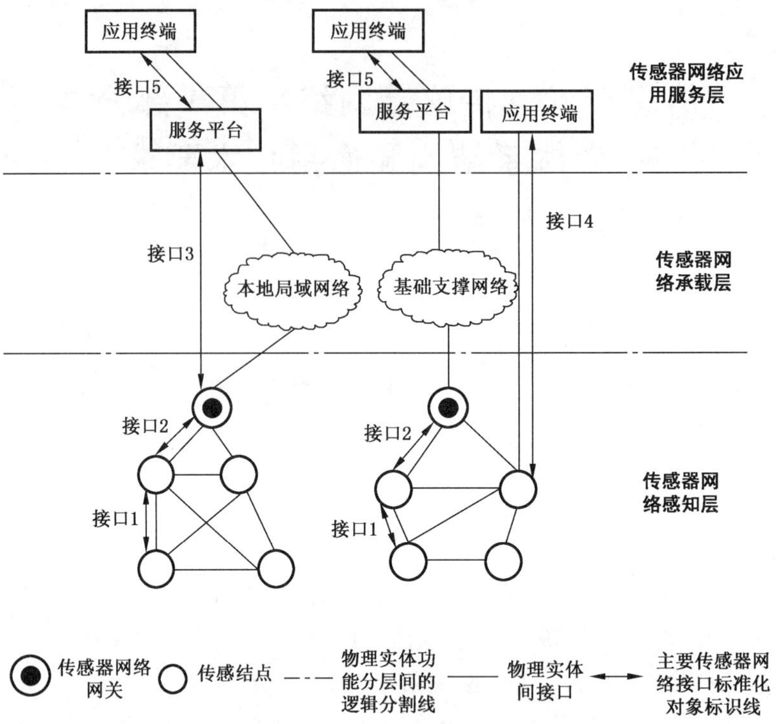

图 1 传感器网络系统参考体系结构

4.1.2 参考体系结构描述

系统参考体系结构中的物理实体主要包括：

a) 应用终端：使用传感器网络应用服务的主体，一般指提供传感器网络相关的数据、文本、音频、视频等信息服务的交换系统的总称，用于与传感器网络服务消费者交互信息；

b) 服务平台：将传感器网络相关功能和信息以服务的形式提供给一个或多个应用终端的实体，其服务功能可以包括数据处理、数据存储、数据挖掘、设备管理、网络管理、安全管理等；服务平台一般指具有计算处理和数据通信等功能的软硬件平台的总称；

c) 基础支撑网络：现有不同形态的广域基础通信网络，包括移动通信网、互联网、卫星网、广电网、行业专网等，用于传感器网络网关与服务平台间远距离信息传输；

d) 本地局域网络：现有不同形态的支持本地连接的通信网络，主要包括有线或无线局域网等，用于传感器网络网关与服务平台间近距离信息传输；

e) 传感器网络网关：连接由传感器网络结点组成的本地网络系统和其他网络系统的设备，具有协议转换、数据处理、网络管理等功能；

f) 传感结点：采集和测量物理世界对象数据的设备，具有数据采集、数据存储和计算能力，需要由电源供电，传感结点间可通过有线或无线方式构成通信网络，通过单跳或多跳路由将数据传输至其他传感结点、或者传感器网络网关或者应用终端。

传感器网络系统参考体系结构中按照不同物理实体的功能和属性分类，可分为下列三层：

a) 传感器网络感知层主要是由传感结点和传感器网络网关等构成的、实现对物理世界的信息采集、汇聚、处理和反馈控制的逻辑域；

b) 传感器网络承载层主要是支撑感知数据和控制管理数据等在感知层和应用服务层之间交换的逻辑域，可包括有线或无线局域网、移动通信网、互联网、卫星网、广电网、行业专网及新型融合网络等；

c) 传感器网络应用服务层指由服务平台实现对感知数据的处理、封装等，并以服务的方式提供给应用终端使用的逻辑域。

如图1所示，传感结点采集的数据经由传感器网络网关，可通过本地局域网络或基础支撑网络，传递到本地或远程的服务平台，经过服务平台处理按需到达不同的应用终端。部分应用中，应用终端亦可直接与某个传感结点连接获取数据。

4.1.3 物理实体间接口描述

传感器网络参考体系结构中的接口分为物理实体间接口和传感器网络结点功能层次间接口两类。物理实体间接口用于实现不同实体间信息交互，功能层次间接口用于实现物理实体不同功能模块间信息交互。图1描述了传感器网络系统参考体系结构中主要物理实体接口，包括：

a) 传感结点与传感结点之间的接口(接口1)；
b) 传感结点与传感器网络网关间接口(接口2)；
c) 传感器网络网关与服务平台间接口(接口3)；
d) 应用终端与传感结点间接口(接口4)；
e) 应用终端与服务平台间接口(接口5)。

物理实体间接口包含两个物理实体所有的对等层之间信息交互协议集合。传感器网络结点参考体系结构中定义了传感结点和传感器网络网关通用的分层结构，包含物理资源层、功能适配层、服务中间件层和应用层，见4.3。其他物理实体(如服务平台和应用终端)采用传感器网络结点参考体系结构的分层结构，作为实现传感器网络对等信息交互协议的基础。

在图2至图6所描述的接口1至接口5中，物理实体各层之间的信息交互协议分别概括描述为协议A、协议B、协议C和协议D。协议A(物理资源层协议)实现物理实体间的数据通信，即规定与建立、维持及断开物理信道有关的特性，包括机械和电气特性以及功能性和规程性等。协议B(功能适配层协议)实现链路建立和网络传输服务，可包含媒体访问控制层协议和网络层协议等。协议C(服务中间件层协议)根据传感器网络端到端服务要求，对功能适配层提供的服务加以封装，满足应用层需求，可包含自定位服务协议、时间同步协议等。协议D(应用层协议)实现应用信息交互和协同处理，可包含周期性数据读写服务、设备状态查询、协同处理交互协议等。

本部分主要根据各种传感器网络应用场景中不同物理实体间的信息交互要求，针对不同接口对应的不同功能层次信息交互协议给出参考性设计说明，后续可依据该参考性设计说明制定具体的交互协议。接口1到接口5简要说明如下：

a) 传感结点间交互接口定义为接口1，如图2所示。接口1中协议1.A主要控制传感结点物理通信信道之间的通信连接，实现传感结点间网络数据通信。协议1.A可采用IEEE 802.15.4—2006、GB/T 15629.15—2010的物理层通信协议。协议1.B主要实现传感结点间信息网络传输服务，媒体访问控制层协议可采用IEEE 802.15.4—2006、GB/T 15629.15—2010等媒体访问控制层协议，网络层协议可采用Zigbee Specification 2005的网络层协议或者GB/T 30269.301—2014。协议1.C实现传感结点间服务中间件功能实体交互，为应用层提供服务支撑，如自定位协议、时间同步协议等。协议1.D为实现传感结点间应用信息交互和协作的应用程序提供服务，如协同处理交互协议可采用ISO/IEC 20005:2013。

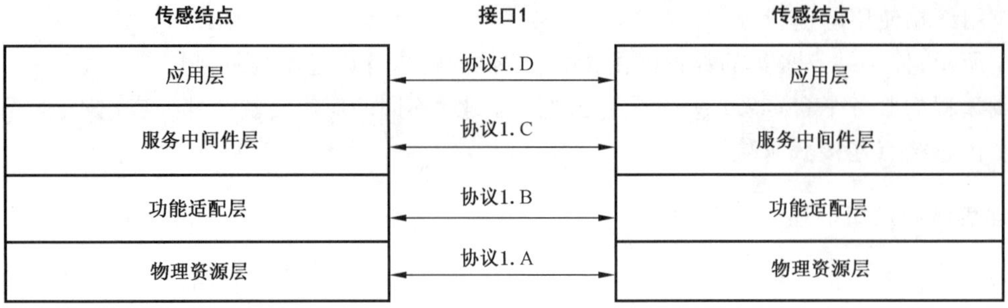

图 2 通过接口 1 的信息交互协议

b) 传感结点和传感器网络网关南向交互接口定义为接口 2，如图 3 所示。接口 2 中协议 2.A 建立传感结点和传感器网络网关的通信连接，可采用 IEEE 802.15.4—2006、GB/T 15629.15—2010 的物理层协议。协议 2.B 实现传感结点与网关间网络传输服务，可采用 IEEE 802.15.4—2006、GB/T 15629.15—2010 的媒体访问控制层协议，网络层协议可采用 Zigbee Specification 2005 的网络层协议。为了实现互操作性，2.A、2.B 宜与 1.A、2.B 相同。协议 2.C 主要包括传感结点与传感器网络网关的服务中间件协议，如分组管理、路由管理、时间同步协议等。协议 2.D 主要实现传感器网络网关与传感结点间应用信息交互和协作，以及南北向应用协议转换。

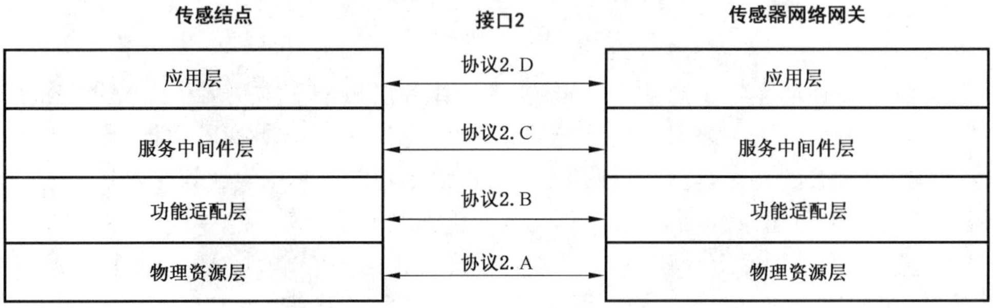

图 3 通过接口 2 的信息交互协议

c) 服务平台与传感器网络网关北向交互接口定义为接口 3，如图 4 所示。传感器网络网关与服务平台间的协议 3.A 和协议 3.B 宜使用已有标准完成信息通信，物理层和媒体访问控制层可采用 IEEE 802.3—2005 的物理层和媒体访问控制层协议，网络层可采用 IETF IPv4 或 IETF IPv6协议等。协议 3.C 主要实现服务平台与传感器网络网关间协同服务，为用户与传感器网络间的应用交互提供支撑，可包含代码管理、数据管理、安全管理等协议。协议 3.D 主要实现服务平台与传感器网络网关间应用信息交互和协作等。

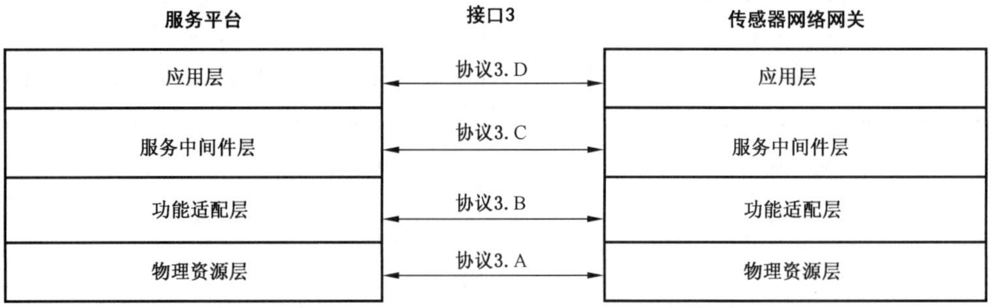

图 4 通过接口 3 的信息交互协议

d) 应用终端与传感结点的交互接口定义为接口 4，如图 5 所示。接口 4 中协议 4.A 实现传感结点和应用终端的通信连接，可采用 IEEE 802.15.4—2006、GB/T 15629.15—2010、IEEE 802.11—2007

的物理层协议。协议4.B实现传感结点与应用终端间网络传输服务，可采用IEEE 802.15.4—2006、GB/T 15629.15—2010、IEEE 802.11—2007的媒体访问控制层协议，可采用Zigbee Specification 2005的网络层协议。为了实现互操作性，4.A和4.B宜与1.A、1.B相同。协议4.C主要实现传感结点与应用终端的互操作服务，为应用层提供支撑。协议4.D主要实现应用终端与传感结点间应用信息交互和协作。

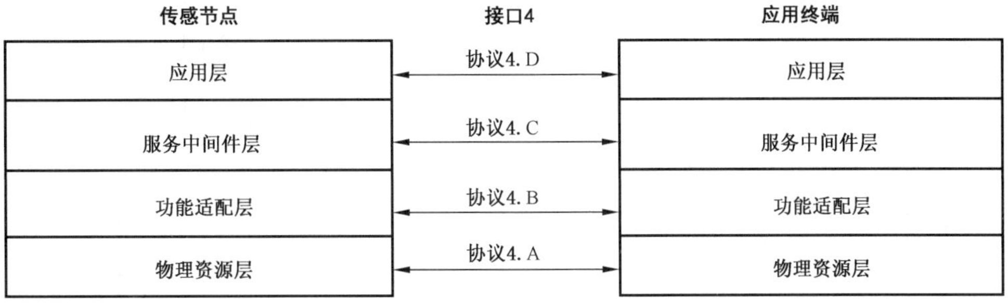

图5　通过接口4的信息交互协议

e) 应用终端与服务平台之间的交互接口定义为接口5，如图6所示。其中协议5.A主要建立服务平台与应用终端间通信连接，实现两者间数据通信，可采用IEEE 802.3—2005的物理层协议。协议5.B实现服务平台和应用终端网络传输，可采用IEEE 802.3—2005的媒体访问控制层协议，可采用IETF IPv4或IETF IPv6的网络层协议等。协议5.C主要实现服务平台与应用终端的交互服务，为应用层提供支撑，可包含数据融合、数据管理等协议。5.D主要为服务平台与应用终端间应用信息交互和协作，可采用HTTP协议、FTP等。

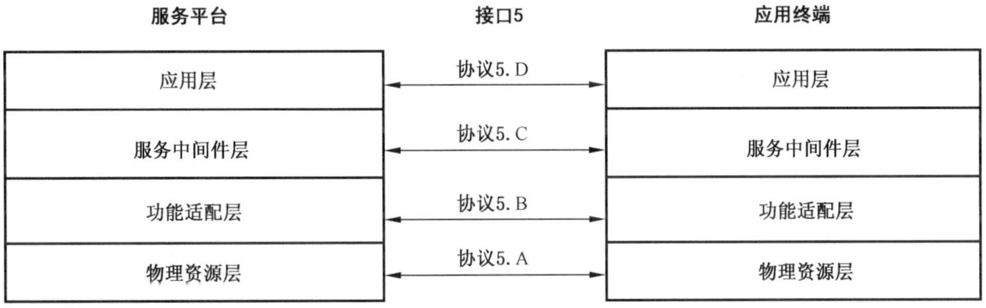

图6　通过接口5的信息交互协议

4.2　参考体系结构的功能实现

4.2.1　功能实现图

图7中列举了与传感器网络系统参考体系结构相对应的三个功能层次的部分功能实体。各层的功能实体一般基于对应的物理实体通过软件实现。传感器网络系统参考体系结构功能实体可分为两个大类，一是支撑系统内感知数据等的交换和处理类，二是支撑系统的管理和控制类。

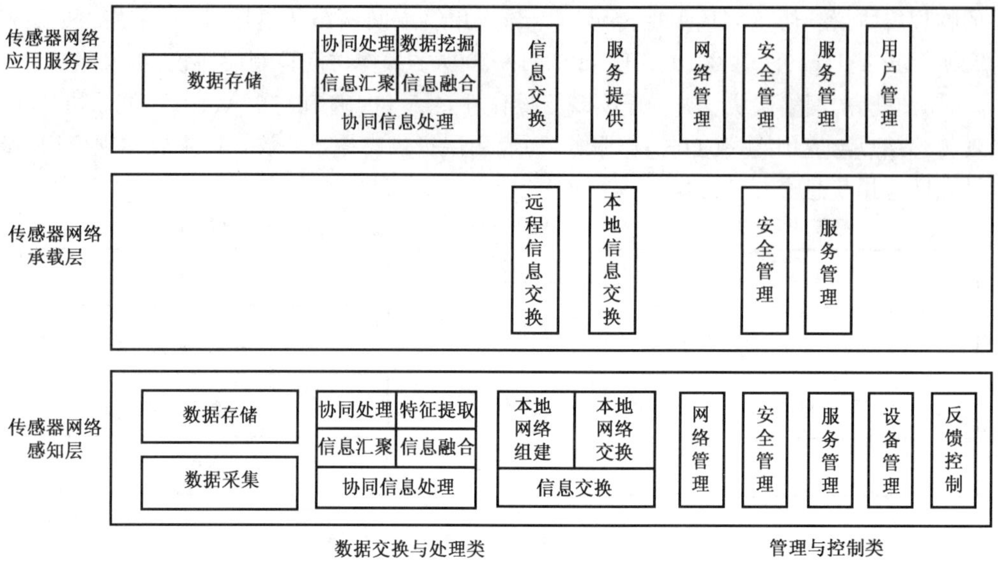

图 7 参考体系结构的功能实现

4.2.2 功能实现描述

4.2.2.1 感知层

感知层的数据交换与处理类的主要功能实体包括:数据采集、数据存储、协同信息处理、信息交换等,如表 1 所示。基于上述功能实体实现本地传感结点之间网络的建立,以及感知数据交换与处理。

表 1 传感器网络感知层数据交换与处理类功能实体描述

功能实体	描述
数据采集	传感结点通过传感器获取外部信息
数据存储	传感结点与传感器网络网关存储本地采集数据、控制指令和管理数据等。感知层存储数据载体是计算和存储能力较弱的设备
协同信息处理	传感结点与传感器网络网关利用协同数据处理方法提取采集数据中应用需要的信息。处理方法可包括协同处理、特征提取、信息汇聚、信息融合
信息交换	传感器网络结点间网络通信和数据交换。可包括本地传感结点与网关间网络组建和本地网络数据交换

感知层管理和控制类的主要功能实体包括:网络管理、安全管理、服务管理、设备管理、反馈控制等,如表 2 所示。基于上述功能实体主要实现本地传感结点间网络及网关等的管理和控制。

表 2 传感器网络感知层管理与控制类功能实体描述

功能实体	描述
网络管理	管理传感结点及传感器网络网关间建立的网络系统,可包括网络拓扑、路由表、网络配置、网络成员管理等信息
安全管理	管理传感结点及传感器网络网关间网络安全和数据安全。可通过认证、授权、加密、密钥管理等手段实现

表 2（续）

功能实体	描述
服务管理	管理传感器网络结点提供的数据和网络连接服务，可通过服务发现、服务描述、服务处理等机制实现
设备管理	管理传感器网络结点设备状态和属性等，包括设备电源管理、系统参数、固件等
反馈控制	根据应用需求设定条件触发对传感结点的控制操作。反馈控制一般在传感结点配置特定的执行组件，可根据传感器网络相关应用需求确定

4.2.2.2 承载层

网络承载层主要实现数据传输功能，包括远程信息交换和本地信息交换功能实体，如表 3 所示。

表 3 传感器网络承载层数据交换与处理类功能实体描述

功能实体	描述
远程信息交换	当传感器网络结点与服务平台在不同网络或区域时，实现传感器网络结点与服务平台信息交换。可通过通信网、互联网、卫星网、广电网等基础支撑网络实现
本地信息交换	当传感器网络结点与服务平台在相同网络或区域时，实现传感器网络结点与服务平台信息交换。可通过以太网、无线局域网等本地网络实现

承载层管理和控制类主要功能实体包括：安全管理和服务管理等，如表 4 所示。基于上述功能实体保证数据安全、无损、高效的传输。

表 4 传感器网络承载感知层管理与控制类功能实体描述

功能实体	描述
安全管理	管理在远程或本地信息交换中感知数据安全和传感器网络结点设备访问安全
服务管理	提供感知数据等在远程或本地信息交换中的传输服务质量管理

4.2.2.3 应用服务层

应用服务层数据交换与处理类功能实体包括：数据存储、协同信息处理、信息交换、服务提供等，如表 5 所示。基于上述功能实体完成应用服务层数据处理。

表 5 传感器网络应用服务层数据交换与处理类功能实体描述

功能实体	描述
数据存储	服务平台或应用终端存储感知数据、控制指令和管理数据等。应用服务层存储数据载体是计算和存储能力较强的设备
协同信息处理	服务平台利用协同数据处理方法从感知层获得的数据中提取应用需要的信息。处理方法可包括协同处理、数据挖掘、信息汇聚、信息融合等
信息交换	传感器网络应用服务层设备间信息通信和数据交换，通常使用传统网络通信技术
服务提供	对信息或功能以服务的形式封装，按需提供给应用终端

应用服务层管理与控制类功能实体包括：网络管理、安全管理、服务管理、用户管理等，如表6所示。

表6 传感器网络服务感知层管理与控制类功能实体描述

功能实体	描述
网络管理	管理传感器网络应用场景中涵盖的多个区域感知层设备和系统
安全管理	管理传感器网络应用服务层数据通信安全和用户信息安全。可通过认证、授权、加密、密钥管理等手段实现
服务管理	管理传感器网络服务平台向应用终端提供的数据和网络连接服务。可通过服务发现、服务描述、服务处理等机制实现
用户管理	实现用户和应用终端相关信息管理。可包含应用终端身份、应用需求、权限等

4.3 传感器网络结点参考体系结构

4.3.1 体系结构图

传感器网络结点参考体系结构是对传感器网络系统参考体系结构中的相关物理实体的内部功能组成进行描述，适用于传感结点与传感器网络网关。传感器网络网关还应包含本地传感结点间组网通信和基础支撑网络（及本地局域网络）的协议适配与转换功能。传感器网络中其他物理实体，如应用终端、服务平台、基础支撑网络等的参考体系结构可参照传感器网络结点参考体系结构，根据本标准的其他部分及其他相关标准进行定义。传感器网络结点参考体系结构分为应用层、服务中间件层、功能适配层、物理资源层和跨层管理5个部分，如图8所示。

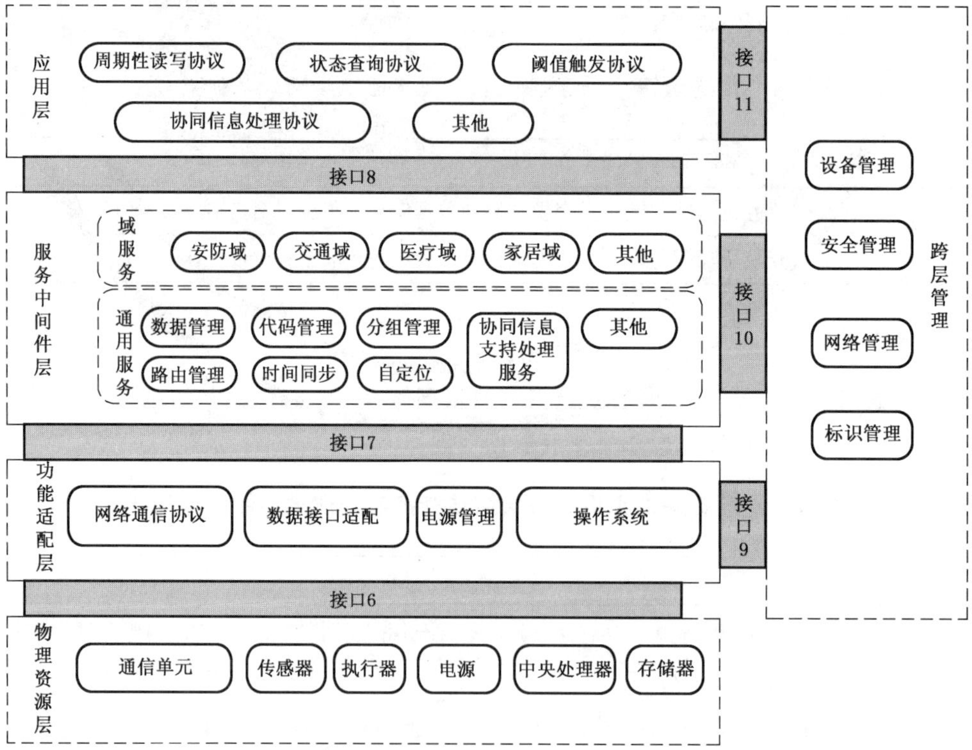

图8 传感器网络结点参考体系结构

4.3.2 物理资源层

传感器网络结点的物理资源层由传感器、执行器、中央处理器、存储器、通信单元、电源等组成，提供标准化的硬件访问接口供功能适配层调用和操作相关硬件资源。中央处理器实现对硬件的运算、控制和读写等核心操作，操作系统、软件程序均加载在中央处理器上；通信单元主要通过天线、射频电路、有线通信接口等实现传感器网络结点与外部设备的物理信道建立和物理层信息交换；传感器主要实现对物理环境的数据采集；执行器主要根据上层命令协议执行反馈控制操作，当它集成在传感节点上时，通过中央处理器访问，当它单独安装时，通过通信单元接口与之建立连接；电源主要通过电池和能源管理电路等实现对设备的能源供给；存储器实现对数据和信令的存储。其中，传感结点可根据需要选择是否包含执行器。传感器网络网关一般不包含传感器和执行器，其通信单元包括与基础支撑网络的北向通信接口、与传感结点连接的南向通信接口。

4.3.3 功能适配层

传感器网络结点功能适配层通过物理资源层提供接口实现网络通信、数据传输、硬件控制和管理，包含网络通信、数据接口适配、电源管理、操作系统等功能实体。网络通信协议主要包括媒体访问控制层、网络层协议，并提供标准化访问接口供服务中间件层等调用。数据接口适配功能主要实现对采集组件、执行组件等的数据读写、管理和操作等；电源管理主要实现对电池及能源管理电路等管理和操作；操作系统提供物理设备的抽象和通用函数实现，便于模块化应用程序开发。传感器网络网关的网络通信协议主要完成不同通信协议间的适配，包含与传感结点通信的南向适配协议和与传感器网络承载层设备通信的北向适配协议。

4.3.4 服务中间件层

服务中间件层主要功能是通过对功能适配层提供的基本服务进行封装实现相对独立的组合服务，屏蔽底层相关复杂操作，提供标准化的访问接口供上层协议调用，包括通用服务中间件和域中间件。通用服务中间件主要实现对传感器网络基本功能的服务封装，主要包括数据管理、代码管理、分组管理、路由管理、时间同步、自定位、协同信息处理支持服务等功能实体；域中间件主要针对传感器网络相关应用领域的通用性功能要求进行服务封装，如安防域、交通域、医疗域、家居域，这些功能实体由各应用领域具体定义。传感器网络通用服务中间件的主要功能实体具体描述如下：

a) 数据管理功能实体主要通过驱动数据采集单元完成对数据的获取、压缩、共享、目录服务等功能；
b) 代码管理功能实体主要负责程序的下载、安装、升级和删除；
c) 分组管理功能实体主要负责传感器网络结点分组的形成和维护；
d) 路由管理功能实体主要负责路由信息的建立、更新和维护；
e) 时间同步功能实体主要为局部网络、全网络相关设备提供时间同步服务；
f) 自定位功能实体主要为静止或移动设备提供位置信息服务；
g) 协同信息处理支持服务功能实体主要根据应用层协同信息处理功能需求，提供操作或资源型支持服务。

4.3.5 应用层

应用层通过下层提供的各种服务功能，实现满足应用需求的服务推送、管理和调用等操作，为实现传感器网络的各种应用提供服务，主要包括周期性读写协议、状态查询协议、域值触发协议、协同信息处理协议等。其中：

a) 周期性读写协议是根据应用设置按照一定时间周期读取包含采集信息的数据并写入到应用

软件；

b) 状态查询协议是根据应用需求，由应用层软件主动发起对网内设备位置、组网、性能参数等状态查询操作；

c) 域值触发协议是当数据满足应用设置的一个或多个域值条件时，触发应用层进行预定处理；

d) 协同信息处理协议是传感器网络系统运行中多个应用数据以协同的方式参与信息处理，协同信息处理包含数据融合和协同计算。

4.3.6 跨层管理

跨层管理主要包括需要不同功能分层协作实现的功能实体，以实现传感器网络在资源相对受限前提下的高效设计，优化对整个网络资源及属性等的管理功能，主要功能实体描述如下：

a) 设备管理功能实体能够对传感器网络结点状态信息、故障管理、部件升级、配置等进行评估或管理；

b) 安全管理功能实体提供网络和应用的安全性支持，包括对传感器网络结点的鉴别、授权、加密、机密保护、密钥管理、安全路由等方面；

c) 网络管理功能实体可实现网络局部组网、拓扑控制、路由规划、地址分配、网络性能等配置、维护和优化；

d) 标识管理功能实体主要用于传感器网络结点的标识符使用和分配等管理。

4.3.7 功能层次间接口

图 8 给出了传感器网络结点功能层间的主要接口，通过这些接口，实现层与层间的数据交互，规范传感器网络结点的信息访问和功能调用。主要接口包括：

a) 物理资源层与功能适配层间接口(接口 6)；

b) 功能适配层与服务中间件层间接口(接口 7)；

c) 服务中间件层与应用层间接口(接口 8)；

d) 跨层管理与功能适配层接口(接口 9)；

e) 跨层管理与服务中间件层间接口(接口 10)；

f) 跨层管理与应用层间接口(接口 11)。

功能层次间接口主要定义了参考体系结构中的下层向上层提供原语操作和服务。可将接口根据功能划分为数据实体服务接入点和服务实体服务接入点，数据实体提供数据传输服务，管理实体提供所有的管理服务，每个下层功能实体通过相应的服务接入点为其上层提供一个接口，每个服务接入点通过服务原语完成所对应的功能，服务原语可包含服务请求、服务应答和服务确认等。

每个接口的功能如下所述：

a) 功能适配层通过接口 6 访问物理资源层，如图 9 所示。接口 6 定义为物理资源层硬件组件的功能适配，将硬件经过抽象和函数实现后能够在功能适配层被统一调用，通过统一的接口使得上层功能实现能屏蔽底层硬件差异性。接口 6 包含功能适配层和物理资源层所有数据信息和控制信息交互。接口 6 定义的物理资源层数据实体服务原语和管理实体服务原语，可见其他标准定义，读取传感器数据见 GB/T 30269.701—2014。

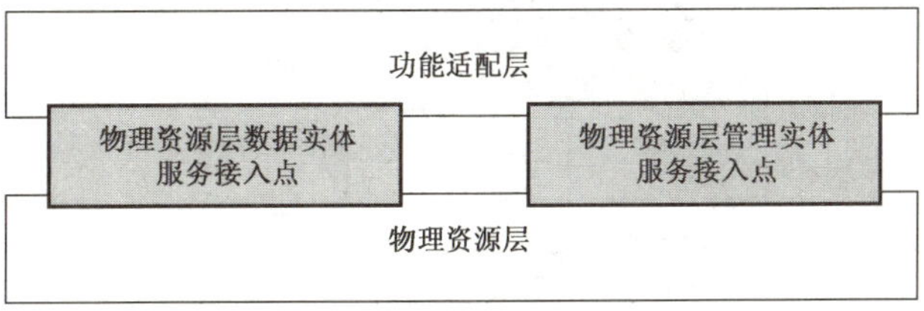

图 9　接口 6

b)　服务中间件层通过接口 7 访问功能适配层，如图 10 所示。接口 7 定义功能适配层功能模块的组件化封装格式，通过组件化封装将功能适配层提供的基本服务转化为组合服务。接口 7 包含服务中间件层和功能适配层所有数据和管理信息交互。接口 7 定义功能适配层数据实体服务原语和管理实体服务原语，可见中间件相关标准或由其他标准定义。

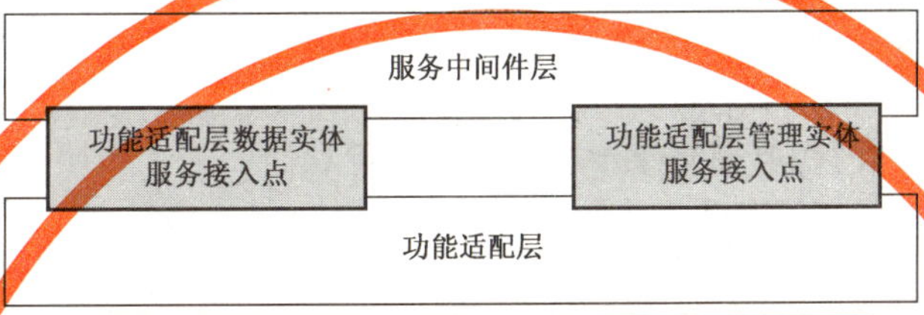

图 10　接口 7

c)　应用层通过接口 8 访问服务中间件层，如图 11 所示。接口 8 定义服务中间件的应用程序接口，通过应用程序接口，使应用层能屏蔽底层软件和硬件的差异性高效地实现应用软件功能，不同的应用程序软件可以重复调用服务中间件层函数库，从而提高功能模块利用率。接口 8 包含应用层和服务中间件层所有数据和管理信息交互。接口 8 可定义服务中间件层数据实体服务原语和管理实体服务原语，由其他传感器网络标准定义。

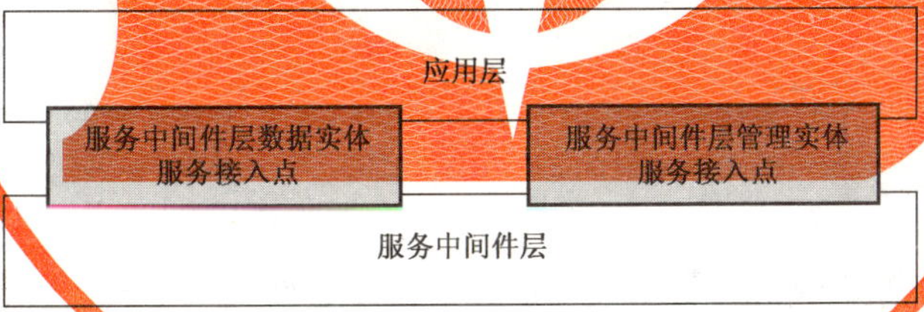

图 11　接口 8

d)　跨层管理通过接口 9、接口 10、接口 11 访问功能适配层、服务中间件层和应用层，如图 12 所示。这三个接口定义为标准化的应用程序接口，主要完成跨层管理与功能适配层、服务中间件层和应用层的管理信息交互，可分别通过功能适配层管理实体服务接入点、服务中间件层管理实体服务接入点、应用层管理实体服务接入点与跨层管理交互管理信息。接口 9、接口 10、接口 11 可定义功能适配层管理实体服务原语、服务中间件层管理实体服务原语和应用层管理实体服务原语，需由其他传感器网络标准定义。

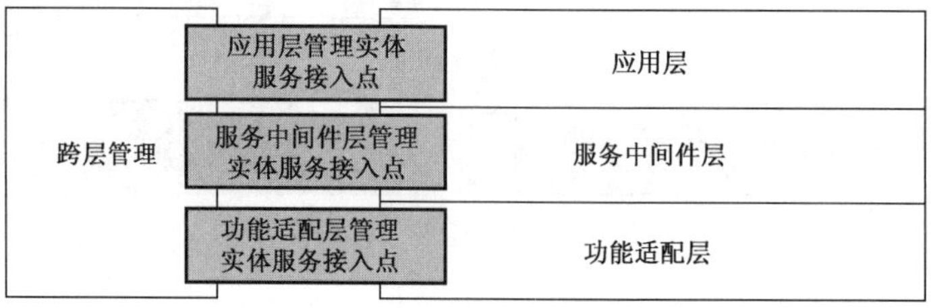

图 12 接口 9、接口 10、接口 11

5 传感器网络通用技术要求

5.1 传感器网络总体要求

5.1.1 可靠性

传感器网络应确保数据的获取、融合、传输等过程的可靠性。

5.1.2 安全性

传感器网络应确保网络安全和用户隐私安全。按照不同应用对安全的需求提供不同的安全等级，确保用户的隐私和信息均受到保护，安全等级应符合 GB/T 30269.601—2016 的要求。

5.1.3 可扩展性

传感器网络应能动态调节，为不同传感器网络应用提供可扩展性，包括网络拓扑可扩展、服务内容可扩展、代码二次开发升级等。

5.1.4 协同性

传感器网络应具有传感器网络结点间协同工作的能力，以满足不同服务的需求。

5.1.5 鲁棒性

传感器网络应提供和维护网络运行的鲁棒性。当传感器网络中一些结点失效、脱离网络或出错时，传感器网络应能继续运作。

5.1.6 节能性

传感器网络应能提高能源的有效使用，降低能耗。

5.1.7 可管理性

传感器网络应能对自身的设备、系统资源、服务等进行管理。

5.1.8 领域数据建模

宜采用统一建模方法建立各应用领域的数据模型。

5.2 传感器网络功能要求

5.2.1 数据采集

传感器网络的传感结点应具备数据采集能力，以便为应用模块提供感知数据。

5.2.2 数据存储

传感器网络应具有存储数据能力。

5.2.3 路由

传感器网络应为数据提供从源结点到终结点的路由。见 GB/T 30269.301—2014。

5.2.4 网络通信

传感器网络应具备网络通信能力，包括：

a) 传感器网络应具备支持短距离通信的能力。可参考 GB/T 30269.301—2014。

b) 传感器网络可具备支持远程通信的能力。

注：有些应用中，传感器网络网关应与全球移动通信系统（GSM）、互联网等公共通信基础设施通信。

5.2.5 数据交换

传感器网络应具备数据交换能力，包括：

a) 传感器网络应为结点间数据交换提供低数据速率通信服务；

b) 传感器网络宜为结点间数据交换提供高数据速率通信服务。

注：有些应用中，装有矢量传感器（如多媒体传感器）传感结点和传感器网络网关间的数据交换需要高数据速率的通信服务。

5.2.6 移动性

传感器网络宜支持结点在本网及网络间移动。

5.2.7 通信连接的监测服务

传感器网络的传感结点宜具备监测与邻居结点通信连接状态的能力。

注：在某些应用，如防盗场景中，传感结点通过通信连接的检测服务来不断监测与邻居结点的通信连接状况。

5.2.8 定位

传感器网络宜提供定位服务，包括：

a) 作为基本性能提供所有结点的位置信息；

b) 作为基本性能定位在其范围内的任意结点。

注：传感器网络的许多应用需要获得结点位置才能工作。有些传感器网络需要确定每个结点的位置，并将位置信息上交给传感器网络网关。对于大规模网络或移动传感器网络，特别是由于结点脱离或加入网引起的动态变化，以手动方式配制结点位置不太现实。

5.2.9 时间同步

传感器网络宜具备时间同步能力。

5.2.10 安全管理

传感器网络宜具备安全管理，保障传感器网络的网络安全和系统安全。网络安全要求禁止非法的外部访问和终端接入，网络安全包括数据链路安全、访问安全等；系统安全要求系统信息具备真实性、完整性和保密性。

安全管理参照 GB/T 30269.601—2016。

注：传感结点安全管理服务应确保通信连接、数据存储和应用程序都受到保护。

5.2.11 标识服务

传感器网络应具备标识服务,包括以下两方面:

a) 传感器网络结点应具有标识符;

b) 当传感器网络需要使用结点标识时,应能提供。

结点编码规则见 GB/T 30269.501—2014。

注:传感器网络具有结点标识机制,包括提供结点身份标识符和应用属性标识符。

5.2.12 网络管理

传感器网络应提供网络管理,包括以下两方面:

a) 传感器网络结点及通信资源的状态、分配和调度等;

b) 对网络拓扑、性能、状态和路由等的监测、配置和优化。

5.2.13 设备管理

传感器网络宜具备设备管理,包括传感器网络结点设备状态和属性等管理,如电源管理、系统参数、固件等。

5.2.14 协同信息处理

传感器网络宜具备协同信息处理能力。

注:传感结点通过协同方式解决复杂的测量问题。应计算中间测量结果并传递给其他结点以便与这些其他结点的中间结果作比较。为了能完成必要的计算(如数据融合),数据处理服务是必备的。协同处理服务关注的是怎样执行用户制定的动态服务。

5.2.15 服务管理

传感器网络宜提供服务管理,包括以下两方面:

a) 对传感器网络服务的内容、形式、状态等的监测、调配和优化;

b) 对网络中服务的建立、使用、定制、索引等过程的控制和调度。

5.2.16 服务质量(QoS)

传感器网络宜具备支持不同系统层面和不同应用的服务质量需求的能力。

注:服务质量至少可以从通信和信息处理两个角度来衡量。从传感器网络通信角度,服务质量包含时延、吞吐量等传统网络中的服务质量参数;从信息处理角度,可包含信息增益、信息效率以及与应用相关的指标(误警率、目标定位误差等)。

5.2.17 配置服务

传感器网络可提供参数配置服务。

注:有些应用中,用户需要通过操作面板将信息输入传感结点,然后送到应用模块。结点以服务方式提交这项功能。

5.2.18 指示服务

传感器网络可提供指示服务,包括以下两方面:

a) 传感结点可向操作人员提供指示服务,引起操作人员注意;

b) 当传感器网络结点发出指示时,传感器网络可向操作人员提供指示服务,引起操作人员注意。

注:传感器网络的一些应用,当感知数据达到预定的参数值时,结点有时会发出警报,通过发光二极管、声学等报警

方式引起操作人员注意。

5.2.19 显示服务

传感器网络可提供显示服务，包括以下两方面：

a) 传感结点可把结点信息显示给用户；

b) 传感器网络可将结点信息显示给用户，以便与用户通信。

注：传感结点或网络能以显示图片、数字、文本的方式告知用户，为此结点应能将结点应用模块产生的信息显示出来。

5.2.20 节能管理

采用电池供电的传感器网络结点应具有节能管理功能，以延长传感器网络寿命。

5.2.21 物理连接服务

传感器网络可提供物理连接服务。当需要传感器网络提供物理连接服务时，传感器网络应通报结点与关联物体是否连接。

注：在某些应用中，例如物流和安全，传感结点安装在物体上而不是物体的组成部分时，可以通过物理连接服务来确保传感结点和物体间的连接。

5.2.22 用户管理

传感器网络可提供用户管理，实现用户和应用终端相关信息管理。可包含应用终端身份、应用需求、权限等。

参 考 文 献

［1］ GB/T 15629.15—2010 信息技术 系统间远程通信和信息交换 局域网和城域网 特定要求 第15部分：低速无线个域网（WPAN）媒体访问控制和物理层规范

［2］ ISO/IEC 20005:2013 Information technology—Sensor networks—Services and interfaces supporting collaborative information processing in intelligent sensor networks

［3］ IEEE 802.3—2005 Information technology—Telecommunications and information exchange between systems—Local and metropolitan area networks—Specific requirements—Part 3:Carrier sense multiple access with collision detection (CSMA/CD)access method and physical layer specifications

［4］ IEEE 802.11—2007 Information technology—Telecommunications and information exchange between systems—Local and metropolitan area networks—Specific requirements—Part 11:Wireless LAN Medium Access Control (MAC) and Physical Layer(PHY) specifications

［5］ IEEE 802.15.4—2006 Local and metropolitan area networks—Part 15.4: Low-Rate Wireless Personal Area Networks (LR-WPANs)

［6］ Internet Engineering Task Force RFC 791 Internet Protocol

［7］ Internet Engineering Task Force RFC 959 File Transfer Protocol(FTP)

［8］ Internet Engineering Task Force RFC 1730 Internet Message Access Protocol Version 4

［9］ Internet Engineering Task Force RFC 2068 Hypertext Transfer Protocol—HTTP/1.1

［10］ Internet Engineering Task Force RFC 2460 Internet Protocol Version 6(IPv6) Secification

［11］ Zigbee Allicance Document 053474r05 Version 1.0 Zigbee Specification 2005

ICS 35.110
L 79

中华人民共和国国家标准

GB/T 30269.302—2015

信息技术　传感器网络
第302部分：通信与信息交换：高可靠性无线传感器网络媒体访问控制和物理层规范

Information technology—Sensor network—
Part 302: Communication and information exchange:
Medium access control(MAC) and physical
layer(PHY) specification for reliable wireless sensor networks

2015-12-31 发布　　2017-01-01 实施

中华人民共和国国家质量监督检验检疫总局
中国国家标准化管理委员会　发布

前言

GB/T 30269《信息技术　传感器网络》分为以下几部分：

——第1部分：参考体系结构和通用技术要求；

——第2部分：术语；

——第301部分：通信与信息交换：低速无线传感器网络网络层和应用支持子层规范；

——第302部分：通信与信息交换：高可靠性无线传感器网络媒体访问控制和物理层规范；

——第303部分：通信与信息交换：基于IP的网络层规范；

——第304部分：通信与信息交换：面向视频的媒体访问控制和物理层规范；

——第401部分：协同信息处理：支撑服务及接口；

——第501部分：标识：传感结点标识符编制规则；

——第502部分：标识：传感结点标识符解析和管理规范；

——第503部分：标识：传感结点标识符注册规程；

——第601部分：信息安全：通用技术规范；

——第602部分：信息安全：网络传输安全技术规范；

——第701部分：传感器接口：信号接口；

——第702部分：传感器接口：数据接口；

——第801部分：测试：通用要求；

——第802部分：测试：低速无线传感器网络媒体访问控制和物理层；

——第803部分：测试：低速无线传感器网络网络层和应用支持子层；

——第901部分：网关：通用技术要求；

——第1001部分：中间件：传感器网络结点数据交换规范。

本部分是GB/T 30269的第302部分。

本部分按照GB/T 1.1—2009给出的规则起草。

请注意本文件的某些内容可能涉及专利。本文件的发布机构不承担识别这些专利的责任。

本部分由全国信息技术标准化技术委员会(SAC/TC 28)提出并归口。

本部分起草单位：深圳市海思半导体有限公司、中国电子技术标准化研究院、重庆邮电大学、北京邮电大学、中国电力科学研究院。

本部分主要起草人：刘培、卓兰、王浩、王平、邹卫霞、仝杰。

信息技术 传感器网络 第302部分：通信与信息交换：高可靠性无线传感器网络媒体访问控制和物理层规范

1 范围

GB/T 30269 的本部分规定了 470 MHz～510 MHz 频段高可靠性无线传感器网络的物理层和媒体访问控制层技术规范。

本部分适用于短距离智能无线抄表、智能家居控制等应用。

2 规范性引用文件

下列文件对于本文件的应用是必不可少的。凡是注日期的引用文件，仅注日期的版本适用于本文件。凡是不注日期的引用文件，其最新版本(包括所有的修改单)适用于本文件。

GB/T 15629.2 信息技术 系统间远程通信和信息交换 局域网和城域网 特定要求 第2部分：逻辑链路控制

GB/T 30269.2 信息技术 传感器网络 第2部分：术语

微功率(短距离)无线电设备的技术要求(信部无〔2005〕423号文件)

3 术语和定义

GB/T 30269.2 中界定的以及下列术语和定义适用于本文件。

3.1

关联 association

在 RWSN 中建立成员之间关系的一种服务。

3.2

自动唤醒 automatically wake-up

MAC 层提供的一种服务，协调器发送唤醒帧序列，终端设备周期侦听信道时若接收到唤醒帧，即结束休眠状态。

3.3

信标使能的 RWSN beacon-enabled RWSN

在 RWSN 内所有协调器都可以发送规则信标，即信标指数小于 0X0F。

3.4

竞争访问周期 contention access period；CAP

直接跟在信标帧之后的时间周期，在该时间周期期望发送的设备利用 CSMA-CA 机制竞争信道接入。

［GB/T 15629.15—2010，定义 3.7］

3.5

CAP 符号 CAP symbol

在 CAP 期间出现的周期符号。

[GB/T 15629.15—2010,定义 3.8]

3.6

候选信道 candidate channel

非活跃期所扫描的两个待扫描信道中的一个。

3.7

信道队列 channel queue

协调器指定的多个待扫描信道集合,包含多个信道。

3.8

信道维护周期 channel maintenance period

进行两次连续的信道维护过程的时间间隔。

3.9

信道维护 channel maintenance

约定信道和候选信道经 ED 检测后,协调器比较约定信道和候选信道的能量等级或平均能量等级大小,并以比较结果为依据更新约定信道和候选信道的过程。

3.10

设备 device

可以执行媒体访问控制与无线媒体的物理接口的任何实体。它可以是一个简化功能设备(RFD)或全功能设备(FFD)。

3.11

帧 frame

按时一起发送的所聚集的来自媒体访问控制(MAC)子层的若干比特的格式。

[GB/T 15629.15—2010,定义 3.14]

3.12

全功能设备 full-function device

能作为协调器进行操作的设备。

[GB/T 15629.15—2010,定义 3.15]

3.13

本地时钟 local clock

设备内部的符号时钟。

[GB/T 15629.15—2010,定义 3.23]

3.14

监测数据 monitoring data

一种业务数据,需要网络提供高可靠性传输的支持。

3.15

非监测数据 non-monitoring data

一种非业务数据,不需要网络提供高可靠性传输的支持。

3.16

包 packet

通过物理媒体按时一起发送的格式化聚集的若干比特。

[GB/T 15629.15—2010,定义 3.31]

3.17

净荷数据　payload data

正在发送的数据消息的内容。

3.18

RWSN 协调器　RWSN coordinator

能转发消息的全功能设备。RWSN 中起主要控制作用的协调器,一个 RWSN 中有一个确定的 RWSN 协调器。

3.19

约定信道　prescribed channel

用于广播信标帧和重新传输节点在工作信道上发送失败的数据的信道。

3.20

射频唤醒　radio frequency wake-up

PHY 和 MAC 层共同提供的一种服务,协调器先后发送射频脉冲序列和唤醒帧,终端设备感应射频脉冲而被唤醒,并接收和解析唤醒帧,进而结束休眠状态。

3.21

简化功能设备　reduced-function device

不能作为协调器使用的设备。

3.22

子非竞争访问周期　son contention free period;SCFP

把非竞争访问期 CFP 划分成三段,每一段为一个 SCFP。

3.23

备用信道　spare channel

用于重新传输节点在约定信道上发送失败的数据的信道。

3.24

事务　transaction

为了成功地传输 MAC 命令或数据帧而要求的在两个对等的媒体访问控制(MAC)实体之间连续进行的帧交换。

3.25

事务队列　transaction queue

由给定协调器的 MAC 层所启动的待处理事务的列表,该列表使用迂回的传输来发送,当事务在进行中时,该事务队列通过改协调器来维护,并且其长度与现实相关,但应至少为 1。

[GB/T 15629.15—2010,定义 3.44]

3.26

中间退避期　middle backoff period

定位中间退避边界的时间窗。

3.27

信道使用列表　using channel list

记录所述超帧内各信道上最近一次成功发送数据的节点信息。

3.28

工作信道　working channel

在每轮工作周期中节点之间点到点传输数据的信道。

3.29

工作信标　working beacon

设备在每轮工作周期开始时打开接收机所接收到的第一个信标，在本轮工作周期内，设备只接收并跟踪这一个信标。

3.30

工作周期　working period

在信标使能的 RWSN 中，设备相邻两次以侦听信标帧为目的而打开接收机的间隔时间，在一个工作周期内，设备仅侦听工作周期开始时的第一个信标帧，其余时间不侦听信标帧；设备默认的工作周期时长为单个超帧的时长。

3.31

工作超帧　working superframe

设备在每轮工作周期中接收到的工作信标所对应的超帧，在本轮工作周期内，设备只在该超帧内安排自己的任务。

3.32

工作设备　working device

以特定工作超帧作为自已工作超帧的设备。

4　缩略语

下列缩略语适用于本文件。

AW	自动唤醒（automatic wake-up）
BE	退避指数（backoff exponent ）
BI	信标间隔（beacon interval）
BLE	电池寿命扩充（battery life extension ）
BO	信标指数（beacon order）
BSN	信标序列号（beacon sequence number）
CAP	竞争访问周期（contention access period）
CCA	空闲信道评估（clear channel assessment）
CMA	信道调制评估（channel modulation assessment）
CFP	非竞争周期（contention-free period）
CRC	循环冗余校验（cyclic redundancy check ）
CSMA/CA	碰撞避免的载波侦听多址访问（carrier sense multiple access with collision avoidance）
CTR	计数器模式（counter mode）
CW	竞争窗口（长度）[contention window (length)]
DSN	数据序列号（data sequence number）
ED	能量检测（energy detection）
EIRP	有效全向辐射功率（effective isotropic radiated power）
ERP	有效辐射功率（effective radiated power）
EVM	差错矢量幅度（error-vector magnitude）
FCS	帧检验序列（frame check sequence）
FFD	全功能设备（full-function device）
GTS	保证的时隙（guaranteed time slot）

HWSL	混合唤醒采样侦听(hybrid wake-up sampling listen)
IFS	帧间间隔(inter frame space or spacing)
LE	低消耗(low expend)
LIFS	长帧间间隔(long inter-frame spacing)
LLC	逻辑链路控制(logical link control)
LQI	链路质量指示(link quality indication)
LPDU	LCC 协议数据单元(LLC protocol data unit)
LSB	最低有效位(least significant bit)
MAC	媒体访问控制(medium access control)
MB	中间退避(middle backoff)
MCPS	MAC 公共部分子层(MAC common part sublayer)
MCPS-SAP	MAC 公共部分子层-服务访问点(MAC common part sublayer-service access point)
MFR	MAC 帧尾(MAC footer)
MHR	MAC 帧头(MAC header)
MLME	MAC 层管理实体(MAC sublayer management entity)
MLME-SAP	MAC 层管理实体-服务访问点(MAC sublayer management entity-service access point)
MP	单元中间期(unit middle period)
MSB	最高有效位(most significant bit)
MSL	超帧时长的倍数(multiples of superframe length)
MPDU	MAC 协议数据单元(MAC protocol data unit)
MSDU	MAC 服务数据单元(MAC service data unit)
NB	退避(周期)数(number of backoff (periods))
NWBSN	下一个工作信标帧的序列号(next working BSN)
O-QPSK	偏置正交相移键控(offset quadrature phase-shift keying)
OSI	开放系统互连(open systems interconnection)
PD	PHY 数据(PHY data)
PD-SAP	PHY 数据服务访问点(PHY data service access point)
PDU	协议数据单元(protocol data unit)
PER	误包率(packet error ratio)
PHR	PHY 头(PHY header)
PHY	物理层(physical layer)
PLME	物理层管理实体(physical layer management entity)
PLME-SAP	物理层管理实体-服务访问点(physical layer management entity-service access point)
POS	个人工作空间(personal operating space)
PPDU	物理层协议数据单元(PHY protocol data unit)
PSD	功率谱密度(power spectral density)
PSDU	PHY 服务数据单元(PHY service data unit)
ppm	每百万分之一(parts per million)
RF	射频(radio frequency)
RFD	简化功能设备(reduced-function device)

RFW	射频唤醒机制(Radio frequency wake-up)
RIB	RWSN 信息库(RWSN information base)
RWSN	高可靠性无线传感器网络(reliable wireless sensor network)
RX	接收或接收器(receive or receiver)
SAP	服务访问点(service access point)
SCFP	子非竞争访问周期(son contention free period)
SD	超帧持续期(superframe duration)
SDU	服务数据单元(service data unit)
SFD	帧起始定界符(start-of-frame delimiter)
SHR	同步头(synchronization header)
SIFS	短帧间间隔(short inter-frame spacing)
SLW	同步侦听唤醒(synchronization listen wake-up)
SO	超帧指数(superframe order)
SPDU	SSCS 协议数据单元(SSCS protocol data units SSCS)
SSCS	服务特定汇聚子层(service specific convergence sublayer)
TRX	收发器(transceiver)
TX	发送或发送器(transmit or transmitter)
WPL	工作周期时长(working period length)
X_B	X 个退避周期(X backoff period)

5 总体描述

5.1 网络拓扑

RWSN 是一个低速率、低功耗、易安装、数据传输可靠的短距离无线传感器网络。RWSN 拓扑结构为星型网络，如图 1 所示。在星型网络中，所有终端设备都需要与网络协调器通信。本部分中网络协调器一般使用持续电力系统供电。

星型网络以网络协调器为中心，所有设备只能与网络协调器进行通信。在星型网络形成过程中，一旦网络中有一个 FFD 被启动后，便由它来建立网络并成为网络协调器。选择一个标识符后，网络协调器就允许其他设备加入自己的网络，并为这些设备转发数据帧。

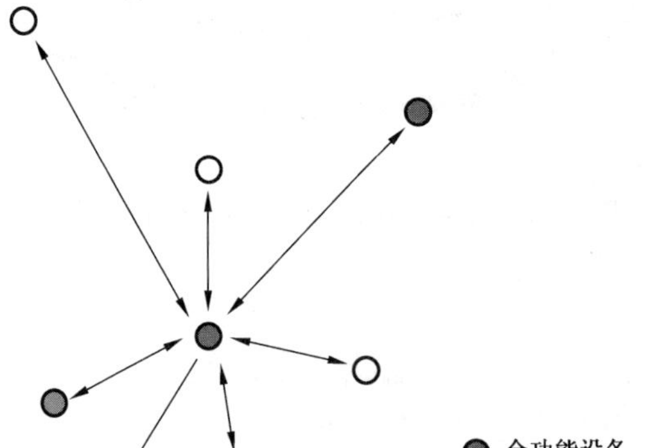

图 1 星型网络结构

5.2 协议栈

5.2.1 概述

RWSN 协议栈是基于 OSI 模型，如图 2 所示，每一层都实现一部分通信功能，并向高层提供服务。本部分只规定 MAC 和 PHY 的内容。

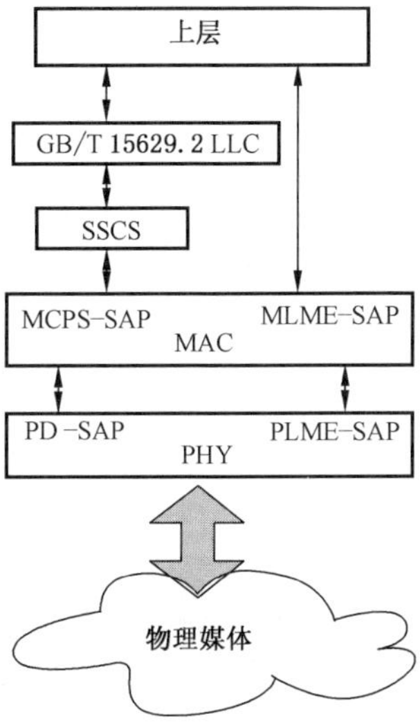

图 2　RWSN 协议栈结构

5.2.2 物理层

物理层定义了两种服务：连接到 PLME-SAP 的 PHY 数据服务和 PHY 管理服务。PHY 数据服务在物理发射信道上收发 PPDUs。PHY 管理服务维护一个由物理相关数据组成的数据库。

PHY 数据服务包括以下功能：

a)　启动和休眠射频收发机；

b)　信道能量检测；

c)　检测接收数据帧的链路质量并指示；

d)　空闲信道评估；

e)　收发数据。

5.2.3 MAC 层

MAC 层提供两种服务：连接到 MLME-SAP 的 MAC 层数据服务和 MAC 层管理服务，前者保证 MAC 协议数据单元在 PHY 数据服务中的正确收发，后者维护一个存储 MAC 层协议状态相关信息的数据库。

MAC 层主要功能包括：信标管理、信道接入、SCFP 管理、设备工作周期管理、帧确认、发送确认帧、关联和解关联。

5.3 功能综述

5.3.1 超帧结构

超帧的活跃期划分为三个阶段：信标帧发送期、CAP 和 CFP。超帧的活跃期划分为若干个等长的时隙，每个时隙的长度、竞争访问周期包含的时隙数等参数，均由协调器设定，并通过超帧开始时发出的信标帧广播到整个网络。

在 RWSN 中,每个超帧都以网络协调器发出信标帧为开始(见图 3),并被平分为若干个时隙。根据需要,也可将超帧分为活跃期和非活跃期两个部分(见图 3)。在非活跃期,RWSN 中的设备,如果是能量受限的将不进行互相通信,从而可以进入休眠状态以节省能量,如果是能量非受限的,除了已经成功申请在非活跃期进行通信的设备,也将进入休眠状态。在每个超帧的第一个时隙发送信标帧。如果不需要使用超帧结构,协调器将终止信标的传输。信标帧通常用来与已连接设备之间保持同步、标识 RWSN,以及描述超帧结构。如果设备在两个信标之间的 CAP 内进行通信,那么需要采用时隙的 CSMA-CA 算法与其他设备竞争信道。所有通信事务将在下一个网络信标到达前结束。这个信标帧包含了超帧将持续的时间以及对这段时间的分配等信息。除协调器外,网络中的各个设备在其每轮工作周期开始时接收一个信标作为其工作信标,并在工作信标所对应的工作超帧里,根据工作信标帧中的信息安排自己的任务,且设备只在它的工作超帧中才安排自己的任务,如访问信道。在下一个工作周期开始之前,设备不再接收后续信标帧,也不在后续的超帧中安排自己的任务。

图 3 所示为超帧结构示意图。

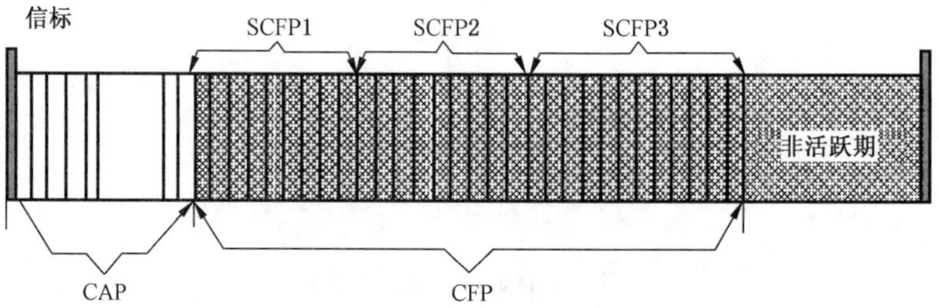

图 3　超帧结构示意图

在超帧的 CAP,RWSN 设备使用带时隙的 CSMA-CA 访问机制,并且任何通信都应在竞争访问周期结束前完成。在非竞争期,协调器根据本超帧的工作设备在其各自的上一个工作超帧中申请数据发送的情况,将非竞争期划分成 3 个 SCFP,即 SCFP1、SCFP2 和 SCFP3。其中 SCFP1 由若干个时隙组成,时隙数目等于申请发送数据的设备数目,SCFP1 用于节点在初始分配的时隙内发送数据,SCFP2 用于节点重新发送在 SCFP1 发送失败的数据,SCFP3 用于继续传输节点在该第一 SCFP 或该第二 SCFP 未完全发送的数据,包括重新发送在 SCFP2 发送失败的数据。其中 SCFP1 和 SCFP2 的时隙个数相同。在非竞争期,每个时隙都指定分配给了在本超帧申请了时隙的工作设备,因此不需要竞争信道。RWSN 要求工作设备应在自己分配的时隙内完成通信。竞争访问周期的功能包括本超帧的各个工作设备可以自由收发数据帧,向协调器申请各自的下一个工作超帧内的 SCFP 时隙,新设备加入当前的 RWSN。

5.3.2　数据传输模型

RWSN 中存在着两种数据传输事务:设备发送数据给协调器和协调器发送数据给设备。其中,设备发送给协调器的数据分为非监测数据和监测数据两种。在 RWSN 中,通信方式采用信标能力通信。

在信标使能的网络中,网络协调器定时广播信标帧。设备之间通信使用基于时隙的 CSMA-CA 信道访问机制,RWSN 中设备都通过协调器发送的信标帧进行同步。在时隙 CSMA-CA 机制下,每当设备需要发送数据帧或命令帧时,它首先定位下一个时隙的边界,设备就在下一个可用时隙边界开始发送数据;如果信道忙,设备需要重新等待随机个数的时隙,再检查信道状态,重复这个过程直到有空闲信道出现。在这种机制下,确认帧的发送不需要使用 CSMA-CA 机制,而是紧跟接收帧发送回源设备。

图 4 中是一个有信标能力网络中某一设备传送非监测型数据给协调器的例子。该设备首先侦听网络中的信标帧,如果接收到信标帧,它就同步到以此信标帧开始的超帧上,然后应用时隙 CSMA-CA 机

制，选择一个合适的时机，把数据帧发送给协调器。协调器成功接收到数据以后，回发一个确认帧表示成功收到该数据帧。

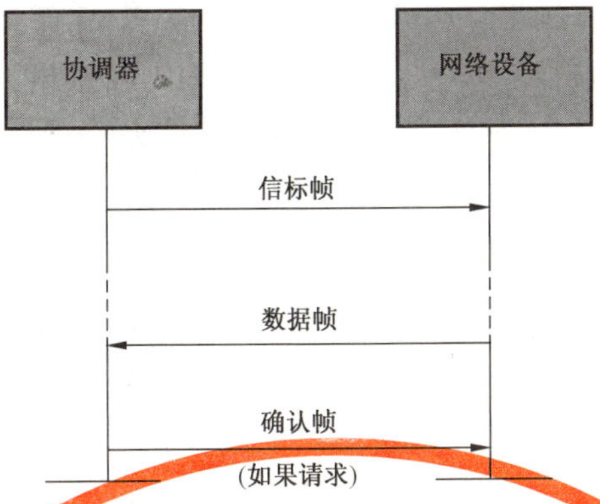

图 4　在有信标能力网络中网络设备发送非监测型数据给协调器

图 5 为一个有信标能力网络中某一设备传送监测型数据给协调器的例子。该设备首先侦听网络中的信标帧，如果接收到信标帧，它就同步到以此信标帧开始的超帧上，然后应用时隙 CSMA-CA 机制，选择一个合适的时机，把数据帧发送给协调器。协调器成功接收到数据以后，回发一个普通确认帧表示成功收到该数据帧。之后，协调器启动数据预测机制，根据相应的预测算法得到预测的数据置信区间。若接收到的监测型数据位于置信区间之内，则协调器确认接受该数据并向设备回发数据接受确认帧；若接收到的监测型数据位于置信区间之外，则协调器向设备发送包含原监测数据的质疑数据帧。

收到质疑数据帧的设备需再次核实原监测数据的正确性：若原数据正确，则设备向协调器发送数据质疑无效确认帧，之后协调器确认接受该数据，并向设备发送数据接受确认帧；若原数据有误，则设备向协调器发送数据质疑有效确认帧，并发送新的监测型数据。重复上述过程，直到监测型数据被协调器接受为止。

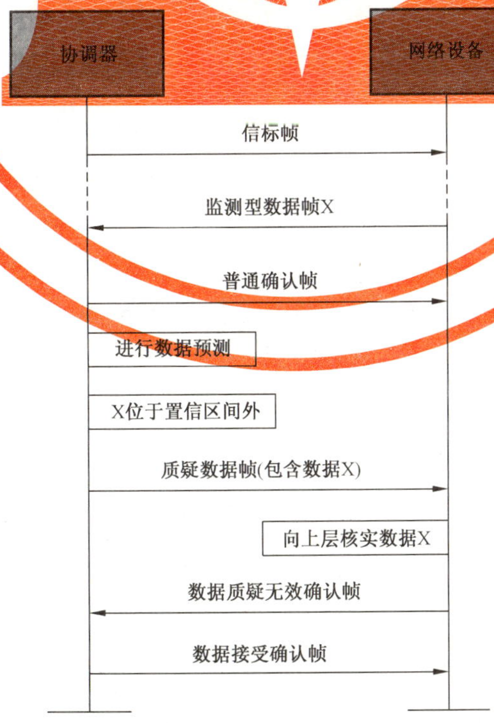

图 5　在有信标能力网络中网络设备发送监测型数据给协调器

图6为在有信标能力网络中协调器发送数据帧给网络中某个设备的例子。当协调器需要向某个设备发送数据时，就在该设备的下一个工作信标帧中说明协调器拥有属于该设备的数据正在等待发送。目标设备在周期性的侦听过程中会接收到这个信标帧，从而得知属于自己的数据保存在协调器，这时就会向协调器发送请求传送数据的MAC命令。何时发送该命令帧由时隙CSMA-CA机制来确定。协调器收到请求帧后，先响应一个确认帧表明收到请求命令，然后开始传送数据。设备成功接收到数据帧后再回发一个数据确认帧，协调器接收到这个确认帧后，才将消息从自己的消息队列中移走。

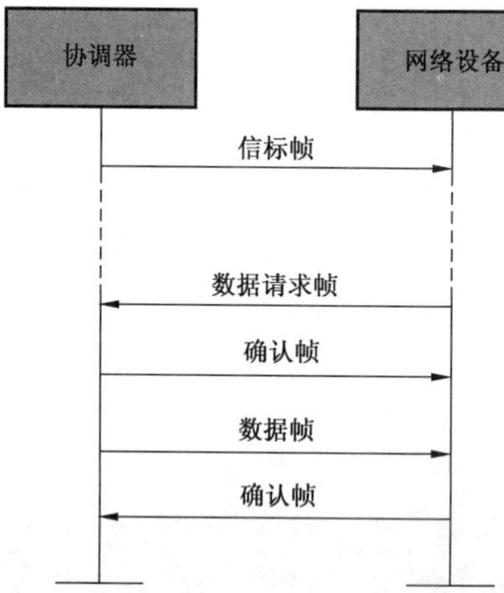

图6　在有信标能力网络中协调器传送数据给网络设备

5.3.3　MAC层帧类型

5.3.3.1　信标帧

信标帧在MAC层产生，协调器可在有信标能力网络中发送网络信标帧。信标帧的净荷数据单元由四部分组成：超帧描述字段、SCFP字段、周期分配字段、待处理数据目的地址字段和信标帧净荷数据，如图7所示。

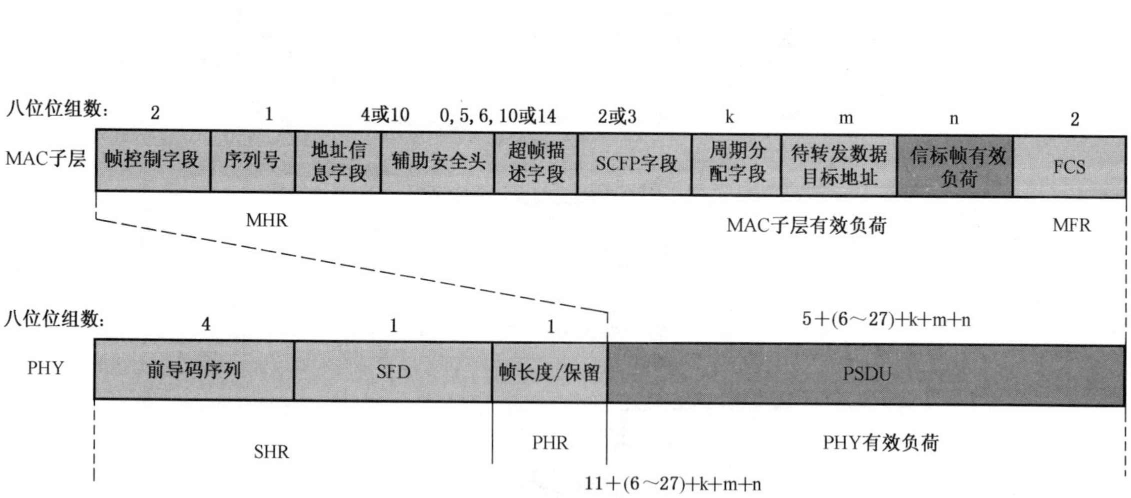

图7　信标帧的格式

信标帧中超帧规范字段规定了该超帧的持续时间、活跃期持续时间以及竞争访问周期持续时间等信息。

SCFP 字段将非竞争期划分为三个 SCFP，即：SCFP1、SCFP2 和 SCFP3，其中 SCFP1 用于节点在协调器初始分配的时隙发送数据；SCFP2 用于节点重新发送在 SCFP1 发送失败的数据；SCFP3 用于继续传输节点在该第一 SCFP 或该第二 SCFP 未完全发送的数据，包括重新发送在 SCFP2 发送失败的数据。

周期分配字段内列出协调器为网内设备分配的各自的工作周期时长。一个设备如果发现自己的短地址出现在周期分配字段的周期分配列表字段内，则根据字段内的其他数据更新自己的工作周期。

转发数据目的地址列出与协调器保存的数据相对应的设备地址。一个设备如果发现自己的地址出现在待处理数据目的地址字段里，则意味着协调器存有属于它的数据，所以它就会向协调器发出请求传送数据的 MAC 命令帧。

信标帧净荷数据为相邻层协议提供数据传输接口，信标帧有效负载数据包括协调器规定的约定信道和备用信道信息。

5.3.3.2 数据帧

数据帧用来传输上层发到 MAC 层的数据，按照功能不同分为 4 种，分别为非监测型数据帧、监测型数据帧、质疑数据帧和更新数据帧。数据帧的净荷字段包含了上层所需要发送的数据。数据净荷发送至 MAC 层时，被称为 MAC 服务数据单元(MSDU)。它的首尾被分别附加 MAC 帧头和 MAC 帧尾信息后，就构成了 MAC 帧，如图 8 所示。

MAC 帧传送至物理层后，头部增加同步信息 SHR 和帧长度信息 PHR，就成为物理帧的净荷 PPDU。其中同步信息 SHR 包括用于同步的前导码和 SFD 字段，均为固定值。帧长度字段 PHR 表示 MAC 帧的长度，为一个八位位组长且其中低 7 位为有效位，所以 MAC 帧的长度不超过 127 个八位位组。

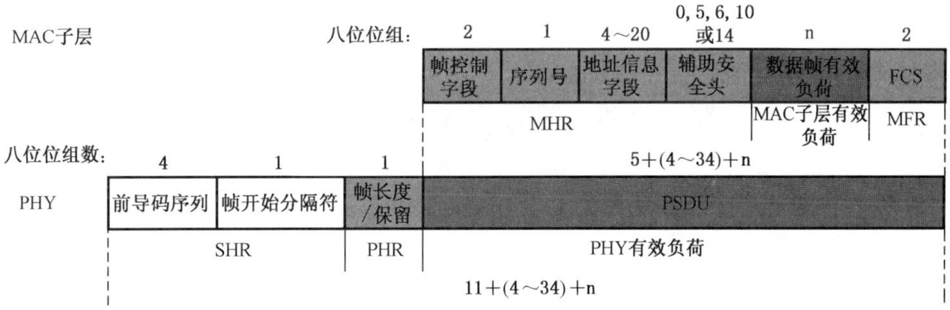

图 8 数据帧的格式

5.3.3.3 确认帧

如果设备收到目的地址为其自身的数据帧或 MAC 命令帧，并且帧控制信息字段的确认请求位置为 1，设备需要响应一个确认帧，则收到的数据帧或 MAC 命令帧被称为被确认帧。确认帧的序列号应该与被确认帧的序列号相同，且净荷长度应该为零。确认帧紧接着被确认帧发送，不需要使用 CSMA-CA 机制竞争信道。确认帧按照功能不同分为 4 种，分别为确认帧(普通)、数据接受确认帧、数据质疑无效确认帧和数据质疑有效确认帧。确认帧帧格式如图 9 所示。

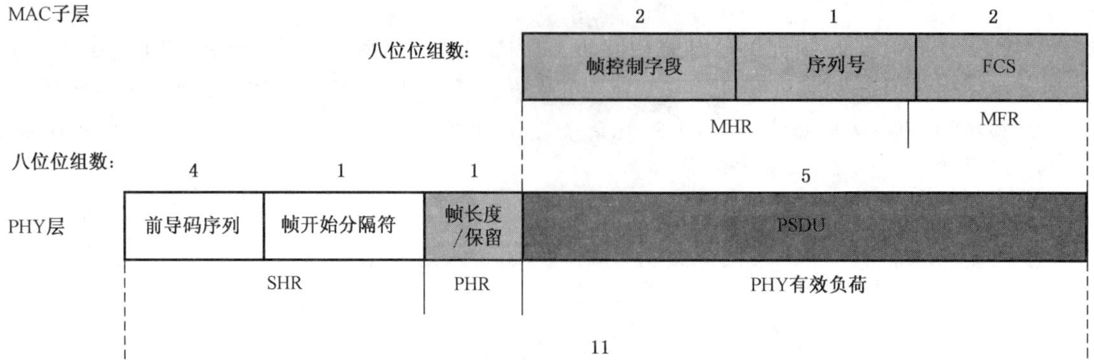

图9　确认帧的格式

5.3.3.4　命令帧

MAC命令帧用于组建RWSN,传输同步数据等。命令帧在格式上和其他类型的帧没有太多区别,只是帧控制字段的帧类型位有所不同,命令帧定义如图10所示。帧头的帧控制字段的帧类型为011b,表示这是命令帧,命令帧的具体功能由帧的净荷数据表示。净荷数据是一个变长结构,所有命令帧净荷的第一个八位位组是命令类型八位位组,后面的数据针对不同的命令类型有不同的含义。

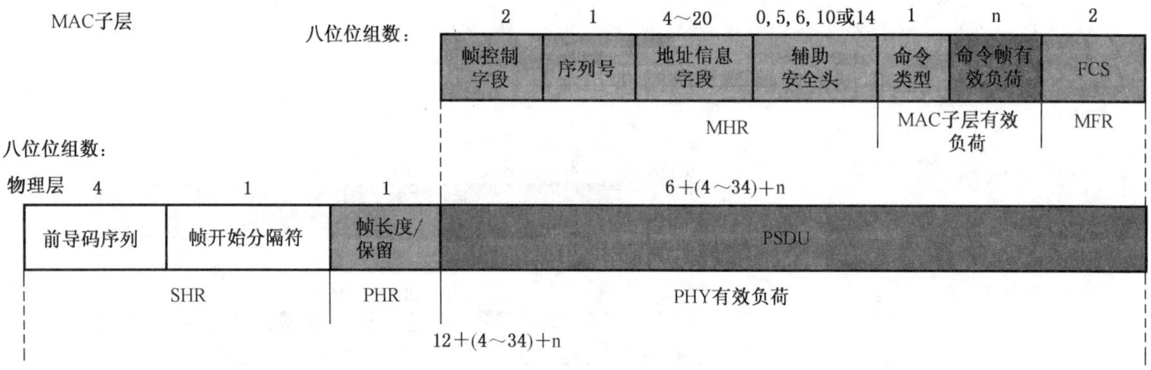

图10　命令帧的格式

5.3.4　鲁棒性

5.3.4.1　概述

RWSN采用CSMA-CA机制、帧确认机制和数据验证机制来保证数据传送的鲁棒性。

5.3.4.2　CSMA-CA机制

设备采用时隙的CSMA-CA机制,退避时隙和信标帧的发送是同时开始。此外,在同一个网络中,所有设备的退避时隙由协调器排列。当一个设备要在CAP期间传输数据时,应定位下一个退避时隙的起始边界,并等待一个随机退避时间。如果感知信道忙,在随机退避时间结束后,设备应等待另一段随机时间,然后再感知信道;如果发现信道空闲,设备则在下一个可用时隙传输数据。确认帧和信标帧的发送并不采取这一机制。

5.3.4.3 帧确认机制

帧确认机制是一种可选机制,发送帧的设备可要求目的设备在成功接收数据后发送确认,也可以不要求发送。设备只对数据帧和命令帧使用帧确认机制,在任何情况下都不会为信标帧或确认帧响应确认。设备发送一帧后,如果在一定的时间内没有收到确认帧,就认为传输失败,需要重新选择时机发送该帧。对于不要求确认的数据帧,发送以后就认为发送成功,并从本地缓冲队列中删除该数据帧。

5.3.4.4 数据验证机制

在 RWSN 中有两种机制解决传输误码问题。一种机制是使用短帧格式(小于 128 个八位位组)以减少单个帧出错的概率;另一种机制是利用 MAC 帧中的验证机制验证收到的数据是否出错。MAC 帧的校验码长 16 比特,使用 ITU 标准的 16 比特 CRC 校验生成算法产生。

5.4 原语的概念

本条将给出服务原语概念的一个简单描述。更详细的规定见 GB/T 15629.2。

某层提供的服务是指该层在下层提供的服务的基础供应上层或者子层的能力。在图 11 给出了通信双方和它们相关的对等协议实体之间的关系和服务层次。

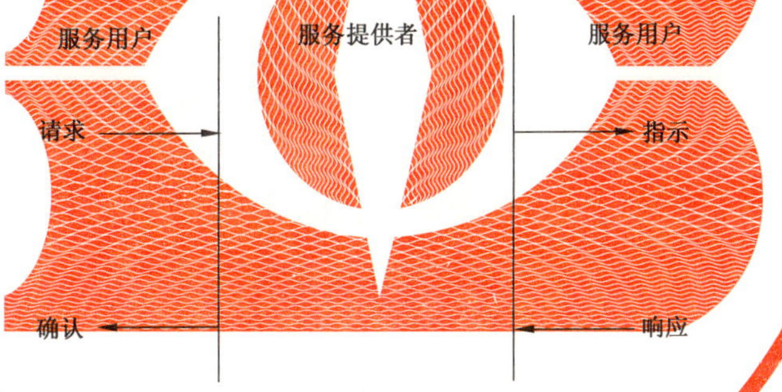

图 11 服务原语

服务通过在服务用户和服务提供者之间传递的信息流来详细说明。这种服务提供信息流采用离散、瞬时事件来模拟。每个事件都是通过层与服务用户相关的 SAP 从一个层向另一个层发送服务原语。服务原语通过提供特定的服务来传达要求的信息。服务原语都是抽象的,因为它们只指定提供的服务,而不指定提供服务的方法。这个定义和其他任何的接口执行相互独立。

服务通过服务原语和该原语相关的参数来指定。一个服务可能有一个或者多个相关的原语,由这些原语构造特定的服务。每一个服务原语都有零个或者多个用来传递提供服务需要信息的参数。

一个原语可能是以下的四个基本原语之一:

a) 请求:请求原语从服务用户发送给服务提供者,请求初始化一个服务;
b) 指示:指示原语由服务提供者发送给服务用户,通知一个和服务用户相关的内部服务提供者事件。该事件可能和一个远程服务请求逻辑上相关,也可能是由一个服务提供者内部事件引起的;
c) 响应:响应原语由服务用户发送给服务提供者,来完成前面由通知原语调用的过程;
d) 确认:确认原语由服务提供者发送给服务用户,来传达和先前服务原语相关的结果。

6 物理层规范

6.1 一般要求

物理层的一般要求如下：

a) 使用频率：470 MHz～510 MHz；

b) 发射功率限值：50 mW(ERP)；

c) 占用带宽：不大于 200 kHz；

d) 频率容限：100×10^{-6}。

物理层主要作用包括：

a) 打开和关闭收发器；

b) 对当前工作信道进行能量检测；

c) 对接收到的数据包进行链路质量检测并指示；

d) 为 CSMA/CA 做信道空闲评估；

e) 信道频率选择；

f) 数据发送和接收。

在本章中，物理层规定的常数和维护的属性用斜体书写。所有的常数列于表 20 中，其前缀为“a”，如，aMaxPHYPacketSize。所有的属性列于表 21 中，其前缀为“phy”，如 phyCurrentChannel。

6.2 操作频率范围

6.2.1 概述

本部分中使用的频段以及相应的调制和扩频方式见表 1。

表 1 使用频段和数据速率

频带 MHz	扩频参数		数据参数	
	码片速率 Mchip/s	调制方法	比特速率 kbit/s	符号速率 kbit/s
470～510	0.1	O-QPSK	25	6.25

6.2.2 信道划分

物理层总共有 16 个可用信道页。物理层 RWSN 信息库中的属性 phyPagesSupported 表示当前 PHY 支持哪些信道页，属性 phyCurrentPage 表示当前 PHY 所使用的信道页。PHY RIB 的属性表示方式见表 2。

在设置 phyCurrentPage 时，如果新的信道页不同于当前的信道页，且当前的工作信道不在新的信道页中，则 PHY 应当把当前工作信道设置为新信道页的第一个信道，即编号最小的那个信道。

示例：

信道页 1 的编号为 13 的信道可以映射为比特：

0 0 0 1 0 0 0 0 0 0 0 0 0 0 0 0 0 0 0 1 0

信道页 0～11，一共有 192 个可用信道，编号分别为 0～191，这些信道包含 470 MHz～510 MHz 频段。这些信道的中心频率为：

$$F_c=470.1+0.2\times k(\mathrm{MHz});k=0,1,\cdots,191$$

信道页 12,有 8 个可用信道,编号为 192～199。这些信道包含 470 MHz～510 MHz 频段。这些信道的中心频率为:

$$F_c = 508.3 + 0.2 \times k\ (\mathrm{MHz});\ k = 0, \cdots, 7$$

信道页 13～15 保留,用于将来的频段。

对于每一种可支持的物理层方案,应支持所有该设备工作区字段规范内授权的信道。

表 2　信道页和信道编号

信道页（十进制）	信道页（二进制）（b19, b18, b17, b16）	信道编号（十进制）（b15,b14,b13,…,b2,b1,b0）					
0	0000	180	…	24	12	0	0～199 号信道均工作在 470 MHz～510 MHz 频段，调制方式均为 OQPSK，且按频率由低至高依次编号，0～191 号信道按信道号均匀分布在信道页 0～11 中，且每个信道页中相邻信道信道号相差 12。192～199 号信道连续分布在信道页 12 中
1	0001	181	…	25	13	1	
2	0010	182	…	26	14	2	
3	0011	183	…	27	15	3	
4	0100	184	…	28	16	4	
5	0101	185	…	29	17	5	
…	…	…	…	…	…	…	
11	1011	191	…	35	23	11	
12	1100	199 198 197 196 195 194 193 192					
13～15	1101～1111	保留					

6.2.3　最小的长帧间间隔(LIFS)和短帧间间隔（SIFS)周期

每种 PHY 对应的最小长帧间间隔和短帧间间隔周期见表 3,长帧间间隔和短帧间间隔的描述、使用及图例在 7.5.2.3　的图 60 中示出。

表 3　最小 LIFS 和 SIFS 周期

PHY	最小长帧间间隔周期 macMinLIFSPeriod	最小短帧间间隔周期 macMinSIFSPeriod	单元
470 MHz 频段　O-QPSK	4	2	符号

6.2.4　射频功率测量

除非另外声明,所有的射频功率测量,不管是发射还是接收,都应在收发器到天线的接口上进行。测量时应使用与天线接口阻抗相匹配的装置或补偿可能产生的失配。对没有天线接口的设备来讲,测量应被解释为 EIRP(也就说,0 dBi 增益的天线),在所有辐射的测量中,应补偿天线增益的影响。

6.2.5　发射功率

发射功率限值为 50 mW(ERP),且对符合本部分的设备其标称发射功率应由其 PHY 参数 *phyTransmitPower*(见 6.5)说明。

6.2.6　带外杂散辐射

带外杂散辐射具体要求《微功率(短距离)无线电设备的技术要求》相关规定。

6.2.7 接收机灵敏度

表4给出了接收机灵敏度的定义，在本部分的其他章条中，凡涉及接收机灵敏度的地方，都应参考此定义。

表4 接收机灵敏度定义

术 语	定 义	条 件
接收机灵敏度	产生规定PER时，输入信号的功率门限	—PSDU长度=20八位位组 —PER<1% —在天线终端上测量功率 —不存在干扰
误包率(PER)	发射数据包被错误检测的平均比率	—PSDU里为随机数据，取测量平均值

6.3 PHY服务规范

6.3.1 协议参考模型

PHY包含一个管理实体，称为PLME。这个实体提供一个PHY管理的服务接口，通过它可以调用PHY管理功能。PLME也负责维护一个PHY可管理对象的数据库。这个数据库被称做PHY RIB。

图12描述了PHY的部件和接口。

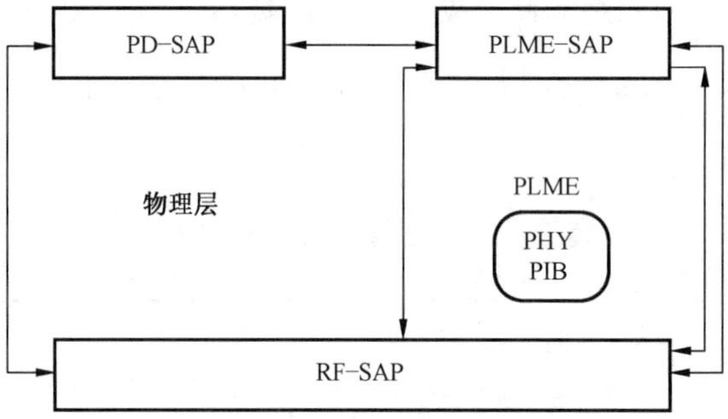

图12 PHY参考模型

通过访问PHY数据服务接入点(PD-SAP)和PHY管理服务接入点(PLME-SAP)两个服务接入点，PHY可以提供两种服务：PHY数据服务和PHY管理服务。

6.3.2 PHY数据服务

6.3.2.1 概述

PD-SAP支持MPDU在MAC层对等实体间的传输。表5列出了PD-SAP支持的原语，这些原语会在表5中所列的章条里详细描述。

表5 PD-SAP的原语

PD-SAP原语	请求	确认	指示
数据原语PD-DATA	0	6.3.2.3	6.3.2.4

6.3.2.2 PD-DATA.request

6.3.2.2.1 服务原语的语义

PD-DATA.request 原语请求一个从 MAC 层到本地 PHY 实体的 MPDU(也即是 PSDU)传输。

PD-DATA.request 原语的语义如下：

```
PD-DATA.request  (
                 psduLength,
                 psdu
                 )
```

表 6 规定了 PD-DATA.request 原语的参数。

表 6 PD-DATA.request 的参数

名称	类型	有效范围	描 述
psduLength	无符号整型	≤*aMaxPHYPacketSize*	PHY 实体将要传输的 PSDU 中包含的八位位组数
psdu	八位位组集	—	组成 PHY 实体将要发送的 PSDU 的八位位组集

6.3.2.2.2 产生条件

当 MAC 层实体需要传输一个 MPDU 时，产生 PD-DATA.request 原语，并发布给其 PHY 实体。

6.3.2.2.3 收后效果

收到 PD-DATA.request 原语后，PHY 实体会发送此原语所提供的 PSDU。如果发射机是打开状态(TX_ON)，PHY 实体会构建一个包含所提供 PSDU 的 PPDU，然后发送这个 PPDU。发送完成后，PHY 实体会发布 PD-DATA.confirm 原语，状态参数为 SUCCESS。

如果收到 PD-DATA.request 原语时接收机是打开状态(RX_ON)或收发器是关闭状态(TRX_OFF)，PHY 实体也会发布 PD-DATA.confirm 原语，状态参数分别为 RX_ON 或 TRX_OFF。

6.3.2.3 PD-DATA.confirm

6.3.2.3.1 服务原语的语义

PD-DATA.confirm 原语确认从本地 MAC 层实体到另一对等 MAC 层实体 MPDU(即 PSDU)发送的结束。

PD-DATA.confirm 原语的语义如下：

```
PD-DATA.confirm (
                status
                )
```

表 7 规定了 PD-DATA.confirm 原语的参数。

表 7 PD-DATA.confirm 的参数

名称	类型	有效范围	描 述
status	枚举	SUCCESS，RX_ON 或 TRX_OFF	发送包请求的结果

6.3.2.3.2 产生条件

当 PHY 实体响应 PD-DATA.request 原语时，产生 PD-DATA.confirm 原语，并发布给其 MAC 层实体。PD-DATA.confirm 原语返回的状态参数可以是 SUCCESS，表示数据传输请求得到了成功执行，也可以是 RX_ON 或 TRX_OFF，表示发生了错误。产生这些状态值的原因见 6.3.2.2.3。

6.3.2.3.3 收后效果

收到 PD-DATA.confirm 原语后，MAC 层实体获知了数据发送请求的结果。如果发送成功，状态参数为 SUCCESS，否则，状态参数会指示所发生的错误。

6.3.2.4 PD-DATA.indication

6.3.2.4.1 服务原语的语义

PD-DATA.indication 原语指示从 PHY 到本地 MAC 层实体的一个 MPDU(也就是 PSDU)传输。

PD-DATA.indication 原语的语义如下：

```
PD-DATA.indication (
                    psduLength,
                    psdu
                    ppduLinkQuality
                    )
```

表 8 规定了 PD-DATA.indication 原语的参数。

表 8 PD-DATA.indication 的参数

名称	类型	有效范围	描 述
psduLength	无符号整型	≤*aMaxPHYPacketSize*	PHY 实体收到的 PSDU 中所包含的八位位组数
psdu	八位位组集	—	组成 PHY 实体收到的 PSDU 的八位位组集
ppduLinkQuality	整型	0x00～0xff	在接收 PPDU 过程中测到的链路质量(LQI)值(见 6.6.3.6.8)

6.3.2.4.2 产生条件

当 PHY 实体需要传送一个接收到的 PSDU 时，产生 PD-DATA.indication 原语，并发布给它的 MAC 层实体。当接收到的 psduLength 的值为零或大于 *aMaxPHYPacketSize* 时，不产生此原语。

6.3.2.4.3 收后效果

收到 PD-DATA.indication 原语后，MAC 层实体通过 PHY 数据服务获知了一个 MPDU 的到来。

6.3.3 PHY 管理服务

6.3.3.1 概述

PLME-SAP 允许管理指令在 MLME 和 PLME 之间传输。表 9 列出了 PLME-SAP 支持的原语。这些原语将在表 9 中列出的条中详细讨论。

表 9 PLME-SAP 的原语

名　　称	Request	Confirm
空闲信道评估原语(PLME-CCA)	0	6.3.3.3
能量检测原语(PLME-ED)	6.3.3.4	6.3.3.5
读取 PHY RIB 属性原语 PLME-GET)	6.3.3.6	6.3.3.7
设置 TRX 状态原语(PLME-SET-TRX-STATE)	6.3.3.8	6.3.3.9
写入 PHY RIB 属性原语(PLME-SET)	6.3.3.10	6.3.3.11

6.3.3.2 PLME-CCA.request

6.3.3.2.1 服务原语的语义

PLME-CCA.request 原语请求 PLME 执行一次 CCA，CCA 的实现见 6.6.3.6.9。

PLME-CCA.request 原语的语义如下：

PLME-CCA.request ()

PLME-CCA.request 原语没有参数。

6.3.3.2.2 产生条件

当 CSMA-CA 算法需要对信道进行评估时，MLME 产生 PLME-CCA.request 原语，并发布给它的 PLME。

6.3.3.2.3 收后效果

如果收到 PLME-CCA.request 原语时接收机是打开状态，PLME 会使 PHY 执行一次 CCA。PHY 完成 CCA 后，PLME 会发布一个 PLME-CCA.confirm 原语，根据 CCA 的结果，其状态参数为 BUSY 或 IDLE。

如果收到 PLME-CCA.request 原语时收发器是关闭状态(TRX_OFF)或发射机是打开状态(TX_ON)，PLME 也会发布 PLME-CCA.confirm 原语，状态参数为 TRX_OFF 或 TX_ON。

6.3.3.3 PLME-CCA.confirm

6.3.3.3.1 服务原语的语义

PLME-CCA.confirm 原语报告 CCA 的结果。

PLME-CCA.confirm 原语的语义如下：

```
PLME-CCA.confirm (
                    status
                  )
```

6.3.3.3.2 PLME-CCA.confirm 的参数

表 10 规定了 PLME-CCA.confirm 原语的参数。

表 10 PLME-CCA.confirm 的参数

名称	类型	有效范围	描　述
status	枚举	TRX_OFF，TX_ON，BUSY 或 IDLE	请求执行 CCA 的结果

6.3.3.3.3 产生条件

当 PLME 响应 PLME-CCA.request 原语时，产生 PLME-CCA.confirm 原语，并发布给它的 MLME。PLME-CCA.confirm 会返回状态参数 BUSY 或 IDLE，表示成功执行了 CCA；或者返回状态参数 TRX_OFF 或 TX_ON，表示发生了错误。产生这些状态值的原因见 6.3.3.2.3。

6.3.3.3.4 收后效果

收到 PLME-CCA.confirm 原语后，MLME 获知了 CCA 的结果。如果成功执行了 CCA，状态参数为 BUSY 或 IDLE。否则，状态参数会指示错误。

6.3.3.4 **PLME-ED.request**

6.3.3.4.1 服务原语的语义

PLME-ED.request 原语请求 PLME 执行一次 ED 测量(见 6.6.3.6)。

PLME-ED.request 原语的语义如下：

PLME-ED.request ( )

PLME-ED.request 原语没有参数。

6.3.3.4.2 产生条件

当 MLME 需要一个 ED 测量值时，产生 PLME-ED.rcquest 原语，并发布给它的 PLME。

6.3.3.4.3 收后效果

如果收到 PLME-ED.request 原语时接收机是打开状态，PLME 会使 PHY 执行一次 ED 测量。PHY 完成 ED 测量后，PLME 会发布一个 PLME-ED.confirm 原语，状态参数为 SUCCESS。

如果收到 PLME-ED.request 原语时收发器是关闭状态(TRX_OFF)或发射机是打开状态(TX_ON)，PLME 也会发布 PLME-CCA.confirm 原语，状态参数为 TRX_OFF 或 TX_ON。

6.3.3.5 **PLME-ED.confirm**

6.3.3.5.1 服务原语的语义

PLME-ED.confirm 原语报告 ED 测量的结果。

PLME-ED.confirm 原语的语义如下：

PLME-ED.confirm (
status,
EnergyLevel
)

表 11 规定了 PLME-ED.confirm 原语的参数。

表 11 PLME- ED.confirm 的参数

名称	类型	有效范围	描　述
status	枚举	SUCCESS, TRX_OFF 或 TX_ON	请求执行 ED 测量的结果
EnergyLevel	整型	0x00～0xff	当前信道的 ED 层级

6.3.3.5.2 产生条件

当 PLME 响应 PLME-ED.request 原语时，产生 PLME-ED.confirm 原语，并发布给它的 MLME。PLME-ED.confirm 会返回状态参数 SUCCESS，表示成功执行了 ED 测量；或者返回状态参数 TRX_OFF 或 TX_ON，表示发生了错误。产生这些状态值的原因见 6.3.3.4.3。

6.3.3.5.3 收后效果

收到 PLME-ED.confirm 原语后，MLME 获知了 ED 测量的结果。如果 ED 测量得到了成功执行，状态参数为 SUCCESS。否则，状态参数会指示相应的错误。

6.3.3.6 **PLME-GET.request**

6.3.3.6.1 服务原语的语义

PLME-GET.request 原语请求获知某一 PHYRIB 属性的信息。

PLME-GET.request 原语的语义如下：

PLME-GET.request　(
RIBAttribute
)

表 12 规定了 PLME-GET.request 原语的参数。

表 12 PLME-GET.request 的参数

名称	类型	有效范围	描述
RIBAttribute	枚举	见表 21	要获取的 PHY RIB 属性标识符

6.3.3.6.2 产生条件

当 MLME 需要从 PHYRIB 中获得信息时，产生 PLME-GET.request 原语，并发布给它的 PLME。

6.3.3.6.3 收后效果

收到 PLME-GET.request 原语后，PLME 会在它的数据库中搜寻这个被请求的 PHYRIB 属性。如果在数据库中找不到此属性的标识，PLME 会发布一个 PLME-GET.confirm 原语，状态参数为 UNSUPPORTED_ATTRIBUTE。

如果成功获取了被请求的 PHYRIB 属性，PLME 也会发布 PLME-GET.confirm 原语，不过状态参数为 SUCCESS。

6.3.3.7 **PLME-GET.confirm**

6.3.3.7.1 服务原语的语义

PLME-GET.confirm 原语报告 PHYRIB 获取信息的结果。

PLME-GET.confirm 原语的语义如下：

PLME-GET.confirm (
status,
RIBAttribute,
RIBAttributeValue
)

表 13 规定了 PLME-GET.confirm 原语的参数。

表 13 PLME-GET.confirm 的参数

名称	类型	有效范围	描 述
status	枚举	SUCCESS 或 UNSUPPORTED_ATTRIBUTE	请求获取 PHY RIB 属性信息的结果
RIBAttribute	枚举	见表 21	请求的 PHY RIB 属性的标识符
RIBAttributeValue	多样	跟属性有关	所请求的 PHY RIB 属性的取值。当 status 参数为 UNSUPPORTED_ATTRIBUTE 时，本参数为 0

6.3.3.7.2 产生条件

当 PLME 响应 PLME-GET.request 原语时，产生 PLME-GET.confirm 原语，并发布给它的 MLME。PLME-GET.confirm 会返回状态参数 SUCCESS，表示成功读取了 PHYRIB 属性信息，或者返回错误代码 UNSUPPORTED_ATTRIBUTE。产生这些状态值的原因见 6.3.3.6.3。

6.3.3.7.3 收后效果

收到 PLME-GET.confirm 原语后，MLME 获知了它请求读取 PHYRIB 属性信息的结果。如果读取 PHYRIB 属性的请求被成功执行，状态参数为 SUCCESS。否则，状态参数会指示相应的错误。

6.3.3.8 PLME-SET-TRX-STATE.request

6.3.3.8.1 服务原语的语义

PLME-SET-TRX-STATE.request 原语请求 PHY 实体改变收发器的内部工作状态。

收发器有三种主要状态：

a) 收发器关闭(TRX_OFF)；

b) 发射机打开(TX_ON)；

c) 接收机打开(RX_ON)。

PLME-SET-TRX-STATE.request 原语的语义如下：

```
PLME-SET-TRX-STATE.request (
                              status
                              )
```

表 14 规定了 PLME-SET-TRX-STATE.request 原语的参数。

表 14 PLME-SET-TRX-STATE.request 的参数

名称	类型	有效范围	描 述
status	枚举	RX_ON，TRX_OFF，FORCE_TRX_OFF，或 TX_ON	收发器配置的新状态。

6.3.3.8.2 产生条件

当收发器当前的工作状态需要被改变时，MLME 生成 PLME-SET-TRX-STATE.request 原语并发布给它的 PLME。

6.3.3.8.3 收后效果

收到 PLME-SET-TRX-STATE.request 原语后，PLME 会使 PHY 转换到所请求的状态。如果状态转换被接受，PHY 会发布 PLME-SET-TRX-STATE.confirm 原语，状态参数为 SUCCESS。如果此原语所要求的状态就是收发器当前的配置状态，PHY 也会发布 PLME-SET-TRX-STATE.confirm 原语，指示当前状态的参数，如 RX_ON，TRX_OFF 或 TX_ON。如果此原语发布时包含 RX_ON 或 TRX_OFF 的变量，而 PHY 此时正在发送一个 PPDU，那么 PHY 会发布状态为 BUSY_TX 的 PLME-SET-TRX-STATE.confirm 原语并推迟状态转换直到发送结束。如果此原语发布时包含 TX_ON 或 TRX_OFF 的变量，而 PHY 此时处于 RX_ON 状态并且已经接收到一个有效的 SFD，那么物理会发布状态为 BUSY_RX 的 PLME- SET-TRX-STATE.confirm 原语并推迟状态转换直到完成 PPDU 的接收。如果此原语发布时包含的变量为 FORCE_TRX_OFF，那么 PHY 会无条件地转换到 TRX_OFF 状态，不管当前处在什么状态。

6.3.3.9 PLME-SET-TRX-STATE.confirm

6.3.3.9.1 服务原语的语义

PLME-SET-TRX-STATE.confirm 原语报告请求转换收发器内部工作状态的结果。

PLME-SET-TRX-STATE.confirm 原语的语义如下：

```
PLME-SET-TRX-STATE.confirm (
                            status
                            )
```

表 15 规定了 PLME-SET-TRX-STATE.confirm 原语的参数。

表 15 PLME-SET-TRX-STATE.confirm 的参数

名称	类型	有效范围	描　述
status	枚举	SUCCESS，RX_ON，TRX_OFF，TX_ON，BUSY_RX 或 BUSY_TX	请求转换收发器状态的结果

6.3.3.9.2 产生条件

当 PLME 试着改变收发器的内部工作状态后，生成 PLME-SET-TRX-STATE.confirm 原语并发布给它的 MLME。

6.3.3.9.3 收后效果

收到 PLME-SET-TRX-STATE.confirm 原语后，MLME 获知了它请求转换收发器内部工作状态的结果。状态值 SUCCESS 表示转换收发器内部工作状态的请求已被接受。状态值 RX_ON，TRX_OFF 或 TX_ON 表示收发器已经工作在它所请求转换到的状态。状态值 BUSY_TX 表示 PHY 正在发送数据却被要求转换到 RX_ON 或 TRX_OFF 状态。状态值 BUSY_RX 表示 PHY 正工作在 RX_ON 状态、并且已经收到一个有效的 SFD、却被要求转换到 TX_ON 或 TRX_OFF 状态。

6.3.3.10 PLME-SET.request

6.3.3.10.1 服务原语的语义

PLME-SET.request 原语请求设置某一 PHYRIB 属性为给定的值。

PLME-SET.request 原语的语义如下：

PLME-SET.request (
RIBAttribute,
RIBAttributeValue
)

表 16 规定了 PLME-SET.request 原语的参数。

表 16 PLME-SET.request 的参数

名称	类型	有效范围	描 述
RIBAttribute	枚举	见表 21	需要设置的 RIB 属性的标识符
RIBAttributeValue	多样	跟属性有关	需要设置的指定 RIB 的属性值

6.3.3.10.2 产生条件

当 MLME 需要改写某一 PHY RIB 属性的取值时，产生 PLME-SET.request 原语，并发布给它的 PLME。

6.3.3.10.3 收后效果

收到 PLME-SET.request 原语后，PLME 会试着把给定的值写入它数据库中某一指定的 PHYRIB 属性。如果在数据库中找不到 RIBAttribute 参数所指定的 PHYRIB 属性，PLME 会发布状态参数 UNSUPPORTED _ATTRIBUTE 的 PLME-SET.confirm 原语。如果 RIBAttributeValue 参数所指定的属性的值不在有效有效范围内，PLME 会发布状态参数为 INVALID_PARAMETER 的 PLME-SET.confirm 原语。

如果所请求的 PHYRIB 属性被成功写入，PLME 会发布状态参数为 SUCCESS 的 PLME-SET.confirm 原语。

6.3.3.11 PLME-SET.confirm

6.3.3.11.1 服务原语的语义

PLME-SET.confirm 原语报告设置 RIB 属性的结果。

PLME-SET.confirm 原语的语义如下：

PLME-SET.confirm (
status,
RIBAttribute
)

表 17 规定了 PLME-SET.confirm 原语的参数。

表 17 PLME-SET.confirm 的参数

名称	类型	有效范围	描 述
status	枚举	SUCCESS,UNSUPPORTED_ATTRIBUTE 或 INVALID_PARAMETER	尝试设置请求的 RIB 属性的结果
RIBAttribute	枚举	见表 21	被确认的 RIB 属性的标识符

6.3.3.11.2 产生条件

当 PLME 响应 PLME-SET.request 原语时，产生 PLME-SET.confirm 原语，并发布给它的 MLME。如果所要求的值被写入指定的 PHYRIB 属性，PLME-SET.confirm 会返回状态参数 SUCCESS，否则，它会返回错误代码 UNSUPPORTED_ATTRIBUTE 或 INVALID_ PARAMETER。产生这些状态值的原因见 6.3.3.10.3。

6.3.3.11.3 收后效果

收到 PLME-SET.confirm 原语后，MLME 获知了它请求设置 PHYRIB 属性的结果。如果所要求的值被写入指定的 PHYRIB 属性，状态参数为 SUCCESS。否则，状态参数会指示相应的错误。

6.3.3.12 PHY 枚举变量描述

表 18 给出了物理层规范中定义的 PHY 枚举变量的描述。

表 18 PHY 枚举变量描述

枚举	取值	描述
BUSY	0x00	CCA 检测到信道忙
BUSY_RX	0x01	收发器正在接收数据时被要求转换状态
BUSY_TX	0x02	收发器正在发送数据时被要求转换状态
FORCE_TRX_OFF	0x03	收发器将要被关闭
IDLE	0x04	CCA 检测到信道空闲
INVALID_PARAMETER	0x05	SET/GET 请求被发布时，其原语中的参数不在有效范围之内
RX_ON	0x06	收发器已经在或将要被配置成接收机打开的状态
SUCCESS	0x07	成功进行了 SET/GET、ED 操作或收发器状态转换
TRX_OFF	0x08	收发器已经在或将要被配置成发射机关闭的状态
TX_ON	0x09	收发器已经在或将要被配置成发射机打开的状态
UNSUPPORTED_ATTRIBUTE	0x0a	SET/GET 请求被发布时，其中的属性标识是不被支持的
R-O	0x0c	CMA 检测到信道调制方式是 OQPSK

6.4 PPDU 格式

6.4.1 概述

本条规定 PPDU 包的格式。

在本标准中，位于 PPDU 数据结构最左边的字段应最先被发射或接收。对所有具有多个八位位组的字段，应最先发射或接收最低位的八位位组；对每个八位位组，应最先发射或接收最低位的比特。当 PHY 和 MAC 层之间传输数据字段时，也应遵循这样的顺序。

每个 PPDU 包由下述基本单元所组成：

a） SHR 单元，它使接收设备能够同步和锁定比特流；

b） PHR 单元，它包含帧长信息；

c) 可变长度净荷单元,它携带 MAC 层的帧。

6.4.2 一般数据包的格式

6.4.2.1 PPDU 的格式

PPDU 的结构应如图 13 所示。

<table>
<tr><td></td><td></td><td colspan="3">八位位组数</td></tr>
<tr><td></td><td></td><td colspan="2">1</td><td>可变</td></tr>
<tr><td>Preamble</td><td>SFD</td><td>帧长
(7 个比特)</td><td>保留位
(1 个比特)</td><td>PSDU</td></tr>
<tr><td colspan="2">SHR</td><td colspan="2">PHR</td><td>PHY 净荷</td></tr>
</table>

图 13 PPDU 的格式

6.4.2.2 Preamble 字段

Preamble 字段被收发器用来对接收信号进行码片和符号同步。Preamble 字段应由 32 个二进制零组成。

6.4.2.3 SFD 字段

SFD 字段用来指示同步(Preamble)字段的结束和数据传输的开始。SFD 应由 8 个二进制零组成。

6.4.2.4 帧长字段

帧长字段由 7 个比特组成,表示 PSDU(也就是 PHY 净荷)中包含的八位位组数。这个数值位于 0 到 aMaxPHYPacketSize(见 6.5)之间。表 19 描述了净荷类型和帧长之间的关系。

表 19 帧的长度

帧的长度	净荷类型
0～4	保留
5	MPDU(Acknowledgment)
6～8	保留
9 到 *aMaxPHYPacketSize*	MPDU

6.4.2.5 PSDU 字段

PSDU 字段具有可变的长度,负责传输 PHY 数据包里的数据。对所有帧长等于五个八位位组或大于七个八位位组的数据包类型,PSDU 包含的是 MAC 层的数据帧(也就是 MPDU)。

6.5 PHY 常数和 RIB 属性

6.5.1 PHY 常数

表 20 列出了定义 PHY 特性的一些常数。这些常数是依赖于硬件的,不能在操作中被改变。

表 20 PHY 常数

常数	描　述	取值
aMaxPHYPacketSize	PHY 应能接收的最大 PSDU 大小(八位位组)	127
aTurnaroundTime	RX-to-TX 或 TX-to-RX 的最大周转时间(见 6.6.3.6.1 和 6.6.3.6.2)	12

6.5.2 PHY RIB 属性

PHYRIB 包含了管理一个设备的 PHY 所需要的属性。每个这样的属性都可以使用 PLME-GET.request 和 PLME-SET.request 原语进行读写操作。其中,以(#)标注的属性为只读参数;以(*)标注的属性为特定位只读参数。表 21 列出了 PHY RIB 所包含的属性。

表 21 PHY RIB 属性

属性	标识	类型	有效范围	描　述
phyCurrentChannel	0x00	整型	0～15	所有下述发送和接收所使用的 RF 信道(见 6.2)。
PhyChannelsSupported #	0x01	阵列	见描述	*phyChannelsSupported* 的 MSB 的前 4 比特(b_{19},…,b_{16})应被设为信道页,LSB 的后 16 比特(b_0, b_1,…,b_{15})应指示信道页中有效信道中每个信道的状态(1=可用,0=不可用)(b_k 应指示信道 k 的状态)
phyTransmitPower *	0x02	位图	0x00～0xbf	MSB 的前 2 比特表示对发射功率的误差容限: 00 = ±1 dB 01 = ±3 dB 10 = ±6 dB LSB 的后 6 位表示一个二进制补码格式的有符号整数,对应于设备的标称发射功率 1 mW 的 dB 值。*phyTransmitPower* 的最小值应被解释为小于或等于−32 dBm
PhyCCAMode	0x03	整型	1～3	CCA 方式(见 6.6.3.6.9)
phyCurrentPage	0x04	整型	0～15	当前使用的 PHY 信道页 与 *phyCurrentChannel* 一起唯一标识当前使用的信道
phyMaxFrameDuration #	0x05	整型	55,212, 266,1064	一帧中最多能包含的符号个数=*phySHRDuration* + *ceiling* ([*aMaxPHYPacketSize* + *I*] *xphySymbolsPerOctet*)
phySHRDuration #	0x06	整型	3,7,10,40	当前 PHY 所使用的同步头(SHR)间隔
phySymbolsPerOctet #	0x07	浮点型	0.4,1.6,2,8	当前 PHY 每个八位位组所含的符号个数

6.6 技术要求

6.6.1 数据速率

PHY 的数据速率应为 25 kb/s。

6.6.2 调制方式

6.6.2.1 概述

任何符合本部分的收发机设备都应实现 O-QPSK 调制方式。物理层使用 16 元准正交调制技术。在每个数据符号周期内，4 个信息位用来选择待发射的 16 元准正交的扩频码序列中的一个。相邻数据符号选出的扩频码序列连接在一起，序列中的码片经过 O-QPSK 调制到载波上。

6.6.2.2 调制器

图 14 是一个功能模块框图，作为规定 470 MHz PHY 调制和扩频函数的参考。图中每个模块里的数字指出了下面描述这一功能的章节。

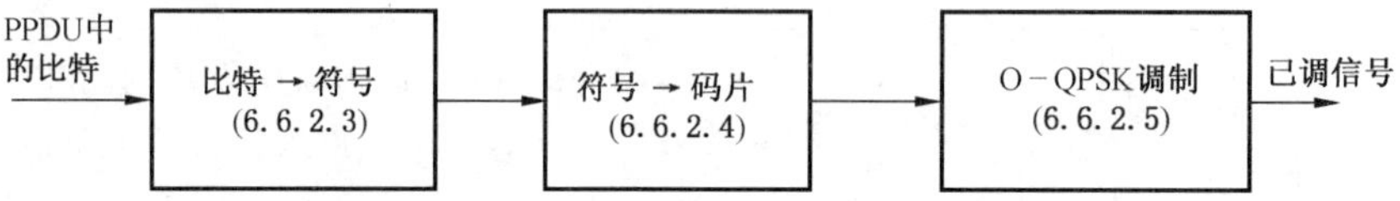

图 14 调制和扩频函数

6.6.2.3 比特到符号的映射

PPDU 中所有的二进制数据都应使用图 14 所示的调制和扩频函数进行处理。本条描述二进制信息是如何被映像成数据符号的。

每个八位位组的低四位(b_0，b_1，b_2，b_3)应映像到一个数据符号，高四位(b_4，b_5，b_6，b_7)应映像到下一个数据符号。PPDU 里的每个八位位组都应按顺序经过调制和扩频函数(如图 14 所示)的处理，从 Preamble 字段开始，到 PSDU 里的最后一个八位位组结束。在每一个八位位组里，先处理低位符号(b_0，b_1，b_2，b_3)，再处理高位符号(b_4，b_5，b_6，b_7)。

6.6.2.4 符号到码片的映射

每个数据符号都应被映像成一个 16 位的相位序列，如表 22 所示。这些相位序列之间是循环移位和/或共轭的关系。

表 22 符号到码片的映射

数据符号 (十进制)	数据符号 (二进制) (b_0,b_1,b_2,b_3)	扩频序列 (c_0，c_1，…，c_{14}，c_{15})
0	0 0 0 0	0 0 1 1 1 1 1 0 0 0 1 0 0 1 0 1
1	1 0 0 0	0 1 0 0 1 1 1 1 1 0 0 0 1 0 0 1
2	0 1 0 0	0 1 0 1 0 0 1 1 1 1 1 0 0 0 1 0
3	1 1 0 0	1 0 0 1 0 1 0 0 1 1 1 1 1 0 0 0

表 22（续）

数据符号（十进制）	数据符号（二进制）(b_0, b_1, b_2, b_3)	扩频序列 (c_0, c_1, …, c_{14}, c_{15})
4	0 0 1 0	0 0 1 0 0 1 0 1 0 0 1 1 1 1 1 0
5	1 0 1 0	1 0 0 0 1 0 0 1 0 1 0 0 1 1 1 1
6	0 1 1 0	1 1 1 0 0 0 1 0 0 1 0 1 0 0 1 1
7	1 1 1 0	1 1 1 1 1 0 0 0 1 0 0 1 0 1 0 0
8	0 0 0 1	0 1 1 0 1 0 1 1 0 1 1 1 0 0 0 0
9	1 0 0 1	0 0 0 1 1 0 1 0 1 1 0 1 1 1 0 0
10	0 1 0 1	0 0 0 0 0 1 1 0 1 0 1 1 0 1 1 1
11	1 1 0 1	1 1 0 0 0 0 0 1 1 0 1 0 1 1 0 1
12	0 0 1 1	0 1 1 1 0 0 0 0 0 1 1 0 1 0 1 1
13	1 0 1 1	1 1 0 1 1 1 0 0 0 0 0 1 1 0 1 0
14	0 1 1 1	1 0 1 1 0 1 1 1 0 0 0 0 0 1 1 0
15	1 1 1 1	1 0 1 0 1 1 0 1 1 1 0 0 0 0 0 1

6.6.2.5 O-QPSK 调制

代表每个数据符号的扩频相位序列经 O-QPSK 和半正弦脉冲成形调制到载波上。偶数位的码片被调制到同相支路(I)载波上，而奇数的码片被调制到正交支路(Q)载波上。因为每个符号是由 16 个码片所表示的，所以码片速率是符号速率的 16 倍。为了形成在同相支路和正交支路码片调制之间的偏移，正交支路的码片比同相支路的码片有 T_c 的延迟(见图 15)，其中 T_c 是符号速率的倒数。

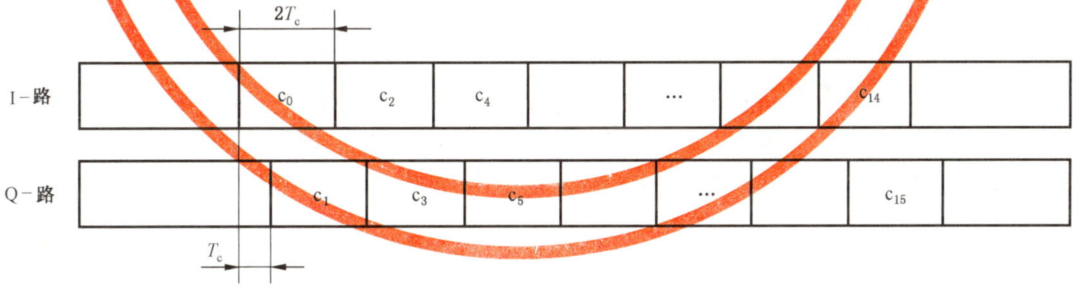

图 15 O-QPSK 调制码片偏移示意图

6.6.2.6 脉冲成形

升余弦滚降脉冲被用来表示每个基带码片，其表达式见式(1)：

$$p(t)=\frac{\sin(\pi t/T_c)}{\pi t/T_c}\frac{\cos(r\pi t/T_c)}{1-4r^2t^2/T_c^2} \qquad \cdots\cdots(1)$$

式中：

r——滚降因子，$r=0.8$。

6.6.2.7 码片发射顺序

在每一个符号周期里，最先发射的码片是最低位码片 c_0，最后发射的码片是最高位码片 c_{15}。

6.6.3 470 MHz～510 MHz 频段射频要求

6.6.3.1 概述

除应符合《微功率(短距离)无线电设备的技术要求》的要求以外，在 470 MHz～510 MHz 频段的设备还应满足 6.1、6.2 和 6.6.3.6 的要求。

6.6.3.2 发射功率谱密度

发射信号的谱分量应小于表 23 中的限制。不管是相对限制还是绝对限制，在测量平均功率谱时应使用 100 kHz 的分辨率带宽。对相对限制来讲，参考电平应是在载波频率附近±100 kHz 范围内测量得到的最大平均功率谱。

表 23 发射功率谱密度限制

频率	相对限制	绝对限制
$\|f-f_c\|>120$ kHz	−20 dB	−20 dBm

6.6.3.3 符号速率

符号速率应为 6.25 ksymbol/s。

6.6.3.4 接收机灵敏度

在 6.2.7 所述条件指定下，接收机灵敏度为−85 dBm。

6.6.3.5 接收机干扰抑制

表 24 给出了接收机的最小干扰抑制能力。相邻信道是指期望信道两边与期望信道频率最接近的两个信道中的任一个信道，相隔信道是指相邻信道外边的两个信道。例如，当信道 13 是期望信道时，信道 12 和信道 14 是相邻信道，信道 11 和信道 15 是相隔信道。

表 24 470 MHz PHY 对接收机最小干扰抑制能力的要求

相邻信道抑制	相隔信道抑制
0 dB	30 dB

相邻信道抑制能力应使用下述方法进行测量。期望信号应是符合本部分 470 MHz 频段的 PHY 的伪随机数据信号。当期望信号输入接收机时，它的电平应比 6.6.3.4 给出的最大允许的接收机灵敏度高 3dB。

不管是相邻信道还是相隔信道，一个符合 470 MHz～510 MHz PHY 的信号作为干扰输入接收机时，它的相对电平按 6.6.3.4 中的值进行设定。当进行测试时，每次只能有一个干扰信号。在这样的条件下，接收机应能达到 6.2.7 所规定的误包率。

6.6.3.6 一般要求

6.6.3.6.1 TX-to-RX 的转换时间

TX-to-RX 的转换转时间应小于或等于 *aTurnaroundTime*(见 6.5.1)。

TX-to-RX 的转换时间应在空中接口处测量,从最后一个发射符号的尾沿开始,到接收机准备好接收下一个 PHY 数据包止。

6.6.3.6.2 RX-to-TX 的转换时间

RX-to-TX 的转换时间应小于或等于 *aTurnaroundTime*(见 6.5.1)。

RX-to-TX 的转换时间应在空中接口处测量,从接收 PPDU 的最后一个码片(最后一个符号中的)的尾沿开始,到下一个传送 PPDU 的第一个码片的前沿(第一个符号)。实际传输开始的时间由 MAC 层加以规定。

6.6.3.6.3 EVM

本部分发射机的调制精度由 EVM 度量来确定。为了计算 EVM 度量,需要接收并存储 N 个复数码片值($\tilde{I}_j,\tilde{Q}_j$)。对每个接收到的复数码片值进行判决以得到相应的发射复数码片值。可以选择的复数码片的理想位置(判决区字段的中心)用矢量表示为(I_j,Q_j)。定义误差矢量($\delta I_j,\delta Q_j$)为理想位置和实际接收信号点位置之间的距离(见图 16)。

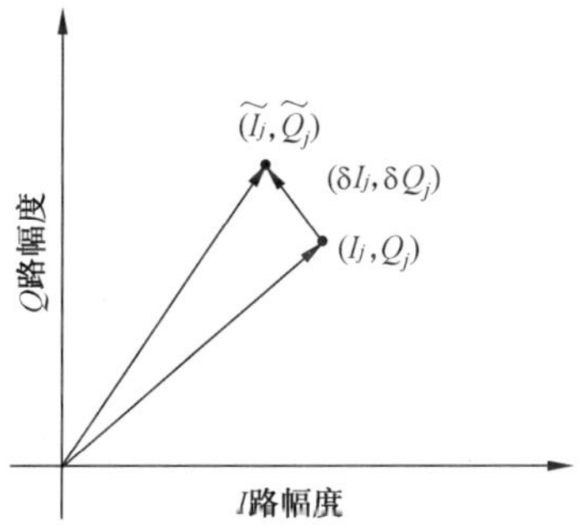

图 16 误差矢量计算

因此,接收矢量是理想矢量和误差矢量之和如式(2)所示。

$$(\tilde{I}_j,\tilde{Q}_j)=(I_j,Q_j)+(\delta I_j,\delta Q_j) \qquad \cdots\cdots(2)$$

EVM 定义为

$$\mathrm{EVM}=\sqrt{\frac{\frac{1}{N}\sum_{j=1}^{N}(\delta I_j^2+\delta Q_j^2)}{S^2}}\times 100\% \qquad \cdots\cdots(3)$$

式中:

S ——到理想星座点矢量的幅值;

$(\delta I_j,\delta Q_j)$——误差矢量。

符合本部分的发射机,当使用 1 000 个码片进行测量时应具有小于 35%的 EVM。误差矢量应使用基带的 I 路和 Q 路码片进行测量,这两路信号由一个参考接收机系统进行恢复。测量进行时,参考接收机应执行载波锁定、符号时间恢复以及幅度调整等功能。

6.6.3.6.4 发射中心频率的误差容限

发射中心频率的误差容限最大为$\pm 100\times 10^{-6}$。

6.6.3.6.5 发射功率

符合本标准的发射机应至少能发射－3 dBm。在可能的时候,设备应降低发射功率以减少对其他设备和系统的干扰。

6.6.3.6.6 接收机期望信号的最大输入电平

接收机最大输入电平是指当6.2.7规定的误包率准则满足时,接收机输入端的期望信号的最大功率电平,用dBm来表示。接收机应具有大于或等于－20 dBm的接收机最大输入电平。

6.6.3.6.7 接收机ED

接收机ED测量是为网络层所使用的,作为信道选择算法的一部分。它是对处于一个短距离无线网络中国标准信道带宽内的接收信号功率的估计,并不对这一信道中的信号进行辨识或解调。ED的时间应等于8个符号周期。

ED的结果,一个0x00到0xff之间的8比特整数,应使用PLME-ED.confirm原语(见6.3.3.5)报告给MLME。最小的ED值(0)应表示接收功率小于规定的接收机灵敏度(见6.6.3.4和6.6.3.6)以上10 dB的那个值,并且ED应能表示至少40dB的接收功率范围。在这一范围内,从接收功率(以dB表示)到ED值的映像应为线性并具有±6dB以内的精度。

6.6.3.6.8 LQI

LQI度量是对接收数据包强度或质量的一个表征。这一度量可以由接收机ED、信噪比估计或这些方法的组合来实现。有关网络层或应用层对于LQI结果的使用,本标准不作规定。

每一个接收数据包都应测量LQI,测量的结果是一个0x00到0xff之间的整数,应使用PD-DATA.indication原语(见6.3.2.4)报告给MAC层。LQI的最小和最大值(0x00和0xff)应对应于接收机可检测的最低和最高质量的信号,之间的LQI值应在两个极限间均匀分布。LQI至少应使用8个不同的值。

6.6.3.6.9 CCA方式

PHY应至少提供下述三种CCA执行方法中的一种:

a) CCA方式1:能量检测。当检测到能量超过ED门限时,CCA应报告信道忙。
b) CCA方式2:载波侦听。只有当检测到具有本标准调制和扩频特性的信号时,CCA才报告信道忙。这个信号可以高于或低于ED门限。
c) CCA方式3:载波侦听联合能量检测。只有检测到具有中国标准调制和扩频特性的信号并且其能量超过ED门限时,CCA才报告信道忙。

不管是哪种CCA方式,如果PHY收到PLME-CCA.request原语(见6.3.3.2)时正在接收一个PPDU,CCA应报告信道忙。检测到SFD后,PPDU接收就被认为正在进行中,并且直到PHR规定的八位位组数被全部接收才告结束。

信道忙应使用状态为BUSY的PLME-CCA.confirm原语来指示。

信道空闲应使用状态为IDLE的PLME-CCA.confirm原语来指示。

PHYRIB属性phyCCAMode(见6.5)应指示相应的工作方式。CCA参数应遵循下述准则:

a) ED门限不能超过规定的接收灵敏度10 dB;

b) CCA 的检测时间应等于 8 个符号周期。

7 MAC 层规范

7.1 MAC 层服务原语

7.1.1 概述

本章定义了 RWSN 的 MAC 层规范。MAC 层提供高层访问物理无线信道的服务，并完成以下任务：

a) 协调器负责产生并发送网络信标帧；

b) 普通设备通过周期性的跟踪协调器广播的信标帧与协调器同步；

c) 支持 RWSN 的关联和解关联操作；

d) 利用 CAMA-CA 机制访问信道；

e) 支持时隙保障(SCFP)机制；

f) 支持不同设备的 MAC 层间可靠传输。

MAC 层提供了 SSCS 和 PHY 的接口。MAC 层包括了管理实体 MLME，提供服务接口，并维护和 MAC 层相关的管理物体的数据库，即 MAC 层信息数据库。图 17 是 MAC 层接口和组成框图。

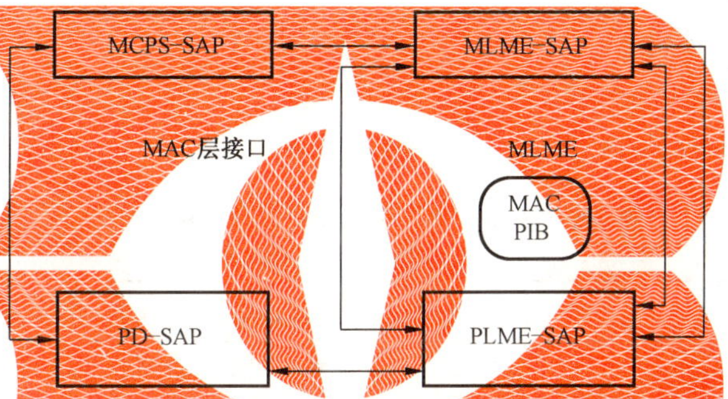

图 17 MAC 层参考模型

MAC 层分别通过两种服务接口(SAP)提供两种不同的服务：

a) 通过 MCPS-SAP 提供 MAC 层数据服务，该服务保证 MAC 协议数据单元在 PHY 数据服务中的正确收发；

b) 通过 MLME-SAP 提供 MAC 层管理服务，该服务维护一个存储 MAC 层协议状态相关信息的数据库。

这两种服务分别通过 PD-SAP 和 PLME-SAP 来支持 SSCS 和 PHY 的接口，除了以上的外部接口，MLME 和 MCPS 间还存在一个接口，这个接口使得 MLME 能够获得 MAC 数据服务。

7.1.2 MAC 数据服务

7.1.2.1 概述

MCPS-SAP 支持不同的 SSCS 间传输 SSCS 协议数据单元(SPDU)。表 25 列出了 MCPS-SAP 支持的原语，其中标有◆的可以由简化功能设备任意选择。

表 25 MCPS-SAP 原语

MCPS-SAP 原语	Request	Confirm	Indication
MCPS-DATA	7.1.2.2	7.1.2.3	7.1.2.4
MCPS-PURGE	7.1.2.5	7.1.2.6◆	—

7.1.2.2 MCPS-DATA.request

7.1.2.2.1 服务原语的语义

MCPS-DATA.request 原语请求把数据 SPDU(即 MSDU)从本地 SSCS 实体传送到单个对等 SSCS 实体。

MCPS-DATA.request 原语语义如下:

MCPS-DATA.request (
SrcAddrMode,
DstddrMode,
DstRWSNID,
DstAddr,
msduType,
msduLength,
msdu,
msduHandle,
TxOptions,
)

表 26 列出了该原语的参数。

表 26 原语 MCPS-DATA.request 的参数

名称	类型	有效范围	描述
SrcAddrMode	整型	0x00～0x03	源地址的方式,取值如下: 0x00=无地址(忽略地址); 0x01=保留; 0x02=16 比特短地址; 0x03=64 比特扩展地址
DstAddrMode	整型	0x00～0x03	目的地址的方式,取值如下: 0x00=无地址(地址字段忽略,见 7.2.2.2.7); 0x01=保留; 0x02=16 比特短地址; 0x03=64 比特扩展地址
DstRWSNID	整型	0x0000～0xffff	MSDU 接收的 16 比特 RWSN 标识符
DstAddr	设备地址	由参数 DstAddr Mode 规定	MSDU 接收的个人设备地址
msduType	整型	0x00～0x03	数据子类型,取值如下: 0x00=非监测数据; 0x01=监测数据; 0x02=质疑数据; 0x03=更新数据
msduLength	整型	≤*aMaxMACFrameSize*	MAC 层将要传送的 MSDU 中包含的八位位组数
Msdu	八位位组集	—	MAC 层将要传送的 MSDU 的八位位组集

表 26（续）

名称	类型	有效范围	描　　述
msduHandle	整型	0x00～0xff	与 MAC 层将要传送的 MSDU 相关的操作
TxOptions	位图	4 比特字段	3 比特(b_0,b_1,b_2)指示了 MSDU 的传输选项 b_0,1＝带确认的传输,0＝无确认传输； b_1,1＝SCFP 传输,0＝CAP 传输(有信标能力 RWSN)； b_2,1＝间接传输,0＝直接传输； b_3,1＝带数据接受确认的传输,0＝无数据接受确认的传输

7.1.2.2.2　原语的使用

当有数据 SPDU(即 MSDU)传送到对等 SSCS 实体时，本地 SSCS 实体产生 MCPS-DATA .request 原语。

7.1.2.2.3　收后效果

当 MAC 层收到这个原语，就开始发送 MSDU。

MAC 层会根据原语提供的参数，构造并发送一个 MPDU。参数 SrcAddrMode 和 DstAddrMode 的标志位对应于帧控制字段(见 7.2.2.2)中的地址子字段，这些标志位用来组成 MHR 的帧控制和地址字段。如果参数 SrcAddrMode 和 DstAddrMode 都设为 0x00(即忽略地址字段)，MAC 层将发布 MCPS-DATA.confirm 原语，状态为 INVALID_ADDRESS。

参数 msduType 的信息指示了传输数据的子类型，分别对应 7.2.2.2 数据帧格式中的非监测型数据帧、检测行数据帧、质疑数据帧和更新数据帧。

如果参数 msduLength 大于 *aMaxMACSafePayloadSize*，MAC 层将帧控制信息的帧版本子字段设为 1。

参数 TxOptions 的信息指示了 MAC 层数据服务如何传输已提供的 MSDU。如果参数 TxOptions 规定采用带确认的传输，帧控制的确认请求子字段就设为 1(见 7.5.7.4)。

如果参数 TxOptions 规定在 SCFP 中传输，MAC 层应确定设备是否分配了一个有效的 SCFP。如果找不到一个有效的 SCFP，MAC 层就发布原语 MCPS-DATA.confirm，状态为 INVALID_SCFP。如果存在一个有效的 SCFP，MAC 层就等到该 SCFP 开始时传送。如果参数 TxOptions 不要求在 SCFP 中传输，对于有信标能力网络 MAC 层将使用时隙 CSMA-CA 算法在 CAP 时段传输 MSDU。如果参数 TxOptions 要求在 SCFP 中传输就不考虑间接传输请求。

如果参数 TxOptions 要求间接传输，当协调器的 MAC 层接收到此原语，就间接发送数据帧，过程如下：把数据帧添加到协调器的微处理事务列表，在设备根据 7.5.7.3 所描述的算法进行判断后，就提取该数据并发送。当向一个广播地址发送数据时，采用 7.2.2.2.3 的算法。当向单播地址发送时，相关设备根据 7.5.7.3 所描述的算法进行判断后才能提取数据发送。如果没有足够的空间来存储这些数据，MAC 层将丢弃这个 MDSU，并发布原语 MCPS-DATA. confirm，状态 TRANSACTION_OVERFLOW。而如果有足够的空间，协调器将把相应信息加入列表。如果在 *macTransactionPersistenceTime* 内没有处理完该事务，MAC 层将丢弃事务信息，并发布 MCPS-DATA.confirm 原语，状态 TRANSACTION_EXPIRED。事务处理过程如 7.5.6 所述。如果参数 TxOptions 要求间接传输，当原语接收设备不是协调器且目的地址不存在，或者参数 TxOptions 还要求在 SCFP 内传输，就忽略间接传输选项。

如果参数 TxOptions 不要求间接传输，在有信标能力 RWSN 中，MAC 层将使用 CSMA-CA 算法在 CAP 时段传输 MSDU。如果参数 TxOptions 规定直接传输且 MAC 层在 *macMaxFrameRetries* 的重传时间内没有收到确认，就丢弃 MSDU，并发布 MCPS-DATA.confirm 原语，状态是 NO_ACK。

如果参数 msduType 的信息指示了传输数据的子类型为监测数据，则参数 TxOptions 规定采用带数据接受确认的传输，且 MAC 层需收到数据接受确认帧才判定成功发送了 MSDU。如果参数 msduType 的信息指示了传输数据的子类型不为监测数据，则参数 TxOptions 规定采用无数据接受确认的传输，且 MAC 层只需普通确认帧即判定成功发送了 MSDU。

如果请求的事务太大而不能在 CAP 或 SCFP 内完成，MAC 层会丢弃该帧，并发布原语 MCPS-DATA.confirm，状态为 FRAME_TOO_LONG。

如果整个传输使用 CSMA-CA 算法，当算法竞争信道失败，且参数 TxOptions 要求直接传输，MAC 层会丢弃该 MSDU，并发布 MCPS-DATA .confirm 原语，状态为 CHANNEL_ACCESS_FAILURE。

如果成功发送了 MPDU，且参数 TxOptions 规定带确认的传输，MAC 层就发布原语 MCPS-DATA.confirm，状态是 SUCCESS。

如果原语 MCPS-DATA.request 的所有参数设置都超出有效范围，或是不能被支持，MAC 层就发布原语 MCPS-DATA.confirm，状态为 INVALID_PARAMETER。

7.1.2.3 MCPS-DATA.confirm

7.1.2.3.1 服务原语的语义

原语 MCPS-DATA.confirm 报告了本地 SSCS 请求传送 SPDU(MSDU)给另一个 SSCS 的结果。

原语 MCPS-DATA.confirm 语义如下：

```
MCPS-DATA.confirm (
                    msduHandle,
                    status,
                    Timestamp,
                    )
```

表 27 规定了原语 MCPS-DATA.confirm 的参数。

表 27 MCPS-DATA.confirm 的参数

名称	类型	有效范围	描述
msduHandle	整型	00x00～0xff	待确认 MSDU 的相关操作
status	枚举	SSUCCESS， TRANSACTION_OVERFLOW， TRANSACTION_EXPIRED， CHANNEL_ACCESS_FAILURE， INVALID_ADDRESS， INVALID_SCFP，NO_ACK， COUNTER_ERROR， FRAME_TOO_LONG， UNAVAILABLE_KEY， UNSUPPORTED_SECURITY， INVALID_PARAMETER	最后一个 MSDU 的传送状态
Timestamp	整型	0x000000～0xffffff	可选项。数据传输的时刻(以符号为单位，见 7.5.5.2)。 只有当状态是 SUCCESS 时，该项数值才认为有效；如果状态不是 SUCCESS，该参数将没有任何用处。符号的边缘由 *macSyncSymbolOffset*(见 7.4.1 中表 70)规定。 该参数是 24 比特，精确度最少为 20 比特，剩下的 4 位是最低位

7.1.2.3.2 产生条件

MAC 层实体响应 MCPS-DATA.request 原语时，会产生 MCPS-DATA.confirm 原语。MCPS-DATA.confirm 原语返回的状态参数可以是 SUCCESS，表示数据发送请求已成功执行，也可以是错误码。状态的值在 7.1.2.2.3 有详细描述。

7.1.2.3.3 原语的使用

收到 MCPS-DATA.confirm 原语后，设备的 SSCS 获知了数据发送请求的结果。如果发送成功，状态参数设为 SUCCESS，否则，状态参数会指示错误。

7.1.2.4 MCPS-DATA.indication

7.1.2.4.1 服务原语的语义

原语 MCPS-DATA.indication 指示了数据 SPDU（即 MPDU）从 MAC 层到本地 SSCS 实体的发送状况。

原语 MCPS-DATA.indication 语义如下：

```
MCPS-DATA.indication (
                      SrcAddrMode,
                      SrcRWSNId,
                      SrcAddr,
                      DstAddrMode,
                      DstRWSNID
                      DstAddr,
                      msduType,
                      msduLength,
                      msdu,
                      mpduLinkQuality,
                      DSN,
                      Timestamp,
                      )
```

表 28 规定了 MCPS-DATA.indication 原语的参数。

7.1.2.4.2 产生条件

当本地 MAC 层实体收到数据帧，经过相应的消息过滤过程（见 7.5.7.2），本地 MAC 层实体会向 SSCS 发布原语 MCPS-DATA.indication。

7.1.2.4.3 原语的使用

收到原语 MCPS-DATA.indication，SSCS 就获知了数据已传输到目的设备。如果 MAC 层处于混合方式（见 7.5.7.5），收到原语后参数的设置见 7.5.7.4。

表 28　MCPS-DATA.indication 的参数

名称	类型	有效范围	描　述
SrcAddrMode	整型	0x00～0x03	接收到的 MPDU 的源地址方式，取值如下： 0x00＝无地址（忽略地址字段）； 0x01＝保留； 0x02＝16 比特短地址； 0x03＝64 比特扩展地址
SrcRWSNId	整型	0x0000～0xffff	MSDU 发送设备的 16 比特 RWSN 标识符
SrcAddr	设备地址	由参数 SrcAddrMode 规定	MSDU 发送设备的个人设备地址
DstAddrMode	整型	0x00～0x03	MPDU 的目的地址方式，取值如下： 0x00＝无地址（忽略地址字段）； 0x01＝保留； 0x02＝16 比特短地址； 0x03＝64 比特扩展地址
DstRWSNID	整型	0x0000～0xffff	MSDU 接收设备的 16 比特 RWSN 标识符
DstAddr	设备地址	由参数 DstAddrMode 规定	MSDU 接收设备的个人设备地址
msduType	整型	0x00～0x03	数据类型，取值如下： 0x00＝非监测数据； 0x01＝监测数据； 0x02＝质疑数据； 0x03＝更新数据
msduLength	整型	≤ aMaxMACFrameSize	MAC 层收到 MSDU 中包含的八位位组数
Msdu	八位位组集	—	MAC 层收到 MSDU 中的八位位组集
mpduLinkQuality	整型	0x00～0xff	在接收 MPDU 过程中评估 LQI。值越低表示 LQI 越小（见 6.6.3.6.8）
DSN	整型	0x00～0xff	接收数据帧的数据序列号。
Timestamp	整型	0x000000～0xffffff	可选项。数据传输的时刻（以符号为单位，见 7.5.5.2）。符号的边缘由 *macSyncSymbolOffset*（见表 71）来描述。 该参数是 24 比特，精确度最少为 20 比特，最低 4 位是最低位

7.1.2.5　**MCPS-PURGE.request**

7.1.2.5.1　服务原语的语义

原语 MCPS-PURGE.request 允许邻近高层从事务队列里清除一个 MSDU。该原语对 RFD 是可选的。

原语 MCPS-PURGE.request 语义如下：

MCPS-PURGE.request (
msduHandle
)

表 29 规定了原语 MCPS-PURGE.request 的参数。

表 29 MCPS-PURGE.request 的参数

名称	类型	有效范围	描 述
msduHandle	整型	0x00～0xff	从事务队列里清除 MSDU 的操作

7.1.2.5.2 原语的使用

当要从事务队列清除 MSDU 时，邻近高层就发布 MCPS-PURGE.request 原语。

7.1.2.5.3 收后效果

收到 MCPS-PURGE.request 原语后，MAC 层就在事务队列中查找原语中 msduHandle 标识 MSDU。如果该 MSDU 已离开队列，就不会进行相关操作。如果找到了相匹配的 MSDU，MAC 层将该 MSDU 会从事务队列中删除，并发布 MCPSPURGE.confirm 原语，状态为 SUCCESS。如果找不到匹配的 MSDU，MAC 层就发布 MCPSPURGE.confirm 原语，状态为 INVALID_HANDLE。

7.1.2.6 MCPS-PURGE.confirm

7.1.2.6.1 服务原语的语义

MAC 层发布原语 MCPS-PURGE.confirm 向邻近高层报告请求从事物队列中删除 MSDU 的结果。

该原语对于 RFD 是可选的。

原语 MCPS-PURGE.confirm 语义如下：

MCPS-PURGE.confirm (
msduHandle
status
)

表 30 规定了原语 MCPS-PURGE.confirm 的参数。

表 30 MCPS-PURGE.confirm 的参数

名称	类型	有效范围	描 述
msduHandle	整型	0x00～0xff	请求从事务队列里清除 MSDU 的操作
status	枚举	SUCCESS 或 INVALID_HANDLE	请求从事务队列清除 MSDU 的状态

7.1.2.6.2 产生条件

为响应原语 MCPS-PURGE.request，MAC 层就会发布原语 MCPS-PURGE.confirm。原语 MCPS-PURGE.confirm 返回的状态可以是 SUCCESS，表示成功执行清除请求，也可以 INVALID_HANDLE，表示发生了错误。状态的值在 7.1.2.5.3 有详细描述。

7.1.2.6.3 原语的使用

收到原语 MCPS-PURGE.confirm 后，邻近高层就获知了请求从事务队列清除 MSDU 的结果。如果清除请求成功，状态参数就设为 SUCCESS，否则状态的值标识有错误。

7.1.2.7 数据服务消息序列图

图 18 是两个设备间数据成功传输的序列示意图。图 88 和图 89（见 7.6）同样是消息序列图，其中包括 PHY 需要进行的操作。

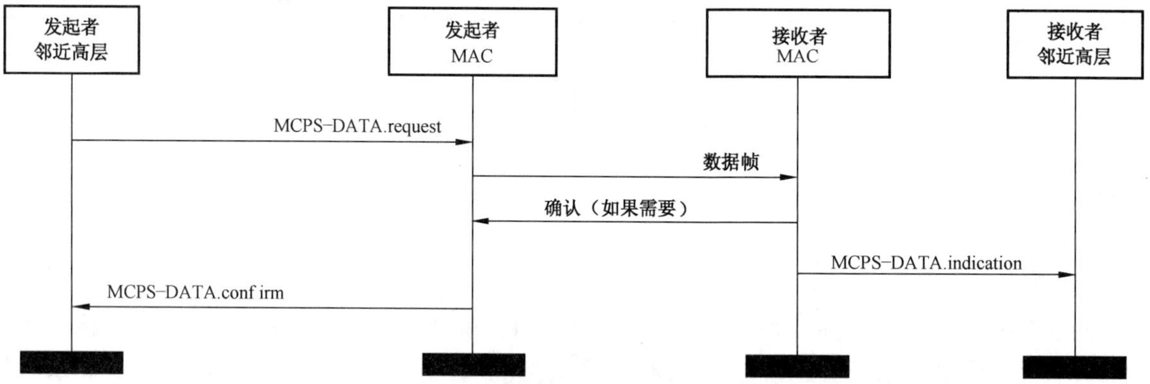

图 18 MAC 数据服务的消息序列图

7.1.3 MAC 管理服务

MLME-SAP 允许在 MLME 和邻近高层之间传输管理命令。表 31 中总结了 MLME 支持的通过 MLME-SAP 接口传输的原语。其中有(◆)标记的原语对 RFD 是可选的，而标有(*)则是对 FFD 和 RFD 都是可选的。

表 31 通过 MCPS-SAP 接口传输的原语

名称	Request	Indication	Respone	Confirm
MLME-ASSOCIATE	7.1.4.2 ◆	7.1.4.3 ◆	7.1.4.4 ◆	7.1.4.5 ◆
MLME-DISASSOCIATE	7.1.5.2 ◆	7.1.5.3		7.1.5.4
MLME-BEACON-NOTIFY		7.1.6.2		
MLME-GET	7.1.7.2			7.1.7.3
MLME-SCFP	7.1.8.2 *	7.1.8.4 *		7.1.8.3 *
MLME-RESET	7.1.9.2			7.1.9.3
MLME-RX-ENABLE	7.1.10.2 *			7.1.10.3 *
MLME-SCAN	7.1.11.2			7.1.11.3
MLME-COMM-STATUS		7.1.12.2		
MLME-SET	7.1.13.2			7.1.13.3
MLME-START	7.1.14.2 ◆			7.1.14.3 ◆
MLME-SYNC	7.1.15.2 *			
MLME-SYNC-LOSS		7.1.15.3		
MLME-POLL	7.1.16.2			7.1.16.3

7.1.4 关联原语

7.1.4.1 概述

MLME-SAP 关联原语定义设备如何与 RWSN 建立连接。

所有设备为请求和确认关联的原语提供接口。指示和响应关联原语对 RFD 是可选的。

7.1.4.2 MLME-ASSOCIATE.request

7.1.4.2.1 服务原语的语义

原语 MLME-ASSOCIATE.request 允许设备请求与协调器关联。

原语 MLME-ASSOCIATE.request 语义如下：

```
MLME-ASSOCIATE.request      (
                            LogicalChannel,
                            ChannelPage,
                            CoordAddrMode,
                            CoordRWSNId,
                            CoordAddress,
                            CapabilityInformation,
                            )
```

表 32 规定了原语 MLME-ASSOCIATE.request 的参数。

表 32 MLME-ASSOCIATE.request 的参数

名称	类型	有效范围	描述
LogicalChannel	整型	选自 PHY 支持的可用逻辑信道(见 6.2.2)	试图在此信道进行关联
ChannelPage	整型	选自 PHY 支持的可用逻辑信道页(见 6.2.2)	试图在此信道页进行关联
CoordAddrMode	整型	0x02～0x03	该原语和后续 MPDU 的协调器寻址方式。取值如下： 0x02 表示 16 比特短地址； 0x03 表示 64 比特扩展地址
CoordRWSNId	整型	0x0000～0xffff	所要关联的 RWSN 的标识符
CoordAddress	设备地址	由参数 CoordAddrMode 规定	所要关联的协调器的地址
CapabilityInformation	位图	见 7.3.2.3	规定了提出关联请求设备的运作能力

7.1.4.2.2 原语的使用

未关联设备的邻近高层向 MLME 发布原语 MLME-ASSOCIATE.request，请求通过协调器与 RWSN 关联。在有信标能力 RWSN 中，如果设备希望通过协调器进行关联，MLME 需要在发布该原语之前跟踪协调器的信标，这是可选的。

7.1.4.2.3 收后效果

收到 MLME-ASSOCIATE.request 原语,未关联设备的 MLME 首先更新 PHY 和 MAC RIB 的相关属性,然后产生关联请求命令,具体过程见 7.5.4.1 的关联流程。

如果由于 CSMA-CA 算法竞争信道失败,即信道忙时,关联请求命令无法发送给协调器,MLME 将发布 MLME-ASSOCIATE.confirm 原语,状态为 CHANNEL_ACCESS_FAILURE。

如果 MLME 成功发送关联请求命令,MLME 将希望收到对方发返回的确认。如果没有收到确认,MLME 就发布 MLME-ASSOCIATE.confirm 原语,状态为 NO_ACK。

如果未关联设备的 MLME 成功接收到关联请求命令的确认,MLME 将等待请求的响应(见 7.5.4.1)。如果没有收到相应,MLME 就发布原语 MLME-ASSOCIATE.confirm,状态为 NO_DATA 。

如果设备的 MLME 得到了来自协调器的连接响应命令帧,将发布原语 MLME-ASSOCIATE.confirm,状态和关联相应命令(见 7.3.4)中关联状态字段的设置相同。

当收到关联请求命令,协调器的 MLME 将发布 MLMEASSOCIATE.indication 原语。

如果原语 MLME-ASSOCIATE.request 中任何参数的设置不被支持或者超出有效范围,MLME 将发布 MLME-ASSOCIATE.confirm 原语,状态为 INVALID_PARAMETER。

7.1.4.3 MLME-ASSOCIATE.indication

7.1.4.3.1 服务原语的语义

原语 MLME-ASSOCIATE.indication 指示收到关联请求命令。

原语 MLME-ASSOCIATE.indication 语义如下:

```
MLME-ASSOCIATE.indication    (
                              DeviceAddress,
                              CapabilityInformation,
                              )
```

表 33 规定了原语 MLME-ASSOCIATE.indication 的参数。

表 33 MLME-ASSOCIATE.indication 的参数

名称	类型	有效范围	描 述
DeviceAddress	设备地址	扩展的 64 比特地址	关联请求设备的地址
CapabilityInformation	位图	见 7.3.2.3	连接关联设备的运作能力

7.1.4.3.2 产生条件

协调器的 MLME 发布原语 MLME-ASSOCIATE.indication,向邻近高层显示已接收到关联请求命令(见 7.3.2)。

7.1.4.3.3 原语的使用

当协调器的邻近高层接收到 MLME-ASSOCIATE.indication 原语,协调器决定是否接受这个未关联设备,相关的算法超出了本规范的范围。然后协调器的邻近高层向 MLME 发 MLME-ASSOCIATE.response。

是否关联的决定和响应在时间 macResponseWaitTime 内是有效的,可用的(见 7.5.4.1)。超过这段时间，提出关联请求的设备就向协调器提取关联响应命令帧，来判断关联是否成功，使用的方法如7.5.7.3所描述。

7.1.4.4 MLME-ASSOCIATE.response

7.1.4.4.1 服务原语的语义

原语 MLME-ASSOCIATE.response 用于回应原语 MLME-ASSOCIATE.indication。

原语 MLME-ASSOCIATE.response 语义如下：

```
MLME-ASSOCIATE.response    (
                            DeviceAddress,
                            AssocShortAddress,
                            status,
                            )
```

表 34 描述了原语 MLME-ASSOCIATE.response 的参数。

表 34 MLME-ASSOCIATE.response 的参数

名称	类型	有效范围	描　　述
DeviceAddress	设备地址	扩展的 64 比特地址	关联请求设备的地址
AssocShortAddress	整型	0x0000～0xffff	成功关联后协调器分配的 16 比特短地址。当关联失败，该参数设为 0xffff
status	枚举	见 7.3.2.3	关联的状态

7.1.4.4.2 原语的使用

协调器的邻近高层向 MLME 发布 MLME-ASSOCIATE.response 原语，以响应原语 MLME-ASSOCIATE.indication。

7.1.4.4.3 收后效果

当收到 MLME-ASSOCIATE.response 原语，协调器的 MLME 产生关联响应命令(见 7.3.3)，并发送给关联请求设备，具体过程为：把命令帧添加到协调器的待处理事务列表中，请求设备做出判断后就提取该命令，相关的方法见 7.5.7.3。

收到 MLME-ASSOCIATE.response 原语后，协调器就尝试将该原语中的信息添加到待处理事务列表中。如果没有足够空间存储事务，MAC 层丢弃该帧，并发布原语 MLME-COMM-STATUS.indication，状态为 TRANSACTION_OVERFLOW。如果有足够空间，协调器就把信息加到列表中。如果在 macTransactionPersistenceTime 内没有处理这个事务，就丢弃该事务信息，MAC 层将发布 MLME-COMM- STATUS.indication 原语，状态为 TRANSACTION_EXPIRED。事务处理过程如 7.5.6 所描述。

如果帧传输成功，并且在要求的情况下收到确认，MAC 层发布原语 MLME-COMM-STATUS.indication，状态为 SUCCESS。

如果原语 MLME-ASSOCIATE.response 中任何参数的设置不被支持或者超出有效范围，MAC 层将发布 MLME-COMM-STATUS.indication 原语，状态为 INVALID_PARAMETER。

7.1.4.5 MLME-ASSOCIATE.confirm

7.1.4.5.1 服务原语的语义

原语 MLME-ASSOCIATE.confirm 用于向邻近高层报告关联请求是否成功。

原语 MLME-ASSOCIATE.confirm 语义如下：

```
MLME-ASSOCIATE.confirm    (
                          AssocShortAddress,
                          status,
                          )
```

表 35 描述了原语 MLME-ASSOCIATE.confirm 的参数。

表 35 MLME-ASSOCIATE.confirm 的参数

名称	类型	有效范围	描　述
AssocShortAddress	整型	0x0000～0xffff	关联成功后，协调器分配给设备的短地址。当关联失败时该参数为 0xffff
status	枚举	关联相应命令中 status 字段的值(见 7.3.4)， SUCCESS， CHANNEL_ACCESS_FAILURE， NO_ACK， NO_DATA， COUNTER_ERROR， FRAME_TOO_LONG， UNSUPPORTED_LEGACY， INVALID_PARAMETER	关联请求的状态

7.1.4.5.2 产生条件

为相应 MLME-ASSOCIATE.request 原语，MLME 向邻近高层发布原语 MLME-ASSOCIATE.confirm。如果请求成功，关联相应命令的参数 status 指示关联成功。否则，参数 status 指示关联响应命令中的错误码，或者表 35 中的错误码。

7.1.4.5.3 原语的使用

接收到 MLME-ASSOCIATE.confirm 原语之后，发起设备的邻近高层就获知了其与协调器关联请求的结果。如果关联成功，参数 status 将指示关联成功，与关联响应命令的关联状态字段一致，并且发起设备将获得一个 16 比特短地址(见表 70)。如果关联请求失败，地址将为 0xffff，并且参数 status 将指示相应的错误。

7.1.4.6 关联消息序列图

图 19 描述了不跟踪协调器信标的设备用于成功与协调器关联的消息序列。图 84 和图 85 描述了类似的场景。

7.1.5 解关联原语

7.1.5.1 概述

MLME-SAP 解关联原语定义设备的解关联。所有的设备应提供解关联原语的接口。

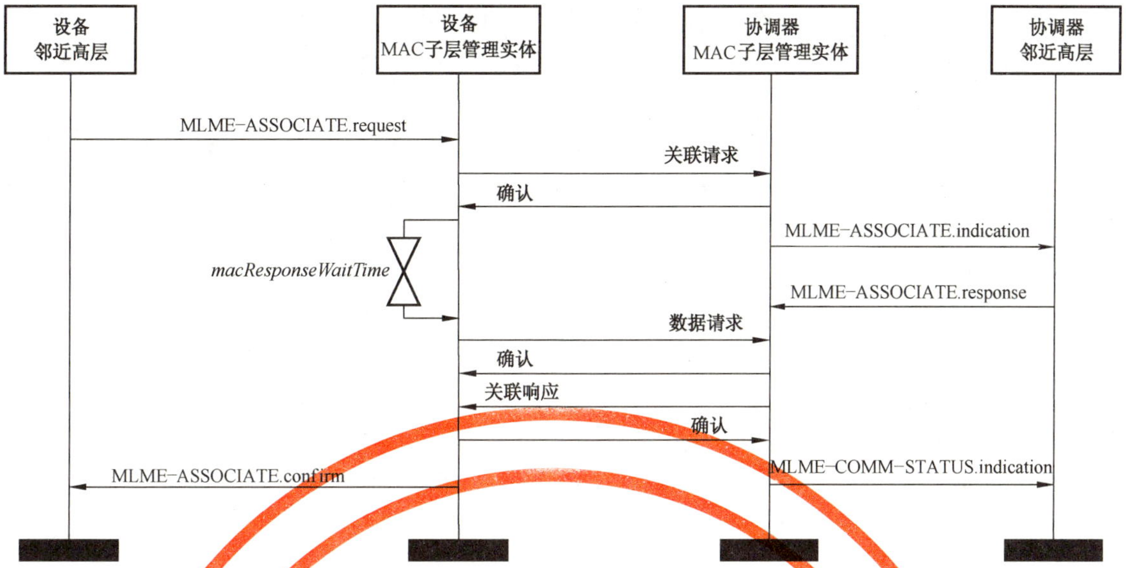

图 19 关联消息序列图

7.1.5.2 MLME-DISASSOCIATE.request

7.1.5.2.1 服务原语语义

原语 MLME-DISASSOCIATE.request 用于已关联设备要求离开 RWSN，也可以用于协调器要求关联设备离开 RWSN。

原语 MLME-DISASSOCIATE.request 语义如下：

```
MLME-DISASSOCIATE.request    (
                             DeviceAddrMode,
                             DeviceRWSNId,
                             DeviceAddress,
                             DisassociateReason,
                             TxIndirect,
                             )
```

表 36 描述了原语 MLME-DISASSOCIATE.request 的参数。

表 36 MLME-DISASSOCIATE.request 的参数

名称	类型	有效范围	描　述
DeviceAddrMode	整型	0x02～0x03	解关联通知命令接收设备的地址方式
DeviceRWSNId	整型	0x0000～0xffff	解关联通知命令接收设备的 RWSN 标识符
DeviceAddress	设备地址	由参数 DeviceAddrMode 规定。	解关联通知命令接收设备的地址
DisassociateReason	整型	0x00～0xff	解关联的原因（见 7.3.4.3）
TxIndirect	布尔型	TRUE 或 FALSE	如果解关联通知命令采用间接发送方式，该参数设为 TRUE

7.1.5.2.2 原语使用

原语 MLME-DISASSOCIATE.request 由已关联设备的邻近高层产生并发布给其 MLME，要求从

RWSN 中解关联。也可由协调器的邻近高层产生并发布给其 MLME,要求已关联设备离开 RWSN。

7.1.5.2.3 收后效果

接收到 MLME-DISASSOCIATE.request 原语后,MLME 对参数 DeviceRWSNId 和 macRWSNId 进行比较。如果两者不等,MLME 发布原语 MLME-DISASSOCIATE.confirm,其状态参数为 INVALID_PARAMETER。如果相等,MLME 检查原语的地址字段。

如果参数 DeviceAddrMode 等于 0x02,且参数 DeviceAddress 与 macCoordShortAddress 相等,或者参数 DeviceAddrMode 等于 0x03,且 DeviceAddress 与 macCoordExtendedAddress 相等,忽略参数 TxIndirect,且 MLME 在 CAP 时段向其协调器发送解关联通知命令(见 7.1.5.2)。

如果参数 DeviceAddrMode 等于 0x02,且参数 DeviceAddress 与 macCoordShortAddress 不相等,或者 DeviceAddrMode 参数等于 0x03,且参数 DeviceAddress 与 macCoordExtendedAddress 不相等,并且协调器的 MLME 接收到的该原语的参数 TxIndirect 为 TRUE,那么解关联通知命令将采用间接传输的方式发送,即命令帧被添加到协调器的待处理事务列表中,相应的设备根据 7.5.7.3 的方法从协调器中提取命令帧。

如果参数 DeviceAddrMode 等于 0x02,且参数 DeviceAddress 与 macCoordShortAddress 不相等,或者参数 DeviceAddrMode 等于 0x03,且参数 DeviceAddress 与 macCoordExtendedAddress 不相等,并且协调器的 MLME 接收到的该原语的参数 TxIndirect 为 FALSE,那么 MLME 将在 CAP 时段内发送解关联通知命令。

除以上情况,MLME 发布原语 MLME-DISASSOCIATE.confirm,其状态为 INVALID_PARAMETER,且不产生解关联通知命令。

如果解关联通知命令采用间接传输的方式发送,且没有足够的空间存储该事务,那么 MLME 将丢弃该帧,并发布原语 MLME-DISASSOCIATE.confirm,其状态为 TRANSACTION_OVERFLOW。而如果有足够空间存储该事务,协调器将把该事务的相关信息添加到列表中。如果该事务在 macTransactionPersistenceTime 时间内没有被处理,该事务相关信息将被丢弃,且 MLME 将发布原语 MLME-DISASSOCIATE.confirm,其状态为 TRANSACTION_EXPIRED。事务处理过程见 7.5.6。

如果解关联通知命令的发送失败是由于 CSMA-CA 算法失败引起的,且该原语是由协调器的 MLME 接收的(原语参数 TxIndirect 为 FALSE),或是由设备的 MLME 接收的,则 MLME 将发布原语 MLME-DISASSOCIATE.confirm,其状态为 CHANNEL_ACCESS_FAILURE。

如果 MLME 成功发送了解关联通知命令,MLME 等待一个回复确认。如果没有收到回复确认,且是协调器的 MLME 接收的该原语(参数 TxIndirect 被设为 FALSE),或者是由设备的 MLME 接收的该原语,MLME 就发布 MLME-DISASSOCIATE.confirm 原语,其状态为 NO_ACK。

如果 MLME 成功发送了解关联通知命令,并且收到了回复确认,MLME 将发布原语 MLME-DISASSOCIATE.confirm,其状态为 SUCCESS。

接收到解关联通知命令后,接收者的 MLME 将发布 MLME-DISASSOCIATE.indication 原语。

如果原语 MLME-DISASSOCIATE.request 任何参数不被支持或超出有效范围,MLME 就发布 MLME-DISASSOCIATE.Confirm,其状态为 INVALID_PARAMETER。

7.1.5.3 MLME-DISASSOCIATE.indication

7.1.5.3.1 服务原语语义

原语 MLME-DISASSOCIATE.indication 指示接收到一个解关联通知命令。

原语 MLME-DISASSOCIATE.indication 的语义如下:

MLME-DISASSOCIATE.indication (

DeviceAddress,
DisassociateReason,
)

表 37 描述了原语 MLME-DISASSOCIATE.indication 的参数。

表 37　MLME-DISASSOCIATE.indication 的参数

名称	类型	有效范围	描　述
DeviceAddress	设备地址	扩展的 64 比特 IEEE 地址	请求解关联的设备的地址
DisassociateReason	整型	0x00～0xff	解关联的原因（见 7.3.4.4）

7.1.5.3.2　产生条件

接收到解关联命令后，MLME 产生并向其邻近高层发布 MLME-DISASSOCIATE.indication 原语。

7.1.5.3.3　原语使用

该原语告知邻近高层解关联的原因。

7.1.5.4　MLME-DISASSOCIATE.confirm

7.1.5.4.1　服务原语语义

原语 MLME-DISASSOCIATE.confirm 报告原语 MLME-DISASSOCIATE.request 的结果。

原语 MLME-DISASSOCIATE.confirm 的语义如下：

MLME-DISASSOCIATE.confirm　　(
status,
DeviceAddrMode,
DeviceRWSNId,
DeviceAddress
)

表 38 描述了原语 MLME-DISASSOCIATE.confirm 的参数。

表 38　MLME-DISASSOCIATE.confirm 的参数

名称	类型	有效范围	描　述
status	枚举	SUCCESS, TRANSACTION_OVERFLOW, TRANSACTION_EXPIRED, NO_ACK, CHANNEL_ACCESS_FAILURE, COUNTER_ERROR, FRAME_TOO_LONG, INVALID_PARAMETER	解关联的状态

表 38（续）

名称	类型	有效范围	描述
DeviceAddrMode	整型	0x02～0x03	请求解关联或被协调器通知解关联的设备的地址方式
DeviceRWSNId	整型	0x0000～0xffff	请求解关联或被协调器通知解关联的设备的 RWSN 标识符
DeviceAddress	设备地址	由参数 DeviceAddrMode 规定	请求解关联或被协调器通知解关联的设备的地址

7.1.5.4.2 产生条件

原语 MLME-DISASSOCIATE.confirm 由 MLME 产生并向其邻近高层发布，用于响应原语 MLME-DISASSOCIATE.request。该原语返回状态 SUCCESS，表示解关联请求成功，或者相应的错误码。状态的值完整定义见 7.1.5.2.3。

7.1.5.4.3 原语使用

接收到 MLME-DISASSOCIATE.confirm 原语后，发起设备的邻近高层就获知了解关联请求的结果。如果解关联成功，参数 status 设为 SUCCESS，否则状态参数指示相应错误。

7.1.5.5 解关联消息序列图

解关联请求可以由设备发起，也可以由设备关联的协调器发起。图 20 描述了设备成功从 RWSN 解关联的消息序列。

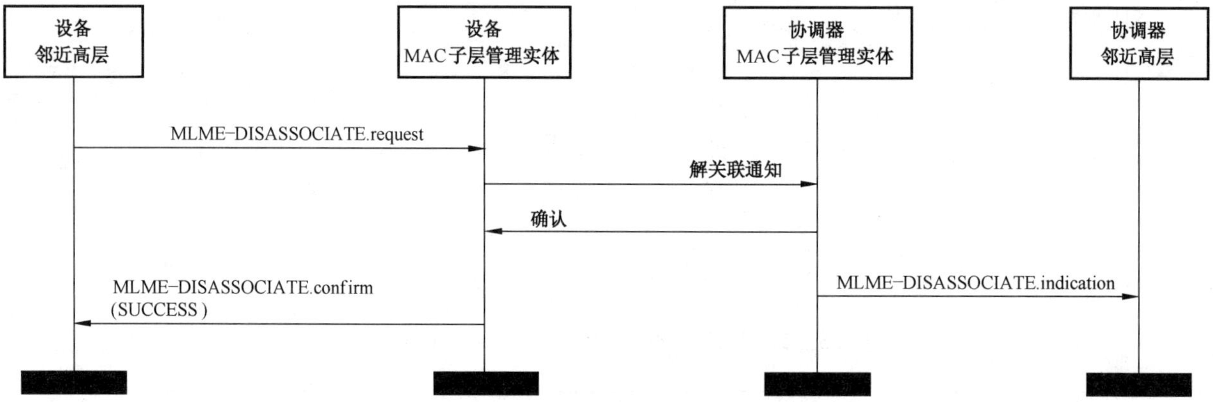

图 20 设备发起的解关联消息序列图

图 21 描述了信标使能的 RWSN 中的协调器利用间接传输方式成功将设备从 RWSN 中解关联的消息序列。

7.1.6 信标通知原语

7.1.6.1 概述

MLME-SAP 信标通知原语，定义在正常工作状态下收到信标帧时如何通知设备。

所有设备都要为信标帧通知原语提供合适的接口。

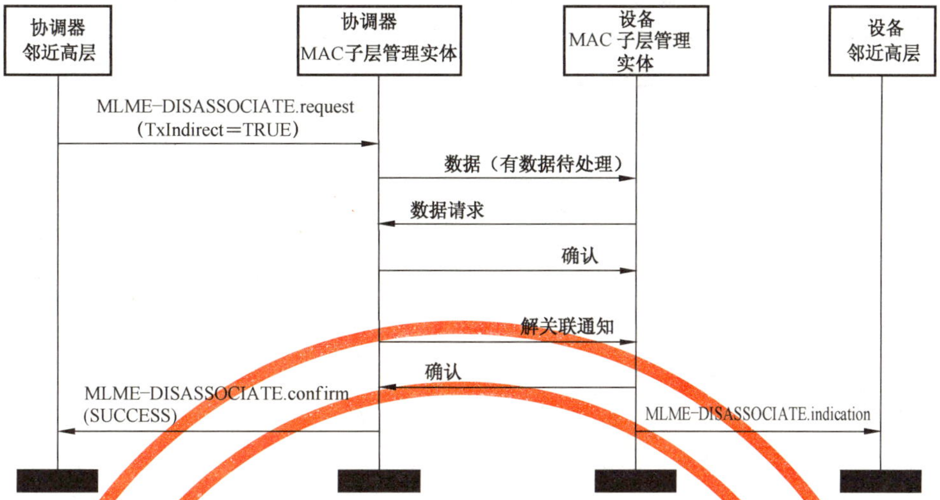

图 21　信标使能的 RWSN 中的协调器发起的利用间接传输方式的解关联的消息序列图

7.1.6.2　MLME-BEACON-NOTIFY.indication

7.1.6.2.1　服务原语语义

原语 MLME-BEACON-NOTIFY.indication 将包含在 MAC 层接收的信标帧内的相关参数发送到邻近高层。该原语也用于发送 LQI 的测量值和信标接收时间。

原语 MLME-BEACON-NOTIFY.indication 语义如下：

```
MLME-BEACON-NOTIFY.indication      (
                                    BSN,
                                    RWSNDescriptor,
                                    PendAddrSpec,
                                    AddrList,
                                    sduLength,
                                    sdu
                                    WorkingPeriodSpec,
                                    WorkingPeriodList,
                                    )
```

表 39 描述了原语 MLME-BEACON-NOTIFY.indication 的参数。

表 39　MLME-BEACON-NOTIFY.indication 的参数

名称	类型	有效范围	描　述
BSN	整型	0x00～0xff	信标帧序列号
RWSNDescriptor	RWSNDescriptor 值	见表 40	接收到信标的 RWSNDescriptor
PendAddrSpec	位图	见 7.2.3.1.6	信标待处理地址规范
AddrList	设备地址列表	—	协调器有其数据的设备地址列表
sduLength	整型	0-*aMaxBeaconPayload-Length*	MAC 层接收到的信标帧的净荷中所包含的八位位组数

表 39（续）

名称	类型	有效范围	描 述
sdu	八位位组集	—	MAC 层传送给其邻近高层的包含信标净荷的八位位组集
WorkingPeriodSpec	位图	见 7.2.3.1.9	周期分配规范
WorkingPeriodList	位图	见 7.2.3.1.10	周期分配列表

7.1.6.2.2 产生条件

原语 MLME-BEACON-NOTIFY.indication 由 MLME 在接收到信标帧，且 macAutoRequest 属性为 FALSE，或者接收到的信标帧的净荷大于等于一个八位位组时，产生并发布给其邻近高层。

7.1.6.2.3 原语使用

接收到 MLME-BEACON-NOTIFY.indication 原语，邻近高层就获知 MAC 层有信标帧到达。

表 40 列出了 RWSNDescriptor 的组成元素。

表 40 **RWSNDescriptor** 的组成元素

名称	类型	有效范围	描 述
CoordAd-drMode	整型	0x02～0x03	发送信标帧的协调器的地址方式。取如下值： 0x02 表示 16 比特短地址。 0x03 表示 64 比特扩展地址
CoordRWSNId	整型	0x0000～0xffff	接收到的信标帧指示的协调器的 RWSN 标识
CoordAddress	设备地址	由参数 CoordAddr-Mode 规定	接收到的信标帧指示的协调器地址
LogicalChannel	整型	选自 PHY 支持的可用逻辑信道(见 6.2.2)	当前网络占用的逻辑信道
ChannelPage	整型	选自 PHY 支持的可用逻辑信道页(见 6.2.2)	当前网络占用的逻辑信道页
SuperframeSpec	位图	见 7.2.3.1.3	接收到的信标帧指示的超帧规范
SCFPPermit	布尔型	TRUE 或 FALSE	如果信标是由当前可以接受 SCFP 请求的 RWSN 协调器发出的，该参数为 TRUE
LinkQuality	整型	0x00～0xff	网络信标接收的 LQI 值。该值越低表示 LQI 的值越低(见 6.6.3.6.8)
TimeStamp	整型	0x000000～0xffffff	用符号表示的信标接收时间。该值等于信标接收时的时间戳，见 7.5.5.2 该值为 24 比特，其精度最小为 20 比特，且最低 4 位是最低有效位

7.1.7 RIB 属性读取原语

7.1.7.1 概述

MLME-SAP 的获取原语定义如何读取 RIB 属性。

所有设备应为 RIB 属性获取原语提供接口。

7.1.7.2 MLME-GET.request

7.1.7.2.1 服务原语语义

原语 MLME-GET.request 用于请求指定 RIB 属性的信息。

原语 MLME-GET.request 的语义如下：

```
MLME-GET.request        (
                        RIBAttribute,
                        RIBAttributeIndex
                        )
```

表 41 描述了原语 MLME-GET.request 的参数。

表 41 MLME-GET.request 的参数

名称	类型	有效范围	描　述
RIBAttribute	整型	见表 71	特定 RIB 属性的标识
RIBAttributeIndex	整型	属性定义,见表 71	特定 RIB 属性的表的索引。该参数只对 MAC RIB 属性中的表格属性有效。当访问 PHYRIB 属性时,忽略该参数

7.1.7.2.2 原语使用

原语 MLME-GET.request 由邻近高层产生并发布给其 MLME,用以从 RIB 中获取信息。

7.1.7.2.3 收后效果

接收到 MLME-GET.request 原语后,MLME 检查并判断要读取的 RIB 属性是 MAC RIB 属性还是 PHY RIB 属性。如果所请求的属性是 MAC 属性,MLME 将从其数据库中取得该 MAC RIB 属性值。如果在数据库中找不到该 RIB 属性的标识,MLME 将发布 MLME-GET.confirm 原语,其状态为 UNSUPPORTED_ATTRIBUTE。如果参数 RIBAttributeIndex 指示的表格索引超出有效取值范围,MLME 将发布 MLME-GET.confirm 原语,其状态为 INVALID_INDEX。如果成功获取请求的 MAC RIB 属性,MLME 将发布 MLME-GET.confirm 原语,其状态为 SUCCESS。

如果所请求的属性是 PHY RIB 属性,该请求将通过发布 PLME-GET.request 原语传递给 PHY。MLME 接收到 PLME-GET.confirm 原语后,由于 PHY 使用的状态值与 MLME 使用的不同(比如,在 MAC 和 PHY 的枚举表格中,状态 SUCCESS 的值分别是 0x00 和 0x07),MLME 将对接收的状态值进行转换,然后向邻近高层发布 MLME-GET.confirm 原语,且包含从 PLME 原语中返回的参数 RIBAttribute 和 RIBAttributeValue 对应的值。

7.1.7.3 MLME-GET.confirm

7.1.7.3.1 服务原语语义

原语 MLME-GET.confirm 用于报告 RIB 信息获取请求的结果。

原语 MLME-GET.confirm 的语义如下：

```
MLME-GET.confirm          (
                          status,
                          RIBAttribute,
                          RIBAttributeIndex,
                          RIBAttributeValue
                          )
```

表 42 描述了原语 MLME-GET.confirm 的参数。

表 42 MLME-GET.confirm 的参数

名称	类型	有效范围	描　述
status	枚举	SUCCESS, UNSUPPORTED_ATTRIBUTE INVALID_INDEX	RIB 属性信息获取请求的结果
RIBAttribute	整型	见表 71	特定 RIB 属性的标识
RIBAttributeIndex	整型	属性索引，定义见表 71	特定 RIB 属性的表的索引。该参数只对 MAC RIB 属性中的表格或阵列有效。当访问 PHY RIB 属性时，忽略该参数
RIBAttributeValue	可变	属性定义，见表 71	特定 RIB 属性的值。 当参数 status 设为 UNSUPPORTED_ATTRIBUTE 时，该参数长度为 0

7.1.7.3.2 产生条件

原语 MLME-GET.confirm 由 MLME 产生并发布给其邻近高层，用于响应原语 MLME-GET.request。该原语返回状态 SUCCESS，指示读取指定 RIB 属性的请求成功，或者返回一个错误码 UNSUPPORTED_ATTRIBUTE。当返回 UNSUPPORTED_ATTRIBUTE 时，参数 RIBAttribute 的值设为长度零。status 值的完整定义见 7.1.7.2.3。

7.1.7.3.3 原语使用

接收到 MLME-GET.confirm 原语后，邻近高层就获知了其 RIB 属性读取请求的结果。如果请求成功，参数 status 为 SUCCESS，否则参数 status 将指示发生的错误。

7.1.8 SCFP 管理原语

7.1.8.1 概述

MLME-SAP 的 SCFP 管理原语定义如何请求和维护 SCFP。要使用这些原语和 SCFP 的设备将跟踪它的 RWSN 协调器的信标帧。

SCFP 管理原语是可选的。

7.1.8.2 MLME-SCFP.request

7.1.8.2.1 服务原语语义

原语 MLME-SCFP.request 允许设备向 RWSN 协调器发送请求，申请分配一个新的 SCFP 或者取消一个已有 SCFP。RWSN 协调器也可利用该原语发起取消一个已分配的 SCFP。

原语 MLME-SCFP.request 的语义如下：

```
MLME-SCFP.request        (
                          SCFPCharacteristics,
                          )
```

表 43 描述了原语 MLME-SCFP.request 的参数。

表 43 MLME-SCFP.request 的参数

名称	类型	有效范围	描 述
SCFPCharacteristics	SCFP 特性	见 7.3.9.3	SCFP 请求的特性，包括该请求是申请一个新的 SCFP 还是取消一个已有的 SCFP

7.1.8.2.2 原语使用

原语 MLME-SCFP.request 由设备的邻近高层产生并发布给其 MLME，请求分配一个新 SCFP 或请求取消一个已有的 SCFP。也可由 RWSN 协调器的邻近高层产生并发布给其 MLME，请求取消一个已有的 SCFP。

7.1.8.2.3 收后效果

设备接收到 MLME-SCFP.request 后，其 MLME 尝试产生一个 SCFP 请求命令(见 7.3.9)，并且请求命令中包含该原语携带的信息，如果产生成功，就发给 RWSN 协调器。

如果 macShortAddress 的值是 0xfffe 或 0xffff，则不允许该设备申请 SCFP。这时，MLME 将发布原语 MLME-SCFP.confirm，其状态为 NO_SHORT_ADDRESS。

如果因为 CSMA-CA 算法失败而无法发送 SCFP 请求命令，MLME 将丢弃该帧，并发布原语 MLME-SCFP.confirm，其状态为 CHANNEL_ACCESS_FAILURE。

如果 MLME 成功发送 SCFP 请求命令，就等待收到回复确认。如果没有收到回复确认，MLME 将发布 MLME-SCFP.confirm 原语，其状态为 NO_ACK。

如果 SCFP 正在被分配，且已经收到了请求的确认，设备将等待通过 RWSN 协调器的信标帧指定的 SCFP 描述符指示的确认。如果 RWSN 协调器 MLME 能够分配所请求的 SCFP，它将发布原语 MLME-SCFP.indication，携带所分配的 SCFP 的特征，并生成一个 SCFP 描述符，该描述符包含分配的 SCFP 特征和请求设备的 16 比特短地址。如果 RWSN 协调器的 MLME 不能分配所请求的 SCFP，就生成一个 SCFP 描述符，该描述符起始时隙为零，包含请求设备的短地址。

如果设备接收到来自 RWSN 协调器的信标帧，且信标帧中的 SCFP 描述符包含的 16 比特短地址与其 macShortAddress 匹配，设备将处理该描述符。如果没有收到该设备的描述符，MLME 将发布原语 MLME-SCFP.confirm，其状态为 NO_DATA。

如果收到一个描述符，且其包含的特征与请求的特征相符(RWSN 协调器同意了 SCFP 的分配请求)，设备的 MLME 将发布 MLME-SCFP.confirm 原语，其状态为 SUCCESS，且包含 SCFPCharacteristics 参数，参数的特征类型等于 1，表明分配了一个 SCFP。

如果收到一个描述符，且其起始时隙为 0(RWSN 协调器拒绝了 SCFP 的分配请求)，请求 SCFP 的设备将发布 MLME-SCFP.confirm 原语，其状态为 DENIED，指示将忽略参数 SCFPCharacteristics。

如果在设备的请求下一个 SCFP 正在被取消，且 RWSN 协调器已经对请求的进行了确认，设备将发布原语 MLME-SCFP.confirm，其状态为 SUCCESS，以及参数 SCFPCharacteristics，且参数中的特征类型为 0，指示取消了 SCFP。当收到请求取消一个 SCFP 的 SCFP 请求命令，RWSN 协调器对该帧进行确认，并取消该 SCFP。RWSN 协调器的 MLME 将发布 MLME-SCFP.indication 原语，包含相应的 SCFP 特征。如果 RWSN 协调器没有收到取消 SCFP 的请求，协调器将采用相应的对策以保证 SCFP 的连续性(见 7.3.9.3)。

如果 RWSN 协调器的 MLME 收到 MLME-SCFP.request 原语，请求取消已分配的 SCFP，协调器将取消相应的 SCFP，并发布 MLME-SCFP.confirm 原语，其状态为 SUCCESS，其包含参数 SCFPCharacteristics，参数中的特征类型等于 0。

如果设备收到 RWSN 协调器的信标帧，帧中 SCFP 描述符包含的短地址与 macShortAddress 匹配，且起始时隙为 0，设备会立即停止使用该 SCFP。设备的 MLME 发布原语 MLME-SCFP.indication 通知其邻近高层 SCFP 的取消，原语的 SCFPCharacteristics 参数包含所取消 SCFP 的特征。

如果 MLME-SCFP.request 原语中任何参数的取值不被支持或超出范围，MLME 将发布原语 MLME-SCFP.confirm，其状态为 INVALID_PARAMETER。

7.1.8.3 MLME-SCFP.confirm

7.1.8.3.1 服务原语语义

原语 MLME-SCFP.confirm 用于报告分配一个新 SCFP 或者取消一个已存在 SCFP 的请求的结果。

原语 MLME-SCFP.confirm 的语义如下：

```
MLME-SCFP.confirm        (
                          SCFPCharacteristics,
                          status
                          )
```

表 44 描述了 MLME-SCFP.confirm 的参数。

表 44 MLME-SCFP.confirm 的参数

名称	类型	有效范围	描　述
SCFPCharacteristics	SCFP 特征	见 7.3.9.3	SCFP 的特征
status	枚举	SUCCESS， DENIED， NO_SHORT_ADDRESS， CHANNEL_ACCESS_FAILURE， NO_ACK， NO_DATA， COUNTER_ERROR， FRAME_TOO_LONG， INVALID_PARAMETER	SCFP 请求的状态

7.1.8.3.2 产生条件

原语 MLME-SCFP.confirm 由 MLME 产生并发布给其邻近高层，用以响应先前发布的原语 MLME-SCFP.request。

如果申请或取消 SCFP 的请求成功，该原语将返回状态 SUCCESS，并且 SCFPCharacteristics 参数的特征类型域将分别设为 1 或 0。否则参数 status 将指示错误码。status 取值的原因描述见 7.1.8.2.3。

7.1.8.3.3 原语使用

收到 MLME-SCFP.confirm 原语，邻近高层就获知请求分配或取消一个 SCFP 的结果。如果请求成功，参数 status 将指示一个成功的 SCFP 操作。否则参数 status 将指示相应的错误。

7.1.8.4 MLME-SCFP.indication

7.1.8.4.1 服务原语语义

原语 MLME-SCFP.indication 用于指示一个 SCFP 已经被分配或者取消。

原语 MLME-SCFP.indication 的语义如下：

```
MLME-SCFP.indication        (
                            DeviceAddress,
                            SCFPCharacteristics,
                            )
```

表 45 描述了 MLME-SCFP.indication 的参数。

表 45 MLME-SCFP.indication 的参数

名称	类型	有效范围	描 述
DeviceAddress	设备地址	0x0000～0xfffd	已分配或取消一个 SCFP 的设备的 16 比特短地址
SCFPCharacteristics	SCFP 特征	见 7.3.9.3	SCFP 的特性

7.1.8.4.2 产生条件

在 MLME 收到 SCFP 请求命令后，无论是分配还是取消了一个 SCFP，RWSN 协调器的 MLME 都将产生并向其邻近高层发布 MLME-SCFP.indication 原语。当 SCFP 取消命令由 RWSN 协调器发起时，RWSN 协调器的 MLME 也会产生该原语。如果分配了一个 SCFP，参数 SCFPCharacteristics 的特征类型字段将为 1，如果取消了一个 SCFP 时为 0。

当 RWSN 协调器已取消了一个 SCFP，设备的 MLME 也会产生并向其邻近高层发布该原语。此时，参数 SCFPCharacteristics 的特征类型字段将为 0。

7.1.8.4.3 原语使用

收到 MLME-SCFP.indication 原语，邻近高层就获知已分配或取消了一个 SCFP。

7.1.8.5 SCFP 管理消息序列图

图 24 是成功的 SCFP 管理的消息序列图。图 22 是设备发起的 SCFP 分配的消息序列流程，图 23 表示取消 SCFP 的两种情况，由设备发起或由 RWSN 协调器发起。

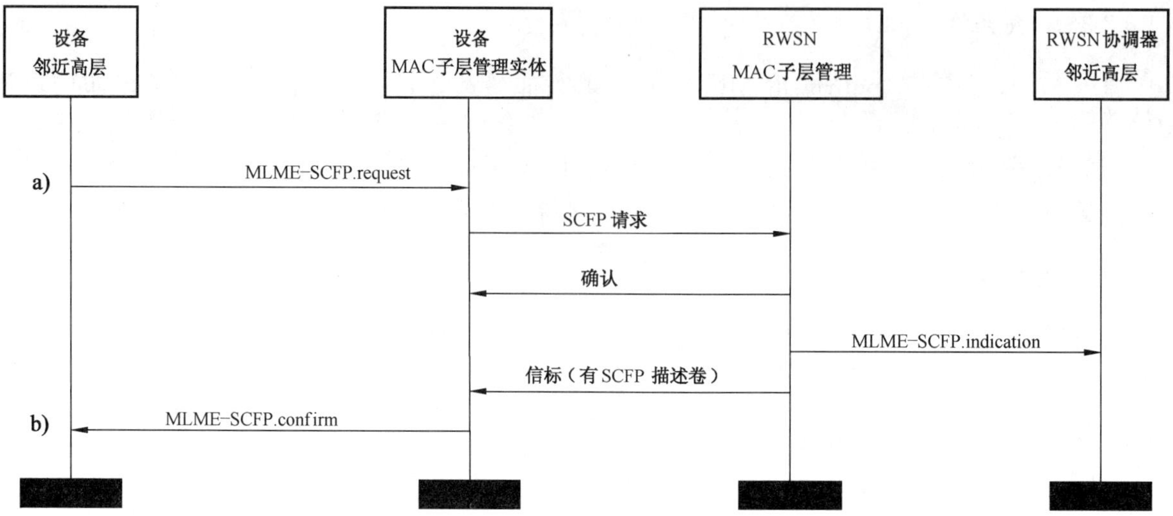

注：图中 a)部分由设备发起。b)部分 RWSN 协调器发起。

图 22 设备发起的 SCFP 分配消息序列图

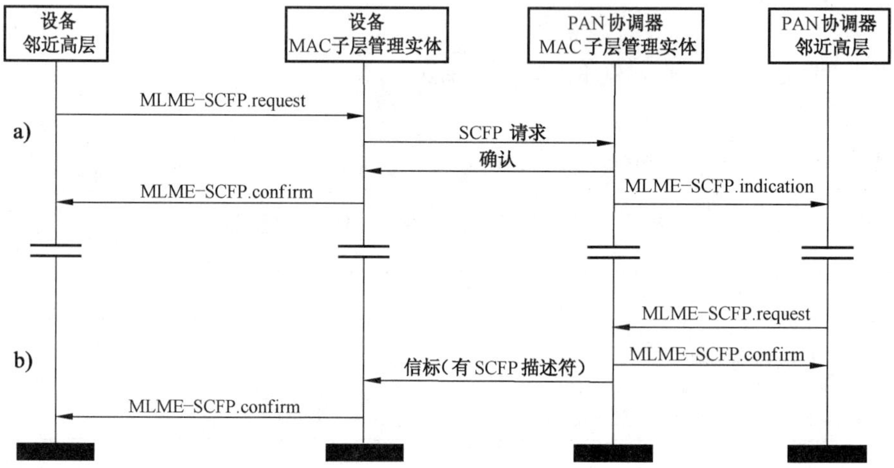

注：图中 a)部分由设备发起。b)部分 RWSN 协调器发起。

图 23 SCFP 取消分配消息序列图

7.1.9 MAC 层复位原语

7.1.9.1 概述

MLME-SAP 复位原语定义如何将 MAC 层复位，恢复默认值。

所有设备都要为复位原语提供接口。

7.1.9.2 MLME-RESET.request

7.1.9.2.1 服务原语语义

原语 MLME-RESET.request 允许邻近高层请求 MLME 完成复位操作。

原语的语义如下：

MLME-RESET.request (

SetDefaultRIB

)

表 46 描述了 MLME-RESET.request 的参数。

表 46 MLME-RESET.request 的参数

名称	类型	有效范围	描 述
SetDefaultRIB	布尔型	TRUE 或 FALSE	如果该参数为 TURE，则表示 MAC 层复位，所有 MAC RIB 属性设为默认值。如果为 FALSE，则表示 MAC 复位，但所有 MAC RIB 属性保持原语 MLME-RESET.request 产生前的值

7.1.9.2.2 原语使用

邻近高层产生并发布 MLME-RESET.request 原语，请求 MLME 将 MAC 层复位到初始状态。在使用原语 MLME-START.request 或 MLME-ASSOCIATE.request 之前，先发布原语 MLME-RESET.request。

7.1.9.2.3 收后效果

收到 MLME-RESET.request 原语后，MLME 发布 PLME-SET-TRX-STATE.request 原语，其状态为 FORCE_TRX_OFF。收到 PLME-SET-TRX-STATE.confirm 原语后，MAC 层将恢复到初始状态，将所有内部参数恢复为默认值。如果参数 SetDefaultRIB 设为 TRUE，MAC RIB 属性设为默认值。

完成复位后，发布原语 MLME-RESET.confirm，其状态为 SUCCESS。

7.1.9.3 MLME-RESET.confirm

7.1.9.3.1 服务原语语义

原语 MLME-RESET.confirm 报告复位操作的结果。

原语 MLME-RESET.confirm 的语义如下：

MLME-RESET.confirm (
status
)

表 47 描述了 MLME-RESET.confirm 的参数。

表 47 MLME-RESET.confirm 的参数

名称	类型	有效范围	描 述
status	枚举	SUCCESS	复位操作的结果

7.1.9.3.2 产生条件

收到 PLME-SET-TRXSTATE.confirm 原语后，MLME 产生原语 MLME-RESET.confirm 并发布给其邻近高层，作为 MLME-RESET.request 原语的响应。

7.1.9.3.3 原语使用

邻近高层收到 MLME-RESET.confirm 原语就获知了请求复位 MAC 层的结果。该原语返回状态

SUCCESS，表明 MAC 层复位成功。

7.1.10 接收机使能时间指定原语

7.1.10.1 概述

MLME-SAP 接收机状态原语定义了设备如何在指定时间打开或关闭接收机。

这些接收机状态原语是可选的。

7.1.10.2 MLME-RX-ENABLE.request

7.1.10.2.1 服务原语语义

原语 MLME-RX-ENABLE.request 允许邻近高层请求接收机在限定的时间内打开或者关闭。

原语 MLME-RX-ENABLE.request 的语义如下：

```
MLME-RX-ENABLE.request        (
                              DeferPermit,
                              RxOnTime,
                              RxOnDuration
                              )
```

表 48 描述了 MLME-RX-ENABLE.request 的参数。

表 48 MLME-RX-ENABLE.request 的参数

名称	类型	有效范围	描 述
DeferPermit	布尔型	TRUE 或 FALSE	如果规定时间已过时，请求的操作可以推迟直到下一超帧，该参数设为 TRUE。如果请求的操作只能在当前超帧内进行，该参数设为 FALSE。 如果发起设备是 RWSN 协调器，提到的超帧指的是它的超帧，否则指的是设备所关联的协调器的超帧
RxOnTime	整型	0x000000～0xffffff	该参数是指接收机打开或关闭时距离超帧起始处的符号数。该参数是 24 比特，精度最少为 20 比特，最低 4 比特是最低有效位。 如果发起设备是 RWSN 协调器，超帧指的是它自己的超帧，否则是设备所关联的协调器的超帧
RxOnDuration	整型	0x000000～0xffffff	接收机打开的符号数。如果该参数等于 0x000000，那么接收机被关闭

7.1.10.2.2 原语使用

邻近高层产生并向 MLME 发布 MLME-RX-ENABLE.request 原语，打开接收机。在信标使能的 RWSN 中，在当前或下一个工作超帧起始时打开接收机，而在不使用信标能力的 RWSN 中则立即打开接收机。该原语也可以用于取消先前打开接收机的请求。每次原语的请求都只能打开或关闭接收机一次。

7.1.10.2.3 收后效果

MLME 处理打开或关闭接收机请求的优先级低于设备的其他任务(例如：SCFP、协调器信标跟踪和信标传输)。如果发布该原语用以打开接收机，设备将打开接收机，直到设备出现了冲突或者超过 RxOnDuration 定义的时间。如果有与之冲突的任务，设备将暂停接收操作。中断结束后，需要检查 RxOnDuration 以确定时间是否结束。如果是,结束操作。如果没有,设备将再次打开接收机,直到出现另一个冲突或者超过持续时间。如果发布该原语是关闭接收机,设备将关闭接收机,除非设备出现冲突。

在信标使能的 RWSN 中,MLME 会在打开接收机之前,先判断(RxOnTime + RxOnDuration)是否小于由 macBeaconOrder 定义的信标间隔。如果(RxOnTime + RxOnDuration)不小于信标间隔,MLME 将发布 MLME-RXENABLE.confirm 原语,其状态为 ON_TIME_TOO_LONG。

然后 MLME 将判断能否在当前超帧内打开接收机。发布该原语的 RWSN 协调器根据自己的超帧作出判断。不是 RWSN 协调器的设备则根据其所关联的协调器的超帧作出判断。如果从超帧开始到当前时刻的符号数目小于(RxOnTime-aTurnaroundTime),MLME 将尝试在当前超帧打开接收机。从超帧开始到当前时刻的符号数目大于等于(RxOnTime-aTurnaroundTime),并且 DeferPermit 为 TRUE,MLME 将延迟到下一个工作超帧打开接收机。否则,如果 MLME 既不能在当前超帧内打开接收机,同时又不允许延迟到下一个工作超帧,MLME 将发布 MLME-RX-ENABLE.confirm 原语,其状态为 PAST_TIME。

如果参数 RxOnDuration 等于 0,MLME 将请求 PHY 关闭接收机。

如果 MLME-RX-ENABLE.request 原语中的参数设置不被支持或超出有效范围,MAC 层将发布 MLME-RXENABLE.confirm 原语,其状态为 INVALID_PARAMETER。

如果打开或关闭接收机的请求成功,MLME 将发布 MLME-RXENABLE.confirm 原语,其状态为 SUCCESS。

7.1.10.3 MLME-RX-ENABLE.confirm

7.1.10.3.1 服务原语语义

原语 MLME-RX-ENABLE.confirm 报告打开或关闭接收机请求的结果。

原语 MLME-RX-ENABLE.confirm 的语义如下:

```
MLME-RX-ENABLE.confirm        (
                               status
                               )
```

表 49 描述了 MLME-RX-ENABLE.confirm 的参数。

表 49 MLME-RX-ENABLE.confirm 的参数

名称	类型	有效范围	描 述
status	枚举	SUCCESS, PAST_TIME, ON_TIME_TOO_LONG 或 INVALID_PARAMETER	请求打开或关闭接收机的结果

7.1.10.3.2 产生条件

为响应原语 MLME-RX-ENABLE.request,MLME 产生并向其邻近高层发布原语 MLME-RX-ENABLE.confirm。

7.1.10.3.3 原语使用

收到原语 MLME-RX-ENABLE.confirm 后,邻近高层就获知了其打开或关闭接收机请求的结果。如果请求成功,该原语返回状态 SUCCESS,否则返回相应的错误码。状态的值完整描述见 7.1.10.2.3。

7.1.10.4 接收机状态转换消息序列图

图 24 描述了在没有中断的情况下，设备打开其接收机并保持一段时间的消息序列图。

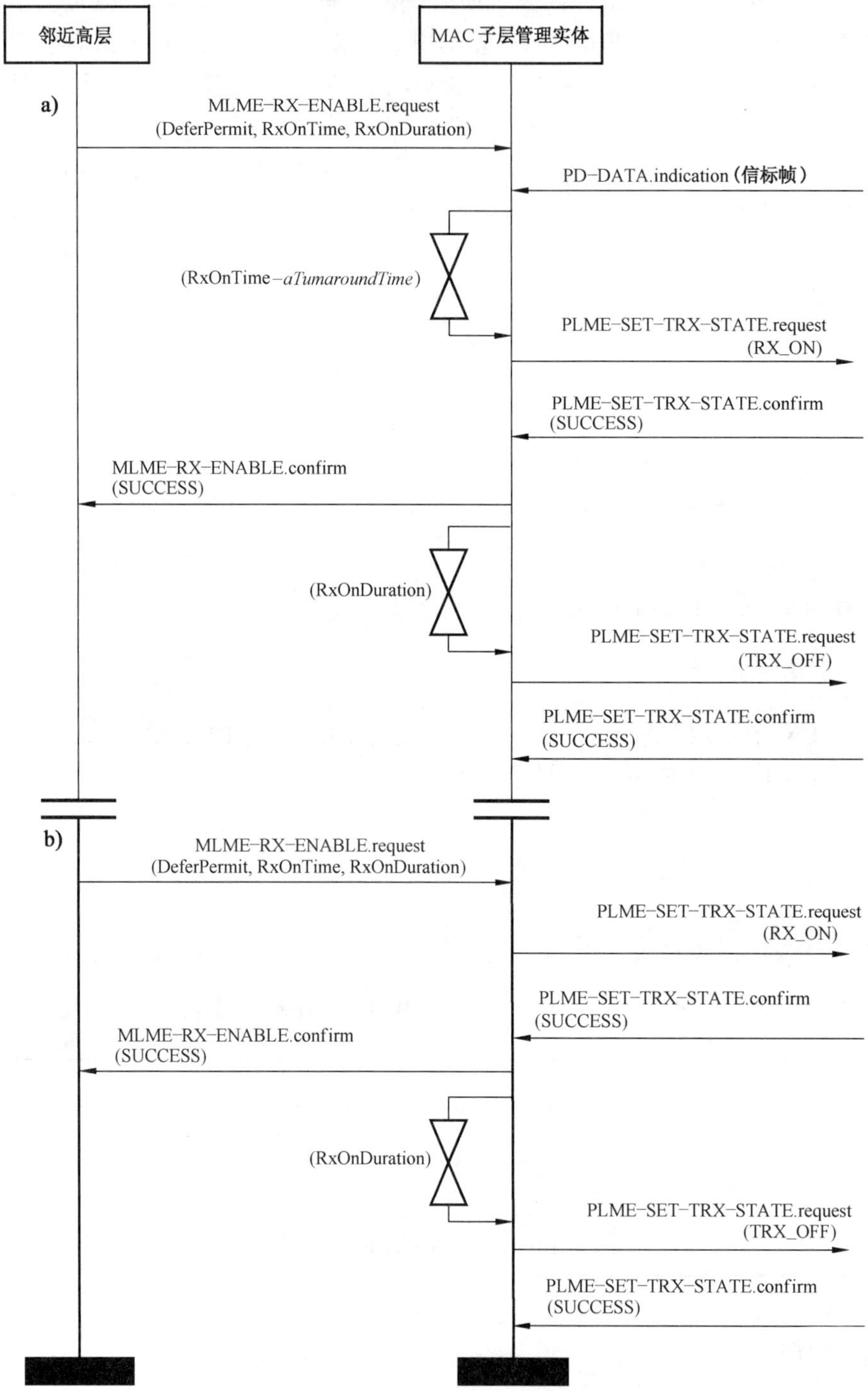

注：图中 a)部分描述了在信标使能的 RWSN 中，MLME 接收到 MLME-RXENABLE.request 原语但在当前超帧中没有足够时间来打开接收机，并且 DeferPermit 参数为 TRUE 的情况下的接收机状态转换的消息序列图。图中 b)部分描述的是在不使用信标能力的 RWSN 中立即打开接收机的消息序列图。

图 24　接收机状态转换消息序列图

7.1.11 信道扫描原语

7.1.11.1 概述

MLME-SAP 信道扫描原语定义在一个通信信道上设备的能量使用，以及在此信道上是否存在 RWSN。

所有设备都为扫描原语提供接口。

7.1.11.2 MLME-SCAN.request

7.1.11.2.1 服务原语语义

MLME-SCAN.request 用于启动针对给定信道列表的扫描。设备可以通过信道扫描来检测信道上的能量，查找关联的协调器，或者查找扫描设备 POS 内的发送信标的所有协调器。

原语 MLME-SCAN.request 的语义如下：

```
MLME-SCAN.request      (
                       ScanType,
                       ScanChannels,
                       ScanDuration,
                       ChannelPage,
                       )
```

表 50 描述了 MLME-SCAN.request 的参数。

表 50 MLME-SCAN.request 的参数

名称	类型	有效范围	描 述
ScanType	整型	0x00～0x03	指示扫描的类型： 0x00 表示 ED 扫描(对于 RFD 可选)； 0x01 表示主动扫描(对于 RFD 可选)； 0x02 表示被动扫描； 0x03
ScanChannels	位图	16 比特字段	该 16 比特(b_0，b_1，…，b_{15})指示参数 ChannelPage 支持的将要扫描的信道(1 表示扫描，0 表示不扫描)
ScanDuration	整型	0～14	该参数用于计算每个信道的 ED、主动或被动扫描所需的时间长度。每个信道的扫描时间为：[aBaseSuperframeDuration * (2^n + 1)]个符号，其中 n 表示参数 ScanDuration 的值
ChannelPage	整型	0～15	扫描的信道页(见 6.2.2)

7.1.11.2.2 原语使用

邻近高层产生 MLME-SCAN.request 原语，并发布给 MLME，请求进行信道扫描，搜索设备 POS 范围内的相关活动。该原语可以用于进行 ED 扫描来判断信道使用情况，进行主动扫描或被动扫描来定位包含 RWSN 标识符的信标帧。每种扫描的详细描述见 7.5.3.1。

所有设备都须能执行被动；ED 扫描和主动扫描对于 RFD 是可选的，然而一个 RFD 可以支持主动扫描来加入到不用信标能力的网络中。

7.1.11.2.3 收后效果

如果 MLME 收到 MLME-SCAN.request 原语时，仍在进行上一次扫描操作，将发布原语 MLME-SCAN.confirm，其状态为 SCAN_IN_PROGRESS。否则，MLME 将对参数 ScanChannels 指定的所有信道进行扫描。

MLME 反复向 PHY 发布原语 PLME-ED.request 到 PHY 来实现对每个信道的 ED 扫描，持续时间是[aBaseSuperframeDuration * (2^n+1)]个符号，其中 n 是参数 ScanDuration 的值。MLME 记录能量的最大值，然后转移到信道列表中的下一个信道。ED 信道扫描过程的细节见 7.5.3.1.2。

对每个信道的主动扫描首先由 MLME 发送信标请求命令(见 7.3.7)开始。然后 MLME 打开接收机，并记录下每个接收到的 RWSN 描述符结构(见表 40)中信标帧携带的信息。当存储的 RWSN 描述符个数等于所指定最大值时，或扫描时间已持续[aBaseSuperframeDuration * (2^n+1)]个符号，这里 n 是参数 ScanDuration 的值，将停止在指定信道上的主动扫描。主动信道扫描过程的细节见 7.5.3.1.3。

每个信道的被动扫描是由 MLME 激打开接收机，并记录下每个接收到的 RWSN 描述符结构(见表 40)中信标帧携带的信息来实现的。当存储的 RWSN 描述符个数等于所指定最大值时，或扫描时间已持续[aBaseSuperframeDuration * (2^n+1)]个符号，这里 n 是参数 ScanDuration 的值，将停止在指定信道上的被动扫描。被动信道扫描过程的细节见 7.5.3.1.4。

ED 扫描的结果记录在 ED 值列表中，并通过 MLME-SCAN.confirm 原语向邻近高层高层报告，原语状态为 SUCCESS。

主动扫描和被动扫描的结果通过 MLME-SCAN.confirm 原语报告给邻近高层。如果扫描成功且 macAutoRequest 设为 TRUE，原语的结果会包括 RWSN 描述符的值集。如果扫描成功但 macAutoRequest 设为 FALSE，原语结果包含 RWSN 描述符值的空集，每个 RWSN 描述符的值将通过单独的 MLME-BEACON-NOTIFY 原语(见 7.1.6.2)分别发送给邻近高层。在以上两种情况下，MLME-SCAN.confirm 原语都将包含未扫描信道的列表，和状态 SUCCESS。

如果在主动扫描期间，因为信道接入失败，使得 MLME 无法在参数 ScanChannels 指定的信道上发送信标请求命令，则将该信道记录在原语 MLME-SCAN.confirm 返回的未扫描信道列表中。如果 MLME 能在其中至少的一个信道上发送信标请求命令，但未找到任何信标，那么无论 macAutoRequest 取何值，MLME-SCAN.confirm 原语包含的 RWSN 描述符值的空集和状态 NO_BEACON。

如果在 ED 扫描、主动扫描或被动扫描期间，已扫描的信道个数达到了指定的最大值就中止扫描，MAC 层发布原语 MLME-SCAN.confirm，其状态为 LIMIT_REACHED。

如果 MLME-SCAN.request 原语中的参数设置不被支持或超出了有效范围，MAC 层将发布 MLME-SCAN.confirm 原语，其状态为 INVALID_PARAMETER。

7.1.11.3 MLME-SCAN.confirm

7.1.11.3.1 服务原语语义

原语 MLME-SCAN.confirm 报告信道扫描请求的结果。

原语 MLME-SCAN.confirm 的语义如下：

```
MLME-SCAN.confirm          (
                           status,
                           ScanType,
                           ChannelPage,
                           UnscannedChannels,
```

ResultListSize,
EnergyDetectList,
RWSNDescriptorList
)

表 51 描述了 MLME-SCAN.confirm 的参数。

表 51 MLME-SCAN.confirm 的参数

名称	类型	有效范围	描 述
status	枚举型	SUCCESS,LIMIT_REACHED, NO_BEACON, SCAN_IN_PROGRESS, COUNTER_ERROR, FRAME_TOO_LONG, UNAVAILABLE_KEY, UNSUPPORTED_SECURITY 或 INVALID_PARAMETER	扫描请求的状态
ScanType	整型	0x00～0x03	扫描的类型: 0x00 表示 ED 扫描(RFD 可选); 0x01 表示主动扫描(RFD 可选); 0x02 表示被动扫描; 0x03
ChannelPage	整型	0～15	信道扫描所在的信道页
UnscannedChannels	位图	200 比特字段	请求扫描的信道中没有被扫描的信道(1=没有扫描,0 表示扫描过或没有要求扫描)。该参数对 ED 扫描无效
ResultListSize	整型	执行细节	返回的结果列表中元素的个数
EnergyDetectList	整数列表	每个整数的范围均为 0x00～0xff	ED 扫描期间每个信道的能量测量的列表。对于主动、被动扫描,该参数为空
RWSNDescriptorList	RWSN 描述符列表	见表 40	RWSN 描述符列表,如果 macAutoReques 设为 TRUE,列表中的每个 RWSN 描述符对应于在主动、被动扫描中查找到的信标。主动或被动扫描中 macAutoReques 设为 FALSE 时,或在 ED 扫描中,该参数为空

7.1.11.3.2 产生条件

当由 MLME-SCAN.request 发起的信道扫描结束后,MLME 产生并向邻近高层发布原语 MLME-SCAN.confirm。如果 MLME-SCAN.request 原语请求执行主动、被动,参数 EnergyDetectList 将为空。如果 MLME-SCAN.request 原语请求执行 ED 扫描,参数 RWSNDescriptorList 将为空,同样,如果 MLME-SCAN.request 原语请求执行主动或被动扫描且参数 macAutoRequest 设为 FALSE,参数 RWSNDescriptorList 也将为空。MLME-SCAN.confirm 原语返回状态 SUCCESS,表明扫描请求成功,或者相应的错误码。状态的值完整描述见 7.1.11.2.3。

7.1.11.3.3 原语使用

邻近高层收到 MLME-SCAN.confirm 原语后就获知了扫描的结果。如果请求扫描成功，参数 status 将设为 SUCCESS，否则 status 参数指示相应的错误。

7.1.11.4 信道扫描消息序列图

ED 扫描、被动扫描、主动扫描的消息序列图(见图 83、图 86 和图 87)中包括了 PHY 的操作。

7.1.12 通信状态原语

7.1.12.1 概述

MLME-SAP 通信状态原语定义了 MLME 如何向邻近高层报告传输状态(当传输是由响应原语发起时)，或者流入帧的安全错误。

所有设备都须为通信状态原语提供接口。

7.1.12.2 MLME-COMM-STATUS.indication

7.1.12.2.1 服务原语语义

原语 MLME-COMM-STATUS.indication 允许 MLME 指示通信状态。

原语 MLME-COMM-STATUS.indication 的语义如下：

```
MLME-COMM-STATUS.indication      (
                                  RWSNId,
                                  SrcAddrMode,
                                  SrcAddr,
                                  DstAddrMode,
                                  DstAddr,
                                  Status,
                                  )
```

表 52 描述了 MLME-COMM-STATUS.indication 的参数。

表 52 MLME-STATUS.indication 的参数

名称	类型	有效范围	描　述
RWSNId	整型	0x0000～0xffff	帧的发送者或者接收者的 RWSN 标识符
SrcAddrMode	整型	0x00～0x03	原语的源地址的方式，取值如下： 0x00 表示无地址(忽略地址域)； 0x01 表示保留； 0x02 表示 16 比特短地址； 0x03 表示 64 比特扩展地址
SrcAddr	设备地址	由参数 SrcAddrMode 规定	引起错误的帧的发起者的独立设备地址
DstAddrMode	整型	0x00～0x03	原语的目的地址的方式，取值如下： 0x00 表示无地址(忽略地址域)； 0x01 表示保留； 0x02 表示 16 比特短地址； 0x03 表示 64 比特扩展地址

表 52（续）

名称	类型	有效范围	描述
DstAddr	设备地址	由 DstAddrMode 参数规定	帧接收设备的独立设备地址
Status	枚举	SUCCESS，TRANSACTION_OVERFLOW，TRANSACTION_EXPIRED，CHANNEL_ACCESS_FAILURE，NO_ACK，COUNTER_ERROR，FRAME_TOO_LONG，UNSUPPORTED_LEGACY，或 INVALID_PARAMETER	通信状态

7.1.12.2.2 产生条件

MLME-COMM-STATUS.indication 原语由 MLME 在响应原语发起的传输之后产生并向 MLME 的邻近高层发布。

在处理完 MLME-ASSOCIATE.response 原语或 MLME-ORPHAN.response 原语之后，MAC 层将产生和发布 MLME-COMM-STATUS.indication 原语。该原语返回的状态可以是 SUCCESS，表明传输请求成功，也可以是 TRANSACTION_OVERFLOW，TRANSACTION_EXPIRED，CHANNEL_ACCESS_FAILURE，NO_ACK 或 INVALID_PARAMETER（状态参数见 7.1.4.4.3 及表 71）。

邻近高层收到 MLME-COMM-STATUS.indication 原语就获知了传输过程的通信状态中发生的错误。

7.1.13 RIB 属性设置原语

7.1.13.1 概述

MLME-SAP 设置原语定义了如何写入 RIB 属性。

所有设备都为这些设置原语提供接口。

7.1.13.2 MLME-SET.request

7.1.13.2.1 服务原语语义

原语 MLME-SET.request 用于向指定的 RIB 属性中写入给定的参数值。

原语 MLME-SET.request 的语义如下：

```
MLME-SET.request        (
                        RIBAttribute,
                        RIBAttributeIndex,
                        RIBAttributeValue
                        )
```

表 53 描述了 MLME-SET.request 的参数。

表 53 MLME-SET.request 的参数

名称	类型	有效范围	描述
RIBAttribute	整型	见表 71	写入值的 RIB 属性的标识
RIBAttributeIndex	整型	指定属性见表 71	在写入值的指定 RIB 属性表中索引。该参数只有对是表的 MAC RIB 属性有效;如果要访问 PHY RIB 属性,该参数将被忽略
RIBAttributeValue	可变	指定属性 MAC RIB 是管理设备 MAC 层必备的属性。MAC RIB 中所包含的属性见表 71。标有(†)的属性(即只能由 MAC 层来设置)是只读属性,邻近高层只能通过 MLME-GET.request 原语读取。对于其他属性,邻近高层可以分别通过原语 MLME-GET.request 和 MLME-SET.request 进行读写。标有(◆)的属性表示对 RFD 可选,标有(*)的属性表示对 RFD 和 FFD 均是可选。 只读属性 macAckWaitDuration 取决于常量的组合和 PHY RIB 属性。常量和属性的关联公式见式(5),属性 macMaxTotalFrameTxTime 由邻近高层设置,并取决于 PHY 和 MAC RIB 属性和常量的组合公式见式(6),见表 71	写入 RIB 属性的值

7.1.13.2.2 原语使用

邻近高层产生 MLME-SET.request 原语并发布给 MLME,要求设置指定的 RIB 属性,即写入数据。

7.1.13.2.3 收后效果

收到 MLME-SET.request 原语后,MLME 需要校验指定的 RIB 属性是 MAC RIB 属性还是 PHY RIB 属性。如果是 MAC RIB 属性,MLME 就尝试将给定值写入它的数据库中的指定 MAC RIB 属性。如果参数 RIBAttribute 指定的属性是只读的(见表 71),MLME 就发布原语 MLME-SET.confirm,其状态为 READ_ONLY。如果参数 RIBAttribute 指定的属性在数据库中找不到,MLME 将发布 MLME-SET.confirm 原语,其状态为 UNSUPPORTED_ATTRIBUTE。如果参数 RIBAttribute 指定的表格索引超出范围,MLME 就发布 MLME-SET.confirm 原语,其状态为 INVALID_INDEX。如果参数 RIBAttribute 指定的值超出指定属性值的有效范围,MLME 就发布 MLME-SET.confirm,其状态为 INVALID_PARAMETER。如果成功写入,MLME 将发布 MLME-SET.confirm 原语,其状态为 SUCCESS。

如果参数 RIBAttribute 指示要设置 *macBeaconPayloadLength*,且信标帧长度超过了 aMaxPHYPacketSize(例如,由于安全处理需要的额外开销),MAC 层就不能更新 macBeaconPayloadLength,并发布 MLME-GET.confirm 原语,其状态为 INVALID_PARAMETER。

如果请求的属性是 PHY RIB 属性,就发布 PLME-SET.request 原语,把请求传递给 PHY。一旦 MLME 收到 PLME-SET.confirm 原语,就将收到的状态值进行转换,这是因为 PHY 和 MLME 使用的状态值不相同(例如状态 SUCCESS 的值在 MAC 和 PHY 的枚举表中的值分别是 0x00 和 0x07)。转换后,MLME 就向邻近高层发布原语 MLME-SET.confirm,其状态为是转换后的值,且包含 PLME 原语返回的 RIBAttribute。

7.1.13.3 MLME-SET.confirm

7.1.13.3.1 服务原语语义

原语 MLME-SET.confirm 用于报告尝试向 RIB 属性写入值的结果。

原语 MLME-SET.confirm 的语义如下:

```
MLME-SET.confirm          (
                          status,
                          RIBAttribute,
                          RIBAttributeIndex
                          )
```

表 54 描述了 MLME-SET.confirm 的参数。

表 54 MLME-SET.confirm 的参数

名称	类型	有效范围	描 述
status	枚举	SUCCESS,READ_ONLY, UNSUPPORTED_ATTRIBUTE, INVALID_INDEX 或 INVALID_PARAMETER	请求向 RIB 属性写入值的结果
RIBAttribute	整型	MAC RIB 是管理设备 MAC 层必备的属性。MAC RIB 中所包含的属性见表 71。标有(†)的属性(即只能由 MAC 层来设置)是只读属性,邻近高层只能通过 MLME-GET.request 原语读取。对于其他属性,邻近高层可以分别通过原语 MLME-GET.request 和 MLME-SET.request 进行读写。标有(◆)的属性表示对 RFD 可选,标有(*)的属性表示对 RFD 和 FFD 均是可选。 只读属性 macAckWaitDuration 取决于常量的组合和 PHY RIB 属性。常量和属性的关联公式见式(5),属性 macMaxTotalFrameTxTime 由邻近高层设置,并取决于 PHY 和 MAC RIB 属性和常量的组合公式见式(6),见表 71	指定写入值的 RIB 属性的标识符
RIBAttributeIndex	整型	属性规定;见表 71	在写入值的 RIB 属性表中的索引。该参数只对 MAC RIB 属性中的表格属性有效。当访问 PHY RIB 属性时,忽略该参数

7.1.13.3.2 产生条件

MLME 产生并向邻近高层发布 MLME-SET.confirm 原语,用以响应 MLME-SET.request 原语。MLME-SET.confirm 原语返回状态 SUCCESS,指示请求数值已写入 RIB 属性,或者返回相应的错误代码。状态值的完整定义见 7.1.13.2.3。

7.1.13.3.3 原语使用

邻近高层收到 MLME-SET.confirm 原语后就获知设置 RIB 属性请求的结果。如果请求值被写入指定的 RIB 属性中,参数 status 将被设为 SUCCESS,否则 status 参数指示相应的错误。

7.1.14 超帧配置更新原语

7.1.14.1 概述

MLME-SAP 开始原语定义 FFD 如何请求开始使用新的超帧配置,用以建立一个新的 RWSN,或者开始在现有 RWSN 中发送信标,以方便设备发现,或停止信标传输。这些开始原语对于 RFD 是可选的。

7.1.14.2 **MLME-START.request**

7.1.14.2.1 服务原语语义

原语 MLME-START.request 允许 RWSN 协调器初始化一个新的 RWSN,或者在现有 RWSN 中启用新的超帧配置。也可以被已经关联的设备用于配置一个新的超帧。

原语 MLME-START.request 的语义如下:

```
MLME-START.request          (
                            RWSNId,
                            LogicalChannel,
                            ChannelPage,
                            StartTime,
                            BeaconOrder,
                            SuperframeOrder,
                            RWSNCoordinator,
                            BatteryLifeExtension,
                            CoordRealignment,
                            )
```

表 55 描述了 MLME-START.request 的参数。

7.1.14.2.2 原语使用

邻近高层产生并向其 MLME 发布 MLME-START.request 原语,用于请求设备配置一个新的超帧。

7.1.14.2.3 收后效果

当 macShortAddress 为 0xffff 时,如果收到 MLME-START.request 原语,MLME 将发布原语 MLME-START.confirm,状态为 NO_SHORT_ADDRESS。

当参数 CoordRealignment 设为 TRUE,协调器就尝试发送协调器解关联命令帧(见 7.5.3.3.3)。如果由于信道访问失败而无法发送该命令帧,MLME 就不会改变超帧结构(例如不会改变任何一个 RIB 属性),并发布原语 MLME-START.confirm,状态为 CHANNEL_ACCESS_FAILURE。如果成功发送命令,MLME 就根据参数 BeaconOrder、SuperframeOrder、RWSNId、ChannelPage 和 LogicalChannel 更新相应的 RIB 属性,同时发布原语 MLME-START.confirm,状态为 SUCCESS。

表 55 MLME-START.request 的参数

名称	类型	有效范围	描述
RWSNId	整型	0x0000～0xffff	设备使用的 RWSN 标识符
LogicalChannel	整型	选自参数 ChannelPage 指定的可用逻辑信道	新配置的超帧的逻辑信道
ChannelPage	整型	选自 PHY 支持的可用信道页(见 6.2.2)	新配置的超帧的信道页
StartTime	整型	0x000000～0xffffff	信标发射的起始时间。如果该参数为 0x000000,信标将立即开始发射。否则,该参数指定的时间为与接收到信标的相对时间,信标由设备同步的协调器发送。 如果 BeaconOrder 等于 15 或 RWSNCoordinator 为 TRUE,忽略该参数。时间以符号为单位,并在退避时隙边缘开始。 该参数是 24 比特,精度最少为 20 比特,最低 4 比特是最低有效位
BeaconOrder	整型	0～15	该参数指信标发送的频率。值等于 15 表示协调器将不发送信标。 信标顺序和信标间隔之间的关系见 7.5.2.1
SuperframeOrder	整型	0～BO 或 15	包括信标在内的超帧活跃部分的长度。如果参数 BeaconOrder 为 15,忽略该参数。 超帧顺序和超帧长度间的关系见 7.5.2.1
RWSNCoordinator	布尔型	TRUE 或 FALSE	如果为 TRUE,设备将成为新 RWSN 的网络协调器。如果为 FALSE,设备将在已关联的 RWSN 中启动新超帧结构
BatteryLifeExtension	布尔型	TRUE 或 FALSE	如果为 TRUE,设备接收到信标,等待一个 IFS 后关闭接收机,持续时间是 macBattLifeExt Periods 个退避阶段。如果为 FALSE,信标接收设备的接收机在整个 CAP 内都保持使能状态。 如果参数 BeaconOrder 等于 15,忽略该参数
CoordRealignment	布尔型	TRUE 或 FALSE	如果在改变超帧的配置之前发送协调器重组命令,参数就为 TRUE,否则为 FALSE

当参数 CoordRealignment 设为 FALSE,MLME 就根据参数 BeaconOrder、SuperframeOrder、RWSNId、ChannelPage 和 LogicalChannel 更新相应的 RIB 属性。

协调器在信标帧中使用的地址方式由参数 macShortAddress 的当前值决定,该参数的值是在原语发布前由上一高层设置的。如果参数 BeaconOrder 小于 15,MLME 就将 macBattLifeExt 设为参数 BatteryLifeExtension 的值。如果 BeaconOrder 等于 15,忽略参数 BatteryLifeExtension。

如果信标帧的长度超过了 aMaxPHYPacketSize(例如,安全处理会增加额外的负载),MAC 层就丢弃该信标帧,同时发布原语 MLME-START.confirm,状态为 FRAME_TOO_LONG。

如果参数 BeaconOrder 等于 15,显示这是一个非信标使能 RWSN,MLME 将忽略参数 StartTime。如果参数 BeaconOrder 小于 15,MLME 将检查参数 StartTime 以决定传输信标帧的时间;时间以符号为单位,并在退避时隙边缘开始。如果参数 RWSNCoordinator 设为 TRUE,MLME 将忽略参数 Start-

Time 并立即传输信标帧。如果 StartTime 设为 0x000000，MLME 也会立即传输信标。当 MLME 收到与之连接的协调器发来的信标时，如果参数 RWSNCoordinator 设为 FALSE，且 StartTime 非 0，MLME 把 StartTime 个符号加到本地时钟取得的时间加上，计算信标传输时间，其中，本地时钟是设备接收到所关联的协调器的信标帧时开始计时。如果计算得到的时间造成流出超帧与流入超帧重迭，MLME 就不会发送信标帧。在这种情况下，MLME 发布 MLME-START.confirm 原语，状态为 SUPERFRAME_OVERLAP。否则，当本地时钟的当前时间和计算得到的时间相同时，MLME 将开始传输信标。

如果参数 StartTime 非 0，且此时 MLME 未跟踪与之关联协调器的信标，MLME 将发布原语 MLME-START.confirm，状态为 TRACKING_OFF。

结束该过程后，MLME 发布 MLME-START.confirm 原语作为响应。如果成功启用新的超帧结构，状态设为 SUCCESS。如果原语中任何一个参数的设置不被支持或超过有效范围，状态将设为 INVALID_PARAMETER。

7.1.14.3 MLME-START.confirm

7.1.14.3.1 服务原语语义

原语 MLME-START.confirm 报告请求启用新超帧结构的结果。

原语 MLME-START.confirm 的语义如下：

```
MLME-START.confirm          (
                            status
                            )
```

表 56 描述了 MLME-START.confirm 原语的参数。

表 56 MLME-START.confirm 的参数

名称	类型	有效范围	描　述
status	枚举	SUCCESS， NO_SHORT_ADDRESS， SUPERFRAME_OVERLAP， TRACKING_OFF， INVALID_PARAMETER， COUNTER_ERROR， FRAME_TOO_LONG， CHANNEL_ACCESS_FAILURE	请求启用新超帧结构的结果

7.1.14.3.2 产生条件

MLME 向其邻近高层高层发布 MLME-START.confirm 原语，以响应原语 MLME-START.request。MLME-START.confirm 原语返回状态可以是 SUCCESS，显示 MAC 层已成功启用新的超帧结构，也可以是错误码。状态的值可参考 7.1.14.2.3。

7.1.14.3.3 原语的使用

邻近高层收到 MLME-START.confirm 原语就获知请求使用新的超帧结构的结果。如果成功，参数 status 将设为 SUCCESS，否则参数的其他值表明有错误。

7.1.14.4 更新超帧结构的消息序列图

图 25 是一个 FFD 发起信标传输的消息序列图。图 25 是 RWSN 协调器在一个新 RWSN 中开始发送信标的消息序列图，该图中包括 PHY 的操作。

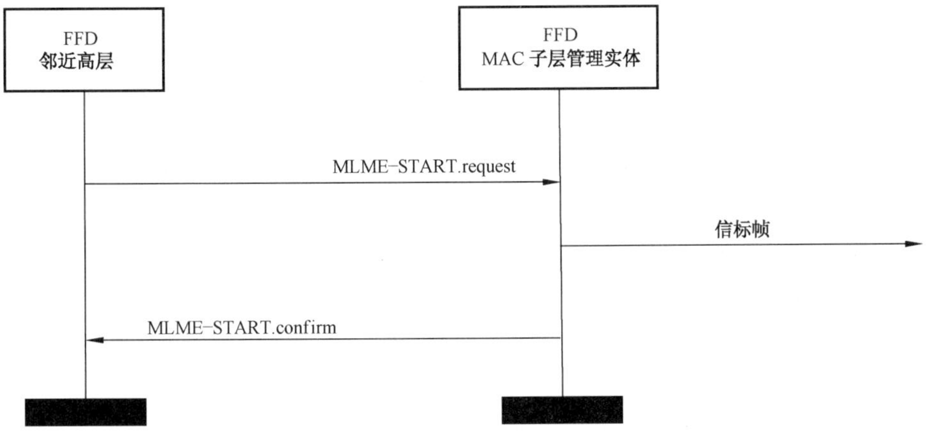

图 25 更新超帧结构的消息序列图

7.1.15 与协调器同步原语

7.1.15.1 概述

MLME-SAP 同步原语定义如何实现与协调器的同步，以及在失去同步时，如何向邻近高层报告。

7.1.15.2 MLME-SYNC.request

7.1.15.2.1 服务原语语义

原语 MLME-SYNC.request 用于请求与协调器同步，通过获得和跟踪(要求时)协调器的信标实现。

原语 MLME-SYNC.request 的语义如下：

```
MLME-SYNC.request        (
                         LogicalChannel,
                         ChannelPage,
                         TrackBeacon
                         )
```

表 57 描述了 MLME-SYNC.request 的参数。

表 57 MLME-SYNC.request 的参数

名称	类型	有效范围	描 述
LogicalChannel	整型	选自 PHY 支持的可用逻辑信道。	将在其上尝试协调器同步的逻辑信道
ChannelPage	整型	选自 PHY 支持的可用信道页(见 6.2.2)	将在其上尝试协调器同步的逻辑信道页
TrackBeacon	布尔型	TRUE 或 FALSE	如果 MLME 将与下一个信标同步，并尝试跟踪以后的信标，该参数为 TRUE。如果 MLME 只与下一个信标同步，该参数为 FALSE

7.1.15.2.2 原语使用

原语 MLME-SYNC.request 由信标使能的 RWSN 中的设备的邻近高层产生，并发布给其 MLME，用于与协调器同步。

7.1.15.2.3 收后效果

如果 MLME-SYNC.request 原语被信标使能的 RWSN 中的 MLME 接收到，该 MLME 将首先通过发布 PLME-SET.request 原语，把参数 *phyChannelPage* 和 *phyCurrentChannel* 分别更新为原语中参数 *ChannelPage* 和 *LogicalChannel* 的值。如果参数 *TrackBeacon* 为 TRUE，MLME 将跟踪信标，即在每个信标预期时间之前打开其接收机，使每个信标都能被处理。如果 *TrackBeacon* 为 FALSE，MLME 将定位信标，但不会继续跟踪。

如果正在跟踪信标时收到该原语，MLME 将不会丢弃该原语，而是将此原语当作一个新的同步请求。

如果在初始查找阶段或者后续跟踪阶段都无法正确定位信标，MLME 将发布原语 MLME-SYNC-LOSS.indication，其同步失去原因为 BEACON_LOST。

7.1.15.3 MLME-SYNC-LOSS.indication

7.1.15.3.1 服务原语语义

原语 MLME-SYNC-LOSS.indication 表明与协调器失去同步。

原语 MLME-SYNC-LOSS.indication 的语义如下：

```
MLME-SYNC-LOSS.indication    (
                             LossReason,
                             RWSNId,
                             LogicalChannel,
                             ChannelPage,
                             )
```

表 58 规定了 MLME-SYNC-LOSS.indication 原语的参数。

表 58　MLME-SYNC-LOSS.indication 的参数

名称	类型	有效范围	描　述
LossReason	枚举	RWSN_ID_CONFLICT，REALIGNMENT 或 BEACON_LOST	失去同步的原因
RWSNId	整型	0x0000～0xffff	设备与其失去同步的协调器或与其重新关联的协调器的 RWSN 的标识
LogicalChannel	整型	选自 PHY 支持的可用逻辑信道(见 6.2.2)	设备在其上失去同步的或者重新关联的逻辑信道
ChannelPage	整型	选自 PHY 支持的可用逻辑信道页(见 6.2.2)	设备在其上失去同步的或者重新关联的逻辑信道页

7.1.15.3.2 产生条件

原语 MLME-SYNC-LOSS.indication 由设备的 MLME 在设备与协调器失去同步时产生，并向其邻近高层发布。也可以由 RWSN 协调器的 MLME 在检测到 RWSN ID 冲突时产生,并向其邻近高层发布。

如果与 RWSN 协调器关联的设备检测到 RWSN 标识符冲突,并且要通知给 RWSN 协调器,则设备的 MLME 将发布该原语,并设置参数 *LossReason* 为 RWSN_ID_CONFLICT。同样,如果 RWSN 协调器接收到 RWSN ID 冲突通知命令(见 7.3.6),其 MLME 将发布该原语,并设置参数 *LossReason* 为 RWSN_ID_CONFLICT。

如果设备接收到它与之关联的协调器发送的协调器重新关联命令(见 7.3.8),则设备的 MLME 将发布该原语,设置参数 *LossReason* 为 REALIGNMENT,并根据 7.5.3.3.4 的描述设置参数 *RWSNId*、*LogicalChannel*、*ChannelPage*。

无论是在初始查找信标阶段还是在后续信标跟踪阶段,如果设备在发布 MLME-SYNC.request 原语之后的 aMaxLostBeacons 个工作超帧内,设备一直都没有监听到信标或监听到的信标的序列号与设备存储的 NWBSN 值不相符,设备的 MLME 将发布该原语,参数 LossReason 设置为 BEACON_LOST,参数 RWSNId、LogicalChannel 和 ChannelPage 须根据与之失去同步的协调器设置。如果正在跟踪信标,MLME 将不再尝试跟踪信标。

7.1.15.3.3 原语使用

收到 MLME-SYNC-LOSS.indication 原语后,邻近高层就获知了失去同步的信息。

7.1.15.4 与协调器同步的消息序列图

图 26 描述的是设备与协调器同步的消息序列图。

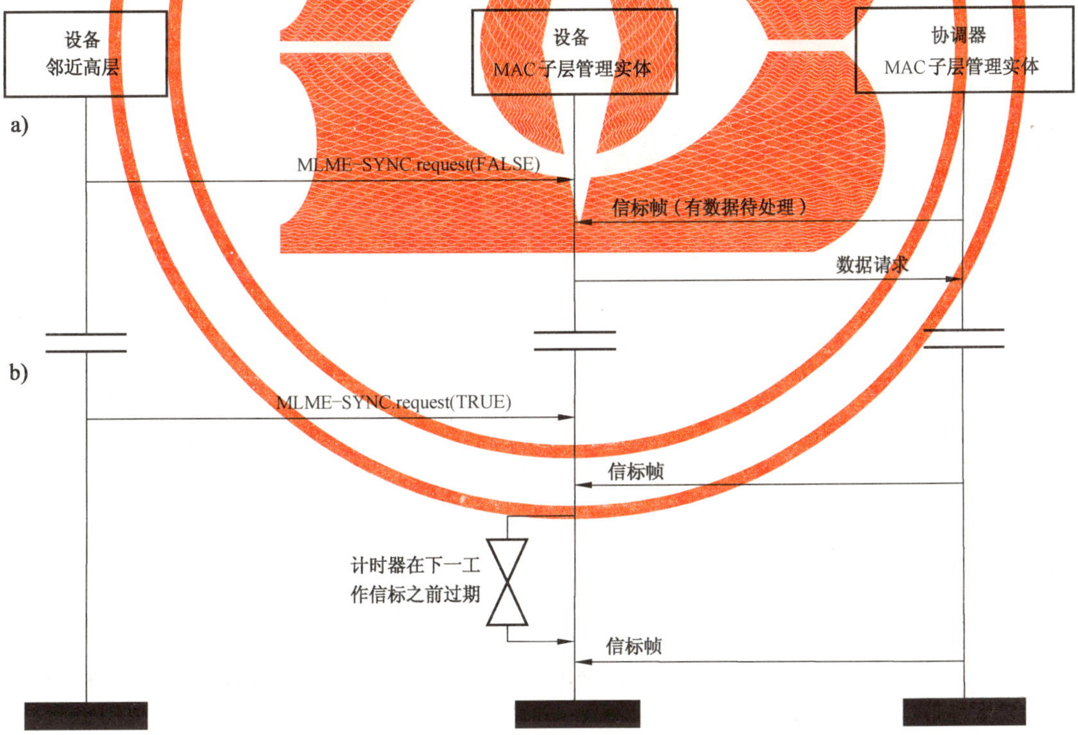

注:图中 a)部分表示发布单个的同步请求。b)部分表示发布跟踪同步请求。

图 26 在信标使能的 RWSN 中与协调器同步的消息序列图

7.1.16 数据请求原语

7.1.16.1 概述

MLME-SAP 数据请求原语定义设备向协调器请求数据的方式。

所有设备都为数据请求原语提供接口。

7.1.16.2 MLME-POLL.request

7.1.16.2.1 服务原语语义

原语 MLME-POLL.request 促使设备从协调器请求数据。

原语 MLME-POLL.request 的语义如下：

```
MLME-POLL.request    (
                     CoordAddrMode,
                     CoordRWSNId,
                     CoordAddress,
                     )
```

表 59 描述了 MLME-POLL.request 的参数。

表 59 MLME-POLL.request 的参数

名称	类型	有效范围	描 述
CoordAddrMode	整型	0x02～0x03	接收原语的协调器的地址方式。取值如下： 0x02 表示 16 比特短地址； 0x03 表示 64 比特扩展地址
CoordRWSNId	整型	0x0000～0xfffe	接收原语的协调器的 RWSN 标识符
CoordAddress	设备地址	由 CoordAddrMode 参数规定。	接收原语的协调器的地址

7.1.16.2.2 原语使用

向协调器请求数据时，邻近高层向其 MLME 发布 MLME-POLL.request 原语。

7.1.16.2.3 收后效果

收到 MLME-POLL.request 原语后，MLME 生成并发送数据请求命令(见 7.3.5)。如果数据请求命令是直接发送给 RWSN 协调器，那么数据请求命令中可以没有任何目的地址信息。否则数据请求命令中总需要有 CoordRWSNId 和 CoordAddress 参数定义的目的地址信息。

如果 CSMA-CA 算法失败而无法发送数据请求命令，MAC 层会丢弃该帧，并发布原语 MLME-POLL.confirm，状态为 CHANNEL_ACCESS_FAILURE。

如果 MLME 成功发送数据请求命令，MLME 等待对方确认。如果没有收到确认，MLME 将发布 MLME-POLL.confirm 原语，状态为 NO_ACK。

如果收到对方确认，并且确认帧的帧待处理子字段为 1，MLME 将请求 PHY 打开接收机。如果确认帧的帧待处理子字段为 0，MLME 将发布 MLME-POLL.confirm 原语，状态为 NO_DATA。

如果来自协调器的帧净荷为 0，或帧为 MAC 命令帧，MLME 将发布 MLME-POLL.confirm 原语，状态为 NO_DATA。如果帧净荷非 0，MLME 将发布 MLME-POLL.confirm 原语，状态为 SUCCESS。这时，数据通过 MCPS-DATA.indication(见 7.1.2.4)原语发给邻近高层。

如果在 *macMaxTotalFrameTxTime* 符号之内仍未收到数据帧，即时数据请求命令的确认帧的帧待处理子字段为 1，MLME 仍将发布原语 MLME-POLL.confirm，状态为 NO_DATA。

如果原语 MLME-POLL.request 中的参数设置不被支持或超出有效范围，MLME 将发布 MLME-POLL.confirm 原语，状态为 INVALID_PARAMETER。

7.1.16.3 MLME-POLL.confirm

7.1.16.3.1 服务原语语义

原语 MLME-POLL.confirm 向协调器报告数据请求的结果。

原语 MLME-POLL.confirm 的语义如下：

```
MLME-POLL.confirm          (
                           status
                           )
```

表 60 描述了 MLME-POLL.confirm 的参数。

表 60 MLME-POLL.confirm 的参数

名称	类型	有效范围	描 述
status	枚举	SUCCESS, CHANNEL_ACCESS_FAILURE, NO_ACK, NO_DATA, COUNTER_ERROR, FRAME_TOO_LONG, INVALID_PARAMETER	数据请求的状态

7.1.16.3.2 产生条件

MLME 向邻近高层发布 MLME-POLL.confirm 原语以响应 MLME-POLL.request 原语。如果请求成功，参数 status 将为 SUCCESS，表明请求数据成功。否则参数的其他值表明有错误。参数的值见 7.1.16.2.3。

7.1.16.3.3 原语使用

邻近高层收到 MLME-POLL.confirm 原语后获知向协调器数据请求的状态。

7.1.16.4 从协调器请求数据的消息序列图

图 27 是设备向协调器请求数据的消息序列图，图中包括设备的层操作以及射频接口。

在图 27a）和图 27b）中，MLME 收到询问请求后，向协调器发送数据请求命令。

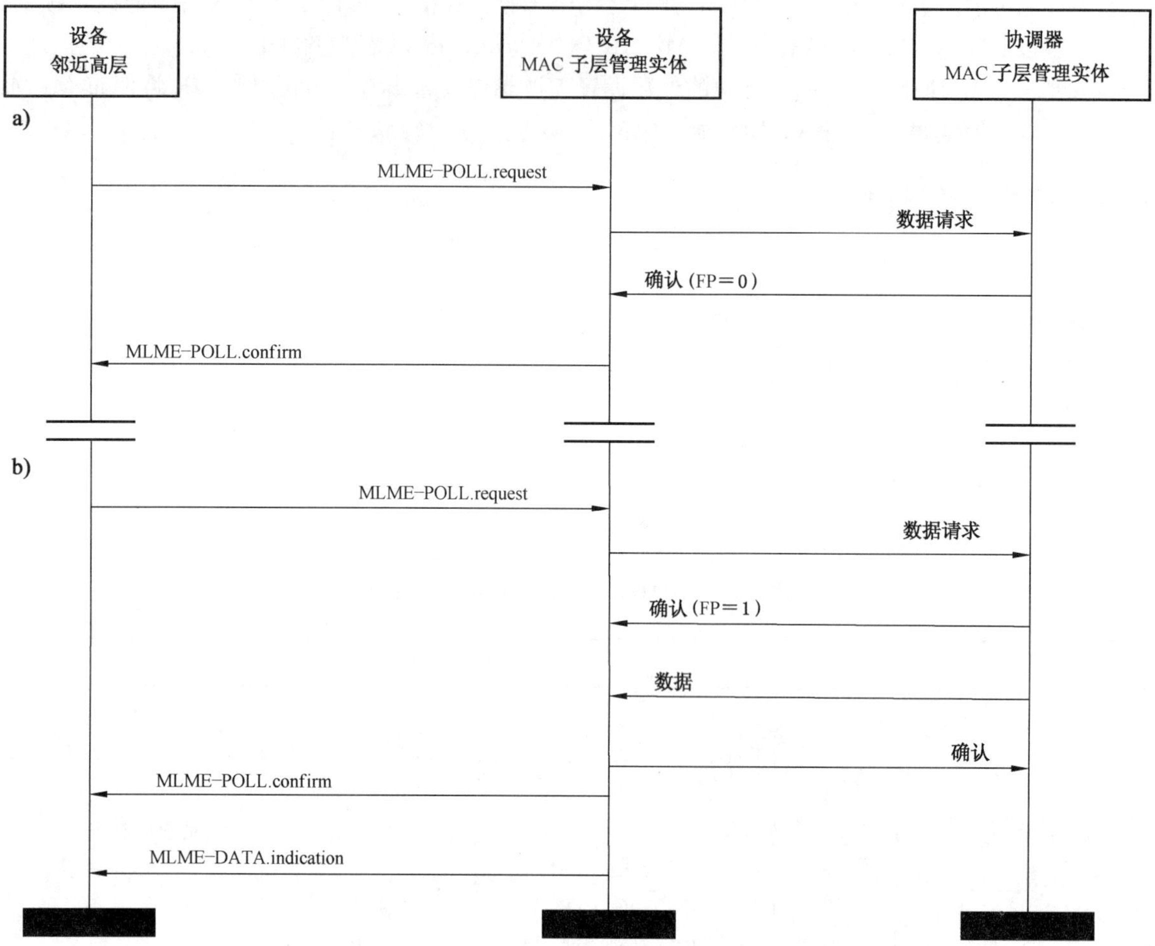

注 1：图中 a)部分，确认帧的帧待处理字段为 0，同时 MLME 立刻发布数据请求的确认。

注 2：图中 b)部分，确认帧的帧待处理字段为 1，MLME 打开接收机接收协调器发送的数据。收到数据帧后，MLME 会向邻近高层发布数据请求确认，同时上传收到的数据。

图 27　向协调器请求数据的消息序列图

7.1.17　枚举型参数

本条详细描述在 MAC 层定义的原语中使用到的枚举参数。表 61 描述了 MAC 层定义的枚举型参数值的含义。

表 61　MAC 枚举型参数值的含义

名称	取值	描　述
SUCCESS	0x00	请求的操作成功完成。对于一个传输请求，该值显示传输成功
—	0x01～0xda，0xfe～0xff	为 MAC 命令状态和原因代码值保留
—	0x80～0xdf	保留
BEACON_LOSS	0xe0	请求同步后丢失信标
CHANNEL_ACCESS_FAILURE	0xe1	由于信道忙，无法进行传输，例如 CSMA-CA 算法失败

表 61（续）

名称	取值	描 述
COUNTER_ERROR	0xdb	发送帧的设备所使用的帧计数器无效
DENIED	0xe2	RWSN 协调器拒绝 SCFP 请求
DISABLE_TRX_FAILURE	0xe3	关闭收发器的请求失败
FRAME_TOO_LONG	0xe5	处理后帧长度超过 *aMaxPHYPacketSize* 或者请求的传输事务太大而不适合在 CAP 或 SCFP 中进行
INVALID_ADDRESS	0xf5	发送数据的请求失败，且原因不在于缺少源地址和目的地址
INVALID_SCFP	0xe6	因为指定的 SCFP 没有传输 SCFP 的方向，或未定义 SCFP，致使请求的 SCFP 传输失败
INVALID_HANDLE	0xe7	在事务表中没有找到请求所需要的 MSDU 句柄，就请求从事务队列中清除 MSDU
INVALID_INDEX	0xf9	由于指定的表格索引超出有效范围，使得无法成功将值写入表中的一个 MAC RIB 属性
INVALID_PARAMETER	0xe8	原语中的参数设置不被支持或超出有效范围
LIMIT_REACHED	0xfa	由于存储的 RWSN 描述符个数达到指定的最大值，提前结束扫描操作
NO_ACK	0xe9	在 macMaxFrameRetries 次重发后，仍未收到确认
NO_BEACON	0xea	扫描操作中没有搜索到任何网络信标
NO_DATA	0xeb	在发出请求之后没有收到任何响应
NO_SHORT_ADDRESS	0xec	因为没有分配到 16 比特短地址而无法进行操作
ON_TIME_TOO_LONG	0xf6	因为指定的符号个数大于信标间隔，造成打开接收机的请求失败
OUT_OF_CAP	0xed	由于打开接收机的请求无法在 CAP 内完成，致使请求失败
RWSN_ID_CONFLICT	0xee	检测到 RWSN 标识符冲突，并通知 RWSN 协调器
PAST_TIME	0xf7	因为无法在当前超帧完成，且不允许推迟到下一个工作超帧，使得打开接收机的请求失败
READ_ONLY	0xfb	标识属性设置为只读的 SET/GET(写或读)请求
REALIGNMENT	0xef	收到协调器重组命令
SCAN_IN_PROGRESS	0xfc	由于 MLME 还在执行先前发起的操作，使得扫描请求失败
SUPERFRAME_OVERLAP	0xfd	基于协调器的计时器，通知设备开始发送信标帧，但传输时间和协调器的传输时间重叠
TRACKING_OFF	0xf8	基于协调器的计时器，通知设备开始发送信标帧，但设备当前并没有跟踪协调器的信标
TRANSACTION_EXPIRED	0xf0	事务停止，相应信息被丢弃
TRANSACTION_OVERFLOW	0xf1	没有足够空间存储事务

7.2 MAC 帧格式

7.2.1 概述

本条详细描述了 MAC 帧(MPDU)的格式。每个 MAC 帧包括以下几个基本组成：

a) 帧头：包括帧控制信息、帧序列号、地址信息和安全信息；

b) 净荷：长度可变，具体内容由帧类型决定。确认帧不包含净荷；

c) 帧尾：含有校验序列 FCS。

MAC 帧是一系列字段的特定排列。所有帧的格式都是按照 PHY 的发送顺序进行描述，从左到右，最左边的首先发送。在每个字段中，比特位从 0(最左边、最低位)到 k－1(最右边、最高位)编号，总长度为 k 比特。对于长度大于 1 个八位位组的字段，发送给 PHY 时，按照从小到大的八位位组编号进行。

对于所有帧中的保留位，发送时设为 0，接收时则忽略。

7.2.2 MAC 帧的通用格式

7.2.2.1 通用帧格式描述

每个 MAC 帧格式都由帧头、净荷和帧尾三部分组成。其中帧头具有固定的字段排列顺序，但并不是所有的帧都包含地址字段。MAC 帧的一般格式如图 28 所示。

八位位组：2	1	0/2	0/2/8	0/2	0/2/8	0/5/6/10/14	可变	2
帧控制信息	帧序列号	目的设备RWSN标识符	目的地址	源设备RWSN标识符	源设备地址	保留	帧净荷	FCS校验码
		地址信息						
帧头							MAC 净荷	帧尾

图 28 MAC 帧的通用格式

7.2.2.2 帧控制字段

7.2.2.2.1 格式描述

帧控制字段长度为 2 个八位位组，包含的信息有帧类型、地址信息和其他控制标记。帧控制字段格式图 29。

位：0～2	3	4	5	6	7	8～9	10～11	12～13	14～15
帧类型	保留	帧待处理	Ack 请求	RWSN ID 的压缩	保留	帧子类型	目的地址方式	保留	源地址方式

图 29 帧控制字段格式

7.2.2.2.2 帧类型子字段

帧类型子字段长度为 3 比特，设置见表 62。

表 62 帧类型子字段的设置

帧类型值 b_2 b_1 b_0	描 述
000	信标
001	数据
010	确认
011	MAC 命令
100～111	保留

7.2.2.2.3 帧待处理子字段

帧待处理子字段长度为 1 比特，若当前帧发送完后设备还有数据发送给接收方，则该子字段设为 1，否则就设为 0(见 7.5.7.3)。

仅当是信标帧，或是在有信标能力 RWSN 中 CAP 时段的发送帧，该子字段才启用。

在其他情况下，发送时将该子字段设为 0，接收时忽略。

7.2.2.2.4 确认请求子字段

确认请求子字段长度为 1 个比特，它定义了当接收设备收到数据帧或 MAC 命令帧时，是否需要回复确认帧。如果设为 1，仅当接收到的帧通过第三层过滤(见 7.5.7.2)时接收设备才发送确认帧；如果设为 0，接收设备将不会发送确认帧。

7.2.2.2.5 RWSN ID 压缩子字段

RWSN ID 压缩子字段长度为 1 比特，它定义了当 MAC 帧中同时含有源地址和目标地址时，却只有一个 RWSN 标识符信息的情况下，是否发送 MAC 帧。如果该子字段为 1，且目的地址和源地址都存在，则帧中将只包含目的 RWSN 标识符信息，且认为源 RWSN 标识符和目的 RWSN 标识符相同。如果为 0，且目的地址和源地址都存在，帧将同时包含目的和源 RWSN 标识符信息。如果仅有一个地址存在，将设为 0，帧将含有和地址相应的 RWSN 标识符。如果帧中不含有地址信息，该子字段设为 0，帧就不含有 RWSN 标识符。

7.2.2.2.6 帧子类型子字段

帧类型子字段长度为 2 比特，设置见表 63。除数据帧和确认帧之外，其他类型的帧的子类型都为为默认子类型，即帧子类型子字段取值为 00，接收时忽略。

表 63 帧子类型子字段的设置

帧子类型值 b_1 b_0	描 述
00	默认子类型
01	非默认子类型 1
10	非默认子类型 2
11	非默认子类型 3

7.2.2.2.7 目的地址方式子字段

目的地址方式子字段长度为 2 比特,设置(非保留值)见表 64。

如果该子字段为 0,且帧类型子字段也没定义帧是确认帧还是信标帧,源地址方式子字段将为非 0,意味着帧是直接发给 RWSN 协调器的,同时携带有 RWSN 标识符(由源 RWSN 标识符字段定义)。

表 64 目的地址和源地址方式的可能取值

地址方式值 b_1 b_0	描 述
00	RWSN 标识和地址字段都不存在
01	保留
10	地址字段包含 16 比特短地址
11	地址字段包含 64 比特扩展地址

7.2.2.2.8 源地址方式子字段

源地址方式子字段长度为 2 比特,设置见表 64。

如果该子字段为 0,且帧类型子字段没有定义该帧是确认帧,目的地址方式子字段将为非 0,意味着该帧是 RWSN 协调器发送的,同时包含 RWSN 标识(由目的 RWSN 标识符字段定义)。

7.2.2.3 序列号字段

序列号字段长度为 1 个八位位组,它定义了帧的序列标识。

对于信标帧,帧序列号字段定义的是信标帧序列号(BSN)。对于数据帧、确认帧或者 MAC 命令帧,序列号字段将定义的是数据序列号(DSN),用于判断确认帧对应于数据帧或 MAC 命令帧。

7.2.2.4 目的 RWSN 标识符字段

如果帧中有目的 RWSN 标识符字段,它有 2 个八位位组,定义了预期接收帧设备的唯一的 RWSN 标识符。如果设为 0xffff,则表示广播 RWSN 标识,所有正在侦听信道的设备将认为这是一个有效的 RWSN 标识符。

仅当帧控制字段的目的地址方式非 0 时,MAC 帧才包含该字段。

7.2.2.5 目的地址字段

如果存在,目的地址字段的长度为 2 或 8 个八位位组,具体长度由帧控制字段(见 7.2.2.2.7)的目的地址方式子字段的值决定,定义了帧接收设备的地址。如果设为 16 比特的 0xffff,表示是广播短地址,所有正在侦听信道的设备认为这是一个有效的 16 比特短地址。

仅当帧控制字段的目的地址方式子字段非 0 时,MAC 帧才包含该字段。

7.2.2.6 源 RWSN 标识符字段

如果存在,源 RWSN 标识字段长度为 2 个八位位组,定义了帧发送端的唯一的 RWSN 标识符。仅当帧控制字段的目的地址方式子字段非零,且 RWSN ID 压缩子字段为 0 时,MAC 帧才包含该字段。

在关联一个 RWSN 时设备的 RWSN 标识符是确定的,但可以在 RWSN 标识冲突解决过程中发生改变(见 7.5.3.2)。

7.2.2.7 源地址字段

如果存在,源地址字段长度为 2 或 8 个八位位组,具体长度由帧控制字段(见 7.2.2.2.8)的目的地址方式决定,定义了发送端设备的地址。

仅当帧控制字段的源地址方式子字段非 0 时,MAC 帧才包含该字段。

7.2.2.8 帧净荷字段

帧净荷字段长度可变,包括了独立帧类型的相关信息。如果安全使能子字段为 1 时,帧净荷被保护。

7.2.2.9 FCS 字段

FCS 字段长度为 2 个八位位组,包含 16 比特 ITU-T CRC,是通过计算帧头和 MAC 净荷得到的。

FCS 是通过 16 位标准生成多项式计算而得:

$$G_{16}(x)=x^{16}+x^{12}+x^{5}+1 \qquad \cdots\cdots(4)$$

传输前需要计算 FCS,算法如下:

——用多项式 $M(x)=b_0x^{k-1}+b_1x^{k-2}+\cdots+b_{k-2}x+b_{k-1}$ 表示需要进行运算的比特序列。

——将 $M(x)$ 式乘以 x^{16},得到多项式 $x^{16}\times M(x)$。

——$x^{16}\times M(x)$ 被生成多项式 $G_{16}(x)$ 模 2 除,得到余式。

——$R(x)=r_0x^{15}+r_1x^{14}+\cdots+r_{14}x+r_{15}$。

——FCS 字段取余式 $R(x)$ 的各项系数。

其中,二进制多项式就代表字符串,多项式的最高位是字符串的第 1 位。

以一个确认帧为例,其中含有 3 个八位位组的帧头,不含净荷:

0100 0000 0000 0000 0101 0110 [最左边比特位(b_0)首先被传输]

b_0……………………………………………b_{23}

这时,FCS 将按如下进行:

0010 0111 1001 1110

r_0……………………………r_{15} [最左边比特位(r_0)首先被传输]

典型计算过程如图 30 所示。

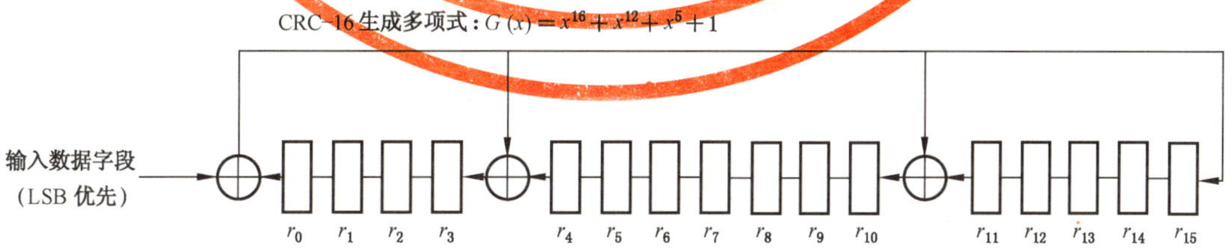

图 30 FCS 的典型计算过程

a) 将余子式寄存器(从 r_0 到 r_{15})初始化为 0;

b) 按照传输的顺序(LSB 先发送)将帧头和净荷移位;

c) 当数据字段的最后一位移到除法器,余式寄存器中数值即为 FCS;

d) FCS 加到数据字段中,故首先发送 r_0。

7.2.3 4种类型的帧格式

7.2.3.1 信标帧

7.2.3.1.1 帧格式描述

信标帧格式见图31所示。

八位位组:2	1	4/10	0/5/6/10/14	2/3	变量	变量	变量	变量	2
帧控制	帧序列号	地址信息	辅助安全头	超帧	SCFP字段	周期分配字段	待处理地址字段	信标负载	FCS
MHR				MAC净荷					MFR

图31 信标帧格式

SCFP字段的格式见图32,周期分配字段见图33,待处理地址字段的格式见图34。

八位位组:1	可变
SCFP规范	SCFP列表

图32 SCFP字段的格式

八位位组:2	可变
周期分配规范字段	周期分配列表字段

图33 周期分配字段的格式

八位位组:1	可变
待处理地址定义	地址列表

图34 待处理地址字段的格式

信标帧各个子字段的顺序和MAC帧的一般格式相同。

7.2.3.1.2 信标帧的MHR字段

信标帧的MHR包括帧控制、帧序列号、源RWSN标识符和源地址。

在帧控制字段中,帧类型子字段的设置指示为信标帧(见表62),源地址方式子字段设为发送信标帧的协调器的地址。如果协调器中有待处理的广播数据帧或命令帧,帧待处理子字段将设为1。其他子字段将设为0,接收时忽略。

序列号字段包含了*macBSN*的当前值。

地址字段仅包含源地址。源 RWSN 标识符和源地址字段将分别包含信标发送设备的 RWSN 标识符和地址。

7.2.3.1.3 超帧规范字段

超帧规范字段长度为 16 比特，格式见图 35。

位:0～2	3～5	6～12	13	14	15
信标顺序	超帧顺序	CAP 的最后一个时隙	周期分配指示	RWSN 协调器	关联许可

图 35　超帧规范字段的格式

信标顺序子字段长度为 3 比特，定义信标的传输间隔。在 7.5.2.1 中阐述了信标顺序和信标间隔的关系。

超帧顺序子字段长度为 3 比特，定义超帧处于活跃(例如，接收机处于使能状态)状态的时间，其中包括信标帧发送时间。超帧指数和超帧长度的关系见 7.5.2.1。

CAP 的最后一个时隙子字段长度为 7 比特，定义 CAP 最后一个可用时隙，同时表明，CAP 的长度应大于或等于 *aMinCAPLength* 规定的值。例外情况是，为了维护 SCFP 需要暂时增加信标帧的长度，这会导致 CAP 长度缩短。

周期分配指示子字段长度为 1 比特。如果该子字段设为 1，则在 MAC 负荷中包含周期分配字段。否则设为 0。

RWSN 协调器子字段长度为 1 比特，如果 RWSN 协调器正在发送信标帧，该子字段设为 1，否则设为 0。

关联许可子字段长度为 1 比特，如果参数 *macAssociationPermit* 设为 TRUE(例如，协调器正在接收与 RWSN 关联的请求)，该子字段设为 1。如果协调器当前关联请求，就设为 0。

7.2.3.1.4 SCFP 字段

SCFP 字段长度为 8 比特，其格式见图 36。

位：0～1	2	3	4	5～7
SCFP 个数	鉴别需求	未经鉴别许可	SCFP 许可	保留

图 36　SCFP 规格字段的格式

SCFP 字段包括：SCFP 个数、鉴别需求、未经鉴别许可、SCFP 许可以及保留字段。其中 SCFP 个数字段由 2 位描述，00、01、10、11 分别代表超帧中有 0、1、2、3 个 SCFP 区域，其他子字段与现有技术类似，不再赘述。

7.2.3.1.5 SCFP 列表字段

SCFP 列表字段包括：设备短地址字段、SCFP 标识符字段、起始时隙字段、持续时隙数字段、跳频参数字段以及数据分片字段，其格式见图 37。

位：0～15	16～20	21～23	24～25	26～33	34～39	40～55	56～71(选)
设备短地址	工作信道参数 r	保留	SCFP1 标识符	起始时隙	持续时隙数	SCFP2 标识符…	SCFP3 标识符…

图 37　SCFP 描述符的格式

具体描述如下：

a) 设备短地址字段表明是设备类别；

b) 工作信道参数，也就是信道选择信息，用于调控节点在第一 SCFP 发送数据帧的信道，该信息由信道选择方案中的跳频算法(S+A)modN 确定；

c) SCFP 标识符字段表示节点所处的 SCFP，01、10、11 分别代表第 1、2、3 个 SCFP；

d) 起始时隙字段的描述字节位包含八位二进制数，可描述到第 255 个时隙；

e) 持续时隙数字段的描述字节包含六位二进制数，是考虑到在第三个 SCFP 中为其他节点分配资源存在着不确定性，增加位数可描述足够多的时隙。

7.2.3.1.6　待处理地址规范字段

待处理地址规范字段的格式见图 38。

位：0～2	3	4～6	7
待处理短地址个数	保留	待处理扩展地址个数	保留

图 38　待处理地址规范字段的格式

待处理短地址的个数有 3 比特，指示了信标帧地址列表中的 16 比特短地址的个数。

待处理扩展地址个数有 3 比特，指示了信标帧地址列表中的 64 比特扩展地址的个数。

7.2.3.1.7　地址列表字段

地址列表字段的大小由信标帧待处理地址规范字段中的数值决定，包含了在协调器中有待处理数据的所有设备的地址列表。地址列表不包括广播短地址 0xffff。

待处理地址最多 7 个，也可能同时包括设备的短地址或扩展地址。列表中扩展地址紧跟在短地址后面。如果协调器能保存 7 个以上的事务，按照先到先服务的原则进行处理，以确保信标中最多包含 7 个地址。

7.2.3.1.8　信标净荷字段

信标净荷字段可选，长度可变，最多可达 *macBeaconPayloadLength* 个八位位组。具体内容由相邻高层定义。macBeaconPayload 中包含的八位位组集将复制到该字段中。协调器规定约定信道和备用信道，该信息放在信标帧负载里面，其中类型标识 01 代表约定信道，10 代表备用信道，见图 39。

位：0～4	5～9	10～11	12～15
信道页	信道编号	类型标识符	保留

图 39　信标负载中的约定信道、备用信道信息

7.2.3.1.9 周期分配规范字段

周期分配字段长度为16比特，其格式见图40。

位：0～7	8～10	11～15
更新设备数目	信标指数(BO)	保留

图40 周期分配规范字段

周期分配字段包括更新设备数目、信标指数和周期分配列表。

其中，更新设备数目字段长度为8比特，指示本信标帧预计更新其工作周期的设备个数。信标指数字段长度为3比特，指示信标指数的大小，其值为macBeaconOrder定义的信标间隔BO，0≤BO≤7。

7.2.3.1.10 周期分配列表字段

周期分配列表字段的大小由信标帧中周期分配规范字段的数值决定。周期分配列表包含的是周期分配描述符，每一个描述符代表更新一个设备的工作周期。每个周期分配描述符的有24比特，其格式见图41。

位：0～15	16～23
设备短地址	超帧时长倍数(MSL)

图41 周期分配描述符

设备短地址子字段长度为16比特，是分配到周期分配描述符的设备的短地址。

超帧时长倍数子字段长度为8比特，指分配给该设备短地址所对应的设备的工作周期时长是超帧时长 $aBaseSuperframeDuration * 2^{BO}$ 的MSL倍，其中1≤MSL≤MaxMSL。

7.2.3.2 数据帧

7.2.3.2.1 帧格式描述

数据帧格式见图42。

八位位组：2	1	(见7.2.3.2.2)	0/5/6/10/14	可变	2
帧控制	序列号	地址字段	保留	数据净荷	FCS
MHR				MAC净荷	MFR

图42 数据帧格式

数据帧各字段的顺序和一般的MAC帧顺序相同。

7.2.3.2.2 数据帧MHR字段

数据帧的帧头包括帧控制信息、序列号、目的RWSN标识符/地址信息，和/或源RWSN标识符/地址信息。

在帧控制字段中，帧类型子字段的数值指示为数据帧(见表62)。

在帧控制字段中，帧子类型子字段的数值取值见表 65。

表 65 数据帧子类型子字段的设置

帧子类型值 b_1 b_0	描 述
00	非监测型(默认)数据帧
01	监测型数据帧
10	质疑数据帧
11	更新数据帧

除以下三种场景外，数据帧子类型均设为默认的非监测型数据帧，且需要协调器或设备回发普通确认帧：

a) 当设备向协调器发送监测型数据时，该数据帧子类型设为监测型数据帧，且需要协调器回发普通确认帧和数据接受确认帧；
b) 当收到设备发来监测型数据帧的协调器判定接收到的数据不在置信区间内时，协调器向设备发送包含原数据的数据帧，该数据帧子类型设为质疑数据帧，且需要设备回发数据质疑有效确认帧或数据质疑无效确认帧；
c) 当设备向协调器发送质疑有效确认帧之后，设备需再向协调器发送更新后的数据，该数据帧子类型设为更新数据帧，且需要协调器回发普通确认帧。

序列号的值为 macBSN 当前值。

地址字段包含目的地址字段和/或源地址字段，决定于帧控制字段的设置。

7.2.3.2.3 数据净荷字段

数据帧的净荷是邻近高层请求 MAC 层发送的八位位组序列。

7.2.3.3 确认帧

7.2.3.3.1 帧格式描述

确认帧格式如图 43 所示。

八位位组:2	1	2
帧控制	序列号	FCS
MHR		MFR

图 43 确认帧格式

确认帧中各字段的顺序和 MAC 帧的一般顺序一致，见图 28。

7.2.3.3.2 确认帧 MHR 字段

确认帧的 MHR 只包括帧控制信息和帧序列号。

在帧控制字段中，帧类型子字段的数值指示该帧为确认帧(见表 62)。

在帧控制字段中，帧子类型子字段的数值取值见表 66。

表 66 确认帧子类型子字段的设置

帧子类型值 b_1 b_0	描 述
00	普通(默认)确认帧
01	数据接受确认帧
10	数据质疑无效确认帧
11	数据质疑有效确认帧

除以下四种场景之外,确认帧子类型均设为默认的普通确认帧:

a) 若收到设备发来监测型数据帧的协调器判定接收到的数据在置信区间内,则协调器向设备发送数据接受确认帧。

b) 若协调器收到设备发来的数据质疑无效确认帧,则协调器向设备发送数据接受确认帧。

c) 若设备收到协调器发来的质疑数据帧后,与设备上层核实的结果为数据有误,则设备向协调器数据质疑有效确认帧。

d) 若设备收到协调器发来的质疑数据帧后,与设备上层核实的结果为数据无误,则设备向协调器数据质疑无效确认帧。

如果是响应已接收的数据请求命令,设备将发送确认帧并判断是否有待处理的数据。如果在发送确认帧之前能做出判断(见 7.5.7.4.3),设备就根据判断来设置帧待处理子字段,否则帧待处理子字段设为 1。如果为了响应数据帧或 MAC 命令帧,设备将帧待处理子字段设为 0。

其他子字段将设为 0,接收时忽略。

如果设备收到需要发送确认帧的帧,确认帧的序列号为接收帧的序列号。

7.2.3.4 MAC 命令帧

7.2.3.4.1 帧格式描述

MAC 命令帧格式参见图 44。

八位位组:2	1	见 7.2.3.4.2	0/5/6/10/14	1	可变	2
帧控制	序列号	地址	保留	命令帧标识	命令净荷	FCS
MHR				MAC 净荷		MFR

图 44 MAC 命令帧格式

MAC 命令帧各个字段的顺序与图 28 所示的 MAC 通用帧格式一致。

7.2.3.4.2 MAC 命令帧 MHR 字段

MAC 命令帧的 MHR 包括帧控制、序列号、目的 RWSN 标识符/地址,和/或源 RWSN 标识符/地址。

在帧控制字段中,帧类型子字段的数值指示为 MAC 命令帧(见表 62)。

其他所有子字段的设置则要根据 MAC 命令帧的使用目的。保留字段将设为 0,接收时忽略。

序列号为 macBSN 当前值。

地址字段包含目的地址和/或源地址,这取决于帧控制字段的设置。

7.2.3.4.3 命令帧标识符字段

命令帧标识符字段标识了正在使用的 MAC 命令帧。设置值见表 67 列出的非保留值。

7.2.3.4.4 命令净荷字段

命令净荷字段包含相应的 MAC 命令。每个命令的格式详见 7.3。

7.3 MAC 命令帧

7.3.1 概述

MAC 层定义的命令帧见表 67。FFD 可以传输和接收所有类型的命令帧,例外情况是 SCFP 请求命令。RFD 能传输和接收的命令帧会有一定的限制,见表中有 X 的命令帧。在有信标能力 RWSN 中,只能在 CAP 时段发送 MAC 命令帧,而在不用信标能力 RWSN 中任何时刻都可以。

7.3.1～7.3.7 阐述了 MLME 如何构造各命令帧,MAC 命令帧的接收则要遵循 7.5.7.2 所述规则。

表 67 MAC 命令帧

命令帧标识符	命令名称	RFD		章条号
		Tx	Rx	
0x01	关联请求	X		7.3.2
0x02	关联响应		X	7.3.3
0x03	解关联通知	X	X	7.3.4
0x04	数据请求	X		7.3.5
0x05	RWSN ID 冲突通知	X		7.3.6
0x06	信标请求			7.3.7
0x07	协调器重组		X	7.3.8
0x08	SCFP 请求			7.3.9
0x09	唤醒			7.3.10
0x0a～0xff	保留			—

7.3.2 关联请求命令

7.3.2.1 帧格式描述

关联请求命令允许设备通过 RWSN 协调器或协调器请求与 RWSN 关联。

当未关联设备希望与 RWSN 关联时发送该命令。设备只能通过 RWSN 协调器或协调器与允许关联的 RWSN 关联,并且事先要进行信道扫描。

所有设备都能发送该命令,但是 RFD 不能接收该命令。

管理请求命令的格式见图 45。

八位位组:见 7.2.3.4	1	1
MHR	命令帧标识(见表 67)	性能信息

图 45 关联请求命令格式

7.3.2.2 MHR 字段

帧控制字段的源地址方式子字段设为3(64比特扩展地址)。目的地址方式子字段与协调器发送的信标帧所指示的方式相同。

帧控制字段的帧待处理子字段设为0,接收时忽略,确认请求设为1。

目的RWSN标识符字段含有所要关联的RWSN标识符。目的地址为发送信标帧的协调器的地址,即关联请求命令的接收设备。源RWSN标识符是广播RWSN标识符(例如,0xffff)。源地址为*aExtendedAddress*。

7.3.2.3 性能信息字段

性能信息字段格式见图46。

位:0	1	2	3	4	5	6	7
备用RWSN协调器	设备类型	电源	空闲时打开接收机	保留	保留	保留	分配地址

图46 性能信息字段的格式

备用RWSN协调器子字段长度为1比特,如果设备能成为RWSN协调器,该子字段将设为1,否则设为0。

设备类型子字段长度为1比特,如果设备是FFD,该子字段设为1,否则设为0,指示是RFD。

电源子字段长度为1比特,如果设备使用交流电,该子字段设为1,否则设为0。

空闲时打开接收机子字段长度为1比特,如果设备不能在空闲期间关闭接收机以节省能量,该子字段设为1,否则设为0。

分配地址子字段长度为1比特,如果设备希望协调器在关联后分配一个16比特短地址,该子字段设为1,否则设为0。

7.3.3 关联响应命令

7.3.3.1 帧格式描述

关联响应允许RWSN协调器或协调器将关联请求结果发送给请求设备。该命令只能由RWSN协调器或协调器发给当前请求关联的设备。

不要求RFD能发送该命令,但所有设备都能接收该命令。

关联响应命令的格式见图47。

八位位组:见7.2.3.4	1	2	1
MHR	命令帧标识符(见表67)	短地址	关联状态

图47 关联响应命令格式

7.3.3.2 MHR 字段

帧控制字段的目的地址方式和源地址方式均设为3(64比特扩展地址)。

帧控制字段的帧待处理子字段设为0,接收时忽略,确认请求设为1。

帧控制字段的RWSN ID压缩子字段设为1。根据RWSN ID压缩的值,目的RWSN标识包含

macRWSNId 的值,忽略源 RWSN 标识。目的地址为请求关联设备的扩展地址。源地址为 *aExtendedAddress*。

7.3.3.3 短地址字段

如果协调器无法将请求设备关联到 RWSN,短地址将设为 0xffff,关联状态为失败原因。如果协调器能将该设备关联到 RWSN,该字段为关联后在 RWSN 内通信使用的短地址,直至解关联。

短地址字段为 0xfffe,则表明设备已成功和 RWSN 关联,但还未分配到短地址。这时,设备仍使用 64 比特扩展地址在网内进行通信。

7.3.3.4 关联状态字段

关联状态的取值见表 68。

表 68 关联状态的有效值

连接状态	描 述
0x00	关联成功
0x01	RWSN 容量饱和
0x02	RWSN 访问被拒绝
0x03～0x7f	保留
0x80～0xff	为 MAC 枚举型参数保留

7.3.4 解关联通知命令

7.3.4.1 帧格式描述

RWSN 协调器,协调器或已关联设备都可以发送解关联通知命令。

所有设备都能处理该命令。

解关联通知命令的格式见图 48。

八位位组:见 7.2.3.4	1	1
MHR	命令帧标识(见表 67)	解关联原因

图 48 解关联通知命令格式

7.3.4.2 MHR 字段

根据相应的原语定义的地址方式来设置帧控制字段的目的地址方式。而源地址方式设为 3(64 比特扩展地址)。

帧控制字段的帧待处理子字段设为 0,接收时忽略,确认请求设为 1。

帧控制字段的 RWSN ID 压缩子字段设为 1。根据该子字段的设置,目的 RWSN 标识符将包含 *macRWSNId* 值,同时忽略源 RWSN 标识。如果协调器希望一个已关联设备离开 RWSN,目的地址为该已关联设备的地址。如果一个已关联设备希望离开 RWSN,目的地址为 *macCoordShortAddress*(目的地址方式为 2)或 *macCoordExtendedAddress*(目的地址方式为 3),源地址字段等于 *aExtendedAddress*。

7.3.4.3 解关联原因字段

解关联原因的取值见表 69。

表 69 解关联原因的有效值

解关联原因	描述
0x00	保留
0x01	协调器希望设备离开 RWSN
0x02	设备希望脱离 RWSN
0x03～0x7f	保留
0x80～0xff	为 MAC 枚举型参数保留

7.3.5 数据请求命令

设备发送数据请求命令向 RWSN 协调器或协调器请求数据。

在以下三种情况中会发送该命令。第一种情况是，在有信标能力 RWSN 中，当 *macAutoRequest* 为 TRUE，且协调器的信标帧指使自己有待处理数据，设备将发送该命令。如果设备有待处理数据，协调器就会把设备的地址添加到信标帧的地址列表来指使相应的设备。第二种情况是，收到来自邻近高层的 MLME-POLL.request 原语后，也将发送该命令。第三种情况，收到关联请求命令的确认帧后，设备等待 macResponseWaitTime 后，就向协调器发送该命令。

所有设备都能发送该命令。不要求 RFD 能接收该命令。

数据请求命令的格式见图 49。

八位位组：见 7.2.3.4	1
MHR	命令帧标识(见表 67)

图 49 数据请求命令格式

收到的信标帧指示设备有待处理数据时，设备就发送数据请求命令作为响应，如果信标帧的超帧规范字段(见 7.2.3.1.3)显示该信标来自 RWSN 协调器(见 7.2.2.2.7)，数据请求命令的目的地址方式设为 0(即表示目的地址信息不存在)，否则，就根据目的协调器的特性来设置地址方式。如果数据请求命令包含目的地址信息，则根据 macCoordShortAddress 来设置目的地址方式。如果 macCoordShortAddress 为 0xfffe，即使用扩展位址，目的地址方式将设为 3，目的地址为 macCoordExtendedAddress 的值。否则，将使用短地址，目的地址方式设为 2，目的地址为 macCoordShortAddress 的值。

收到的信标帧指示设备有待处理数据时，设备就发送数据请求命令作为响应，其中源地址方式根据待处理地址方式来设置。如果源地址方式为 2，即使用短地址，源地址为 macShortAddress 的值。否则，将使用扩展地址，源地址方式设为 3，源地址为 aExtendedAddress 的值。

当邻近高层发布 MLME-POLL.request 原语，设备也会发送数据请求命令，这时命令中的目的地址信息由原语规定，并根据 macShortAddress 的值来设置源地址方式。如果 macShortAddress 小于 0xfffe，就使用短地址，否则使用扩展地址。

如果收到的是关联请求命令的确认帧，设备也会发送数据请求命令，根据接收命令的协调器来设置目的地址方式。如果 macCoordShortAddress 为 0xfffe,将使用扩展地址,否则将使用短地址。

如果目的地址方式设为 0(即不存在目的地址信息),RWSN ID 压缩子字段将设为 0,源 RWSN 标识设为 macRWSNId 的值。否则 RWSN ID 压缩子字段将设为 1,在这种情况下,目的 RWSN 标识设为 macRWSNId 的值,而源 RWSN 标识将被忽略。

帧控制字段的帧待处理子字段将设为 0,接收时忽略,确认请求设为 1。

7.3.6 RWSN ID 冲突通知命令

当检测到 RWSN 标识冲突时,设备会向 RWSN 协调器发送 RWSN ID 冲突通知命令。

所有设备都能发送该命令。不要求 RFD 能接收该命令。

RWSNID 冲突通知命令的格式见图 50。

八位位组:见 7.2.3.4	1
MHR	命令帧标识(见表 67)

图 50 RWSN ID 冲突通知命令格式

帧控制字段的目的地址方式和源地址方式设为 3(即为 64 比特扩展地址)。

帧控制字段的帧待处理子字段 0,接收时忽略,确认请求设为 1。

帧控制字段的 RWSN ID 压缩子字段将设为 1,相应地,目的 RWSN 标识为 macRWSNId 的值,而源 RWSN 标识将被忽略。目的地址为 macCoordExtendedAddress 的值,源地址为 aExtendedAddress 的值。

7.3.7 信标请求命令

7.3.7.1 帧格式描述

在主动扫描期间,设备需要定位 POS 内所有协调器,则应发送信标请求命令。该命令对 RFD 可选。若发送该命令的设备需要协调器重新为其分配工作周期,则该设备需将存储的 MSL 值置 1,即工作周期改为默认时长。

信标请求命令的格式见图 51。

八位位组:7	1	2
MHR	命令帧标识(见表 67)	工作周期特征

图 51 信标请求命令格式

7.3.7.2 MHR 字段

目的地址方式设为 2(即 16 比特短地址),源地址方式子字段设为 2(即 16 比特短地址)。

帧控制字段的帧待处理子字段设为 0,接收时忽略,确认请求子字段和安全使能子字段设为 0。

目的 RWSN 标识为广播 RWSN 标识(即 0xffff)。目的地址为广播短地址(即 0xffff)。

7.3.7.3 工作周期特征字段

工作周期字段格式见图 52。

位:0	1~4	5~7	8~15
重新分配工作周期	保留	信标指数	超帧时长倍数

图 52 工作周期字段的格式

重新分配工作周期字段长度为 1 比特,指示信标请求的发送设备是否需要协调器重新为其分配工作周期。若该字段为 1,则收到信标请求的协调器检查工作周期特征字段的信标指数和超帧时长倍数是否与协调器存储的该设备的相应数值相符:若相符,则协调器在下一个信标帧中按照该数值重新为该设备分配工作周期,并更新该设备的 *NWBSN* 位;若不相符,则协调器通知邻近高层重新计算该设备的 MSL 值,并在下一个信标帧中按照新的 MSL 值重新为该设备分配工作周期,并更新该设备的 *NWBSN* 位。若该字段为 0,则协调器忽略信标指数字段和超帧时长倍数子字段。

信标指数字段长度为 3 个比特,指示信标请求的发送设备保存的信标指数的大小,其值为 macBeaconOrder 定义的信标间隔 BO,$0 \leqslant BO \leqslant 7$。

超帧时长倍数子字段长度为 8 比特,指该设备目前的工作周期时长是超帧时长的 MSL 倍,其中 $1 \leqslant MSL \leqslant MaxMSL$。超帧时长倍数和信标指数共同定义了设备工作周期的时长,为 aBaseSuperframeDuration $* 2^{BO} *$ MSL。

7.3.8 协调器重组命令

7.3.8.1 帧格式描述

对于 RWSN 协调器或协调器,当由于收到原语 MLME-START.request 改变了 RWSN 配置属性时,就会发送协调器重组命令。

如果 RWSN 配置属性(即 RWSN 标识、短地址、逻辑信道或信道页)发生改变而发送该命令,则该命令是 RWSN 内的广播命令。

所有设备都能接收该命令。并不要求 RFD 能发送该命令。

协调器重组命令的格式见图 53。

八位位组:17/18/23/24	1	2	2	1	2	0/1
MHR	命令帧标识(见表 67)	RWSN 标识符	协调器短地址	逻辑信道	短地址	信道页

图 53 协调器重组命令格式

7.3.8.2 MHR 字段

如果是向 RWSN 广播,则设为 2(即 16 比特短地址)。源地址方式子字段设为 3(即 64 比特扩展地址)。

帧控制字段的帧待处理子字段为 0,接收时忽略。

如果该命令是发给孤立设备,确认请求子字段设为 1,是向 RWSN 广播,则设为 0。

如果信道页字段存在,帧版本将设为 0x01,否则将按照表 2 的内容来设置。

目的 RWSN 标识符为广播 RWSN 标识(例如,0xffff)。如果该命令是发给非孤立设备,目的地址为非孤立设备的广播短地址(例如,0xffff)。源 RWSN 标识为 *macRWSNId* 的值,源地址是 *aExtendedAddress* 的值。

7.3.8.3 RWSN 标识符字段

RWSN 标识符是协调器在以后通信中要使用的 RWSN 标识符。

7.3.8.4 协调器短地址字段

协调器短地址是 *macShortAddress* 的值。

7.3.8.5 逻辑信道字段

该字段的信息是协调器在以后通信中要使用的逻辑信道。

7.3.8.6 短地址字段

如果协调器重组命令向 RWSN 广播,短地址将设为 0xffff,接收时忽略。

如果协调器重组命令是发给孤立设备,短地址是设备在 RWSN 内通信所使用的短地址。如果设备没有短地址,使用 64 比特扩展地址,该字段设为 0xfffe。

7.3.8.7 信道页字段

如果存在信道页字段,就设为协调器在以后的通信中要使用的信道页。如果新信道页与之前的信道页相同,忽略该字段。

7.3.9 SCFP 请求命令

7.3.9.1 帧格式描述

当已关联设备要求分配一个新 SCFP 或取消已分配的 SCFP,就发送 SCFP 请求命令,但条件是设备的 16 比特短地址应小于 0xfffe。该命令是可选的。

SCFP 请求命令的格式见图 54。

八位位组:7	1	4
MHR	命令帧标识(见表 67)	SCFP 特征

图 54 SCFP 请求命令格式

7.3.9.2 MHR

帧控制域的目的地址模式设为 0(即不存在目的地址信息),源地址模式设为 2(即 16 比特短地址)。

帧控制域的帧未处理字段设为 0,接收时忽略,确认请求设为 1。

源 RWSN 标识是 *macRWSNId* 的值,源地址是 *macShortAddress* 的值。

7.3.9.3 SCFP 特征

SCFP 特征的格式参见图 55。SCFP 特征域格式见图 56。

位:0～3	4	5	6～9	10～13	14～18	19	20	21～23	24～31
SCFP 长度	SCFP 方向	特征类型	突发长度	数据到达速率	时延要求	分配类型	保留	信标指数	超帧时长倍数

图 55 SCFP 特征格式

位:0~3	4	5	6~9	10~13	14~18	19	20	21~23	24~31
SCFP长度	SCFP方向	特征类型	突发长度	数据到达速率	时延要求	分配类型	保留	信标指数	超帧时长倍数

图 56　SCFP 特征域格式

SCFP 长度是所请求 SCFP 占据的超帧时隙的个数。

如果请求的 SCFP 只用于接收,SCFP 方向将设为 1。相反,如果只用于发送,将设为 0。设备传输数据帧的方向决定了 SCFP 方向。

如果请求分配 SCFP,特征类型设为 1,而如果是请求取消已分配的 SCFP,则设为 0。

分配类型子字段有 1 个比特,如果 SCFP 请求设备允许与其他设备共享 SCFP,分配类型设为 1。相反,如果不支持共享,则设为 0。如果分配类型设为 0 或 SCFP 方向设为 1,SCFP 请求命令帧不包含突发长度子字段、数据到达速率子字段和时延要求子字段。

突发长度子字段有 4 个比特,是设备在所请求的 SCFP 时隙中将要发送的突发数据的长度(以 bit 为单位)。

数据到达速率子字段有 4 个比特,是设备发送突发数据的速率(以 kbit/s 为单位)。

时延要求子字段有 5 个比特,是设备对在所请求的 SCFP 中传输数据允许的最大时延(以 ms 为单位)。

信标指数字段长度为 3 个比特,指示信标指数的大小,其值为 macBeaconOrder 定义的信标间隔 BO,$0 \leqslant BO \leqslant 7$。

超帧时长倍数子字段长度为 8 比特,指该设备的工作周期时长是超帧时长的 MSL 倍,其中 $1 \leqslant MSL \leqslant MaxMSL$。超帧时长倍数和信标指数共同定义了设备工作周期的时长,为 aBaseSuperframeDuration $* 2^{BO} *$ MSL。

7.3.10　唤醒

7.3.10.1　帧格式描述

在 LE 网络中,如 macHWSLSupport 设为 TRUE、macSLWSupport 设为 TRUE 或者 macRFWSupport 设为 TRUE,协调器应能支持发送唤醒帧,同时终端设备应能支持唤醒帧的解析。协调器发送唤醒帧,用于唤醒终端设备进行数据接收。终端设备接收数据的时间可以是立即,或者唤醒帧净荷中指定的时间。

唤醒帧的格式如图 57 所示。

八位位组:可变	1	6	2
MAC 帧头	命令帧标识(见表 67)	唤醒信息	帧校验

图 57　唤醒帧格式

7.3.10.2　唤醒信息

唤醒信息域携带唤醒帧的信息,格式见图 58。

位:2	14	16	16
数据帧类型	数据发送剩余时间	协调器地址	唤醒设备地址

图 58　唤醒信息域格式

数据帧类型子字段用于指示发送唤醒帧后，协调器发送的数据帧类型。如发送的帧为单播帧，则此域设为00，如需要发送的帧为广播帧，则此域设为01。

数据发送剩余时间子字段用于指示当前时刻到协调器发送数据帧的传输时刻的剩余时间长度，单位为10个符号的传输时间长度，此子字段的取值范围为0x0000～0xffff。由高层设置AW唤醒帧中此子字段的数值，如为单播唤醒帧，此域设为0；广播唤醒序列中的最后一个广播唤醒帧，此域也设为0。

协调器地址子字段用于指示唤醒帧发送的源地址，非本网络的设备接收到此唤醒帧，查询此域，地址不符，则并不被唤醒。

唤醒设备地址(可以有多个)子字段用于指示协调器需要唤醒的终端设备地址，当且仅当数据帧类型子字段标识此唤醒帧为单播唤醒帧时有效。接收到单播唤醒帧的终端设备，查询此域，若非本设备地址，并不被协调器唤醒。

7.4 MAC 常量和 RIB 属性

7.4.1 MAC 常量

MAC 层所涉及到的特征常量见表70。

表70 MAC 常量

常量	描述	取值
aBaseSlotDuration	当超帧顺序为0时，一个超帧时隙包含的符号数(见7.5.2.1)	60
aBaseSuperframeDuration	当超帧指数等于0时，一个超帧包含的符号数	*aBaseSlotDuration* * *aNumSuperframeSlots*
aExtendedAddress	分配给设备的64比特扩展地址	由设备定义
aSCFPDescPersistenceTime	设备侦听其工作信标中是否含有其SCFP分配信息的的最大次数	4
aMaxBeaconOverhead	MAC层能在信标帧MAC净荷添加的最大八位位组数	75
aMaxBeaconPayloadLength	信标净荷的最大八位位组数	*aMaxPHYPacketSize-aMaxBeaconOverhead*
aMaxLostBeacons	接收设备连续丢失的工作信标个数达到该值，MAC层就报告和网络和失去同步。若收到序列号与设备存储的NWBSN值不符，认为丢失该信标	4
aMaxMACSafePayloadSize	未保护的MAC帧能容纳的最大MAC净荷八位位组数，但要保证MAC帧长度不超过 *aMaxPHYPacketSize*	*aMaxPHYPacketSize-aMaxMPDUUnsecuredOverhead*
aMaxMACPayloadSize	MAC净荷能容纳的最大八位位组数	*aMaxPHYPacketSize-aMinMPDUOverhead*
aMaxMPDUUnsecuredOverhead	除了安全信息，MAC层向PSDU所能添加的最大八位位组数	25
aMaxSIFSFrameSize	一个MPDU的最大八位位组数，在MPDU后紧随一个SIFS	18

表 70（续）

常量	描述	取值
aMinCAPLength	形成 CAP 的最少符号数。 该参数确保在使用 SCFP 时，MAC 命令能顺利地发送给设备。例外情况是，为了维护 SCFP，需要暂时增加信标帧长度（见 7.2.3.1.4），允许 CAP 长度小于该参数值	440
aMinMPDUOverhead	MAC 能在 PSDU 中添加的最小八位位组数	9
aNumSuperframeSlots	一个超帧的时隙个数	取决于申请发送数据的设备数
aUnitBackoffPeriod	CSMA-CA 算法需要的基本符号数	20
aMaxMSL	信标帧的周期分配字段中，协调器能够分配给设备的超帧时长倍数的最大值	255

7.4.2 MAC RIB 属性

MAC RIB 是管理设备 MAC 层必备的属性。MAC RIB 中所包含的属性见表 71，标有(†)的属性(即只能由 MAC 层来设置)是只读属性，邻近高层只能通过 MLME-GET.request 原语读取。对于其他属性，邻近高层可以分别通过原语 MLME-GET.request 和 MLME-SET.request 进行读写。标有(◆)的属性表示对 RFD 可选，标有(*)的属性表示对 RFD 和 FFD 均是可选。

只读属性 *macAckWaitDuration* 取决于常量的组合和 PHY RIB 属性。常量和属性的关联公式见式(5)，属性 *macMaxTotalFrameTxTime* 由邻近高层设置，并取决于 PHY 和 MAC RIB 属性和常量的组合公式见式(6)。

$$macAckWaitDuration = aUnitBackoffPeriod + aTurnaroundTime + phySHRDuration + \lceil 6 \times phySymbolsPerOctet \rceil \qquad (5)$$

$$macMaxFrameTotalWaitTime = \left[\left(\sum_{k=0}^{m-1} 2^{macMinBE+k}\right) + (2^{macMaxBE} - 1)\right] \cdot (macMaxCSMABackoffs - m) \times aUnitBackoffPeriod + phyMaxFrameDuration \qquad (6)$$

式中：m 是 min(*macMaxBE*－*macMinBE*，*macMaxCSMABackoffs*)。

表 71　MAC RIB 属性

属性	标识符	类型	有效范围	描述	默认值
macAckWait-Duration†	0x40	整型	见式(5)	在传输数据帧完成后，确认帧的最大等待时间。该值由所支持的 PHY 决定，即取决于所选的逻辑信道和信道页。该参数值是 ACK 的开始传输时间和 ACK 帧的长度之和，开始传输时间见 7.5.7.4.3	由所支持的 PHY 决定，主要是参数 *phyCurrentPage*

表 71（续）

属性	标识符	类型	有效范围	描述	默认值
macAssociated-RWSN Coord	0x56	布尔型	TRUE 或 FALSE	该参数显示设备是否通过 RWSN 协调器和 RWSN 关联。如果设备已通过 RWSN 协调器和 RWSN 关联，参数为 TRUE；否则为 FALSE	FALSE
macAssociation-Permit◆	0x41	布尔型	TRUE 或 FALSE	该参数显示协调器当前是否允许关联。如果允许，则参数为 TRUE	FALSE
macAutoRequest	0x42	布尔型	TRUE 或 FALSE	该参数指示了当信标帧中包含设备地址时，设备是否能自动发送数据请求命令。如果可以自动发送数据请求命令，则为 TRUE。	TRUE
macBattLifeExt	0x43	布尔型	TRUE 或 FALSE	该参数指示是否通过减少协调器接收机 CAP 时段的运作时间来延长电源寿命。如果为 TRUE，则使用电池寿命扩展机制。该参数还会影响 CS-MA-CA 算法中的退避指数，见 7.5.2.4	FALSE
macBattLifeExt-Periods	0x44	整型	6～41	在电池寿命扩展方式中，紧随信标的 IFS 后接收机处于使能状态的退避次数，在这段时间，该参数值由所支持的 PHY 决定，是以下三个部分的和： 1：(2^x-1)，式中 x 等于 2，电源寿命扩展方式下 macMinBE 的最大值。即 3 次退避 2：第一个竞争窗口的长度，因此这部分等于 2 次。 3：PHY 前导码和 SFD 的长度加起来，凑成整数个退避时隙	取决于当前选择的 PHY，参数 *phyCurrentPage* 指示了当前 PHY 的设置
macBeaconPay-load◆	0x45	八位位组集	—	信标净荷的内容	NULL
macBeaconPay-loadLength◆	0x46	整型	0-*aMaxB-eacon-Payl-oadLength*	信标净荷的长度（八位位组数）	0
macBeaconOrd-er *◆	0x47	整型	0～7	协调器的信标发送间隔。如果 BO＝7，协调器将不发送信标。信标顺序和信标间隔的关系见 7.5.2.1	7

表 71（续）

属性	标识符	类型	有效范围	描述	默认值
macBeaconTx-Time *◆	0x48	整型	0x000000～0xffffff	设备发送最后一个信标帧的时间，以符号为单位。对于每个信标帧的发送时间，都在帧内同一个符号边缘开始计时，该位置与具体实现有关。 该参数是 24 比特，精度最少为 20 比特，后 4 位是最低位	0x000000
macBSN◆	0x49	整型	0x00～0xff	加到发送信标帧的帧序列号	在有效范围内的随机数值
macCoordExten-dedAd-dress	0x4a	IEEE 地址	64 比特扩展地址	与设备关联的协调器的 64 比特扩展地址	—
macCoordShort-Address	0x4b	整型	0x0000～0xffff	与设备关联的协调器的 16 比特短地址。0xfffe 表示协调器只使用 64 比特扩展地址。0xffff 表示该值未知	0xffff
macDSN	0x4c	整型	0x00～0xff	发送数据帧或 MAC 命令帧时帧的序列号	在有效范围内的随机数值
macSCFPPermit *	0x4d	布尔型	TRUE 或 FALSE	如果 RWSN 网协调器接受 SCFP 请求，参数为 TRUE，否则为 FALSE。	TRUE
macMaxBE	0x57	整型	3～8	CSMA-CA 算法中退避指数 BE 的最大值。BE 的详细内容见 7.5.2.4	5
macMaxCSMA-Backoffs	0x4e	整型	0～5	CSMA-CA 算法中最大退避次数，如果退避达到该值，则信道竞争失败	4
macMaxFrameTotal-WaitTime	0x58	整型	见式(5)	等待帧的最大时间。帧是数据请求帧的确认帧，或是紧随帧待处理设为 1 的信标后的广播帧。等待时间以符号为单位，在有信标能力 RWSN 中是 CAP 的最大符号数，而在不用信标能力 RWSN 中则是最大的符号数。属性只能由邻近高层来设置，取值由 macMinBE、macMaxCSMA Backoffs、macMaxBE 以及每个八位位组的符号数决定	取决于当前选择的 PHY，参数 *phyCur-rentPage* 指示了当前 PHY 的设置

表 71（续）

属性	标识符	类型	有效范围	描述	默认值
macMaxFrame-Retries	0x59	整型	0～7	传输失败后允许重传的最大次数	3
macMinBE	0x4f	整型	0-*macMaxBE*	CSMA-CA 算法中 BE 的最小值。详见 7.5.2.4	2
macMinLIFSPeriod *		整型	见第 6 章	构成 LIFS 的最小符号数	取决于当前选择的 PHY，参数 *phyCurrentPage* 指示了当前 PHY 的设置
macMinSIFSPeriod *		整型	见第 6 章表 5	构成 SIFS 的最小符号数	取决于当前选择的 PHY，参数 *phyCurrentPage* 指示了当前 PHY 的设置
macRWSNId	0x50	整型	0x0000～0xffff	设备所在 RWSN 的 16 比特标识符。如果为 0xffff，则表示该设备未关联	0xffff
macPromiscuousMode◆	0x51	布尔型	TRUE 或 FALSE	指示 MAC 层是否处于混合方式。如果为 TRUE，说明 MAC 层将接收所有 PHY 收到的帧	FALSE
macResponseWaitTime	0x5a	整型	2～64	在发送请求命令帧后，设备就等待有效的响应命令帧。最大等待时间是 *aBaseSuperframeDuration* 的倍数	32
macRxOnWhen-Idle	0x52	布尔型	TRUE 或 FALSE	该参数表示在空闲期间 MAC 层是否需要打开接收机。在有信标能力 RWSN，该参数只应用于流入超帧的 CAP 内	FALSE
macShortAddress	0x53	整型	0x0000～0xffff	设备在 RWSN 内通信用的 16 比特短地址。如果设备是 RWSN 协调器，该值在建立 RWSN 前就已确定。否则是在关联时由协调器分配。0xfffe 表示设备已关联，但未分配短地址，0xffff 表示设备没有短地址	0xffff

表 71（续）

属性	标识符	类型	有效范围	描述	默认值
macSuperframeOrder * ◆	0x54	整型	0～7	该参数定义了流出超帧活跃部分的长度(包括信标帧)。如果 SO ＝ 7,超帧中的活跃部分只有信标。超帧指数和超帧长度的关系见7.5.3.1.2	7
macSyncSymbolOffset *	0x5b	整型	0x000～0x100	MLME 在某符号边界发送或接收帧的时间,和第一个经过 SFD 的符号时间之间的差值,以符号为单位	由实际情况决定
macTimestamp-Supported *	0x5c	布尔型	TRUE 或 FALSE	该参数表示 MAC 层是否支持流入和流出数据帧的可选时间戳特性	由实际情况决定
macTransactionPersistenceTime◆	0x55	整型	0x0000～0xffff	协调器存储一个事务和并在信标中指示的最大时间,以单位阶段的 macMaxMSL 倍计。这个单位阶段取决于参数 macBeaconOrder， BO。当 0≤BO≤6， 单位阶段是 *aBaseSuperframeDuration* * 2^{BO}。当 BO ＝ 7,单位阶段是 *aBaseSuperframeDuration*	0x01f4
macMLS	0x5d	整型	0～255	表示设备目前的工作周期是超帧时长的 macMLS 倍。在设备接收到携带设备的工作周期分配信息的信标帧后,该值将被更新	
macNWBSN	0x5f	整型	0～255	设备下一个工作信标帧的序列号。在设备接收到该设备的工作信标后,该值将被更新	
WorkingPeriodSpec	0x60	位图	见 7.2.3.1.9	周期分配规范	
WorkingPeriodList	0x61	位图	见 7.2.3.1.10	周期分配列表	
macAWPeriod	0x60	整型	0x000～0xfff	终端设备周期信道采样侦听的周期,单位为 10 个符号的传输时间	0
macHWSLSupport	0x61	布尔型	TRUE 或 FALSE	标识 LE 网络中的设备是否支持 HWSL 唤醒机制,TRUE 为支持	TRUE

表 71（续）

属性	标识符	类型	有效范围	描述	默认值
macHWSLWakeupInterval	0x62	整型	0～*aMaxPHYPacketSize*	HWSL 唤醒序列中，连续两个唤醒帧之间侦听信道的时间长度，单位为 1 个字节的传输时间	0
macHWSLMaxInterval	0x63	整型	*macAWPeriod*～0xffff	HWSL 唤醒序列的最长持续时间，单位为 10 个符号的传输时间	macAWPeriod
macLEenabled	0x64	布尔型	TRUE 或 FALSE	标识网络是否支持低功耗模式，TRUE 为支持	TRUE
macRFWminpulsewidth	0x65	整型	0～*aMaxPHYPacketSize*	RFW 脉冲序列中每一个脉冲的最小宽度，单位为 1 个字节的传输时间	0
macRFWpulseInterval	0x66	整型	0 ～*aMaxSIFSFrameSize*	RFW 脉冲序列中，连续两个脉冲之间时间长度，单位为 1 个字节的传输时间	0
macRFWWakeupfactornum	0x67	整型	0x000～0xfff	RWSN 中唤醒因子个数，由中心管理机为每个 RWSN 分配并由协调器下发，确定预唤醒设备所属的 RWSN 网络，不同 RWSN 具有不同的预设唤醒因子	0
macRFWSupport	0x68	布尔型	TRUE 或 FALSE	标识 LE 网络中的设备是否支持 RFW 唤醒机制，TRUE 为支持	TRUE
macSLWSupport	0x69	布尔型	TRUE 或 FALSE	标识 LE 网络中的设备是否支持 SLW 唤醒机制，TRUE 为支持	TRUE
macDataAckWaitDuration	0x70	整型	0x0000～0xffff	设备向协调器发送的监测型数据帧完成后，数据接受确认帧的最大等待时间。该值为 aBaseSuperframeDuration * 2^{BO}，其中 0≤BO≤6；当 BO=7，等同于 BO=0 时的取值	0x01f4

7.5 MAC 功能概述

7.5.1 概述

本条详细描述 MAC 的功能。在 7.5.2 中描述两种信道访问机制:基于竞争的访问机制和非竞争的访问机制,前者是设备以完全分布式的形式利用 CSMA-CA 退避算法来访问信道,而后者是由 RWSN 协调器分配时隙来实现。

在 7.5.3 中描述如何生成并维护一个 RWSN 的机制。设备通过扫描信道获得信道当前的状况,并在自身的个人操作空间(POS)内定位所有的信标帧,或定位一个自己失去同步的信标。在生成一个新的 RWSN 前,先利用信道扫描的结果选择一个恰当的逻辑信道,以及未被其他 RWSN 使用的 RWSN ID。由于具有相同 RWSN ID 两个 RWSN 的 POS 会重叠,所以应有相应的程序来解决这一问题。在扫描信道并选择恰当的 RWSN ID 后,由一个全功能设备(FFD)作为 RWSN 协调器。

在 7.5.4 中描述设备和 RWSN 的关联或解关联机制。

在 7.5.5 中描述设备如何和协调器同步。

在 7.5.6 中描述协调器如何控制多个数据收发。

在 7.5.7 中描述发送、接收以及确认帧的机制,其中包括如何间接地发送和重传。

7.5.2 信道的访问

7.5.2.1 超帧结构

7.5.2.1.1 概述

RWSN 中的协调器能够利用超帧结构来限制带宽。协调器发送的信标帧规定了超帧的结构,它由活跃期和非活跃期两部分组成。在非活跃期间,除了已经申请了需要在非活跃期进行传输的能源非受限设备,其他设备进入休眠状态以省能量。

MAC 的两个 RIB 属性 *macBeaconOrder* 和 *macSuperframeOrder* 描述了超帧的结构。前者描述了协调器发送信标帧的间隔,后者描述了超帧活跃期的持续时间(包括信标帧的长度)。*macBeaconOrder* 的值 BO 和与信标帧发送间隔 BI 的关系为:当 $0 \leqslant BO \leqslant 6$,$BI = aBaseSuperframeDuration * 2^{BO}$ 符号。如果 BO=7,协调器将不会发送信标帧(除非被要求发送信标帧,如:协调器收到信标帧请求命令),且忽略 *macSuperframeOrder* 的值。

MAC RIB 属性 *macSuperframeOrder* 描述了超帧活跃期的长度(包括信标帧)。*macSuperframeOrder* 的值,即 SO,与超帧持续时间 SD 的关系为:当 $0 \leqslant SO \leqslant BO \leqslant 6$,$SD = aBaseSuperframeDuration * 2^{SO}$ 符号。如果 SO=7,紧跟在信标帧后的超帧活跃期长度为 0。如果 BO = 7,就不存在超帧(*macSuperframeOrder* 的值被忽略),*macRxOnWhenIdle* 的值将指示当设备不进行收发时接收机是否处于使能状态。

每个超帧的活跃期有三部分组成:信标帧、竞争时段(CAP)和非竞争时段(CFP),它们被划分成 aNumSuperframeSlots 个等长的时隙,每个时隙的持续时间为 $2^{SO} *$ aBaseSlotDuration。信标帧的传输在时隙 0 的起始处,且不使用 CSMA 算法,CAP 阶段紧跟在信标帧后。时隙 0 的起始定义为信标帧 PPDU 的第一个符号被传输的那一刻。如果超帧中存在 CFP,它紧跟在 CAP 后面,并持续到超帧活跃期结束。CFP 由三个 SCFP 组成,即:SCFP1、SCFP2 和 SCFP3

MAC 层应保证超帧计时的完整性,例如要补偿时钟的偏移。

在使用超帧的 RWSN 中,*macBeaconOrder* 的取值为 0~6,*macSuperframeOrder* 的取值为 0-*macBeaconOrder*。

7.5.2.1.2 CAP

CAP紧随信标帧,并在CFP开始前的时隙边缘结束。如果没有CFP,CAP持续到超帧的活跃期结束。CAP的最小长度为*aMinCAPLength*,特殊情况是为了维护SCFP(见7.2.3.1.4)需要增加信标帧的长度,相应地,应减少CAP的长度,而且能根据CFP的大小自适应地增加或减少CAP的长度。

除了确认帧和紧随数据请求命令的确认帧后发送的数据帧,在CAP阶段发送任何帧都应采用时隙的CSMA-CA机制,设备应确保在CAP结束前的一个IFS之前完成事务的处理(包括所有确认帧的接收),当无法实现时,设备就将发送推迟到下一个工作超帧的CAP阶段。

MAC命令帧一般是在CAP阶段发送。

7.5.2.1.3 CFP

超帧中规定CFP应跟在CAP后面,并在超帧结束前的一个IFS时段(见7.5.2.3)前完成收发操作。在CFP时段,RWSN协调器根据RWSN网络中设备申请时隙的情况以及网络情况,将CFP划分成三个SCFP,即:SCFP1、SCFP2和SCFP3。其中,SCFP1用于节点在协调器初始分配的时隙发送数据,SCFP2用于节点重新发送在SCFP1发送失败的数据,SCFP3用于继续传输节点在该第一SCFP或该第二SCFP未完全发送的数据,包括重新发送在SCFP2发送失败的数据。

在CFP中收发数据无需使用CSMA-CA算法来竞争信道。但设备应确保在自己的SCFP结束前的一个IFS时段(见7.5.2.3)前完成收发操作。

7.5.2.2 流入超帧和流出超帧的计时

在信标使能的RWSN中,不是RWSN协调器的协调器应同时维护它的RWSN协调器发送信标的超帧(流入超帧)的计时,以及自己信标的超帧(流出超帧)的计时。MLME-START.request原语中的参数StartTime定义了这两种超帧计时的相关信息。两种帧的联系如图59所示。

在RWSN中,所有超帧的信标帧顺序和超帧顺序是相等的。所有设备只能在超帧的活跃期和RWSN联系。

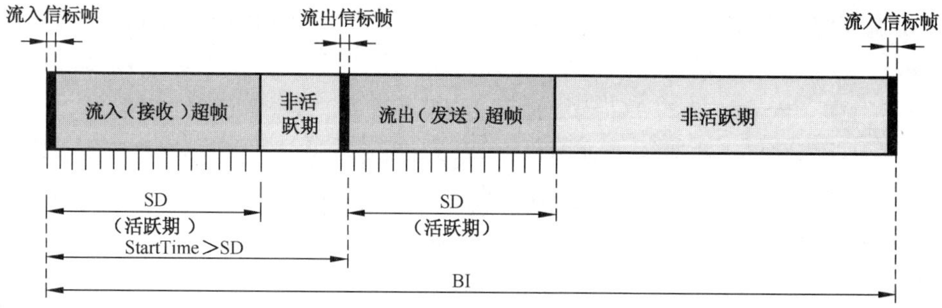

图59 流入信标帧和流出信标帧的联系图

7.5.2.3 帧间间隔IFS

MAC层需要一定的时间来处理PHY收到的数据,所以在连续发送两个帧时,至少要隔开一个IFS(帧间间隔)时段;当邻近帧需要确认时,确认帧和下一要发送的帧也至少要隔开一个IFS。IFS的大小取决于发送的邻近帧的长度。当帧(如MPDU)的长度达到*aMaxSIFSFrameSize*个八位位组时,跟随的帧间间隔为一个SIFS,且长度至少是*aMinSIFSPeriod*;而帧长度大于*aMaxSIFSFrameSize*时,帧间间隔为一个LIFS,最小长度是aMinLIFSPeriod。具体如图60所示。

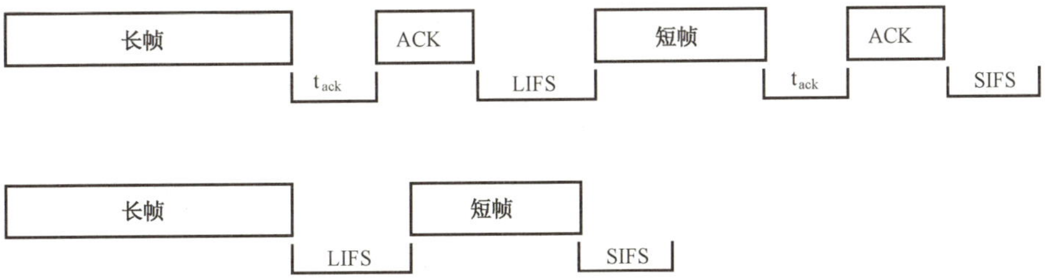

注：$aTurnaroundTime \leqslant t_{ack} \leqslant (aTurnaroundTime + aUnitBackoffPeriod)$

图 60　帧间间隔 IFS

7.5.2.4　CSMA-CA 算法

在 CAP 期间传输数据帧或 MAC 命令帧时，要采用 CSMA-CA 算法来竞争信道，但当帧能够被快速发送并得到及时确认，则可以不采用这一访问机制。在有信标能力 RWSN 中的信标帧、响应帧以及 CFP 期间发送的数据帧均不使用 CSMA-CA 算法，可以直接访问信道。

如果在某个 RWSN 中使用了周期的信标帧，在 CAP 期间进行数据收发时应采用时隙的 CSMA-CA 算法；实现算法时以退避时段为单位，退避时段定义为一个 *aUnitBackoffPeriod* 符号。

在基于时隙 CSMA-CA 的 RWSN 中，每个设备的退避时间的起始应和协调器的超帧一致，即设备开始退避和协调器发送信标帧应同时开始。此外，MAC 层应确保在退避开始时，PHY 也开始传输数据。

在 CSMA-CA 算法中，每个设备需要维护三个重要的参数：*NB*(退避次数)、*CW*(竞争窗口，仅用于时隙 CSMA-CA)、*BE*(退避指数)。*NB* 是退避次数，在发起新的数据传输时初始化为 0。*CW* 是竞争窗口长度，仅用于时隙 CSMA-CA，是每次传输开始前感知信道状态的退避阶段，初始化值是 2，每次感知信道忙时，重新设为 2。*BE* 是退避指数，和设备在访问信道前需等待的退避次数有关。需要注意的是，如果 *macMinBE* 设为 0，在第一次执行算法时是无法避免冲突的。

即使在算法的 CCA 阶段接收端处于使能状态，设备也会丢弃在此期间接收到的任何帧。

图 61 是时隙 CSMA-CA 算法的流程图。

在步骤 1：MAC 层首先初始化 *NB*、*CW*、*BE*，并定位于退避起始边界。

在步骤 2：MAC 层推迟发送数据，并进入退避状态，根据退避指数 *BE* 随机选择退避周期 X_B，其中，$X_B = X \times aUnitBackoffperiod$，$X$ 为在 $0 \sim (2^{BE}-1)$ 中随机选择的整数。

在步骤 3：如果 $X \geqslant 4$，计算中间退避期 $M_B = (X_B) \times (MP)/100$，其中 MP 为单元中间期，是一个与 X 取值有关的随机值。当 $4 \leqslant X \leqslant 10$ 时，*MP* 的值在 30、40、50 和 60 中随机选取，当 $11 \leqslant X \leqslant 31$ 时，*MP* 的值在 10、20、30 或 40 中随机选取；确定中间退避期 M_B 并退避完成后在其边界处执行 CCA，这个过程中只执行一次 CCA，若信道是空闲则进行数据传输，即剩余的退避时间不执行；若信道非空闲则继续退避到退避周期 X_B 结束时进入步骤 4 执行 CCA，此处 CCA 次数由 *CW* 值确定。

如果 $X < 4$ 时，直接退避，进入步骤 4，在退避边界执行 CCA。

在步骤 5：判断信道是否空闲，若信道空闲，则执行 $CW = CW - 1$ 操作，直到 *CW* 为 0 时接入信道成功，若 *CW* 不为 0 时，返回到步骤 4 进行 CCA；如果信道非空闲，则判断 *CW* 是否为 1。如果 *CW* 为 1，则 $CW = 2$，$NB = NB + 1$，$BE = 1$，使其在下次接入信道的时候的退避变小，接入信道概率增大；如果 *CW* 不为 1，则 $CW = 2$，$NB = NB + 1$，$BE = \min(BE + 1, \mathrm{aMax}BE)$。

在步骤 6：对退避次数 *NB* 进行判定，如果退避次数 *NB* 大于 MAC RIB 属性 *macMaxCSMABackoffs* 的值，直接退出算法；如果 *NB* 没有超过 *macMaxCSMABackoffs* 的大小，就返回到步骤 2 继续以上步骤。

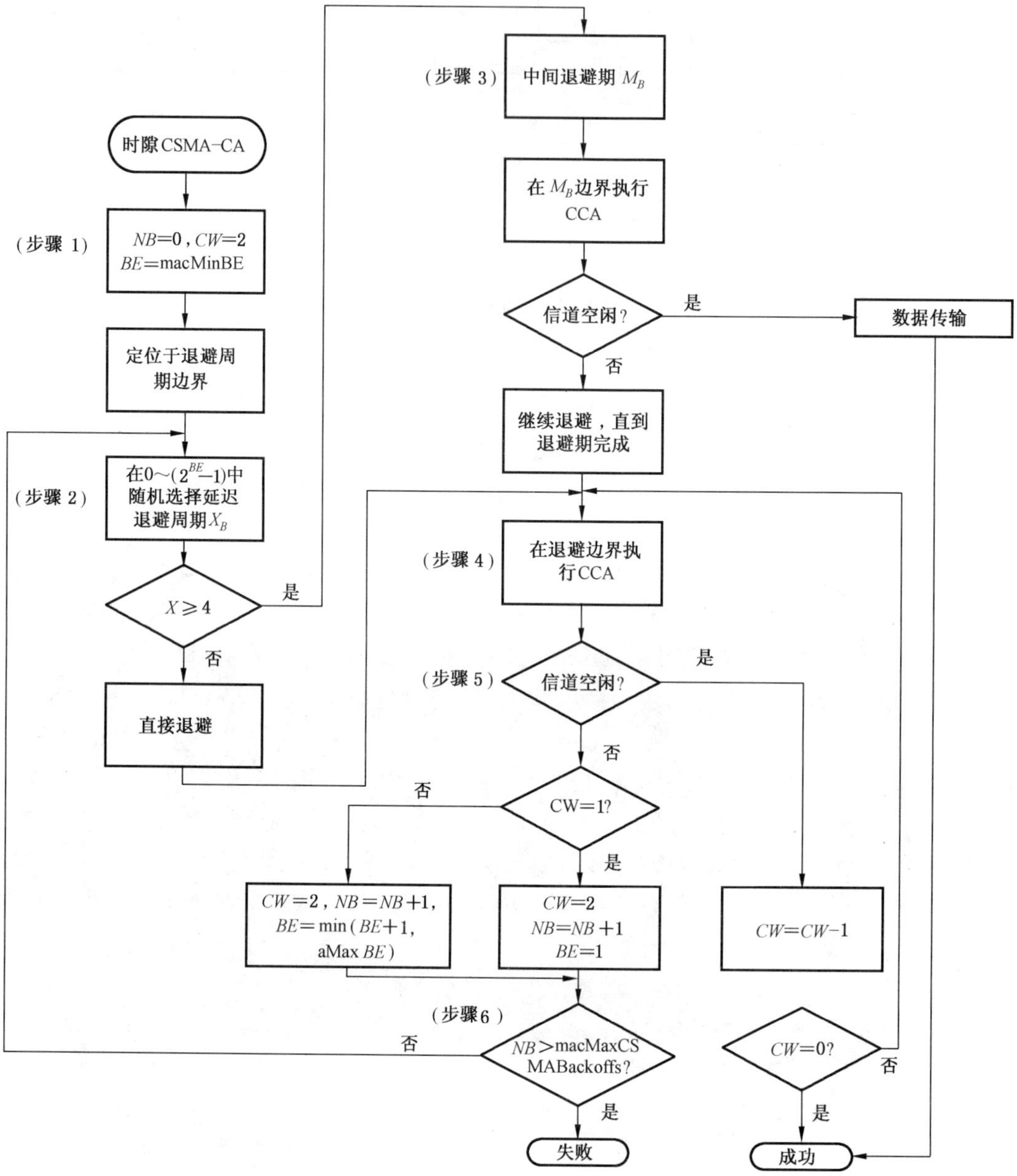

图 61 时隙 CSMA-CA 的流程图

7.5.2.5 信道分配算法

信道分配算法流程如图 62 所示。

在信道分配算法中，协调器维护三个重要的参数：当前超帧的时间参数(S)、设备的标识(A)、设备在跳频模式下的工作信道数量(N)。S 是当前超帧随机而且唯一的时间参数，对于某一个网络而言，网络协调器初始广播的帧序列号作为时间参数。A 是节点标识，对于同一个网络而言，每个设备的地址作为该设备的标识是随机而且唯一的。因为在当前超帧内，协调器只会为当前超帧的工作设备分配 SCFP 时隙，所以协调器只为当前超帧的工作设备分配工作信道，信道分配算法中所说的节点设备均指当前超帧的工作设备。N 是节点在跳频模式下的除备用信道和约定信道外的其他工作信道的数量。

协调器根据设备在跳频模式下的工作信道的数量、设备的标识以及对应于当前超帧的时间参数，由公式(S+A)mod N 计算设备的工作信道标号,在当前超帧内,设备在对应的工作信道上执行数据传输。

判决条件如下:

a) 若协调器判断工作信道标号大于等于约定信道标号或备用信道标号中任一项,则将工作信道标号累加预设数值,直到经过累加的工作信道标号不等于约定信道的标号或备用信道的标号,将经过累加的工作信道标号对应的信道确定为工作信道;

b) 若协调器判断工作信道标号大于等于约定信道标号和备用信道标号,则将工作信道标号累加两倍的预设数值,直到经过累加的工作信道标号不等于约定信道的标号或备用信道的标号,将经过两倍累加的工作信道标号对应的信道确定为工作信道;

c) 若协调器判断工作信道标号小于约定信道标号和备用信道标号,则将节点的工作信道分配为相应的工作信道标号对应的工作信道。

其中预设数值为网络中相邻的工作信道标号之间的差值。

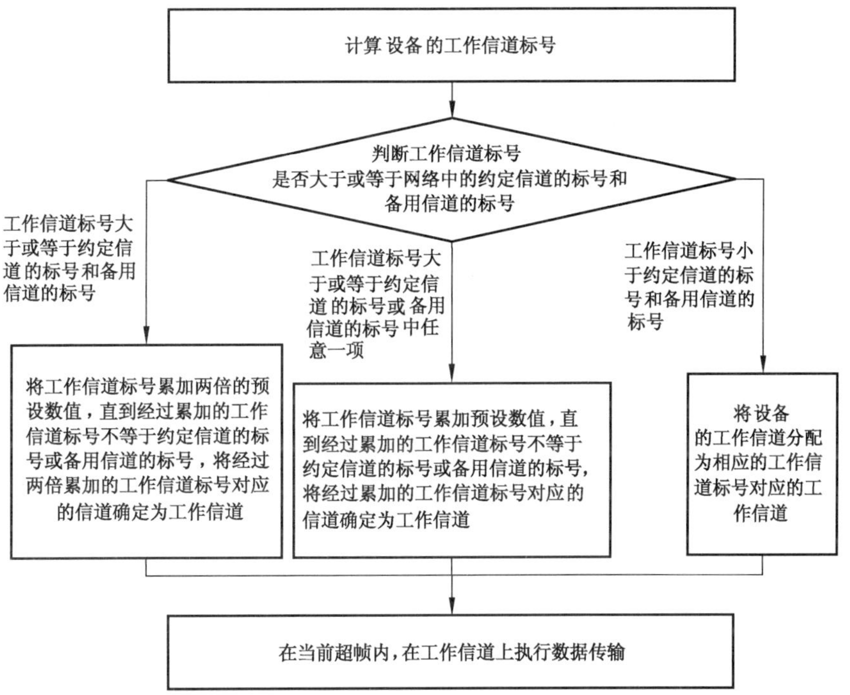

图 62 约定信道和备用信道属于工作信道情况下的信道分配算法

同一超帧的 CFP 被划分为 3 个 SCFP,即 SCFP1、SCFP2 和 SCFP3,SCFP2 用于重新传输节点在 SCFP1 发送失败的数据,SCFP3 用于继续传输节点在该第一 SCFP 或该第二 SCFP 未完全发送的数据,包括重新发送在 SCFP2 发送失败的数据,且每个节点的 SCFP1 中的时隙顺序和 SCFP2 的时隙顺序相同,即相对于一个节点,SCFP1 中的各时隙顺序和 SCFP2 中的各时隙顺序相同,节点在 SCFP1 的某个时隙发送数据失败,则仍在 SCFP2 中的该某个时隙再次发送数据。由于在 SCFP1 和 SCFP2 种使用相同的时隙重发数据,协调器在不同时隙接收到数据时可根据时隙判断该数据的源节点。

若节点在 SCFP1 内发送数据失败,节点并不立即重传,而是根据接收到的协调器广播的信道划分信息,跳至信道质量较好的约定信道,在 SCFP2 对应时隙再次发送该数据。如果仍发送失败,在 SCFP3 再次发送在 SCFP2 中发送失败的数据,节点发送数据失败,有两种情况:一是数据包丢失,二是确认帧丢失,如图 63 非竞争期的重传时隙选择机制所示。

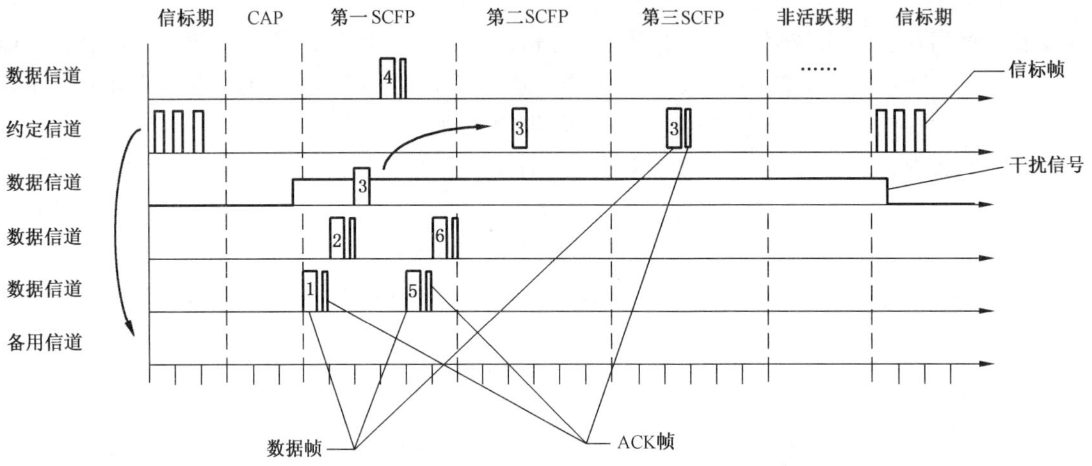

图 63　非竞争期的重传时隙选择机制

7.5.3　RWSN 的建立和维护

7.5.3.1　信道的扫描

7.5.3.1.1　概述

所有的设备都能够对指定的信道进行被动扫描和孤立节点扫描，而 FFD 设备还能进行信道能量检测和主动信道扫描。参数 *phyChannelsSupported* 指明了设备能扫描的信道。

原语 MLME-SCAN.request 产生后，设备就按信道的编号从小到大扫描信道。在扫描期间，设备应推迟发送信标帧，并且只能接收通过 PHY 数据服务得到的帧，一般这些帧和正在执行的扫描操作有关。得到扫描结果后，设备就重新发送信标帧，并通过 MLME-SCAN.confirm 原语返回扫描结果。

7.5.3.1.2　信道能量检测(ED)扫描

设备对每个指定的信道进行 ED 扫描，就能获得该信道的峰值能量。在产生一个新的 RWSN 前，可能成为 RWSN 协调器的设备会指定几个信道，所有设备通过能量检测获得这些信道的峰值能量。扫描期间 MAC 层丢弃所有通过 PHY 数据服务接收的帧。

对指定的逻辑信道进行 ED 扫描是由原语 MLME-SCAN.request 发起的，将参数 ScanType 设置为 ED 扫描。MLME 首先通过设置 *phyCurrentChannel* 和 *phyChannelPage* 切换到该逻辑信道上，然后反复进行 ED 度量，持续时间是[*aBaseSuperframeDuration* $*$ (2^n+1)]，其中 n 是原语中参数 ScanDuration 的值。MLME 发布原语 PLME-ED.request 来实现 ED 度量，并返回一个有效值。在进入下一个信道扫描时，应保存扫描过程中获得的最大 ED 度量值，设备的存储个数的有效范围是 1 至指定扫描的信道个数。

当存储的数目等于要求的信道数或者已经完成每个指定逻辑信道的能量度量，停止 ED 扫描。

7.5.3.1.3　主动信道扫描

设备通过主动信道扫描，能够搜索到自己 POS 内可以发送信标帧的所有协调器。

预期的 RWSN 协调器可利用这一结果在建立新的 RWSN 前选择一个 RWSN ID，普通设备则利用扫描结果进行关联。

扫描期间 MAC 层只接收通过 PHY 数据服务接收到的信标帧。当设备收到信标帧，且帧中为处理地址列表中有自己的地址，设备就不能提取待处理数据。

在主动扫描前，MAC 层应存储 *macRWSNID* 的属性值，并在扫描期间设为 0xffff 以便接收机滤波器接收所有的信标帧，而不局限于设备所在 RWSN 的信标帧。扫描结束后，*macRWSNID* 恢复扫描前的设置。

将原语 MLME-SCAN.request 的参数 ScanType 设置为主动扫描，就能对指定的逻辑信道进行主动扫描。扫描过程：首先通过设置 *phyCurrentChannel* 和 *phyCurrentPage* 的属性切换到相应的逻辑信道，并发送信标帧请求命令；发送成功后，设备就打开接收机，使能状态的持续时间不能大于规定的最大时间，即[*aBaseSuperframeDuration* $*$ (2^n+1)]，其中 n 是参数 *ScanDuration* 的属性值，即扫描的持续时间。扫描过程中，设备只接收信标帧，并记录 RWSN 描述符结构(见表 39 中信标帧的信息。在参数 *macAutoRequest* 设置为 TRUE 的前提下，当收到信标帧，MAC 层就存储 RWSN 描述符结构列表，直至扫描结束，再利用原语 MLME-SCAN.confirm 参数 *RWSNDescriptor* 把它递交给邻近高层。设备的存储能力的有效范围是 1 至规定的 RWSN 描述符的最大个数。如果接收到的信标帧含有一个 RWSN 标识符和一个源地址，且在当前扫描信道中还没找到该地址，就认为该信标帧是唯一的。相反，当参数 *macAutoRequest* 是 FALSE 时，接收到信标帧后，就通过独立原语 MLME-BEACON-NOTIFY.indication 把每一个保存的 RWSN 描述符递交给邻近高层。当接收的信标帧含有 1 个或多个八位位组的净荷时，设备也会执行如上的操作。

在有信标能力 RWSN 中，协调器收到的信标请求命令后，会解析信标请求命令的内容，但不发送单独的信标帧，而继续发送周期性信标帧。而在不用信标能力 RWSN 中，协调器就会采用非时隙的 CSMA-CA 算法发送一个单独的信标帧。

如果 *macAutoRequest* 是 TRUE，当发现的信标帧个数等于规定的最大值(即设备一次能够进行扫描的信道的最大个数)，或是对某信道的扫描时间达到了规定的扫描持续时间，就中止对该信道的主动扫描。而如果 *macAutoRequest* 是 FALSE，只有在达到扫描时间后，才能中止对某一特定信道的主动扫描，相反，就认为该信道还没有进行扫描。

当 *macAutoRequest* 是 TRUE 时，保存的 RWSN 描述符的数目等于规定的最大值(即设备一次能够进行扫描的信道的最大个数)，或是指定的可用信道均已扫描完毕，整个主动信道扫描程序才会中止。如果 *macAutoRequest* 是 FALSE，只有在对每个信道进行主动扫描后，才会结束主动扫描程序。

7.5.3.1.4 被动信道扫描

和主动信道扫描一样，设备通过被动信道扫描搜索自己通信范围内可以发送信标帧的所有协调器。不同的是，设备并不发送信标帧请求命令。在关联之前设备可以使用被动信道扫描。

在扫描期间，MAC 层只接收通过 PHY 数据服务得到的信标帧。如果扫描设备发现信标帧的待处理地址列表中含有自己的地址，就不会提取待处理数据。

在被动扫描前，MAC 层应存储 *macRWSNID* 的属性值，并在扫描期间设为 0xffff 以便接收机滤波器接收所有的信标帧，而不局限于设备所在 RWSN 的信标帧(见 7.5.7.2)。扫描结束后，*macRWSNID* 恢复扫描前的设置。

将原语 MLME-SCAN.request 的参数 *ScanType* 设置为被动扫描，设备就能对指定的逻辑信道进行被动扫描。扫描过程为：设备首先通过设置 *phyCurrentChannel* 和 *phyCurrentPage* 的属性切换到相应的逻辑信道，然后打开接收机，且使能状态的持续时间不能大于规定的最大时间，即[*aBaseSuperframeDuration* $*$ (2^n+1)]，其中 n 是参数 *ScanDuration* 的属性值，即扫描的持续时间。扫描过程中，设备丢弃收到的非信标帧，并记录 RWSN 描述符结构(见 7.1.13.3.1)中所有特定信标帧的信息。在参数 *macAutoRequest* 设置为 TRUE 的前提下，当收到信标帧，MAC 层就存储 RWSN 描述符结构列表，直至扫描结束后，再利用原语 MLME-SCAN.confirm 中的参数 *RWSNDescriptor* 把它递交给邻近高层。设备的存储能力的有效范围是 1 至规定的 RWSN 描述符的最大个数。如果接收到的信标帧含有一个 RWSN 标识符和一个源地址，且在当前扫描信道中还没找到该地址，就认为该信标帧是唯一的。相反，当参数 *macAutoRequest* 是 FALSE 时，接收到信标帧后，设备就通过独立原语 MLME-BEACON-NOTIFY.indication 把每一个保存的 RWSN 描述符递交给邻近高层。扫描一结束，就向邻近高层发布原语 MLME-SCAN.confirm，返回一个无效的 *RWSNDescriptorList*。当接收的信标帧含有 1 个或多个八位位组的净荷时，就发布原语 MLME-BEACON-NOTIFY.indication 向邻近高层递交 RWSN 描述符。

如果 *macAutoRequest* 是 TRUE，当发现的信标帧个数等于规定的最大值(即设备一次能够进行扫描的信道的最大个数)，或是对某信道的扫描时间达到了规定的扫描持续时间，就中止对该信道的被动扫描。而如果 *macAutoRequest* 是 FALSE，只有在扫描时间结束后，才能中止对某一特定信道的被动扫描，相反，扫描时间没有达到最大值，就认为该信道还没有进行扫描。

当 *macAutoRequest* 是 TRUE 时，保存的 RWSN 描述符的数目等于规定的最大值(即设备一次能够进行扫描的信道的最大个数)，或是指定的每个可用信道均已扫描完毕，整个被动信道扫描程序才会中止。如果 *macAutoRequest* 是 FALSE，只有在对每个信道进行被动扫描后，才会结束被动扫描程序。

7.5.3.1.5 协调器信道扫描与选择方法

在信道扫描与选择方法中，协调器负责维护三个参数：待扫描信道队列 Q_i ($i=0,1,2,\cdots$)，信道队列中每个信道经 ED 检测得到的能量等级 E，信道队列中每个信道的能量等级平均值 EAV。

由单个信道扫描时间公式 $Scanduration = aBaseSuperframeDuration\ *\ (2^n+1)$，其中 $0\leqslant n\leqslant 14$，令 $T_s = aBaseSuperframeDuration$，可得到表 72。

表 72 单个信道扫描时间

单位为秒

n	0	1	2	3	4	5	6	7	8	9	10	11	12	13	14
Scanduration	1	3	5	9	17	33	65	129	257	513	1 025	2 049	4 097	8 193	16 387

协调器信道扫描的流程如下：

a) 网络建立时，协调器根据(RWSN Id)mod16 的结果，从信道页 0～15 中对应选择一个信道页，并从该信道页中随机选取 N($N\leqslant 16$)个待扫描信道，从而得到待扫描信道队列 Q_0；

b) 协调器以最短的单个信道扫描时间 $Scanduration = t_s$，即单个信道扫描时间公式[$aBaseSuperframeDuration * (2^n+1)$]中 $n=0$ 时，通过 MLME-SCAN.request 原语对指定某信道页的若干个信道，按信道号由低至高依次进行 ED 扫描，若检测到某个信道能量值小于 ED 门限，则立即停止信道扫描，以此信道作为协调器所在 RWSN 网络初建立时的约定信道。同时通过 MLME-SCAN.confirm 原语报告信道扫描结果，其中，EnergyDetectList 列表包含了已扫描信道的能量等级；

c) 网络建立后，如图 64 所示，协调器在超帧的非活跃期对约定信道(prescribed channel)和候选信道(Candidate Channel)以相等的单个信道扫描时间进行 ED 检测，候选信道为 Q_0 队列中约定信道的后一个信道。此时协调器根据超帧配置，以非活跃期时长 IP(Inactive Period)为依据，结合单个信道扫描时间公式，求得满足不等式 $aBaseSuperframeDuration * (2^n+1)\leqslant IP/2$ 的 n 的最大值(其中 $0\leqslant n\leqslant 14$)，进而确定非活跃期进行信道扫描的单个信道扫描时间。同时，从表 72 中选择为已确定的单个信道扫描时间的整数倍值，以这些整数倍值个超帧时长作为执行信道维护周期。如选定单个信道扫描时间为 3T，则为 3T 整数倍的有 9T，33T，129T，513T，2 049T，8 193T，那么此后分别以 3 个，11 个，43 个，171 个，683 个，2731 个超帧时长为信道维护周期执行信道扫描；

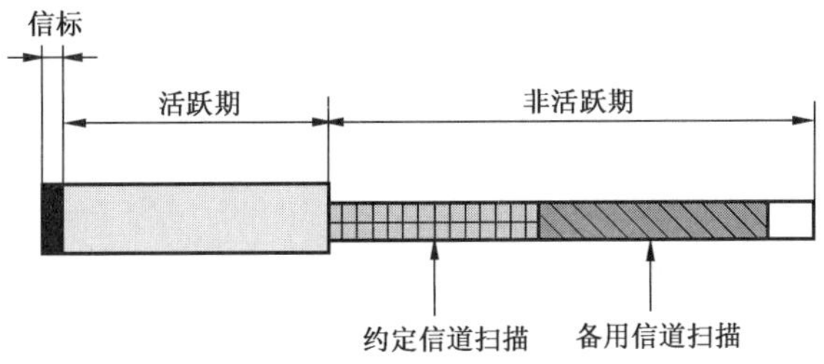

图 64　超帧非活跃期信道扫描结构

d) 开始第一轮信道扫描过程，在非活跃期通过 MLME-SCAN.request 原语指定约定信道和候选信道两个信道进行扫描，扫描结束后比较约定信道的能量等级 Ep 和候选信道的能量等级 Ec，执行信道维护过程，更新约定信道和候选信道，并将更新后的约定信道和候选信道信息插入信标帧负载中。按照此方法依次扫描，直至扫描至 Q_0 队列中的最后一个信道，第一轮信道扫描过程结束，此时按所扫描信道的能量等级 E_i 由低至高排列得到信道队列 Q_1，第一轮信道维护周期为一个超帧时长；

e) 第二轮至最后一轮，依次对前一轮信道扫描得到的队列进行扫描：第二轮依次扫描信道队列 Q_1，第三轮依次扫描信道队列 Q_2…。同理，每个超帧非活跃期内通过 MLME-SCAN.request 原语指定对应待扫描的约定信道和候选信道进行扫描，同时以步骤 2 确定的信道维护周期进行信道维护过程，维护过程中比较信道维护周期间隔内，所扫描约定信道能量等级平均值 EAVp 和候选信道的能量等级平均值 EAVc（EAVp 和 EAVc 分别由维护周期间隔内多个超帧 ED 检测得到的 E_p 和 E_c 取平均值得到），信道维护过程结束后，和第一轮一样，更新约定信道、备用信道和候选信道，并将更新后的约定信道和备用信道信息插入信标帧负载中。每轮信道结束后同样按照每个信道的能量等级平均值 EAV_i（$i=2,3,\cdots$）由低至高排列得到每轮对应的信道队列 Q_i（$i=2,3,\cdots$）。

f) 最后一轮信道扫描结束后，回复至步骤 3，重新开始第一轮信道扫描，如此往复。

信道维护过程如下：

a) 协调器在非活跃期内首先扫描约定信道，随后扫描候选信道，扫描结束后，记录两个信道的能量等级 E_p 和 E_c，同时执行约定信道和候选信道的维护过程，如图 65 所示；

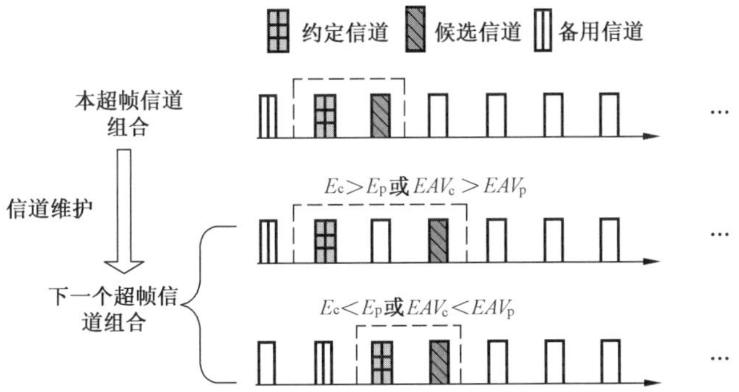

图 65　信道维护过程

b) 若 E_c 大于 E_p，或 EAV_c 大于 EAV_p，则在下一超帧中仍维持当前约定信道作为下一个超帧的约定信道，当前候选信道作为下一个超帧的候选信道，而下一个超帧扫描的候选信道则为本超帧候选信道所在信道队列 Q 中的后一个信道；

c) 若 E_c 小于 E_p，或 EAV_c 小于 EAV_p，则本超帧的候选信道成为下一个超帧的约定信道，本超帧的约定信道成为下一个超帧的候选信道，而下一个超帧所扫描的候选信道则为本超帧中候选信道在信道队列 Q 中的后一个信道。

协调器进行信道扫描与选择过程一个范例的流程如图 66 所示。

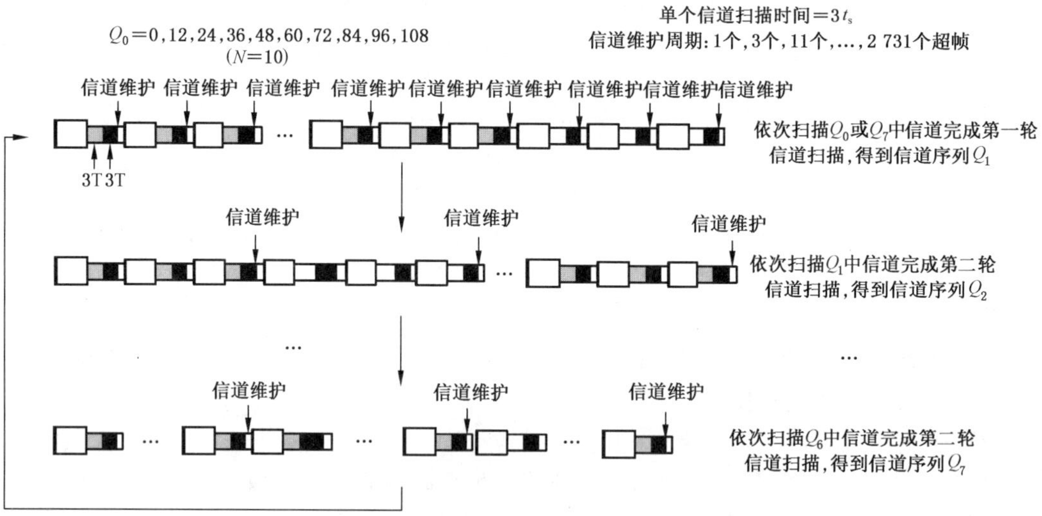

图 66　信道扫描与选择方法流程图

7.5.3.2　RWSN ID 的冲突处理

7.5.3.2.1　概述

在相同通信范围内的两个 RWSN 使用同一个 RWSN ID，就产生了冲突，RWSN 协调器和设备就应执行冲突处理程序，而这一过程对于 RFD 是任选的。

7.5.3.2.2　冲突的检测

当以下情况发生时，RWSN 协调器就判断 RWSN ID 产生冲突：

a) 所收信标帧，其中 RWSN coordinator 位设为 1(见 7.2.3.1.3)，且 RWSN ID 等于 macRWSNID；

b) 收到 RWSN 中关联设备发出的 RWSN ID 冲突通知命令(见 7.3.6)。

与 RWSN 协调器关联的设备则在满足如下条件时判断为 RWSN ID 冲突：

信标帧的 RWSN coordinator 位设为 1，且 RWSN ID 等于 macRWSNID，但地址既不为 *macCoordShortAddress*，也不为 *macCoordExtendedAddress*。

当设备和不是 RWSN 协调器的协调器关联时，无法检测到 RWSN ID 产生冲突。

7.5.3.2.3　冲突的处理

RWSN 中的设备发现 RWSN ID 产生冲突后，就向 RWSN 协调器发送 RWSN ID 冲突的通知命令(见 7.3.6)。由于命令中包含确认请求，协调器收到命令后立即给设备发送确认帧。设备收到确认帧后，MLME 发布 MLME-SYNC-LOSS.indication 原语，其中参数 *LossReason* 设置为 RWSN_ID_CONFLICT。若设备没有及时收到确认，MLME 不会将 RWSN ID 冲突告知邻近高层。

RWSN 协调器检测到 RWSN ID 产生冲突，MLME 就向邻近高层发布原语 MLME-SYNC-LOSS. indication，其中参数 *LossReason* 设置为 RWSN_ID_CONFLICT。高层就会进行主动信道扫描，并利用扫描结果选择一个新的 RWSN ID，然后通过 MLME-START.request 原语，参数 *CoordRealignment* 设为 TRUE，以便重组 RWSN(见 7.5.3.3)。

7.5.3.3 建立和重组 RWSN

7.5.3.3.1 概述

本条内容规定了 RWSN 协调器如何建立和重组 RWSN，以及网络内部设备的重关联。

7.5.3.3.2 建立 RWSN

RWSN 的产生只能由 FFD 完成：FFD 产生 MLME-RESET.request，原语的参数 *SetDfaultRIB* 设置为 TRUE，来复位 MAC 层，并执行主动信道扫描，选择合适的 RWSN ID。要注意一点，FFD 在设置 *macShortAddress* 时，属性值小于 0xffff。从利用主动信道扫描返回的 RWSN 描述符列表中选择合适的 RWSN ID 的算法不在标准的范围内。

RWSN 建立后，FFD 就通过 MLME-START.request 原语(*RWSNCoordinator* 设为 TRUE，*CoordRealigment* 设为 FALSE)控制该 RWSN。MAC 层收到 MLME-START.request 原语后，就更新超帧的结构和信道参数(见 7.5.3.4)，然后向 FFD 发布 MLME-START.confirm 原语，且返回状态是 SUCCESS，该 FFD 就作为 RWSN 的协调器。

7.5.3.3.3 重组 RWSN

当协调器收到原语 MLME-START.request，参数 *CoordRealignment* 设为 TRUE，就发送重组命令，命令中携带 RWSN ID，逻辑信道和信道记录(如果存在)的新信息。

如果协调器已经发送了信标帧，而且参数 *CoordRealignment* 设为 TRUE，下一个信标帧就使用当前的超帧结构，且帧控制字段的帧待处理子字段设置为 1。信标发送完毕后就在当前信道采用 CSMA-CA 机制发送重组命令。

如果协调器没有发送信标帧，且参数 *CoordRealignment* 设为 TRUE，就应立即采用 CSMA-CA 机制在当前信道发送重组命令。

如果信道竞争失败而无法成功发送重组命令，MLME 就向邻近高层发布原语 MLME-START. confirm，状态为 CHANNEL_ACCESS_FAILURE。邻近高层收到后可能会重新发布 MLME-START. request 原语。

如果重组命令发送成功，就会在下一信标中采用新的超帧结构和新的信道参数或是立即采用新参数(前提是协调器还没有没有发送信标帧)，相应地，MAC 层发布原语 MLME-START.confirm，状态是 SUCCESS。

7.5.3.3.4 RWSN 内部结构的重组

设备收到来自和其关联协调器重组命令，MLME 就会发布原语 MLME-SYNC-LOSS.indication，参数 *LossReason* 设置为 *REALIGNMENT*，*RWSNId*、*LogicalChannel*、*ChannelPage* 以及重组命令帧中对应参数的设置相同，同时将自身 MSL 置为默认值 1。协调器的邻近高层会发布 MLME-SYNC-LOSS.indication 原语，且参数 *CoordRealignment* 设置为 TRUE；相应地，不是协调器的设备高层会根据 MLME-SET.request 原语改变超帧结构和信道参数。

7.5.3.4 更新超帧结构和信道 RIB 属性

为了能及时更新超帧结构和信道属性，MLME 将根据原语 MLME-START.request 的参数来设置相应的 RIB 属性，例如：MLME 根据参数 *BeaconOrder* 的属性来设置 *macBeaconOrder*，如果 *macBeaconOrder* 为 15，macSuperframeOrder 也设为 15。在这种情况下，原语构造一个不用信标能力 RWSN。如果 *macBeaconOrder* 的值小于 15，MAC 层就会根据参数 SuperframeOrder 的属性来设置 *macSuperframeOrder*。此外，MAC 层也要分别根据参数 *RWSNId*、*ChannelPage* 和 *LogicalChannel* 的属性及时更新 macRWSNID、*phyCurrentPage* 和 *phyCurrentChannel*，这一过程要连续两次发布原语 PLME-SET.request 来实现。

7.5.3.5 信标帧的生成

只要设备的 *macShortAddress* 不是 0xffff，就能够发送信标帧。

只有当 *BeaconOrder* 的值小于 15，FFD 通过原语 MLME-START.request 开始发送信标帧。

FFD 既可以作为新建 RWSN 的 RWSN 协调器发起信标帧，也可以作为已建 RWSN 的普通设备发起信标帧，而这取决于参数 RWSNCoordinator 的值（见 7.1.14.2）。FFD 只有成功关联到一个已建 RWSN 后，才能在 RWSN 中传输信标帧。

若 FFD 是 RWSN 协调器（*RWSNCoordinator* 设为 TRUE），MAC 层就忽略参数 *StartTime* 的值，并立即发送信标帧。而 *StartTime* 为 0 时，也会促使 MAC 层执行相同的操作。如果 FFD 不是 RWSN 协调器，且 *StartTime* 不为 0，就需要采用以下方法计算信标帧的发送时间：首先将参数 *StartTime* 和退避时隙边缘一致，当 MAC 层收到关联的协调器发送的信标帧，就把接收时刻加到参数 StartTime 上。当本地时钟和所计算的时间相同，MAC 层就发送信标帧。为了计算信标帧的发送时间，MAC 层首先要跟踪关联协调器的信标帧。如果发布了原语 MLME-START.request，参数 *StartTime* 不为 0，MAC 层此时也并未跟踪协调器的信标帧，MLME 就不会发送信标帧，而是发布原语 MLME-START.confirm，状态设置为 TRACKING_OFF。

如果设备连续错过了 1 至（*aMaxLostBeacons* －1）个来自其协调器的工作信标帧，设备将根据 *macBeaconOrder*（见 7.5.3.4）和本地时钟继续发送自己的信标帧。如果设备发送自己的信标帧后收到协调器的信标帧，说明设备没有失去同步，就根据参数 StartTime 和流入信标重新发送自己的信标帧。如果设备与协调器失去了同步，设备的 MLME 将向邻近高层发布原语 MLME-SYNC-LOSS.indication，并立即停止发送自己的信标帧。不论何时收到原语 MLME-SYNC-LOSS.indication 之后，邻近高层可能发布新的 MLME-START.request 原语来重新传输信标帧。

收到 MLME-START.request 原语后，MAC 层将 RWSN 标识符保存到 *macRWSNId*，且在信标帧的源 RWSN 标识符字段中使用该属性值。如果 *macShortAddress* 等于 0xfffe，信标帧源地址字段的地址将为 *aExtendedAddress*，否则为 *macShortAddress*。

在周期性发送信标帧的过程中，协调器需要对每个与之关联的设备维护一个参数：该设备的下一个工作信标帧的序列号 NWBSN。若某个信标帧的序列号与某个已关联设备的 NWBSN 值相等，那么在广播该信标帧的同时，协调器按以下公式更新上述设备的 NWBSN 值：更新后的 NWBSN ＝ 更新前的 NWBSN ＋ 该设备的 MSL 值。协调器发送信标帧之前，先检查其所维护的每个已关联设备的 NWBSN 值与否与当前要发送的信标帧的序列号相等，与之相等的设备即为当前要发送的信标帧所对应的超帧的工作设备。在当前要发送的信标帧的 SCFP 字段、周期分配字段、待转发数据目标地址字段和净荷字段内，只安排其对应超帧的工作设备的相关事务。

信标帧的最新发送时间保存在 *macBeaconTxTime* 中，为了确保在每个信标帧中的保存位置都是相同的符号边缘，需要计算信标帧的发送时间。属性 *macSyncSymbolOffset* 详细规定了符号边缘，它和流入信标帧的时间戳有相同的用法（见 7.5.5.2）。

每个信标帧都在超帧的开始处发送，且发送间隔是 $aBaseSuperframeDuration * 2^n$ 个符号，其中 n 是 *macBeaconOrder* 的值（信标帧的结构见 7.2.3.1）。

信标帧的发送优先级高于其他收发操作。

7.5.3.6 设备的发现

所有协调器通过发送信标帧向其他设备表明自己的存在，这也使其他设备能执行设备发现操作。

当协调器不是 RWSN 协调器时，只有在和 RWSN 成功关联后，才能发送信标帧，其他设备则通过原语 MLME-START.request(*RWSNCoordinator* 设为 FALSE)开始发送信标帧，过程如下：MLME 收到 MLME-START.request，就根据参数 StartTime 的值发送一个信标帧，在该过程中要用到以下参数：关联 RWSN 的 *macRWSNId* 以及设备的地址信息。如果 *macShortAddress* 为 0xffff，就采用扩展地址 *aExtendedAddress*，否则，就采用短地址 *macShortAddress*。每隔 $aBaseSuperframeDuration * 2^n$ 个符号就发送一个信标帧，其中 n 是 *macBeaconOrder* 的值。

7.5.4 关联和解关联

7.5.4.1 关联

设备通过发布原语 MLME-RESET.request(*SetDefaultRIB* 为 TRUE)对 MAC 层复位，并进行主动或被动信道扫描后，才能和 RWSN 关联，其中信道扫描的结果用于选择 RWSN，但如何选择 RWSN 不在标准讨论范围之内。

选择要关联的 RWSN 后，邻近高层就通过原语 MLME-ASSOCIAT.request 请求 MLME 设置 PHY 和 MAC 层的 RIB 属性以便关联：

a) *phyCurrentChannel* 和原语 MLME-ASSOCIAT.request 的参数 *LogicalChannel* 相同；
b) *phyCurrentPage* 和原语 MLME-ASSOCIAT.request 的参数 *ChannelPage* 相同；
c) *macRWSNId* 和原语 MLME-ASSOCIAT.request 的参数 *CoordPABNId* 相同；
d) *macCoordExtendedAddress* 或 *macCoordShorAddress* 取决于欲关联的协调器发送的信标帧，它和 *MLME-ASSOCIATE.request* 的参数 *CoordAddress* 相同。

只有协调器的 *macAssociationPermit* 属性为 TRUE 时，它才允许关联。同样，设备只能通过允许关联的协调器和一个 RWSN 建立关联。*macAssociationPermit* 为 FALSE 的协调器，会忽略收到的关联请求命令。在信道扫描结果中将会指示协调器是否允许关联。

为了优化有信标能力网络的关联过程，设备可以跟踪欲关联的协调器发送的信标帧。这一过程是通过邻近高层发布原语 MLME-SYNC.request(*TrackBeacon* 为 TRUE)实现的。

原语 MLME-ASSOCIATE.request 指示设备和已存在的 RWSN 关联，而不是产生自己的 RWSN。

未关联设备的 MAC 层向已生成的 RWSN 的网络协调器发送关联请求来开始关联操作；如果由于信道接入失败而无法成功发送关联请求，MAC 层就通知邻近高层。协调器应对收到的关联请求发送确认帧。

对关联请求的确认并不意味着允许关联，因为协调器的邻近高层需要时间来判断目前 RWSN 的资源是否足够允许设备关联，且应在 *macResponseWaitTime* 个符号内作出决定。如果协调器的邻近高层发现设备已经和 RWSN 关联，就会删除得到的信息。如果有足够可利用的资源，协调器的邻近高层就会给设备分配一个 16 比特的短地址，而且 MAC 层产生关联响应命令，关联响应命令中包含这个新地址并指示关联成功；相反，如果没有足够可利用的资源，就不能进行关联，协调器的邻近高层将通知 MAC 层，相应地，产生关联响应命令指示关联失败。关联响应命令将间接地发送给请求关联的设备。

若关联请求帧里地址位为 1，协调器将根据支持的地址方式，在地址范围内选择一个 16 比特短地址，否则地址为 0xfffe，在这种情况下，设备虽然已经成功关联但并没有获得一个 16 比特短地址，但在 RWSN 中只能使用 64 比特的扩展地址来标识自己。

设备在收到关联请求的确认帧之后，等待 *macResponseWaitTime* 个信号时间以便协调器做关联请求判断。RIB 属性 *macResponseWaitTime* 是一个与网络拓扑相关的参数，其值符合设备所要关联的网络的特定要求。如果设备正在跟踪信标帧,当收到的信标帧中指示有它的数据时,设备就尝试从协调器提取关联响应帧;如果设备没有跟踪信标帧,设备在 *macResponseWaitTime* 信号时间之后才尝试从协调器提取关联响应帧。如果设备在 *macResponseWaitTime* 信号时间内没有从协调器提取到关联响应帧,MLME 就要向邻近高层发送原语 MLME-ASSOCIATION.confirm,状态为 NO-DATA,关联请求失败。这时,设备的邻近高层通过发送一个参数 *TrackBeacon* 为 FALSE 的原语 MLME-SYNC.request 来终止对信标帧的跟踪。

由于关联响应命令中包含确认请求,请求关联的设备应回复一个确认帧。如果命令帧的关联状态字段的值指示关联成功,设备将命令帧中的 16 比特短地址字段内的地址信息保存到 *macShortAddress*;设备利用短地址在 RWSN 中的通信方式取决于参数 *macShortAddress* 的有效范围。如果扫描后用于关联的信标帧携带了协调器的短地址,关联响应命令帧的 MHR 字段的协调器扩展地址将保存到 *macCoordExtendedAddress*。关联成功后,协调器将在下一个信标帧中为设备分配工作周期。

如果关联相应命令的关联状态字段显示关联失败,设备将 *macRWSNId* 设为默认值 0xffff。16 比特短地址的利用见表 73。

表 73 16 比特短地址的利用

macShortAddress 的值	描 述
0x0000～0xfffd	如果含有源地址,对于信标帧和数据帧,采用短地址,而对于 MAC 命令帧采用其他合适的寻址方式(见 7.3)
0xfffe	如果含有源地址,对于信标帧和数据帧,采用扩展地址,而对于 MAC 命令帧采用其他合适的寻址方式(见 7.3)
0xffff	设备不能关联,所以进行任何的数据收发。而对于 MAC 命令帧采用合适的源地址寻址方式(见 7.3)

7.5.4.2 解关联

当邻近高层向 MLME 发布 MLME-DISASSOCIATE.request 原语,MAC 就执行解关联程序。

如果协调器希望某个已关联的设备离开 RWSN,协调器的 MLME 子层将发送解关联通告命令,发送该命令的方式取决于邻近高层已发送的 MLME-DISASSOCIATE.request 原语中的参数 *TxIndirect*。如果 *TxIndirect* 为 TRUE,协调器将使用非直接传输方式发送解关联通告命令给设备,这意味着解关联通告命令帧将添加到协调器的待处理事务列表,接收设备将采用 7.5.7.3 所描述的方法来提取解关联通告命令,即使接收设备无法成功提取解关联通告命令,协调器也认为设备已经解关联。如果 *TxIndirect* 为 FALSE,协调器将解关联通告命令直接发送给设备,在这种情况下,若信道竞争失败而无法成功发送该命令,MAC 层就会通知邻近高层。

解关联通告命令中包含确认请求(见 7.3.4),接收设备应回复一个确认帧。然而,即使未收到确认帧,协调期也认为解关联成功。

如果已关联设备希望脱离 RWSN,设备的 MLME 将向协调器发送解关联通告命令。若信道竞争失败而无法成功发送命令,MAC 层就会通知邻近高层。由于解关联通告命令中包含确认请求,协调器回复发送确认帧。然而,即使未收到确认帧,设备也认为解关联成功,自己已经脱离该 RWSN。

如果解关联通告命令中的源地址是 *macCoordExtendedAddress*,设备认为自己已经和 RWSN 解关联。如果协调器收到解关联命令,且源地址不等于 *macCoordExtendedAddress*,协调器将验证源地址对应的设备是否已关联设备;如果是,协调器将认为该设备已解关联。若以上条件均不满足,协调器就丢弃该命令帧。

已关联设备通过删除和 RWSN 相关的所有相关信息来解关联；MLME 将参数 *macRWSNId*、*macShortAddress*、*macAssociatedRWSNCoord*、*macCoordShortAddress* 和 *macCoordExtendedAddress* 设置为默认值。协调器通过删除设备的所有相关信息来和设备解关联。

请求解关联设备的邻近高层将通过 MLME-DISASSOCIATE.confirm 原语获得解关联的结果。

7.5.5 同步

7.5.5.1 概述

本条规定了协调器如何生成信标帧以及设备节点如何与协调器进行同步。对于不支持信标帧的 RWSN，设备通过向协调器请求数据来实现同步对于支持信标帧的 RWSN，设备通过接受信标帧并解码来实现同步。在支持信标帧的 RWSN 中，不同的设备将按照不同的工作周期跟踪信标帧。

7.5.5.2 信标同步

在信标使能的 RWSN(即 $macBeaconOrder < 15$)中，为了检测所有待处理数据或跟踪信标帧，所有设备将执行信标同步。只有当信标帧的 RWSN 标识符和参数 *macRWSNId* 规定的相同时，设备才能与该信标帧进行同步。如果 *macRWSNId* 设置为广播 RWSN 标识符(0xffff)，设备不执行信标同步。

原语 MLME-SYNC.request 指示设备跟踪信标帧。如果原语定义了跟踪，设备将获取信标帧，并按照设备的工作周期，周期性的打开接收机以跟踪信标帧保持同步。如果未定义跟踪，设备会在下一信标帧到来时中止同步。

在周期性接收信标帧的过程中，设备需维护自身的一个参数：该设备的下一个工作信标帧的序列号 NWBSN。设备在接收到新的工作信标之后，会按以下公式更新自身存储的 NWBSN 值：更新后的 NWBSN = 更新前的 NWBSN + 该设备的 MSL 值。

为了与信标同步，设备打开接收机搜索信标帧，时间不能超过规定的最长时间：

$[aBaseSuperframeDuration * (2^n + 1)]$，式中 n 是 *macBeaconOrder* 的值，若设备在该时间内未能收到携带设备所在 RWSN 的 RWSNId 的信标帧或收到的信标帧的序列号与设备存储 NWBSN 值不相等，则判定未收到有效信标，MLME 就在下一个工作周期开始时再次打开接收机重复上述搜索过程。一旦未收到有效信标的连续搜索次数达到 *aMaxLostBeacons*，MLME 将向邻近高层发布 MLME-SYNC-LOSS.indication 原语，状态参数为 *BEACON_LOSS*。

MLME 在收到的信标帧的相同码元边缘处计时，位置的选择 *macSyncSymbolOffset* 的属性决定，同时该位置也与流出信标帧计时的码元边缘位置一样，后者取决于 *maxBeaconTxTime* 的属性。计时的数值等于当设备处于码元边缘位置的时间值，所以它是相对时间，不过也可以根据需要变换为绝对时间。

收到信标后，MLME 将提取源地址以及 MAC 帧头中的源 RWSNId 字段的信息，并分别与协调器的源地址(源地址是 *macShortAddress* 还是 *macCoordShortAddress* 取决于寻址方式)和 RWSNId (*macRWSNId*)进行对比，若不匹配，就丢弃该信标帧。

若收到有效信标帧，且 *macAutoRequest* 为 FALSE，MLME 就通过原语 MLME-BEACON-NOTIFY.indication 向上层传送信标帧参数。

当设备收到有周期分配字段的信标帧，且周期分配列表字段包含有自己的设备段地址，则 MLME 就提取周期分配字段的剩余数据，更新自己的工作周期。之后，设备将与协调器广播的下一个信标同步，同时开始进入新的工作周期循环。

如果网络处于信标跟踪状态，则 MLME 会在其下一个工作周期开始之前打开接收机。如果连续不能收到 *aMaxLostBeacons* 个有效信标帧，MLME 将向邻近高层发布 MLME-SYNC-LOSS.indication 原语，状态参数为 *BEACON_LOST*。

7.5.6 事务处理

本条主要针对低成本设备,即设备一般使用电池供电,因此事务的处理请求来自设备而不是协调器,且数据传输一般采用间接方式,即协调器应在信标帧中指示设备有待处理的数据,或由设备询问协调器是否有其待处理的事务。在信标使能的网络里,协调器只会在信标帧中安排该信标帧所对应的超帧的工作设备安排相关事务。

当协调器的邻近高层发布原语 MCPS-DATA.request,或是 MLME 请求发送 MAC 命令(一般 MAC 命令由邻近高层发布的原语产生,如 MLME-ASSOCIATE.request,见 7.1.4.2),协调器开始处理事务。事务处理完毕,MAC 层就给邻近高层返回状态值。如果请求原语发起间接传输,就要使用相应的确认原语返回状态值。相反,如果响应原语发起间接传输,就要使用原语 MLME-COMM-STATUS.indication 来返回状态值。要注意的是,应检查目标地址的信息,使原语 MLME-COMM-STATUS.indication 和其对应的相应原语关联。

间接数据传输请求里包含的信息构成了一个事务,协调器至少要能储存一个事务。当协调器收到请求而没有足够的存储空间,MAC 层就向邻近高层发布相应的原语,返回状态 TRANSACTION-OVERFLOW。在收到间接数据传输请求后进行事务处理。

若协调器有足够的存储空间,则确保同一个设备的事务按照它们到达 MAC 层的顺序进行传输。如果所传输的事务不是最后一个,MAC 层就把帧中的帧待处理子字段设为 1,指示还有需要处理的事务。

每个事务在协调器中的停留最长时间为 *macTransactionPersistenceTime*,若超过,MAC 层将丢弃该事务的信息,且向邻近高层发布一个相应的原语,返回 *TRANSACTION_EXPIRED* 状态。为确保每个事务都能成功提取,设备应对接收的事务回复确认帧。

如果成功处理某个事务,MAC 层就删除该事务的所有信息,并通过相应的原语向邻近高层返回状态 SUCCESS。

协调器在发送信标帧时,则应在地址列表中列出事务相关设备的地址,且在待处理地址字段中说明地址的数目。若协调器能储存 7 个以上的事务,则按照先到先服的原则在信标帧中指明,确保帧中包含的地址不超过 7 个。对用 SCFP 进行传输的事务,信标帧不包含对应设备的地址,协调器只是在分配给设备的 SCFP 中进行传输。在信标使能的网络里,协调器只会在信标帧中安排该信标帧所对应的超帧的工作设备安排相关事务。

在有信标能力网络里,如果有发往广播地址的事务,帧中控制字段中的帧待处理子字段设置为 1,且紧跟在信标传输结束后采用 CSMA-CA 机制发送待处理事务,如果还有类似的事务,应推迟到以后的超帧中发送,即每个超帧只能间接传输一个事务。

在有信标能力 RWSN 中,设备收到包含自身地址的信标帧就将向协调器提取数据,而在非信标识使能 RWSN 里,设备在收到 MLME-POLL.request 原语后向协调器提取数据。设备提取待处理数据的过程见 7.5.7.3。如果设备收到的信标帧中待处理子字段的值为 1,设备的接收机会保持打开状态来接收来自协调器的广播数据,持续时间是 *macMaxFrameTotalWaitTime* 个符号。

7.5.7 发送、接收和确认

7.5.7.1 发送

每个设备都将其当前的 DSN 存储在 MACRIB 属性 *macDSN* 中,并将其初始化为一个随机数,选择随机数的算法不在规范的制订范围。每当生成一个新的数据帧或 MAC 命令帧,MAC 层都将 *macDSN* 的值复制到流出帧的 MHR 的对应字段中,再将 *macDSN* 加 1。不论设备要和哪几个设备通信,都只会产生一个 DSN。又因为 *macDSN* 长度有限,达到最大值后,要重新复位,因此允许 *macDSN*

循环使用。

而对于协调器，则要把自己当前的信标序列号(BSN)存储在 MACRIB 属性 *macDSN* 中，并将其初始化为一个随机数；随机数的选择也不在规范的制订范围。每生成一个信标帧，MAC 层将 macBSN 的值复制到流出帧的 MHR 的对应字段中，并将 *macBSN* 加 1。同样也允许 macBSN 循环使用。

要注意的是，DSN 和 BSN 都只有 8 比特，对于邻近高层而言，其利用范围是极其有限的，如 DSN，一般用于检测重传的帧。

若帧中有源地址字段，字段值应携带发送设备的地址。当一个设备已经关联，并分配有一个 16 比特的短地址(*macShorAddress* 不是 0xfffe 或 0xffff)，短地址的使用优先级高于 64 比特的扩展地址(即 *aExtendedAddress*)。而如果设备还没有和 RWSN 关联或 *macShorAddress* 是 0xffff，设备就要在所有要求源地址的通信中使用 64 比特的扩展地址。如果帧中不存在源地址字段，帧来自 RWSN 协调器，目的地址字段中包含接收设备的地址。

如果帧中存在目的地址字段，应携带接收设备的地址，该地址可以是 16 比特短地址，也可以是 64 比特扩展地址。如果目的地址字段不存在，可以认为接收帧的设备是 RWSN 协调器，源地址字段中包含发送设备的地址。

如果目的地址信息和源地址信息均存在，MAC 层就将目的 RWSN 标识符和源 RWSN 标识符进行对比：如果相同，帧控制字段的 RWSN ID 子字段设为 1，并忽略发送帧中的源 RWSN 标识符；如果不相同，帧控制字段的 RWSN ID 子字段设为 0，发送帧包含两者的信息。如果只存在一个地址信息，帧控制字段的 RWSN ID 子字段设为 0，帧中包含地址所在网络的 RWSN 标识符。

在有信标能力 RWSN 中传输帧时，设备应在帧发送前找到信标帧。如果未跟踪到信标帧(见 7.5.5.2)而无法预知信标帧将何时出现，设备将打开接收机来搜索信标帧，搜索时间为[*aBaseSuperframeDuration* * (2^n+1)] 个符号，这里 *n* 是 *macBeaconOrder* 的值。如果在这段时间内找不到信标帧，设备采用非时隙的 CSMA-CA 算法竞争信道，并在信道竞争成功后发送帧。如果已经搜索到或正在跟踪信标帧，设备就在其工作周期中侦听到的第一个信标帧所对应的超帧内发送帧。若设备处在跟踪信标帧的状态，则该设备不能在其工作周期中除第一个信标帧以外的其他信标帧所对应的超帧内发送帧。想在 CAP 阶段传输，则应采用时隙 CSMA-CA 算法成功竞争信道(见 7.5.5.2)，如果是在 SCFP 中传输则不需使用 CSMA-CA 算法。

如果是在不用信标能力 RWSN 中传输帧，设备应使用非时隙的 CSMA-CA 算法(见 7.5.2.4)成功竞争信道后发送帧。

无论是有信标能力 RWSN 还是不用信标能力 RWSN，若采用直接传输方式，当使用 CSMA-CA 算法没有成功竞争到信道时，应通知邻近高层。而如果采用了间接传输方式，信道竞争失败时，帧会停留在事务队列中，直至要求重新发送或是队列已满时，才会发送出去。

为了发送帧，MAC 层首先要打开发射机，方法是：向 PHY 发布原语 PLME-SET-TRX-STATE.request，状态为 TX_ON。接收到 PLME-SET-TRX-STATE.confirm 原语后，不管状态为 SUCCESS 还是 TX_ON，生成的帧将通过 PD-DATA.request 原语发送出去。当收到 PD-DATA.confirm 原语后，MAC 层将关闭发射机，方法是：向 PHY 发布原语 PLME-SET-TRX-STATE.request，状态为 RX_ON 或 TRX_OFF，这取决于传输之后接收机是否处于使能状态。如果帧控制字段中确认请求子字段设置为 1，在成功发送帧后，MAC 层向 PHY 发布 PLME-SET-TRX-STATE.request 原语(状态为 RX_ON)来打开接收机。

7.5.7.2 接收和拒收

在空闲阶段，每个设备的 MAC 层都要选择是否让接收机保持使能状态，因为 MAC 层仍要处理来自邻近高层的收发请求。收发任务可以是带有确认(如果要求)的发送请求，也可以是接收请求。

每完成一个收发任务，MAC 层将根据 *macBeaconOrder* 和 *macRxOnWhenIdle* 值来请求 PHY 打开或关闭接收机。如果 *macBeaconOrder* 小于 15，仅在下一超帧 CAP 的空闲期间才考虑 *macRxOnWhenIdle* 的值。如果 *macBeaconOrder* 等于 15，总是需要考虑 *macRxOnWhenIdle* 的值。

由于无线通信的特性，接收机处于使能状态的设备不仅能接收来自同一信道和 POS 内的数据并对其译码，也能处理其他设备的干扰，其中数据都是遵从本标准的设备发送的。因此，MAC 层应能够过滤流入的数据帧，并提交发往邻近高层的数据帧。

经过第一层过滤，MAC 层将根据 7.2.2.9 描述的算法，丢弃所有 MFR 中 FCS 字段值不正确的帧。接收端根据接收帧的 MAC 帧头和帧净荷计算帧校验值，并和帧中携带的 FCS 值进行对比。若相同，就接收，否则丢弃。

第二层过滤则取决于 MAC 层是否工作在混合方式。若是，MAC 层把所有通过第一层过滤的帧直接传送到邻近高层，不需要再进行任何过滤或处理。当 *macPromiscuousMode* 设为 TRUE，MAC 层的工作方式为混合方式。

如果 MAC 层不处于混合方式(即 *macPromiscuousMode* 设为 FALSE)，它将只接收通过第三层过滤的帧：

a) 帧类型子字段不含保留帧类型；

b) 帧版本子字段不含保留值；

c) 如果帧中包含目的 RWSN 标识符，它应和 *macRWSNId* 相匹配，或是广播 RWSN 标识符(0xffff)；

d) 如果帧中含有目的设备的短地址，它应和 *macShorAddress* 匹配，或是广播地址(0xffff)。相反，如果包含的是扩展地址，应和 *aExtendedAddress* 匹配；

e) 如果接收帧是信标帧，源 RWSN 标识符应和 *macRWSNId* 匹配，而当 *macRWSNId* 是 0xffff 时，忽略源 RWSN 标识符并接收该信标帧。

如果数据帧或 MAC 命令帧只包含源地址字段，仅当设备是 RWSN 协调器，并且源 RWSN 标识符与 *macRWSNId* 匹配时，才接收帧。

如果不满足第三层的过滤条件，MAC 层就丢弃接收的帧。通过第三层过滤的帧被认为是有效帧，才能进一步处理。对于非广播的有效帧，如果是数据帧或 MAC 命令帧，且帧控制字段的确认请求字段置为 1，MAC 层需要回复确认帧，且确认帧的序列值和所收数据帧或 MAC 命令帧的序列值相同，这样做的目的在于使发送数据帧或 MAC 命令帧的设备收到确认帧后，可以判定接收的确认帧是发给自己的。

如果帧中包含目的地址和源地址的信息，且帧控制字段的 RWSN ID 压缩子字段设为 1，MAC 层就认为被忽略的源 RWSN 标识符和目的 RWSN 标识符相同。

如果该有效帧是数据帧，MAC 层将发布 MCPS-DATA.indication 原语，把帧的相关信息传递给邻近高层。

如果该有效帧是 MAC 命令帧或信标帧，MAC 层就作进一步处理，并向邻近高层发送相应的确认或指示原语。

7.5.7.3 从协调器提取待处理数据

有信标能力 RWSN 中的设备能够通过检查收到信标帧的内容来判断是否有待处理的帧，见 7.5.5.2。如果信标帧的地址列表中包含设备的地址，且 *macAutoRequest* 是 TRUE，设备的 MLME 将在超帧的 CAP 阶段向协调器发送数据请求命令(见 7.3.3.2)，并将帧控制字段的确认字段设为 1。唯一例外的情况是，当设备进行主动或被动信道扫描，接收到信标帧后并不进行以上所述的操作(见 7.5.3.1)。在这两种情况下，设备的 MLME 向协调器发送数据请求：第一种情况是，MLME 收到邻近高层的 MLME-POLL.request 原语；第二种情况是，MLME 收到数据请求命令的确认帧后并等待规定的最大时间，即 *macResponseWaitTime* 个符号，例如在关联过程中。如果数据请求是发往 RWSN 协调器，忽略目的地址信息。

成功收到数据请求命令后，协调器将回复确认帧给发送设备以确认收到该命令。如果在发送确认帧（见 7.5.7.4.3）之前，协调器有足够时间判断设备是否有待处理的帧，它将根据判断结果设置确认帧的帧控制字段中的帧待处理子字段。如果没有足够时间，协调器将确认帧的帧控制字段中的帧待处理子字段设为 1。

如果确认帧的帧待处理子字段为 0，设备就判断协调器中没有需要处理的数据。

如果确认帧的帧待处理子字段为 1，设备将打开接收机，并持续规定的最大时间，即 *macMaxFrameTotalWaitTime* 个 CAP 符号，以接收来自协调器的数据帧。如果协调器中的确有请求设备的待处理数据，协调器将使用本条描述的方法向设备发送数据帧。如果没有，协调器将向设备发送无需确认的数据帧，且帧净荷为空，指示目前没有要处理的数据，其中传输方式也采用本条描述的方法。

对数据请求命令进行应答后，将选择如下方法之一发送数据帧：

a) 不使用 CSMA-CA 算法，前提是 MAC 层能在退避时隙边缘处 *aTurnaroundTime* 和（*aTurnaroundTime*＋*aUnitBackoffPeriod*）符号之间传输数据帧，以及在 CAP 中传输消息、一定的 IFS 和确认帧（见 6.5.1 关于 *aTurnaroundTime* 的阐述）。如果在数据帧发送完毕后没有收到确认帧，就按照收到一个新数据请求命令的流程重新开始；

b) 使用 CSMA-CA 算法。

如果请求设备在 *macMaxFrameTotalWaitTime* 个码元后没有收到来自协调器的数据帧，或者收到的数据帧的净荷为零，设备判定协调器中没有自己待处理的数据。收到来自协调器的数据帧，请求设备将根据协调器的要求发送确认帧以确认收到数据。

如果数据帧的帧控制字段中的帧待处理子字段设为 1，说明协调器中还有待处理数据，设备将重新向协调器发送数据请求命令来提取数据。

7.5.7.4 确认和重传的应用

7.5.7.4.1 概述

在发送数据帧或 MAC 命令帧时，将根据需要恰当地设置帧控制字段的确认请求子字段，而对于信标帧或确认帧，确认请求子字段设为 0，同样的，所有广播帧的确认请求子字段设为 0。特别的，如果是设备向协调器发送监测数据，则帧控制字段的确认请求子字段设为 1，而且设备需收到协调器发来的普通确认帧和数据接受确认帧两个确认帧之后才判定通信成功。

7.5.7.4.2 无确认

如果发送帧的确认请求子字段设为 0，接收方将不回复确认帧，且发送设备也会认为帧已发送成功。

图 67 是无确认时的数据成功传输流程图。在这种情况下，发送的数据帧的帧控制字段的确认请求（AR）子字段为 0。

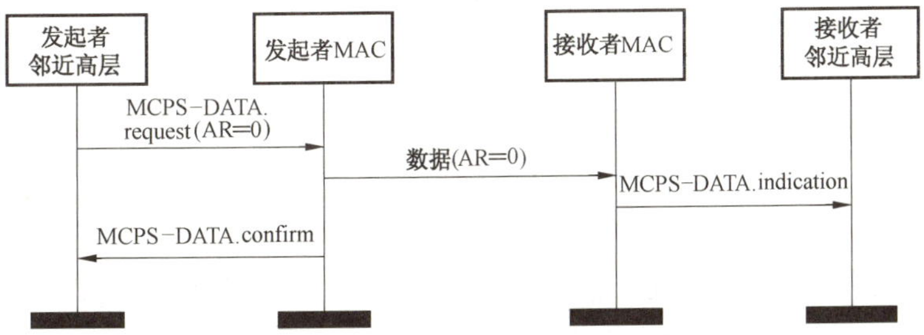

图 67 无确认的数据成功传输流程

7.5.7.4.3 确认

如果帧控制字段的确认请求子字段是1,接收端就应回复一个确认帧。正确接收帧后,接收设备将生成并发送确认帧,且确认帧中包含的DSN与接收的数据帧或MAC命令帧的DSN相同。

在信标非使能RWSN中或在CFP阶段,完成数据帧或MAC命令帧的接收后经过*aTurnaroundTime*个符号,设备开始发送确认帧。在CAP阶段,要等待*aTurnaroundTime*个符号,或是在退避时隙边缘开始发送确认帧。如果是后一种情况,确认帧要在*aTurnaroundTime*个符号与(*aTurnaroundTime* + *aUnitBackoffPeriod*)个符号之间的某时刻发送。常量*aTurnaroundTime*的定义见表20(见6.5.1)。

图68是带确认帧的数据成功传输流程图,在这种情况下,发送设备发送数据帧时,将帧控制字段的确认请求子字段设为1来要求接收设备回复确认帧。

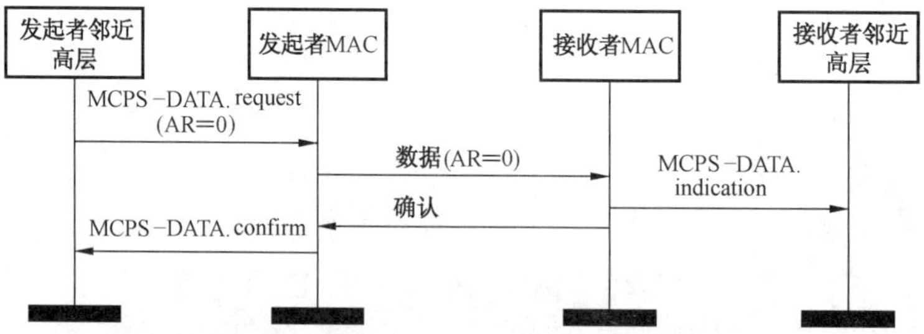

图68 带确认帧的数据成功传输流程

特别的,如果是设备向协调器发送监测数据,即MCPS-DATA.request中的参数*msduType*设为0x01,则帧控制字段的确认请求子字段设为1,且参数*TxOptions*规定采用带数据接受确认的传输,即设备需收到协调器发来的普通确认帧和数据接受确认帧两个确认帧之后才判定通信成功,如图69所示。

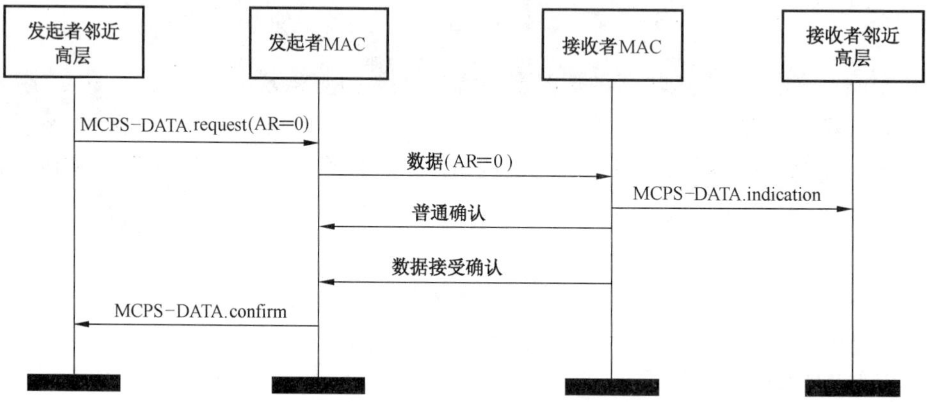

图69 带数据接收确认帧的数据成功传输流程

7.5.7.4.4 重传

当设备发送的帧不要求确认(帧控制字段的确认请求子字段为0),它总是认为接收端能够成功接收,所以不会进行重传。

当设备发送的是数据帧或MAC命令帧,且要求确认(帧控制字段的确认请求子字段为1),就要等待相应的确认帧。如果在规定的最大时间内,即*macAckWaitDurationge*个符号,收到确认帧,且DSN与所发送帧的DSN相同,发送设备判定发送成功;如果规定时间内没有接收到确认帧,或是确认帧的

DSN 和发送帧的 DSN 不相同,设备判定此次发送失败。

当协调器发送数据帧或 MAC 命令帧时,若采用间接传输方式,且没有成功接收,不会进行重传。相反,若采用直接传输方式,该帧将保留在协调器的事务队列中,并且只在收到新的数据请求命令后,才提取该帧进行重传,要注意的是,重传时使用的 DSN 与第一次发送时使用的 DSN 相同。

当设备发送数据帧或 MAC 命令帧时,若采用直接传输方式,且没有发送成功,设备就会重传该帧,并等待相应的确认帧,直到达到最大重复次数 *macMaxFrameRetries*。其中,重传的帧和第一次发送的帧具有相同的 DSN,而且,重传只能在超帧中的同一阶段进行,即第一次传输若是在 CAP 期间,重传也只能在该阶段进行。而如果此时没有足够的时间,重传推迟到下一超帧。当重传次数达到 *macMaxFrameRetries* 后仍未收到确认帧,MAC 层就判定此次发送失败,并将这一信息报告给邻近高层。

特别的,当设备向协调器发送监测型数据帧时,采用直接传输方式,且要求确认(帧控制字段的确认请求子字段为 1),就要等待普通确认帧和数据接受确认帧。若设备在 *macAckWaitDuration* 个符号内未收到普通确认帧,或是确认帧的 DSN 和发送帧的 DSN 不相同,则判定没有发送成功,设备就会重传该帧,并再次等待普通确认帧。若设备在 *macAckWaitDuration* 个符号内收到了普通确认帧,但在 *macDataAckWaitDuration* 时长内未收到数据接受确认帧,或是确认帧的 DSN 和发送帧的 DSN 不相同,则判定没有发送成功,设备就会重传该帧,并再次等待普通确认帧和数据接受确认帧。如果设备重传的次数累计达到最大重复次数 *macMaxFrameRetries*,MAC 层就判定此次发送失败,并将这一信息报告给邻近高层。

7.5.7.5 混合方式

设备通过设置 *macPromiscuousMode* 来启动混合方式。当 MLME 收到请求将 *macPromiscuousMode* 设置为 TRUE 后,就向 PHY 发布 PLME-SET-TRX-STATE.request 原语,其中状态为 RX_ON,即请求 PHY 打开接收机。

设备处于混合方式时,MAC 层根据 7.5.7.2 内容对接收的帧进行处理,并利用原语 MCPS-DATA.indication 向邻近高层递交所有接收到的有效帧。发送端和接收方的寻址方式参数设置为 0x00,MSDU 参数要包含 MAC 帧头 MHR,且参数 *msduLength* 包含 MHR 和 MAC 净荷的所有八位位组数。*mpduLinkQuality* 设为有效。

如果 *macPromiscuousMode* 为 FALSE,MLME 就向 PHY 发布原语

PLME-SET-TRX-STATE.request,并相应地改变状态,以要求 PHY 根据 *macRxOnWhenIdle* 来改变接收机的状态。

7.5.7.6 传输场景

由于无线信道的固有缺陷,传输的帧不一定总能到达目的设备。图 70 展示了三种数据传输场景:

a) 数据传输成功:发送设备的 MAC 层通过 PHY 数据服务向接收设备发送数据帧。发送结束后,发送设备 MAC 层等待确认并开始计时,计时器达到 *macAckWaitDuration* 个符号后就停止。接收设备的 MAC 层收到数据帧后,向发送设备回复确认帧,并将数据帧传递给邻近高层。如果发送设备 MAC 层在计时器停止前收到接收设备的确认,将停止计时,并复位计时器。特别的,若发送的数据帧为监测型数据帧,则发送设备 MAC 层在发送结束后还需等待接收设备回复的数据接受确认帧并开始计时,计时器达到 *macDataAckWaitDuration* 时长后就停止,接收设备在与邻近高层确认接受该数据后向发送设备回复数据接受确认帧。如果发送设备 MAC 层在计时器停止前收到接收设备的数据接受确认帧,将停止计时,并复位计时器。这时数据传输完成,发送设备的 MAC 层向邻近高层发布数据发送成功的确认原语;
b) 数据帧丢失:发送设备的 MAC 层通过 PHY 数据服务向接收设备发送数据帧。发送结束后,发送设备 MAC 层等待确认并开始计时,计时器达到 *macAckWaitDuration* 个符号后就停止。

接收设备的 MAC 层没有收到数据帧，就不会回复确认帧。发送设备在计时器停止前没有收到确认帧，就判定数据传输失败。特别的，如果发送的数据帧为监测型数据帧，且发送设备在 *macDataAckWaitDuration* 时长内未收到数据接受确认帧，也判定数据传输失败。如果发送数据时采用直接传输，发送设备就重传数据，而整个流程中数据重传的累计次数不能超过规定的最大重传次数 *macMaxFrameRetries*；如果第(1 + *macMaxFrameRetries*)次数据传输仍然失败，发送设备的 MAC 层向邻近高层发布一个传输失败的确认原语。如果是间接传输，数据帧将保留在事务队列中，直至接收到新的数据请求和相应的确认帧，或是保留时间达到 *macTransactionPersistenceTime*。一旦保留时间达 *macTransactionPersistenceTime*，就丢弃传输信息，MAC 层向邻近高层发布传输失败的确认原语；

c) 确认帧丢失：发送设备的 MAC 层通过 PHY 数据服务向接收设备发送数据帧。发送结束后，发送设备 MAC 层等待确认并开始计时，计时器达到 *macAckWaitDuration* 个符号后就停止。接收设备的 MAC 层收到数据帧后，向发送设备回复确认帧，并将数据帧传递给邻近高层。发送设备在计时器停止时没有收到确认帧，就判定数据传输失败。特别的，如果发送的数据帧为监测型数据帧，且发送设备在 *macDataAckWaitDuration* 时长内未收到数据接受确认帧，也判定数据传输失败。如果发送数据时采用直接传输，发送设备就重传数据，而整个流程数据重传的累计次数不能超过规定的最大重传次数 *macMaxFrameRetries*；如果第(1 + *macMaxFrameRetries*)次数据传输仍然失败，发送设备的 MAC 层向邻近高层发布一个传输失败的确认原语。如果是间接传输，数据帧将保留在事务队列中，直至接收到新的数据请求和相应的确认帧，或是保留时间达到 *macTransactionPersistenceTime*。一旦保留时间达到 *macTransactionPersistenceTime*，就丢弃传输信息，MAC 层向邻近高层发布传输失败的确认原语。

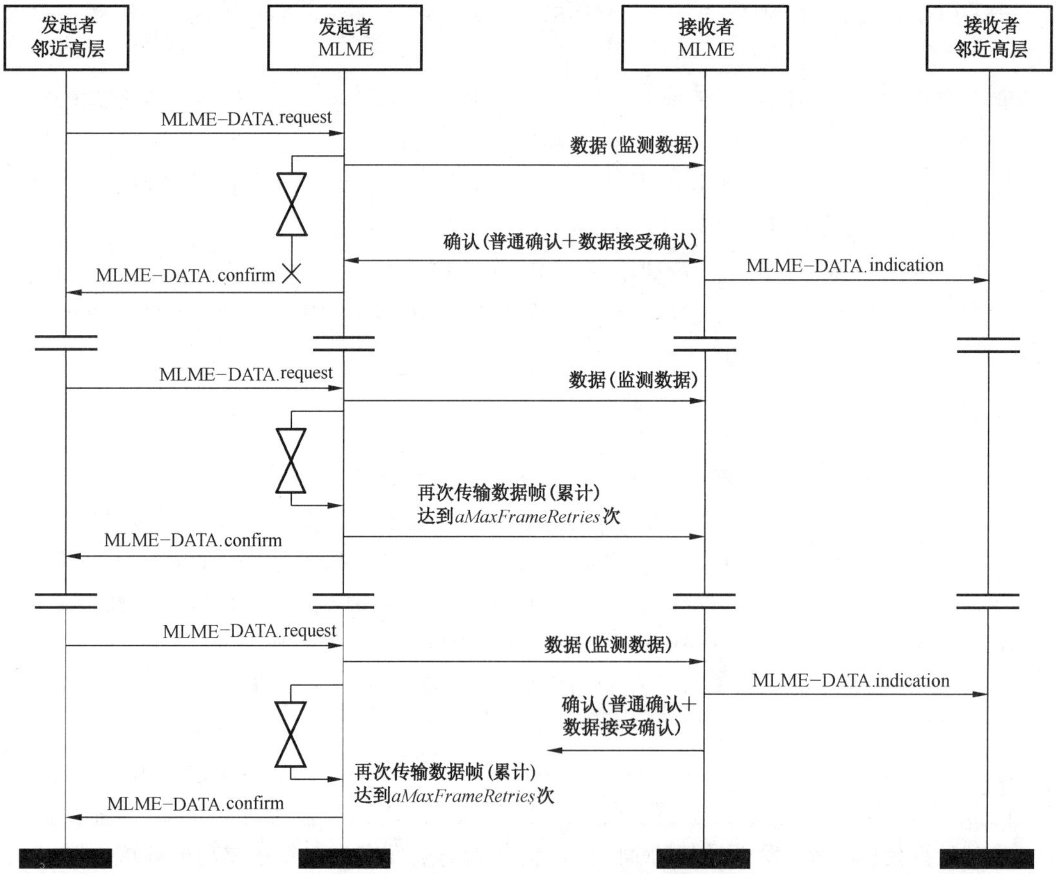

图 70 采用直接传输方式的传输流程

7.5.7.7 数据预测与重传机制

7.5.7.7.1 概述

当设备向协调器发送监测型数据时,协调器启动数据预测与重传机制,分为数据预测机制和数据重传机制两部分。若发送监测型数据帧的过程位于超帧的 CAP 阶段,则准备发送相应质疑数据帧、更新数据帧和数据接受确认帧的设备或协调器需在 CAP 阶段采用 CSMA-CA 竞争方式进行发送,但发送时机不限于当前超帧的 CAP 阶段;若发送监测型数据帧的过程位于超帧 CFP 阶段的 SCFP 时隙内,则准备发送相应质疑数据帧、更新数据帧和数据接受确认帧的设备或协调器需在相应的 SCFP 时隙内进行发送,但发送时机不限于当前超帧的 CFP 阶段。

7.5.7.7.2 数据预测机制

数据预测机制采用下述的历史业务数据的平均值和标准差得到预测值 Y 和相应的置信区间。设设备的监测周期为 T_{mon},在一个监测周期中,设备向协调器汇报 m 次数据,每个数据汇报时刻的时间间隔为 T_{mon}/m,汇报时刻的时间间隔为 T_{mon}的两个数据间有一定的相关性,协调器在第 n 个监测周期内可记录m 个数据,分别为 $X_{n,1}$、$X_{n,2}$…, $X_{n,m-1}$、$X_{n,m}$。假设协调器在第 n'个监测周期的第 m'个汇报时刻接收到一个新的汇报数据 $X_{n',m'}$,并启动数据预测机制。

此时,协调器取出在之前 N 个监测周期中同时刻接收到的 N 个数据(每次接收新数据后更新存储的 N 个数据),分别为 $X_{n'-N,m'}$,$X_{n'-N+1,m'}$,…,$X_{n'-2,m'}$,$X_{n'-1,m'}$,并对这 N 个数据求平均值,即数据 $X_{n',m'}$的均值为

$$X_{n',m'\text{均}}=(\sum_{i=1}^{N}X_{n'-i,m'})/N$$

再对 N 个数据求标准差σ,数据 $X_{n',m'}$的标准差为

$$\sigma_{n',m'\text{标}}=\sqrt{\left[\sum_{i=1}^{N}(X_{n'-i,m'}-X_{n',m'\text{均}})^2\right]\Big/N}$$

则由预测算法得:数据 $X_{n',m'}$的预测值 $Y_{n',m'}$为 $X_{n',m'\text{均}}$,其对应的置信区间为

$$[X_{n',m'\text{均}}-\delta_{\text{mon}}\cdot\sigma_{n',m'\text{标}},X_{n',m'\text{均}}+\delta_{\text{mon}}\cdot\sigma_{n',m'\text{标}}]$$

其中,容忍度系数 δ_{mon}取正整数,取值越大,汇报数据落入置信区间的概率越大。

7.5.7.7.3 数据重传机制

设备向协调器发送监测型数据帧,帧子类型子字段为 01。其中,包含监测型数据 X。协调器在接收到该数据值 X 之后,首先回发帧子类型子字段为 00 的普通确认帧。然后,协调器将采用 7.5.7.7.2 中的预测算法,计算出与当前发送时刻对应的该设备监测数据的预测值 Y 以及相应的置信区间。下面分为两种情况讨论,如图 71 所示:

a) 如果设备发送的数据帧中的业务数据值 X 落在预测值 Y 所对应的置信区间之内,那么协调器向设备回发帧子类型子字段为 01 的数据接受确认帧,表示协调器接受该数据帧;

b) 如果设备发送的数据帧中的业务数据值 X 落在预测值 Y 所对应的置信区间之外,那么协调器记录该数据值 X,然后重新接入信道向设备发送帧子类型子字段为 10 的质疑数据帧,该数据帧中包含数据值 X。收到质疑数据帧的设备,需要向上层重新核实数据值 X 的正确性。此处需再分为三种情况进行讨论:

   1) 若核实结果为数据无误,则设备向协调器发送帧子类型子字段为 10 的数据质疑无效确认

帧。收到该数据质疑无效确认帧的协调器，确认接受并记录数据值 X，同时回发帧子类型子字段为 01 的数据接受确认帧；

2） 若核实结果为数据有误，则设备先发送帧子类型子字段为 11 的质疑有效确认帧，以示质疑有效。然后，设备重新接入信道向协调器发送帧子类型子字段为 11 的更新数据帧，其中包含核实后的新数据值 X'。协调器收到后需对新数据值 X' 再进行一次是否落在置信区间内的判断，并重复步骤 a)，直到数据值确认被接受为止；

3） 特别的，设备收到质疑数据帧后，若发现质疑数据帧内所含的数据与原上报数据不符，则直接向协调器重发原数据帧，而不需要向上层重新核实数据的正确性。

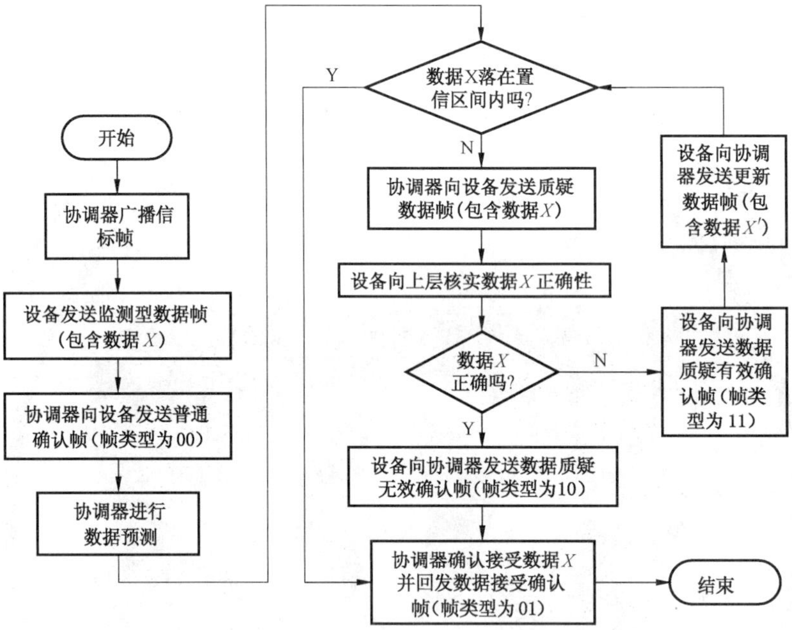

图 71 数据重传机制流程

7.5.7.8 非竞争期的重传时隙选择机制

同一超帧的 CFP 被划分为 3 个 SCFP，即 SCFP1、SCFP2 和 SCFP3，SCFP2 用于重新传输节点在 SCFP1 发送失败的数据，SCFP3 用于重新传输节点在 SCFP2 发送失败的数据，且每个节点的 SCFP1 中的时隙顺序和 SCFP2 的时隙顺序相同，即相对于一个节点，SCFP1 中的各时隙顺序和 SCFP2 中的各时隙顺序相同，节点在 SCFP1 的某个时隙发送数据失败，则仍在 SCFP2 中的该某个时隙再次发送数据。由于在 SCFP1 和 SCFP2 种使用相同的时隙重发数据，这样才使得协调器在不同时隙接收到数据时可根据时隙判断该数据是由哪个节点发送的。

节点发送数据失败，有两种情况：一是数据包丢失，二是确认帧丢失。若节点在 SCFP1 内发送数据失败，节点并不立即重传，而是根据接收到的协调器广播的信道划分信息，跳至信道质量较好的约定信道，在 SCFP2 对应时隙再次发送该数据。如果仍发送失败，在 SCFP3 再次发送在 SCFP2 中发送失败的数据。

信道使用列表用于记录所述超帧内各信道上最近一次成功发送数据的节点信息，而在前两个 SCFP 的每个时隙对不同信道质量进行评估，生成最新信道使用列表，根据该最新信道使用列表，节点和协调器间在第三 SCFP 中自适应地切换信道和备用信道，且实现切换的无缝衔接。如图 72 所示。

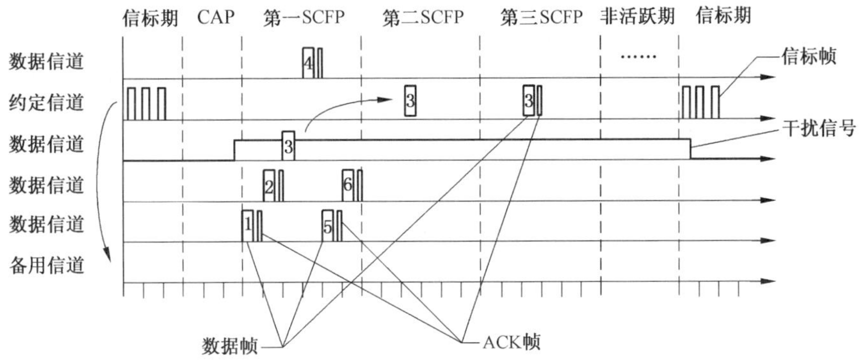

图 72 非竞争期的重传时隙选择机制

7.5.8 SCFP 的分配和管理

7.5.8.1 概述

一个 SCFP 可使某个设备或若干个设备共享在超帧中的特定时间收发数据。一个 SCFP 由若干个时隙组成。每个时隙长度是根据特定的应用场景来设计的。SCFP 只能由协调器来分配,并且仅用于 RWSN 协调器和设备节点之间的通信,应通过协调器和 RWSN 关联的设备。为保证超帧有足够容量及比较高的利用率,RWSN 协调器利用信标动态调整 SCFP 中的时隙数。

RWSN 协调器根据本超帧的各工作设备在其各自的上一个工作超帧中对本超帧的 SCFP 时隙的申请情况和本超帧当前的容量来分配 SCFP。SCFP 的分配遵循先到先服务的原则和共享的原则,前者用于超帧容量足够时,而后者用于超帧容量不足时。所有 SCFP 将连续地排列在超帧中 CAP 的后面,设备间共享的 SCFP 将由这些设备在连续的超帧中同一 SCFP 期间轮流使用时隙。同时,可以根据 RWSN 协调器或申请 SCFP 时隙的设备的要求,随时调整每个 SCFP 的时隙数。已分配了 SCFP 的设备仍可在 CAP 期间进行收发操作。

在 SCFP 内传输数据帧只能使用短地址。

RWSN 协调器对 SCFP 进行管理。为方便管理,协调器会保存已分配的 SCFP 的必要信息。对于每个 SCFP,协调器都会保存它的起始时隙、长度、方向和关联设备的地址。

SCFP 中时隙的方向,即为发送或接收,与拥有 SCFP 设备的数据流有关。因此,设备的地址和方向就唯一定义了 SCFP 中的一个时隙。

每个设备可能请求一个发送 SCFP 时隙和/或一个接收 SCFP 时隙。对分配到的每个 SCFP 时隙,设备都会保存其起始时隙、长度和方向。如果已分配了一个接收 SCFP 时隙,设备将保持接收机的使能状态,并持续整个时隙。同样地,如果设备已分配了一个发送 SCFP 时隙,RWSN 协调器将在这个 SCFP 时隙打开自己的接收机。如果在接收 SCFP 时隙内收到一个数据帧,并需要确认,设备就发送确认帧。同样地,设备也能在 SCFP 时隙内发送接收确认帧。

只有当设备在跟踪信标时,才会尝试分配并使用一个 SCFP。如果 MLME 收到邻近高层发布的 MLME-SYNC.request 原语,且 TrackBeacon 参数设为 TRUE,就开始跟踪信标帧。如果设备和 RWSN 协调器失去同步,将丢失分配给自己的所有 SCFP 时隙。

SCFP 的使用是可选的。

7.5.8.2 CAP 的维护

RWSN 协调器保存参数 *aMinCAPLength* 的值,即最小 CAP 长度,且当无法满足 CAP 的最小长度时，协调器会采取预防性的措施。然而，也有例外的情况，就是为了保证 SCFP 需要增加信标帧的长度，应缩短 CAP 的时间长度。如果 CAP 的最小长度不能满足，可以采取如下措施：

a) 限制信标中待处理地址的个数。

b) 信标帧不包含净荷字段。

c) 适当调整 SCFP 时隙长度。

7.5.8.3 SCFP 时隙的分配

通过原语 MLME-SCFP.request，设备可以在其工作超帧内向协调器申请在该设备的下一个工作周期为其分配一个新 SCFP 时隙，并根据 SCFP 申请原语的要求设置 SCFP 相应的特性。

为了请求分配一个新 SCFP 时隙，SCFP 时隙的请求设备的 MLME 应向 RWSN 协调器发送 SCFP 时隙请求命令(见 7.3.9)。请求命令中 SCFP 特征字段的特征类型子字段设为 1(表示分配 SCFP 时隙)，长度和方向子字段根据要求设置，如果请求设备允许与其他设备共享 SCFP，SCFP 特征字段的分配类型子字段设为 1，并需相应地设置突发长度子字段、数据到达速率子字段和时延要求子字段；如果设备不支持共享，分配类型子字段设为 0。SCFP 特征字段还包含信标指数和设备的 MSL，以指示该设备的下一个工作超帧，协调器将保存该申请的内容并在该设备的下一个工作超帧的 SCFP 内为该设备分配时隙。因为 SCFP 请求命令包含确认请求(见 7.3.4.3)，RWSN 协调器回复确认帧以确认接收到命令。

收到从某个设备发来的申请 SCFP 时隙的请求命令后，RWSN 协调器首先根据 CAP 剩下的长度和请求 SCFP 时隙的长度，检查该设备的下一个工作超帧内是否有足够的可用容量。如果 SCFP 个数没有达到最大值，且分配请求 SCFP 的长度后不会使 CAP 的长度小于 *aMinCAPLength*，超帧中就还有足够的可用容量。如果有足够的可用带宽，RWSN 协调器根据先到先服务的原则分配 SCFP：每个申请 SCFP 时隙的设备分别分配到各自独立的 SCFP 时隙。协调器会暂时存储分配信息，并等到该设备的下一个工作超帧开始时，广播含有相应 SCFP 分配信息的信标帧。如果没有足够的可用带宽，RWSN 协调器根据共享的原则分配 SCFP 时隙：首先，RWSN 协调器检查 SCFP 时隙请求命令帧中的分配类型位，若为 0(设备不支持共享)，拒绝该 SCFP 申请请求；若为 1(设备支持共享)，提取命令帧中的突发长度子字段、数据到达速率子字段和延时要求子字段的信息，然后将这些信息结合当前已分配的 SCFP 信息判断是否满足 SCFP 共享条件，若满足，则该请求设备和其他设备共享 SCFP，最后利用这些信息判断共享设备间的先后使用顺序；若不满足，则拒绝该 SCFP 申请请求。

判断是否满足 SCFP 共享条件的过程是：首先，协调器检测当前已分配 SCFP 的各设备的 SCFP 利用率，然后按照 SCFP 利用率由低到高的顺序选择一个或一个以上的设备作为共享设备：判断 SCFP 利用率最低的设备所分配的 SCFP 中包含的时隙数是否满足 SCFP 请求要求，若满足，则选择该设备为共享设备；否则，判断 SCFP 利用率最低的设备与 SCFP 利用率次低的设备所分配的时隙数之和是否满足 SCFP 请求要求，若满足，则选择上述两个设备为共享设备；若仍不满足，则进一步检测其他设备，直至满足 SCFP 请求的要求。上述判断选择的设备是否满足 SCFP 请求要求的过程是：首先，协调器根据从命令帧中提取的突发长度信息，获取 SCFP 时隙请求设备以及共享设备的服务延迟，并且分别判断发起 SCFP 时隙请求的设备以及共享设备的服务延迟是否小于或等于各自的时延要求；若小于或等于，则进一步判断发起 SCFP 时隙请求的设备以及共享设备的数据到达率之和是否小于共享设备已分配的 SCFP 时隙相对带宽，若小于，则分配发起 SCFP 时隙请求的设备与共享设备共享使用该 SCFP 发送数据。而 RWSN 协调器应在 *aSCFPDescPersistenceTime* 个该设备工作周期的时间内作出决定是否要分配 SCFP。

收到 SCFP 请求命令的确认后，设备将继续跟踪信标，并等待规定的最大时间，即 *aSCFPDescPersistenceTime* 个工作周期。如果这段时间内，信标帧中没有请求设备的 SCFP 描述符，设备的 MLME 就发布原语 MLME-SCFP.confirm，状态为 NO_DATA(见 7.1.8.3)，向邻近高层报告 SCFP 申请失败。

在 RWSN 协调器使用先到先服务原则和共享原则来分配请求的 SCFP 时，会生成 SCFP 描述符，描述符中携带有申请设备的要求信息和 16 比特短地址。某个信标帧所要携带的多个 SCFP 描述符可能分别由协调器在之前多个超帧内接收到的 SCFP 请求生成，上述 SCFP 请求所申请的 SCFP 时隙均位于该信标帧所对应的超帧中，协调器接收到上述 SCFP 请求后会暂时将 SCFP 时隙的分配信息存储下来，并在广播该信标帧之前统一生成各自的 SCFP 描述符并写入该信标帧。如果 SCFP 分配成功，RWSN 协调器将根据超帧中的时隙，在 SCFP 描述符中设置起始时隙和 SCFP 的长度。另外，MLME 发布 MLME-SCFP.indication 原语，向邻近高层报告分配了一个新的 SCFP（见 7.1.8.4），其中原语中携带已分配 SCFP 的特征。如果没有足够容量来分配 SCFP，而经过共享 SCFP 条件判断后 SCFP 分配成功，RWSN 协调器将根据超帧中的共享的时隙，在 SCFP 描述符中设置起始时隙和 SCFP 的长度，此时，共享该 SCFP 时隙的设备轮流占用 SCFP，其先后顺序由 SCFP 描述符中的 16 比特短地址表征。如果 SCFP 分配失败，RWSN 协调器将起始时隙设为 0，长度设置为当前支持的最大 SCFP 时隙长度。RWSN 协调器发送的信标帧将包含这个 SCFP 描述符，并相应地更新信标帧中的 SCFP 规范字段。最后，RWSN 协调器更新信标帧中超帧规范字段的 CAP 最终时隙子字段，指示 CAP 可用的时隙个数。对应某设备的 SCFP 描述符将由该设备的工作信标帧携带，其他信标帧不要求携带此 SCFP 描述符，经过 *aSCFPDescPersistenceTime* 个该设备的工作周期后，此 SCFP 描述符将被自动删除。由于信标帧包含了 SCFP 描述符，导致长度暂时增加，允许 CAP 长度小于 *aMinCAPLength*。

当设备收到含有 SCFP 描述符的信标帧，且对应自己的 *macShortAddress*，设备就处理该描述符。不论是否成功申请到 SCFP，MLME 都会发布 MLME-SCFP.confirm 原语来向邻近高层报告，状态参数为 SUCCESS（如果 SCFP 描述符的起始时隙大于 0）或 DENIED（如果起始时隙等于 0 或长度与请求的长度不相同）。

如果申请 SCFP 时隙的设备为能源非受限设备，且协调器可以分配给该设备 SCFP，则尽量将分配给该设备的 SCFP 时隙设置在与非活跃时段相邻的位置。相应地，由于新的 SCFP 时隙的分配和位置设置，使得原来分配的 SCFP 时隙的位置都相应发生了变化，所以，协调器应在信标中将相应信息通知相应设备。如果超帧中与非活跃期相邻的 SCFP 时隙所对应的设备已经为能源非受限设备，则只要该 SCFP 时隙没有终止或取消，其他能源非受限设备申请和分配的 SCFP 不能设置在与非活跃期相邻的位置，换句话说，对于能源非受限设备而言，获得与非活跃期相邻的 SCFP 的位置，也遵从先到先得的原则。

7.5.8.4 SCFP 的使用

如果设备不是 RWSN 协调器，当 MAC 层收到 MCPS-DATA.request 原语，参数 *TxOptions* 显示为传输 SCFP，设备就判断自己是否有有效的发送 SCFP 时隙。如果找到一个有效的 SCFP 时隙，则在该 SCFP 时隙内传输数据。这时，为保证数据的传输在 SCFP 时隙结束前完成，MAC 层立即传输 MPDU，且不使用 CSMA-CA 算法。如果不能在 SCFP 时隙结束前完成，MAC 层将推迟到该设备的下一个工作超帧中的 SCFP 规定的时隙内才进行。如果设备为能源非受限设备，且选择发送数据的 SCFP 允许扩展到非活跃期，同样，为保证数据的传输在 SCFP 规定时间结束前完成，MAC 层立即传输 MPDU，且不使用 CSMA-CA 算法，如果不能在 SCFP 规定时间结束前完成，MAC 层将推迟到该设备的下一个工作超帧中的 SCFP 中规定的时隙内才进行。要注意一点，MAC 层在做出推迟发送的决定时，需要考虑 PHY 净荷过重。

在设备发送数据给协调器的情况中，如果参数 *TxOptions* 显示为带数据接受确认的传输，那么，设备在有效的 SCFP 时隙内收到普通确认帧后，只认为在 SCFP 时隙结束前完成了数据的传输，但只有接收到协调器发来的数据接受确认帧之后，才判定成功发送了 MPDU。

如果设备有接收 SCFP，MAC 层应在 SCFP 时隙开始前打开接收机，并持续到接收 SCFP 时隙结束。

如果设备需要接收时隙，MAC 层应在时隙开始前打开接收机，并持续到接收时隙结束。

当 RWSN 协调器的 MAC 层收到 MCPS-DATA.request 原语，参数 *TxOptions* 显示为传输时隙，协调器要判断是否有对应于请求设备的有效接收 SCFP。如果有这样的 SCFP，RWSN 协调器推迟传输到接收 SCFP 开始。这时，申请 SCFP 时隙的设备的地址不会添加到信标帧的待处理地址列表(见 7.5.6)。在接收 SCFP 时隙开始时，为保证能在 SCFP 时隙结束之前完成数据发送，MAC 层将不使用 CSMA-CA 算法。如果不能在 SCFP 时隙结束之前完成，MAC 层将传输推迟到该设备的下一个工作超帧中的 SCFP 规定的时隙内才进行。

对于所有已分配的发送 SCFP(与设备相关)，RWSN 协调器的 MAC 层应在 SCFP 开始前打开接收机，并在整个 SCFP 时隙期间保持使能状态。对于已分配的发送 SCFP(与设备相关)，RWSN 协调器的 MAC 层应在与 SCFP 时隙对应的时隙开始前打开发射机，并在整个 SCFP 时隙期间保持使能状态。

对于要在 SCFP 时隙中收发的所有设备，设备基于所述信道选择信息及所述时隙划分信息发送的数据，且应确保能够在 SCFP 时隙结束前完成数据传输，接收到相应的确认帧(如果要求)以及与数据帧大小匹配的 IFS。对于要在 SCFP 中收发的所有设备，应在相应的 SCFP 时隙开始前确保能够在相应的 SCFP 时隙结束前完成数据传输，接收到相应的确认帧(如果要求)以及与数据帧大小匹配的 IFS。

如果设备错过了信标帧，就不能使用 SCFP 时隙，直至再次正确收到信标。如果丢失信标帧而导致失去同步，设备就认为分配给自己的 SCFP 时隙将被全部取消。

7.5.8.5 SCFP 时隙的取消

7.5.8.5.1 概述

设备通过 MLME-SCFP.request 原语(见 7.1.8.2)来取消已分配的 SCFP，原语携带其取消的 SCFP 的特征。一旦原语产生，设备就不能再使用该 SCFP 时隙，其保存的特征也将被复位。

为了请求取消已分配的 SCFP，MLME 将向 RWSN 协调器发送 SCFP 时隙请求命令(见 7.3.9)。请求命令中 SCFP 特征字段的特征类型子字段设为 0(表示取消 SCFP)，长度和方向子字段将根据要取消的 SCFP 进行设置。SCFP 请求命令包含确认请求(见 7.3.4.3)，RWSN 协调器向请求设备回复确认帧。收到 SCFP 请求命令的确认帧后，MLME 就通知邻近高层：发布原语 MLME-SCFP.confirm(见 7.1.8.3)，状态参数为 SUCCESS，SCFP 特征参数的特征类型子字段设为 0。如果 RWSN 协调器没有正确收到 SCFP 请求命令，协调器将判断设备已经采用 7.5.8.5.3 的机制中止使用 SCFP。

收到 SCFP 请求命令，其中 SCFP 特征字段的特征类型子字段设为 0(表示取消 SCFP)，RWSN 协调器将试图取消已分配的 SCFP。如果请求命令中的 SCFP 特征与已知 SCFP 的特征不匹配，协调器将忽略该请求。若匹配，协调器的 MLME 将取消已分配的 SCFP 时隙，并通知邻近高层，即发布 MLME-SCFP.indication 原语(见 7.1.8.4)，其中 SCFP 特征参数包含所取消 SCFP 的特征，且特征类型子字段为 0。此外，协调器还要更新信标帧中超帧规格字段的 CAP 最终时隙子字段，且不必在信标帧中添加描述符来表示 SCFP 的取消。

RWSN 协调器也可以发起 SCFP 的取消，一般的情况是协调器的邻近高层产生取消 SCFP 的请求，或是 SCFP 到期(见 7.5.8.5.3)，也可以是为了保证 CAP 最小长度 *aMinCAPLength*(见 7.5.8.2)。

若是协调器的邻近高层发起 SCFP 的取消，MLME 会收到 MLME-SCFP.request 原语，请求原语的 SCFP 特征字段设为 0(即取消 SCFP)，长度和方向子字段将根据要取消的 SCFP 来设置。

当 SCFP 到期或为了维护 CAP，RWSN 协调器要求取消 SCFP，且 MLME 向邻近高层报告：发布 MLME-SCFP.indication 原语，SCFP 特征参数包含要取消的 SCFP 的特征，并且特征类型子字段设为 0。

当由 RWSN 协调器发起取消 SCFP，协调器取消 SCFP 后，还会在信标帧中添加 SCFP 描述符，但起始时隙设置为 0。每个 SCFP 的描述符都由该描述符所对应的设备的工作信标帧携带，携带次数是

aSCFPDescPersistenceTime 次，达到这个次数后，协调器会移除该 SCFP 描述符。由于添加了 SCFP 描述符导致信标帧长度暂时增加，所以协调器允许 CAP 的长度小于 *aMinCAPLength*。

收到的信标帧包含对应 *macShortAddress* 的 SCFP 描述符，且开始时隙为 0，设备立即停止使用 SCFP 时隙。设备的 MLME 会通知邻近高层取消 SCFP，发布 MLME-SCFP.indication 原语，SCFP 特征参数包含要取消的 SCFP 的特征，且特征类型子字段设为 0。

7.5.8.5.2 SCFP 的重新分配

SCFP 的取消可能会导致超帧变成几个碎片。图 73 是含有 SCFP 的超帧结构变化图。在阶段 1 中，超帧中分配了 3 个 SCFP，起始时隙分别是 30、41 和 52。在阶段 2 中，如果取消 SCFP3，超帧中将出现一个无用的缺口。为解决这类问题，应移动 SCFP1 和 SCFP2 来填补这个缺口，并增加了 CAP 的大小(阶段 3)。

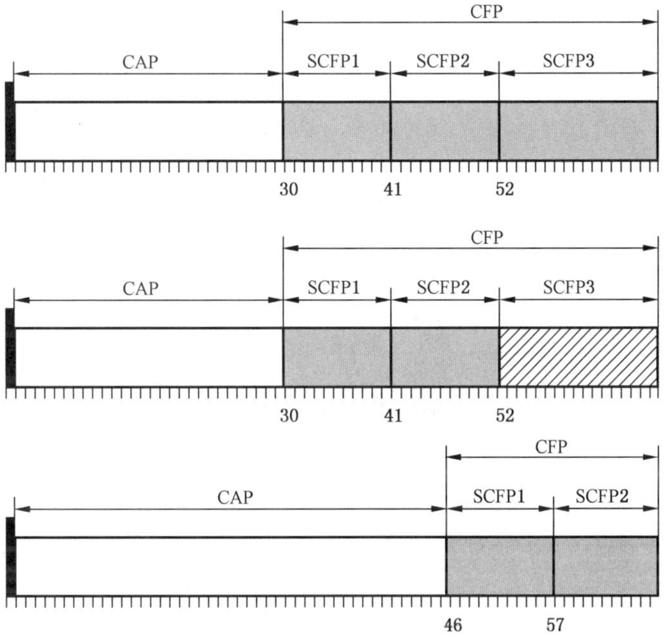

图 73 取消 SCFP 后的 CFP 碎片整理

由于取消 SCFP3 导致 CFP 中出现缺口，所以 RWSN 协调器应移除缺口来增加 CAP 的长度。

当 RWSN 协调器发起 SCFP 的取消，协调器将在信标帧中添加一个 SCFP 描述符，表明该 SCFP 已被取消。如果由设备发起 SCFP 的取消分配，RWSN 协调器就不会在信标帧中添加 SCFP 描述符。对于每个分配有 SCFP 的设备，如果其 SCFP 起始时隙小于要被取消 SCFP 的起始时隙，RWSN 协调器更新这些 SCFP，设置新的起始时隙，并针对所作的调整在信标帧中添加一个 SCFP 描述符。需要精确计算新的起始时隙，以保证 CFP 的末端没有缺口。

当同时有多个 SCFP 的重新分配，RWSN 协调器会按步骤来完成。每个 SCFP 的描述符都由该描述符所对应的设备的工作信标帧携带，携带次数是 *aSCFPDescPersistenceTime* 次，达到这个次数后，协调器会移除该 SCFP 描述符。

设备收到信标帧后，若发现包含的 SCFP 描述符对应自己的 *macShortAddress*，并且方向和长度与自己拥有的某个 SCFP 相匹配，设备就根据 SCFP 描述符的信息调整该 SCFP 的起始时隙，并立即使用。

当在信标帧中添加一个 SCFP 描述符时，允许 RWSN 协调器减少 CAP 长度并小于 aMinCAP-Length，来适应信标帧长度的暂时性增加。

7.5.8.5.3 SCFP 的终止

RWSN 协调器的 MLME 能够检测到这一情况，即设备采用以下规则停止了一个 SCFP 的使用：

a) 对于发送 SCFP，如果在(2 * n * 对应设备的 MSL 值)个超帧内没有收到设备发送的数据帧，RWSN 协调器的 MLME 就判定设备已经停止使用该 SCFP；

b) 对于接收 SCFP，如果在(2 * n * 对应设备的 MSL 值)个超帧内没有收到设备发送的确认帧，RWSN 协调器的 MLME 就判定设备已经停止使用该 SCFP。如果在 SCFP 中发送的数据帧不需要确认，RWSN 协调器的 MLME 就无法检测到设备是否在使用接收 SCFP。然而，RWSN 协调器可以随时取消已分配的 SCFP。

上述变量 n 的定义是：

$n=2^{(8-macBeaconOrder)}$ $0\leqslant macBeaconOrder\leqslant 8$

$n=1$ $9\leqslant macBeaconOrder\leqslant 14$

7.5.9 低功耗模式

7.5.9.1 概述

若网络中的数据传输主要为从终端设备到协调器，网络可以设置为 LE 模式。

当 MIB 属性 *macLEenabled* 设为 TRUE 时，LE 模式被激活。LE 模式的基本交互如图 74 所示。

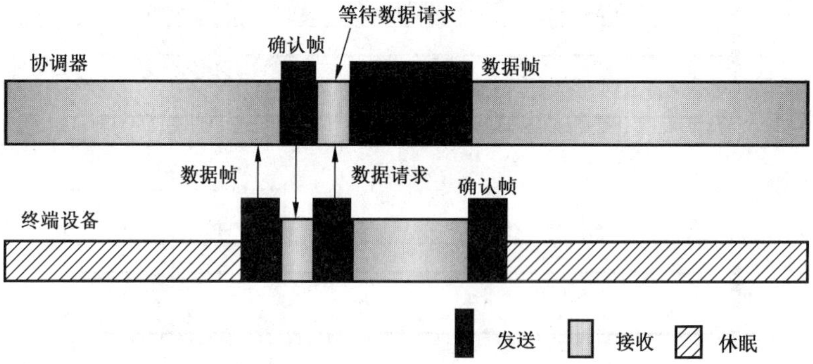

图 74 低功耗模式示意图

当网络设置为 LE 模式时，协调器保持信道侦听，终端设备若无数据需要发送，则保持休眠状态，若需要发送数据，则通过 CSMA 或 Aloha 机制发送数据帧。终端设备发送完毕切换到接收状态，等待协调器的应答帧。

如果终端设备没有接收到协调器的应答帧，且 *macMaxFrameRetries* 不为零，则执行数据重发机制。

如果终端设备接收到协调器的应答帧，并且应答帧对应指示位标志协调器有数据需要发送给本终端设备，则终端设备向协调器发送数据请求帧。否则切换至休眠状态，直到下一次需要发送数据帧时为止。

终端设备发送数据请求帧后，若未接收到协调器的应答帧，且 *macMaxFrameRetries* 不为零，则重发数据请求帧，直到重发 *macMaxFrameRetries* 次为止。若接收到协调器的应答帧，则维持信道侦听，等待协调器发送对应的数据帧。协调器发送的数据帧中，帧控制域的帧持续标志位用于指示接收数据帧的终端设备，在接收完此帧后，是继续维持信道侦听状态，还是在此帧接收完成后切换到休眠状态。

7.5.9.2 自动唤醒机制

7.5.9.2.1 概述

自动唤醒机制由 MAC 层提供的一种服务，由协调器发送唤醒帧，终端设备周期侦听信道，若接收到唤醒帧，即结束休眠状态的一种机制。可以采用混合唤醒采样侦听机制（HWSL 机制）或同步侦听唤醒机制（SLW 机制）。

7.5.9.2.2 HWSL 机制

7.5.9.2.2.1 概述

当协调器发送给终端设备的数据帧较少，或对数据延时的要求不高时，协调器应等到接收到对应终端设备的数据请求帧，才能发送数据帧给该设备。

LE 模式中，网络是否支持 HWSL 唤醒机制通过 MIB 属性 *macHWSLSupport* 进行配置。

HWSL 唤醒机制的基本操作如图 75 所示。

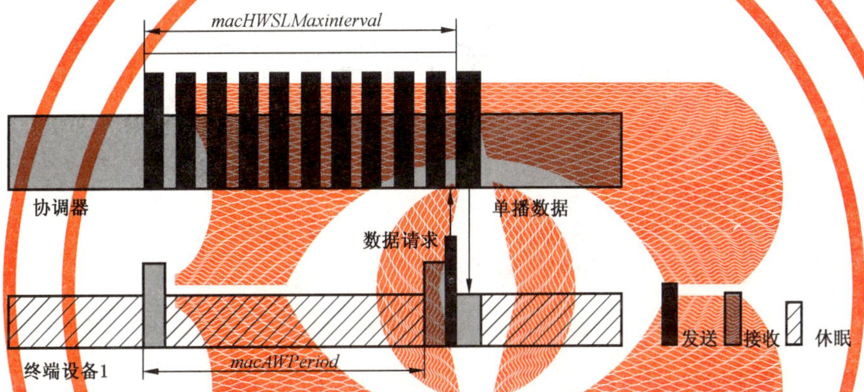

图 75 HWSL 唤醒机制示意图

协调器发送延时要求较高的数据帧时，在发送数据帧之前，首先发送 AW 唤醒序列。HWSL 唤醒序列由连续的 AW 唤醒帧构成，连续两个唤醒帧之间的间隔为 *macHWSLWakeupInterval*。协调器发送连续两个唤醒帧之间，切换到接收状态，侦听信道。唤醒帧序列的长度为 *macHWSLMaxInterval*。

支持 HWSL 唤醒机制的终端设备，在没有数据帧发送时保持休眠状态，同时维持采样间隔为 *macAWPeriod* 的信道侦听，如果每次侦听信道没有侦听到协调器发送的唤醒帧，终端设备切换至休眠状态，直到下一次采样侦听时刻。

7.5.9.2.2.2 单播数据传输

如果协调器通过 HWSL 机制和终端设备进行数据传输的帧为单播帧，唤醒帧的协调器地址应设为该网络协调器的地址，目的地址应设为对应的终端设备地址。

接收到单播唤醒帧的终端设备，首先判断唤醒帧的协调器地址是否为本网络协调器的地址，如果是，再判断目的地址是否为本设备，如果地址匹配，则通过原语告知上层需要终止周期采样侦听。然后向协调器发送响应消息，若终端设备请求协调器发送数据，则响应消息为数据请求帧；若终端设备从休眠状态进入唤醒状态，将与协调器进行数据传输，包括向协调器发送数据，则响应消息为确认帧，协调器根据响应消息与终端设备进行单播数据传输。

如果终端设备在发送响应消息后，仍然收到协调器发送的单播唤醒帧，且唤醒帧的目的地址为本设备，则重新发送响应消息。

协调器发送完单播唤醒帧后，若接收到对应终端设备的响应消息，则立即与对应终端设备进行单播数据传输。此单播数据帧应要求接收设备收到后回复应答,接收设备等待的最长应答时间为 *macAckWaitDuration*,否则根据 *macMaxFrameRetries* 的设定,判定是否重发数据帧。

如果协调器有多个单播数据帧需要发送给同一个终端设备,协调器在发送给终端设备的所有帧中,除最后一个帧外,MAC 层帧头的帧控制域中的帧持续标志位均置为 1。

7.5.9.2.2.3 广播数据传输

如果协调器通过 HWSL 机制与终端设备进行数据传输的帧为广播帧,协调器仍发送间隔为 *macHWSLWakeupInterval* 的唤醒帧序列,唤醒帧的目的地址设为广播地址,并且通过唤醒帧携带广播帧发送的相关时间信息。唤醒机制广播帧发送示意图如图 76 所示。

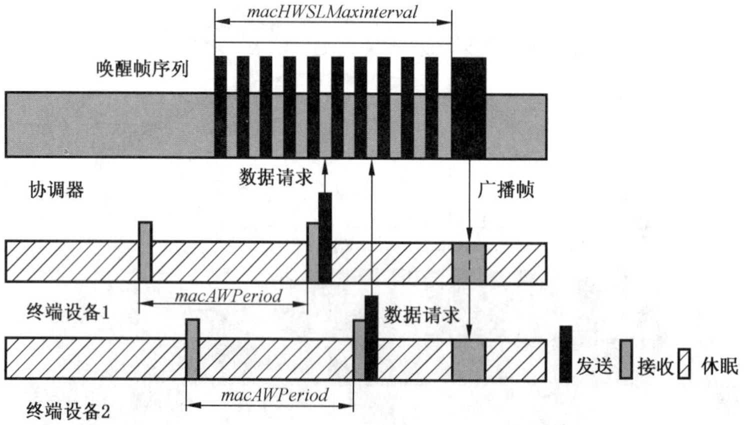

图 76 唤醒机制广播帧发送示意图

终端设备周期信道采样侦听时,若接收到广播唤醒帧,则通过原语请求上层停止周期信道采样侦听,并向协调器发送数据请求帧,然后进入休眠状态,直到广播唤醒帧中携带的信息所指示的广播帧发送时刻到来为止,此时终端设备开启接收机,接收对应的广播帧。

如果协调器发送广播唤醒帧的间隔内接收对应终端设备的数据请求帧,若接收到所有终端设备的数据请求帧,则停止发送唤醒帧,否则唤醒序列的持续时间为 *macHWSLMaxInterval*。

协调器在广播唤醒帧中携带的信息所指定的时间发送相应的广播帧。

7.5.9.2.3 SLW 机制

7.5.9.2.3.1 概述

网络可以选择自动唤醒机制,LE 模式中,网络是否支持 SLW 机制通过 MIB 属性 *macSLWSupport* 进行配置。SLW 机制的基本操作如图 77 所示。

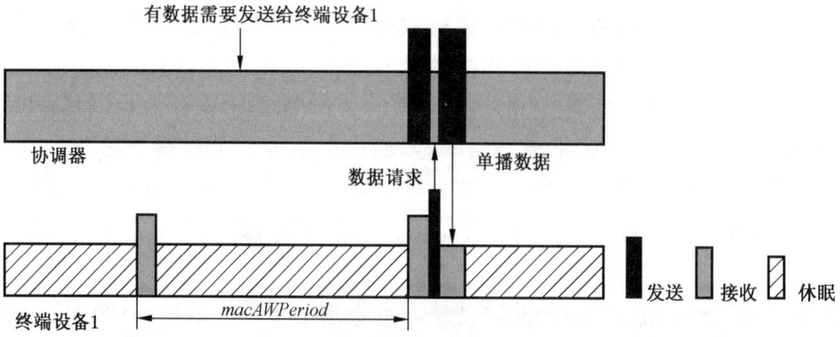

图 77 SLW 唤醒机制示意图

终端设备根据自己的预设侦听时间与协调器实现同步，预设侦听时间可以是终端设备在部署时，在终端设备上设置的侦听唤醒帧的侦听时间，或者，终端设备在部署后，由协调器在超帧的活跃期为终端设备设置的侦听唤醒帧的侦听时间。当协调器需要发送延时要求较高的数据帧时，在该设备最近的预设侦听时间到来时发送唤醒帧。协调器发送唤醒帧之后立即切换到接收状态，侦听信道。

支持 SLW 机制的终端设备，在没有数据帧需要发送时保持休眠状态，同时维持采样间隔为 *macAWPeriod* 的信道侦听，如果每次侦听信道没有侦听到协调器发送的唤醒帧，终端设备切换至休眠状态，直到下一次采样侦听时刻。

7.5.9.2.3.2 单播数据传输

如果协调器通过 SLW 机制与终端设备进行数据传输的帧为单播帧，唤醒帧的目的地址应设为对应的终端设备地址。

接收到单播唤醒帧的终端设备，首先判断唤醒帧的协调器地址是否为本网络协调器的地址，如果是，再判断目的地址是否为本设备，如果地址匹配，则通过原语告知上层需要终止周期采样侦听。然后向协调器发送响应消息，若终端设备请求协调器发送数据，则响应消息为数据请求帧；若终端设备从休眠状态进入唤醒状态，将与协调器进行数据传输，包括向协调器发送数据，则响应消息为确认帧，协调器根据响应消息与终端设备进行单播数据传输。如果地址不匹配，设备继续转入休眠状态。

如果终端设备在发送响应消息后，仍然收到协调器发送的单播唤醒帧，且唤醒帧的目的地址为本设备，则重新发送响应消息。

协调器发送完单播唤醒帧后，若接收到对应终端设备的响应消息，则立即与对应终端设备进行单播数据传输。此单播数据帧应要求接收设备收到后回复应答，接收设备等待的最长应答时间为 *macAckWaitDuration*，否则根据 *macMaxFrameRetries* 的设定，判定是否重发数据帧。

如果协调器有多个单播数据帧需要发送给同一个终端设备，协调器在发送给终端设备的所有帧中，除最后一个帧外，MAC 层帧头的帧控制域中的帧持续标志位均置为 1。

7.5.9.2.3.3 广播数据传输

如果协调器通过 SLW 机制与终端设备进行数据传输的帧为广播帧，协调器仍在终端设备预设侦听时间发送唤醒帧，唤醒帧的日的地址设为广播地址，并且通过唤醒帧携带广播帧发送的相关时间信息。唤醒机制广播帧发送示意图如图 78 所示。

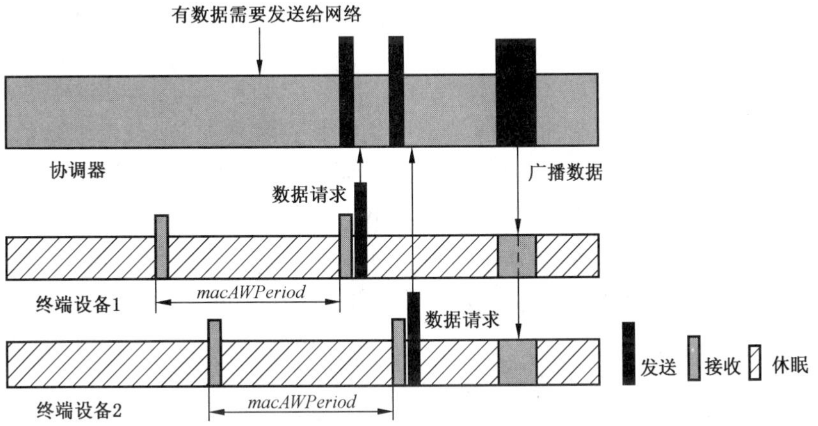

图 78 唤醒机制广播帧发送示意图

终端设备周期信道侦听时，若接收到广播唤醒帧，则通过原语请求上层停止周期信道侦听，并向协调器发送数据请求帧，然后进入休眠状态，直到广播唤醒帧中携带的信息所指示的广播帧发送时刻到来为止,此时终端设备开启接收机,接收对应的广播帧。

协调器发送广播唤醒帧完成后接收对应终端设备的数据请求帧,若接收到所有终端设备的数据请求帧,则停止发送唤醒帧,否则广播发送时刻到来时则停止发送唤醒帧。

协调器在广播唤醒帧中携带的信息所指定的时间发送相应的广播帧。

7.5.9.3 射频唤醒机制

7.5.9.3.1 概述

射频唤醒机制是由 PHY 和 MAC 层共同提供的一种服务,由协调器先后发送射频脉冲序列和唤醒帧,终端设备感应射频脉冲而被唤醒,并接收和解析唤醒帧,进而结束休眠状态。

LE 模式中,网络是否支持 RFW 唤醒机制通过 MIB 属性 *macRFWSupport* 进行配置。

RFW 机制的基本操作如图 79 所示。

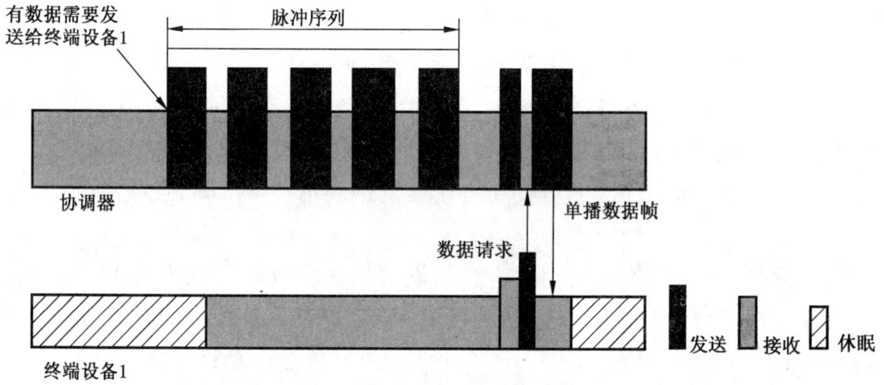

图 79 **RFW 唤醒机制示意图**

网络可以预先配置唤醒因子,预设唤醒因子用于确定预唤醒设备所属的 RWSN 网络,不同 RWSN 网络具有不同的预设唤醒因子。协调器发送延时要求较高的数据帧时,在发送数据帧之前,协调器发送射频脉冲序列。射频脉冲序列由连续的电磁脉冲信号构成,每个射频脉冲为脉宽大于等于 *macRF-Wminpulsewidth* 的持续高电平信号,连续两个射频脉冲之间的间隔为 *macRFWpulseInterval*。协调器发送射频脉冲序列的个数为该协调器所在 RWSN 网络预设唤醒因子个数 *macRFWWakeupfactornum*+1。射频唤醒序列发送完毕之后,等待大于 *macRFWpulseInterval* 的时间间隔发送唤醒帧。

支持 RFW 唤醒机制的终端设备,在保持休眠状态时,射频天线可以通过继电器模块与唤醒模块相连,随时感应协调器发送的射频唤醒脉冲序列,若感应到射频唤醒脉冲,则产生中断信号使终端设备处理器模块从休眠状态转为唤醒,并对后续感应到的射频唤醒脉冲序列计数,若脉冲间隔大于 *macRFW-pulseInterval*,则停止计数,并比较计数值与该 RWSN 网络的预设唤醒因子个数 *macRFWWakeupfac-tornum*,若不等,则 RWSN 内终端设备将直接切换至休眠状态;若相等,则终端设备开启无线通信模块,并通过继电器模块使射频天线与无线通信模块相连接收并解析唤醒帧。

7.5.9.3.2 单播数据传输

如果协调器通过 RFW 机制与终端设备进行数据传输的帧为单播帧,唤醒帧的目的地址应设为对应的终端设备地址。

接收到单播唤醒帧的终端设备,首先判断唤醒帧的目的地址是否为本设备,如果地址匹配。则向协调器发送响应消息,若终端设备请求协调器发送数据,则响应消息为数据请求帧;若终端设备从休眠状态进入唤醒状态,将与协调器进行数据传输,包括向协调器发送数据,则响应消息为确认帧,协调器根据响应消息与终端设备进行单播数据传输。

如果终端设备在发送响应消息后，仍然收到协调器发送的单播唤醒帧，且唤醒帧的目的地址为本设备，则重新发送响应消息。

协调器发送完单播唤醒帧后，若接收到对应终端设备的响应消息，则立即与对应终端设备进行单播数据传输。此单播数据帧应要求接收设备收到后回复应答，接收设备等待的最长应答时间为 *macAckWaitDuration*，否则根据 *macMaxFrameRetries* 的设定，判定是否重发数据帧。

如果协调器有多个单播数据帧需要发送给同一个终端设备，协调器在发送给终端设备的所有帧中，除最后一个帧外，MAC 层帧头的帧控制域中的帧持续标志位均置为 1。

7.5.9.3.3 广播数据传输

如果协调器通过 RFW 机制与终端设备进行数据传输的帧为广播帧，协调器射频唤醒序列发送完成之后发送唤醒帧，唤醒帧的目的地址设为广播地址，并且通过唤醒帧携带广播帧发送的相关时间信息。唤醒机制广播帧发送示意图如图 80 所示。

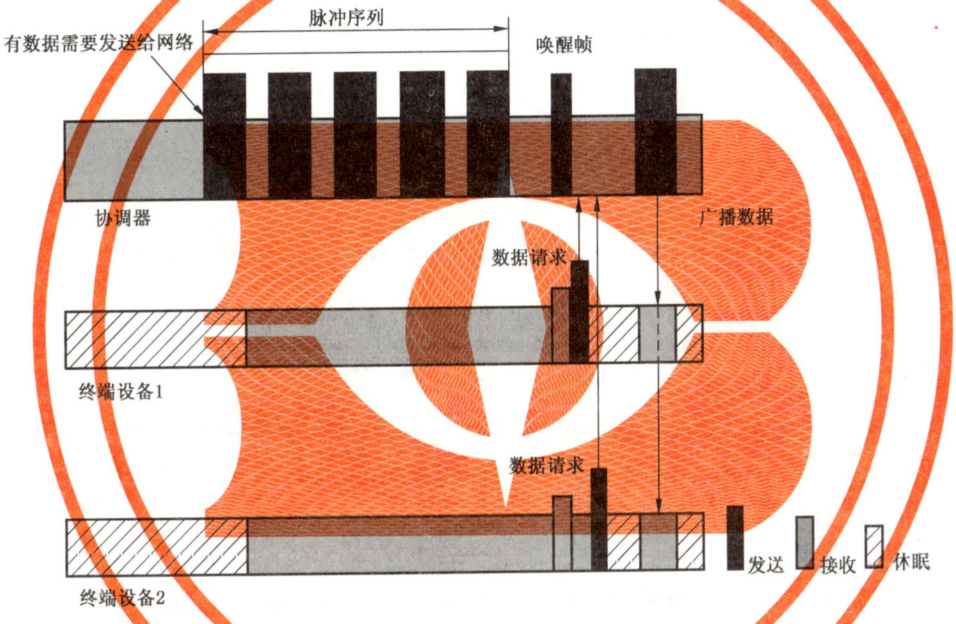

图 80 唤醒机制广播帧发送示意图

终端设备感应并接收到唤醒因子对应数目的射频唤醒脉冲序列后，若接收到广播唤醒帧，则通过 CSMA-CA 机制接入信道，向协调器发送响应消息，若终端设备请求协调器发送数据，则响应消息为数据请求帧；若终端设备从休眠状态进入唤醒状态，将与协调器进行数据传输，包括向协调器发送数据，则响应消息为确认帧，协调器根据响应消息与终端设备进行数据传输。终端设备响应消息发送完毕后进入休眠状态，直到广播唤醒帧中携带的信息所指示的广播帧发送时刻到来为止，此时终端设备开启接收机，与协调器进行数据传输。

协调器发送广播唤醒帧完成后接收对应终端设备的响应消息，若接收到所有终端设备的响应消息，则停止发送唤醒帧，否则广播发送时刻到来时则停止发送唤醒帧。

协调器在广播唤醒帧中携带的信息所指定的时间发送相应的广播帧。

7.5.10 设备的工作周期

工作周期是指在信标使能的 RWSN 中，设备相邻两次以侦听信标帧为目的而打开接收机的间隔时间，在一个工作周期内，设备仅侦听工作周期开始时的第一个信标帧，其余时间不侦听信标帧；某设备的工作周期时长 WPL = [*aBaseSuperframeDuration* * 2BO] * 该设备的 MSL 值,MSL 为 RWSN 协调器分配给该设备的超帧时长整倍数,1≤MSL≤aMaxMSL。决定设备工作周期时长的 MSL 值由协调器根据网络和该设备的性能指标通过某种算法计算得到,其中设备的性能指标可以包括节点自身能量剩余能量、收发数据吞吐量、数据上报频率和报警时延等其中的一项或多项。具体算法不在本协议规定范围内。设备默认的工作周期时长为 *aBaseSuperframeDuration* * 2BO,即 MSL 默认时为 1。

若一个设备不是协调器,则在该设备与其所处的 RWSN 关联成功后,RWSN 协调器将广播含有该设备的工作周期信息的信标帧。设备的工作周期信息位于信标帧 MAC 负荷的周期分配字段,其中包含信标指数 BO、该设备的短地址和分配给该设备的超帧时长倍数 MSL,则该设备的工作周期时长 WPL= [*aBaseSuperframeDuration* * 2^{BO}] * MSL,MSL 的数值由协调器的邻近上层决定。从设备接收到含有其工作周期信息的信标帧的时刻算起,经过一个超帧时长[*aBaseSuperframeDuration* * 2^{BO}]后,该设备进入工作周期时长为 WPL 的工作周期循环,同时,该设备打开接收机以侦听进入新的工作周期循环后的第一个信标帧。进入工作周期时长为 WPL 的工作周期循环的设备,每隔 WPL 打开一次接收机以跟踪信标帧,并与 RWSN 协调器同步。该设备侦听到第一个信标帧后,随即进入本信标帧对应的超帧阶段,该超帧的 SCFP 阶段结束时,设备关闭接收机进入休眠状态。之后,该设备保持休眠状态,直到下一个工作周期开始再打开接收机以跟踪信标帧,期间忽略(MSL−1)个信标及其对应超帧阶段。

图 81 是设备工作周期的示意图。协调器通过广播信标为设备 A、B、C 和 D 分配工作周期 WPL,其时长为超帧时长的倍数。协调器广播信标帧之前,先将已存储的各设备的 NWBSN 值与要发送的信标帧的序列号比对,数值相符的设备即为下一个超帧的工作设备。协调器仅在要发送的信标帧中安排与上述工作设备相关的事务,如数据收发。协调器可根据网络性能的需要更新各设备的工作周期,具体的时长选择算法超出了本规范的范围。

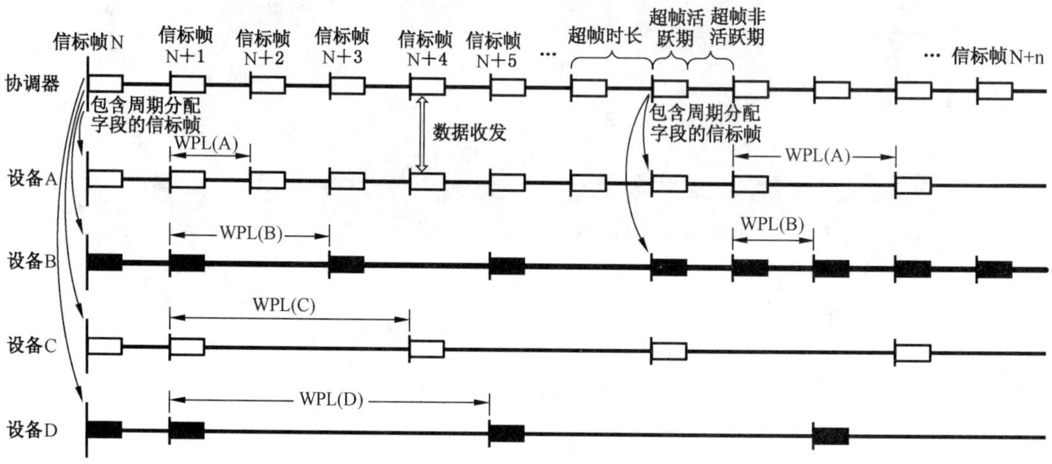

图 81　设备的工作周期示意图

7.6　MAC 层和 PHY 交互的消息序列图

本条举例说明了本规范规定的主要任务。通过消息序列图定义每一个任务,且图例详细展示了各个步骤。

RWSN 协调器构造一个新的 RWSN 用到的相关消息序列见图 82。在复位 MAC 层后,邻近高层发起扫描以搜索在区域内的其他 RWSN。当采用主动扫描时,可选择是否执行 ED 扫描。主动扫描和 ED 扫描的具体步骤如图 87 和图 83 所示。

建立起新的 RWSN 后,RWSN 协调器就开始接收其他设备的加入请求。设备请求关联时的所需的原语见图 84，而协调器允许关联的步骤见 7.5.4.1。在加入 RWSN 过程中，请求关联的设备执行主动或被动信道扫描，以确定该区域的哪一个 RWSN 允许关联。图 86 和图 87 分别展示出被动扫描和主动扫描所需的原语。

设备传输数据包的步骤如图 88 所示，而接收设备的接收过程如图 89 所示。

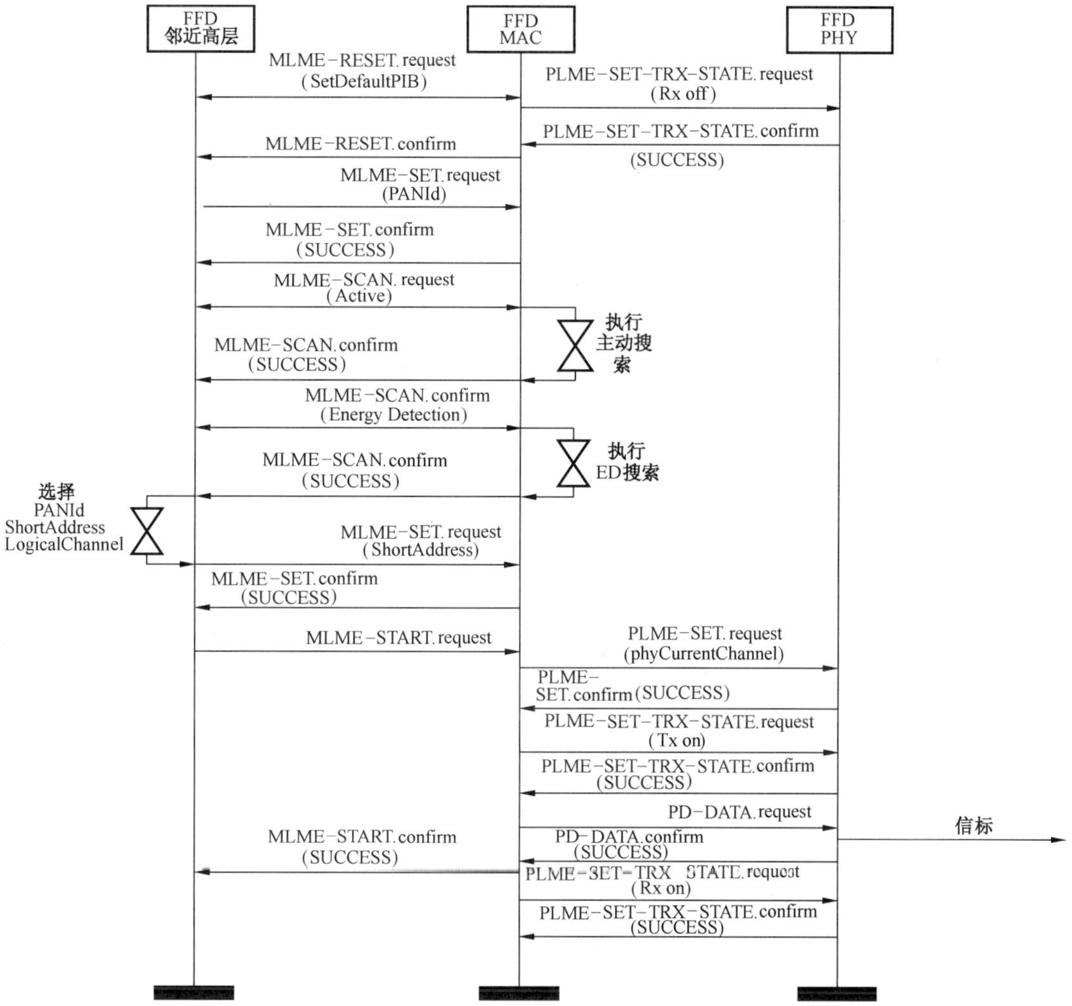

注 1：ED 扫描是可选的。

注 2：MLME-START.confirm 和 PLME-SET-TRX-STATE.request 的顺序并不总是如图所示。

图 82 RWSN 起始消息序列图——RWSN 协调器

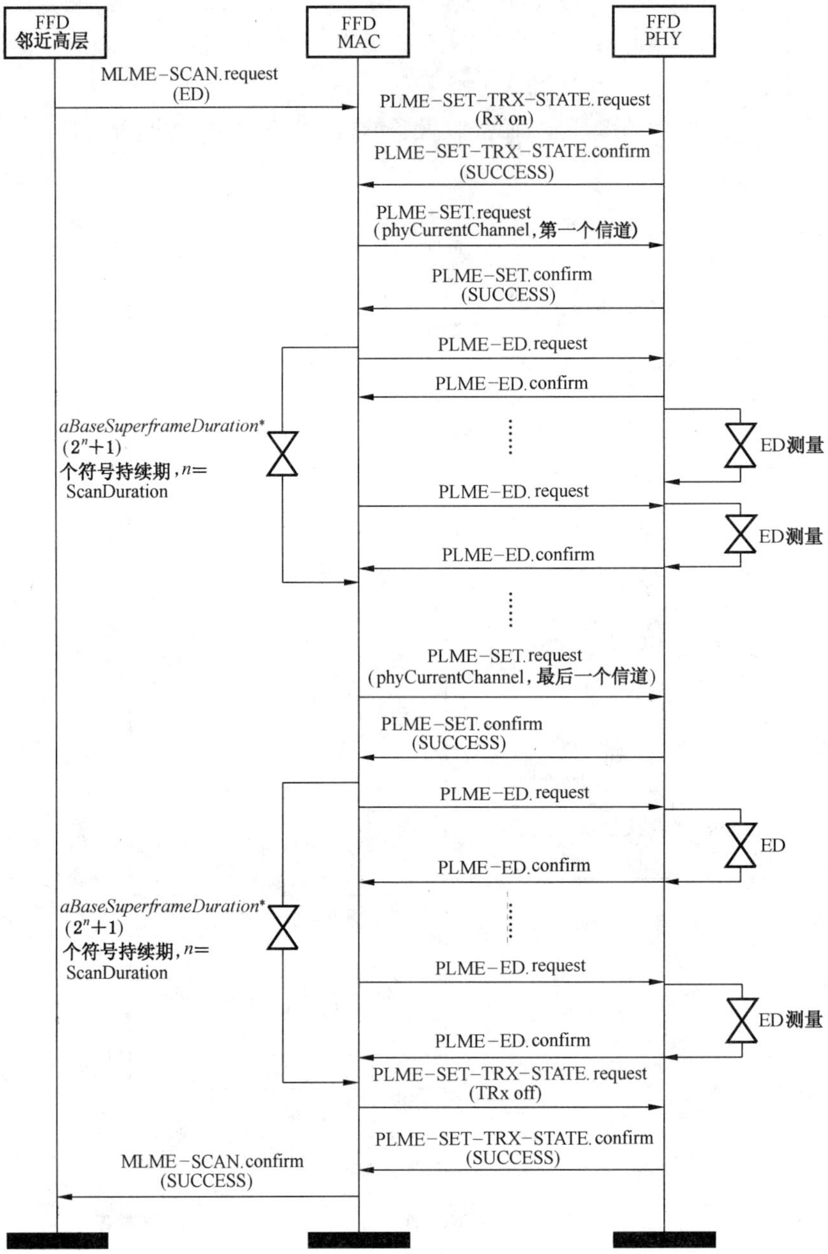

图 83 ED 扫描消息序列图

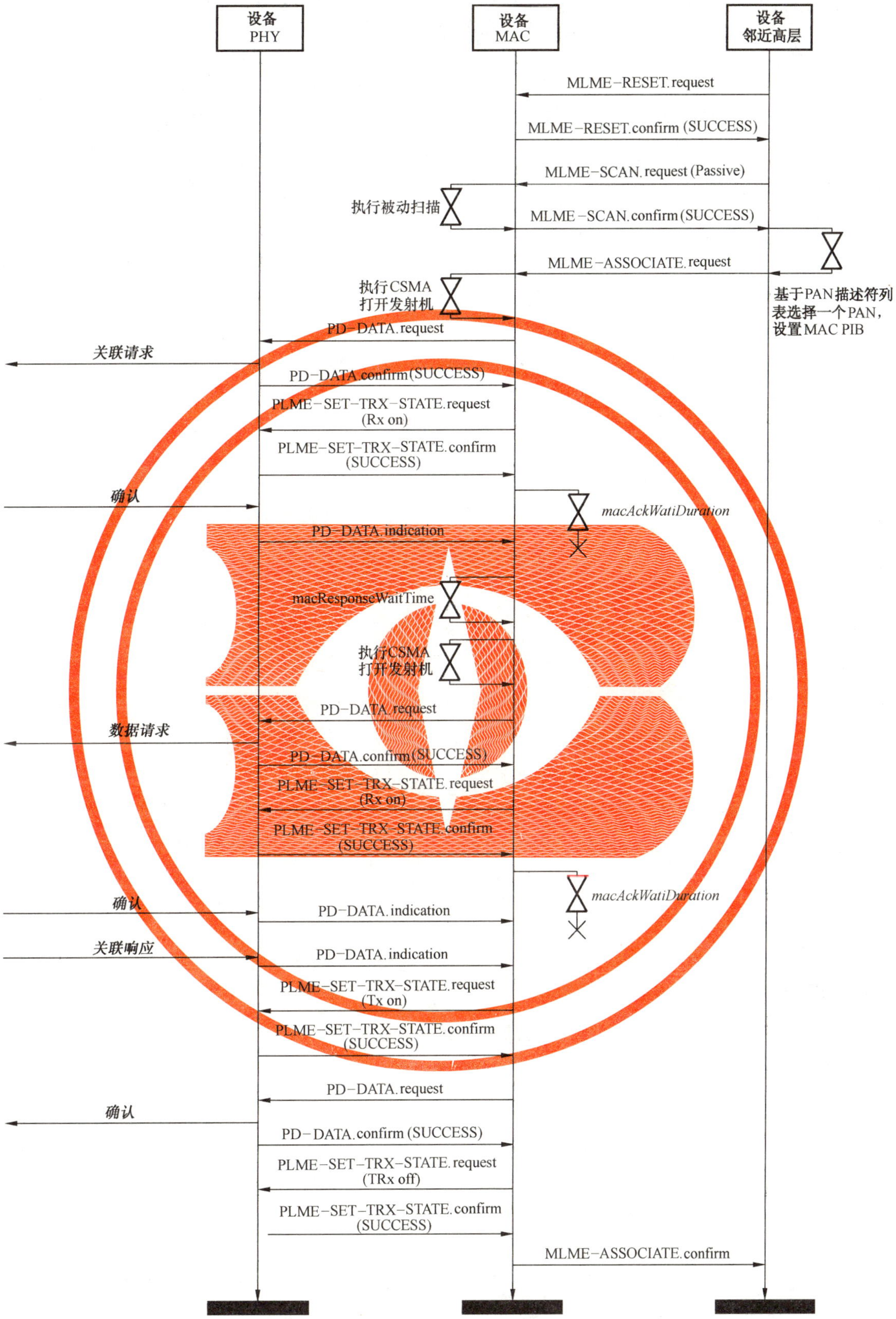

图 84　关联过程的消息序列图——设备

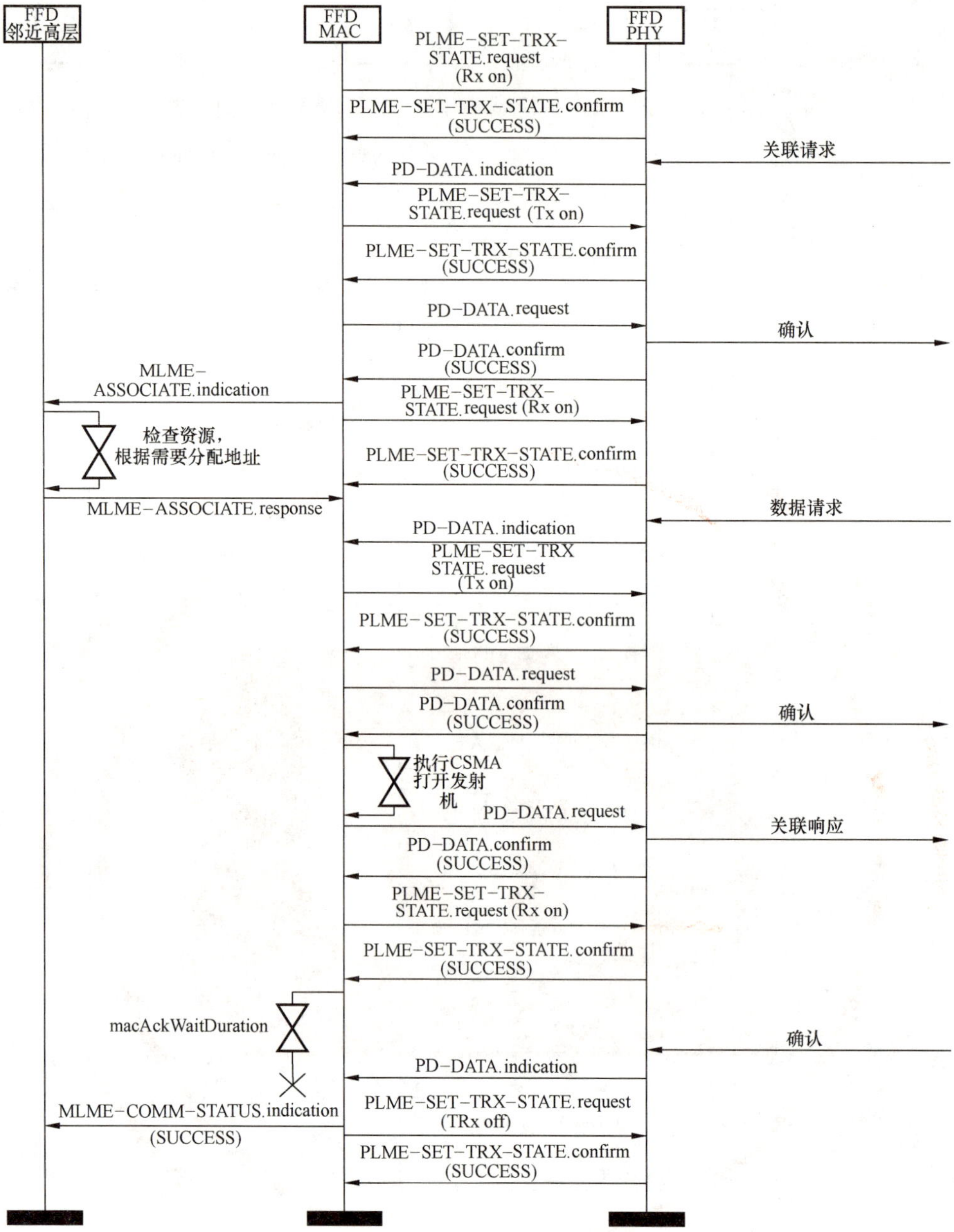

图 85 关联过程消息序列图——协调器

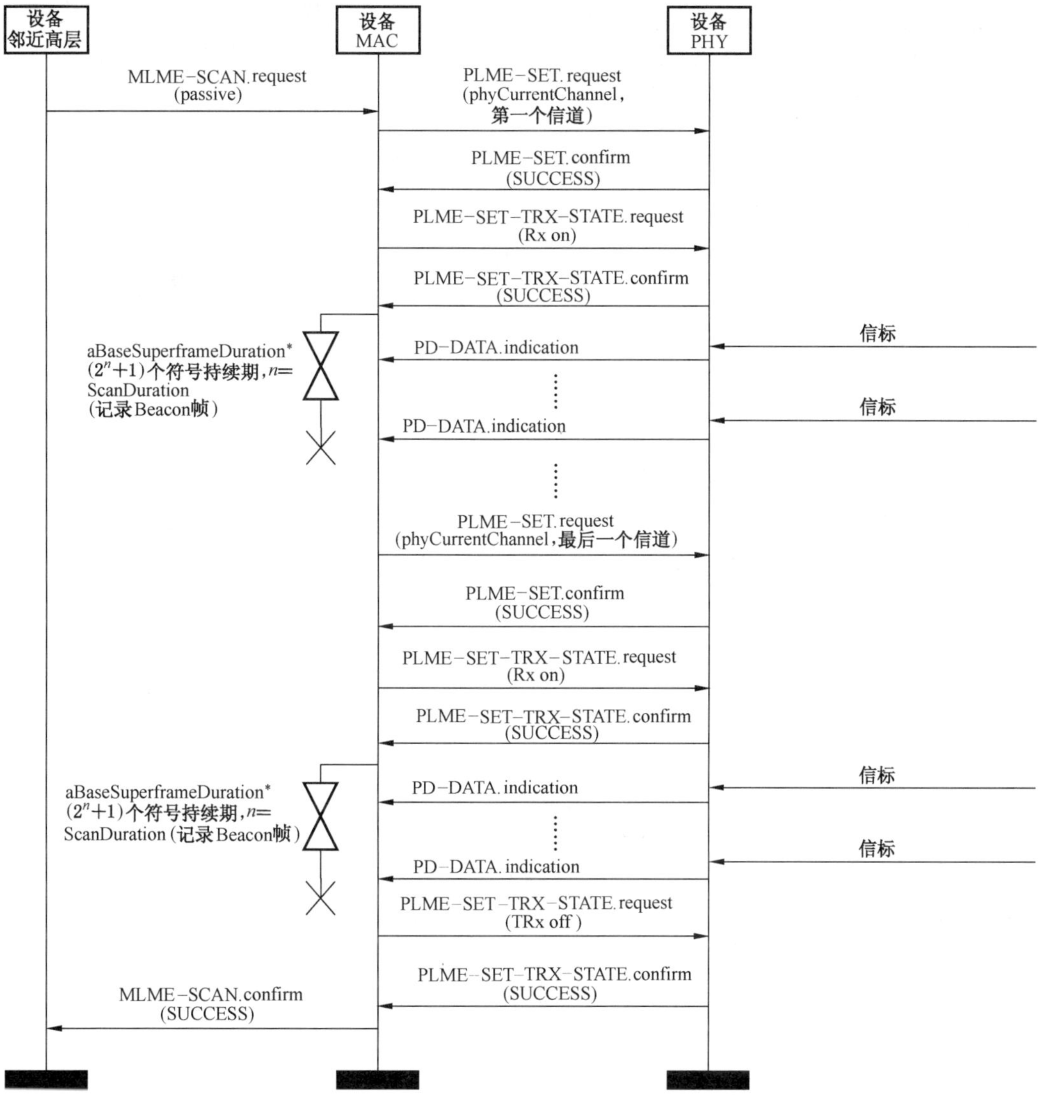

图 86　被动扫描消息序列图

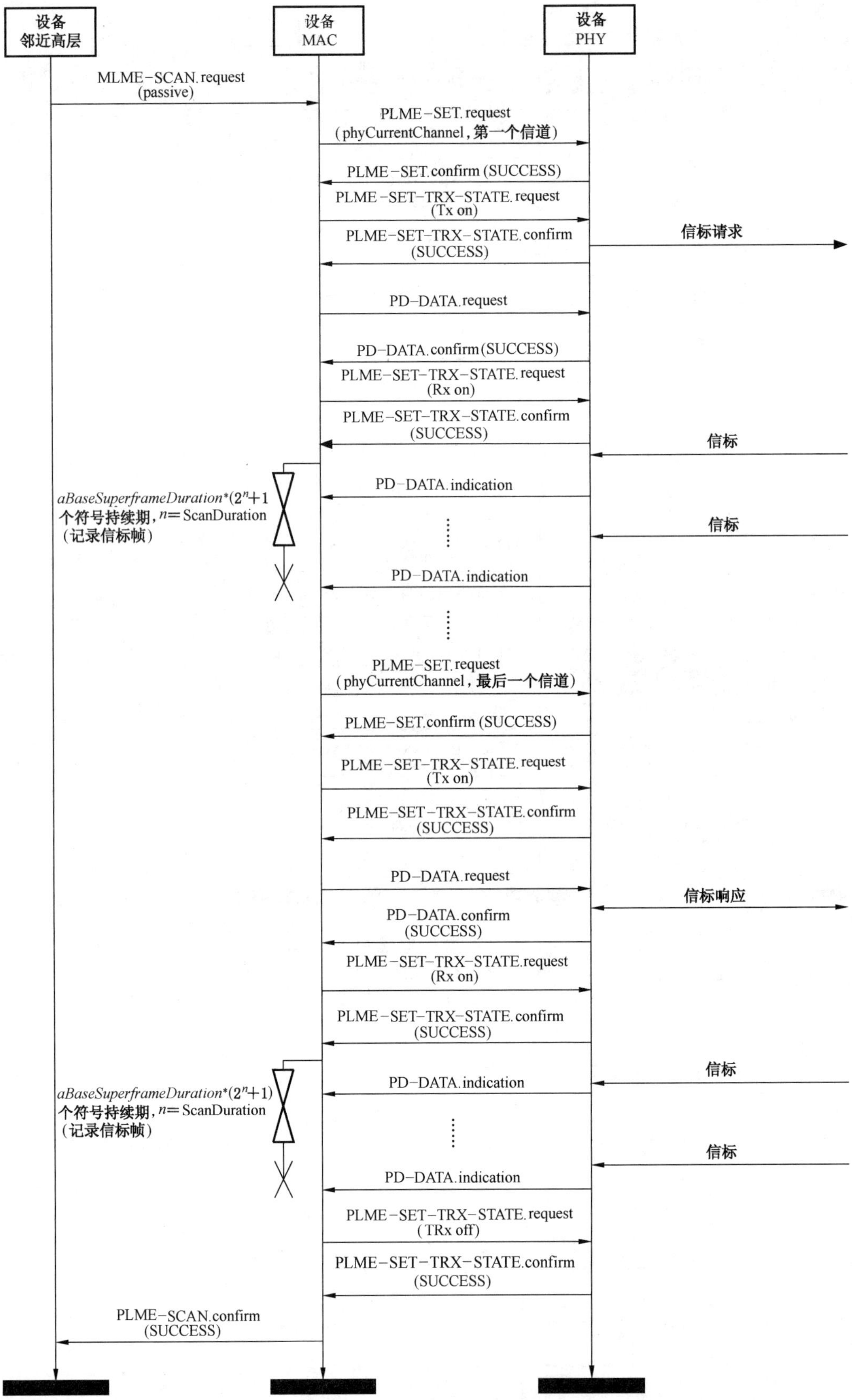

图 87　主动扫描消息序列图

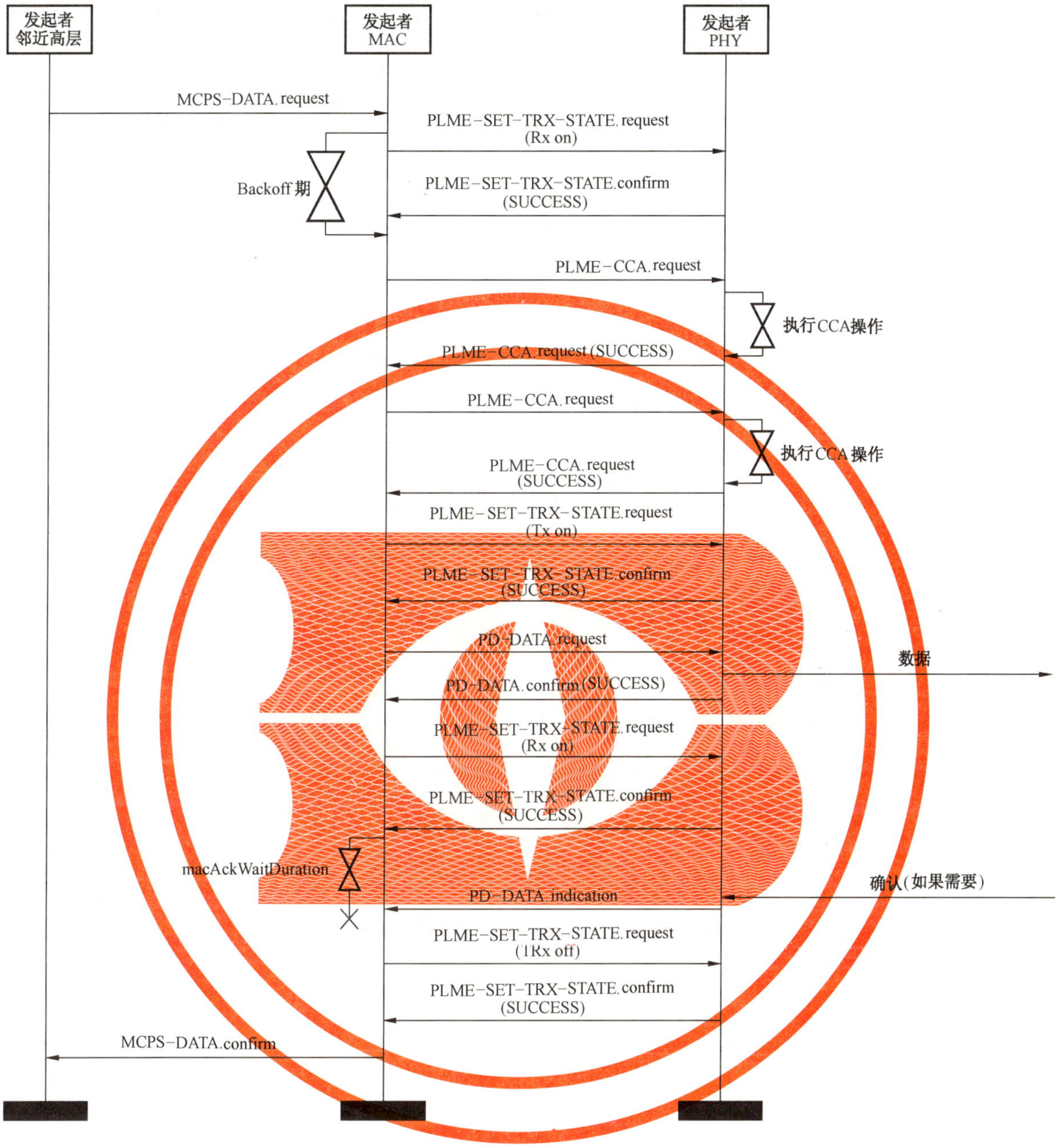

图 88　数据传输消息序列图——发起者

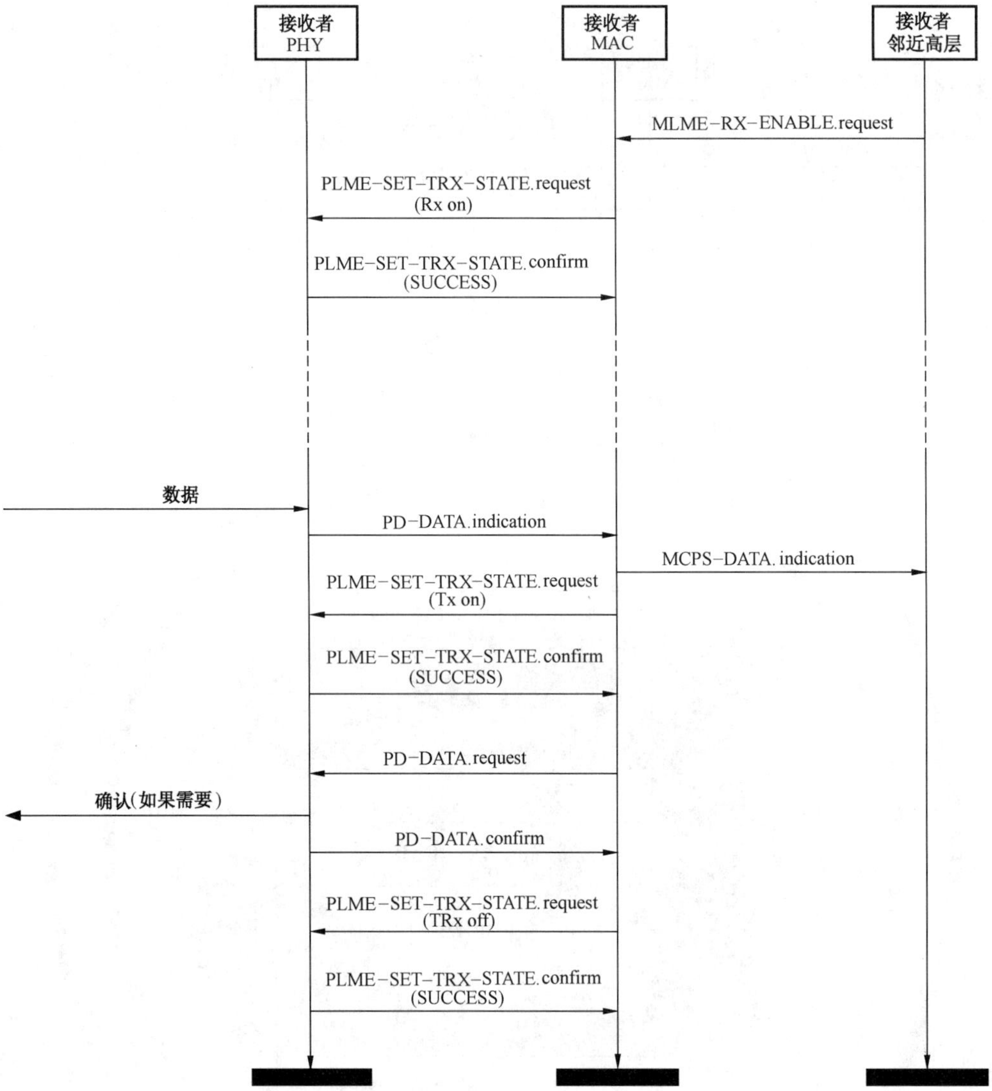

图 89 数据传输消息序列图——接收者

参 考 文 献

[1] GB/T 15629.15—2010 信息技术 系统间远程通信和信息交换 局域网和城域网 特定要求 第15部分:低速无线个域网(WPAN)媒体访问控制和物理规范

ICS 35.110
L 79

中华人民共和国国家标准

GB/T 30269.401—2015/ISO/IEC 20005:2013

信息技术　传感器网络　第401部分：协同信息处理：支撑协同信息处理的服务及接口

Information technology—Sensor networks—Part 401:Collaborative information processing:Services and interfaces supporting collaborative information processing

(ISO/IEC 20005:2013,Information technology—Sensor networks—Services and interfaces supporting collaborative information processing in intelligent sensor networks,IDT)

2015-12-10 发布　　　　2016-08-01 实施

中华人民共和国国家质量监督检验检疫总局
中国国家标准化管理委员会　发布

前　言

GB/T 30269 在《信息技术　传感器网络》总标题下，计划或已发布以下几部分：

——第 1 部分：参考体系结构和通用技术要求；

——第 2 部分：术语；

——第 301 部分：通信与信息交换：低速无线传感器网络网络层和应用支持子层规范（GB/T 30269.301—2014）；

——第 302 部分：通信与信息交换：面向高可靠性应用的无线传感器网络媒体访问控制和物理层规范；

——第 303 部分：通信与信息交换：基于 IP 的网络层规范；

——第 304 部分：通信与信息交换：面向视频的媒体访问控制层和物理层规范；

——第 401 部分：协同信息处理：支撑协同信息处理的服务及接口；

——第 501 部分：标识：传感节点标识符编制规则；

——第 502 部分：标识：传感节点标识符解析和管理规范；

——第 503 部分：标识：传感节点标识符注册规程；

——第 601 部分：信息安全：通用技术规范；

——第 602 部分：信息安全：网络传输安全技术规范；

——第 701 部分：传感器接口：信号接口；

——第 702 部分：传感器接口：数据接口；

——第 801 部分：测试：通用要求；

——第 802 部分：测试：低速无线传感器网络媒体访问控制和物理层；

——第 803 部分：测试：低速无线传感器网络网络层和应用支持子层；

——第 901 部分：网关：通用技术要求；

——第 1001 部分：中间件：传感器网络节点数据交换规范；

……

本部分是 GB/T 30269 的第 401 部分。

本部分按照 GB/T 1.1—2009 给出的规则起草。

本部分与由我国担任主编辑的 ISO/IEC 20005:2013 国际标准同步立项编制。

本部分使用翻译法等同采用 ISO/IEC 20005:2013《信息技术　传感器网络　智能传感器网络中支撑协同信息处理的服务和接口》国际标准。

与 ISO/IEC 20005:2013 相比，做了下列编辑性修改：

——为与 GB/T 30269 国家标准协调一致，对标准名称进行了改变；

——第 6 章和第 7 章定义了服务和接口，便于对标准的理解，6.2、6.3、6.4、6.5、6.6、6.7、6.8、7.2、7.3 和 7.4 各条标题增加“及接口”；

——增补了资料性附录 NA 和资料性附录 NB。附录 NA 给出 GB/T 30269.1—2015 有关传感器网络结点功能模型；而附录 NB 以电动汽车能源信息采集和运营管理系统为应用背景，对支撑传感器网络协同信息处理相关服务进行描述。

请注意本文件的某些内容可能涉及专利。本文件的发布机构不承担识别这些专利的责任。

本部分由全国信息技术标准化技术委员会(SAC/TC 28)提出并归口。

本部分主要起草单位:无锡物联网产业研究院、中国电子技术标准化研究院、中国科学院上海微系统与信息技术研究所、杭州家和物联技术有限公司、中国科学院声学研究所、浙江大学。

本部分主要起草人:潘强、徐冬梅、刘海涛、邢涛、徐全平、冯一汀、鲍明、王智、沈杰、余志军、陈书义。

信息技术 传感器网络 第401部分：协同信息处理：支撑协同信息处理的服务及接口

1 范围

GB/T 30269的本部分规定了传感器网络中支撑协同信息处理的服务和接口，包括：

——协同信息处理功能和功能模型；

——支撑协同信息处理的共性服务；

——支撑协同信息处理的共性服务的接口。

本部分适应于提供协同信息处理应用功能的传感器网络节点设备服务层协议实现。

2 规范性引用文件

下列文件对于本文件的应用是必不可少的。凡是注日期的引用文件，仅注日期的版本适用于本文件。凡是不注日期的引用文件，其最新版本（包括所有的修改单）适用于本文件。

GB/T 9387.1—1998 信息技术 开放系统互连 基本参考模型 第1部分：基本模型（idt ISO/IEC 7498-1:1994）

3 术语和定义

下列术语和定义适用于本文件。

3.1

执行器 actuator

以预先确定的方式根据输入信号产生物理响应的设备。

[ISO/IEC 29182-2:2013，定义3.1]

3.2

协同信息处理 collaborative information processing

为了增强效率、改进质量和输出可靠性，多个传感器网络元素以协同的方式参与信息处理的一种形式。

[ISO/IEC 29182-2:2013，定义3.2]

3.3

数据配准 data registration

将不同数据集在同一参考坐标系上进行转换的过程。

3.4

数据组合 data grouping

在不同数据源之间确定一个共同时间区间，并在该时间区间内合并数据的过程。

3.5

事件 event

在某一时刻点或一段时间间隔内发生或被推断发生的任何事物。

3.6

传感器网络　sensor network

彼此进行交互、空间分布式部署的传感器节点组成的系统，依赖于应用，可能连同其他基础设施，采集、处理、传输和提供从其环境提取的信息。系统具备信息采集的主要功能，并可能具有控制能力。

注：传感器网络可区分的特征包括：广域覆盖、使用无线网络、目的灵活、自组织、开放性和为多种应用提供数据。

[ISO/IEC 29182-2:2013，定义 3.6]

3.7

传感器网络应用　sensor network application

传感器网络的使用实例，向用户提供服务集来满足所定义的需求。

示例：监测森林以探测自然火灾；监测地震活动；监测环境中污染等级。

[ISO/IEC 29182-2:2013，定义 3.7]

3.8

传感器网络服务　sensor network service

由单个传感器网络元素或者传感器网络提供的功能集合。

示例：如果传感器的测量值超出规定的范围，产生告警信号；提供指定地理区域内传感器测量均值。

[ISO/IEC 29182-2:2013，定义 3.8]

3.9

传感(器)节点　sensor node

传感(器)结点

具有通信能力和相关的数据处理能力，至少包括一个传感器和执行器(可选)的传感器网络元素。

注：可包括附加的应用能力。

[ISO/IEC 29182-2:2013，定义 3.9]

3.10

服务集/服务子集　service set or service subset

由服务所组成的集合/子集合，基于该服务集合/子集合形成的通用机制以满足用户或应用的需求。

4　缩略语

下列缩略语适用于本文件。

CDE	能力声明实体	(Capability Declaration Entity)
CIP	协同信息处理	(Collaborative Information Processing)
CRSE	通信需求规范实体	(Communication Requirement Specification Entity)
CS	核心服务	(Core Service)
CSPE	协同策略规划实体	(Collaborative Strategy Planning Entity)
ES	增强服务	(Enhanced Service)
FAR	虚警率	(False Alarming Rate)
GSR	一般系统要求	(Generalized System Requirement)
OSI/RM	开放系统互连/参考模型	(Open Systems Interconnection/Reference Model)
QoS	服务质量	(Quality of Service)
SAP	服务访问点	(Service Access Point)

5 通用描述

5.1 概述

为满足应用系统终端用户需求，传感器网络系统全面集成信息感知、信息传输、信息处理和信息提供过程。图1从分层体系结构角度给出传感器网络系统的功能概述。

图1中基本功能层实现开放系统互连参考模型(OSI/RM，见GB/T 9387.1—1998)所定义的低层级基础功能，包括物理层、数据链路层、网络层和其他可选网络协议层的基础功能。在基本功能层之上是应用层和服务层。应用层向各个应用或用户提供服务，并实现如信息发布、信息索引和信息处理等功能。服务层位于应用层和基本功能层之间，向应用层实体提供通用共性服务。服务层中典型的通用共性服务包括定位服务、时间同步服务、安全服务以及其他服务。

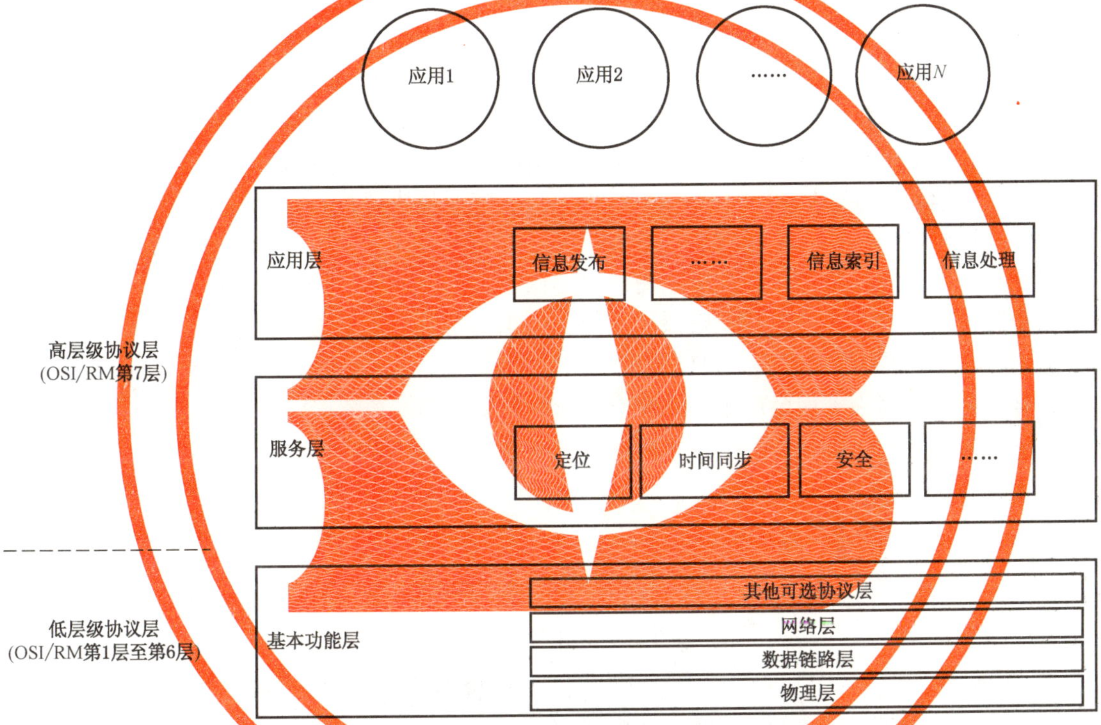

图1 传感器网络系统体系结构的层级框图

5.2 传感器网络要求

传感器网络除需要满足一般系统要求与性能要求外，还宜满足其他的特定要求来应对复杂自然环境、规模化网络扩展和动态应用需求带来的挑战：

——环境自适应：当传感器网络所监测的区域物理环境发生变化时，传感器网络能够适应性地达到所需的系统性能。例如，当传感器网络部署的环境发生变化时，基于传感器网络的防入侵系统宜保证具有一致的如检测率和FAR等系统性能。

——动态任务支持：传感器网络宜支持动态任务，包括动态任务分配、基于优先级的动态任务排序、向信息用户或使用者提供动态服务以及动态QoS调整。

——自治系统维护：当网络规模发生变化、节点移动、新节点加入、节点退出和节点失效时，传感器网络能够自治地维护系统功能。

5.3 协同信息处理概述

基于传感器网络的信息服务系统的主要特点在于:a)传感器网络系统从物理世界收集原始传感数据;b)从收集到的这些数据中提取特定应用信息,以获得有关物理世界的特征级数据、决策级信息和知识。

通过整合传感信息描述、传感器标识和传感信息位置等元数据,协同信息处理进行高效资源管理来提供动态任务,以实现信息服务使用者的请求。尽管不同的传感器网络应用通常要求特定应用服务,协同处理是基于传感器网络的信息服务系统对能源(如电池)、计算资源、存储空间和通信带宽限制因素不可缺少的需求。协同处理也需要应对由于任务动态性、测量不确定性、节点移动性以及环境适应性能力等带来的技术挑战。

传感器网络协同信息处理的目的是为了提高系统效率,增强系统服务质量,保证系统性能。传感器网络协同信息处理提供如多数投票融合、决策模板融合和统计方法等有效机制,来处理不完全或不准确信息。传感器网络协同信息处理也提供相应的协议,以应对复杂自然环境、大数量级网络扩展和动态应用需求等挑战。

协同信息处理可以从三个不同的维度进行描述。图2是传感器网络协同信息处理的三维概念模型。

第一个维度是协同信息处理的处理级别。在这个维度,协同信息处理可以在不同的处理级别上实现,包括数据、特征和决策处理级别。第二个维度是协同信息处理的参与实体。参与协同信息处理的实体包括:传感器模态、处理模块、节点、簇和子网。第三个维度是协同信息处理的子任务。该维度的子任务依赖于传感器网络的具体应用场景。在防入侵传感器网络应用中,实现安全服务的子任务可能包括目标探测、定位、分类与跟踪等。在健康监测传感器网络应用中,子任务则可能包括血压/体温检测、呼吸检查和步态分析等;图2可以看到,跟踪是应用1的主要协同信息处理子任务之一,采用决策和特征处理级别,在这个应用中传感器模态和处理模块均参与到协同信息处理中。这三个维度中组件的特定选取和组合与传感器网络不同的应用任务和个性化服务实现相对应。

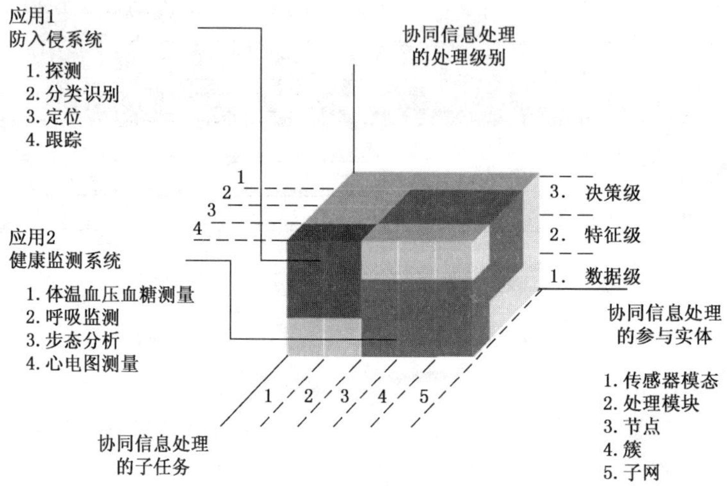

图2 传感器网络协同信息处理的概念模型

5.4 协同信息处理功能模型

图3从功能实体角度示出了协同信息处理的功能模型。在该模型中,协同信息处理可由三个不同的实体进行特征表达,这些实体是CDE、CSPE和CRSE。

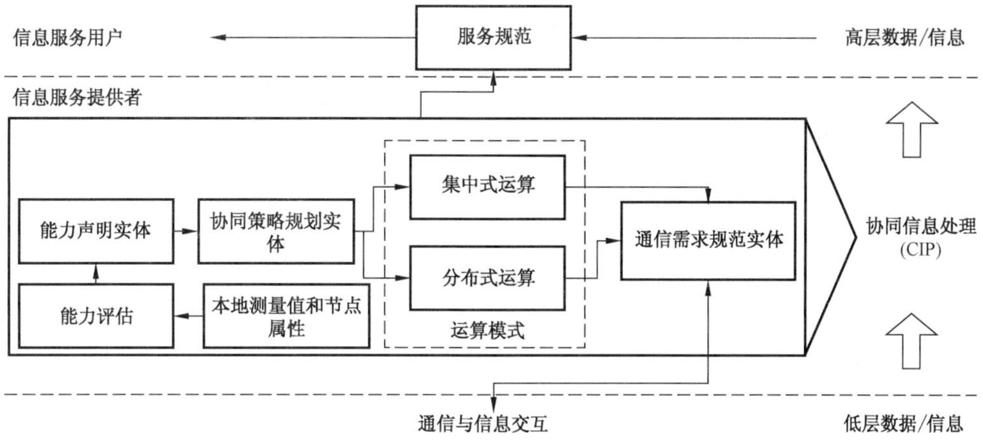

图 3　传感器网络协同信息处理的功能模型

能力声明实体声明传感器网络中传感节点的能力。能力声明不仅包括如传感器模态及其配置、感知范围、剩余能源、位置、剩余存储容量与通信带宽等单个节点信息，而且包括该节点收集的一些传感数据特征信息，传感数据代表性特征之一是信噪比值。其他特征包括信号强度、单一目标(或多个目标)与传感器节点的估计距离和状态参数估计等。在任何实际的协同信息处理过程被触发之前，一个传感器网络节点宜由能力评估模块评估其作为协同信息处理参与者的资格。能力声明实体要求使用本地测量值和节点属性信息完成预先能力评估过程。

协同策略规划实体是协同信息处理最重要的实体。它使用能力声明实体提供的可用信息，决定协同信息处理过程的实现方法。利用一定的代价函数或效用尺度，在实现最佳的信息处理性能的同时，协同策略规划实体确定协同策略规划问题的资源高效解决方案。可以采用两种运算模式来实现协同策略规划实体给出的结果方案，一种是集中式运算模式，另一种是分布式运算模式。在分布式运算模式中，存在多个本地的计算中心或融合中心。在集中式运算模式中，仅存在一个计算中心或融合中心。运算模式的选择由协同策略规划实体决定，同时不同本地中心间的动态时间关联和空间关联，也由协同策略规划实体给出。

通信需求规范实体作为信息服务提供者和通信与信息交互之间的接口。通信需求规范实体定义参数或协议来准确描述对通信与信息交互的需求，例如，对端到端延迟、时间抖动、误码以及其他服务质量参数等需求宜进行规定。

5.5　协同信息处理支撑服务概述

根据应用层中服务使用者实体类型，传感器网络服务层中的通用共性服务可划分为不同的子集。本部分规定通用共性服务子集，在应用层与协同信息处理实体接口，并支撑协同信息处理实体功能实现。

支撑传感器网络协同信息处理的服务可从概念上划分为两类：核心服务和增强服务，如图 4 所示。核心服务包括可以直接和单独向协同信息处理实体提供的基本的和必要的服务。增强服务则通过组合服务来实现，如将服务层中两种或两种以上的核心服务或者其他通用共性服务组合形成。

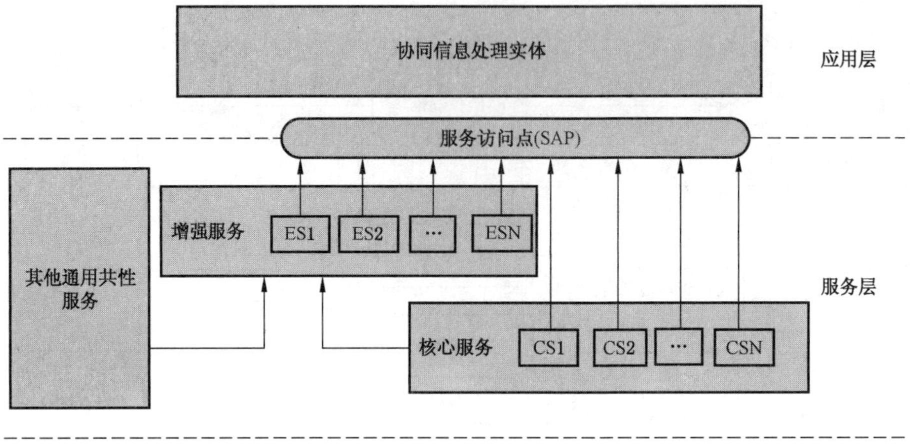

图 4　支撑传感器网络协同信息处理的服务框图

5.5.1　支撑传感器网络协同信息处理的核心服务

支撑传感器网络协同信息处理的核心服务包括：

——事件服务：该项服务实现与事件订阅、注册、取消和取消订阅等过程相关的功能。事件可由环境变化、新物理信号出现和网络状态变化等产生。

——逻辑分组服务：该项服务为应用层协同信息处理实现逻辑组的建立和管理过程功能。逻辑分组是由参与特定信息处理任务(如目标探测、定位、识别和目标跟踪等)的传感器网络实体所组成的逻辑集合。逻辑分组服务为建立传感器网络实体间的协同关系提供机制。

——数据组合服务：数据由各种传感器在不同的时间间隔或尺度上产生。数据组合服务标识或确定参与协同信息处理的所有传感器的共同时间区间，合并在该时间区间内获得的、需处理的全部传感数据。数据组合服务可使用时间同步服务以支持协同信息处理。

——数据配准服务：分布式传感器节点中传感器产生的数据可在不同的空间参考坐标系内描述，数据配准是将不同数据集进行变换和整合至同一坐标系统的必要过程。基于参考坐标系描述，数据配准服务提供使协同信息处理参与者间保持空间参考坐标系一致性的功能。

——信息描述服务：该项服务提供在传感器网络内建立信息描述方法的机制。信息可以是协同信息处理过程的各类输入参数，也可以是协同信息处理过程的输出结果。

——节点互激活服务：该项服务提供不仅由一个节点启动运行另一个节点内任务的机制，而且提供由一个节点触发另一个节点内模块的机制。动态任务可被该核心服务支持。

——参数调整服务：该项服务提供调整或重新配置协同信息处理参数的机制，参数调整服务是保证部署环境和应用需求动态变化时系统性能的必要服务之一。

5.5.2　支撑传感器网络协同信息处理的增强服务

支撑传感器网络协同信息处理的增强服务包括：

——QoS 管理服务：该项服务提供定义、更新和使用 QoS 轮廓的机制。在传感器网络中，QoS 管理服务应从信息处理和通信传输两个角度考虑。QoS 管理服务使用逻辑分组服务和参数调整服务。

——协同信息处理驱动调度服务：该项服务依据协同信息处理实体而非节点管理实体的请求，提供控制和调度节点状态的功能。该项服务可用于实现面向应用的网络组网和按需任务调度。协同信息处理驱动调度服务使用事件服务、逻辑分组服务、参数调整服务和节点互激活服务，以及使用包括邻居发现服务的其他通用共性服务。

——适应性感知服务：该项服务提供依据发生的不同事件和不同上下文信息适应性运用感知规则

的机制。适应性感知服务可提供传感器网络系统自治维护和系统适应性。适应性感知服务使用事件服务和参数调整服务,以及包括传感器配置服务的其他通用共性服务。

6 核心服务及接口

6.1 概述

本章规定支撑传感器网络协同信息处理的核心服务(参见附录 A),定义每一项核心服务的服务原语与原语参数。表 1 中列出具体的服务及其对应的服务访问点名称。

表 1 核心服务与服务访问点名称

服务名称	服务访问点名称
事件服务	EVENT-SAP
逻辑分组服务	LG-SAP
数据组合服务	DG-SAP
数据配准服务	REG-SAP
信息描述服务	INFO-SAP
节点互激活服务	N2NACT-SAP
参数调整服务	PAR-SAP

6.2 事件服务及接口

事件服务通过事件服务访问点(EVENT-SAP)提供。EVENT-SAP 是服务层事件服务实体与应用层协同信息处理实体之间的逻辑接口。该逻辑接口包括一系列的原语及其定义。这里给出这些原语及其定义的概念描述,以便于理解服务层与应用层交换参数的过程。表 2 中列出的是 EVENT-SAP 支持的原语,表 3 中列出的是原语参数。

表 2 EVENT-SAP 原语

名称	请求	指示	响应	证实
EVENT-SUB	6.2.1	6.2.2		6.2.3
EVENT-REG		6.2.4		
EVENT-UNSUB	6.2.5			6.2.6

表 3 EVENT-SAP 原语参数

参 数 名 称	描 述
EVSubSourceID	事件订阅源节点 ID
EVSubDestinationID	事件订阅目的节点 ID
EVSubmodel	事件订阅模式
EVSubValue	特定事件订阅模式值
EV_Time	事件发生的时间指示,由服务层提供,从目的节点返回
EVSubResultCode	事件服务执行的结果代码

6.2.1 EVENT-SUB.request

本条原语从应用层请求事件订阅过程。

本条原语的参数为：

EVENT-SUB.request {
    EVSubSourceID,
    EVSubDestinationID
    EVSubmodel,
    EVSubValue
    }

本条原语的参数定义见表3。

协同信息处理实体调用本条原语向服务层实体订阅事件服务。当接收到这条原语时，EVSubDestinationID节点中提供事件服务的实体为EVSubSourceID节点实现事件订阅。

6.2.2 EVENT-SUB.indication

本条原语由服务层向协同信息处理实体指示事件订阅。

本条原语的参数为：

EVENT-SUB.indication {
    EVSubSourceID,
    EVSubDestinationID,
    EVSubmodel,
    EVSubValue
    }

本条原语的参数定义见表3。

当服务层向协同信息处理实体指示事件订阅时，调用本条原语。当接收到这条原语时，协同信息处理实体得到事件订阅的指示。

6.2.3 EVENT-SUB.confirm

本条原语由服务层向协同信息处理实体证实事件订阅。

本条原语的参数为：

EVENT-SUB.confirm {
    EVSubSourceID,
    EVSubDestinationID,
    EVSubResultCode
    }

本条原语的参数定义见表3。

本条原语报告事件订阅请求的结果。如果事件订阅已成功，EVSubResultCode给出成功标志信息，否则将给出相应的错误标志信息。

6.2.4 EVENT-REG.indication

本条原语由服务层向协同信息处理实体指示事件发生。

本条原语的参数为：

EVENT-REG.indication {

EVSubSourceID,
EVSubDestinationID,
EV_Time
}

本条原语的参数定义见表 3。

当服务层向协同信息处理实体指示事件发生时,调用本条原语。如果有一个或多个事件发生或被检测到,本条指示原语可多次调用。当收到这条原语时,协同信息处理实体得到事件发生的指示。事件发生或被检测到的时间由 EV_Time 给出。

6.2.5 EVENT-UNSUB.request

本条原语从应用层请求取消事件订阅。

本条原语的参数为:

```
EVENT-UNSUB.request {
        EVSubSourceID,
        EVSubDestinationID,
        EVSubmodel,
        EVSubValue
        }
```

本条原语的参数定义见表 3。

协同信息处理实体调用本条原语向服务层实体取消事件订阅。当接收到这条原语时,EVSubDestinationID 节点中提供事件服务的实体为 EVSubSourceID 节点取消事件订阅。

6.2.6 EVENT-UNSUB.confirm

本条原语由服务层向协同信息处理实体证实事件订阅取消。

本条原语的参数为:

```
EVENT-UNSUB.confirm {
        EVSubSourceID,
        EVSubDestinationID,
        EVSubResultCode
        }
```

本条原语的参数定义见表 3。

本条原语向协同信息处理实体证实取消事件订阅。如果事件订阅取消成功,EVSubResultCode 给出成功标志信息;否则,将给出错误标志信息。

6.3 逻辑分组服务及接口

逻辑分组服务通过逻辑分组服务访问点(LG-SAP)提供。LG-SAP 是服务层逻辑分组服务实体与应用层协同信息处理实体之间的逻辑接口。该逻辑接口包括一系列的原语及其定义。这里给出这些原语及其定义的概念描述,以便于理解服务层与应用层交换参数的过程。表 4 中列出的是 LG-SAP 支持的原语,表 5 中列出的是原语参数。

表 4 LG-SAP 原语

名称	请求	指示	响应	证实
LG-ESTABLISH	6.3.1	6.3.2		6.3.3
LG-MEMBERIN	6.3.4			6.3.5
LG-MEMBEROUT	6.3.6			6.3.7
LG-DISMISS	6.3.8	6.3.9		6.3.10
LG-QUERY	6.3.11			6.3.12
LG-SET	6.3.13	6.3.14		6.3.15

表 5 LG-SAP 原语参数

参 数 名 称	描 述
LGRequestorID	逻辑分组的请求节点 ID
LGCoordinatorID	逻辑分组的协调节点 ID
LGMaxNum	逻辑分组成员的最大数目
LGMemberINID	请求加入逻辑分组的成员 ID
LGMemberOUTID	请求退出逻辑分组的成员 ID
LGAttributeNum	逻辑分组属性的数目
LGAttribute	特定逻辑分组属性名称和值的结构数据，从协调节点返回
LGAttributeName	特定逻辑分组的属性名
LGAttributeValue	特定逻辑分组的属性值
LGResultCode	逻辑分组服务执行的结果代码

6.3.1 LG-ESTABLISH.request

本条原语从应用层请求建立逻辑分组。

本条原语的参数为：

```
LG-ESTABLISH.request {
                    LGRequestorID,
                    LGCoordinatorID,
                    LGMaxNum
                    }
```

本条原语的参数定义见表 5。

应用层协同信息处理实体调用本条原语请求建立逻辑分组。当接收到这条原语时，LGCoordinatorID 节点建立新的逻辑分组并声明自己为新逻辑分组的协调节点。LGCoordinatorID 被用作该逻辑分组的名称或者标识。最大成员数目为 LGMaxNum 的逻辑分组成员列表被建立，并在 LGCoordinatorID 节点中进行维护。每个节点只能担任最多一个逻辑分组的协调节点，但可以同时是多个逻辑分组的成员。

6.3.2 LG-ESTABLISH.indication

本条原语由服务层向本地协同信息处理实体指示建立逻辑分组。

本条原语的参数为：

LG-ESTABLISH.indication {
LGRequestorID,
LGCoordinatorID,
LGMaxNum
}

本条原语的参数定义见表5。

当服务层向协同信息处理实体指示建立逻辑分组时，调用本条原语。当接收到这条原语时，协同信息处理实体得到逻辑分组建立的指示，且该逻辑分组的属性可以被查询。

6.3.3 LG-ESTABLISH.confirm

本条原语由服务层向应用层协同信息处理实体证实逻辑分组建立。

本条原语的参数为：

LG-ESTABLISH.confirm {
LGRequestorID,
LGCoordinatorID,
LGResultCode
}

本条原语的参数定义见表5。

本条原语报告建立逻辑分组请求的结果。

如果已成功建立由LGCoordinatorID节点协调的逻辑分组，LGResultCode给出成功标志信息；否则，将向LGRequestorID节点给出错误标志信息。

6.3.4 LG-MEMBERIN.request

本条原语由应用层请求逻辑分组成员关系。

本条原语的参数为：

LG-MEMBERIN.request {
LGCoordinatorID,
LGMemberINID
}

本条原语的参数定义见表5。

LGMemberINID节点应用层协同信息处理实体调用本条原语请求由LGCoordinatorID节点协调的逻辑分组成员关系。当接收当这条原语时，如果当前成员数目小于该逻辑分组的最大成员数目，LGCoordinatorID节点把LGMemberINID节点加入到逻辑分组成员列表中，同时把当前组成员数加1；否则，LGResultCode值给出最大成员数目已到达的错误标志信息。

6.3.5 LG-MEMBERIN.confirm

本条原语向应用层协同信息处理实体证实请求逻辑分组成员关系的结果。

本条原语的参数为：

LG-MEMBERIN.confirm {

LGCoordinatorID,
LGMemberINID,
LGResultCode
}

本条原语的参数定义见表5。

本条原语报告逻辑分组成员关系请求的结果。如果 LGMemberINID 节点成功加入由 LGCoordinatorID 节点协调的逻辑分组,LGResultCode 给出成功标志信息;否则,给出失败错误标志信息。

6.3.6 LG-MEMBEROUT.request

本条原语由应用层请求取消逻辑分组成员关系。

本条原语的参数为:

LG-MEMBEROUT.request {
LGCoordinatorID,
LGMemberOUTID
}

本条原语的参数定义见表5。

LGMemberOUTID 节点应用层协同信息处理实体调用本条原语,请求取消由 LGCoordinatorID 节点协调的逻辑分组成员关系。当接收当这条原语时,LGCoordinatorID 节点从逻辑分组成员列表中删除 LGMemberOUTID 节点,同时,将当前的组成员数减1。

6.3.7 LG-MEMBEROUT.confirm

本条原语向应用层协同信息处理实体证实逻辑分组成员关系取消请求的结果。

本条原语的参数为:

LG-MEMBEROUT.confirm {
LGCoordinatorID,
LGMemberOUTID,
LGResultCode
}

本条原语的参数定义见表5。

本条原语报告逻辑分组成员关系取消请求的结果。如果 LGMemberOUTID 节点成功退出由 LGCoordinatorID 节点协调的逻辑分组,LGResultCode 给出成功标志信息;否则,给出错误标志信息。

6.3.8 LG-DISMISS.request

本条原语由应用层请求解散逻辑分组。

本条原语的参数为:

LG-DISMISS.request {
LGRequestorID,
LGCoordinatorID
}

本条原语的参数定义见表5。

应用层协同信息处理实体调用本条原语请求解散 LGCoordinatorID 节点中的逻辑分组。当接收到该条原语时,LGCoordinatorID 节点释放当前逻辑分组的成员关系列表和属性变量的内存空间。一旦操作成功,LGCoordinatorID 节点把自已标记为非协调节点,之后仍可响应新组建立请求并作为新的协调节点。该节点在其他逻辑分组的成员关系不受影响。

6.3.9 LG-DISMISS.indication

本条原语从服务层向本地协同信息处理实体指示解散逻辑分组。

本条原语的参数为：

LG-DISMISS.indication {
LGRequestorID,
LGCoordinatorID
}

本条原语的参数定义见表 5。

当服务层向 LGCoordinatorID 节点中的协同信息处理实体指示解散逻辑分组时，调用本条原语。在收到这条原语时，LGCoordinatorID 节点中的协同信息处理实体得到解散逻辑分组的指示。

6.3.10 LG-DISMISS.confirm

本条原语从服务层向协同信息处理实体证实解散逻辑分组。

本条原语的参数为：

LG-DISMISS.confirm {
LGRequestorID,
LGCoordinatorID,
LGResultCode
}

本条原语的参数定义见表 5。

本条原语报告解散逻辑分组请求的结果。如果由 LGCoordinatorID 节点协调的逻辑分组被成功解散，LGResultCode 给出成功标志信息；否则，向 LGRequestorID 节点指示错误标志信息。

6.3.11 LG-QUERY.request

本条原语由应用层协同信息处理实体查询逻辑分组属性。

本条原语的参数为：

LG-QUERY.request {
LGRequestorID,
LGCoordinatorID,
LGAttributeNum,
LGAttribute
}

本条原语的参数定义见表 5。

LGRequestorID 节点应用层协同信息处理实体调用本条原语，对由 LGCoordinatorID 节点协调的逻辑分组的属性进行查询。当接收到这条原语时，LGCoordinatorID 节点查询当前逻辑分组 LGAttributeNum 个属性，属性名和属性值由 LGAttribute 数据结构定义。

6.3.12 LG-QUERY.confirm

本条原语向应用层协同信息处理实体证实逻辑分组属性的查询结果。

本条原语的参数为：

LG-QUERY.confirm {

LGRequestorID,
LGCoordinatorID,
LGAttributeNum,
LGAttribute,
LGResultCode
}

本条原语的参数定义见表5。

本条原语返回由LGCoordinatorID节点协调的逻辑分组属性的查询结果。如果LGAttributeNum个属性由LGAttribute成功返回,LGResultCode给出成功标志信息;否则,给出错误标志信息。

6.3.13 LG-SET.request

本条原语由应用层协同信息处理实体请求设置特定的逻辑分组属性。

本条原语的参数为:

LG-SET.request {
LGRequestorID,
LGCoordinatorID,
LGAttributeName,
LGAttributeValue
}

本条原语的参数定义见表5。

应用层协同信息处理实体调用本条原语,向LGCoordinatorID请求对特定的逻辑分组属性进行设置。当接收到该条原语时,LGCoordinatorID节点中的服务层实体检索由LGAttributeName指定的逻辑分组属性值。如果LGAttributeName属性无效,给出错误标志信息。否则,LGCoordinatorID节点将该逻辑分组LGAttributeName属性值设置为LGAttributeValue。可使用一个补充过程来检查LGAttributeValue对LGAttributeName属性是否有效。如果未成功,给出错误标志信息。

6.3.14 LG-SET.indication

本条原语向应用层协同信息处理实体指示已收到设置某一逻辑分组特定属性值的请求。

本条原语的参数为:

LG-SET.indication {
LGRequestorID,
LGCoordinatorID,
LGAttributeName
}

本条原语的参数定义见表5。

当服务层向LGCoordinatorID节点协同信息处理实体指示对某一逻辑分组特定属性值进行设置时,调用本条原语。当接收到这条原语时,协同信息处理实体得到对LGAttributeName属性值进行设置请求的指示。

6.3.15 LG-SET.confirm

本条原语从服务层向协同信息处理实体证实某一逻辑分组属性值的变化。

本条原语的参数为:

LG-SET.confirm {

LGRequestorID,
LGCoordinatorID,
LGAttributeName,
LGResultCode
}

本条原语的参数定义见表 5。

本条原语报告逻辑分组属性值变化的结果。如果 LGCoordinatorID 逻辑分组的 LGAttributeName 属性值设置成功,LGResultCode 给出成功标志信息;如果 LGAttributeName 属性值设置没有成功,向 LGRequestorID 节点指示错误标志信息。

6.4 数据组合服务及接口

数据组合服务通过数据组合服务访问点(DG-SAP)提供。DG-SAP 是服务层数据组合服务实体与应用层协同信息处理实体之间的逻辑接口。该逻辑接口包括一系列的原语及其定义。这里给出这些原语及其定义的概念描述,以便于理解服务层与应用层交换参数的过程。表 6 中列出的是 DG-SAP 支持的原语,表 7 中列出的是原语参数。

表 6　DG-SAP 原语

名称	请求	指示	响应	证实
DG-DGQUERY	6.4.1			6.4.2
DG-DGEXEC	6.4.3	6.4.4		6.4.5

表 7　DG-SAP 原语参数

参数名称	描述
DGSrcID	数据组合服务的源节点 ID
DGDstID	数据组合服务的目的节点 ID
DGTimeRef	数据组合过程的时间参考值,从目的节点返回
DGExecVal	目的节点中用于数据组合过程的值
DGResultCode	数据组合服务执行的结果代码

6.4.1 DG-DGQUERY.request

本条原语由应用层协同信息处理实体为数据组合请求查询参考时间值。

本条原语的参数为:

DG-DGQUERY.request {
DGSrcID,
DGDstID,
DGTimeRef
}

本条原语的参数定义见表 7。

应用层协同信息处理实体调用本条原语,来查询 DGSrcID 节点数据组合过程中需要的 DGDstID

节点参考时间值。当接收到这条原语时，DGDstID 节点查询得到用于产生传感数据的当前参考时间值，并由 DGTimeRef 返回。

6.4.2 DG-DGQUERY.confirm

本条原语向应用层协同信息处理实体返回参考时间值。

本条原语的参数为：

DG-DGQUERY.confirm {
DGSrcID,
DGDstID,
DGTimeRef,
DGResultCode
}

本条原语的参数定义见表 7。

本条原语从 DGDstID 节点返回参考时间值查询的结果。如果 DGTimeRef 成功返回用于产生传感数据的参考时间值，DGResultCode 给出成功标志信息；否则，给出错误标志信息。

6.4.3 DG-DGEXEC.request

本条原语由应用层协同信息处理实体请求执行数据组合。

本条原语的参数为：

DG-DGEXEC.request {
DGSrcID,
DGDstID,
DGExecVal
}

本条原语的参数定义见表 7。

DGSrcID 节点应用层协同信息处理实体调用本条原语，请求在 DGDstID 节点执行数据组合。当接收到这条原语时，DGDstID 节点在本地执行数据组合过程，且 DGExecVal 被用于 DGDstID 节点中的数据组合。

6.4.4 DG-DGEXEC.indication

本条原语从服务层向本地协同信息处理实体指示数据组合过程的执行。

本条原语的参数为：

DG-DGEXEC.indication {
DGSrcID,
DGDstID
DGExecVal
}

本条原语的参数定义见表 7。

当服务层向协同信息处理实体指示数据组合过程的执行时，调用本条原语。当接收到这条原语时，协同信息处理实体得到数据组合过程执行的指示。

6.4.5 DG-DGEXEC.confirm

本条原语由服务层向协同信息处理实体证实数据组合的执行。

本条原语的参数为：

DG-DGEXEC.confirm {
DGSrcID,
DGDstID,
DGResultCode
}

本条原语的参数定义见表7。

本条原语向协同信息处理实体报告数据组合过程的执行结果。如果DGDstID节点中用来产生传感数据的参考时间值已经与DGSrcID节点中的参考时间值成功同步，DGResultCode给出成功标志信息；否则，向DGDstID节点指示错误标志信息。

6.5 数据配准服务及接口

数据配准服务通过数据配准服务访问点(REG-SAP)提供。REG-SAP是服务层数据配准服务实体与应用层协同信息处理实体之间的逻辑接口。该逻辑接口包括一系列的原语及其定义。这里给出这些原语及其定义的概念描述，以便于理解服务层与应用层交换参数的过程。表8中列出的是REG-SAP支持的原语，表9中列出的是原语参数。

表8 REG-SAP原语

名称	请求	指示	响应	证实
REG-REGQUERY	6.5.1			6.5.2
REG-REGEXEC	6.5.3	6.5.4		6.5.5

表9 REG-SAP原语参数

参数名称	描述
REGSrcID	数据配准服务的源节点ID
REGDstID	响应数据配准服务的目的节点ID
RegRef	用于数据配准过程的特定参考属性名和属性值的数据结构，从目的节点返回
RegRefDimension	用于数据配准过程的RegRef数据的维度
REGExecVal	用于目的节点数据配准过程的多维度数据
REGResultCode	数据配准服务执行的结果代码

6.5.1 REG-REGQUERY.request

本条原语由应用层协同信息处理实体查询用于数据配准过程的参考属性。

本条原语的参数为：

REG-REGQUERY.request {
REGSrcID,
REGDstID,
RegRef
}

本条原语的参数定义见表 9。

应用层协同信息处理实体调用本条原语，来查询 REGSrcID 节点数据配准过程中需要的 REGDstID 节点的参考属性值。当接收到这条原语时，REGSrcID 节点请求 REGDstID 节点中 REGRef 属性值。

6.5.2 REG-REGQUERY.confirm

本条原语向应用层协同信息处理实体返回查询 REGRef 属性值的结果。

本条原语的参数为：

```
REG-REGQUERY.confirm {
                REGSrcID,
                REGDstID,
                REGRef,
                REGResultCode
                }
```

本条原语的参数定义见表 9。

本条原语返回查询 REGDstID 节点中 REGRef 属性值的结果。如果 REGRef 参数成功返回 REGRef 属性值，REGResultCode 给出成功标志信息；否则，给出错误标志信息。

6.5.3 REG-REGEXEC.request

本条原语由应用层协同信息处理请求执行数据配准。

本条原语的参数为：

```
REG-REGEXEC.request {
                REGSrcID,
                REGDstID,
                REGRefDimension,
                REGExecVal
                }
```

本条原语的参数定义见表 9。

REGSrcID 节点应用层协同信息处理实体调用本条原语，来请求在 REGDstID 节点中执行数据配准。当接收到这条原语时，REGDstID 节点在本地执行数据配准过程，并使用 REGExecVal 进行数据配准。REGExecVal 的维度由 REGRefDimension 规定。

6.5.4 REG-REGEXEC.indication

本条原语由服务层向本地协同信息处理实体指示数据配准过程的执行。

本条原语的参数为：

```
REG-REGEXEC.indication {
                REGSrcID,
                VREGDstID
                }
```

本条原语的参数定义见表 9。

当服务层向 REGDstID 节点中的协同信息处理实体指示数据配准过程的执行时，调用本条原语。当接收到这条原语时，REGDstID 节点中的协同信息处理实体得到数据配准过程执行的指示。

6.5.5 REG-REGEXEC.confirm

本条原语由服务层向协同信息处理实体证实数据配准的执行。

本条原语的参数为：

REG-REGEXEC.confirm {
REGSrcID，
REGDstID，
REGResultCode
}

本条原语的参数定义见表9。

本条原语向REGSrcID节点中的协同信息处理实体报告数据配准过程的执行结果。如果数据配准过程已在REGDstID节点中成功执行，REGResultCode给出成功标志信息；否则，向REGSrcID节点指示错误标志信息。

6.6 信息描述服务及接口

信息描述服务通过信息描述服务访问点(INFO-SAP)提供。INFO-SAP是服务层信息描述服务实体与应用层协同信息处理实体之间的逻辑接口。该逻辑接口包括一系列的原语及其定义。这里给出这些原语及其定义的概念描述，以便于理解服务层与应用层交换参数的过程。表10中列出的是INFO-SAP支持的原语，表11中列出的是原语参数。

表10 INFO-SAP原语

名称	请求	指示	响应	证实
INFO-LEVELGET	6.6.1			6.6.2
INFO-LEVELSET	6.6.3	6.6.4		6.6.5
INFO-DATA	6.6.6	6.6.7		6.6.8

表11 INFO-SAP原语参数

参数名称	描述
INFOSrcID	信息描述服务的源节点ID
INFODstID	信息描述服务的目的节点ID
LevelVal	不同的信息描述等级
INFODataDimension	INFOData的维度
INFOData	在源节点和目的节点之间传递的多维数据
INFOResultCode	信息描述服务执行的结果代码

6.6.1 INFO-LEVELGET.request

本条原语由应用层协同信息处理实体请求信息描述等级。

本条原语的参数为：

INFO-LEVELGET.request {
INFOSrcID,
INFODstID,
LevelVal
}

本条原语的参数定义见表11。

应用层协同信息处理实体调用本条原语，来查询INFOSrcID节点需要的INFODstID节点信息描述等级。当接收到这条原语时，INFODstID节点取得当前的信息描述等级。

6.6.2 INFO-LEVELGET.confirm

本条原语向应用层协同信息处理实体返回信息描述等级。

本条原语的参数为：

INFO-LEVELGET.confirm {
INFOSrcID,
INFODstID,
LevelVal,
INFOResultCode
}

本条原语的参数定义见表11。

本条原语向INFOSrcID节点返回信息描述等级的查询结果。如果INFODstID节点的信息描述等级由LevelVal参数成功返回，INFOResultCode给出成功标志信息；否则，给出错误标志信息。

6.6.3 INFO-LEVELSET.request

本条原语由应用层协同信息处理实体设置信息描述等级。

本条原语的参数为：

INFO-LEVELSET.request {
INFOSrcID,
INFODstID,
LevelVal
}

本条原语的参数定义见表11。

应用层协同信息处理实体调用本条原语，将INFODstID节点的信息描述等级设置为LevelVal。当接收到这条原语时，INFODstID节点设置信息描述等级。信息描述等级在概念上对应信息处理的不同阶段。不同的等级以不同类型、结构和长度的信息为特征。一旦新的信息描述等级设置成功，相应的信息处理过程或算法可被触发或被使用。一个节点可以同时支持一种以上的信息描述等级。

6.6.4 INFO-LEVELSET.indication

本条原语由服务层向本地协同信息处理实体指示信息描述等级的设置操作。

本条原语的参数为：

INFO-LEVELSET.indication {
INFOSrcID,
INFODstID,
LevelVal

}

本条原语的参数定义见表 11。

当服务层向 INFODstID 节点中的协同信息处理实体指示信息描述等级的设置操作时，调用本条原语。当接收到这条原语时，INFODstID 节点中的协同信息处理实体得到服务层中信息描述等级设置操作的指示。

6.6.5 INFO-LEVELSET.confirm

本条原语由服务层向协同信息处理实体证实信息描述等级的设置。

本条原语的参数为：

```
INFO-LEVELSET.confirm {
                INFOSrcID,
                INFODstID,
                LevelVal,
                INFOResultCode
                }
```

本条原语的参数定义见表 11。

本条原语向 INFOSrcID 节点中的协同信息处理实体报告设置信息描述等级的结果。如果 INFODstID 节点中的信息描述等级被成功设置为 LevelVal，INFOResultCode 给出成功标志信息；否则，向 INFOSrcID 节点指示错误标志信息。

6.6.6 INFO-DATA.request

本条原语由应用层协同信息处理实体请求传递特定信息描述等级的信息。

本条原语的参数为：

```
INFO-DATA.request {
                INFOSrcID,
                INFODstID,
                LevelVal,
                INFODataDimension,
                INFOData
                    }
```

本条原语的参数定义见表 11。

INFOSrcID 节点中的应用层协同信息处理实体调用本条原语，以请求传递 INFODstID 节点的特定信息描述等级的信息。当接收到这条原语时，INFOSrcID 节点中的服务层实体发送 LevelVal 信息描述等级的 INFOData 至 INFODstID 节点中的对等实体。INFODataDimension 规定 INFOData 的维度。

6.6.7 INFO-DATA.indication

本条原语向协同层信息处理实体指示已收到特定信息描述等级的数据单元。

本条原语的参数为：

```
INFO-DATA.indication {
                INFOSrcID,
                INFODstID,
                LevelVal,
                INFODataDimension,
```

INFOData

}

本条原语的参数定义见表11。

当服务层向INFODstID节点中的协同信息处理实体指示特定信息描述等级数据单元的接收时,调用本条原语。当接收到这条原语时,INFODstID节点中的协同信息处理实体得到LevelVal信息描述等级的数据单元已被接收的指示。INFODataDimension规定INFOData的维度。

6.6.8 INFO-DATA.confirm

本条原语由服务层向协同信息处理实体证实特定信息描述等级数据单元的传递。

本条原语的参数为:

INFO-DATA.confirm {

InfoSrcID,

InfoDstID,

LevelVal,

InfoResultCode

}

本条原语的参数定义见表11。

本条原语向InfoSrcID节点中的协同信息处理实体报告传递LevelVal信息描述等级数据单元的结果。如果LevelVal信息描述等级的数据单元成功从INFOSrcID节点传递至INFODstID节点,INFOResultCode给出成功标志信息;否则,向INFOSrcID节点指示错误标志信息。

6.7 节点互激活服务及接口

节点互激活服务通过节点互激活服务访问点(N2NACT-SAP)提供。N2NACT-SAP是服务层节点互激活服务实体与应用层协同信息处理实体之间的逻辑接口。该逻辑接口包括一系列的原语及其定义。这里给出这些原语及其定义的概念描述,以便于理解服务层与应用层交换参数的过程。表12中列出的是N2NACT-SAP支持的原语,表13中列出的是原语参数。

表12 N2NACT-SAP原语

名称	请求	指示	响应	证实
N2NACT	6.7.1			6.7.2

表13 N2NACT-SAP原语参数

参数名称	描述
N2NSrcID	节点互激活服务的源节点ID
N2NDstID	节点互激活服务的目的节点ID
N2NACTMode	不同的节点互激活模式
N2NACTDataAttributeNum	在节点互激活过程中被使用的属性数目
N2NACTDataAttribute	用于节点互激活过程的属性值的数据结构
N2NResultCode	节点互激活服务执行的结果代码

6.7.1 N2NACT.request

本条原语由应用层协同信息处理实体请求执行两个节点的互激活过程。

本条原语的参数为：

N2NACT.request {
N2NSrcID,
N2NDstID,
N2NACTMode,
N2NACTDataAttributeNum,
N2NACTDataAttritute
}

本条原语的参数定义见表13。

应用层协同信息处理实体请求从N2NSrcID节点激活N2NDstID节点时，调用本条原语。当接收到这条原语时，N2NSrcID节点中的服务层实体发送激活请求至N2NDstID节点中的服务层对等实体。如果N2NDstID节点成功收到该请求，将按N2NACTMode模式执行激活过程。此服务可支持不同的模式。激活过程的上下文数据由原语中的N2NACTDataAttribute给出，N2NACTDataAttributeNum规定N2NACTDataAttribute中包含的属性数。

6.7.2 N2NACT.confirm

本条原语由服务层向协同信息处理实体证实节点互激活过程的结果。

本条原语的参数为：

N2NACT.confirm {
N2NSrcID,
N2NDstID,
N2NACTMode,
N2NResultCode
}

本条原语的参数定义见表13。

本条原语向N2NSrcID节点中的协同信息处理实体报告节点互激活过程的结果。如果N2NDstID节点已被N2NSrcID节点以N2NACTMode模式成功激活，N2NResultCode给出成功标志信息；否则，给出错误标志信息。

6.8 参数调整服务及接口

信息描述服务通过参数调整服务访问点(PAR-SAP)提供。PAR-SAP是服务层参数调整服务实体与应用层协同信息处理实体之间的逻辑接口。该逻辑接口包括一系列的原语及其定义。这里给出这些原语及其定义的概念描述，以便于理解服务层与应用层交换参数的过程。表14中列出的是PAR-SAP支持的原语，表15中列出的是原语参数。

表14 PAR-SAP原语

名称	请求	指示	响应	证实
PAR	6.8.1	6.8.2		6.8.3

表 15 PAR-SAP 原语参数

参数名称	描述
PARSrcID	参数调整服务的源节点 ID
PARDstID	参数调整服务的目的节点 ID
PARParameterName	参数调整或查询过程中的参数名
PARParameterLength	参数调整过程中 PARParameter 的长度
PARParameter	参数调整过程中 PARParameterName 的取值
PARResultCode	参数调整服务执行的结果代码

6.8.1 PAR.request

本条原语由应用层协同信息处理实体请求参数调整过程。

本条原语的参数为：

```
PAR.request {
                PARSrcID,
                PARDstID,
                PARParameterName,
                PARParameterLength,
                PARParameter
                }
```

本条原语的参数定义见表 15。

PARSrcID 节点中的应用层信息处理实体调用本条原语，以在 PARDstID 节点中请求调整参数。当接收到这条原语时，PARDstID 节点的服务层实体将使用 PARParameterName 名称检索它的本地参数。如果节点成功发现 PARParameterName 参数，则该参数的值被更新为 PARParamter。PARParameterLength 规定 PARParameter 参数的长度；否则，产生错误标志信息。

6.8.2 PAR.indication

本条原语向应用层协同信息处理实体指示参数调整的请求已被收到。

本条原语的参数为：

```
PAR.indication {
                PARSrcID,
                PARDstID,
                PARParameterName,
                }
```

本条原语的参数定义见表 15。

当服务层向 PARDstID 节点中的协同信息处理实体指示参数调整过程时，调用本条原语。当接收到这条原语时，协同信息处理实体得到 PARParameterName 参数调整的请求已收到的指示。

6.8.3 PAR.confirm

本条原语由服务层向协同信息处理实体进行参数调整结果的证实。

本条原语的参数为：

PAR.confirm {
PARSrcID,
PARDstID,
PARParameterName,
PARResultCode
}

本条原语的参数定义见表 15。

本条原语向 PARSrcID 节点中的协同信息处理实体报告参数调整过程的结果。如果 PARDstID 节点中的 PARParameterName 参数已被成功更新，PARResultCode 给出成功标志信息；否则，向 PARSrcID 节点指示错误标志信息。

7 增强服务及接口

7.1 概述

本章规定支撑传感器网络协同信息处理的增强服务(参见附录 B)，定义每一项增强服务的服务原语与原语参数。表 16 中列出增强服务及其对应的服务访问点名称。

表 16 增强服务与服务访问点名称

服务名称	服务访问点名称
QoS 管理服务	QoS-SAP
协同信息处理驱动调度服务	SCHEDULING-SAP
适应性感知服务	ADSENSING-SAP

7.2 QoS 管理服务及接口

本服务提供定义、更新和使用 QoS 轮廓的机制。QoS 管理服务使用逻辑分组服务和参数调整服务。QoS 管理服务与逻辑分组服务和参数调整服务之间的关系如图 5 所示。

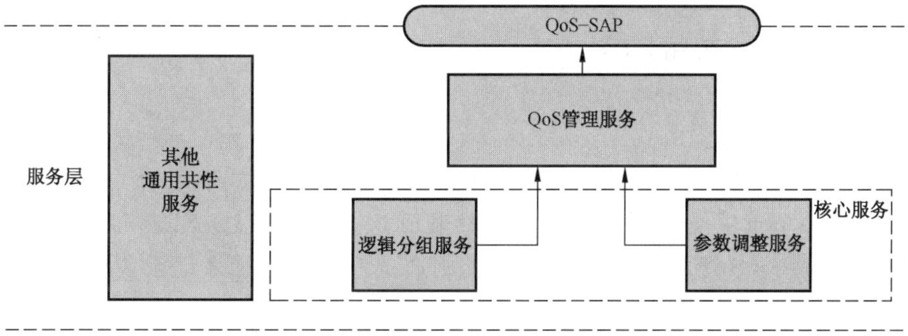

图 5 QoS 管理服务与其他服务间的关系

QoS 管理服务通过 QoS 管理服务访问点(QoS-SAP)提供。QoS-SAP 是服务层 QoS 管理服务实体与应用层协同信息处理实体之间的逻辑接口。该逻辑接口包括一系列的原语及其定义。这里给出这些原语及其定义的概念描述，以便于理解服务层与应用层交换参数的过程。表 17 中列出的是 QoS-SAP 支持的原语，表 18 中列出的是原语参数。

表 17 QoS-SAP 原语

名称	请求	指示	响应	证实
QoS-PROFILE-ESTABLISH	7.2.1	7.2.2		7.2.3
QoS-PROFILE-UPDATE	7.2.4			7.2.5
QoS-PROFILE-APPLY	7.2.6			7.2.7
QoS-PROFILE-DELETE	7.2.8	7.2.9		7.2.10

表 18 QoS-SAP 原语参数

参数名称	描述
QoSRequestorID	QoS 管理服务请求者的节点 ID
QoSProfileManagerID	QoS 轮廓管理者的节点 ID
QoSProfileID	QoS 管理服务的轮廓 ID
QoSProfileUpdateMode	用于 QoS 管理服务的轮廓更新模式
QoSProfileLGlist	在 QoS 轮廓中，逻辑分组协调节点的节点 ID 列表
QoSProfilePARlist	在 QoS 轮廓中，用于逻辑分组的参数名称及取值列表
QoSResultCode	QoS 管理服务执行的结果代码

7.2.1 QoS-PROFILE-ESTABLISH.request

本条原语由应用层请求设立用于 QoS 管理的 QoS 轮廓。

本条原语的参数为：

```
QoS-PROFILE-ESTABLISH.request {
                QoSRequestorID,
                QoSProfileManagerID,
                QoSProfileID
                }
```

本条原语的参数定义见表 18。

QoSRequestorID 节点中的应用层协同信息处理实体调用本条原语，以请求在 QoSProfileManagerID 节点中设立 QoS 轮廓。当接收到这条原语时，QoSProfileManagerID 节点首先检查节点自身是否支持 QoS 管理服务。如果支持，则产生一项新纪录来记录一个新的 QoS 轮廓的建立。该新的 QoS 轮廓由 QoSProfileID 标识。

7.2.2 QoS-PROFILE-ESTABLISH.indication

本条原语由服务层向应用层指示 QoS 轮廓的设立。

本条原语的参数为：

```
QoS-PROFILE-ESTABLISH.indication {
                QoSRequestorID,
                QoSProfileManagerID,
```

QoSProfileID

}

本条原语的参数定义见表 18。

QoS 管理服务实体调用本条原语，以向 QoSProfileManagerID 节点中的协同信息处理实体指示 QoS 轮廓的设立。当接收到这条原语时，QoSProfileManagerID 节点中的协同信息处理实体得到由 QoSProfileID 标识的新 QoS 轮廓设立的指示。

7.2.3 QoS-PROFILE-ESTABLISH.confirm

本条原语由服务层向应用层协同信息处理实体证实新 QoS 轮廓的设立。

本条原语的参数为：

QoS-PROFILE-ESTABLISH.confirm {

QoSRequestorID,

QoSProfileManagerID,

QoSProfileID,

QoSResultCode

}

本条原语的参数定义见表 18。

本条原语报告 QoS 轮廓建立请求的结果。如果由 QoSProfileID 标识的新 QoS 轮廓在 QoSProfile-ManagerID 节点中被成功设立，QoSResultCode 给出成功标志信息；否则，向 QoSRequestorID 指示错误标志信息。

7.2.4 QoS-PROFILE-UPDATE.request

本条原语由应用层请求更新用于 QoS 管理的 QoS 轮廓。

本条原语的参数为：

QoS-PROFILE-UPDATE.request {

QoSRequestorID,

QoSProfileManagerID,

QoSProfileID,

QoSProfileUpdateMode,

QoSProfileLGlist,

QoSProfilePARlist

}

本条原语的参数定义见表 18。

QoSRequestorID 节点中的应用层协同信息处理实体调用本条原语，以请求更新 QoSProfileManagerID 节点中由 QoSProfileID 标识的 QoS 轮廓。当接收到这条原语时，QoSProfileManagerID 节点被请求更新由 QoSProfileID 标识的 QoS 轮廓。更新模式由 QoSProfileUpdateMode 定义。

7.2.5 QoS-PROFILE-UPDATE.confirm

本条原语向应用层证实更新 QoS 轮廓的结果。

本条原语的参数为：

QoS-PROFILE-UPDATE.confirm {

QoSRequestorID,

QoSProfileManagerID,

QoSProfileID,
QoSProfileUpdateMode,
QoSResultCode
}

本条原语的参数定义见表 18。

服务层 QoS 管理服务实体调用本条原语,来证实按 QoSProfileUpdateMode 模式更新并由 QoSProfileID 标识的 QoS 轮廓的更新结果。当接收到这条原语时,QoSRequestorID 节点得到 QoSProfileManagerID 节点中 QoSProfileID 轮廓的更新结果证实。如果 QoS 轮廓更新成功,QoSResultCode 给出成功标志信息;否则,向 QoSRequestorID 节点指示错误标志信息。

7.2.6 QoS-PROFILE-APPLY.request

本条原语由应用层请求使用用于 QoS 管理的 QoS 轮廓。

本条原语的参数为:

QoS-PROFILE-APPLY.request {
QoSRequestorID,
QoSProfileManagerID,
QoSProfileID
}

本条原语的参数定义见表 18。

QoSRequestorID 节点中的应用层协同信息处理实体调用本条原语,请求使用由 QoSProfileID 标识的 QoS 轮廓。当接收到这条原语时,QoSProfileManagerID 节点被请求使用由 QoSProfileID 标识的 QoS 轮廓。当 QoS 轮廓被使用时,QoSProfileManagerID 节点触发一系列使用逻辑分组服务和参数调整服务的过程。由 QoSProfileLGlist 定义的所有逻辑组使用 QoSProfilePARlist 指定的值更新指定的参数。

7.2.7 QoS-PROFILE-APPLY.confirm

本条原语向应用层证实使用 QoS 轮廓的结果。

本条原语的参数为:

QoS-PROFILE-APPLY.confirm {
QoSRequestorID,
QoSProfileManagerID,
QoSProfileID,
QoSResultCode
}

本条原语的参数定义见表 18。

服务层 QoS 管理服务实体调用本条原语,来证实在 QoSProfileManagerID 节点中使用由 QoSProfileID 标识的 QoS 轮廓的结果。当接收到这条原语时,QoSRequestorID 节点得到使用 QoSProfileID 轮廓结果的证实。如果轮廓被成功使用,QoSResultCode 给出成功标志信息;否则,由服务层 QoS 管理服务实体给出错误标志信息。

7.2.8 QoS-PROFILE-DELETE.request

本条原语由应用层请求删除用于 QoS 管理的 QoS 轮廓。

本条原语的参数为:

QoS-PROFILE-DELETE.request {
QoSRequestorID,
QoSProfileManagerID,
QoSProfileID
}

本条原语的参数定义见表 18。

QoSRequestorID 节点中的应用层协同信息处理实体调用本条原语,以请求删除 QoSProfileManagerID 节点中的 QoS 轮廓。当接收到这条原语时,QoSProfileManagerID 节点首先寻找由 QoSProfileID 标识的 QoS 轮廓记录。如果成功找到该 QoS 轮廓,则该轮廓的记录将被删除且内存空间被释放。

7.2.9 QoS-PROFILE-DELETE.indication

本条原语由服务层向应用层指示 QoS 轮廓的删除。

本条原语的参数为:

QoS-PROFILE-DELETE.indication {
QoSRequestorID,
QoSProfileManagerID,
QoSProfileID
}

本条原语的参数定义见表 18。

QoS 管理服务实体调用本条原语,以向 QoSProfileManagerID 节点中的协同信息处理实体指示 QoS 轮廓的删除。当接收到这条原语时,QoSProfileManagerID 节点中的协同信息处理实体得到 QoSProfileID 标识的 QoS 轮廓删除的指示。

7.2.10 QoS-PROFILE-DELETE.confirm

本条原语由服务层向应用层协同信息处理实体证实 QoS 轮廓的删除。

本条原语的参数为:

QoS-PROFILE-DELETE.confirm {
QoSRequestorID,
QoSProfileManagerID,
QoSProfileID,
QoSResultCode
}

本条原语的参数定义见表 18。

本条原语向协同信息处理实体报告 QoS 轮廓删除请求的结果。如果 QoSProfileManagerID 节点中由 QoSProfileID 标识的 QoS 轮廓被成功删除,QoSResultCode 给出成功标志信息;否则,向 QoSRequestorID 节点指示错误标志信息。

7.3 协同信息处理驱动调度服务及接口

本服务根据协同信息处理实体而非节点管理实体的请求,为传感器网络提供控制和调度节点状态的功能。协同信息处理驱动调度服务使用事件服务、逻辑分组服务、参数调整服务和节点互激活服务,以及包括邻居发现服务的其他通用共性服务。如图 6 所示为协同信息处理驱动调度服务与这些服务间的关系示意图。

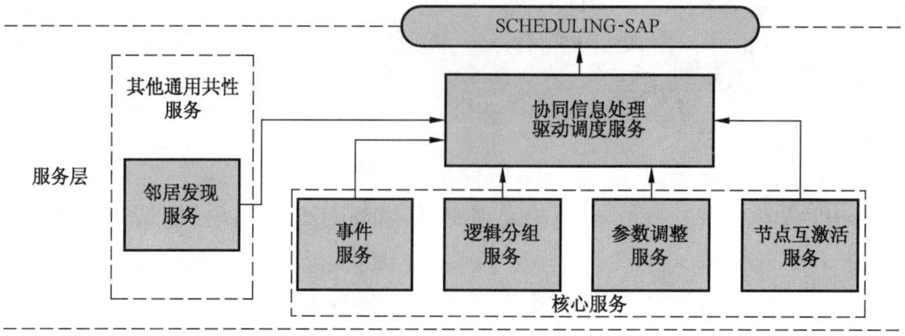

图6 协同信息处理驱动调度服务与其他服务间的关系

协同信息处理驱动服务通过协同信息处理驱动调度服务访问点(SCHEDULING-SAP)提供。SCHEDULING-SAP是服务层协同信息处理驱动调度服务实体与应用层协同信息处理实体之间的逻辑接口。该逻辑接口包括一系列的原语及其定义。这里给出这些原语及其定义的概念描述,以便于理解服务层与应用层交换参数的过程。表19中列出的是SCHEDULING-SAP支持的原语,表20中列出的是原语参数。

表19 SCHEDULING-SAP原语

名称	请求	指示	响应	证实
SCHEDULING-SCHEME-ESTABLISH	7.3.1	7.3.2		7.3.3
SCHEDULING-SCHEME-UPDATE	7.3.4			7.3.5
SCHEDULING-SCHEME-APPLY	7.3.6			7.3.7
SCHEDULING-SCHEME-DELETE	7.3.8	7.3.9		7.3.10

表20 SCHEDULING-SAP原语参数

参数名称	描述
SCHEDULINGRequestorID	协同信息处理驱动调度服务请求者的节点ID
SCHEDULINGSchemeManagerID	方案管理者的节点ID
SCHEDULINGSchemeID	协同信息处理驱动调度服务的方案ID
SCHEDULINGMode	协同信息处理驱动调度服务的调度模式
SchemeEVSubNodelist	用于协同信息处理驱动调度服务的事件订阅节点列表
SchemeEVSubTypelist	各事件订阅节点的事件类型列表
SchemePARlist	用于协同信息处理驱动调度服务的参数名称及取值列表
SCHEDULINGResultCode	协同信息处理驱动调度服务执行的结果代码

7.3.1 SCHEDULING-SCHEME-ESTABLISH.request

本条原语由应用层请求建立用于协同信息处理驱动调度服务的方案。

本条原语的参数为:

SCHEDULING-SCHEME-ESTABLISH.request{

SCHEDULINGRequestorID,
SCHEDULINGSchemeManagerID,
SCHEDULINGSchemeID
}

本条原语的参数定义见表 20。

SCHEDULINGRequestorID 节点中的应用层协同信息处理实体调用本条原语,以请求在 SCHEDULINGSchemeManagerID 节点建立方案。当接收到这条原语时,SCHEDULINGSchemeManagerID 节点将首先检查节点自身是否支持协同信息处理驱动调度服务。如果支持,则产生一项新纪录来记录一个新的调度方案的建立。该新的方案由 SCHEDULINGSchemeID 标识。

7.3.2 SCHEDULING-SCHEME-ESTABLISH.indication

本条原语由服务层向应用层指示协同信息处理驱动调度方案的建立。

本条原语的参数为:

SCHEDULING-SCHEME-ESTABLISH.indication {
SCHEDULINGRequestorID,
SCHEDULINGSchemeManagerID,
SCHEDULINGSchemeID
}

本条原语的参数定义见表 20。

协同信息处理驱动调度服务实体调用本条原语,向 SCHEDULINGSchemeManagerID 节点中的协同信息处理实体指示方案的建立。当接收到这条原语时,SCHEDULINGSchemeManagerID 节点中的协同信息处理实体得到由 SCHEDULINGSchemeID 标识的新方案建立的指示。

7.3.3 SCHEDULING-SCHEME-ESTABLISH.confirm

本条原语由服务层向应用层的协同信息处理实体证实用于协同信息处理驱动调度服务的新方案。

本条原语的参数为:

SCHEDULING-SCHEME-ESTABLISH.confirm {
SCHEDULINGRequestorID,
SCHEDULINGSchemeManagerID,
SCHEDULINGSchemeID,
SCHEDULINGResultCode
}

本条原语的参数定义见表 20。

本条原语向协同信息处理实体报告方案建立请求的结果。如果由 SCHEDULINGSchemeID 标识的新方案在 SCHEDULINGSchemeManagerID 节点中被成功建立,SCHEDULINGResultCode 参数给出成功标志信息;否则,向 SCHEDULINGRequestorID 节点指示错误标志信息。

7.3.4 SCHEDULING-SCHEME-UPDATE.request

本条原语由应用层请求更新用于协同信息处理驱动调度服务的方案。

本条原语的参数为:

SCHEDULING-SCHEME-UPDATE.request {
SCHEDULINGRequestorID,
SCHEDULINGSchemeManagerID,

SCHEDULINGSchemeID,
SCHEDULINGMode,
SchemeEVSubNodelist,
SchemeEVSubTypelist,
SchemePARlist
}

本条原语的参数定义见表20。

SCHEDULINGRequestorID节点中的应用层协同信息处理实体调用本条原语，以请求在SCHEDULINGSchemeManagerID节点更新由SCHEDULINGSchemeID标识的方案。当接收到这条原语时，SCHEDULINGSchemeManagerID节点被请求更新由SCHEDULINGSchemeID标识的方案。SCHEDULINGMode定义协同信息处理驱动调度的模式。SchemeEVSubNodelist、SchemeEVSubTypelist和SchemePARlist分别定义该方案的事件订阅节点列表、事件类型列表和参数列表。

7.3.5 SCHEDULING-SCHEME-UPDATE.confirm

本条原语向应用层证实更新方案的结果。

本条原语的参数为：

SCHEDULING-SCHEME-UPDATE.confirm {
SCHEDULINGRequestorID,
SCHEDULINGSchemeManagerID,
SCHEDULINGSchemeID,
SCHEDULINGResultCode
}

本条原语的参数定义见表20。

服务层协同信息处理驱动调度服务实体调用本条原语，来证实SCHEDULINGSchemeManagerID节点中由SCHEDULINGSchemeID标识的方案更新结果。当接收到这条原语时，SCHEDULINGRequestorID节点得到在SCHEDULINGSchemeManagerID节点上由SCHEDULINGSchemeID方案的更新结果证实。如果方案被成功更新，SCHEDULINGResultCode给出成功标志信息；否则，向SCHEDULINGRequestorID节点指示错误标志信息。

7.3.6 SCHEDULING-SCHEME-APPLY.request

本条原语由应用层请求使用用于协同信息处理驱动调度服务的方案。

本条原语的参数为：

SCHEDULING-SCHEME-APPLY.request {
SCHEDULINGRequestorID,
SCHEDULINGSchemeManagerID,
SCHEDULINGSchemeID
}

本条原语的参数定义见表20。

SCHEDULINGRequestorID节点中的应用层协同信息处理实体调用本条原语，来请求使用由SCHEDULINGSchemeID标识的方案。当接收到这条原语时，SCHEDULINGSchemeManagerID节点被要求使用由SCHEDULINGSchemeID标识的方案。当方案被使用时，SCHEDULINGSchemeManagerID节点触发一系列的使用事件服务、逻辑分组服务、参数调整服务和节点互激活服务，以及包括邻居发现服务的其他通用共性服务过程。邻居发现服务将随事件服务指示的事件被使用。基于邻居关系的逻辑分组服务被执行，按照不同的调度模式，使用不同的互激活模式执行节点互激活过程，之后利用参数调整服务实现参数调整过程。

7.3.7 SCHEDULING-SCHEME-APPLY.confirm

本条原语向应用层证实使用调度方案的结果。

本条原语的参数为：

```
SCHEDULING-SCHEME-APPLY.confirm {
            SCHEDULINGRequestorID,
            SCHEDULINGSchemeManagerID,
            SCHEDULINGSchemeID,
            SCHEDULINGResultCode
            }
```

本条原语的参数定义见表 20。

服务层协同信息处理驱动调度服务实体调用本条原语，来证实在 SCHEDULINGSchemeManagerID 节点中使用 SCHEDULINGSchemeID 标识的方案的使用结果。当接收到这条原语时，SCHEDULINGRequestorID 节点得到在 SCHEDULINGSchemeManagerID 节点使用 SCHEDULINGSchemeID 方案的结果证实。如果方案被成功使用，SCHEDULINGResultCode 给出成功标志信息；否则，由服务层协同信息处理驱动调度服务实体指示错误标志信息。

7.3.8 SCHEDULING-SCHEME-DELETE.request

本条原语由应用层请求删除用于协同信息处理驱动调度服务的方案。

本条原语的参数为：

```
SCHEDULING-SCHEME-DELETE.request {
            SCHEDULINGRequestorID,
            SCHEDULINGSchemeManagerID,
            SCHEDULINGSchemeID
            }
```

本条原语的参数定义见表 20。

SCHEDULINGRequestorID 节点这两个的应用层协同信息处理实体调用本条原语，来在 SCHEDULINGSchemeManagerID 节点中请求删除方案。当接收到这条原语时，SCHEDULINGSchemeManagerID 节点将首先查找由 SCHEDULINGSchemeID 标识的方案。如果 SCHEDULINGSchemeID 方案被成功发现，则该方案的记录被删除且内存空间被释放。

7.3.9 SCHEDULING-SCHEME-DELETE.indication

本条原语由服务层向应用层指示调度方案的删除。

本条原语的参数为：

```
SCHEDULING-SCHEME-DELETE.indication {
            SCHEDULINGRequestorID,
            SCHEDULINGSchemeManagerID,
            SCHEDULINGSchemeID
            }
```

本条原语的参数定义见表 20。

协同信息处理驱动调度服务实体调用本条原语，向 SCHEDULINGSchemeManagerID 节点中的协同信息处理实体指示方案的删除。当接收到这条原语时,SCHEDULINGSchemeManagerID 节点中的协同信息处理实体得到由 SCHEDULINGSchemeID 标识的方案删除的指示。

7.3.10 SCHEDULING-SCHEME-DELETE.confirm

本条原语由服务层向应用层协同信息处理实体证实方案删除。

本条原语的参数为:

SCHEDULING-SCHEME-DELETE.confirm {
    SCHEDULINGRequestorID,
    SCHEDULINGSchemeManagerID,
    SCHEDULINGSchemeID,
    SCHEDULINGResultCode
    }

本条原语的参数定义见表 20。

本条原语报告调度方案删除请求的结果。如果由 SCHEDULINGSchemeID 标识的方案在 SCHEDULINGSchemeManagerID 节点被成功删除,SCHEDULINGResultCode 给出成功标志信息;否则,向 SCHEDULINGRequestorID 节点指示错误标志信息。

7.4 适应性感知服务及接口

本服务提供传感器网络在不同的事件触发和上下文条件下,适应性运用感知规则和方式的机制。适应性感知服务使用事件服务、参数调整服务,以及包括传感器配置服务的其他通用共性服务。如图 7 所示为适应性感知服务与这些服务间的关系示意图。

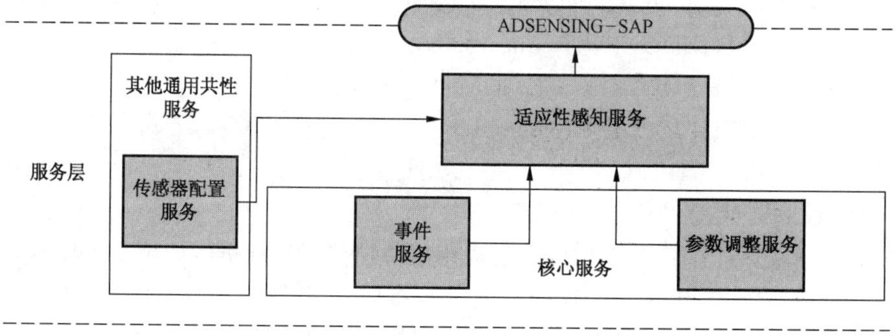

图 7 协同信息处理驱动调度服务与其他服务间的关系

适应性感知服务通过适应性感知服务访问点(ADSENSING-SAP)提供。ADSENSING-SAP 是服务层适应性感知服务实体与应用层协同信息处理实体之间的逻辑接口。该逻辑接口包括一系列的原语及其定义。这里给出这些原语及其定义的概念描述,以便于理解服务层与应用层交换参数的过程。表 21 中列出的是 ADSENSING-SAP 支持的原语,表 22 中列出的是原语参数。

表 21 ADSENSING-SAP 原语

名称	请求	指示	响应	证实
ADSENSING-APPLY	7.4.1			7.4.2
ADSENSING-CANCEL	7.4.3			7.4.4

表 22　ADSENSING-SAP 原语参数

参数名称	描述
ADSENSINGRequestorID	适应性感知服务请求者的节点 ID
ADSENSINGTargetID	适应性感知服务的目标节点 ID
ADSENSINGTargetSensorID	目标节点中的传感器 ID
ADSENSINGEVNodeList	用于适应性感知服务的事件节点 ID 列表
ADSENSINGEVTypeList	每个事件节点的事件类型列表
ADSENSINGSensorPARlist	适应性感知服务中用于传感器配置的参数名称及取值列表
ADSENSINGResultCode	适应性感知服务的运行结果代码

7.4.1　ADSENSING-APPLY.request

本条原语由应用层向服务层请求使用适应性感知机制。

本条原语的参数为：

```
ADSENSING-APPLY.request {
                ADSENSINGRequestorID,
                ADSENSINGTargetID,
                ADSENSINGTargetSensorID,
                ADSENSINGEVNodeList,
                ADSENSINGEVTypeList,
                ADSENSINGSensorPARlist
                }
```

本条原语的参数定义见表 22。

ADSENSINGRequestorID 节点应用层协同信息处理实体调用本条原语，请求在 ADSENSINGTargetID 节点上使用适应性感知机制。当接收到这条原语时，ADSENSINGTargetID 节点将首先检查节点自身是否支持适应性感知服务。如果支持，则 ADSENSINGTargetID 节点中由 ADSENSINGSensorTargetID 标识的传感器的配置将与由 ADSENSINGEVNodeList 和 ADSENSINGEVTypeList 定义的事件绑定。ADSENSINGSensorPARlist 提供用于传感器配置的参数。

7.4.2　ADSENSING-APPLY.confirm

本条原语向应用层证实请求使用适应性感知机制的结果。

本条原语的参数为：

```
ADSENSING-APPLY.confirm {
                ADSENSINGRequestorID,
                ADSENSINGTargetID,
                ADSENSINGTargetSensorID,
                ADSENSINGResultCode
                }
```

本条原语的参数定义见表 22。

服务层适应性感知服务实体调用本条原语，来证实在 ADSENSINGTargetID 节点上使用适应性感知机制的结果。当接收到这条原语时，ADSENSINGRequestorID 节点得到在 ADSENSINGTargetSensorID 传感器中使用适应性感知机制的结果证实。如果机制被成功使用，ADSENSINGResultCode 给出成功标志信息；否则，服务层适应性感知服务实体指示错误标志信息。

7.4.3 ADSENSING-CANCEL.request

本条原语由应用层向服务层请求取消适应性感知机制。

本条原语的参数为：

ADSENSING-CANCEL.request {
ADSENSINGRequestorID,
ADSENSINGTargetID,
ADSENSINGTargetSensorID
}

本条原语的参数定义见表 22。

ADSENSINGRequestorID 节点应用层协同信息处理实体调用本条原语，以请求取消 ADSENSINGTargetID 节点中的适应性感知机制。当接收到这条原语时，ADSENSINGTargetID 节点中当前与 ADSENSINGSensorTargetID 传感器绑定的所有事件被取消与传感器绑定。

7.4.4 ADSENSING-CANCEL.confirm

本条原语向应用层证实请求取消适应性感知机制的结果。

本条原语的参数为：

ADSENSING-CANCEL.confirm {
ADSENSINGRequestorID,
ADSENSINGTargetID,
ADSENSINGTargetSensorID,
ADSENSINGResultCode
}

本条原语的参数定义见表 22。

服务层适应性感知服务实体调用本条原语，来证实在 ADSENSINGTargetID 节点上取消适应性感知机制的结果。当接收到这条原语时，ADSENSINGRequestorID 节点得到在 ADSENSINGTargetSensorID 传感器上取消适应性感知机制的结果证实。如果机制被成功取消，ADSENSINGResultCode 给出成功标志信息；否则，服务层适应性感知服务实体指示错误标志信息。

附 录 A
（资料性附录）
核心服务和接口实例

本附录提供核心服务和接口在传感器网络防入侵系统中的应用实例。传感器网络防入侵系统中的节点功能模型参见附录 NA。

目标检测与识别是防入侵系统中十分重要的信息处理技术，通常可部署多种类型传感器。如图 A.1 所示，沿着周界共布设了三种类型的传感器节点：类型 C、类型 D 和类型 E。当任何传感器节点检测到目标时，将产生一个事件消息并且该事件消息将被转发至区域簇头节点（图 A.1 中的节点 A）。为了完成目标的识别，节点 A 可向沿周界部署的节点请求数据或者信息。这些传感器节点上的信息描述等级互不相同。基于目标识别结果，节点 A 有可能需要激活视频传感器节点，以便利用图像采集操作获取更进一步的确认或证据。

为了支持目标检测与识别，需要使用若干核心服务，包括事件服务、信息描述服务和节点互激活服务。图 A.2 给出了使用核心服务支持目标检测与识别的工作流程。

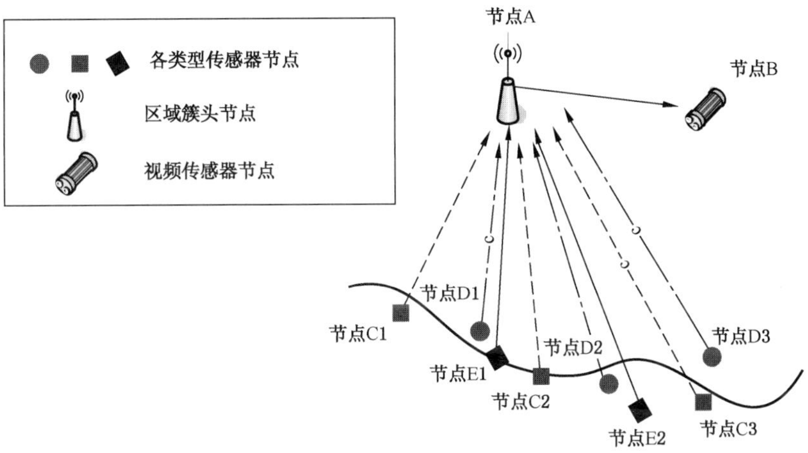

图 A.1 基于协同信息处理支撑服务——核心服务的目标检测与识别

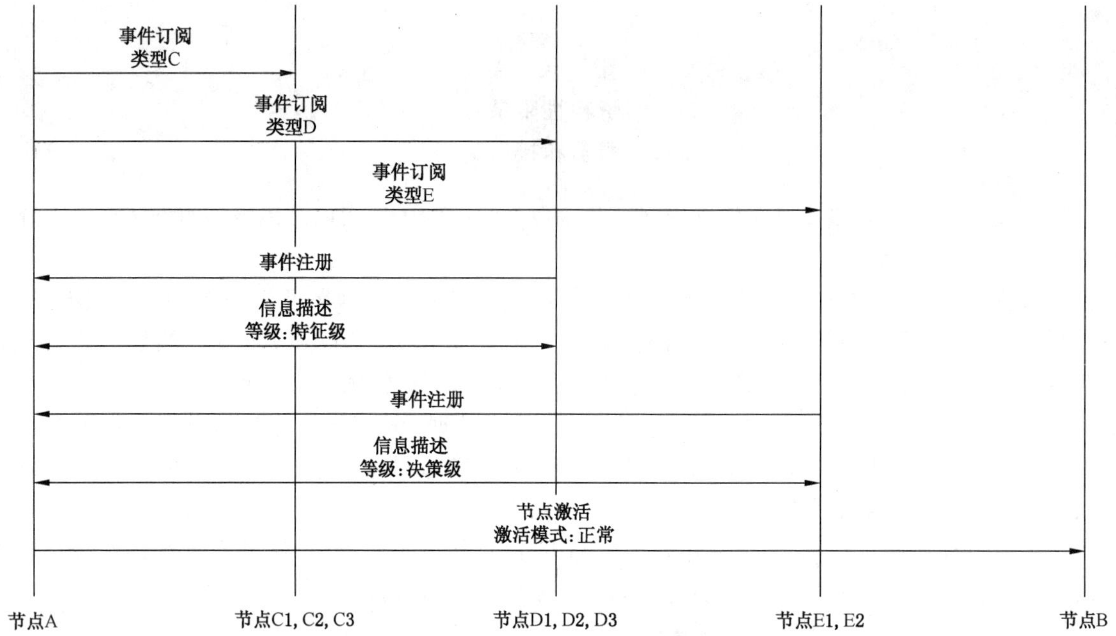

图 A.2 基于核心服务的工作流程

附 录 B
（资料性附录）
增强服务和接口实例

本附录提供增强服务和接口在传感器网络防入侵系统中的应用实例。传感器网络防入侵系统中的节点功能模型参见附录 NA。

目标跟踪是防入侵系统中另一项十分重要的信息处理技术。如图 B.1 所示，当周界很长时，要实现对周界的完全覆盖，需沿周界部署数以百计的传感器节点。为了提升系统性能，还需部署第二道虚拟周界。在图 B.1 中，一共存在三种逻辑分组，分别由节点 A、节点 B 和节点 F 进行管理。一个命令与控制节点（图 B.1 中的节点 G）作为节点 A、节点 B 和节点 F 的协调节点。

为实现目标跟踪，使用协同信息处理支撑服务中的增强服务，包括 QoS 管理服务和 CIP 驱动调度服务。图 B.2 给出了防入侵系统中使用增强服务支持目标跟踪的工作流程。

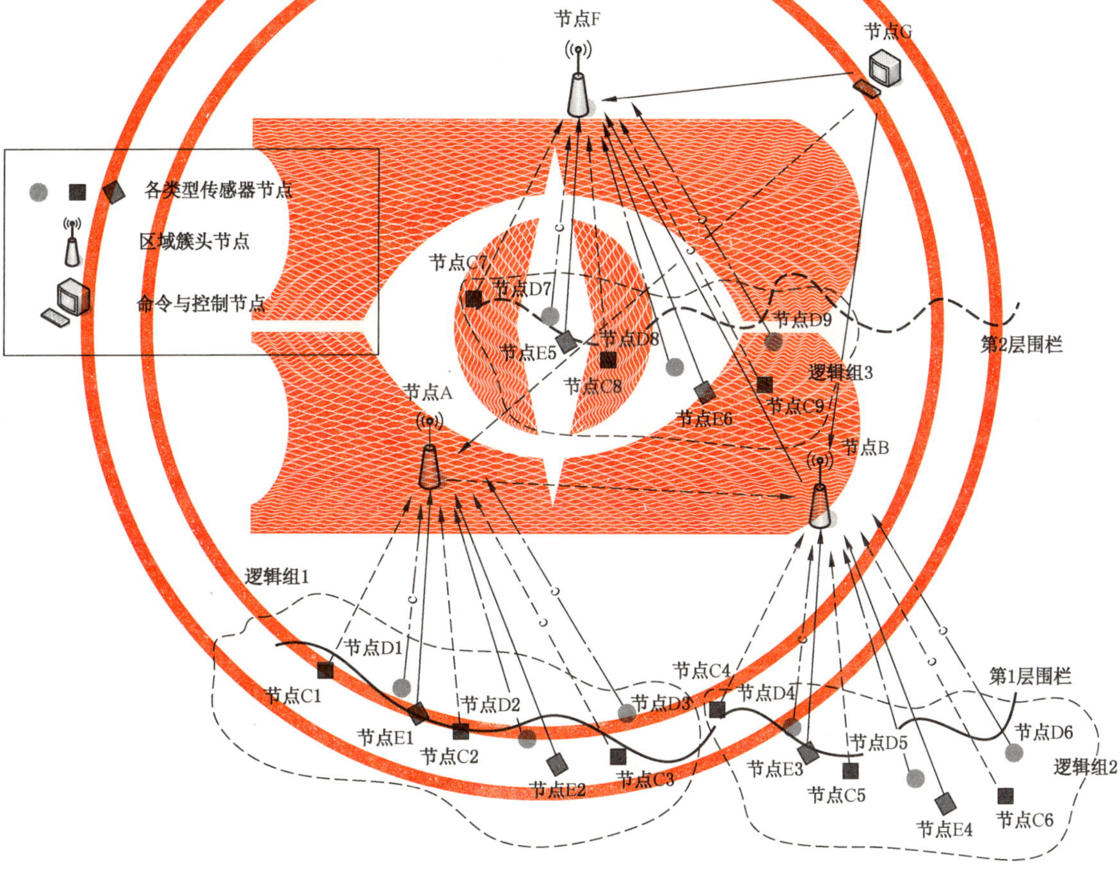

图 B.1 基于协同信息处理支撑服务——增强服务的目标跟踪

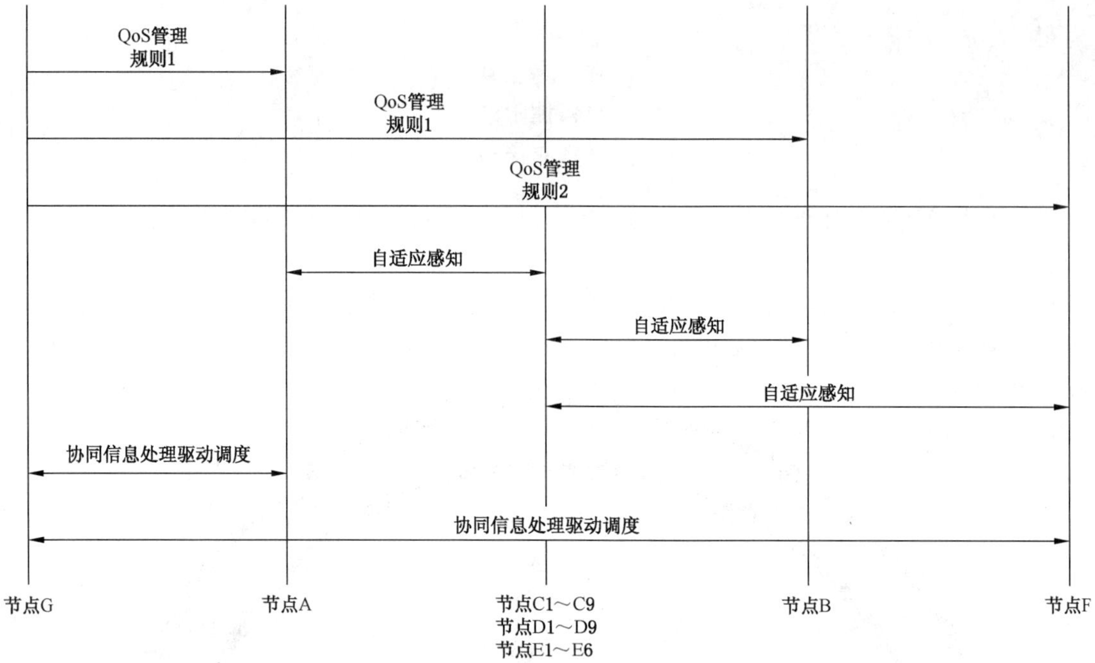

图 B.2　基于增强服务的工作流程

附　录　NA
（资料性附录）
传感器网络节点功能模型

本附录提供传感器网络节点功能模型，如图 NA.1 所示。传感器网络节点功能可分为传感节点硬件层、基本功能层、服务层和应用层功能层级，传感节点硬件层与基本功能层之间、基本功能层与服务层之间、服务层与应用层之间通过层间接口进行数据交换并实现管理（如图 NA.1 中接口 6、接口 7 和接口 8 所示）。同时，传感器网络节点还包括跨层管理功能模块，与应用层、服务层和基本功能层之间均有对应接口（如图 NA.1 中接口 9、接口 10 和接口 11）。

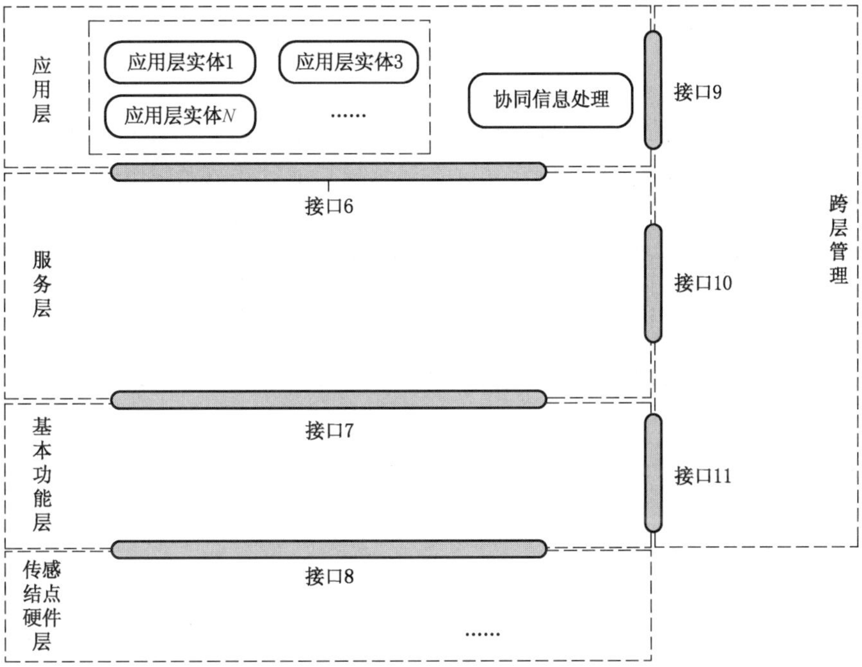

图 NA.1　传感器网络节点功能模型

从节点功能模型上看，协同信息处理是传感器网络节点应用层的重要实体。在该模型中，服务层用于向应用层中的实体提供模块化服务，如服务层包括用于支持协同信息处理实体功能实现的系列支撑服务。

传感器网络节点功能模型可作为不同传感器网络应用网络节点设计与实现的参考，如电动汽车能源信息采集和运营管理应用系统（参见附录 NB）。

附 录 NB
（资料性附录）
电动汽车能源信息采集和运营管理系统应用实例

本附录提供传感器网络协同信息处理支撑服务与接口在电动汽车能源信息采集和运营管理系统中的应用实例。

系统主要为电动力出租车的运营提供技术支持和数据服务。其前端采集系统采用微功率无线方案，是由主站系统、安装在充电站（桩）的网关和安装在电动汽车上的带无线传输的里程计组成，通过以太网、微功率无线通信等技术，采集电动汽车行驶的里程数等能源信息的物联网应用系统。该系统通过对电动汽车的里程数、动力电池的性能参数、所耗电能等能源信息的采集，对后台运维系统提供技术与数据支持，监控电池和车辆信息，从而保证动力电池运行的可靠性和安全性，在能源供应调度与计费上提供管理服务。

如图 NB.1 所示，安装在电动汽车上的能源信息采集终端由车辆里程计和无线微功率通信模块组成，并与汽车车载系统连接。其中里程计可以由无线通信模块通过参数调整服务接口配置相关参数，也可以经过相关参数调整服务接口，接受网关或者其他中继节点的参数调整请求和参数查询。

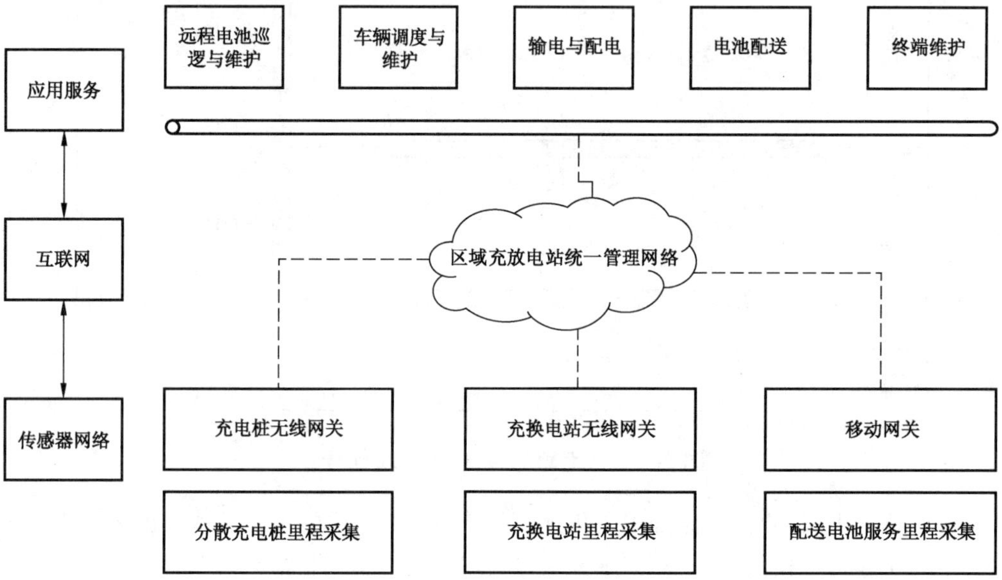

图 NB.1　电动汽车能源信息采集和运营管理系统

系统终端根据电动汽车 ABS 脉冲信号或电动汽车里程传感器传送的脉冲信号测量电动汽车行驶的里程数，并读取汽车电池状态等信息，调用信息描述服务规定各类信息等级并分类描述，根据信息特点，采取分类发送或合并发送的方式，通过无线传感器网络传输到充电站的无线通信网关、或者通过手持式无线收发器发送，再由无线通信网关通过以太网、GPRS 等方式传输至后台主站系统进行信息最终处理从而提供运维管理服务。

系统使用传感器网络节点信息协同处理技术对于快速移动中的电动汽车的运动状态进行判定，从而选择最优化的代理节点连接到无线通信网关。在该系统中的执行能源信息采集任务的无线传感器网络，主要由安置于电动汽车内的信息采集终端（末端节点）、安装于充电桩或者其他城市市政设施上的中继节点和安装于充电站上的无线通信网关（汇集节点）组成。其中，中继节点具备两种工作模式。模式一为普通工作模式，通过路由选择，负责转发末端节点发送的能源信息数据至汇聚节点；模式二为移动信息采集模式，进入该模式的中继节点通过与末端节点交互信息，划分中继节点虚拟簇。

在中继节点的模式切换过程中,由末端节点信标帧激发而进入模式二的中继节点需要比较两组以上的信标信息,使用核心服务中节点互激活服务的 Normal 模式,对一部分受到激活的中继节点进行虚拟簇的划分,同时体现协同信息处理核心服务中的逻辑分组服务原则,由末端节点的节点互激活服务激活相关节点发起逻辑分组请求,并通过移动估计算法确定符合逻辑分组特征的中继节点,从而确定逻辑分组节点的个数和对应 ID。该逻辑分组形成中继节点的虚拟簇,对末端节点的瞬时运动状态进行判定,并对其瞬时运动位置进行覆盖,并再通过一定的簇内选举算法,并再次利用节点之间的互激活服务,与末端节点一起确定该簇内的直接代理节点。该直接代理节点与末端节点相连,然后切换到模式一,进行正常的信息中继转发。随着末端节点的不断移动,虚拟簇按照一定周期不断重新建立,不断重新确定直接代理节点,保证整个前端无线采集网络系统的持续运转。

参考文献

[1] ISO/IEC 29182-2:2013 信息技术 传感器网络:传感器网络参考体系结构(SNRA)第2部分:词汇和术语

[2] ITU-T X.902 | ISO/IEC 10746-2 信息技术 开放分布式处理 参考模型:基础

[3] ITU-T X.903 | ISO/IEC 10746-3 信息技术 开放分布式处理 参考模型:架构

[4] ITU-T 建议书 Y.2221,下一代网络环境下支持泛在传感器网络应用和服务需求

[5] SANY 联盟,SANY:一种传感器网络开放服务架构,ISBN 978-3-00-028571-4,2009

[6] Feng Zhao,Leonidas J.Guibas,无线传感器网络:一种信息处理方法,ISBN 1-55860-914-8,2004

[7] 开放地理信息联盟.OGC-09-138 报告,OGC 融合标准研究任务组报告,2010

[8] 开放地理信息联盟.OGC-07-165 报告,OGC SWE 概述和上层架构,2007

[9] 开放地理信息联盟.OGC-10-184 报告,OGC 融合标准研究阶段 2 任务组报告,2010

[10] Zigbee 联盟,053474r17 报告,Zigbee 规范,2007

[11] D.L.Hall,J.Llinas,多传感器数据融合手册,CRC 出版社,ISBN 0-8493-2379-7,2001

[12] M.llyas,I.Mahgoub,传感器手册:微型无线/无线感知系统,CRC 出版社,ISBN 0-8493-1968-4,2005

[13] G.-Z.Yang,体传感器网络,Springer-Verlag 出版社,ISBN 1-84628-272-1,2006

[14] J.Yick,B.Mukherjee,D.Ghosal,无线传感器网络综述,计算机网络,第 52 卷,第 2292-2330 页,2008

[15] M.Wang,J.Cao,J.Li,S.Dasi,无线传感器网络中间件综述,计算机科学与技术,第 23 卷,第 305-325 页,2008.